普通高等教育“十一五”国家级规划教材

航天器推进系统及其应用

毛根旺　唐金兰　等编著

西北工业大学出版基金资助项目

西北工業大學出版社

【内容简介】 本书是关于航天器推进系统及其应用的一部论著。全书共分四篇17章，包括化学推进篇(第1～4章)、电推进篇(第5～10章)、特种推进篇(第11～13章)和典型应用篇(第14～17章)。书中重点介绍了各类航天器推进系统的基本组成、工作原理、重要性能、主要特点、关键技术，以及近年来的研究水平和应用情况。

本著作可作为高等院校航天器总体和控制专业，特别是推进技术学科(专业)的本科生或研究生教材，也可供相关学科的科研院所的研究人员或工程技术人员参阅。

图书在版编目(CIP)数据

航天器推进系统及其应用/毛根旺等编著．—西安：西北工业大学出版社，2009.10
普通高等教育"十一五"国家级规划教材
ISBN 978-7-5612-2672-8

Ⅰ．航… Ⅱ．毛… Ⅲ．航天器—推进系统—高等学校—教材 Ⅳ．V43

中国版本图书馆CIP数据核字(2009)第192195号

出版发行：西北工业大学出版社
通信地址：西安市友谊西路127号 邮编：710072
电　　话：(029)88493844 88491757
网　　址：www.nwpup.com
印 刷 者：陕西向阳印务有限公司
开　　本：787 mm×960 mm 1/16
印　　张：31.625
字　　数：693千字
版　　次：2009年10月第1版 2009年10月第1次印刷
定　　价：58.00元

前 言

近半个世纪以来，世界范围内各个领域的科学技术发展异常迅速，其中，航天技术的发展和进步最为活跃，几乎呈几何级数增长，因此，有人认为，在一定意义上讲，21世纪将是航天的世纪。

火药源于中国，火箭始于第二次世界大战。从20世纪50～60年代将火箭、火药用于人类空间探索后，世界航天进入了史上最富激情的年代。随着一颗颗卫星的相继升空，人们对航天活动的热情一浪高过一浪。每一颗进入太阳系的卫星都满载着人类的期望，"先驱者"飞船传回的每一颗卫星及其卫星的照片都使人们对未知的浩瀚宇宙又增加了一份了解。特别是"阿波罗"飞船的登月成功，首次将人类的足迹印在了月球的表面上，迈出了人类离开地球家园、走向无穷宇宙的第一步。现在，大、中、小各类卫星，甚至微型卫星星罗棋布，遨游太空，而且，载人航天、探月工程、深空探测等一系列空间活动，令人目不暇接。可以想象，21世纪航天发展将会有更大、更多的惊人之举。

航天发展，动力先行，这已是航天工作者的普遍共识。因为航天推进系统在航天器中具有十分重要的地位，发挥着极其重要的作用，而且，推进系统的质量、体积和成本在航天器中占有很大比例，所以，要研制先进的航天器，必须要研制出先进的航天推进系统，包括培养一大批专门从事先进航天推进技术研究的科技人员。

航天器推进系统包括冷气、固体、液体和各种电推力器等类型。冷气推进系统技术成熟，系统简单、可靠，但比冲很低。液体单组元肼推进系统的特点是可靠性和控制精度高，是当代航天器上的主流推进系统；液体双组元推进系统比冲高，寿命长，技术相当成熟，已广泛用于携带大型有效载荷的长寿命航天器上；近年发展起来的双模式推进系统兼有双组元推进系统比冲高和单组元推进系统推力小、控制精度和可靠性高的优点，目前它在不同的飞行任务中已得到广泛应用。固体和液体发动机各具特色，一直在航天推进领域发挥着各自的重要作用。固体发动机主要用来将航天器推进到更高轨道，包括近地点、远地点发动机和制动发动机等。电推力器有50多年的研制历史，技术日趋成熟，研究和应用前景十分看好。由于它所固有的高比冲和最小冲量的特性，所以对高精度、长寿命和性能好的航天器极具吸引力。除此之外，还有太阳能热推进、激光推进和核推进等，虽然它们技术上还不成熟，未达到实际应用，但也是航天器推进系统及其应用的重要发展方向。

本书是笔者根据多年从事火箭发动机，尤其是从事航天特种推进技术的教学、科研和人才培养的实践，在近年来西北工业大学"飞行器动力工程"专业和"航空宇航推进理论与工程"学科的教材（讲义）《航天器推进系统》的基础上，经全面更新和补充编著而成的。书中重点介绍各类航天器推进系统的基本组成、工作原理、重要性能、主要特点、关键技术、研究水平和应用情况等。全书共分为四篇(17 章):化学推进篇(1～4 章)、电推进篇(5～10 章)、特种推进篇(11～13 章)和典型应用篇(14～17 章)。本书可作为航天器总体、控制,特别是推进技术学科(专业)的本科生或研究生教材,也可作为本学科(专业)高校教师和研究院(所)的工程技术人员以及相关或相近学科(专业)的研究人员的重要参考书。

全书由毛根旺和唐金兰负责统稿。其中,第 1,5,11,12,14～17 章由毛根旺编写,第 2,4 章由韩先伟编写,第 3,13 章由唐金兰编写,第 6 章由汤海滨编写,第 7 章由何洪庆编写,第 8 章由康小录编写,第 9 章由吴汉基编写,第 10 章由顾佐编写。何洪庆负责审阅全稿。孙安邦博士、朱良明和李娟硕士及余水林参加了书稿和插图的整理工作。

在本书的编著过程中,得到了西北工业大学、航天科技集团第六研究院 11 所、航天科技集团第五研究院 510 所、上海航天局 801 所、中国科学院空间中心、北京航空航天大学等单位的鼎力相助和大力支持,在此一并表示感谢。

作 者

2009 年 3 月

目　录

化学推进篇

电推进篇

特种推进篇

典型应用篇

化学推进篇

第1章　绪　　论

1.1　推进分系统在航天器中的地位和作用

近半个世纪以来，人类和平利用空间的活动日趋活跃。随着一颗颗人造卫星相继升空，地球人的生产和生活发生了翻天覆地的巨大变化；空间站及运输工具（如宇宙飞船和航天飞机）的成功发展，为人类进行较大规模的科学试验和空间活动提供了可能；以登月和行星际飞行为标志的深空探测活动，也使人类在离开地球家园，走向浩瀚宇宙的宏伟历程中迈出了重要一步。

航天活动的一次次成功极大地推动着世界航天技术的飞速发展，其中航天推进技术的研究与应用也进入了前所未有的大发展时期。

航天器一般指卫星、空间站、宇宙飞船、航天飞机、深空探测器等。无论是哪种航天器，推进系统在其中都占据着十分重要的地位和作用。以卫星为例，它主要包括有效载荷和公用平台两大部分。有效载荷是航天器完成特定航天飞行任务的一个最重要的分系统，它可能含有多种仪器设备，卫星的特征和尺寸主要是根据有效载荷的要求确定的。

公用平台主要包括7个分系统。

(1)制导、导航与控制分系统(GNC)。该系统用于将航天器稳定在太空，并按照任务要求控制航天器的机动。

(2)通信分系统。它是卫星与地球或卫星与其他航天器之间联络的接口。正常工作时，通信分系统以特定的频率同时收发射频信号。

(3)指令和数据处理分系统。该系统用来接收航天器指令，并将其译码、处理和分配。它还采集航天器上测量仪器的遥测数据，将其格式化、存储并发送。

(4)电源分系统(EPS)。该系统给航天器提供电能，并对其进行储存、分配和控制。

(5)热控分系统（一般占干重的3%～4%，成本亦如此）。该系统目标是在任务的各个阶段将航天器的所有部件都保持在它们需要的温度范围之内。

(6)结构和机构分系统。它为航天器的所有其他分系统提供机械支撑，把航天器安装到运载工具上，并为起动火工装置分离动作创造条件。

(7)推进分系统。其主要功能是为航天器的轨道机动和姿态变化提供所需要的力和力矩。主要作用如下：

1)将有效载荷从近地轨道送到高轨道或星际交会轨道，如轨道转移(OT)、离轨处理(EOL)、重新定位等；

2)为航天器提供轨道调整和姿态控制的力和力矩，如阻力补偿、轨道调整、修正、姿态控制(俯仰、偏航和滚动)等；

3)为航天器的交会对接提供推力；

4)为航天员的舱外活动提供推力。

推进分系统是航天器公用平台中一个非常重要的组成部分。它无论是在体积和质量上，还是在成本方面均占公用平台的很大一部分。为了实现航天器需求的质量轻、体积小、成本低、性能高和寿命长的特点，必须研制相应的先进推进系统。

1.2 推进系统的分类

推进系统分主动控制式(大部分)和被动控制式(极少数)两大类。目前我们接触到的和航天器上应用的基本上都属于主动控制式推进系统，被动控制式推进系统靠重力或引力推进，还未进入实用阶段。

主动控制式推进系统可分为化学推进、电推进和新概念推进三种类型。前两种已得到广泛的研究、应用与发展，理论和技术都已成熟。新概念推进在国际上还处于探索研究阶段，要达到实际应用还有相当长一段路要走。

1.3 化学推进

化学推进和电推进都属于喷气式推进系统范畴，都是利用发动机(推力器)中高温高压工质的高速喷出产生的动量变化而形成推力，但工作原理和主要特点还是有很大区别的。

化学推进的能源系统与推进剂供给系统是完全一体的，它是利用固体或液体氧化剂和燃料的燃烧或单质推进剂(如肼)的催化分解将推进工质的化学能变成工质的内能和压力势能，然后释放产生推力。化学推进排放的羽流是各种物质分子的混合物，属中性气体，与航天器相容性好。化学推进的最大特点是推力大，推力范围宽，可靠性高，特别适合于总冲要求大和快速机动的场合。

按常温下推进工质的物理状态，化学推进可分为冷气推进系统(GPS)、固体火箭发动机(SRM)和液体火箭发动机(LRE)三种类型。

冷气推进系统是空间姿控推力器中最简单、最古老的典型代表，它是利用储气瓶中的高压气体通过喷管释放、膨胀并加速而产生推力的。一般的气体都可以作为冷气推进系统的推进工质，目前多用氮气或氦气，尤其是它可以利用航天器上液体火箭发动机的挤压气体或废弃物作为推进剂，这样可以大大减小推进系统结构的质量和体积，降低成本。这种推进系统最大的特点是结构极其简单、性能可靠、成本低廉且无毒无污染，特别适合于航天器姿态控制和航天员的舱外活动。最大的不足是系统笨重、性能很差，一般情况下真空比冲只有 500～700 m/s，若采用氢气作工质，比冲可达 1 960 m/s 左右。

固体火箭发动机以固体推进剂作为能源和工质，包括燃烧室、喷管和点火器三个基本组成部分。燃烧室既是储存固体推进剂的容器，又是固体推进剂在其中燃烧，由化学能转变为高温高压燃气热能的燃烧室，其壳体又是火箭和导弹壳体的一部分。喷管一般是由收敛段、喉部和扩张段组成的拉伐尔型喷管，它使燃烧室内高温高压燃气通过不断膨胀加速，把燃气热能转变成动能，以很高的速度从喷管排出而产生推力。点火装置是保证将燃烧室内推进剂安全可靠点燃的引燃装置。

近几十年来，固体发动机技术取得了长足发展。复合固体推进剂从聚硫橡胶类发展到聚氨酯类、聚丁乙烯类；双基推进剂从可浇铸双基推进剂，发展到改性双基类、交联双基类，最终综合二者后推进剂发展成硝酸酯增塑聚醚推进剂(NEPE)。壳体材料从单一的金属材料发展到玻璃纤维/环氧树脂、有机纤维/环氧树脂、碳纤维/环氧树脂等多种复合材料。喷管喉衬材料从石墨发展到难熔金属、热解石墨和多维碳-碳复合材料。推力矢量控制从燃气舵发展到摆动喷管、液体二次喷射和全轴摆动柔性喷管等。

固体发动机的特点是结构简单，工作可靠，体积小，使用方便，可立即点火，能长期储存，可用5～10年，加速性好，便于机动发射；但性能较低，比冲一般在2 000～3 000 m/s之间，工作时间很短，推力调节和重复起动较困难。

固体发动机在航天运载和航天器方面，特别是在导弹领域中得到广泛应用。据统计，世界各国的190种导弹中，157种采用了固体火箭发动机。

中国的固体火箭发动机研制工作起步于1958年，经过几十年努力，技术水平有了很大提高和发展。

液体火箭发动机使用液体推进剂作为能源和工质，由于其性能高，比冲一般在1 800～4 600 m/s之间，工作可靠，推力可控性强，故现代大型运载火箭、航天飞机以及各种航天器(包括卫星、载人飞船、轨道器、空间探测器、空间站等)广泛用它作为主要的动力装置。

按功能分，一类液体火箭发动机用于航天运载器和弹道导弹，包括主发动机、助推发动机、芯级发动机、上面级发动机、游动发动机等；另一类用于航天器主推进和辅助推进，包括远地点发动机、轨道机动发动机、姿态控制和轨道控制发动机等。

液体火箭发动机按其使用推进剂组元数可分单组元、双组元和三组元发动机。单组元主要用于航天器辅助推进，双组元发动机占液体发动机的绝大多数，三组元发动机尚处于研制阶段。

双组元发动机按其推进剂的性质不同，可分成可储存和不可储存推进剂发动机。可储存推进剂一般指四氧化二氮、硝酸、偏二甲肼、混肼50等，都是有毒的。不可储存推进剂一般为低温推进剂，如液氢、液氧等，都是无毒的。液氢-液氧发动机又叫低温推进剂发动机。液氧有时与煤油、酒精等组合。

按其推进剂供应方式，液体火箭发动机可分为挤压式和泵压式供应系统发动机。挤压式结构简单，一般用在上面级和小推力发动机上。航天器上的单组元和双组元发动机多为小推力，这些发动机一般均采用挤压式供应系统。航天运载器和弹道导弹上液体火箭发动机都是大推力发动机，一般采用泵压式供应系统。

对液体火箭发动机的要求是“三高一低”，即高性能、高推质比、高工作可靠性和低生产成本。实际应用中，对于发动机性能、推质比、可靠性和成本之间需要进行综合考虑。但从发展趋势看，应将高的工作可靠性和低的生产成本(包括维护使用成本)放在首位。

人类航天活动的一次次成功，极大地推动了化学推进技术研究与应用的发展，但人们对其比冲低的不满也与日俱增，于是将目光投向电推进。

1.4 电推进

电推进的能源系统与推进剂供给系统是相互独立的，一般的气体均可用作电推力器的推进工质，其中多数为单质惰性气体，甚至废水。电推力器中，工质靠来自电源的电能加热、电离或离解，将能量以等离子态的形式储存，然后加速释放，形成推进动能。电源在电推进系统中占有十分重要的地位，其体积、质量和技术难度往往超过推力器本身。电推进排放的羽流为由电子、离子和工质的原子、分子等组成的等离子体。等离子体整体上不显电性，但在有电磁场存在的情况下，会在电磁力的作用下发生偏转或产生定向运动。

电推进的最大特点是小推力和高比冲。受电功率限制，推进工质的流量不能太大，故它的推力一般很小，因而，特别适用于失重情况下空间推进中要求控制精度高的情形。由于不断有外界电能供给，电推进比冲很高，比冲一般在 6 000～50 000 m/s 之间，所以完成同一飞行任务所需要的推进工质较少，这样便可大大增加有效载荷，或显著降低发射成本，或明显延长使用寿命。但并非比冲越高越好，在功率一定的条件下，比冲越高，推力越小，完成同一飞行任务的时间也就越长。因此，在电推进设计中要综合考虑比冲、推力、功率、体积和质量等因素。能否得益和得益多少，须通过在轨运行计算确定。

电推进系统的基本功能是将来自航天器电源的电能转换为推进工质喷气的动能，其组成一般为三部分。

(1)电源处理系统(PPU)。PPU 用来调理来自太阳能电池阵的不稳定直流电，并按不同电压和功率等要求输送到电推力器和其他用电系统。由于 PPU 的作用在电推进系统中十分重要，通常其体积和质量都较大，成本也较高，它是电推进系统中最复杂且最富有挑战性的系统。

(2)推进剂储存与供应系统。电推进的推进剂储存与供应系统与一般冷气推进系统和单组元液体推进系统相差不大，但由于其推进工质流量一般很小，每秒只有几个毫克到几十毫克，且连续供应时间很长，这给电磁阀的流量精确控制和防止泄漏带来较大困难。

(3)电推力器。电推力器的种类繁多，原理多样，性能指标相差很大，且各有各的特点和适用范围。按电能加热和加速推进工质的原理分类，电推力器可分为电热式、静电式和电磁式。电热式通常说的是电阻加热(Resistojet)、电弧加热 (Arcjet)和微波加热(MPT)推力器；静电式指的是离子发动机(IE)和稳态等离子推力器(SPT)；电磁式包括脉冲等离子推力器(PPT)和磁等离子体动力推力器(MPD)。

应用电推进可增加航天器有效载荷，或降低其发射成本，或延长其使用寿命，所以，采用电推进是提高商业卫星效率，增加竞争力的有效手段。普遍认为，没有电推进的航天器，很难说是一颗先进的航天器。特别是对于深空探测来说，目前化学推进几百秒的比冲很难使航天器到达目标，更不用说采样返回了。从世界范围来看，纯化学推进的能量发挥已接近其理论极限，要再提高比冲非常困难，所以，电推进是未来发展的必然趋势。

然而，随着电推进逐步进入实用阶段，电推力器与航天器其他系统的相互影响问题也被提到议事日程并得到越来越多的关注，有时甚至决定着推力器的选择。

(1)电推力器比冲高，可以大大减少推进剂携带量，但却显著增加了航天器的用电量，因而也就增加了太阳帆板和 PPU 的质量。

(2)电推力器羽流中等离子体密度高，对太阳能电池和通信天线的影响要比常规化学推进严重得多，也复杂得多。

(3)电推进点火和 PPU 工作会增加航天器的热载荷，而且电热式推力器的热污染很严重。

(4)电推力器的电磁场会以等离子体噪声的方式影响周围环境，泄漏的波动电磁场也会干扰电子设备的工作和微波通信。

电推进几乎可以用在所有类型的航天器上，能够完成的一些功能包括：同步通信卫星的轨道转移、位置保持和离轨处理等；低轨通信卫星的轨道转移、阻力补偿、姿轨控和重新定位等；深空探测的主推进；科研和对地观测卫星的超精指向、姿控与轨控、阻力补偿和无阻力飞行等。

纵观电推进技术研究与应用现状，可以看到，电推进正在走向成熟，并进入大规模应用时代。种种迹象表明，电推进将是 21 世纪航天器推进发展和应用的主流推力器，是进行深空探测任务的必需装置；电推进与化学推进的结合是一条优化之路，将会在今后相当长时期内探索和应用。电推进是提高航天器竞争力的有力手段，是一个国家航天推进技术发展水平的象征，电推进技术也应成为我国“十一五”乃至今后先进航天推进技术研究的重点。

1.5　新概念推进

所谓新概念推进一般是指最新提出的或虽然早就提出但并未得到大规模发展和广泛应用的推进，在这里是指后者。

核推进(NRE)是直接利用核反应能加热推进剂进行高速喷射产生推力；激光推进(LRE)则是基于强激光与固体物质相互作用的基本原理和作用特点而提出的新型推进技术；太阳能热推进(STP)是利用聚集的太阳能来加热推进剂进行高速喷射形成推力。此外，还有反物质推进、太阳帆推进、激光辐射推进、微波辐射推进等新型推进技术，这些都属于新概念推进。

新概念推进由于其技术难度大，寿命、可靠性和污染防护要求高，加之推力很小，所以发展缓慢。目前只有美国、俄罗斯等极少数国家在研究，而且仍处于方案探讨和原理试验阶段，一系列技术难题还需要相当长时间才能解决。但是，由于新概念推进有很高的喷气速度，能比化学推进承担更大的有效载荷，比电推进有更特殊的优点，所以它肯定是航天推进技术继续发展的一个重要方向。

第2章　冷气推进系统(GPS)

2.1　概　　述

冷气推进系统(Gas Propulsion System,GPS)是人类首次使用的空间飞行器推进系统。它具有结构简单、可靠性高、无污染和最小脉冲冲量小等优点;其缺点是比冲低。冷气推进系统广泛应用于总冲要求低、工作时间短、安全性要求高的空间飞行器姿态控制任务。1961 年 4 月 12 日,苏联研制的“东方 1 号”冷气(氮气)姿态控制推进系统首次完成载人飞行,随后美国和苏联的多个卫星、空间飞行器和飞船均采用冷气推进系统,我国的新型返回式卫星“尖兵二号”“尖兵四号”等也使用冷气推进系统作为姿态控制的动力装置。虽然冷气推进系统比冲低,推进剂体积大和高压气瓶质量大,但由于其具有诸多优点,它在寿命较短的低轨道空间飞行器以及卫星空间飞行器上仍得到广泛应用,在未来的空间站,微小天基武器平台,探测器的交会对接,定位和跟踪,宇航员太空机动行走,空间飞行器空间维修和空间急救任务领域仍有广阔的应用前景。特别对于微小空间飞行器的姿态控制系统,冷气推进系统(常规气体和液化气)具有独特的优势。

冷气推进系统(见图 2.1)包括:冷氮气推力器、电磁阀、温度传感器、压力传感器、高压气瓶、过滤器、减压器和加注/泄出阀等。

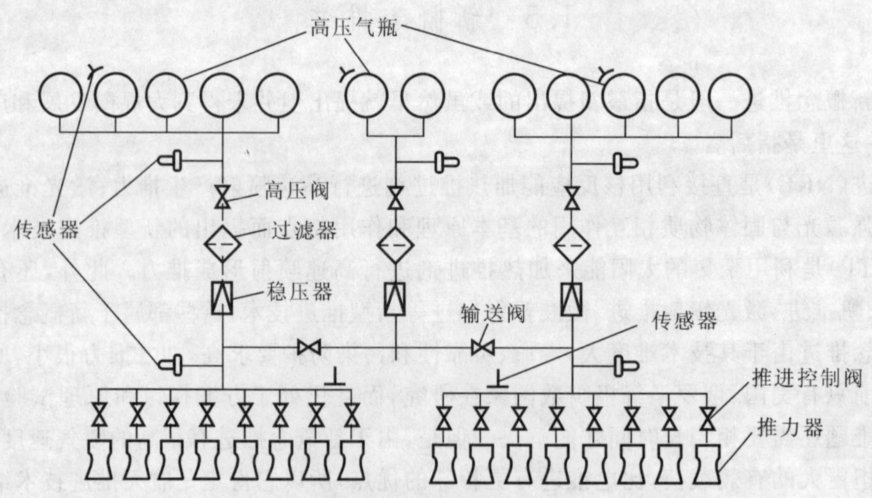

图 2.1　冷气推进系统

推进系统分为两组独立的半系统，每组有 8 个氮气推力器，为空间飞行器提供姿态控制所需的力矩。储存在高压气瓶中的氮气经过高压阀、过滤器和稳压组件(稳压阀、一级稳压阀、二级稳压阀)分为互为独立的两路，推力器接到控制信号后，打开相应的电磁阀，由喷管排出高速氮气，产生控制力，执行空间飞行器控制任务。

微型冷气推进系统的结构示意图如图 2.2 所示。

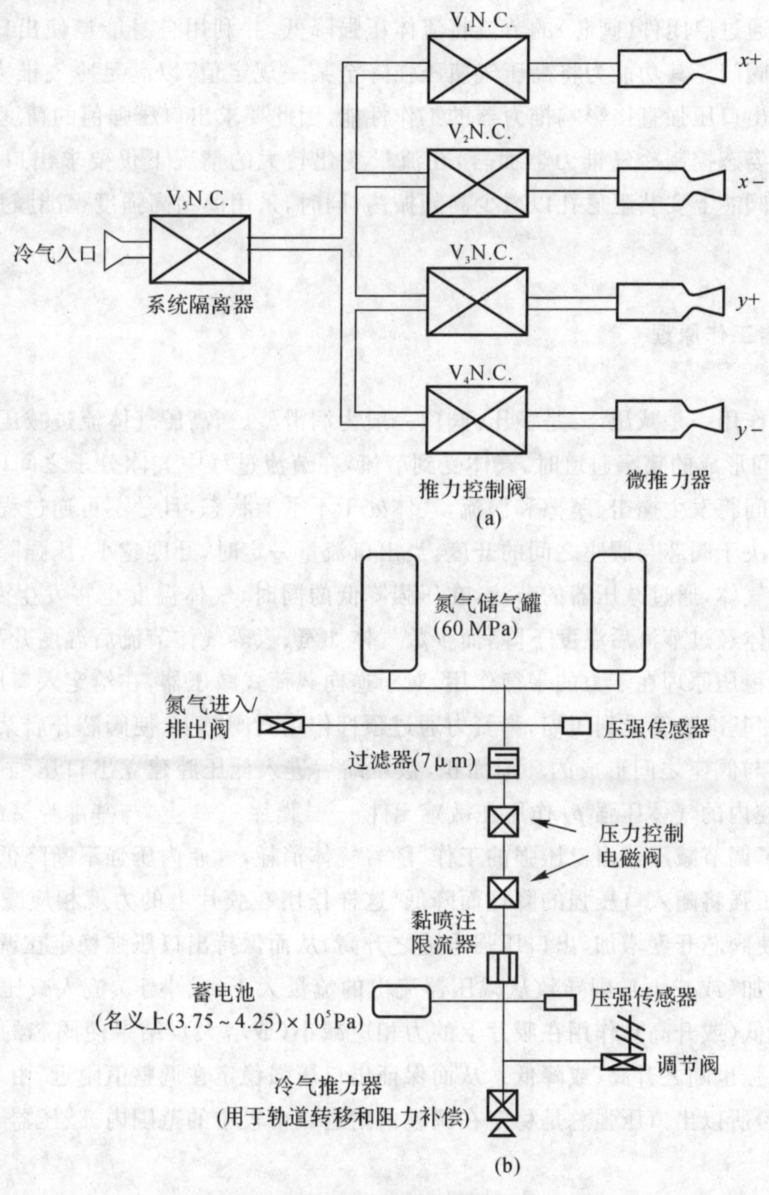

图 2.2　微型冷气推进系统

(a)微推力装置；(b)微推进系统图

2.2 稳压组件

稳压组件由减压器(含过滤器)、一级稳压阀、二级稳压阀组成,三种阀门工作原理相同。减压器是一种通过启闭件(阀芯)的节流将流体压强降低,并利用自身能量使出口压强自动满足预定要求的阀门。其功能为将高压气瓶压强降至某一规定值,以满足冷气推力器的工作要求。减压器的出口压强直接影响推力器的工作性能,因此要求出口压强值的精度高,动态特性好。特别对于姿态控制冷气推力器而言,在流量变化较大的情况下仍要求出口压强偏差小。一般的阀门在阀芯上安装阻尼孔以减少高频振荡;同时,采用薄型高强度聚酯膜片以提高阀门的灵敏度。

2.2.1 减压器工作原理

减压器的作用一是减压,二是稳压。阀门一般为润滑型。当高压气体流过减压器启闭件(阀芯)与阀座之间形成的狭窄通道时,气体受到节流,在节流过程中气体分子之间以及气体分子与通道壁面之间将发生撞击、摩擦和涡流,气体处于不平衡状态,且是不可逆过程。节流后压强降低的程度取决于阀芯与阀座之间的开度。当出口流量一定时,开度越小,压强降低的越多。

对于常用气体,通过减压器的节流,在压强降低的同时,气体温度也将发生变化。例如,常用的大多数气体经过节流后温度下降,而少数气体如氦、氢等气体节流后温度升高。

减压器的稳压原理在于力的平衡作用。对于逆向载荷式减压器,在给定入口压强 p_1 时,旋动调节螺钉,使基准弹簧受到压缩,弹簧力通过顶杆作用到阀芯上,使阀芯开启某一高度,高压气体经过阀芯与阀座之间形成的环形面积,被压缩后进入低压腔建立出口压强 p_2,并输出额定流量。低压腔内的气体压强 p_2 作用在敏感元件——膜片——上,与基准弹簧的作用力相平衡,这就完成了调节减压器出口压强的工作。随着气体消耗,气瓶内压强不断降低,若阀芯开度不变,则出口压强将随入口压强的降低而降低,这样作用在膜片上的力就相应减小,力的平衡被破坏,结果使阀芯开度增加,出口压强也随之升高,从而保持出口压强稳定在调整值附近。如果下游流量增加(或减小),则导致从减压器流出的流量大于(或小于)流入减压器的流量,出口压强将会降低(或升高),作用在膜片上的力相应减小(或增大),结果使阀芯的开度增加(或减小),出口压强也随之升高(或降低),从而保证出口压强稳定在调整值附近。由于减压器一般都有压差调节,所以出口压强总是稳定在调整值附近一个较小的范围内。减压器工作原理图如图 2.3 所示。

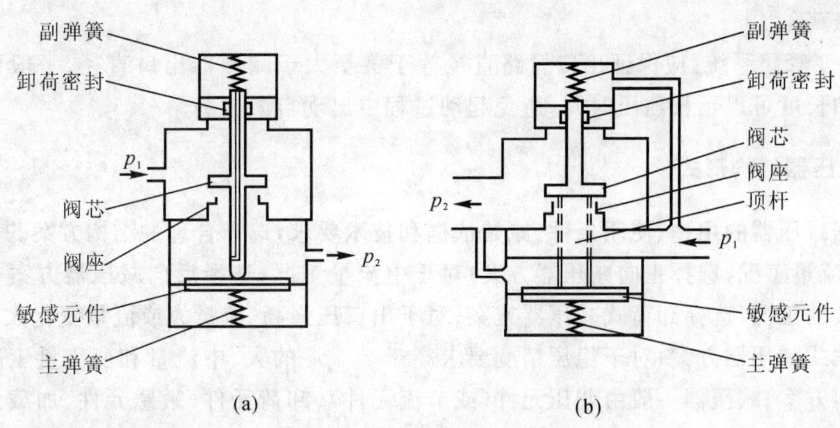

图 2.3　减压器工作原理图

(a) 逆向卸荷式；(b) 正向卸荷式

2.2.2　减压器特性

减压器特性包括静态特性和动态特性。静态特性是指在稳定流动状态下减压器出口压强与入口压强或流量等参数间的函数关系。当流量不变时，出口压强与入口压强的函数关系称为压强特性；当入口压强不变时，出口压强与流量的函数关系称为流量特性。动态特性是指在入口压强或流量突然变化或其他扰动因素的作用下，减压器出口压强与时间的函数关系。影响减压器动态特性的因素很多，其改善措施包括：

(1) 增加入口压强缓冲。在减压器入口增设限流元件（如孔板、缓冲器等），可以减缓入口压强的突然变化，改善动态特性。

(2) 增加弹性元件（如弹簧、膜片等）的总刚度，以提高活动系统的固有频率，提高抗干扰能力。

(3) 增加阻尼，包括增加运动件的摩擦阻尼和设置阻尼腔。

(4) 改变低压腔容积。增大低压腔容积可使气流在低压腔内的缓冲作用加大，增大了抗干扰能力。但低压腔过大也会加大压强振荡和阀芯振荡的相位差，在一定条件下使振幅加大而导致不稳定。

(5) 改变低压腔气流流动方向，使节流后气体不直接作用在敏感元件上，减小对敏感元件的干扰力。

(6) 阀芯开度加大可以改善动态稳定性。因为开度过小时，微量的开度变化会带来流量较大的变化，从而引起压强不稳定。但在保证最大工作开度下应使阀芯的机械行程小，这样可以减小高压气流的冲击，降低起动压强峰，有利于动态稳定，同时节流面处的流量设计应放置涡流，否则易发展为声频振荡。

(7) 减小活动件的质量。活动件的质量越小，运动惯性力也越小，较小的阻尼力可抑制系统的自激振荡。

(8) 改变管路系统。应保证出口管路直径等于甚至大于减压器出口直径。一般而言，加大管路直径和长度可以延长建压时间，避免起动过程中出现自激振荡。

2.2.3 减压器结构形式

应根据减压器的用途、使用条件、原始依据和技术要求，选择合理的结构方案。其基本原则为：对于小流量工况，选择正向减压器方案；对于中流量工况，选择反向减压器方案；对于入口压强变化大的工况，选择卸荷式减压器方案；对于出口压强高、流量大或流量变化大的工况，选择气压加载式减压器方案；对于稳压精度要求高于 $2\% p_2$ 的大、中流量和变流量工况，选择先导式减压器方案。减压器一般由调压元件(或节流元件)、卸荷元件、敏感元件、加载元件、过滤元件和安全机构等六部分组成。

典型稳压组件图如图 2.4 所示。

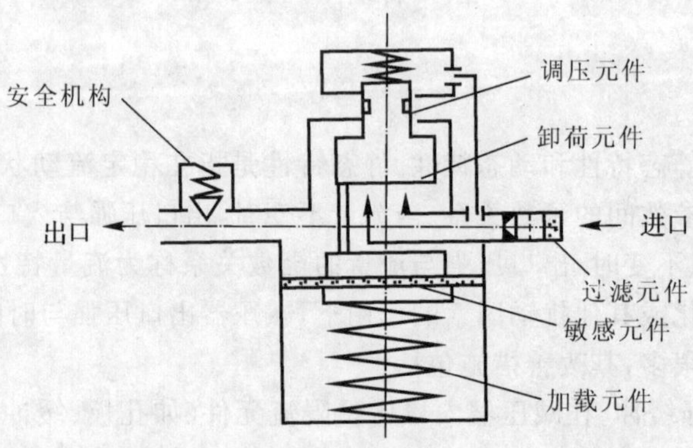

图 2.4 典型稳压组件图

下面列举稳压组件主要性能和结构参数：

输入压强： 21.0 ～ 3.0 MPa

减压器出口压强： 3 ± 0.45 MPa

一级稳压阀输出压强： 0.85 ± 0.05 MPa

二级稳压阀输出压强： 0.45 ± 0.027 MPa

输出压强可调范围： ± 20%

减压器最大流量： 70 g/s

一级稳压阀最大流量： 50 g/s

二级稳压阀最大流量： 3 g/s

工作循环次数： $\geqslant 10^6$ 次

质量： $\leqslant 3$ kg

下面列举 Moog 公司生产的稳压组件性能，见表 2.1。

表 2.1　稳压组件性能参数(Moog 公司产品)

参数	冗余的 50-719A	冗余的 50-823	单个 50E741	单个 50E7776	单个 50-857
入口压强/MPa	12.7 ~ 0.69 绝压	13.7 ~ 0.69 绝压	15 ~ 0.61 绝压	15 ~ 0.61 绝压	18.6 ~ 0.61 绝压
额定压强/MPa	0.4 ~ 0.144 绝压	0.13 ~ 0.14 绝压	0.255 ± 0.01 绝压	0.195 ± 0.007 绝压	0.255 ± 0.01 绝压
流量/$mg \cdot s^{-1}$	0.72(氙气)	4.5(氙气)	4 ~ 12(氙气)	4 ~ 12(氙气)	4 ~ 60(氙气)
关闭压强/MPa	< 0.154 绝压	< 0.154 绝压	< 0.345 绝压	< 0.345 绝压	< 0.345 绝压
关闭压强下内漏率/$mL \cdot h^{-1}$	< 6(氙气)	< 6(氙气)	< 3(氙气)	< 3(氙气)	< 3(氙气)
工作温度/℃	17 ~ 55	17 ~ 55	17 ~ 60	17 ~ 60	17 ~ 60
结构质量/g	1 050	1 050	517	517	517

注:内漏率的非法定计量单位为 scch,1 scch = 1 mL/h。

2.3　冷气推力器

冷气推力器是最早使用的空间飞行器动力装置,目前也被广泛应用于各种类型空间飞行器的姿态控制。其推进剂包括压缩空气、氮气、氦气、氩气和氖气,以及液化气体(包括氨气、一氧化二氮、丁烷等)。它们以压缩状态或液化状态储存在高压容器内。

冷气推力器的优点为结构简单、性能稳定、成本低,且推进剂无毒、无污染,不会对航天员或空间飞行器产生污染和伤害,并且冷气推力器采用 MEMS 技术很容易实现系统的微型化、集成化和批量生产。

2.3.1　设计计算

为得到冷气推力器结构参数,须对内部流动进行计算。计算中作下列假定:

(1) 在喷管任一截面上,气流为一维流动,气体参数是均一的;

(2) 气体为理想气体,即冷气不仅满足气体状态方程,且其比热比不随温度变化而变化;

(3) 不考虑各种损失,气体流动是定熵的,因此喷管中的总温 T^*、总压 p^* 保持不变。

假设气体在冷气推力器绝热,经喷管为完全膨胀,冷气推力器设计计算过程所用的公式如下:

气流温度比

$$\tau(Ma) = \frac{T}{T^*} = \left(1 + \frac{k-1}{2}Ma^2\right)^{-1} \tag{2.1}$$

推力器喷管面积比

$$\varepsilon(Ma) = \frac{A}{A^*} = \frac{1}{Ma}\left[\frac{1}{k+1}\left(1 + \frac{k-1}{2}Ma^2\right)\right]^{\frac{k+1}{2(k-1)}} \tag{2.2}$$

经喷管膨胀后压强比

$$\pi(Ma) = \frac{p}{p^*} = \left(1 + \frac{k-1}{2}Ma^2\right)^{-\frac{k}{k-1}} \tag{2.3}$$

流经推力器喷管的工质流量函数

$$q(Ma) = Ma\left[\frac{2}{k+1}\left(1 + \frac{k-1}{2}Ma^2\right)\right]^{-\frac{k+1}{2(k-1)}} \tag{2.4}$$

动压

$$\omega(Ma) = \frac{k}{2}Ma^2\left(1 + \frac{k-1}{2}Ma^2\right)^{-\frac{k}{k-1}} \tag{2.5}$$

式中，k 为气体比热比。

根据推力器喷管面积比 ε，利用面积比函数式(2.2) 可以获得喷管出口马赫数 Ma，并依次根据工作室压 p_c、推力室喷管入口温度 T_c，由式(2.1) 和式(2.2) 求出喷管出口截面的温度和压强等参数。

冷气推力器理论特征速度计算公式为

$$C_{th}^* = \frac{\sqrt{R_g T_c}}{\Gamma} \tag{2.6}$$

式中，$\Gamma = \sqrt{k}\left(\frac{2}{k+1}\right)^{\frac{k+1}{2(k-1)}}$。

冷气推力器真空推力系数

$$C_F = [2\omega(Ma_e) + \pi(Ma_e)]\varepsilon(Ma_e) \tag{2.7}$$

推力器喷管喉部截面气流参数，即压强、速度、温度、马赫数的计算公式分别为

$$T_t = T_c\left(\frac{2}{k+1}\right) \tag{2.8}$$

$$p_t = p_c\left(\frac{2}{k+1}\right)^{\frac{k}{k-1}} \tag{2.9}$$

$$u_t = \sqrt{\frac{2k}{k+1}R_g T_c} \tag{2.10}$$

$$Ma_t = \frac{u_t}{\sqrt{kR_g T_t}} \tag{2.11}$$

由于喷管内流动为膨胀过程，喷管内任一截面的气体流动参数和该处的压强比 $\pi(Ma)$ =

p/p^* 有关,由此可以得到任意截面的流动参数。

$$T_t = T_c(p/p^*)^{\frac{k-1}{k}} \tag{2.12}$$

$$u = \sqrt{\frac{2k}{k-1}R_g T_c\left[1-\left(\frac{p}{p^*}\right)^{\frac{k}{k-1}}\right]} \tag{2.13}$$

冷气推力器的真空比冲

$$I_s = C^*[2\omega(Ma_e)+\pi(Ma_e)]\varepsilon(Ma_e) \tag{2.14}$$

不同推进剂工质的冷气推力器的性能见表 2.2。

表 2.2　冷气推力器性能

推进剂		摩尔质量 / kg·kmol^{-1}	密度①/ g·cm^{-3}	比冲②/(m·s^{-1})	
				理论值	实际值
氢气	Hydrogen	2.0	0.02	2 900	2 667
氦气	Helium	4.0	0.04	1 754	1 620
氖气	Neon	20.4	0.19	804	735
氮气	Nitrogen	28.0	0.28	784	715
氩气	Argon	39.9	0.44	560	510
氪气	Krypton	93.8	1.08	380	360
氙气	Xenon	131.0	2.74③	300	270
氟利昂	Freon 12	121.0	0.98	450④	360
氟利昂	Freon 14	88.0	0.96	540	440
甲烷	Methane	16.0	0.19	1 117	1 030
氨气	Ammonia	17.0	0.60	1 030	940
丙烷	Propane	44.0	1.97	745	670
丁烷	Butane	58.0	2.59	676	610
一氧化二氮	Nitrous oxide	44.0	2.05	657④	600
二氧化碳	Carbon dioxide	44.0	Liquid	657	600

注:① 压强为 24.14 MPa(3 500 psia),温度为 273 K;② 温度为 298 K,真空条件下 $p_a=0$ Pa;③ 最好在低压 13.80 MPa(2 000 psia) 下储存,以增大推进剂与储箱的质量比;④ 温度为 311 K,面积比为 100。

2.3.2 结构设计

冷气推力器包括电磁阀和冷气喷嘴，为保证推力器结构紧凑、体积小、质量小和响应速度快，通常冷气推力器的电磁阀和冷气喷嘴采用一体化设计；同时，由于喷嘴结构尺寸小，为保证加工精度，一般采用锥形喷管型面。对于工作寿命长的冷气推力器，为保证推力器的泄漏率最小和响应速度快，采用双密封冗余形式的隔离阀与电磁阀紧密耦合结构，并使封口之间的不连通体积最小。冷气推力器结构如图 2.5 所示。

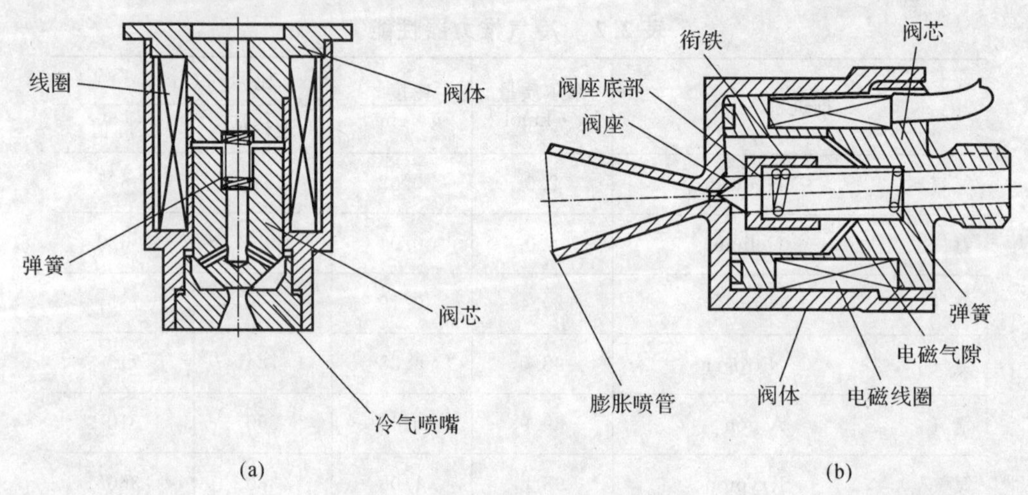

图 2.5　冷气推力器结构图

(a) 紧凑型结构；(b) 螺纹连接型结构

在推力器接收到电信号后，对电磁线圈通电，挡铁和衔铁（阀芯）之间产生电子吸引力，阀芯在电磁力的作用下克服阀芯上的弹簧力、摩擦力和推进剂压强力，使阀芯抬起，推力器开始工作；断电后，磁场消失，阀芯在弹簧力和推进剂压强力的作用下克服剩余磁力与摩擦力，阀芯回到阀座上，切断阀芯与阀座之间的通路，推力器停止工作。

表 2.3 列出了某些冷气推力器产品的性能参数。

表 2.3　冷气推力器性能参数

制造商	尺寸 / mm × mm	推力 F / mN	工作温度 / ℃	比冲 I_s / m · s^{-1}	压强 p_c / kPa	响应时间(T_{90}/T_{10}) / ms	内漏率 / mL · h^{-1}	质量 W_t / g
Moog	/	3 500	−40 ~ 60	676(N_2)	1 480	<4	<60	22
Moog	/	3 100	4 ~ 60	1 490 (He)	7 580 ~ 10 000	1.4/2.0	<1 000	14

续表

制造商	尺寸 mm × mm	推力 F mN	工作温度 ℃	比冲 I_s $m \cdot s^{-1}$	压强 p_c kPa	响应时间(T_{90}/T_{10}) ms	内漏率 $mL \cdot h^{-1}$	质量 W_t g
Moog	/	1 200	−40 ～ 60	670(N_2)	340 ～ 2 070	3.5/3.5	＜6	16
Moog	/	16	−50 ～ 60	637(N_2)	0 ～ 250	2.5/2.5	＜1	40
Moog	58 × 125	4.5	−40 ～ 60	637(N_2)	34.5	0.94/0.94	＜0.1	7.34
Moog	58 × 141	5.3	−40 ～ 60	637(N_2)	275	0.35/0.35	＜1	5.5
Moog	58 × 115	2 890	−50 ～ 60	670(N_2)	1 460	3.5/3.5	＜3	13
Marrotta	/	50 ～ 1 000	−40 ～ 60	637(N_2)	350 ～ 6 980	＜5.0	＜5	＜50
Marquardt	/	4 500	−50 ～ 60	670(N_2)	8 840	＜1.1	＜10	5.4

2.4　冷气推进系统发展趋势

冷气推进系统的突出特点是系统组成简单、无污染、制造成本低和使用维护方便等，它在相当长的时间内仍然将有一定的应用前景，如微小空间飞行器、空间站以及导弹武器系统的姿态控制等。目前冷气姿态控制动力装置也在不断地发展，其中包括探索新型冷气工质技术、系统优化技术、微小型化组合件技术的研究。

2.4.1　新型冷气工质技术

由于广泛应用的冷气推进系统有两个缺陷，即需要高压储存和工质易于泄漏。高压储存不仅大大降低了推进系统的安全性，而且高压气瓶的体积与质量较大；系统工质的泄漏会影响到工作可靠性和工作寿命。为克服冷气推进系统的不足，国内外开展了液化气推进技术的研究。所谓液化气推进是指推进剂气体以液态储存，工作时用加热或气化装置使之气化，通过喷管喷射产生推力。推进剂可液化储存，其液态密度远高于冷气的密度；系统不需要高压气瓶、减压器和管路分系统，使得系统质量显著减小，工作压强降低，安全性和可靠性明显提高。因此，它具有质量小、体积小、成本低和可靠性高等优点。

冷气和液化气性能的比较见表 2.4，图 2.6 所示是液化气推进系统及其推力室的示意图。

表 2.4 冷气和液化气性能比较

推进剂	冷气		液化气				
	N_2	Xe	C_4H_{10}	C_3H_8	NH_3	N_2O	CO_2
相对分子量	28	131	58	44	17	44	44
20℃ 时储存压强 /MPa	20	5.8	0.21	0.84	0.83	5.1	5.73
密度 /($kg \cdot m^{-3}$)	220	1 100	530	430	550	740	760
理论比冲 /($m \cdot s^{-1}$)	750	303	683	745	1 030	642	637
密度比冲 /($kN \cdot s \cdot m^{-3}$)	165	333	362	321	566	476	485

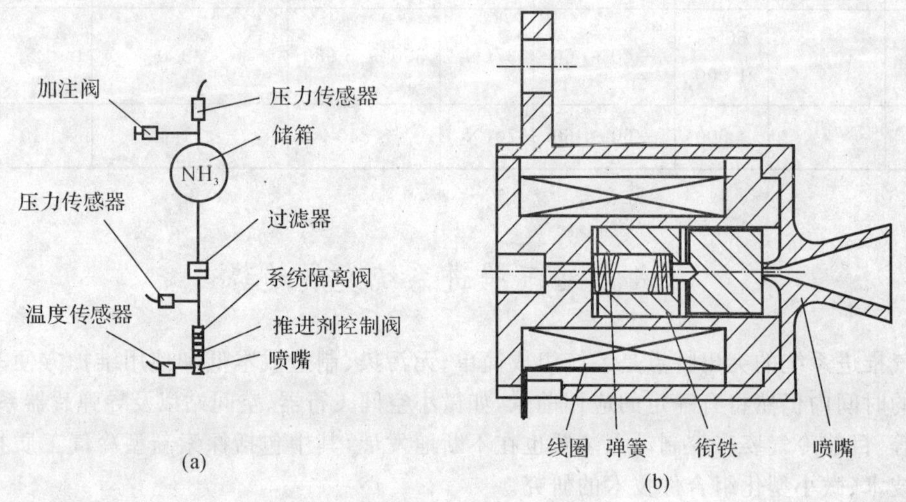

图 2.6 液化气推进系统及其推力室

(a) 系统原理图；(b) 推力室结构图

2.4.2 系统优化技术

冷气推进系统在各类空间飞行器、空间站和空间武器中有着广泛的应用。由于不同的应用对象和功能，对系统有不同的技术要求，针对冷气推进系统的工作参数、系统组成和技术方案，需要依据系统优化理论开展大量的试验和研究。对系统进行优化，将对减少冷气用量、减轻结构质量、增加可靠性、降低成本等方面带来很大收益。

2.4.3　微小型化组合件技术

冷气推进系统的显著特点是结构简单、质量小、体积小和可靠性高，为满足高性能微小空间飞行器、快速机动导弹和空间站等的要求，国内外在系统组件的微小型化方面开展了大量的研究。例如，Moog 公司为适应 KKV 拦截器而研制的高压柱塞式减压器和两级驱动电动气阀，以及采用 MEMS 技术研制的微型化喷管、微型推力器和微型阀门等。在轻质化组件研究方面，金属内胆复合材料缠绕高压气瓶的研制也极其重要。

图 2.7 ～ 图 2.9 所示是微小型化组合技术的示例。

(a)

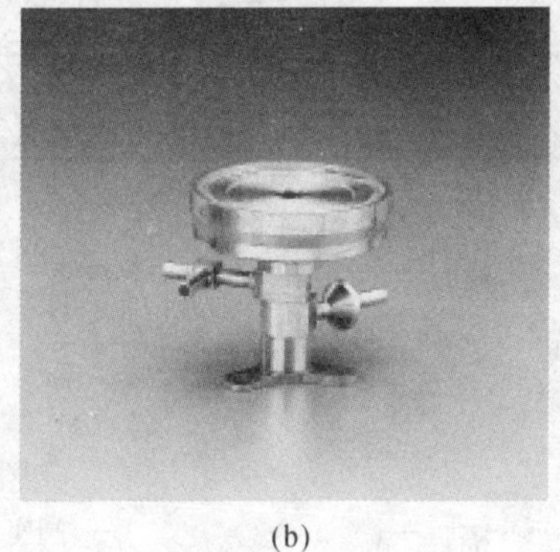

(b)

(c)

图 2.7　微型组合件结构图

(a) 高压减压器；(b) 两级驱动电动气阀；(c) 微喷管

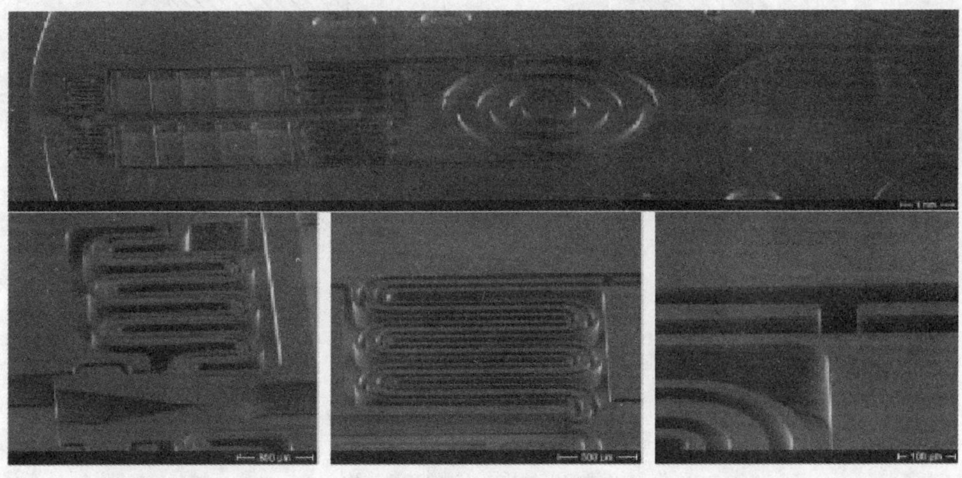

图 2.8　MEMS 冷气推力器

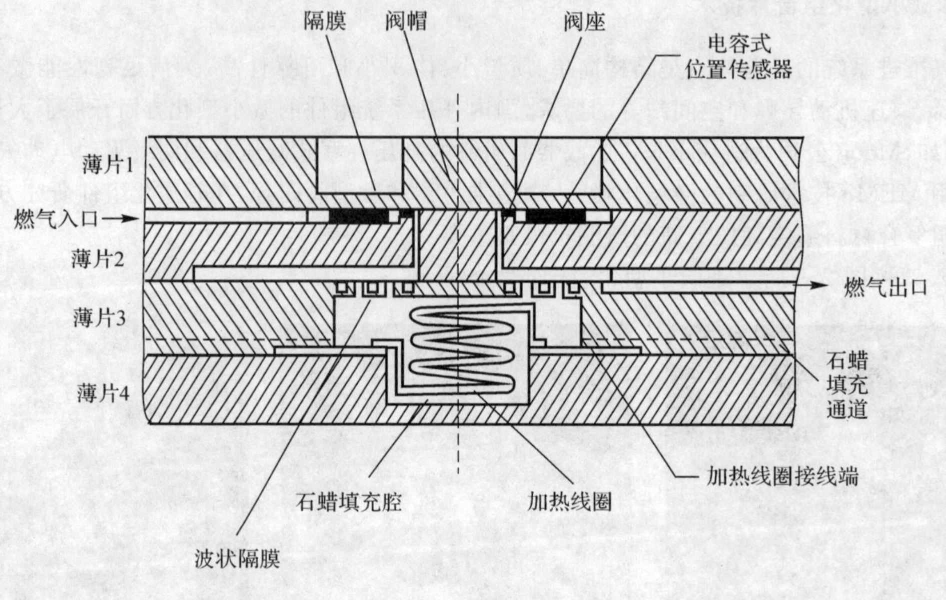

(a)

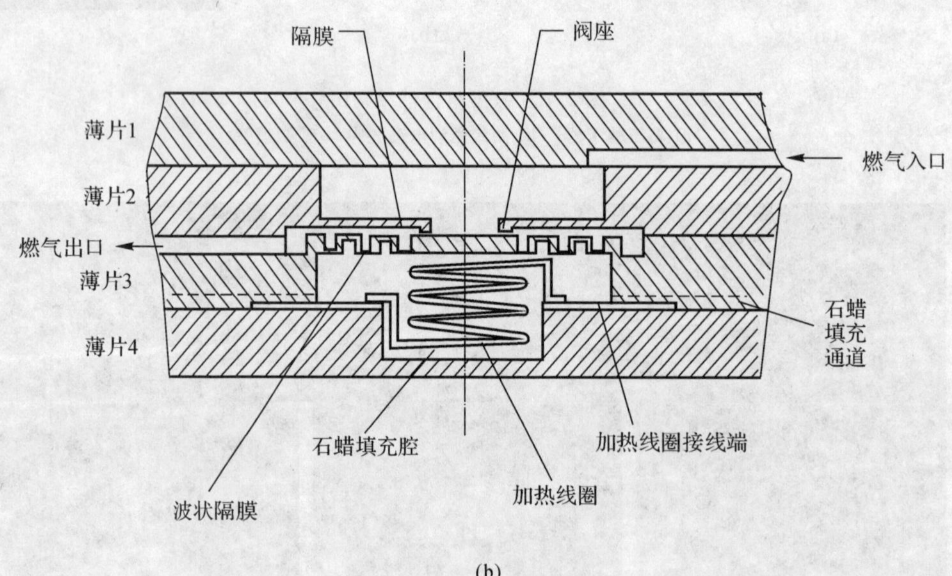

(b)

图 2.9　MEMS 微型阀

(a) 常闭型结构；(b) 常开型结构

第3章　固体火箭发动机(SRM)

3.1　概　述

固体火箭发动机(Solid Rocket Motor,SRM)是指不利用外界空气、只利用飞行器自带的固体推进剂(燃料和氧化剂),经过燃烧反应产生喷气射流,进而产生反作用推力的热动力装置,是人类最早的喷气式火箭发动机。

固体火箭技术起源于中国。在中国的宋朝时期(公元960—1279年),以黑火药为能源制成的各种火箭,不仅应用于焰火娱乐,也应用于军事战争。图3.1和3.2是中国古代,也是世界最古老的两级火箭——火龙出水——的示意图。

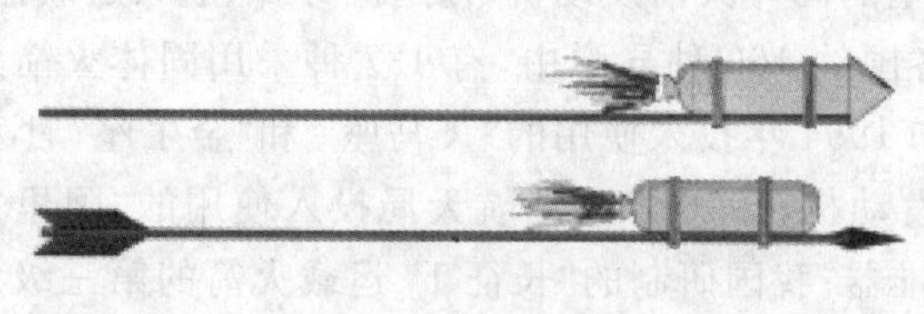

图3.1　中国古代火箭示意图

图3.2　中国最古老的两级火箭——火龙出水

中国火箭技术西传,是13世纪元兵西征,经阿拉伯人传入欧洲,后来又传入印度。火箭西传后得到了极大的改进和广泛的应用。例如,在英国,Roger Bacon改进了黑火药的性能,增大了火箭的射程;在法国,Jean Froissant通过管子发射火箭,提高了火箭的飞行精度(管式发射可认为是现代火箭炮的前身);在意大利,Joanes de Fontana设计了可在水面飞行的用于攻击船只的早期鱼雷,如图3.3所示。

火箭西传后最著名的应用是1867年英军进攻丹麦的哥本哈根,一共发射了约4万枚火箭,取得了战争的胜利。以后在丹麦、俄国等欧洲国家都相继应用火箭于军事战争。

从中国古代的火箭开始,到19世纪欧洲的火箭应用于战争,是固体火箭技术发展的第一个时期。这一时期只有固体火箭,没有液体火箭,所用的推进剂是黑火药,能量不够高,技术也比较原始,但它们的工作原理和近代固体火箭的工作原理是一样的。

近代固体火箭技术的发展始于20世纪30年代硝化甘油无烟火药的发明。有了这种无烟火药，固体火箭得到了新的推进剂，开始了一个新的发展阶段。当时苏联、德国等都采用无烟的双基推进剂，研制和生产了大量的各种近程野战火箭弹，如苏联著名的“卡秋莎”野战火箭。迄今，采用双基推进剂的固体火箭发动机仍然广泛地用于各种近程武器系统上。

图 3.3　早期鱼雷示意图

20 世纪 40 年代末固体复合推进剂和改性双基推进剂的出现，加速了近代固体火箭发动机技术的发展。到了 20 世纪 80 年代，固体火箭发动机在推进剂性能、材料、结构设计和制造工艺等方面均有重大发展。

由于技术的发展，各国先后研制了各种类型的固体火箭发动机，以适应导弹、航天运载器、航天器等不同推进任务的需求。例如，在世界各国约 160 种导弹中，有 137 种采用固体火箭发动机，应用范围达 85% 以上；美国于 1990 年和 1994 年投入使用的“飞马座”和“金牛座”小型航天运载器分别采用了三级和四级固体火箭发动机；1996 年欧洲航天局投入使用的“阿里安 5”运载火箭采用了直径约 3 m 的固体火箭助推器；我国研制的“长征 1”运载火箭的第三级发动机采用了直径约 0.766 m 的固体火箭发动机。在航天器用固体火箭发动机方面，美国研制了“Star”和“Orbus”系列固体火箭发动机，分别用于转轨发动机、上面级发动机、远地点发动机、近地点发动机和“惯性上面级”第二级发动机等，其最高质量比为 0.946、最大真空比冲为 3 000 m/s。我国也成功地研制了返回式卫星用的制动发动机、通信卫星的远地点发动机和运载火箭的转轨发动机等。到目前为止，固体火箭发动机的推力可达 2 N ～ 1 MN，直径可从 2.5 cm 到 6.6 m，已成为应用最广泛的火箭推进系统。目前，战略导弹与航天运载器用固体火箭发动机正在朝着大型化、大推力、高效能、长时间工作的方向发展，而航天器用固体火箭发动机则是朝向小型化、能多次起动、脉冲式工作的趋势发展。

3.2　基本组成

固体火箭发动机无论是应用于战略 / 战术导弹、航天运载器还是应用于航天飞行器，发动机的主要组成部件均为燃烧室、喷管、推进剂主装药、点火装置等。典型的固体火箭发动机组成如图 3.4 所示。

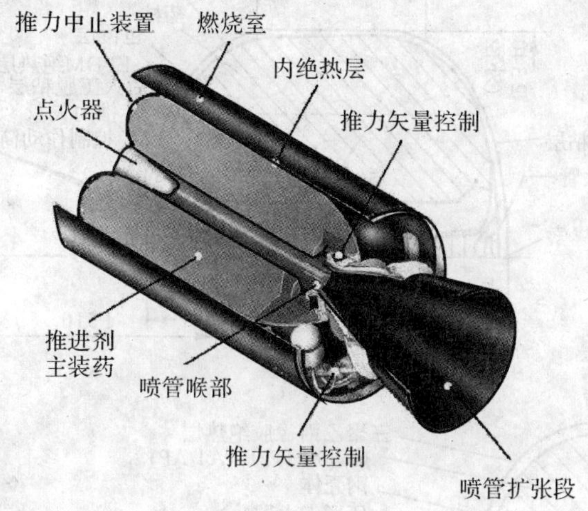

图 3.4　典型固体火箭发动机示意图

固体火箭发动机各部件的主要功能简述如下。

1. 燃烧室(combustion chamber)

燃烧室既是储存推进剂主装药的容器，又是推进剂主装药燃烧的场所。因此，不仅要有一定的容积，而且还要有承受高温、高压的能力。燃烧室的结构形式有圆柱形、球形或椭球形，材料为高性能的金属和非金属复合材料，如各种合金钢、铝合金和钛合金，碳纤维、玻璃纤维等加树脂缠绕成型的非金属材料等。为了防止燃烧室壳体材料因过热而破坏，在燃烧室与高温燃气接触的内表面，粘涂各种隔热材料形成热防护层。

航天运载器和战略 / 战术导弹用固体火箭发动机大多采用圆柱形燃烧室，有的也采用球形或椭球形燃烧室。例如，日本研制的 M－4S 运载火箭的第四级固体火箭发动机 M－40，燃烧室壳体采用的是由 Ti－2Al－2Mn 薄板爆炸成型两个半球体后焊接而成的；美国的“和平保卫者”MX 大型固体地对地洲际弹道导弹的第三级发动机“MX－3*”的燃烧室壳体是由凯夫拉-49 纤维与 HBRF－241 树脂为基体缠绕而成的球形燃烧室；美国的 FGM－77A 反坦克导弹发动机“Dragon”的燃烧室是用铝材制成的近似球形。而航天器用固体火箭发动机大多采用短圆柱形、球形、椭球形或圆锥和圆柱组合形燃烧室。例如，美国“雷神-博纳(Thor-Burner)2”火箭的抛射级发动机“Star 13A”TE－M－516 的燃烧室是由钛合金制成的椭球形；日本发射的 EXOS-D科学卫星的入轨发动机“KM-D”固体火箭发动机的燃烧室是由钛合金制成的球形；中国研制的、最大的航天器用固体火箭发动机，即“长征 2E”运载火箭的近地点发动机“EPKM”的燃烧室为圆柱形、材料为玻璃纤维增强塑料；美国增程拦截弹 ERINT 的姿轨控发动机 ERINT－C* 的发动机壳体(包括燃烧室壳体和喷管体)则是圆锥和圆柱组合形(见图 3.5)。

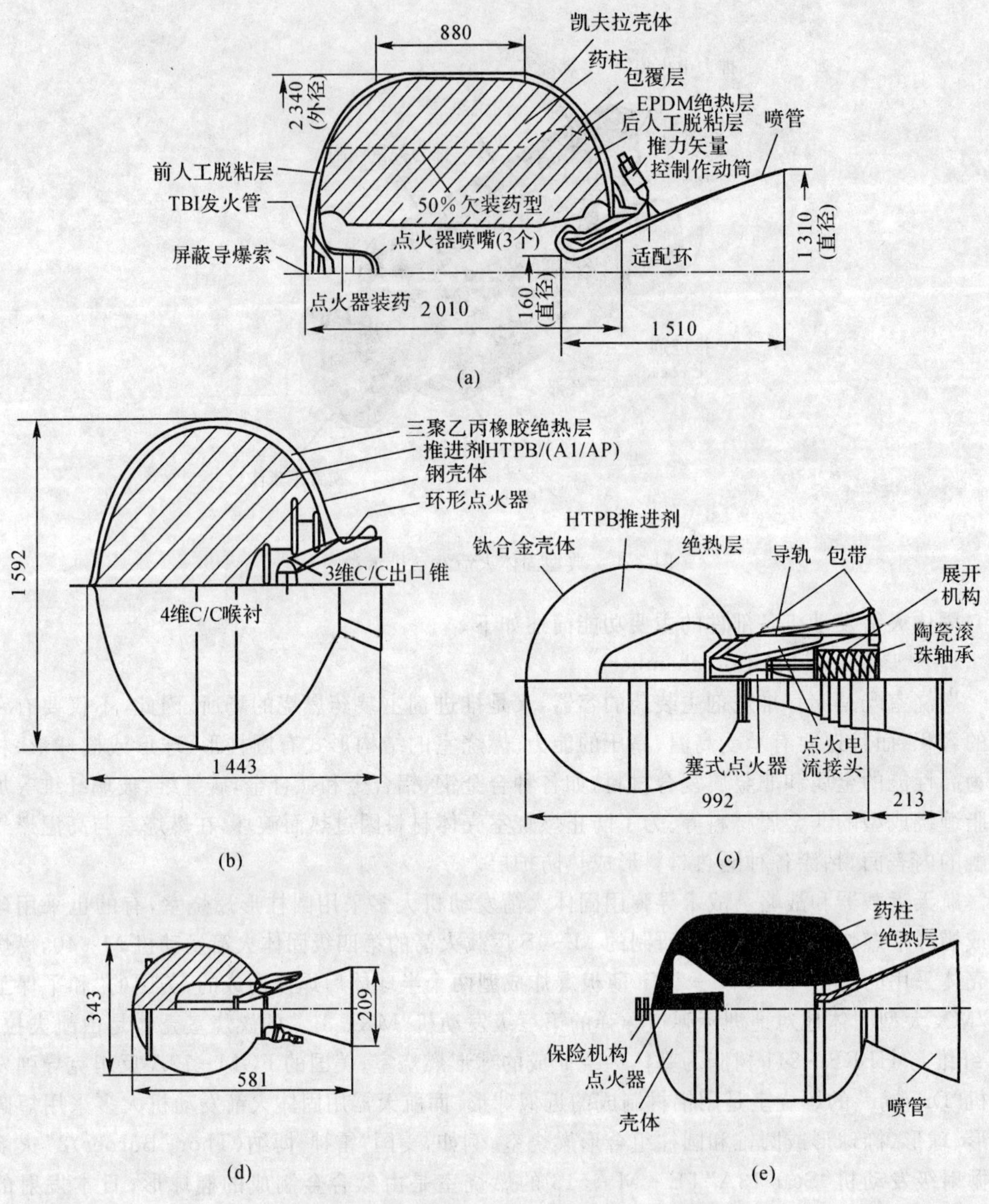

图 3.5　部分航天器用固体火箭发动机结构示意图(单位:mm)

(a)"Orbus 21" 发动机结构图;(b)"Star 62" 固体火箭发动机;

(c)"KM-D" 发动机结构图(可延伸喷管结构);

(d)"Star 13A" 发动机结构图;(e)"EPKM" 发动机结构图

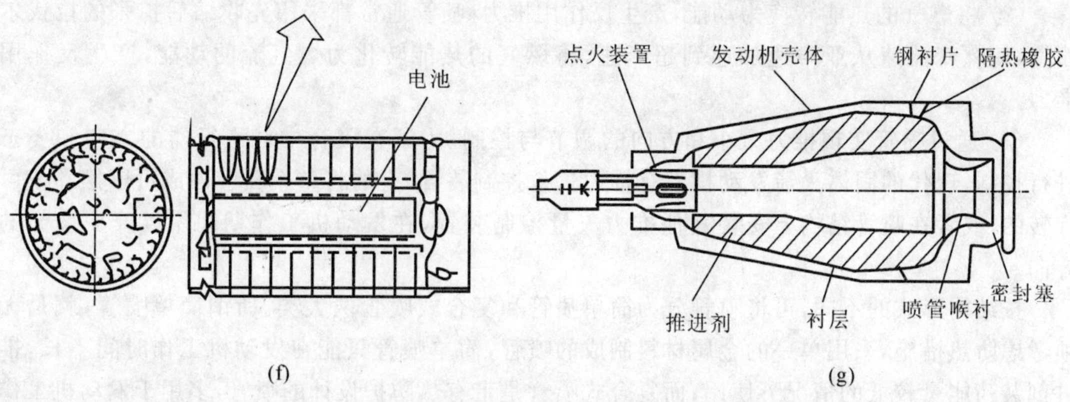

续图 3.5　部分航天器用固体火箭发动机结构示意图

(f) 增程拦截弹姿态控制发动机舱(共 10 圈,每圈 18 台发动机);(g) 姿态控制发动机结构图

2. 推进剂主装药(propellant grain)

主装药是根据预期的发动机推力方案,制成一定形状和尺寸,放置于燃烧室中的固体推进剂药柱。固体推进剂包括燃料、氧化剂和其他辅助组元。为了保证主装药燃烧表面的变化规律,实现预期的推力方案,需要对装药表面的某些部分用阻燃层进行包覆,防止其参与燃烧。主装药是固体火箭发动机工作的能源和工质源。主装药与燃烧室的结合方式有下述两种形式。

(1) 自由装填式:即将主装药直接放在燃烧室中并进行可靠固定。自由装填式主装药与燃烧室是可分解的。

(2) 贴壁浇铸式:即将推进剂药浆直接注入燃烧室内固化成型。贴壁浇铸式主装药与燃烧室粘连成一体,是不可分解的。

目前常用的推进剂种类有双基推进剂、复合推进剂和改性双基推进剂。双基推进剂由于能量比较低,大多用于各种近程武器系统,而复合推进剂和改性双基推进剂因其能量比较高,且可浇铸成复杂的药型而多用于航天运载器和航天飞行器等。

3. 点火器(ignition system)

点火器用于点燃主装药,使发动机顺利起动工作。航天器用点火装置一般由安全保险机构和点火器组成。点火器包括发火管、点火药盒和点火药或点火发动机。而安全保险机构的主要作用是防止点火装置意外点火,一般分为电保险和机械保险两大类。电保险就是在点火电路中安装滤波装置,以滤掉点火信号以外的干扰电流;机械保险就是平时用堵块堵住电发火管与点火药盒之间的传火通道,从而使点火装置处于安全状态,若将堵块移去,打通传火的通道,点火装置就处于“战备状态”。

4. 喷管(nozzle)

喷管既是燃烧室内高温高压燃气的出口,又是一个能量转换装置。其功能如下:

(1) 控制高温燃气的流出,以保证燃烧室内有足够的压强,使推进剂主装药正常燃烧。

(2) 将燃气的热能转换为动能，产生反作用推力。喷管通常都采用先收缩后扩张的拉伐尔喷管，使燃气流速从亚声速加速到超声速，将燃气的热能转化为燃气流的动能，产生反作用推力。

(3) 通过喷管实现推力大小和方向的调节与控制。为了在飞行中对飞行器的方向和姿态进行控制，现代的固体火箭发动机都有推力矢量控制装置，有的将整个喷管做成可以摆动或可旋转的，或者在喷管结构上安装其他推力矢量控制装置，在发动机工作期间用以改变推力的方向。

按结构形式的不同，可将喷管分为简单喷管和复合式喷管两大类。所谓简单喷管，就是无须考虑防热措施，采用单一的金属材料制成的喷管，简单喷管只能在发动机工作时间不长，推进剂装药能量较低的情况下使用；而复合式喷管是带有热防护设计的喷管，多用于发动机工作时间较长，又采用燃烧温度较高的复合推进剂的发动机。

根据喷管与燃烧室间的安装相对位置，又可将喷管分为潜入喷管和非潜入喷管两大类。

航天器用固体火箭发动机的喷管大多采用潜入式复合喷管(见图 3.5)。

5. 推力矢量控制(thrust vector control)

根据控制指令采用机械或非机械方法改变喷管中燃气排出的方向，使其与发动机轴线偏斜一定角度 θ，从而改变发动机推力 F 的方向，这时就产生一个与飞行器轴向垂直的径向控制力 F_s，控制力 F_s 围绕飞行器质心产生一个控制力矩 M_s，实现飞行器的姿态控制。固体火箭发动机通常是通过喷管实现推力矢量改变的。例如，美国航天飞机有效载荷舱近地点发动机“Star 63D”TU－936 就是采用柔性喷管来实现推力矢量控制的，而惯性上面级发射有效载荷的发动机“Orbus 21” 则采用液浮轴承摆动喷管来实现推力矢量控制。

推力矢量控制一般是指推力大小和方向的控制。但在固体火箭发动机中，推力的大小是通过燃面变化设计来实现的，因此，这里所说的推力矢量控制，只指推力方向的控制。

6. 推力终止装置(thrust termination)

推力终止装置通常是在燃烧室头部打开反向喷管，产生反向推力来终止发动机原来的推力。装置的主要功能是使固体火箭发动机根据飞行任务要求准确地实现推力终止。例如，航天飞行器的入轨发动机，要求在达到预定的高度和速度的时候，准确地停车，实现推力终止，以确保航天器入轨的准确性。

典型的航天器用固体火箭发动机如图 3.5 所示。

3.3 工作原理

固体火箭发动机无论是应用于战略／战术导弹、航天运载器还是应用于航天飞行器，发动机的工作原理都是一样的，即以很高的速度向后喷射出工质气体，由此获得反作用推力，从而使飞行器或向前飞行，或改变飞行速度。因此，固体火箭发动机的工作原理基于牛顿第三定律，即作用力与反作用力原理，如图 3.6 所示。日常生活中利用反作用力推进的例子也很多。例如，充气气球的放气飞行，就是通过向后排气产生反作用推力实现的；湖中手动桨划行船，是通过划桨向后加速水，水给船以反作用推力，使船前行；等等。

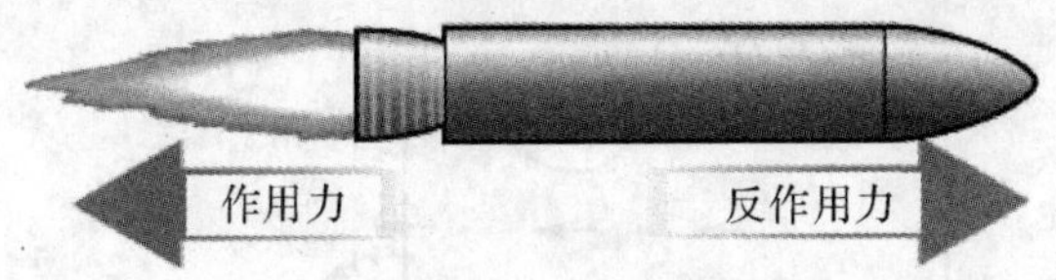

图 3.6　火箭发动机工作原理示意图

固体火箭发动机的工作过程可以这样描述：点火器工作 → 点火药燃烧产生高温点火燃气 → 点燃主装药，主装药按预定规律燃烧产生高温高压的燃气，将化学能转化为热能 → 高温高压燃气在喷管中膨胀加速，燃气的热能转化为燃气的动能 → 燃气喷出产生反作用推力。因此，固体火箭发动机工作过程的核心也就是两次能量转换过程：燃气热能的产生过程，热能到射流动能的转化过程。能量转换过程如图 3.7 所示。

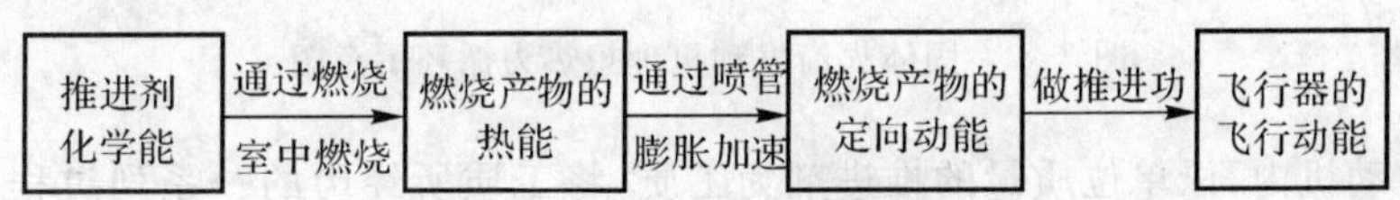

图 3.7　固体火箭发动机的能量转换过程示意图

由此可见，固体火箭发动机是一种热动力装置。根据热力学的基本原理，可将固体火箭发动机的工作过程用热力循环的概念加以说明。但是，实际的发动机工作过程是一种复杂的、不平衡的和不可逆的过程。为了便于应用热力学和气体动力学的基本理论对发动机的实际工作过程从理论上进行分析计算，需要将发动机实际的工作过程简化，抽象为一种理想的工作过程。为此，作如下基本假设：

(1) 发动机工作过程(即推进剂在燃烧室中的燃烧过程和燃烧产物在喷管中的流动过程)是稳定的，不随时间而变。

(2) 作为工质的燃烧产物具有理想气体的性质，符合理想气体定律，其平均比热容不变。

(3) 推进剂在燃烧室内完全燃烧，燃烧过程的细节可以忽略不计。

(4) 工质的流动是等熵的，与外界无热交换，不存在摩擦、黏性等耗散损失。

(5) 工质在垂直于发动机轴线的任何截面上各处的状态参数(如速度、压强、温度和密度)都相等。

(6) 工质在喷管入口处的速度为零，在喷管出口处的速度方向都平行于喷管的轴线。

作出上述假设是有根据的。无论是固体推进剂还是液体推进剂都可使之燃烧一致、稳定工作；在发动机燃烧室壁和喷管壁均可采取绝热措施，减少热交换和摩擦损失；除了尺寸很小的发动机外，一般对室壁的散热损失小于 2%，故可忽略；由于燃烧产物的温度很高，压强却并不很高，故将燃烧产物视为理想气体所带来的误差是很小的。

图 3.8 所示是借助热力学中的 $p-V$ 图(又称压容图、示功图)和 $T-S$ 图(又称温熵图、示热图)来示意描述固体火箭发动机的理想工作过程。

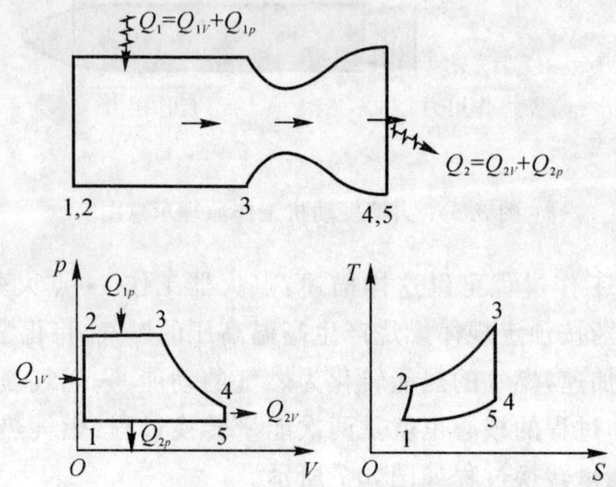

图 3.8 固体火箭发动机理想热力循环示意图

在火箭发动机内，以单位质量的推进剂为工质，将工质所经历的一系列过程加以简化，可将发动机的整个工作循环分成下述 5 个过程。

1. 定容压缩过程(见图 3.8 中的 1—2)

常温常压下的推进剂在燃烧室内瞬时点燃后，产生高温高压的燃烧产物，压强迅速上升，直至达到燃烧室内的额定平衡压强。在这一过程中，由于固体(或液体)推进剂的比容远小于燃烧产物的比容(两者的比值不大于 0.5%)，而且推进剂实际上是不可压缩的，因而压缩功等于零。反映在 $p-V$ 图上 1—2 线垂直向上并近似与 p 轴重合，在 $T-S$ 图上温度和熵值均增加(点火产生的热量相当于外界加给系统的热量 Q_{1V})。

2. 定压加热过程(见图 3.8 中的 2—3)

在这一过程中，推进剂在定压环境下持续燃烧，相当于将推进剂的定压爆热 Q_{1p} 几乎全部施加给工质(推进剂定压爆热是指 1 kg 质量的推进剂在真空条件下进行绝热、定压燃烧，并使反应产物冷却到规定温度时所放出的热量)，固体推进剂不断变为气态燃烧产物，因而比容增加，工质的温度继续有所增高。

3. 等熵膨胀过程(见图 3.8 中的 3—4)

在这一过程中，燃烧室内的高温高压燃气工质在喷管内作等熵膨胀流动，工质的压强、温度不断降低，比容、速度增大，最后从喷管出口处排出。此过程反映在 $T-S$ 图上是一条平行于 T 轴的直线。此时，在喷管出口处燃气工质的温度仍远高于周围介质的温度，喷管出口处的燃气压强通常也略高于周围介质的压强。因此，工质接着向“冷体”(周围介质)有一个放热过程，假设此放热过程分为两个阶段：第一阶段即图中的 4—5；第二阶段为图中的 5—1。

4. 定容放热过程(见图 3.8 中的 4—5)

在这一过程中,喷管出口处的压强迅速降至周围介质的压强,假设这一过程是一个定容放热过程,因而工质的比容不变,而压强、温度和熵均减小(相当于从系统中抽走热量 Q_{2V})。

5. 定压放热过程(见图 3.8 中的 5—1)

在这一过程中,工质在与周围介质相同的压强下放热、冷却并凝结,直至最后恢复到循环的初始状态(放走的热量为 Q_{2p})。

3.4 主要性能参数

表征固体火箭发动机性能和工作质量的基本性能参数包括推力、喷气速度、流率、特征速度、推力系数、工作时间、总冲和比冲等,而对于航天器用固体火箭发动机,发动机的后效冲量也是一个重要的指标。下面着重讨论各参数的基本概念、基本计算公式及影响它们的因素。

3.4.1 推力

1. 推力的定义

当火箭发动机工作时,作用于发动机所有表面(包括内、外表面)上的作用力的合力,定义为火箭发动机的推力。推力是火箭发动机的一个主要性能参数,它表征了一个发动机的工作能力。飞行器依靠推力起飞加速,克服各种阻力,完成预定的飞行任务。

当火箭发动机不工作时,其内、外表面均受到外界大气静压强的作用而处于受力平衡状态,因而推力为零。当火箭发动机工作时,其内表面受到高温高压燃气的作用,而且随着燃气流速的变化,发动机内表面上的燃气压强分布也是变化的,但发动机的外表面仍然受到外界大气静压强的作用(见图 3.9),此时发动机内、外表面的受力处于不平衡状态,其全部作用力的合力就构成了火箭发动机的推力,一般用符号 F 表示。

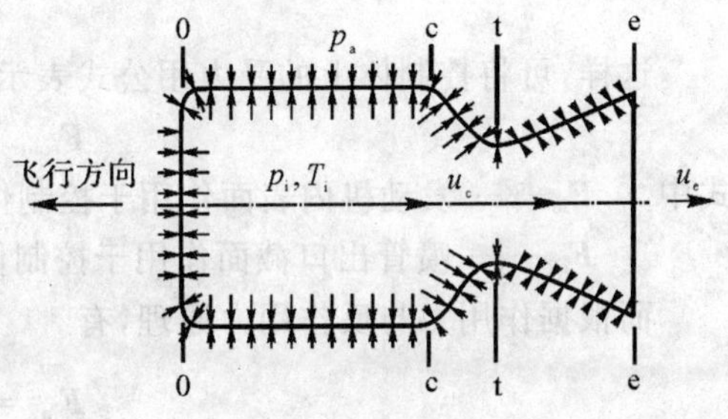

图 3.9　发动机内、外表面上压强分布示意图
(图中箭头的长短表示压强的大小)

2. 推力的计算公式

根据推力的定义,可将推力用公式表示为

$$\boldsymbol{F} = \boldsymbol{F}_{内} + \boldsymbol{F}_{外} = \int_{A_{in}} p_i \boldsymbol{n} dA + \int_{A_{ex}} p_a \boldsymbol{n} dA \tag{3.1}$$

式中　p_i—— 发动机燃烧室内的燃气压强(Pa)。

p_a—— 发动机工作时的周围环境压强(Pa)。

A—— 发动机的表面积(m^2),下标 in 为内表面,ex 为外表面。

$\boldsymbol{n}$—— 发动机表面的法向矢量。

对于一个给定的发动机,表面积 A、工作环境压强 p_a 都是比较容易得到的,但是燃烧室内的燃气压强 p_i 沿发动机轴线是变化的,因此为了计算发动机的推力,还须对式(3.1)进行进一步的推导。推导的依据是动量定律,即燃气的动量变化率应等于燃气所受到的外力。

为了便于推导,对发动机工作过程作如下的简化处理:

(1) 发动机为轴对称体,且喷管内燃气为一维定常流动,不计燃气重力;

(2) 发动机燃烧室内为零维流动,即燃烧室内各点的燃气压强、温度均相等;

(3) 发动机处于不变的环境压强中。

取发动机内壁面和喷管出口截面所围成的体积为控制体,以控制体内的燃气为研究对象,那么作用在控制体上的力为发动机内壁面上的力和喷管出口截面上的反作用力,如图 3.10 所示。

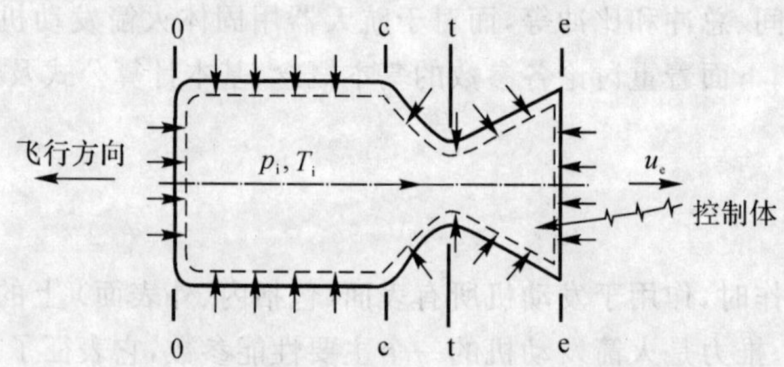

图 3.10 火箭发动机内燃气控制体示意图

这样,可将控制体上的受力用公式表示为

$$\boldsymbol{F}_{\text{control}} = \boldsymbol{F}_{\text{in}} + \boldsymbol{F}_{\text{ex}} \tag{3.2}$$

式中 $\boldsymbol{F}_{\text{in}}$—— 发动机内表面作用于控制体上的力;

$\boldsymbol{F}_{\text{ex}}$—— 喷管出口截面作用于控制体上的反作用力。

而根据作用力与反作用力原理,有

$$\boldsymbol{F}_{\text{in}} = -\int_{A_{\text{in}}} p_i \boldsymbol{n} \mathrm{d}A$$

即发动机内表面作用于控制体上的力与控制体内燃气作用于发动机内表面上的力为作用力与反作用力。

另外,根据一维定常流动假设,有

$$\boldsymbol{F}_{\text{ex}} = -p_e \boldsymbol{n} A_e$$

那么,式(3.2)变为

$$\boldsymbol{F}_{\text{control}} = -\int_{A_{\text{in}}} p_i \boldsymbol{n} \mathrm{d}A - p_e \boldsymbol{n} A_e$$

在发动机稳定工作时,发动机内燃气由 0—0 截面至 e—e 截面的流动过程中(见图 3.10),燃气流速由 u_{in} 增加到 u_e。但根据质量守恒定理,应有

$$q_{m,\text{in}} = q_{m,\text{ex}} = q_m$$

式中　$q_{m,\mathrm{in}}$—— 进入控制体内的燃气质量流率(kg/s)；

$q_{m,\mathrm{ex}}$—— 流出控制体的燃气质量流率(kg/s)。

因此,单位时间内控制体内动量的变化量可表示为

$$q_{m,\mathrm{ex}}\boldsymbol{u}_{\mathrm{e}} - q_{m,\mathrm{in}}\boldsymbol{u}_{\mathrm{in}} = q_m(\boldsymbol{u}_{\mathrm{e}} - \boldsymbol{u}_{\mathrm{in}})$$

式中　$\boldsymbol{u}_{\mathrm{e}}$—— 喷管出口截面燃气的喷气速度(m/s),相当于流出控制体的燃气速度；

$\boldsymbol{u}_{\mathrm{in}}$—— 推进剂燃烧产物(燃气)进入燃烧室的速度(m/s),相当于流入控制体的燃气速度。

根据动量定理,有

$$q_m(\boldsymbol{u}_{\mathrm{e}} - \boldsymbol{u}_{\mathrm{in}}) = \boldsymbol{F}_{\mathrm{control}} = -\int_{A_{\mathrm{in}}} p_{\mathrm{i}}\boldsymbol{n}\mathrm{d}A - p_{\mathrm{e}}\boldsymbol{n}A_{\mathrm{e}} \Rightarrow$$

$$\int_{A_{\mathrm{in}}} p_{\mathrm{i}}\boldsymbol{n}\mathrm{d}A = -q_m(\boldsymbol{u}_{\mathrm{e}} - \boldsymbol{u}_{\mathrm{in}}) - p_{\mathrm{e}}\boldsymbol{n}A_{\mathrm{e}} \Rightarrow \boldsymbol{F}_{内} \tag{3.3}$$

我们知道,对于一个封闭的控制体,封闭表面的矢量积分总是等于零,即有

$$\int_{A_{\mathrm{ex}}+A_{\mathrm{e}}} p_{\mathrm{a}}\boldsymbol{n}\mathrm{d}A = \int_{A_{\mathrm{ex}}} p_{\mathrm{a}}\boldsymbol{n}\mathrm{d}A + \int_{A_{\mathrm{e}}} p_{\mathrm{a}}\boldsymbol{n}\mathrm{d}A = 0 \Rightarrow$$

$$\int_{A_{\mathrm{ex}}} p_{\mathrm{a}}\boldsymbol{n}\mathrm{d}A = -\int_{A_{\mathrm{e}}} p_{\mathrm{a}}\boldsymbol{n}\mathrm{d}A = -p_{\mathrm{a}}\boldsymbol{n}A_{\mathrm{e}} \Rightarrow \boldsymbol{F}_{外} \tag{3.4}$$

将式(3.3)、式(3.4)代入式(3.1)中,则可推出火箭发动机推力的计算公式为

$$\boldsymbol{F} = -q_m(\boldsymbol{u}_{\mathrm{e}} - \boldsymbol{u}_{\mathrm{in}}) - p_{\mathrm{e}}\boldsymbol{n}A_{\mathrm{e}} - p_{\mathrm{a}}\boldsymbol{n}A_{\mathrm{e}} \tag{3.5}$$

由于火箭发动机通常是轴对称体,因而垂直均布于发动机轴线方向上的作用力互相抵消,所以发动机只有轴向力。取飞行器(发动机)的飞行方向为正向,则式(3.5)变为

$$F = q_m(u_{\mathrm{e}} - u_{\mathrm{in}}) + A_{\mathrm{e}}(p_{\mathrm{e}} - p_{\mathrm{a}})$$

对于固体火箭发动机,$u_{\mathrm{in}} \approx 0$,而对于液体火箭发动机,$u_{\mathrm{in}}$ 与 u_{e} 相比很小,可忽略,因此可得推力的最终计算式为

$$F = q_m u_{\mathrm{e}} + A_{\mathrm{e}}(p_{\mathrm{e}} - p_{\mathrm{a}}) \tag{3.6}$$

式(3.6)是根据动量守恒定律推导出来的推力计算公式。也可根据发动机内、外表面上的压强分布,推导出与式(3.6)完全相同的推力计算公式。

3. 有关推力的讨论

由推力计算公式(式(3.6))的推导过程可见,推力计算公式适用于各种类型的火箭发动机。公式中：

(1) 第一项 $q_m u_{\mathrm{e}}$：是动量推力(momentum thrust),其大小取决于燃气的质量流率和喷气速度的乘积,亦即取决于燃气动量对时间的变化率。它是推力的主要组成部分,占总推力的90% 以上。因此,设计中常选用高能推进剂,以达到更大的喷气速度,在此基础上,再改变喷管的质量流率,以满足发动机的技术要求。

(2) 第二项 $A_{\mathrm{e}}(p_{\mathrm{e}} - p_{\mathrm{a}})$：是压强推力(pressure thrust),也称静推力。它是由于喷管出口截面处燃气静压强 p_{e} 与外界大气静压强 p_{a} 不一致而产生的,其大小取决于两者的压强差和喷管

出口截面的尺寸。喷管出口截面处燃气静压强与外界大气静压强不一致的程度与发动机喷管的工作状态有关(喷管的工作状态分为设计状态或完全膨胀状态、欠膨胀工作状态和过膨胀工作状态)。而对于喷管尺寸已确定的发动机,则与发动机的工作高度有关,亦即对于给定尺寸的发动机,从地面起算,p_a 随飞行高度的增加而减小,因此发动机静推力的大小将随着飞行高度 H 的增加而增大,所以推力 F 也将随 H 的增加而增大。而在某一个高度下,有 $p_e = p_a$,这个高度就是该喷管的设计高度,飞行高度再增加时,由于 p_a 的继续减小,推力将继续增大,直至真空推力,如图 3.11 所示。这是火箭发动机推力随工作高度变化的一个重要特点,称为火箭发动机的高度特性。

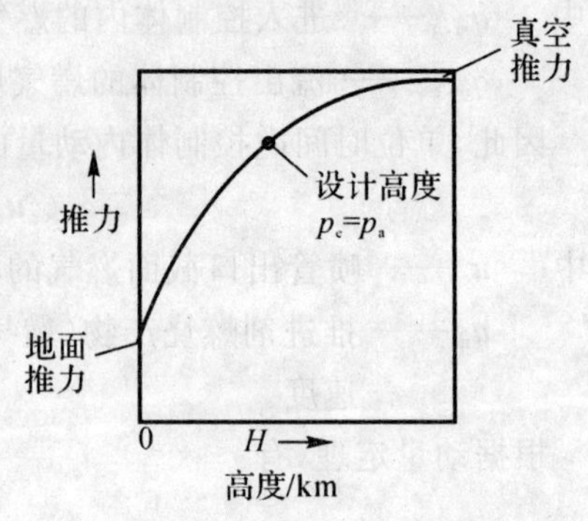

图 3.11 火箭发动机推力随高度的变化

(3) 观察推力公式(式(3.6))可见,公式中没有表示飞行器飞行速度的项,因此,火箭发动机的推力与飞行器的飞行速度无关。

4. 有关推力的几个代表量

(1) 特征推力:由式(3.6)可见,当 $p_e = p_a$ 时,发动机的静推力等于零,相应在推力的组成中只有动推力一项。而对于喷管尺寸已定的发动机来说,只有在某个特定的高度上工作,才能满足 $p_e = p_a$,所以称 $p_e = p_a$ 的状态为设计状态,并称该状态下的发动机推力为特征推力或发动机设计状态推力(也称最佳推力),即

$$F_{特征} = q_m u_e \tag{3.7}$$

(2) 真空推力:发动机在真空环境下工作时的推力称为真空推力。此时由于外界大气静压强 $p_a = 0$,于是,对于喷管尺寸已定的发动机来说静推力达到了最大值,发动机推力也相应地达到了最大值,如图 3.11 所示。真空推力的表达式为

$$F_v = q_m u_e + p_e A_e \tag{3.8}$$

(3) 海平面推力:发动机在海平面条件下工作时的推力称为海平面推力。海平面条件下的环境大气静压强为 0.101 3 MPa,因此海平面推力的表达式为

$$F_0 = q_m u_e + A_e(p_e - 0.101\,3 \times 10^6) \tag{3.9}$$

(4) 等效喷气速度 u_{ef}:在一般情况下,发动机工作时 $p_e \neq p_a$,因此推力公式中的静推力一项是存在的。为了分析方便,引入等效喷气速度 u_{ef},从而使式(3.6)简化为

$$F = q_m u_{ef} \tag{3.10}$$

式中

$$u_{ef} = u_e + \frac{p_e - p_a}{q_m} A_e \tag{3.11}$$

根据等效喷气速度 u_{ef} 的引入过程,可知 u_{ef} 的物理意义为:"等效喷气速度"是假设将火箭发动机工作时的推力全部等效为动推力时所对应的发动机喷管的喷气速度。因此,等效喷气速

度是一个等效的、假想的喷气速度。一般情况下，喷气速度 u_e 占等效喷气速度 u_{ef} 的 90% 以上。目前，一般的固体火箭发动机的等效喷气速度在 2 000 ～ 2 500 m/s 范围内，而在空间工作的航天器用固体火箭发动机的等效喷气速度相对都比较高，最高已接近 3 000 m/s。例如，美国研制的惯性上面级(IUS) 发动机系统的第二级固体火箭发动机“Orbus 6E” 的真空比冲为 2 978.3 m/s；中国研制的、最大的航天器用固体火箭发动机，即“长征 2E” 运载火箭的近地点发动机 EPKM 的真空比冲为 2 863.5 m/s。

3.4.2　喷气速度 u_e (Exhaust Velocity)

1. 喷气速度的计算公式

根据能量守恒方程，燃烧室内气体具有的总能量应等于喷管出口处气体具有的总能量，因此，有

$$h_c + \frac{u_c^2}{2} = h_e + \frac{u_e^2}{2} \tag{3.12}$$

式中，h 表示单位质量气体所具有的焓值，即 $h = c_p T$；下标 c 和 e 分别表示发动机燃烧室和喷管的出口截面。因此式(3.12) 可写成为

$$c_p T_c + \frac{u_c^2}{2} = c_p T_e + \frac{u_e^2}{2}$$

根据第 3.3 节中的基本假设(6)，$u_c \approx 0$，因此，有

$$u_e = \sqrt{2c_p(T_c - T_e)} = \sqrt{2c_p T_c\left(1 - \frac{T_e}{T_c}\right)} \tag{3.13}$$

由于在发动机工作过程中，燃气温度难以测量，且对于等熵流动，有

$$\frac{T_e}{T_c} = \left(\frac{p_e}{p_c}\right)^{\frac{k-1}{k}}$$

对于理想气体，有

$$c_p = \frac{k}{k-1}R = \frac{k}{k-1}\frac{R_0}{M}$$

将以上两式代入式(3.13)，得喷气速度的计算式为

$$u_e = \sqrt{\frac{2k}{k-1}\frac{R_0}{M}T_c\left[1 - \left(\frac{p_e}{p_c}\right)^{\frac{k-1}{k}}\right]} = \sqrt{\frac{2k}{k-1}RT_c\left[1 - \left(\frac{p_e}{p_c}\right)^{\frac{k-1}{k}}\right]} \tag{3.14}$$

式中　M—— 燃气的平均摩尔质量(kg/mol)；

R_0—— 摩尔气体常数，$R_0 = 8.314$ kJ/(kmol · K)；

R—— 燃气的气体常数。

2. 影响喷气速度的因素

由式(3.14) 可见，影响喷气速度的因素来自两个方面：一方面是受推进剂性能参数的影响(表现在 M，k，T_c)，另一方面是受喷管膨胀压强比 p_e/p_c 的影响。若要增大喷气速度，则应该从下述几方面考虑：

(1) 采用燃气平均摩尔质量小的高能推进剂。因为这可以提高燃气的气体常数 $R(=R_0/M)$ 和温度 T_c，从而使 u_e 增大。但 T_c 过高会使发动机壳体受热严重。

(2) 减小比热比 k。在 u_e 的计算公式中，$\sqrt{2k/(k-1)}$ 随 k 值的减小而增大，而 $\sqrt{1-(p_e/p_c)^{(k-1)/k}}$ 则随 k 的减小而减小，二者的综合效果会使 u_e 略有增大。而 k 值的大小取决于燃烧产物的组分和燃烧温度 T_c，对固体推进剂而言，一般 k 值在 1.1 ～ 1.3 之间，变化不大，所以 k 对 u_e 的影响也很小。

(3) 减小膨胀压强比 p_e/p_c。膨胀压强比的大小反映了燃气在喷管中的膨胀程度。p_e/p_c 越小，表示膨胀越充分，热能转换成动能也越多，从而使 u_e 增大。减小 p_e/p_c 的措施之一是增大 p_c。p_c 增大，不但可使 p_e/p_c 减小，也有利于提高燃烧效率，但将对燃烧室耐压要求提高；措施之二是减小 p_e，即要求喷管膨胀程度加大，喷管扩张段加长。对于航天用固体火箭发动机，因环境压强低，故应注意采用较大膨胀压强比的喷管。

3. 极限喷气速度

对于等熵流动，有

$$\frac{T_e}{T_c}=\left(\frac{p_e}{p_c}\right)^{\frac{k-1}{k}}$$

而当 $p_e=0$ 时，有 $T_e=0$，表示所有的热能都转换成了动能，喷气速度达到了最大值，即

$$u_L=\sqrt{\frac{2k}{k-1}\frac{R_0}{M}T_c} \tag{3.15}$$

u_L 称为极限喷气速度。

实际上，喷气速度永远达不到极限喷气速度，而引入极限喷气速度的概念是为了说明燃气热能的利用程度。喷气速度与极限喷气速度的比值

$$\frac{u_e}{u_L}=\sqrt{1-\left(\frac{p_e}{p_c}\right)^{\frac{k-1}{k}}}$$

这里，$1-(p_e/p_c)^{(k-1)/k}$ 项表示了喷管流动过程中热能利用的程度，它在数值上就是喷管的热效率。按照热力学第二定律，它是不可能达到 1 的。从另一个角度来说，喷管膨胀到 $p_e=0$，则要求喷管出口截面积 A_e 要无限大，喷管扩张段要无限长，在结构上是不可能实现的，因而 u_e/u_L 的值永远小于 1。一般火箭发动机 u_e/u_L 的值在 0.65 ～ 0.75 之间。对于航天用固体火箭发动机，喷管膨胀压强比较大，故 u_e/u_L 值较大。

3.4.3 喷管的质量流率 q_m、流率系数 C_D 和特征速度 c^*

喷管的质量流率(mass flow rate) 是决定推力大小的一个重要因素，是发动机工作的主要参数之一。在发动机稳态工作时，喷管的质量流率 q_m 就是推进剂的消耗率 $q_{m,b}$，即燃烧室内燃气的生成率。

1. 计算公式

根据质量守恒方程，取喷管喉部截面为基准面，则有

$$q_m = \rho u A = \rho_t u_t A_t \tag{3.16}$$

式中,下标 t 表示喷管的喉部截面。

参考喷气速度 u_e 的计算公式(式(3.14)),可推出喷管中任一截面上的燃气流速

$$u = \sqrt{\frac{2k}{k-1}\frac{R_0}{M}T_c\left[1-\left(\frac{p}{p_c}\right)^{\frac{k-1}{k}}\right]}$$

在等熵流动中,有

$$\rho = \left(\frac{p}{p_c}\right)^{\frac{1}{k}}\rho_c$$

将 ρ,u 代入式(3.16) 中,同时利用状态方程 $p = \rho RT$,则可推出

$$q_m = A\sqrt{\frac{2k}{k-1}\rho_c p_c\left[\left(\frac{p}{p_c}\right)^{\frac{2}{k}}-\left(\frac{p}{p_c}\right)^{\frac{k+1}{k}}\right]} \tag{3.17}$$

根据质量守恒定律可知,虽然通过喷管任一截面上的质量流率 q_m 是相同的,但是通过喷管单位截面的流率 q_m/A 是变化的。在喷管喉部截面上 q_m/A 值最大,即

$$\frac{q_m}{A_t} = \sqrt{\frac{2k}{k-1}\rho_c p_c\left[\left(\frac{p_t}{p_c}\right)^{\frac{2}{k}}-\left(\frac{p_t}{p_c}\right)^{\frac{k+1}{k}}\right]} \rightarrow \left(\frac{q_m}{A_t}\right)_{\max}$$

通过求上式的最大值,则可推出

$$\frac{p_t}{p_c} = \left(\frac{2}{k+1}\right)^{\frac{k}{k-1}} \tag{3.18}$$

将式(3.18) 代入流速 u 的计算公式中,可得出喷管喉部截面处的燃气流速

$$u_t = \sqrt{\frac{2k}{k+1}\frac{R_0}{M}T_c} = \sqrt{\frac{2k}{k+1}RT_c} \tag{3.19}$$

根据等熵流动过程方程

$$\frac{T}{T_c} = \left(\frac{p}{p_c}\right)^{\frac{k-1}{k}}, \quad \frac{\rho}{\rho_c} = \left(\frac{p}{p_c}\right)^{\frac{1}{k}}$$

并利用式(3.18),则可求出

$$T_t = \frac{2}{k+1}T_c, \quad \rho_t = \left(\frac{2}{k+1}\right)^{\frac{1}{k-1}}\rho_c$$

将 ρ_t,u_t 代入 $q_m = \rho_t u_t A_t$ 中,并利用状态方程 $p_c = \rho_c RT_c$,则有

$$q_m = p_c\frac{1}{\sqrt{RT_c}}\sqrt{k\left(\frac{2}{k+1}\right)^{\frac{k+1}{k-1}}}A_t$$

令

$$\Gamma = \sqrt{k\left(\frac{2}{k+1}\right)^{\frac{k+1}{k-1}}} = \sqrt{k}\left(\frac{2}{k+1}\right)^{\frac{k+1}{2(k-1)}} \tag{3.20}$$

Γ 是一个只与比热比 k 有关的单值函数。

由此可得

$$q_m = \Gamma \frac{p_c A_t}{\sqrt{RT_c}} \tag{3.21}$$

定义

$$C_D = \frac{\Gamma}{\sqrt{RT_c}} \tag{3.22}$$

C_D 称为流率系数。流率系数反映了燃烧产物的热力学性质，其值的大小主要取决于推进剂的组分（表现在参数 R, T_c, k 上）。此时喷管的质量流率可表示为流率系数 C_D 与发动机工作参数 p_c 和几何参数 A_t 的乘积，即

$$q_m = C_D p_c A_t \tag{3.23}$$

注意：只有在喷管喉部达到临界状态时，式(3.23) 才成立。

在火箭发动机中，经常用特征速度 c^* 来代替流率系数 C_D。特征速度由流率关系定义，即

$$q_m = \frac{p_c A_t}{c^*} \tag{3.24}$$

因此，有

$$c^* = \frac{1}{C_D} = \frac{\sqrt{RT_c}}{\Gamma} \tag{3.25}$$

根据特征速度的定义及计算公式，可知：

(1) 特征速度是一个假想的速度，具有和速度相同的量纲(m/s)，特征速度表示了燃烧产物的热力学性质对喷管质量流率的影响。

(2) 特征速度是表征推进剂能量的性能参数，其大小取决于燃烧产物的温度、燃烧产物的平均摩尔质量和比热比，而与喷管喉部下游的流动过程无关。c^* 越大，表明推进剂的能量特性越大，燃烧室内的燃烧过程越完善，因而获得相同燃烧室压强和发动机推力所需要的质量流率就越小。

对一般的固体推进剂，双基推进剂的特征速度在 1 400 m/s 左右，复合推进剂的特征速度为 1 500 ～ 1 800 m/s。

2. 喷管质量流率的影响因素

由式(3.21) 可见，喷管的质量流率与 p_c, A_t 成正比，但与燃烧产物的 $\sqrt{RT_c}$ 成反比。比热比 k 值对喷管质量流率的影响较小，因为对火箭发动机而言，k 值的变化范围很小(1.1 ～ 1.3)。当其他条件不变时，随着 k 值的增加，喷管质量流率有所增加。

3.4.4 推力系数

1. 推力系数的定义及其表达式

已知火箭发动机推力公式为

$$F = q_m u_e + A_e(p_e - p_a)$$

式中，质量流率 q_m 和喷气速度 u_e 分别用式(3.21) 和式(3.14) 代入，则推力公式变为

$$F = p_c A_t \left[\Gamma \sqrt{\frac{2k}{k-1}\left[1-\left(\frac{p_e}{p_c}\right)^{\frac{k-1}{k}}\right]} + \frac{A_e}{A_t}\left(\frac{p_e}{p_c}-\frac{p_a}{p_c}\right)\right]$$

由此可见，推力与 p_c 和 A_t 的乘积成正比，那么把比例系数定义为推力系数 C_F，其表达式为

$$C_F = \Gamma \sqrt{\frac{2k}{k-1}\left[1-\left(\frac{p_e}{p_c}\right)^{\frac{k-1}{k}}\right]} + \frac{A_e}{A_t}\left(\frac{p_e}{p_c}-\frac{p_a}{p_c}\right) \tag{3.26}$$

便可将推力计算式简化为

$$F = C_F p_c A_t \tag{3.27}$$

据此，可把推力系数表示为

$$C_F = \frac{F}{p_c A_t} \tag{3.28}$$

由此可见，推力系数代表了喷管喉部单位面积上单位燃烧室压强所能产生的推力。显然，推力系数是一个无量纲数。

另一方面，从式(3.26)可见，C_F 主要是比热比 k、压强比 p_e/p_c 和 p_a/p_c 以及面积比 A_e/A_t 的函数。其中，k 的影响较小(因为火箭发动机中 k 的变化范围较小，仅为1.1～1.3)；而在一般情况下，$p_a \ll p_c$(p_a 最大为一个大气压，而 p_c 要高达几十个大气压)，所以 p_a/p_c 较小，对 C_F 的影响也较小。因此，C_F 主要是喷管膨胀压强比 p_e/p_c 和喷管扩张面积比 A_e/A_t 的函数，也可以说，C_F 是表示发动机喷管性能的参数，表征了燃气在喷管中膨胀的程度，即 C_F 越大，则说明燃气在喷管中膨胀越充分，将热能更充分地转换为动能。

2. 喷管膨胀压强比 p_e/p_c 与喷管扩张面积比 A_e/A_t 的关系

在超声速喷管中，只要喷管内不产生激波和气流分离现象，在一定的比热比 k 值下，对应于一定的喷管面积比，就有一个确定的压强比。

根据质量守恒原理，我们知道喷管中任一截面上的质量流率 q_m 是相同的，即

$$\rho_1 u_1 A_1 = \rho_2 u_2 A_2 = \rho_t u_t A_t = q_m$$

下标 1，2 表示喷管中任意两截面，t 表示喷管喉部截面。

对喷管的喉部截面 t—t 和出口截面 e—e，有

$$\frac{A_e}{A_t} = \frac{\rho_t u_t}{\rho_e u_e} \tag{3.29}$$

将等熵流动关系

$$\rho_t = \rho_c \left(\frac{2}{k+1}\right)^{\frac{1}{k-1}}, \quad \rho_e = \rho_c \left(\frac{p_e}{p_c}\right)^{\frac{1}{k}}$$

及

$$u_t = \sqrt{\frac{2k}{k+1} R T_c}, \quad u_e = \sqrt{\frac{2k}{k-1} R T_c \left[1-\left(\frac{p_e}{p_c}\right)^{\frac{k-1}{k}}\right]}$$

代入式(3.29)，则有喷管扩张面积比与喷管膨胀压强比的关系为

$$\frac{A_e}{A_t} = \frac{\Gamma}{\left(\frac{p_e}{p_c}\right)^{\frac{1}{k}} \sqrt{\frac{2k}{k-1}\left[1-\left(\frac{p_e}{p_c}\right)^{\frac{k-1}{k}}\right]}} \tag{3.30}$$

式中的 Γ 与式(3.20) 相同。

以喷管任一截面的面积 A 和压强 p 替代喷管出口截面积 A_e 和压强 p_e，则式(3.30)适用于喷管的任一截面，即

$$\frac{A}{A_t}=\frac{\Gamma}{\left(\frac{p}{p_c}\right)^{\frac{1}{k}}\sqrt{\frac{2k}{k-1}\left[1-\left(\frac{p}{p_c}\right)^{\frac{k-1}{k}}\right]}} \tag{3.31}$$

由此可见，喷管面积比 A/A_t 是压强比 p/p_c 和比热比 k 的函数，其中比热比 k 的影响较小。二者的关系如图 3.12 所示。

由图 3.12 可见：

(1) 面积比 A/A_t 是压强比 p/p_c 的单值函数，而 p/p_c 则是 A/A_t 的双值函数。其中，p/p_c 的较大值对应的是亚声速情况(即喷管收敛段)。p/p_c 的较小值对应的是超声速情况(即喷管的扩张段)。

(2) 从曲线的变化趋势看，当 p/p_c 减小时，在喷管的亚声速段，A/A_t 是减小的(即亚声速气流在收缩管内是加速流动)，而在喷管的超声速段，A/A_t 是增大的(即超声速气流在扩张管内是加速流动)。

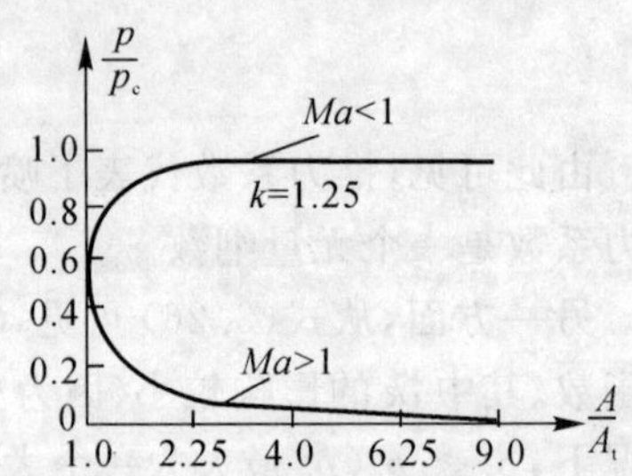

图 3.12 A/A_t 与 p/p_c 的关系曲线

正是由于喷管膨胀压强比 p_e/p_c 和喷管扩张面积比 A_e/A_t 之间的这种关系，在推进剂选定后，C_F 的变化主要取决于喷管扩张面积比 A_e/A_t。图 3.13 给出了在一定的 k 和 p_c/p_a 值下，C_F 与 A_e/A_t 的关系曲线。

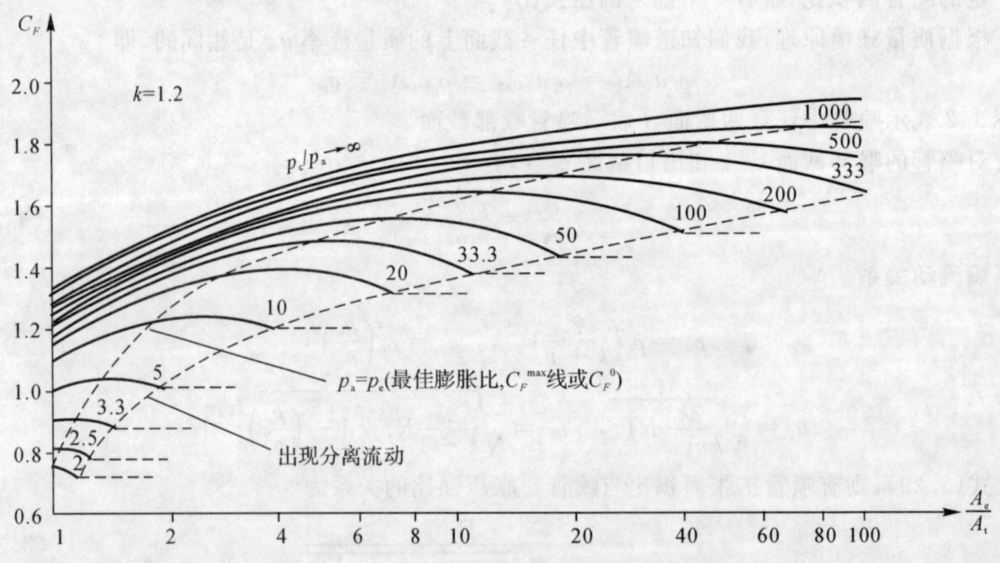

图 3.13 推力系数 C_F 与扩张面积比 A_e/A_t 的关系曲线($k=1.2$)

3. 真空推力系数与特征推力系数

由真空推力所对应的推力系数称为真空推力系数,用符号 C_{F_v} 表示。此时,由于 $p_a = 0$,所以式(3.26)变为

$$C_{F_v} = \Gamma\sqrt{\frac{2k}{k-1}\left[1-\left(\frac{p_e}{p_c}\right)^{\frac{k-1}{k}}\right]}+\frac{A_e}{A_t}\left(\frac{p_e}{p_c}\right) \tag{3.32}$$

同理,由特征推力(即最佳推力)所对应的推力系数,称为特征推力系数,用符号 C_F^0 表示。此时,由于 $p_e = p_a$,所以式(3.26)变为

$$C_F^0 = \Gamma\sqrt{\frac{2k}{k-1}\left[1-\left(\frac{p_e}{p_c}\right)^{\frac{k-1}{k}}\right]} \tag{3.33}$$

由此可知,C_F 与 C_{F_v} 的关系为

$$C_F = C_{F_v} - \frac{A_e}{A_t}\frac{p_a}{p_c} \tag{3.34}$$

C_F 与 C_F^0 的关系为

$$C_F = C_F^0 + \frac{A_e}{A_t}\left(\frac{p_e}{p_c} - \frac{p_a}{p_c}\right) \tag{3.35}$$

4. 推力系数的变化规律

从图 3.13 可以得出推力系数变化规律如下:

(1) 当 k 和 p_c/p_a 一定时,随着喷管扩张面积比 A_e/A_t 的增大,C_F 先增后减,有一最大值存在。这反映了发动机工作在一定高度时(p_c/p_a 一定),喷管工作状态从欠膨胀($p_e > p_a$)到完全膨胀状态($p_e = p_a$)再到过膨胀状态($p_e < p_a$)的变化。喷管在完全膨胀状态时,推力系数最大,该最大值即为发动机在这一工作高度的特征推力系数 C_F^0,此时对应的发动机推力即为特征推力。

(2) 当 k 和 A_e/A_t 一定时,C_F 随着 p_c/p_a 的增加(即 p_a/p_c 的减小)而增大,这说明了 C_F 随着发动机工作高度的增加而增大。当 $p_c/p_a \to \infty$(即 $p_a/p_c \to 0$)时,C_F 达到最大值,该最大值即为真空推力系数 C_{F_v},此时所对应的发动机推力即为真空推力 F_v。

(3) 当 k 和 p_c/p_a 一定、喷管过膨胀状态严重到一定程度时,曲线不再向右延伸了,这说明 C_F 的计算公式在喷管过膨胀状态下的适用范围受到了限制。因为喷管在过膨胀状态下,当过膨胀状态严重到一定程度时,喷管内将出现激波或流动分离现象,这将使实际的喷管出口截面 A_e 向扩张段的上游移动,使实际的喷管出口截面积与喷管几何结构上的出口截面积不一致,所以,过膨胀状态下 C_F 的计算公式受到限制。当然,并不是喷管在所有的过膨胀状态下其内都会出现流动分离现象,只有当 $p_e/p_a < 0.4$ 时,喷管内才会出现流动分离现象。

5. 有关最大推力系数和最大推力的讨论

在火箭发动机的设计中,常会遇到这样的问题:

给定燃烧室压强 p_c、喷管喉部面积 A_t,并规定发动机的工作高度,那么设计多大的喷管扩张面积比 A_e/A_t,才能获得最大的推力 F_{max} 呢?

为解决这一问题，首先要知道，在规定的发动机工作高度上，喷管工作在什么状态时，发动机的推力最大。

当发动机的工作高度一定时，喷管的工作状态分为完全膨胀(亦称设计状态)、欠膨胀和过膨胀三种状态。由 C_F 的变化规律可知，当喷管工作在完全膨胀状态时，C_F 最大。而 $F=C_F p_c A_t$，在 p_c，A_t 一定时，C_F 最大，则推力也最大。因此，喷管完全膨胀状态所对应的面积比 A_e/A_t，就是我们要设计的最佳面积比，此时，发动机产生的推力最大，推力系数也最大。

根据火箭发动机推力的定义，在 p_c，A_t，p_a 一定的条件下，分析喷管的受力情况，最终也可得出：喷管工作于完全膨胀状态时，发动机产生的推力和推力系数最大。如图 3.14(a) 所示，有一台火箭发动机，设计了三个喉径和扩张半角相同而长度(即扩张面积比)不同的喷管(以喷管出口截面表示)2—2，1—1，3—3，显然在相同的外界大气压强 p_a 下，三个喷管的工作状态不同。若喷管 1—1 正好处于完全膨胀状态，即在喷管出口截面 1—1 上有 $p_e=p_a$；这样，对短喷管 2—2 来说，有 $p_e>p_a$，即处于欠膨胀状态；对长喷管 3—3 来说，有 $p_e<p_a$，即处于过膨胀状态。现在来比较这三个喷管所产生的推力大小。

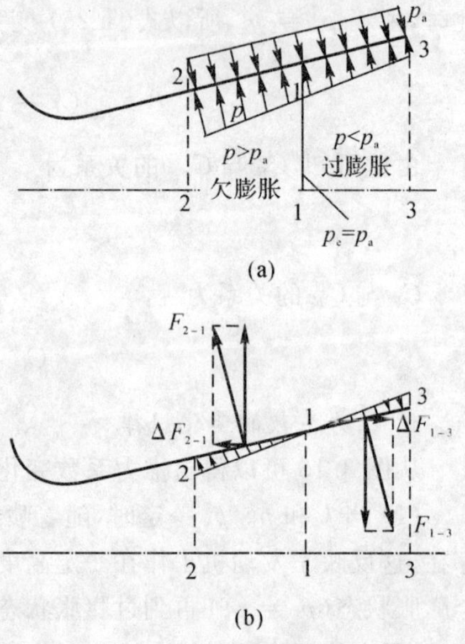

图 3.14 喷管工作状态对推力的影响

我们知道，火箭发动机的推力是指发动机工作时作用在发动机内、外表面上的作用力的合力。而在截面 2—2 以前，三个喷管内、外表面的作用力分布完全相同，所以要比较这三个喷管所产生的推力大小，只要在 2—1—3 段上进行比较即可。

图 3.14(a) 给出了在喷管 2—1—3 段上受力的分布情况，而图 3.14(b) 给出了在喷管 2—1—3 段上所受的合力情况。由于喷管是轴对称体，它的径向分力互相抵消。由图 3.14(b) 可见，对欠膨胀喷管 2—2 而言，在喷管 2—1 段上，轴向分力 ΔF_{2-1} 的方向与发动机推力方向相同，而欠膨胀喷管 2—2 与完全膨胀喷管 1—1 相比，短了 2—1 段，因此对欠膨胀喷管 2—2 而言，在喷管 2—1 段上的轴向分力 ΔF_{2-1} 没有得到利用而损失掉了，因此欠膨胀喷管的推力比完全膨胀喷管的推力小；而对过膨胀喷管 3—3 而言，在喷管 1—3 段上，轴向分力 ΔF_{1-3} 的方向与发动机推力方向相反，因而减小了发动机的推力，所以过膨胀喷管的推力比完全膨胀喷管的推力要小。由此可知，在 p_c，A_t，p_a 一定的条件下，只有把喷管的扩张面积比设计成满足 $p_e=p_a$，则此状态(即完全膨胀状态)时的推力最大，称此时得到的推力为特征推力或最佳推力。

上述情况还可以通过分析热力循环示功图面积的方法来说明，也可通过数学上求最大值的方法($\mathrm{d}F/\mathrm{d}p_e=0$，$\mathrm{d}^2F/\mathrm{d}p_e^2<0$)得到证明。

应该指出的是，上述分析只是理论性的，在实际应用时，还应考虑其他各种具体因素。例如:① 多数飞行器在其主动飞行期间,其飞行高度是在不断变化的,因此其设计高度上的 p_a 值只能是主动飞行期间所有变化着的 p_a 的加权平均值。② 火箭发动机在高空环境中工作时,必须综合权衡推力、喷管质量、尺寸、成本和强度等诸因素,才能设计出合理的喷管结构、尺寸。③ 对应用于航天的发动机喷管而言,由于其环境压强为零或接近零,如果采用较长的喷管,综合权衡,往往是有利的。

3.4.5　总冲

根据冲量的定义,把发动机推力与推力作用时间的乘积称为发动机的推力冲量或总冲量(简称总冲)。因此,为了正确地理解总冲的概念,有必要对推力作用的时间加以说明。

1. 发动机的工作时间和装药的燃烧时间

图 3.15 是一条典型的实测推力-时间曲线示意图。所谓发动机的工作时间就是从发动机点火起动、产生推力开始,到发动机排气过程结束、推力下降到零为止的全部时间。在实际计算中,常用的发动机工作时间的确定方法是:以发动机点火后推力上升到最大推力的 10% 或其他规定推力的一点为起点,以发动机熄火后推力下降到最大推力的 10% 或其他规定推力的一点为终点,这两点间的时间间隔,即为发动机的工作时间(或者从点火后压强上升到 0.3 MPa 至下降到 0.3 MPa 之间所对应的时间间隔,即为发动机的工作时间),记为 t_a(见图 3.15)。

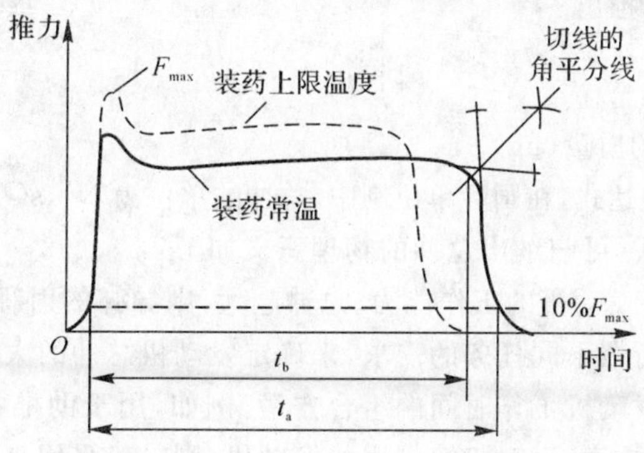

图 3.15　典型的推力-时间曲线

所谓发动机装药的燃烧时间,是指发动机点火起动、装药开始燃烧到装药燃烧层有效厚度烧完为止的时间,不包括装药燃烧结束后的推力下降过程,也就是推力-时间曲线的后效段。在实际计算中,常用的装药燃烧时间的确定方法是:在推力-时间曲线的工作段后部和下降段前部,分别作一切线,两切线夹角的角平分线与推力-时间曲线的交点,即为装药燃烧结束的终点。装药的燃烧时间记为 t_b,如图 3.15 所示。由图可见,燃烧时间小于工作时间。

发动机的工作时间和装药燃烧时间是反映发动机工作特性的重要参数。

2. 总冲

在一般情况下,发动机推力是随时间变化的。因此,把推力对工作时间的积分定义为发动

机的总冲，用符号 I 表示，即

$$I = \int_0^{t_a} F(t)\mathrm{d}t \tag{3.36}$$

在某些情况下，例如，等面燃烧装药的发动机，在发动机稳定工作段，推力、压强的变化量在 ± 15% 以内，可近似将发动机推力看作常量。这时，则有

$$I = Ft_a \tag{3.37}$$

工程应用中还定义了平均推力

$$\overline{F} = \frac{\int_0^{t_a} F(t)\mathrm{d}t}{t_a}$$

因而就有

$$I = \overline{F}t_a \tag{3.38}$$

由式(3.10) 可知 $F = q_m u_{ef}$

将其代入式(3.36)，有

$$I = \int_0^{t_a} q_m u_{ef}\mathrm{d}t \tag{3.39}$$

对于给定的发动机，如果在其工作过程中工作高度的变化不大，则等效喷气速度 u_{ef} 可近似为常数，因此由式(3.39) 可推出

$$I = u_{ef}\int_0^{t_a} q_m\mathrm{d}t = M_P u_{ef} \tag{3.40}$$

式中，M_P 为推进剂装药的质量(kg)。

以上是总冲的各种表达式，在国际单位制中，总冲的单位为 N · s(在工程制中为 kg · s)。

由总冲的各种表达式，可归纳出总冲的物理意义如下：

(1) 总冲综合反映了发动机的工作能力。总冲越大，则导弹的射程越远或发射的有效载荷越多。因此，必须根据飞行器不同任务的需求，来确定发动机总冲的大小。对于不同任务的发动机，可采用不同的推力、发动机工作时间的组合方案。例如，用于助推的发动机，一般采用大推力、较短工作时间的组合方案；而对于续航用的发动机，则一般采用小推力、较长工作时间的组合方案；等等。当然，不同的推力、发动机工作时间的组合，将直接影响飞行器的飞行速度，并对发动机的结构设计等提出不同的要求。

(2) 推进剂选定后，总冲的大小决定了发动机的尺寸大小。总冲与 u_{ef} 及 M_P(装药质量) 成正比，要增大总冲主要靠增加装药质量来实现，而装药质量直接决定了发动机的重力和大小。

3.4.6 比冲

1. 比冲的定义及表达式

发动机的比冲是指燃烧 1 kg 质量推进剂所产生的冲量，用符号 I_s 表示，即

$$I_s = \frac{I}{M_P} = \frac{\int_0^{t_a} F(t)\mathrm{d}t}{\int_0^{t_a} q_m \mathrm{d}t} \tag{3.41}$$

比冲的单位，在国际单位制中为 N·s/kg 或 m/s(在工程制中为秒(s))。

如果在发动机的工作时间内推力和质量流率不变，则式(3.41)可改写为

$$I_s = \frac{I}{M_P} = \frac{Ft_a}{q_m t_a} = \frac{F}{q_m} = F_s \tag{3.42}$$

此时，比冲的含义则变为每秒钟消耗 1 kg 质量的推进剂所产生的推力，称之为比推力，用符号 F_s 表示。此时比推力的量纲和数值均与比冲相同，但它们的物理意义是有区别的。一般来说，比冲是由一个在发动机工作时间 t_a 内的积分量定义和推导的，而比推力则是在 t_a 中每一个 Δt 内的瞬时参量。因此，只有在发动机的工作时间内 F 和 q_m 不变的情况下，比冲和比推力才是相同的。

由于固体火箭发动机很难精确地测出推进剂的质量流率，因此，采用比冲的概念比较方便；而液体火箭发动机则不然，它通常采用比推力的概念。

2. 比冲的物理意义

将推力公式 $F = C_F p_c A_t$ 和流率公式 $q_m = p_c A_t / c^*$ 代入式(3.42)中，则有

$$I_s = C_F c^* \tag{3.43}$$

C_F 反映了燃气在喷管膨胀过程中的能量转换效率，而 c^* 既反映了推进剂能量的大小，又反映了推进剂在燃烧过程中的能量转换效率。因此，可以说发动机的比冲实质上不仅反映了推进剂的能量大小，而且反映了发动机工作过程中的能量转换效率。它是全面评定发动机工作质量的重要性能参数，也是评定发动机设计水平的一个重要参数。例如，发动机的总冲一定，比冲 I_s 越高，意味着所需推进剂的质量 M_P 越少，则相应的发动机的尺寸和质量即可减小。同样，对于给定推进剂质量的发动机来说，比冲的增大意味着飞行器的射程或运载载荷的增大。

为便于理解比冲的物理意义，可以形象地给出各参数在发动机中的作用区域，如图 3.16 所示。图 3.16 形象地反映了 C_F 是表征喷管性能的参数，c^* 是表征推进剂能量的性能参数，而比冲 I_s 则是表征整个发动机工作质量的性能参数。

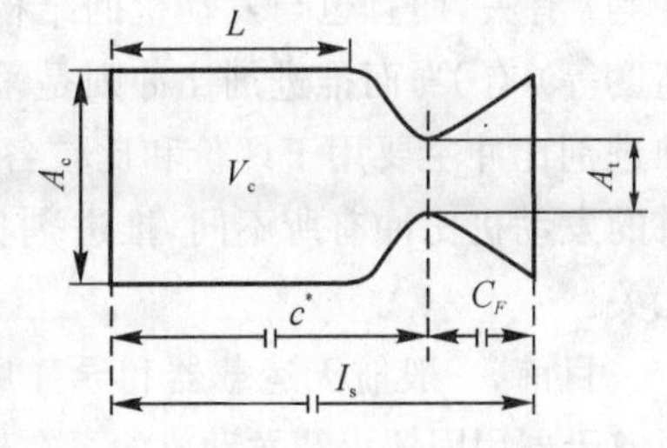

图 3.16　各参数作用区域示意图

3. 影响比冲的因素

影响比冲的因素概括起来有以下几点：

(1) 推进剂能量对比冲的影响。推进剂能量越高，燃烧产物的 RT_c 就越高，因而 c^* 增大，使比冲 I_s 增大。

(2) 喷管扩张面积比 A_e/A_t(或压强膨胀比 p_e/p_c)对比冲的影响。A_e/A_t(或压强膨胀比

p_e/p_c）对比冲的影响与它对 C_F 的影响是完全一致的，即在达到特征推力系数前，比冲随喷管扩张面积比的增大而增加。

(3) 环境压强 p_a 对比冲的影响。对于给定的发动机，其比冲随环境压强的降低（即工作高度的增加）而增加。

(4) 燃烧室压强 p_c 对比冲的影响。当喷管尺寸和工作高度一定（即 p_a 一定）时，p_c 的变化仅影响 p_a/p_c，而不会影响 A_e/A_t 和 p_e/p_c。因此，当 p_c 增大时，p_a/p_c 减小，从而使燃气的喷气速度增大而使比冲增大。

(5) 推进剂初温 T_i 对比冲的影响。一般情况下，比冲随初温的增加而增大。因为初温增加，会引起推进剂热焓的增加。对固体推进剂来说，初温的增加，会引起推进剂燃速的增加，燃速增加，一般情况下会引起燃烧室压强的增加，从而引起比冲的增加。

4. 有关比冲的几个特征量

(1) 特征比冲 I_s^0：特征比冲是发动机在设计状态（$p_e = p_a$）下工作时的比冲，它是该工作高度上发动机的最大比冲，即

$$I_s^0 = \frac{q_m u_e}{q_m} = u_e \tag{3.44}$$

(2) 真空比冲 $I_{s,v}$：真空比冲是发动机在真空环境中工作时的比冲，即

$$I_{s,v} = u_e + \frac{A_e p_e}{q_m} \tag{3.45}$$

若发动机工作的设计状态就在真空中，此时 $p_e = p_a = 0$，则真空比冲达到最大值，即 $I_{s,v,max} = u_L$，u_L 为极限排气速度。

(3) 推进剂比冲：前面所讲的发动机的比冲不但与推进剂的性能（如燃气比热比、燃气温度等）有关，而且也与发动机的结构和工作条件（如 p_c、喷管扩张面积比 A_e/A_t、发动机的工作高度等）有关。而推进剂比冲则是采用某种标准发动机结构在地面试车时测得的发动机比冲。推进剂比冲主要用于评价和比较各种推进剂的性能。由此可见，推进剂比冲在概念上与前面所讲的发动机比冲有所不同，推进剂比冲只反映推进剂的性能，而与发动机的结构和工作条件无关。

目前，一般航天运载器和导弹用固体火箭发动机的比冲范围在 2 100 ～ 2 600 m/s 之间，而航天器用固体火箭发动机的真空比冲范围在 2 300 ～ 3 000 m/s之间，大部分集中在 2 600 ～ 2 800 m/s。例如，美国 Thiokol 公司研制的“Star 5 ”TE－M－500 固体火箭发动机的真空比冲为 2 316 m/s，联合技术（UTC）公司研制的“Orbus 6E”固体火箭发动机的真空比冲为 2 978.3 m/s。一般航天运载器和导弹用液体火箭发动机的比冲范围在 2 500 ～ 5 000 m/s 之间，而航天器用液体火箭发动机的比冲在 2 000 ～ 3 200 m/s 之间。例如，美国马丁·马丽埃塔（Martin Marietta）航天公司与韩国航空航天研究所共同设计的“Koreasat－C* ”单组元液体火箭发动机的比冲为 2 028 ～ 2 214 m/s，“亚洲通信卫星 2”的远地点和姿态控制双组元液体火箭发动机“Asiosat 2* ”的真空比冲为 3 116.4 m/s。

3.4.7　后效冲量

固体火箭发动机熄火后，燃烧室燃烧产物的向外排出过程形成了推力-时间曲线的拖尾段。在拖尾段中推力所产生的冲量，称为发动机的后效冲量，用公式可表示为

$$I_c = \int_{t_b}^{t_m} F(t)\,dt \tag{3.46}$$

式中　t_b—— 主装药燃烧时间(s)；

t_m—— 发动机推力消失为零的时间(s)。

发动机的后效冲量及其偏差对航天器的入轨、星箭分离、导弹着点精度等都有影响，为了减小这种影响，对于要求后效冲量小的固体火箭发动机，可采用推力中止装置等措施。

3.4.8　航天器固体火箭发动机性能参数示例

性能参数是衡量一个固体火箭发动机整体性能的技术指标，主要包括发动机的质量、推力、比冲、工作时间等。典型的航天器用固体火箭发动机性能指标见表 3.1。

表 3.1　典型的航天器用固体火箭发动机性能指标

性能 / 型号	制造者	平均推力 / kN	比冲 / $m \cdot s^{-1}$	工作时间 / s	尺寸 $\phi \times L$ / mm × mm	总质量 / kg	质量比	备　注
DFH2A-A*	中国	40.92	2 835	40	896 × 1 489	580	0.88	“东方红 2A”同步卫星的远地点发动机
EPKM	中国	179.2	2 863.5	87	1 700 × 2 928	6 001	0.907	“长征 2E”运载火箭的近地点发动机，可把约 3 kN 的载荷送入地球同步转移轨道
Dropt	法国	4.3 (最大值)	2 714.6		800 × 1 634	755	0.908	ELDO PAS 卫星近地点发动机
Mage 2	欧洲、意大利等国际联合	45.5 (最大值)	2 869.5	43.7	766 × 1 525	530	0.925	“阿里安”运载火箭的远地点发动机，可向同步轨道发射载荷 5～6.8kN

续表

型号＼性能	制造者	平均推力/kN	比冲/m·s^{-1}	工作时间/s	尺寸 $\phi\times L$/mm×mm	总质量/kg	质量比	备注
EBM	意大利	57	2 858.7	80	1 351×1 736	1 729	0.927	"IRIS－P*"上面级近地点发动机
KM－D	日本	16.7	2 877	35.9	633×992	244	0.9	M－3S2 上面级发动机，1989 年发射卫星入轨
Star 5C TE－M－344－15	美国	1.953	2 629.1	2.8	121×341	4.47	0.465	转轨发动机，截至 1989 年共试验和飞行 892 次
Star 13A TE－M－516	美国	5.8	2 827.4	15.3	343×581	38.1	0.869	"Thor－Burner 2"的抛射级发动机或 Comet 返回舱的脱轨发动机
Star 62 TE－M－731	美国	/	2 873	115	1 595×1 443	2 615.44	0.94	用于航天飞机上发射大载荷，于 1978 年进行过一次试车，但未投入应用
Orbus 6E	美国	78.68	2 978.3	103	1 608×3 104	3 031	0.898	惯性上面级发动机的第二级发动机，带有可延伸出口锥
Orbus 21	美国	185.3	2 898	152	2 337×3 150	10 382	0.935	惯性上面级发动机的第一级发动机，用于运载火箭的上面级发射载荷

续表

型号＼性能	制造者	平均推力 kN	比冲 $m \cdot s^{-1}$	工作时间 s	尺寸 $\phi \times L$ mm × mm	总质量 kg	质量比	备　注
SVM-7	美国	43.2	2 877.3	/	762 × 1 445	440.9	0.93	SVM 系列发动机，国际通信卫星、SMS1 气象卫星的远地点发动机
ICM	美国	/	/	0.001	/	/	/	脉冲控制发动机，每台发动机含有多个点火管，点火管工作时产生一次脉冲控制力
ERINT-C*	美国	6	脉冲推力冲量 51.15 N · s		发动机组直径 255 mm	/	/	增程拦截弹的姿轨控发动机，发动机组由 180 台微型固体发动机组成，按 18 台一圈共 10 圈，呈径向辐射状均匀排列

由表 3.1 可见，固体火箭发动机在航天器上的应用非常广泛，包括远地点或近地点的加速发动机、转轨发动机、“返回式”卫星制动发动机、惯性上面级发动机、宇航员逃逸火箭、姿轨控发动机乃至脉冲发动机等等。根据任务要求和有效载荷大小的不同，航天器对固体火箭发动机的性能参数(如推力、工作时间等)的要求也不同，参数的变化范围是很宽的。

3.5　航天器固体火箭发动机的主要特点

3.5.1　应用特点

航天器固体火箭发动机在应用方面具有下述特殊性。

1. 航天器固体火箭发动机是运载火箭的有效载荷

由表 3.1 可见，航天器用固体火箭发动机的主要功能是为航天器的变轨飞行、姿态与轨道控制(姿轨控)、再入返回、宇航员逃逸等提供动力。因此，航天器固体火箭发动机是与航天器一起被送至地球近地轨道的。为了节约发射成本(美国航空航天局(NASA) 在航天发射倡议(SLI) 中提出将低地球轨道的发射成本减少到每磅 1 000 美元)，特别要求航天器固体火箭发动机的冲质比高。

2. 工作环境是真空或近似于真空

如前所述，航天器用固体火箭发动机是被送至近地轨道后才开始工作的，而近地轨道是指距离地面高度较低的轨道，一般是指中、低轨道的合称。通常把高度在 500 km 以下的航天器轨道称为低轨道，500～2 000 km 高的轨道称为中轨道，也就是说高度在 2 000 km 以下的近似圆轨道都可以称为近地轨道。目前，虽然近地轨道没有公认的严格定义，但有一种粗略定量近地轨道的规定：近地点高度在几百千米、远地点高度最大为几千千米的轨道，或运行周期在 90～120 min 的轨道、偏心率不超过 0.2，都称为近地轨道。对于几百千米的高空，环境压强已非常低，近似于真空环境。由此可见，航天器固体火箭发动机均工作于真空环境或近似真空环境。

3. 工作时推力平稳、准确、可靠性高

由于航天发射成本比较高，因此为了确保发射成功率和飞行安全性，美国航空航天局在航天发射倡议中提出在减少近地球轨道发射成本的同时，改善飞行安全性，使每飞行 10 000 次的人员损失率为 1)，要求航天器固体火箭发动机具有推力平稳、准确、可靠性高等特点，以确保推进任务的完成。

由此可见，由于应用的特殊性，航天器固体火箭发动机除了具有常规固体火箭发动机的结构简单、使用维护方便、操作简便，可长期储存，机动性好，可靠性高，满足总冲、推力、工作时间等性能要求外，还具有下述设计特点。

3.5.2 设计特点

1. 推进剂能量高，装填密度大

对于运载火箭来说，航天器固体火箭发动机是有效载荷的一部分，因此特别要求其具有高的冲质比，大多采用高能复合推进剂，并不断寻求比冲更高的新颖推进剂。因为高能复合推进剂的比冲高，对完成同样的飞行任务，发动机所需要的推进剂质量少，相应结构尺寸和质量小，从而大大地减轻了发动机的总质量。另外，尽量提高装填密度也可有效增大发动机的冲质比。为了提高发动机的装填密度，最大限度地减轻发动机的总质量，满足航天器总体布局、结构尺寸的要求，实现特殊的推力变化或推力平稳性要求，航天器固体火箭发动机的装药结构大多比较复杂，有星孔型或开有径向槽的星孔型、翼柱形(前端或后端开翼槽)、中孔圆柱药型、伞柱球形、灯泡伞翼柱形等等。

2. 燃烧室采用非金属或轻质高强度金属材料，结构多样化

燃烧室不但是装药的储存场所，也是装药的燃烧场所，因此为了最大限度地减轻发动机质

量、降低航天发射成本，同时又要保证燃烧室能够承受装药燃烧产生的高温高压燃气(适当提高燃烧室压强，也可提高发动机比冲)的作用，航天器用固体火箭发动机燃烧室大多采用非金属复合材料或轻质高强度金属材料，如玻璃纤维/环氧树脂、碳纤维/环氧树脂、凯夫拉纤维/环氧树脂、芳纶纤维/环氧树脂、低合金高强度钢、钛合金、铝合金等等。根据航天器总体布局结构的要求，发动机燃烧室结构有圆柱形或短圆柱形、球形、椭球形；对姿态和轨道控制发动机还采用微小型发动机组结构等多种形式(见图3.5)。

3. 喷管面积比大

由于航天器用固体火箭发动机的工作环境是真空或近似于真空环境，环境压强低，因此为了使发动机的工作状态处于或接近于完全膨胀状态(即 $p_e = p_a$，又称设计状态)，以提高发动机比冲，保证发动机的最佳性能，航天器用固体火箭发动机大多采用面积比大的喷管。因为喷管扩张面积比 A_e/A_t 越大，对于超声速燃气来说 p_e/p_c 越小，则燃气膨胀越充分(见图3.12)。但是在喷管扩张半角一定的情况下，面积比增大，则喷管长度增加，从而增加了发动机的总质量。因此，航天器用固体火箭发动机大多采用面积比较大的欠膨胀喷管，这样在推力损失较小的情况下，使发动机的结构质量大大减轻，提高了发动机的整体水平。

由于航天器用固体火箭发动机的工作区域很宽，如近地点发动机的工作高度为几百千米，而远地点发动机的工作高度则是航天器飞行的目标轨道高度(地球静止卫星的运行轨道是倾角为0°、半径为42 164 km的圆轨道)，因此航天器用固体火箭发动机喷管扩张面积比的取值范围比较宽，从17.5(美国"Thor-Burner 2A"运载火箭第三级发动机"Star 26B"TE-M442-1的面积比)～113(美国的一种试验型发动机"Star 37YGDS"的喷管面积比)不等。为适应大的面积比变化，有些发动机采用了可延伸喷管，如带有可延伸出口锥喷管的"Orbus 6E"，可使喷管总长从838 mm增至2 057 mm，喷管面积比从49.3提高到181.1。这一措施有明显的比冲得益，如上述"Orbus 6E"的比冲增加了150 m/s。

4. 喷管大多采用特型及潜入式复合喷管

由于航天器用固体火箭发动机大多采用高能复合推进剂，燃气温度高、发动机的工作时间又相对比较长(从十几秒到上百秒不等)，因此，为了确保发动机的性能和工作可靠性，发动机均采用复合式喷管。喷管壳体材料采用复合材料、钛合金和铝合金等；喉衬材料为碳/碳复合材料、钨或钨渗银等；内绝热层为高硅氧酚醛/树脂、碳/酚醛和硅/酚醛、二维碳/碳材料等。此外，由于航天器用固体火箭发动机喷管面积比大、长度长，因此为了在保证发动机性能的前提下，尽可能提高喷管性能、缩短喷管长度，同时也为了缩短发动机的总体长度，满足航天器总体布局、结构尺寸的要求，发动机大多采用特型扩张段、潜入式喷管。潜入深度根据发动机性能和总体结构尺寸的不同要求而不同。

5. 推力终止设计

有时为了实现准确的总冲控制，发动机采用具有反向喷管的推力终止结构设计。

3.6 研究水平和关键技术

3.6.1 研究水平

国内、外航天器用固体火箭发动机的研究水平对比见表 3.2。

表 3.2 航天器用固体火箭发动机技术国内、外水平对比表

项　目	国外定型发动机	国内定型发动机	国内在研水平
质量比	～0.95	～0.907	～0.92
真空比冲	2 984 m/s(298 ～ 300 s)	2 863.5 m/s(290 s)	(300 s)
工作时间	152 s	87 s	/
可延伸喷管技术	已投入使用	/	在研
使用维护性能	10 年不分解、不检查，最长储存期达 18 ～ 20 年	8 ～ 10 年	10 ～ 15 年
生产能力	美国：几万吨推进剂 / 年；俄、法、日：几千吨 ～ 万吨 / 年，具有大批量生产能力	千吨 / 年，批量生产刚开始	1 ～ 3 kt/a
单发最大直径及装药量	ϕ2.337 m，9.707 t(Orbus 21)	ϕ1.7 m，5.444 t(EPKM)	/
基础工作	力量很强，工作深入，尤其是工艺设施、探伤检测、基础理论工作很强	力量比较薄弱，与国外差距很大	/

3.6.2 关键技术

(1) 研制高性能的固体推进剂，例如 N－15，H－16 固体推进剂及合成更高能量的物质，不仅要求能量高(如地面标准比冲 2 550 ～ 2 600 m/s，高空比冲大于 3 000 m/s)，还要求力学性能、工艺性能和安全性能好，成本可以接受。固体推进剂是固体火箭发动机的能源和工质源，发动机性能的好坏，很大程度上依赖于固体推进剂性能的好坏。因此，研制高性能的固体推进剂是固体火箭发动机发展的关键技术之一。

(2) 采用新的材料、结构及加工技术。在发动机设计、研制过程中,采用新的材料,如轻质高强度的结构材料、耐高温材料(可耐高温 3 700 ～ 4 000 K 的喷管材料、燃烧室内的防热材料、抗激光防护材料等),以进一步降低消极质量,提高发动机的质量比(如达到0.93～0.94)。因此研制采用新的材料、结构及加工技术也是固体火箭发动机发展的关键技术之一。

(3) 采用新的发动机技术。例如优化设计、精确计算技术、高压强技术、新型推力矢量控制技术、延伸喷管技术、推力可调多次起动技术等等,新技术的采用,不但可大大提高发动机的性能,还可促进发动机向小型化、能多次起动、脉冲式工作的趋势发展。

(4) 提高寿命,简化维护,降低成本。

3.7　工程设计方法

3.7.1　概述

固体火箭发动机无论是应用于战略 / 战术导弹、航天运载器,还是应用于航天飞行器,其设计依据均包括下述两个方面。

1. 发动机的性能指标

发动机的性能指标是根据航天器的任务要求提出的,并以发动机设计任务书的形式下发给发动机设计单位。发动机的性能指标是发动机设计的重要依据,其主要包括:

(1) 发动机总质量及其偏差;

(2) 发动机的推力,即规定发动机在适用范围内的最大和最小推力(或者规定发动机在使用温度下的平均推力及其偏差);

(3) 发动机比冲,即给出发动机的平均真空比冲及其偏差;

(4) 发动机的燃烧时间和工作时间;

(5) 发动机推力方向控制和推力终止等方面的要求,例如推力方向控制方式、推力终止装置打开的同步性、延迟时间等。

2. 发动机的主要结构参数

发动机的主要结构参数是指与航天器总体有关的发动机结构参数,例如发动机外径、长度、前后裙的端框尺寸,以及推力方向控制的几何中心至后裙端面距离等。所有结构尺寸都有尺寸公差和形位公差要求。

此外,设计中还应考虑发动机的储存环境、运输环境、使用环境和飞行环境等对发动机性能的影响。

根据设计任务书,典型的固体火箭发动机设计流程如图 3.17 所示。

由图 3.17 可见,装药设计是固体火箭发动机其他零、部件设计的基础。所谓装药设计,就是根据固体火箭发动机的设计指标和性能,最终确定固体火箭发动机所用装药的推进剂类型、装药形状和尺寸。由于发动机内固体推进剂装药的几何形状直接决定着发动机的技术指标和内弹道性能，所以，装药设计必然与发动机内弹道性能计算密切相关并相伴随。

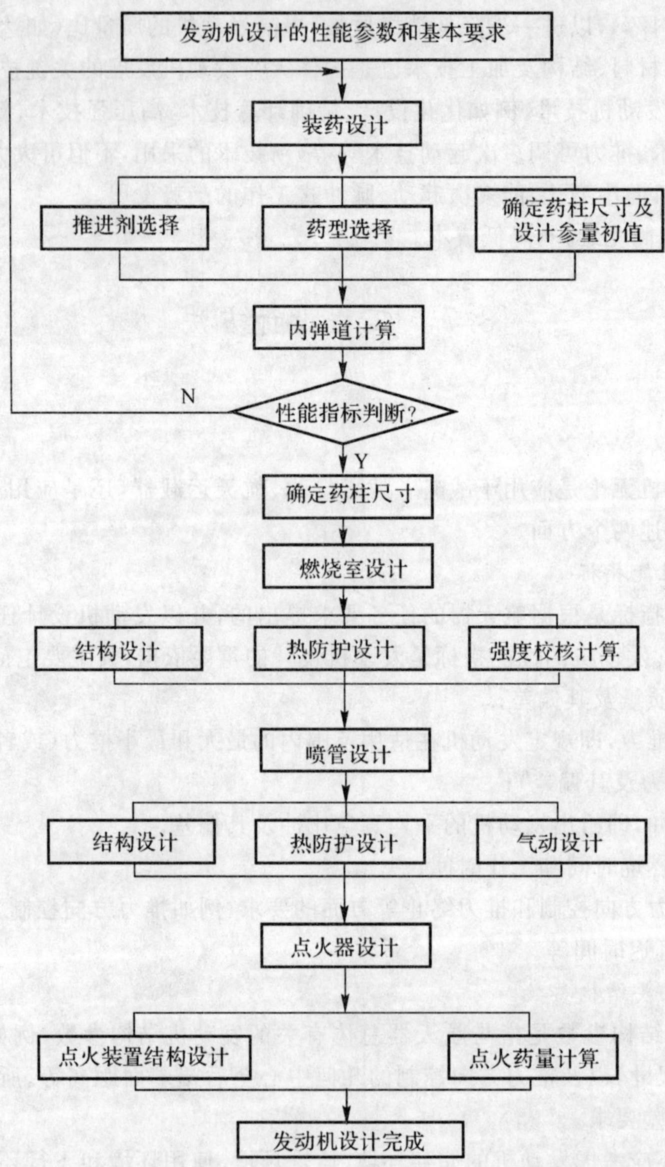

图 3.17 固体火箭发动机设计流程简图

3.7.2　固体火箭发动机装药设计

装药设计包括两部分内容：推进剂选择和装药药型设计。

一、推进剂选择

在装药设计之前，首先要选择固体推进剂。航天器用固体火箭发动机大多采用高能复合推进剂，目前，常用的复合固体推进剂分类如图3.18所示。

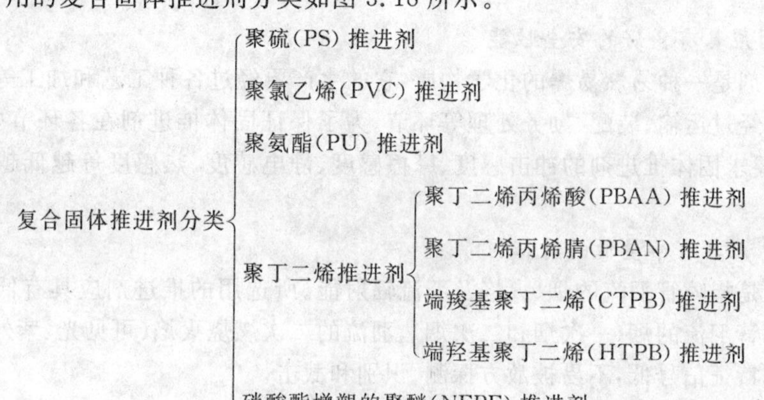

图3.18　复合固体推进剂分类

目前，各种推进剂的比冲、密度、燃速、力学性能等有较宽的选择范围，有些性能还可通过改变配方和工艺来调整和改进。但是，应当注意，调整某特性时，往往会引起另一特性的变化，因此选用推进剂时应全面考虑其性能。其性能主要包括下述几个方面。

1. 推进剂的能量特性

推进剂的能量特性表现在推进剂的爆热大，其燃烧产物为气态且产物的平均相对分子质量低、具有较高的比冲和密度。当发动机的总冲一定时，所选用的推进剂的比冲越大，则所需推进剂的质量越小，药柱的体积也越小，相应的发动机燃烧室的容积也越小，从而可减轻发动机的质量。

2. 推进剂的内弹道特性

推进剂的内弹道特性要求推进剂的燃速符合发动机 $F-t$ 曲线的要求，且所选推进剂的压强指数尽量低，燃速的温度敏感系数尽量小。

3. 推进剂的燃烧特性

推进剂的燃烧特性要求推进剂燃烧稳定、侵蚀燃烧效应小、燃速可调范围宽且受环境条件(如推进剂初温、环境压强、飞行加速度等)的影响越小越好。

4. 推进剂应具有优良的力学特性

推进剂药柱在制造、储存和使用过程中，会受到各种载荷作用，可引起过度变形甚至破裂，从而使药柱的燃烧面积发生变化，影响发动机的正常燃烧，严重时会导致发动机爆炸。因此，推进剂良好的力学特性是保证药柱结构完整性的必要条件。

5. 推进剂应具有优良的物理化学安定性

固体推进剂在其加工、储存和使用过程中，一直存在缓慢的分解反应。常温下，分解反应的速度比较慢，在短期内一般难以察觉。但是这种缓慢的分解反应会导致推进剂中各组元的变质、能量下降、力学性能变坏等。因此，为了防止固体推进剂经过长期存放后发生不允许的物理化学性能的变化，常在推进剂中加入少量的安定剂和防老化剂，以保证推进剂具有优良的物理化学安定性。

6. 推进剂应具有良好的安全性能

固体推进剂是一种易燃易爆的化学物质，它的生产要经过各种工艺和加工等环节，储存和使用过程中要经过运输、装配、勤务处理等环节。为了保证固体推进剂在各环节中不发生燃烧和爆炸事故，要求固体推进剂的冲击感度、摩擦感度、静电感度、热感度等越低越好，但又要保证点火可靠。

7. 推进剂应具有尽量低的特征信号

特征信号是指喷管羽流的烟、火焰及羽流辐射能。所选用的推进剂应具有低特征信号，以确保发动机喷管羽流的烟(一次烟和二次烟)、羽流的二次燃烧火焰(可见光、紫外光及红外光)及电磁等辐射特征信号低，不易被敌方探测、识别和截击。

8. 其他方面

固体火箭发动机对固体推进剂除了上述七个方面的性能要求外，还有一些其他方面的要求。例如要求推进剂的原材料毒性小、来源丰富、生产成本低等。

二、药柱设计

药柱是装填入燃烧室中具有一定形状和尺寸的推进剂装药的总称，它是发动机的能源和工质源。药柱的几何形状和尺寸决定了发动机的燃气生成率及其变化规律，从而也决定了发动机的推力、压强随时间的变化规律。在固体火箭发动机中，推力、压强随时间的变化规律，根据药柱几何形状和尺寸的不同分为三种情况：等面药型燃烧的等推力(或压强)、减面药型燃烧的递减推力(或压强)和增面药型燃烧的递增推力(或压强)，如图 3.19 所示。因此，按燃烧面积的变化规律，药柱可分为等面、减面和增面燃烧药柱三大类。在具体设计中选择药柱的几何形状，应考虑下述几个方面。

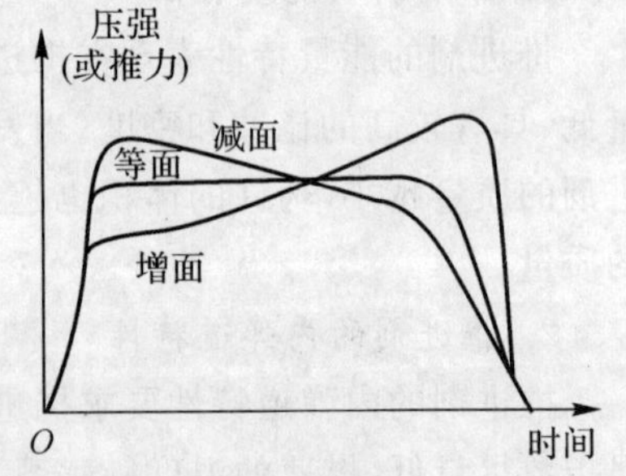

图 3.19 装药药型与内弹道性能间的关系

1. 发动机的内弹道特性

所设计的药柱燃烧面积及其随时间的变化规律应满足发动机内弹道曲线(即 $F-t$ 曲线和 p_c-t 曲线)的要求。

2. 药柱的结构完整性

在满足发动机内弹道特性要求的前提下，一方面尽量使药柱的几何形状简单，减少高应力和应力集中区,防止药柱过度变形、产生裂纹和脱粘。另一方面,在发动机工作期间,为了避免发动机燃烧室壳体的过度受热,一般要求药柱能起隔热作用,因此常希望采用内孔燃烧药柱。

3. 药柱的工艺性

药柱的几何形状与制造工艺和推进剂的流变性能有很大的关系,它关系到所设计的药柱能否制造和制造成本的大小。从药柱结构完整性和加工工艺考虑,在满足发动机内弹道性能要求的前提下,药柱形状越简单越好,并尽量采用现成工艺,减少专用工装和模具。

在发动机初步设计时,通常用下述三个相关量来选择药柱的几何形状。

(1) 肉厚分数:所谓肉厚分数,是药柱肉厚与药柱外半径之比,即

$$e_f = \frac{e}{D/2}$$

肉厚分数与推进剂燃速、燃烧室内径和发动机的工作时间有关。

(2) 长径比:长径比是指药柱长度 L 与药柱外径 D 之比,即 L/D。长径比的大小直接影响到燃烧室内的气体动力学和侵蚀效应。

(3) 体积装填分数:体积装填分数是指推进剂药柱体积 V_p 与燃烧室内腔容积 V_c 之比,即

$$V_f = \frac{V_p}{V_c}$$

体积装填分数通常受到肉厚分数的制约。在设计药柱时,应尽可能使其体积装填分数大,药柱燃烧结束时残余药量少,以最大限度地提高发动机的质量比。

药柱几何形状确定以后,需要进一步确定药柱的几何参数,而药柱几何参数的确定,一般包括:

(1) 根据总体对发动机提出的总冲要求,以及所选用的推进剂性能,估算推进剂质量。

(2) 选择发动机工作时的燃烧室压强 p_c。选择的基本原则是保证推进剂能正常燃烧,且使发动机的冲质比尽可能大。

(3) 根据总冲和工作时间计算发动机的平均推力 $\bar{F}$。

(4) 初步估算喷管喉部面积

$$A_t = \bar{F}/(C_F p_c)$$

(5) 估算药柱的燃烧面积

$$\bar{A}_b = \frac{p_c^{1-n} A_t}{a\rho_p c^*}$$

(6) 根据工作时间、所选推进剂的燃速、发动机外径等参数,确定装药外径 D 和燃烧的最大肉厚 e。

目前,发动机常用的药柱形状如图3.20所示。在药柱设计初步完成之后,即可进行内弹道计算,以确保所设计的推进剂药柱满足总体提出的发动机技术指标和性能的要求。

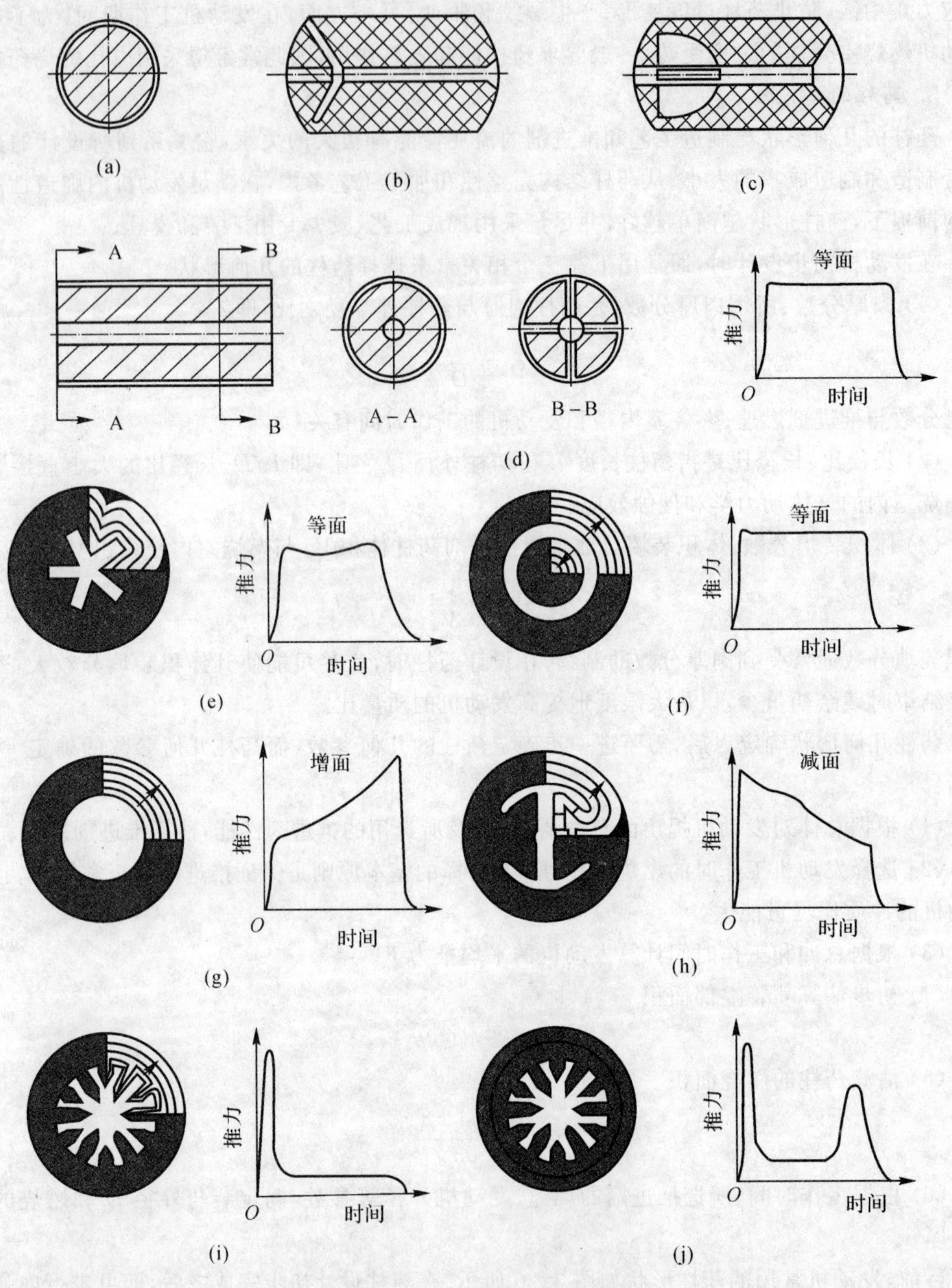

图 3.20　固体火箭发动机常用的部分药型示意图

(a) 端面；(b) 锥柱型；(c) 翼柱型；(d) 开槽管型；(e) 星型；

(f) 套管型；(g) 管状内孔燃烧；(h) 双锚型；(i) 多翅型；(j) 双燃速

3.7.3 固体火箭发动机内弹道计算

一、计算模型概述

对固体火箭发动机而言，内弹道(interior ballistics)计算实际上就是计算在发动机燃烧室内有燃气流动的情况下，燃烧室内压强随发动机工作时间的变化规律。也就是说，固体火箭发动机内弹道计算的主要任务是，在给定推进剂装药性能参数、装药几何尺寸、推进剂的初温 T_i、喷管喉径 d_t 等条件下，计算 $p_c - t$ 的变化规律。

之所以要计算燃烧室内压强随发动机工作时间的变化规律，主要关系到下述四个方面。

(1) 发动机燃烧室压强的大小决定了发动机推力的大小，即 $F = C_F p_c A_t$。其中，C_F 为推力系数，p_c 为燃烧室内的燃气压强，A_t 为发动机喷管的喉部面积。

(2) 对结构尺寸相同的发动机来说，发动机燃烧室压强的大小决定了发动机工作时间的长短。一般情况下，燃烧室压强越大，则推进剂燃速越大，从而使工作时间缩短。

(3) 燃烧室压强是固体火箭发动机稳定工作的必要条件，只有当发动机燃烧室内的压强大于推进剂稳定燃烧的临界压强时，推进剂才能够稳定燃烧，以确保发动机稳定工作。

(4) 燃烧室压强是固体火箭发动机结构设计的重要参数，因为压强的高低直接影响着对燃烧室壳体的强度要求和发动机的结构质量。例如，发动机燃烧室壳体材料、壁厚等的选取、计算等，均与燃烧室内的工作压强密切相关。

为了保证固体火箭发动机稳定工作，燃烧室压强历来是比较高的，至少要求高于固体推进剂稳定燃烧所要求的临界压强。对于双基推进剂，其临界压强为 3 ～ 6 MPa，那么燃烧室的工作压强一般在 9 ～ 20 MPa；对于复合推进剂，其临界压强为 1 ～ 2 MPa，那么燃烧室的工作压强一般在 3 ～ 10 MPa。

由此可见，燃烧室的压强是发动机工作中一个十分重要的参数。因此，在发动机设计过程中，通过内弹道计算，得到发动机工作过程中燃烧室压强与时间的变化规律，了解并掌握所设计的发动机的理论性能，做到心中有数，是十分必要的。

但是，在发动机的实际工作过程中，即便对于简单药型的发动机(如端面燃烧、管状内孔燃烧等)，燃烧产物在燃烧室内也不是静止的，而是流动的，且流动一般都是二维或三维的，那么在内弹道 $p_c - t$ 的计算中，如果考虑流动中的每一种因素，势必给理论计算带来困难。因此，在发动机的工程设计计算过程中，计算 $p_c - t$ 曲线时，常做一些简化处理。常用的内弹道计算模型主要有以下两种：

(1) 零维内弹道计算模型：该模型不考虑燃烧室内燃气流动对 $p_c - t$ 计算的影响，认为燃烧室内的压强 p_c 只与装药的燃烧时间 t 有关，而与燃气流动、计算点的空间位置无关。也就是说，对于零维计算模型来说，在装药燃烧的某一时刻，燃烧室内每一点的压强处处相等。

(2) 一维内弹道计算模型：该模型仅考虑燃烧室内燃气沿发动机轴向流动而引起的燃烧室压强的变化，也就是说，在一维内弹道计算模型中，燃烧室内的压强 p_c 不但与装药的燃烧时间有关，还与计算点的轴向位置有关。

二、固体火箭发动机零维内弹道计算

为了简化起见，不考虑燃烧室内流动参数沿发动机轴向的变化，这就是零维内弹道计算的含义。这种计算方法适用于压强沿轴向变化甚小的端面燃烧装药和喉通比 J 值较小的侧面燃烧装药，以及计算精度要求不太高的一般侧面燃烧装药。与一维计算相比，计算简便，因此目前广泛应用于工程设计。

1. 基本方程

零维内弹道计算的基本假设如下：

(1) 燃烧室内部的气体参数（如燃烧室内的燃气压强 p_c、燃气温度 T_c 等）沿发动机轴向处处相等；

(2) 推进剂药柱完全燃烧，燃烧产物的组分不变且燃烧温度等于推进剂的等压燃烧温度，燃面上各点的燃速相等，且可以表示为

$$r = ap_c^n \tag{3.47}$$

(3) 燃气为完全气体，服从理想气体状态方程；

(4) 推进剂装药的燃烧服从等燃速推进的几何燃烧定律。

在以上假设条件基础上，根据质量守恒原理和气体状态方程，即可推出发动机零维内弹道计算的基本方程。

根据质量守恒原理，燃烧室内燃气生成率 $q_{m,b}$、流经喷管的燃气质量流率 q_m 和燃烧室内燃气质量变化率 $d(\rho_c V_c)/dt$ 有如下关系：

$$q_{m,b} = q_m + \frac{d(\rho_c V_c)}{dt} \tag{3.48}$$

$$q_{m,b} = \rho_p A_b r$$

$$q_m = p_c A_t / c^*$$

式中 ρ_p——推进剂装药密度；

A_b——装药燃烧面积；

r——推进剂的燃速；

p_c——喷管入口截面总压；

A_t——发动机喷管的喉部面积。

由式(3.48)可见，燃烧室内燃气的质量生成率分成了两部分：一部分经喷管排出，即 q_m；另一部分用来增加燃烧室中的燃气储量，其增长率为 $d(\rho_c V_c)/dt$，即式(3.48)等号右边的第二项。而

$$\frac{d(\rho_c V_c)}{dt} = V_c \frac{d\rho_c}{dt} + \rho_c \frac{dV_c}{dt} \tag{3.49}$$

式中 V_c——燃烧室自由容积；

ρ_c——燃烧室内燃气的平均密度。

式(3.49)说明燃烧室内燃气质量变化率由两部分组成。

(1)$V_c \mathrm{d}\rho_c/\mathrm{d}t$ 表示单位时间内,装药燃烧不断向燃烧室内充填燃气而使室内燃气密度增加所需要的燃气质量。

(2)$\rho_c \mathrm{d}V_c/\mathrm{d}t$ 表示单位时间内,充填由于装药燃烧而引起的燃烧室容积增加部分所需要的燃气质量。显然,有

$$\rho_c \mathrm{d}V_c/\mathrm{d}t = \rho_c A_b r \tag{3.50}$$

将式(3.49)、式(3.50) 代入式(3.48) 中,则有

$$\rho_p A_b r = \frac{p_c A_t}{c^*} + V_c \frac{\mathrm{d}\rho_c}{\mathrm{d}t} + \rho_c A_b r$$

即

$$V_c \frac{\mathrm{d}\rho_c}{\mathrm{d}t} = \left(1 - \frac{\rho_c}{\rho_p}\right)\rho_p A_b r - \frac{p_c A_t}{c^*} \tag{3.51}$$

根据气体状态方程 $p_c = \rho_c R T_c$,以及假设(2) 和(3),可得

$$\frac{\mathrm{d}\rho_c}{\mathrm{d}t} = \frac{1}{RT_c} \frac{\mathrm{d}p_c}{\mathrm{d}t}$$

引入燃速公式 $r = a p_c^n$,则式(3.51) 变为

$$\frac{V_c}{RT_c} \frac{\mathrm{d}p_c}{\mathrm{d}t} = \left(1 - \frac{\rho_c}{\rho_p}\right)\rho_p A_b a p_c^n - \frac{p_c A_t}{c^*} \tag{3.52}$$

因为 $\rho_c \ll \rho_p$,所以 ρ_c/ρ_p 是一微小量;那么令

$$\varepsilon = \frac{\rho_c}{\rho_p}$$

且有

$$c^* = \frac{\sqrt{RT_c}}{\Gamma}$$

所以式(3.52) 变为

$$\frac{V_c}{\Gamma^2 c^{*2}} \frac{\mathrm{d}p_c}{\mathrm{d}t} = (1-\varepsilon)\rho_p A_b a p_c^n - \frac{p_c A_t}{c^*} \tag{3.53}$$

略去式(3.53) 中的微小量 ε,则有

$$\frac{V_c}{\Gamma^2 c^{*2}} \frac{\mathrm{d}p_c}{\mathrm{d}t} = \rho_p A_b a p_c^n - \frac{p_c A_t}{c^*} \tag{3.54}$$

方程式(3.53) 和式(3.54) 就是发动机零维内弹道计算模型的基本微分方程。方程中的 p_c 为喷管入口截面处的燃气总压,对于“零维”计算,燃烧室内各点处的压强是处处相等的。

2. *零维内弹道近似解法*

由于燃烧室压强随发动机工作时间的变化规律通常分为三个阶段:压强上升段、稳定工作平衡段和压强后效段(见图 3.15),因此,所谓零维内弹道的近似解法,就是按照 p_c-t 曲线压强上升段、稳定工作平衡段和压强后效段的特点分别作近似计算。

(1) 稳定工作段平衡压强的概念:当燃烧室压强已经建立,开始进入稳定工作段时,压强

上升到工作压强并相对稳定，此时可以认为 $\mathrm{d}p_c/\mathrm{d}t = 0$，由式(3.54)可推出

$$p_c = p_{c,eq} = (\rho_p c^* aK)^{\frac{1}{1-n}} \tag{3.55}$$

式中 K—— 燃喉比，$K = A_b/A_t$；

a—— 燃速系数。

式(3.55)给出的燃烧室压强称为燃烧室的平衡压强。在此平衡压强下工作，可保持燃烧室压强的相对稳定，这就是发动机的稳定工作段。所以平衡压强是发动机工作中最具有代表性的特征压强。

(2)压强上升段计算：在 p_c-t 曲线上升段，燃气压强处于非平衡状态，最后向平衡状态过渡。在此阶段结束以前，燃气实际压强 p_c 并不等于平衡压强 $p_{c,eq}$，故必须求解微分方程式(3.53)或式(3.54)。

由于方程中装药燃烧面积 A_b 和燃烧室的自由容积 V_c 都随时间而变化，因此式(3.53)或式(3.54)不能分离变量。但是考虑到平衡状态建立过程的时间很短，在百分之几秒以内，所以在这样短的时间内，可对平衡状态建立过程进行一些简化。

1)认为平衡状态建立过程计算的初始条件为 $t=0, p_c = p_{ig}$，p_{ig} 为点火药燃烧结束时刻燃烧室内的压强，称为点火压强；

2)在短暂的压强上升段每一个瞬时平衡压强建立过程中，认为 $V_c = V_c^0, A_b = A_b^0$，即在计算过程中，可认为燃烧室内的自由容积和装药的燃烧表面积不变，均等于燃烧室的初始自由容积和装药的初始燃烧表面积；

3)认为压强的建立过程是一个等温过程，即 $c^* = \mathrm{const}$；

4)无剩余点火药参与燃烧。

在以上简化条件基础上，对式(3.54)分离变量，并将 $K = A_b/A_t$ 代入，有

$$\mathrm{d}t = \frac{V_c^0}{\Gamma^2 c^* A_t} \frac{\mathrm{d}p_c}{\rho_p c^* aK p_c^n - p_c} \tag{3.56}$$

对式(3.56)两边积分(t:$0 \sim t$, p_c:$p_{ig} \sim p_c$)，经整理后，有

$$t = \frac{1}{1-n} \frac{V_c^0}{\Gamma^2 c^* A_t} \ln\left[\frac{\rho_p c^* aK - p_{ig}^{1-n}}{\rho_p c^* aK - p_c^{1-n}}\right] \tag{3.57}$$

令

$$\tau = \frac{1}{1-n} \frac{V_c^0}{\Gamma^2 c^* A_t}$$

并引用

$$\rho_p c^* aK = p_{c,eq}^{1-n}$$

则式(3.57)变为

$$t = \tau \ln \frac{p_{c,eq}^{1-n} - p_{ig}^{1-n}}{p_{c,eq}^{1-n} - p_c^{1-n}} \tag{3.58}$$

对式(3.58)求解，可得

$$\left(\frac{p_{\mathrm{c}}}{p_{\mathrm{c,eq}}}\right)^{1-n}=1-\left[1-\left(\frac{p_{\mathrm{ig}}}{p_{\mathrm{c,eq}}}\right)^{1-n}\right]\mathrm{e}^{-t/\tau} \tag{3.59}$$

应用式(3.59),即可近似解得 $p_{\mathrm{c}}-t$ 曲线的上升段。

从数学上讲,燃气压强从非平衡状态到平衡状态须经过无限长的时间,但实际 τ 的数量级为 0.01 s,因此 $\mathrm{e}^{-t/\tau}$ 随 t 增大而迅速减小,使 p_{c} 很快接近 $p_{\mathrm{c,eq}}$。因此,应用式(3.59) 计算得到

$$p_{\mathrm{c}}=(0.95\sim0.99)\,p_{\mathrm{c,eq}}$$

即可认为上升段结束。

(3) 稳定工作平衡段:对于等燃面装药的发动机而言,由于燃烧面积 A_{b} 基本不变使燃烧室压强也基本不变,在发动机的工作过程中有 $\mathrm{d}p_{\mathrm{c}}/\mathrm{d}t=0$,因此等燃面装药发动机稳定工作段压强的计算可直接采用平衡压强的计算公式(式(3.55)),这一计算方法称为平衡压强法。

而对于变燃面装药的发动机而言,由于燃烧面积 A_{b} 的变化使燃烧室压强也变化,在发动机的工作过程中实际上 $\mathrm{d}p_{\mathrm{c}}/\mathrm{d}t\neq0$,但在每一工作瞬时,有一个相应的燃烧面积对应于一定的平衡压强。因此,对于变燃面装药的发动机,引入瞬时平衡压强法,并对瞬时平衡压强法进行修正,即可计算变燃面装药发动机稳定工作段的压强。修正后的计算公式为

$$p_{\mathrm{c}}^{1-n}=p_{\mathrm{c,eq}}^{1-n}-\frac{V_{\mathrm{c}}a}{c^{*}\Gamma^{2}A_{\mathrm{t}}}\frac{\mathrm{d}p_{\mathrm{c}}}{\mathrm{d}e} \tag{3.60}$$

式中,$p_{\mathrm{c,eq}}$ 是利用式(3.55) 计算出的瞬时平衡压强,并由燃速的定义可得

$$\Delta t=\frac{\Delta e}{r}=\frac{\Delta e}{ap_{\mathrm{c}}^{n}} \tag{3.61}$$

从上升段结束点开始,联立求解式(3.60) 和式(3.61),就可得到稳定工作平衡段的 $p_{\mathrm{c}}-t$ 曲线。

(4) 压强后效段计算:压强后效段是装药燃烧结束后,发动机的排气段,又称拖尾段。由于在此段内,无燃气生成,故压强急剧下降。对这一燃气降压过程有两种处理方法。

1) 等温膨胀法。所谓等温膨胀法就是认为后效段内燃气温度不变,这是因为余药燃烧产生的高温气体,补偿了膨胀过程中燃气温度的下降。因此,设总温不变,c^{*} 不变,且 $A_{\mathrm{b}}=0$,代入式(3.54) 后,可得

$$\frac{V_{\mathrm{c}}^{\mathrm{b}}}{\Gamma^{2}c^{*2}}\frac{\mathrm{d}p_{\mathrm{c}}}{\mathrm{d}t}=-\frac{p_{\mathrm{c}}A_{\mathrm{t}}}{c^{*}} \tag{3.62}$$

式中,$V_{\mathrm{c}}^{\mathrm{b}}$ 为装药燃烧结束时所对应的燃烧室自由容积,在后效段计算中为一常数。

对式(3.62) 分离变量并积分,有

$$\int_{p_{\mathrm{c}}^{\mathrm{b}}}^{p_{\mathrm{c}}}\frac{\mathrm{d}p_{\mathrm{c}}}{p_{\mathrm{c}}}=-\frac{\Gamma^{2}c^{*}A_{\mathrm{t}}}{V_{\mathrm{c}}^{\mathrm{b}}}\int_{t_{\mathrm{b}}}^{t}\mathrm{d}t$$

式中,$p_{\mathrm{c}}^{\mathrm{b}}$ 和 t_{b} 分别表示装药燃烧结束时所对应的压强和时间,在稳定工作平衡段计算中已求得。最后得到

$$p_{\mathrm{c}}=p_{\mathrm{c}}^{\mathrm{b}}\exp\left[-\frac{\Gamma^{2}c^{*}A_{\mathrm{t}}}{V_{\mathrm{c}}^{\mathrm{b}}}(t-t_{\mathrm{b}})\right] \tag{3.63}$$

由式(3.63)可求得后效段的 $p_c - t$ 曲线。

2)绝热膨胀法。所谓绝热膨胀法就是认为在后效段内与外界无热交换，燃气作绝热膨胀，燃气温度不断下降。由于特征速度 c^* 与温度有关，因此燃气温度与特征速度均是时间的函数。

根据质量守恒方程式(3.48)，得

$$q_{m,b} = q_m + \frac{d(\rho_c V_c)}{dt} = q_m + \rho_c \frac{dV_c}{dt} + V_c \frac{d\rho_c}{dt}$$

在后效段，$A_b = 0, V_c = V_c^b = \text{const}$，所以有 $dV_c/dt = 0, q_{m,b} = 0$，因此上式变为

$$V_c \frac{d\rho_c}{dt} = -q_m = -\frac{p_c A_t}{c^*} \tag{3.64}$$

将 $c^* = \sqrt{RT_c}/\Gamma$ 代入式(3.64)，有

$$V_c \frac{d\rho_c}{dt} = -\frac{\Gamma p_c A_t}{\sqrt{RT_c}} \tag{3.65}$$

令
$$Z = \frac{p_c}{p_c^b}$$

并由绝热等熵关系

$$\frac{\rho_c}{\rho_c^b} = \left(\frac{p_c}{p_c^b}\right)^{\frac{1}{k}} = Z^{\frac{1}{k}}$$

得
$$d\rho_c = \rho_c^b \frac{1}{k} Z^{\frac{1-k}{k}} dZ \tag{a}$$

利用状态方程，有

$$RT_c = \frac{p_c}{\rho_c} = \frac{Z p_c^b}{\rho_c^b Z^{\frac{1}{k}}} = RT_c Z^{\left(1-\frac{1}{k}\right)} \tag{b}$$

式中 ρ_c^b—— 装药燃烧结束时所对应的燃气密度；

k—— 燃气比热比；

R—— 燃气的气体常数；

T_c—— 绝热燃烧温度。

将式(a)、式(b)代入式(3.65)中，并积分，则有

$$\int_1^Z Z^{\frac{1-3k}{2k}} dZ = \frac{-\Gamma A_t k \sqrt{RT_c}}{V_c^b} \int_{t_b}^t dt$$

解得

$$t = t_b + \frac{2V_c^b}{(k-1)\Gamma \sqrt{RT_c} A_t} \left(Z^{\frac{1-k}{2k}} - 1\right) \tag{3.66}$$

$Z = 1 \to 0$，应用式(3.66)即可求得后效段的 $p_c - t$ 曲线。

虽然在式(3.66)的推导中应用的喷管燃气质量流率 q_m 的计算公式只适用于超临界状态，但在一般情况下，在地面上，燃烧室内燃气压强只要大于 0.2 ~ 0.3 MPa，喷管中都能形成超临界流动。因此，应用式(3.66)计算后效段不至于带来很大的影响。

由于等温膨胀法中认为燃气温度不变,因此该方法大多适用于燃烧室内有余药燃烧的情况或发动机熄火时燃烧面积逐渐减小的情况。而绝热膨胀法大多适用于燃烧室内没有余药或余药很少的情况,或者对于快速熄火的情况,压强降低的速率很快、燃气膨胀过程进行的时间很短,此时燃气与外界的热交换可忽略不计,按绝热膨胀过程处理更接近于实际。

3. 零维内弹道微分方程求解法

所谓零维内弹道微分方程求解法,就是直接求解(如采用龙格-库塔方法)零维内弹道计算模型的基本微分方程式(3.53)或式(3.54),即可得到 $p_c - t$ 曲线。求解时注意以下两点:

(1)在装药燃烧时间内,方程中燃烧室的自由容积 V_c 和装药的燃烧表面积 A_b 是随发动机工作时间变化的,均可写成装药燃去肉厚 e 的函数,且有

$$\frac{\mathrm{d}p_c}{\mathrm{d}t} = \frac{\mathrm{d}p_c}{\mathrm{d}e}\frac{\mathrm{d}e}{\mathrm{d}t} = \frac{\mathrm{d}p_c}{\mathrm{d}e}r = \frac{\mathrm{d}p_c}{\mathrm{d}e}ap_c^n$$

于是式(3.54)可改写为

$$\frac{V_c a}{\Gamma^2 c^* A_t}\frac{\mathrm{d}p_c}{\mathrm{d}e} = \frac{c^* \rho_p A_b a}{A_t} - p_c^{n-1} \tag{3.67}$$

另有

$$A_b = A_b(e),\quad V_c = V_c(e),\quad A_p = A_p(e) \tag{3.68}$$

式中,A_p 是装药的通气截面积。

(2)在装药燃烧结束后,即 $p_c - t$ 曲线后效段的计算,可采用等温膨胀法,利用式(3.54),取 $A_b = 0$(即直接求解式(3.62)微分方程)计算,也可采用绝热膨胀法,利用式(3.66)计算。

零维内弹道微分方程求解法主程序框图如图 3.21 所示。

如前所述,零维内弹道近似解法的依据是发动机工作期间 $p - t$ 曲线的特点,如图 3.22 所示,即 ① 在上升段(图中的 Ⅰ 区),燃气从非平衡向平衡状态的过渡阶段,燃烧室内的实际压强迅速上升,由 $p_{ig} \to p_{eq}(t_i)$;② 在平衡段(图中的 Ⅱ 区),燃气处于动态平衡状态,燃烧室内的实际压强可用瞬时平衡压强来代替,即 $p(t) \to p_{eq}(t)$;③ 在后效拖尾段(图中的 Ⅲ 区),装药燃烧结束后,无燃气质量生成,使燃烧室内的燃气压强急剧下降,由 $p_{eq}(t_b) \to$ 环境压强。零维内弹道近似解法的特点是简单、快速,但具有不可避免的近似性。而零维内弹道微分方程求解法是直接求解发动机工作期间的 $p - t$ 曲线的微分方程,因而计算结果精确。

三、固体火箭发动机一维内弹道计算

如前所述,零维内弹道计算方法,只适用于燃烧室中燃气流动参数沿轴向变化较小的情况。当燃烧室中流动效应较强时,例如侧面燃烧装药,为了提高装填密度,有时喉部截面积 A_t 与装药通道出口截面积 A_p 之比,即喉通比 J 大于 0.5 以后,燃烧室内的压强及气流速度等参数沿轴向有明显的变化。在气流速度大于一定值(阈值)后,装药发生侵蚀燃烧效应。因此,装药通道中各截面处的燃速 r 各不相同,此时必须按一维问题来考虑燃烧室压强计算。

由于存在侵蚀燃烧效应,沿装药的长度方向,装药的燃速是逐渐增大的,因此使装药通道成为一个沿装药长度逐渐增大的变截面通道。为简化起见,引入平均燃速 $\bar{r}$,使燃气生成率

$q_{m,b}=\rho_p \bar{r} A_b$，可认为装药通道中各截面具有相同的平均燃速 $\bar{r}$，从而形成等截面通道，如图 3.23 所示。

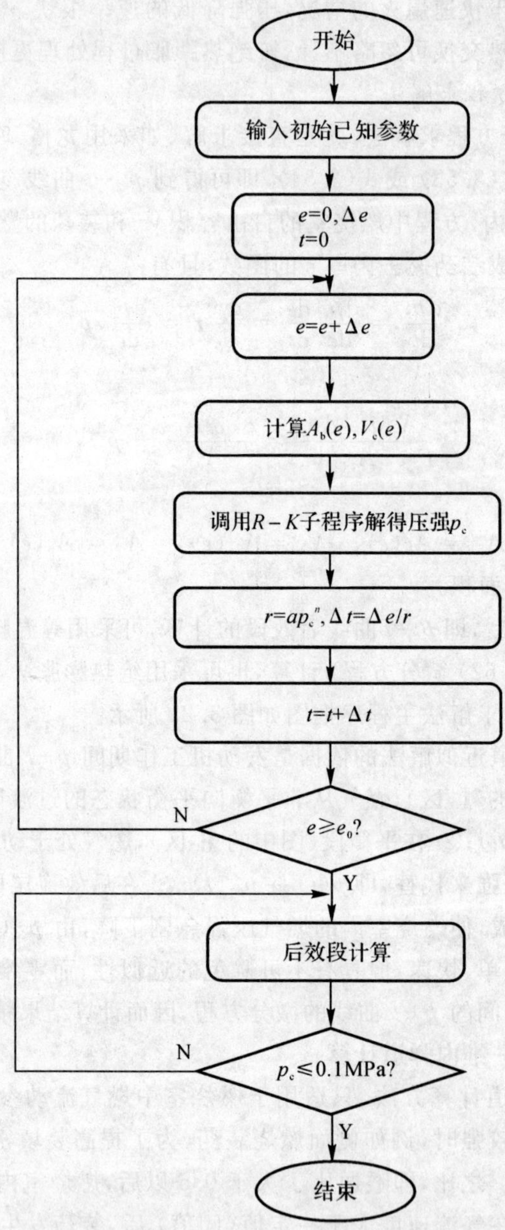

图 3.21　零维内弹道微分方程求解法主程序框图

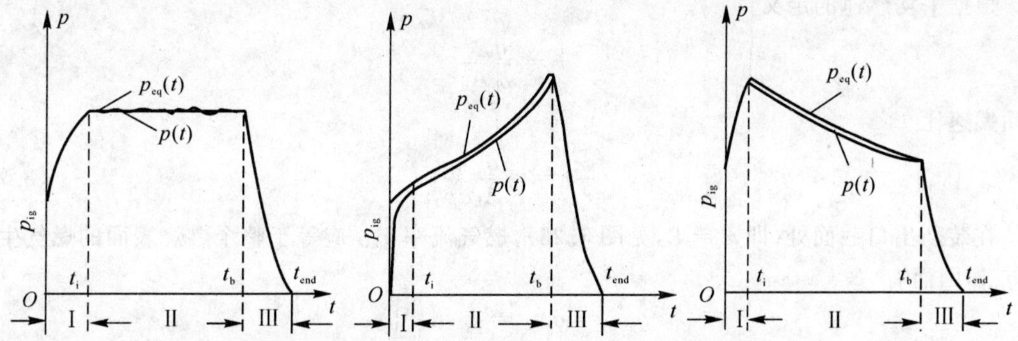

图 3.22　发动机燃烧室压强与平衡压强的关系

为了计算方便,用装药通道前端的燃速 r_1($r_1 = ap_1^n$,p_1 为装药通道前端压强)表示燃气的生成率,于是,有

$$q_{m,\mathrm{b}} = \rho_\mathrm{p}\bar{r}A_\mathrm{b} = \rho_\mathrm{p}A_\mathrm{b}r_1\left(\frac{\bar{r}}{r_1}\right) = \rho_\mathrm{p}A_\mathrm{b}ap_1^n\left(\frac{\bar{r}}{r_1}\right)$$

喷管质量流率

$$q_m = \frac{p_{02}A_\mathrm{t}}{c^*} = \frac{p_1A_\mathrm{t}}{f(\lambda_2)c^*}$$

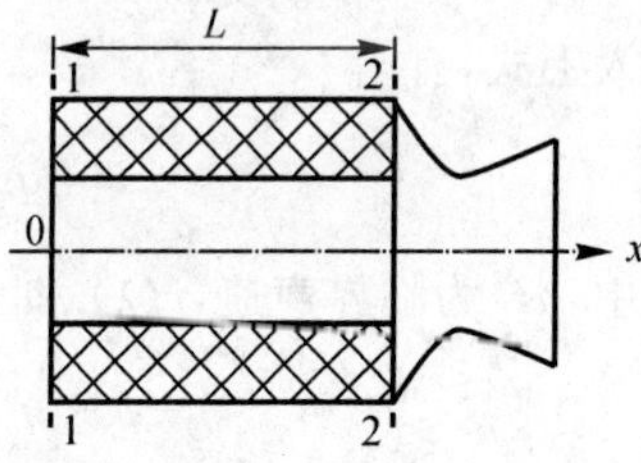

图 3.23　内侧面燃烧装药发动机示意图

式中,p_{02} 为喷管入口截面(见图 3.23 的 2—2 截面)处燃气总压,$f(\lambda)$ 为气动函数;由于装药通道前端的燃气流速近似等于零,所以装药通道前端的压强 p_1 可近似为装药通道前端面(见图 3.23 的 1—1 截面)上的燃气总压。由 q_m 的表达式可见,在考虑了装药通道中的燃气加质流动以后,$\lambda_2 > 0$,$1/f(\lambda) < 1$,因而 $p_{02} < p_1$,也就是说,由于装药通道中燃气的流动,燃烧室压强 p_c 沿通道有所下降。

将以上两式中的 $q_{m,\mathrm{b}}$,q_m 及 $p_\mathrm{c} = p_{02} = p_1/f(\lambda_2)$ 代入内弹道计算的基本方程式(3.54),得到

$$\frac{V_\mathrm{c}}{\Gamma^2c^{*2}}\frac{\mathrm{d}}{\mathrm{d}t}\left[\frac{p_1}{f(\lambda_2)}\right] = \rho_\mathrm{p}A_\mathrm{b}ap_1^n\left(\frac{\bar{r}}{r_1}\right) - \frac{p_1A_\mathrm{t}}{f(\lambda_2)c^*}$$

或

$$\frac{V_\mathrm{c}}{\Gamma^2c^{*2}}\left[\frac{1}{f(\lambda_2)}\frac{\mathrm{d}p_1}{\mathrm{d}t} - \frac{p_1}{f^2(\lambda_2)}\frac{\mathrm{d}[f(\lambda_2)]}{\mathrm{d}t}\right] = \rho_\mathrm{p}A_\mathrm{b}ap_1^n\left(\frac{\bar{r}}{r_1}\right) - \frac{p_1A_\mathrm{t}}{f(\lambda_2)c^*}$$

分析表明,上式等号左边第二项对 $p_1 - t$ 影响很小,可以略去不计。因此有

$$\frac{V_\mathrm{c}}{\Gamma^2c^{*2}f(\lambda_2)}\frac{\mathrm{d}p_1}{\mathrm{d}t} = \rho_\mathrm{p}A_\mathrm{b}ap_1^n\left(\frac{\bar{r}}{r_1}\right) - \frac{p_1A_\mathrm{t}}{f(\lambda_2)c^*} \tag{3.69}$$

只要已知 $\bar{r}/r_1$,式(3.69)是可解的。

下面将推导 $\bar{r}/r_1$ 的计算公式。

根据平均燃速的定义

$$\bar{r} = \frac{q_{m,\mathrm{b}}}{\rho_{\mathrm{p}} A_{\mathrm{b}}}$$

因而燃速比

$$\frac{\bar{r}}{r_1} = \frac{q_{m,\mathrm{b}}}{\rho_{\mathrm{p}} A_{\mathrm{b}} a p_1^n} \tag{3.70}$$

在装药出口截面处(即 $x = L$,见图 3.23),燃气流率 $q_{m,2}$ 应等于整个燃烧表面的燃气生成率 $q_{m,\mathrm{b}}$,因而有

$$q_{m,\mathrm{b}} = q_{m,2} = \rho_{\mathrm{c},2} u_2 A_{\mathrm{p},2}$$

式中 $\rho_{\mathrm{c},2}$—— 装药出口截面处燃气的密度;

u_2—— 装药出口截面处燃气的流速;

$A_{\mathrm{p},2}$—— 装药出口截面处的通气面积,对等截面通道发动机而言,在装药长度范围内通道截面积处处相等,即 $A_{\mathrm{p},2} = A_{\mathrm{p}}$。

将 $u_2 = a^* \lambda_2$, $\rho_{\mathrm{c},2} = \rho_{\mathrm{c},1} r(\lambda_2)/\tau(\lambda_2)$, $\rho_{\mathrm{c},1} = p_1/(RT_{\mathrm{c}})$

代入上式,有

$$q_{m,\mathrm{b}} = q_{m,2} = p_1 \lambda_2 a^* A_{\mathrm{p},2} \frac{1}{RT_{\mathrm{c}}} \frac{r(\lambda_2)}{\tau(\lambda_2)}$$

式中,a^* 为临界声速,$r(\lambda)$ 和 $\tau(\lambda)$ 为气动函数,将它们的表达式代入上式,并引入

$$z(\lambda) = \frac{1}{2}\left(\lambda + \frac{1}{\lambda}\right)$$

则有

$$q_{m,\mathrm{b}} = q_{m,2} = \frac{k A_{\mathrm{p}} p_1}{(k+1) a^* z(\lambda_2)} \tag{3.71}$$

将式(3.71) 代入式(3.70) 中,于是有

$$\frac{\bar{r}}{r_1} = \frac{k A_{\mathrm{p}} p_1^{1-n}}{(k+1) a^* \rho_{\mathrm{p}} a A_{\mathrm{b}} z(\lambda_2)} \tag{3.72}$$

又因为在装药通道内,各截面处的速度系数 λ 与截面位置 x 有如下的关系:

$$x = \frac{k A_{\mathrm{p}} p_1^{1-n}}{2(k+1) a^* \rho_{\mathrm{p}} a \Pi} \int_0^{\lambda} \frac{\dfrac{1}{\lambda^2} - 1}{z^2(\lambda) r^n(\lambda) \varepsilon(\lambda)} \mathrm{d}\lambda$$

当 $x = L$(装药通道出口截面) 时,$\lambda = \lambda_2$。因此,有

$$L = \frac{k A_{\mathrm{p}} p_1^{1-n}}{2(k+1) a^* \rho_{\mathrm{p}} a \Pi} \int_0^{\lambda_2} \frac{\dfrac{1}{\lambda^2} - 1}{z^2(\lambda) r^n(\lambda) \varepsilon(\lambda)} \mathrm{d}\lambda$$

式中,Π 为装药燃烧周长,且 $A_{\mathrm{b}} = \Pi L$。因此,可解出

$$p_1^{1-n} = \frac{2(k+1) a^* \rho_{\mathrm{p}} a A_{\mathrm{b}}}{k A_{\mathrm{p}}} \left[\int_0^{\lambda_2} \frac{\dfrac{1}{\lambda^2} - 1}{z^2(\lambda) r^n(\lambda) \varepsilon(\lambda)} \mathrm{d}\lambda\right]^{-1} \tag{3.73}$$

将式(3.73)代入式(3.72)中,则有

$$\frac{\bar{r}}{r_1}=2\times\left[z(\lambda_2)\int_0^{\lambda_2}\frac{\dfrac{1}{\lambda^2}-1}{z^2(\lambda)r^n(\lambda)\varepsilon(\lambda)}\mathrm{d}\lambda\right]^{-1} \tag{3.74}$$

联立式(3.74)和式(3.69),就可解得一维等截面装药通道发动机中头部压强 p_1 与发动机工作时间 t 的关系,即 p_1-t 曲线。求解时注意以下两点:

(1) 由式(3.74)可知,$\bar{r}/r_1$ 是 λ_2 的函数。又因 $J=A_t/A_p=q(\lambda_2)$ 已知,故 λ_2 又是 J 的函数。也就是说,推进剂选定后,侵蚀比 $\varepsilon(\lambda)$ 给定,则 $\bar{r}/r_1$ 是 J 的函数,它可通过式(3.74)用数值积分法求得。

(2) 在装药燃烧时间内,方程中燃烧室的自由容积 V_c 和装药的燃烧表面积 A_b 是随发动机工作时间变化的,均可写成装药燃去肉厚 e 的函数,因此,由式(3.74)和式(3.69),再加上

$$A_b=A_b(e),\quad V_c=V_c(e),\quad A_p=A_p(e)$$

$$J=J(e)=\frac{A_t}{A_p(e)}=q(\lambda_2),\quad \frac{\mathrm{d}e}{\mathrm{d}t}=\bar{r}=r_1\frac{\bar{r}}{r_1}=ap_1^n\frac{\bar{r}}{r_1}$$

组成的方程组就可解得一维等截面装药通道的 p_1-t 曲线。

同样,对于考虑装药通道中燃气流动情况下的一维内弹道计算,也可按照 $q_{m,b}=q_m$ 的平衡关系来计算平衡压强,即

$$\rho_p A_b a p_1^n\left(\frac{\bar{r}}{r_1}\right)=\frac{p_1A_t}{f(\lambda_2)c^*}$$

整理后,得

$$p_{1,\mathrm{eq}}=\left[\rho_p c^* aKf(\lambda_2)\frac{\bar{r}}{r_1}\right]^{\frac{1}{1-n}} \tag{3.75}$$

式中,$K=A_b/A_t$,称为燃喉比。

下面对两个平衡压强公式(式(3.55)和式(3.75))作一比较分析。

(1) 式(3.55)不考虑燃烧室内燃气流动对燃烧室内压强的影响,认为燃烧室内各点的压强处处相等。因此只要知道推进剂的性能参数和发动机的设计参数 K,即可由式(3.55)求得对应的燃烧室平衡压强。

(2) 式(3.75)是用装药前端压强 p_1 表示的平衡压强,它应用的侵蚀函数是 $\varepsilon(\lambda)$,且平衡压强是发动机设计参数 K 和 $\bar{r}/r_1$ 的函数。对于给定的 $\varepsilon(\lambda)$,$\bar{r}/r_1$ 是喉通比 J 的函数。但由于 $\varepsilon(\lambda)$ 不仅是 λ 的函数,而且还是压强的函数,不同的压强下有不同的 $\varepsilon(\lambda)$,因此燃速比 $\bar{r}/r_1$ 不仅是 λ 的函数,而且还是压强 p_1 的函数。可见,不能直接用式(3.75)求得平衡压强 $p_{1,\mathrm{eq}}$,因等号右边的燃速比本身也是平衡压强的函数,所以式(3.75)并不是平衡压强的显式。为此,必须首先求得 $\bar{r}/r_1=f(p,J)$,然后代入式(3.75)中,消去 $\bar{r}/r_1$,才能最后确定平衡压强。

由此可见,式(3.55)应用比较方便,但却不能反映燃烧室内燃气流动(或侵蚀效应)对室内压强的影响,计算精度相对低一些。

在固体火箭发动机工程设计中,根据设计任务书所提出的技术指标,初步选定药型并利用

前文介绍的内弹道计算方法，计算所选药型的弹道曲线，最终给出满足技术指标要求的装药形状和尺寸，即完成了装药设计。

有关发动机燃烧室、喷管、点火器等零部件的结构设计、计算，请参见固体火箭发动机结构设计方面的书籍。

3.8 航天器固体火箭发动机应用举例

固体火箭发动机在航天器上的应用非常广泛。例如，美国研制的Star和Orbus等系列固体火箭发动机，已应用于航天器的远、近地点发动机、转轨发动机、"返回式"卫星制动发动机等，其最高质量比为0.946，最大真空比冲为3 000 m/s；日本研制的M系列运载火箭的上面级发动机即为KM系列的固体火箭发动机，H-1运载火箭的远地点发动机也是固体火箭发动机H-1-A*，其最高质量比为0.927，最大真空比冲为2 879.3 m/s；我国研制的"东方红2"/"东方红2A"通信卫星远地点发动机、"风云2"卫星远地点发动机、"返回式"卫星制动发动机、"长征2C/FP"运载火箭转轨发动机以及"长征2E"运载火箭近地点发动机等等，均为固体火箭发动机。除此之外，世界上还有许多国家和地区，例如法国、日本、意大利等，也都在竞相发展和应用航天器用固体火箭发动机技术。

3.8.1 用于远、近地点变轨的固体火箭发动机

从变轨过程分析，用于远、近地点变轨的固体火箭发动机的主要特点是：一次完成变轨；航天器一般靠自旋稳定来克服推力偏斜影响；发动机推进剂的装填量只能按标准转移轨道推算并在发射前装填好，在发射后，装填量不能调整；航天器获得的速度增量为常数；发动机的工作时间短、推力比较大。典型的远、近地点变轨固体火箭发动机列举如下。

1. EPKM 固体火箭发动机

EPKM发动机是卫星近地点轨道转移用的发动机，是目前我国最大的航天用发动机，可把约30 kN的有效载荷送入地球同步转移轨道。发动机的剖视图如图3.24所示。运载火箭将卫星和EPKM发动机送入近地轨道后，在达到需要转移轨道的位置时，发出点火信号，通过三级点火方式点燃EPKM发动机，产生推力，将卫星从近地轨道送入同步转移轨道。1995年11月和12月，EPKM分别将"亚星2"和"艾柯斯达1"卫星送入了预定轨道。

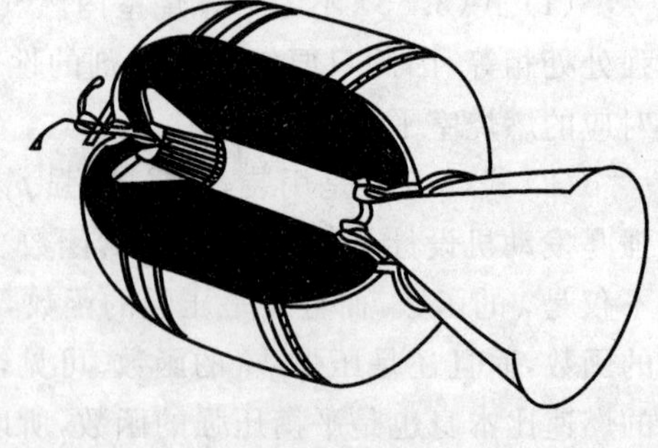
图3.24 EPKM固体火箭发动机剖视图

该发动机的基本组成包括燃烧室、主装药、喷管和点火装置。

(1) 燃烧室：由壳体、绝热层、人工脱粘层、衬层组成。壳体材料为玻璃纤维增强塑料，前、

后裙材料为 ZL205A 高强度铸造铝合金，壳体外部有防静电层；内绝热层和人工脱粘层材料为丁腈酚醛石棉软片。

(2) 主装药：为前翼柱形装药，由双燃速、HTPB 推进剂浇铸而成。双燃速推进剂前、后串装，头部翼槽部分为低燃速推进剂。

(3) 喷管：潜入式复合固定喷管。喷管壳体材料为铸造钛合金 ZT4，喉衬材料为整体毡碳/碳复合材料，扩张段为碳带高硅氧/酚醛树脂缠绕而成。

(4) 点火装置：由点火器和保险机构组成，保险机构为力矩电机式，发射前 100 min 用地面控制盒解除保险。

2. Mage 1 固体火箭发动机

Mage 1 固体火箭发动机是欧洲航天局 Meteosat 1 同步卫星的远地点发动机，由法国、意大利、德国联合研制。该发动机可向同步轨道发射 400 ～ 500 kg 量级的卫星，1981 年 6 月首次发射了 Meteosat 1 同步卫星。发动机的结构简图如图 3.25 所示。

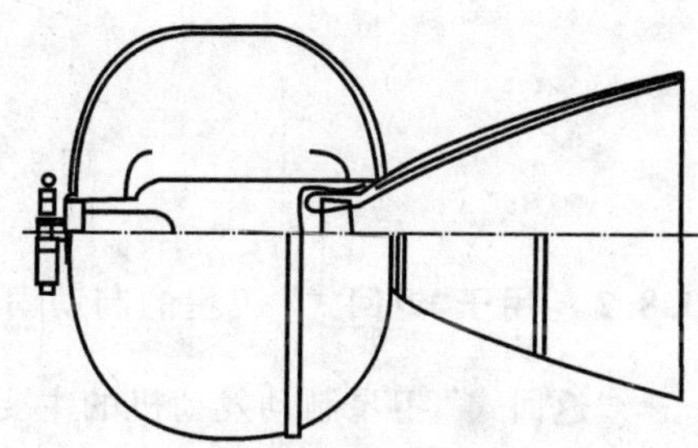

图 3.25　Mage 1 远地点发动机

该发动机的基本组成包括燃烧室、主装药、喷管和点火装置。

(1) 燃烧室：其壳体材料为凯夫拉-49/环氧，发动机裙由玻璃纤维层、碳纤维层和凯夫拉纤维层交叠构成，内绝热层材料为三元乙丙橡胶。

(2) 主装药：由 CTPB16-12 推进剂浇铸而成。发动机最大欠装程度为 74.6%，最大欠装时发动机总质量为 284 kg，推进剂质量为 250 kg，发动机的平均推力为 14.47 kN。

(3) 喷管：潜入式复合固定喷管。喷管喉衬材料为 SEPCARB 四维碳/碳复合材料，喷管出口锥为碳/酚醛。

3. SVM-2 固体火箭发动机

SVM-2 固体火箭发动机是“国际通信卫星”的远地点发动机，如图 3.26 所示。该发动机于 1968 年 9 月首次用于实际飞行，共飞行 8 次，5 次成功，3 次失败。但这 3 次失败都不是由于发动机本身原因引起的。

该发动机的基本组成包括燃烧室、主装药、喷管和点火装置。

(1) 燃烧室：其壳体材料为 S-994 玻璃纤维/环氧预浸带缠绕而成，内绝热层材料为 V-45 丁腈橡胶。

(2) 主装药：由 ANB-3066 推进剂浇铸而成，药型为前端开槽的翼柱型，装药量为 139 kg。

(3) 喷管：潜入式复合固定喷管，潜入深度为 24%。喷管喉衬材料为钨渗银，固定体为 6061-T6 铝合金。

(4) 点火装置：由安全保险机构和点火器组成。点火器壳体材料为模压玻璃纤维/环氧，安全发火装置材料为不锈钢。

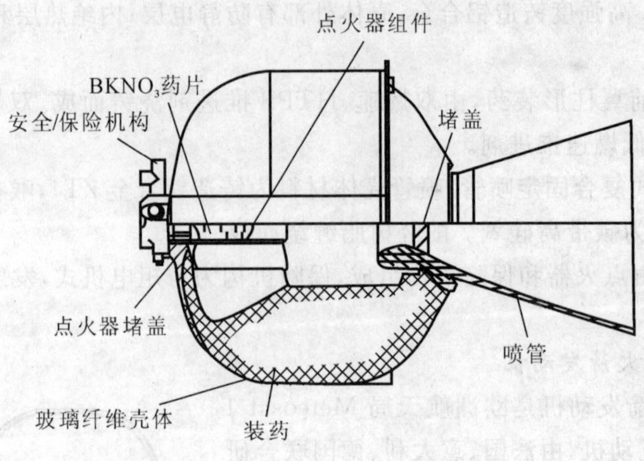

图 3.26　SVM-2 远地点发动机

3.8.2　用于"返回式"卫星的制动固体火箭发动机

"返回式"卫星制动发动机的主要功能是，在卫星返回过程中，发动机产生的推力与卫星的飞行方向相反，起制动作用。典型的制动发动机列举两例。

1. FG-23A 发动机

FG-23A 固体火箭发动机是由我国研制的"返回式"卫星的制动发动机，发动机结构简图如图 3.27 所示。自 1992 年以来，该发动机已连续多次将返回式卫星成功地送回地面预定区域，成功率为 100%。

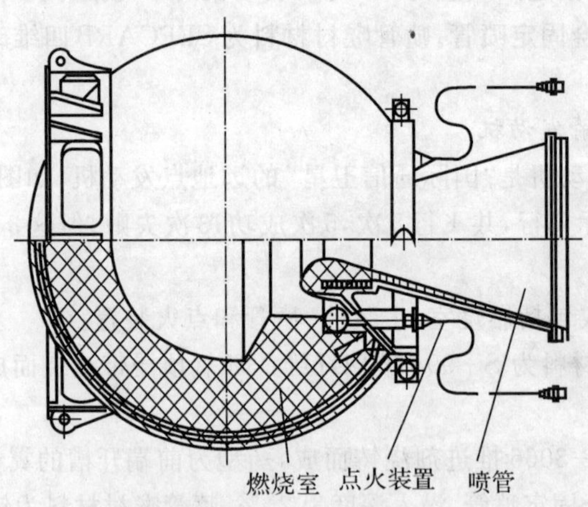

图 3.27　FG-23A 发动机结构简图

该发动机的基本组成包括燃烧室、主装药、喷管和点火装置。

(1) 燃烧室:其壳体为球形,材料为 25CrMnSiA 冷轧板,内绝热层由 5-Ⅲ 软片粘贴固化成形。

(2) 主装药:由 410-3E 推进剂浇铸而成,药型为灯泡伞翼柱型。

(3) 喷管:潜入式复合锥形喷管,喷管喉衬材料为石墨 T704,壳体材料为 30CrMnSiA。

(4) 点火装置:由环形药盒、电嘴机电发火管组成。环形药盒壳体材料为铝管,点火药为片状烟火剂。

2. "Star 37B"TE-M-364-2 *发动机*

"Star 37B" TE-M-364-2 固体火箭发动机是美国"勘察者"计划探测器返回式发动机,也是"Thor-Burner2"运载火箭的上面级发动机。该发动机于 1966 年 9 月首次飞行,现已进行地面试车和飞行 20 余次。发动机结构简图如图 3.28 所示。

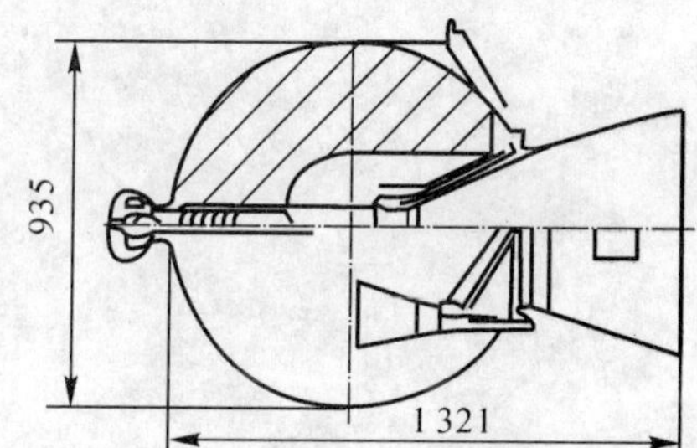

图 3.28　"Star 37B" 返回式发动机

该发动机的基本组成包括燃烧室、主装药、喷管和点火装置。

(1) 燃烧室:其壳体为球形,材料为 D6AC 钢,内绝热层为石棉充填的丁腈橡胶。

(2) 主装药:由 CTPB 推进剂浇铸而成,药型为 8 角星型,装药量为 653.2 kg。

(3) 喷管:潜入式复合锥形喷管,潜入深度为 40%。喷管喉衬材料为石墨 G-90。

此外,还有美国研制的"Star 6"TE-M-541-3 及"Star 13"TE-M-458 等,均是"返回式"卫星的制动发动机。

3.9　发展中遇到的问题与对策

(1) 固体火箭发动机性能的优劣在很大程度上受到固体推进剂性能优劣的限制,因此为了提高发动机的性能,必须发展高能固体推进剂技术。研制高能固体推进剂有 3 个代表性的途径:

1) 硝酸酯增塑聚醚推进剂(NEPE 推进剂)。NEPE 推进剂是目前使用的推进剂中能量最高、代表当今最新技术水平的高能推进剂。它是不同于改性双基推进剂和复合推进剂的一种新型推进剂。

2) 叠氮固体推进剂。叠氮固体推进剂是指由叠氮黏合剂、叠氮增塑剂或(和) 其他叠氮组分构成的固体推进剂。该类推进剂具有密度比冲高、信号特征低等特点,具有多种用途,是固体推进剂同时满足高能化和少烟化要求的重要技术途径。其中,聚叠氮缩水甘油醚(GAP) 推进剂为该类推进剂的典型代表,是很有发展前途的高能固体推进剂新品种。

3) 高能量密度材料(HEDM)。高能量密度材料是指密度大于 2.0 g/cm^3,爆速大于

9 000 m/s,爆压大于 40 GPa,而且危险性低、安定性好的含能材料。把高能量密度材料引入固体推进剂配方中,将使高能固体推进剂的性能上一个新台阶。

(2) 研制新型的轻质、高强度结构材料,以降低发动机的消极质量,提高固体火箭发动机的性能。

(3) 开展固体火箭发动机多次起动的熄火、再点火装置研究,以拓展固体火箭发动机的应用领域。

第4章 液体火箭发动机(LRE)

4.1 概　述

空间飞行器推进系统是指在空间飞行器上使用的动力装置,它为空间飞行器在空间完成机动、变轨、姿态控制和位置保持等各种飞行任务提供动力。推进系统可分为主推进和反作用控制两大类。两者不仅在推力量级上不同,而且所使用的推进剂、要求的控制能力、推力变化以及系统结构等方面都有很大不同。发动机的推力从几牛顿至几千牛顿,甚至上万牛顿;发动机推进剂供应系统可以是挤压式,也可以是泵压式。

由于化学推进系统具有性能高、适应性强、技术成熟和工作寿命长等一系列优点,能够较好地适应空间飞行器对其提出的不同要求,在空间推进领域获得了极其广泛的应用。尽管电推进和核推进技术日益成熟,并具有很多化学推进系统不具有的优点,但其在航天技术中的地位和作用远不能与化学推进系统相提并论。因此,在今后相当长的时期内,化学推进系统在空间推进领域仍处于主导地位。

空间飞行器推进系统所有的液体火箭发动机按所使用的推进剂一般分为双组元发动机和单组元推力器。小推力发动机,例如推力为几牛顿至上千牛顿的发动机多采用单组元发动机,如肼类、H_2O_2 等推进剂,经催化分解成燃气,由喷管喷出产生推力;较大推力的发动机,例如推力在几十牛顿至几万牛顿时,可采用双组元发动机,如 N_2O_4/一甲基肼、N_2O_4/偏二甲肼(或混肼-50)、H_2O_2/煤油、H_2O_2/酒精等推进剂。液体火箭发动机多用于工作时间很长的空间飞行器,如通信卫星,要工作几年甚至十几年。

1959年,推力为89 N的单组元肼分解推力器成功地用于“艾伯尔4”(Able4)和“艾伯尔5”(Able5)进行探测器的末速修正机动任务,是单组元推力器在空间飞行器推进系统中的首次应用;随后“徘徊者和水手”(Ranger and Marina)计划采用喷气推进实验室(JPL)研制的肼分解推力器。它们均采用非自发性催化剂,只限于1次或几次起动,用 N_2O_4/N_2H_4 在低混合比下点火起动。1964年,美国希尔化学公司成功地研制了肼自发分解催化剂——“希尔405”(Shell 405);1967年,火箭研究公司(RRC)正式发表了“希尔405肼分解推力室设计准则”;1967年11月发射的应用技术卫星(ATS-3)首次将“希尔405”肼分解推力器用于姿态控制,随后单组元推力器在空间飞行器推进系统中得到广泛应用。“希尔405”催化剂的出现有力地促进了小推力肼分解姿态控制推力器研制工作的迅速蓬勃发展,为单组元推力器在空间飞行器中的广泛应用奠定了基础。

1974年12月,法-德研制的实验通信卫星“交响乐”,首次采用MBB公司研制的400 N液体双组元(N_2O_4/A-50)发动机作为其远地点发动机将卫星从椭圆轨道送入地球同步轨道，这是液体双组元发动机在空间飞行器轨道转移中的首次应用。美国 Marquardt 公司研制的推力为 445 N 的 R-4D 系列液体双组元发动机从 1962 年开始研制，其初期功能是用于阿波罗(Apollo)飞船的各项机动任务，例如，登月舱与指令-服务舱分离、登月舱自主飞行段的定向与稳定、月球表面着陆前机动飞行、从月球起飞后与“阿波罗”飞船交会和对接、当上升级发动机提前关机时保证登月舱必要的速度增量，以及登月舱主发动机起动前使储箱内推进剂沉底。从 1976 年首次用于印度的“INSAT-I”广播气象卫星的远地点发动机后，其 R-4D-7 以后的系列均用于空间飞行器的远地点发动机。

各国主要通信卫星推进系统和空间推进系统发动机简况分别见表 4.1 和表 4.2。

表 4.1　各国主要通信卫星推进系统

卫星名称	发射年月（初次型号）	静止轨道上的初期质量 /kg	运载火箭	远地点入轨发动机	轨道控制	设计寿命 /a
交响乐	1974.12	402	德尔它	N_2O_4/A-50 液体	N_2O_4/MMH	
INTELSAT-V	1980.12	1012	大力神 / 半人马座	固体	N_2H_4/ETH[α] (N-S位保持)	7
INSAT-I	1982.4	580	德尔它 3910/ PAM-D	双组元组合发动机 N_2O_4/MMH		7
TDRS	1983.4	2 180	航天飞机	固体 Ius	N_2H_4	10
ARABSAT	1984	588	阿里安或航天飞机	双组元组合发动机		7
TV-SAT	1986	1 170	阿里安 2	双组元组合发动机		7
L-SAT	1986	1 400	阿里安 3	双组元组合发动机		5
INTELSAT-VI	1986	2 214	阿里安或航天飞机	双组元组合发动机		10

注：α 为电加热肼分解。

表 4.2　空间推进系统发动机

名称 / 性能	Marquardt R-40-11	MBB 400 N 发动机	Rocketdyne RS-42	TRW LAM 发动机	JPL AJ10-210	Rocketdyne RS-2101c
使用例子	LEASAT INSAT,SAL INTELSAT L-SAT 其他	交响乐	研究及开发中 (R&D)	/	/	海盗 75

续表

名称 性能	Marquardt R-40-11	MBB 400 N 发动机	Rocketdyne RS-42	TRW LAM 发动机	JPL AJ10-210	Rocketdyne RS-2101c
真空推力 /N	490	392	445	400	378	1 335
入口压力 /kPa	1 517	OX1100/F1300	1 620	1 187	/	1 931
燃烧压力 /kPa	677	586	965	634	/	793
推进剂	N_2O_4/MMH	N_2O_4/A-60	N_2O_4/MMH	/	/	/
混合比	1.6	1.6	1.6	1.6	1.65	1.6
比冲 /($m \cdot s^{-1}$)	3 060.7	3 031.3	2 992	2 972.4	3 041.1	3 227.5
喷管面积比	164	77	150	202	150	60
燃烧室冷却方式	液膜 / 辐射	液膜 / 再生辐射	级间再生	辐射	辐射	级间再生
燃烧室材料	铌合金	镍铬钛合金	铍合金	铌合金	/	铍合金

4.2　液体单组元发动机

4.2.1　概述

单组元推进系统首先使用的是 H_2O_2(85%) 的催化分解推力室。20 世纪 50 年代，“艾伯尔”“徘徊者和水手”上的肼分解发动机系统都仅限于一次或几次起动，采用非自发性催化剂，用 N_2O_4/N_2H_4 在低混合比下点火起动。50 ~ 60 年代，美国发射“侦察兵”卫星的二级和三级火箭的姿态控制、第一代载人飞船“水星号”，以及苏联的“联盟号”飞船都采用了 H_2O_2 催化分解的推力室，此后被能量较高的肼催化分解推力室所取代。1959 年，Abel4 和 Abel5 探测器上选用推力为 89 N 的肼催化分解单组元发动机进行末速修正。随后“徘徊者和水手”计划上应用了喷气推进实验室(JPL) 研制的非自发催化剂 HA-7，HA-7 催化剂是将 Fe，Ni，Co 浸渍在 Al_2O_3 载体上。随着航天技术的迅速发展，要求单组元姿态控制发动机具有多次起动和长时间稳态工作与脉冲工作的能力。1962 年 1 月，美国加利福尼亚州的希尔化学公司接受研制肼自发分解的催化剂，1964 年获得成功，并命名为“希尔 405”(Shell 405)。它将活性金属铱(Ir) 浸渍在高比表面积的 Al_2O_3 载体上，具有活性高和工作寿命长等优点。1964 年 5 月，NASA 委托火箭研究公司(RRC) 研究“希尔 405”肼自发分解推力室的设计准则，并于 1967 年发表了“希尔 405 肼分解推力室设计准则” 的研究成果，提供了推力室和催化剂床有关参数的选择计算方法。

单组元肼分解催化剂“希尔 405”的研制成功，使得结构简单、工作可靠和性能较高的单组元发动机在各种空间任务上得到极其广泛的应用，并在空间飞行器（卫星、探测器、空间站、飞船和航天飞机等）姿态控制领域占据重要地位。

1967 年 11 月，“应用技术卫星 3 号”（AT3-3）首次部分使用“希尔 405”肼分解姿态控制发动机完成控制任务，发动机工作可靠；随后在 1968 年 11 月发射的“国际通信卫星 Ⅲ 号”（Intelsat-Ⅲ）上全部使用“希尔 405”肼分解姿态控制发动机。自 20 世纪 60 年代后期以来，美国 Primex 宇航公司研制了各种用途的单组元催化分解推力室，其中的一些参加了星际航行任务。例如，1975 年，在火星着陆的“维金 1 号”和“维金 2 号”探测器的 2 700 N 变推力推力室；1977 年发射的“水手 1 号”和“水手 2 号”卫星接近太阳系边缘，其上的 20 N 和 445 N 肼催化分解推力室工作了 22 年，而 1 N 推力室目前仍然在工作；1989 年发射的金星探测器 Magellan 完成了 4 年的探测任务，其采用了水手号的 1 N 推力室和维金号的 20 N 推力室，以及新研制的 MR-104A 445 N 肼催化分解推力室；1997 年发射的“火星步行者”在火星着陆，MR-111C 4.4 N 肼催化分解推力室为巡航级提供姿态控制和定位；1999 年发射的“火星气候轨道器”和“火星极地登陆者”采用了肼催化分解推力室，其中有新设计的 300 N MR-107 N 推力室。

水手号采用的 MR-103 1N 系列推力室经历了 0，C(D)，G 等方案变化，作为长寿命推力室，改进了设计方案，推力室零组件由 C(D) 方案的 22(24) 件减少到 7 件，成本降低 50%。MR-103G 推力室现用于铱星和 GEO A2100™ 通信卫星上，单台推力室脉冲次数达到 74 万次，总冲为 90 kN·s。

PAC 公司（即原 Primex 公司）设计的 MR-106 系列 20 ～ 40 N 肼催化分解推力室用于人马座上面级，而 MR-107 系列的 130 ～ 300 N 肼催化分解推力室中的 MR-107N，采用轴向催化剂床，则用于“火星极地登陆者”的下降主推力室。

从 20 世纪 60 年代至今，肼催化分解推力室仍在许多领域应用，并不断提高技术水平。例如，从 60 年代到 90 年代，美国的 Intelsat-Ⅲ，Intelsat-Ⅳ，“海盗”飞船着陆器和日本试验卫星 ETS-Ⅱ 等，以及目前的“阿里安-5”仍然使用肼催化分解的姿态控制发动机推力室，催化剂床载荷最高达到 8 g/(cm^2·s)。特别是美国 TRW 公司为“先锋 10 号”卫星研制的肼催化分解推力室，推力分别为 1 N，5 N，18 N 和 36 N，使用寿命达到 25 年以上。

进入 90 年代，美国大力开展了 H_2O_2(85%) 的催化分解推力室技术研究，催化剂床载荷达到 15 ～ 30 g/(cm^2·s)。90 年代后期，研制出一种无毒新型的硝酸羟铵（HAN）类单组元推进剂，以其质量比冲和密度比冲高、冰点低和无毒的特点，成为关注的焦点。美国陆军曾经长期进行 HAN 基推进剂的研制，发展液体火炮。后来美国宇航局兰利研究中心等机构的几个研究小组将 HAN 基推进剂用于火箭发动机，取得了不同程度的进展。目前美国的 PAC 公司已经成功地进行了推力室的点火实验，存在的主要问题是推力装置分解室需要预加热。

典型的单组元推进剂主要有肼、过氧化氢、混肼（如 DT-3 等），以及燃烧温度低的硝酸羟胺混合物和高性能硝酸羟胺混合物等。单组元肼推力器性能指标见表 4.3。

表 4.3　典型单组元肼推力器性能指标

推力 F / N	型号	比冲 I_s / $m \cdot s^{-1}$	质量 m_t / kg	尺寸 $l \times \phi$ / cm×cm	制造商	备注
0.9	MR-103	2 100～2 200	0.33	14.8×3.4	Primex	C/E,D 和 G 系列,I_s,F 与供应压强（2.35～0.7 MPa）相关
0.9	KMHS 10	2 215	0.33	14.6×3.2	Marquardt	I_s,F 与供应压强相关
1.0	/	2 200	0.27～0.28	/	Daimler Chrysler	早期 0.5 N 和 2.0 N 改进型
2.2	MR-111E	2 100～2 200	0.33	16.9×3.8	Primex	I_s,F 与供应压强（2.55～0.40 MPa）相关
4.45	MR-111C	2 215～2 250	0.33	16.9×3.8	Primex	I_s,F 与供应压强（2.76～0.55MPa）相关
4.45	KMHS 17	2 300	0.38	20.3×3.2	Marquardt	I_s,F 与供应压强相关
5.0	MRE-1	2 200	0.82	15.2×ϕ	TRW	双模式,I_s,F 与供应压强相关
18.0	MRE-4	2 300	0.41	20.3×ϕ	TRW	I_s,F 与供应压强相关

4.2.2　单组元发动机的基本组成和结构

单组元肼分解发动机通常包括喷注器、催化剂床和喷管等组件。单组元推进剂由喷注器喷入催化剂床,经催化分解生成高温燃气,通过喷管高速喷出产生推力。单组元肼分解发动机结构如图 4.1 所示。

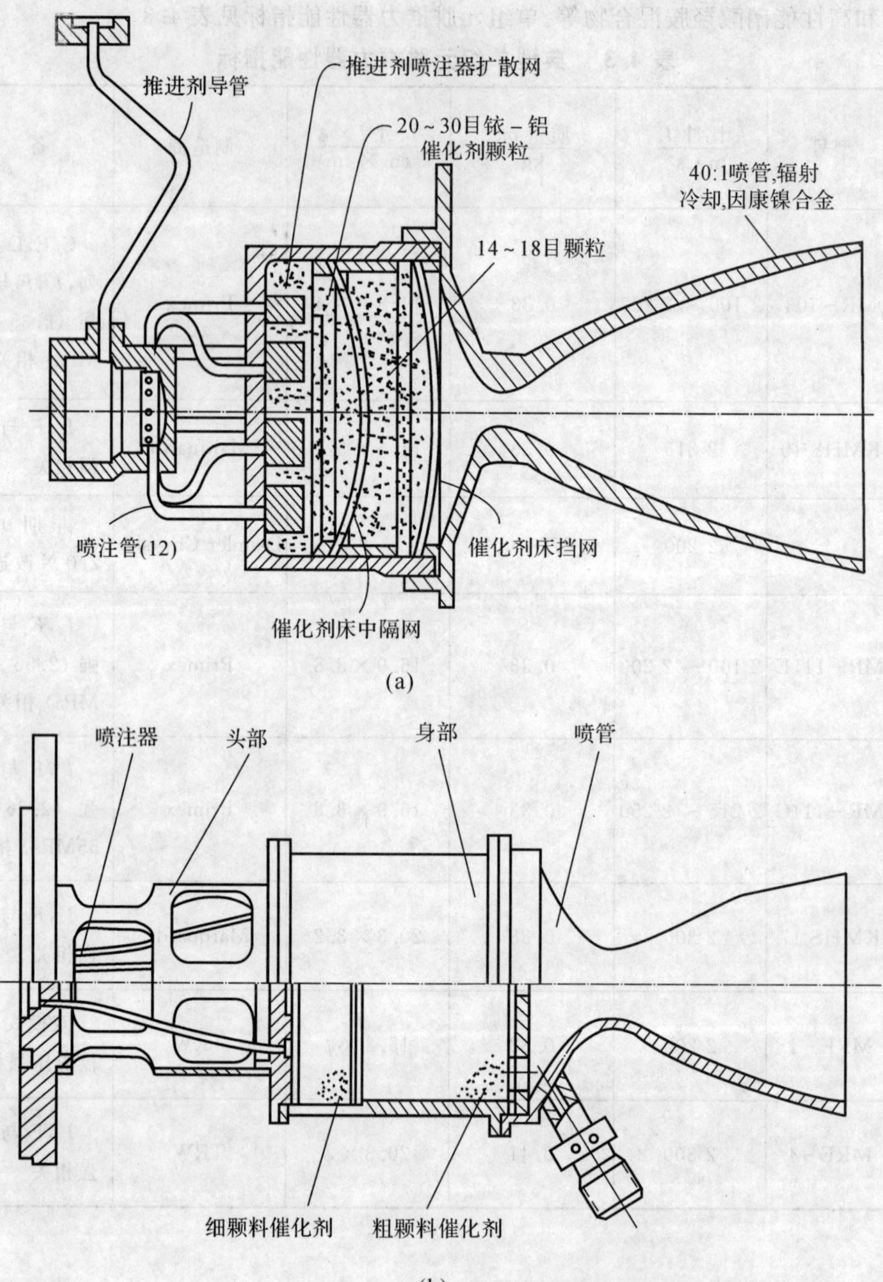

图 4.1　单组元肼分解发动机结构

(a) 穿入式结构；(b) 莲蓬式结构

喷注器由喷注盘、隔热框和毛细管等组成，在毛细管入口处有环形网筒，其端头装有金属环，单组元推进剂从集液腔肼毛细管进入网筒，从侧面流进催化剂床，毛细管与喷注盘用钎焊连接。催化剂床采用细颗粒催化剂和粗颗粒催化剂分层装填，在两层催化剂之间用抗氮化的高温合金金属网隔开；在喷管入口处装有催化剂床支撑板，用来固定催化剂床。采用细、粗颗粒催化剂分层装填的优点在于：细颗粒催化剂装填密度大，催化剂床比面积大，能保证肼迅速和稳定分解；粗颗粒催化剂使肼进一步分解，并能使催化剂床流阻损失减小。根据发动机推力、面积比和用途不同，喷管通常采用锥形喷管、双圆弧喷管和最大推力喷管。

喷注器、催化剂床和喷管采用钎焊连接。焊接时应防止高温对细颗粒催化剂的影响。通常先将喷注器和圆筒焊接在一起，用振动方法分层装填催化剂，然后再通过氩弧焊连接喷管。催化剂床的支撑板应具有足够的刚度，防止在压力和温度作用下引起变形，使得催化剂松动而形成空穴，导致推力室工作时压强粗糙度增大。推力室的筒体和喷管以及催化剂床的支撑板通常选用高温合金材料，而喷注器材料采用奥氏体不锈钢。

4.2.3　单组元推进剂

单组元液体推进剂是单一化学物质或几种化学物质的混合物，一般呈液体状态，它在一定条件(高温、高压或催化剂作用)下可分解成燃气，作为火箭发动机的工质。单组元液体推进剂已广泛应用于小型姿态控制火箭发动机上。单组元推进剂的主要性能要求包括：

(1) 良好的储存性能；

(2) 高的稳定性；

(3) 良好的抗冲击、振动、摩擦能力；

(4) 良好的点火和分解性能；

(5) 高的能量，温度适中，成气性好；

(6) 毒性小，对人员和环境污染小；

(7) 与材料的相容性好；

(8) 成本低。

常用的单组元液体推进剂包括肼、硝酸羟铵(HAN)、过氧化氢(H_2O_2)、混氨、混肼、硝酸丙脂等。其中，肼在单组元发动机上得到最广泛的应用，它具有较强的继承性；其他推进剂及其混合物在提高性能和减小毒性方面具有潜在的优势。典型单组元推进剂理论性能如图 4.2 所示，其物理性能见表 4.4。

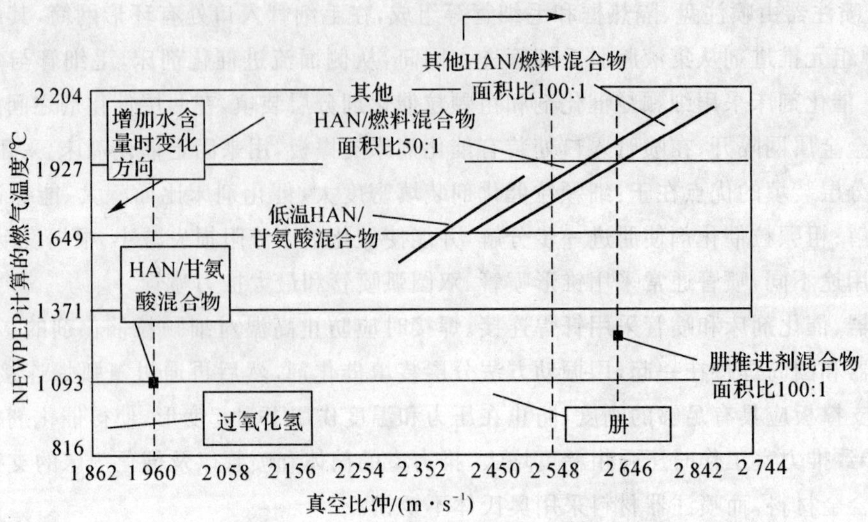

图 4.2 典型单组元推进剂理论性能

表 4.4 典型单组元推进剂的物理性能

特性		高纯度肼	HAN-甘氨酸-水	90% 过氧化氢
熔点/℃		1.5	<-3.5	-11.5
沸点/℃		113.5	未测量	141.7
质量密度/(g·cm^{-3})		1.0	1.42	1.4
爆炸温度/℃		232	没有获得	149
长期储存能力		采用惰性气体保护,储存能力极强	缓慢分解形成酸性测试品	缓慢分解形成水和氧
毒性	ACGIH TLV/10^{-6}	0.01	蒸汽压为0	1.0
	OSHA PEL/10^{-6}	0.1	蒸汽压为0	1.0
	NIOSHIDLH/10^{-6}	80	未列出	75
其他预计		腐蚀、易燃、有毒	氧化、腐蚀	强氧化性、腐蚀

1. 肼

基于 N_2H_4 的单组元发动机已经过30多年的工程应用,具有大量的研制和使用经验,已有推力室、自锁阀、电磁阀、加注阀、储箱及其总装直属件可供选用。单组元肼发动机及其推进系统具有最好的继承性，其技术成熟、可靠性高、成本较低、可长期储存和稳定性好。其优点如下：

(1) 单组元 N_2H_4 与大部分材料有非常好的相容性，长期储存的安全性非常好；

(2) 为 N_2H_4 研制了非常有效的 Ir/Al_2O_3 体系的催化剂，它在催化活性、稳定性、分解效率、选择催化性等方面均有非常突出的优点；

(3) 单组元 N_2H_4 的绝热分解燃气的温度很低，约 1 000℃，实际应用中采用最普通的不锈钢就可以满足使用要求。

这些优点使得肼分解单组元发动机在相当长的时间内在化学单组元推进领域占据重要地位。但是，其缺点是它具有一定的毒性，性能偏低。随着人类空间任务和环保意识的加强，寻求高性能和无毒化推进剂的需求正与日俱增。

2. *硝酸羟铵(HAN) 混合物*

为提高单组元发动机的性能、可操作性和可靠性，减少推进剂的毒性和危险性，研究人员加大了硝酸羟铵类单组元推进剂的研究。硝酸羟铵类单组元推进剂一般是由硝酸羟铵(一种固体、富氧单组元推进剂)、相容性燃料(以达到化学当量平衡) 和足量的水(以控制火焰温度，使固体组分呈溶解状态) 组成。硝酸羟铵类单组元推进剂蒸气无毒，失火危险性低于肼，冰点低，沸点高，不致癌；与肼相比其性能、安全性和使用维护性有所提高。

硝酸羟铵类推进剂密度、运动黏度、冰点，以及其理论性能分别见表 4.5 和表 4.6。

表 4.5　硝酸羟铵类推进剂密度、运动黏度和冰点

推进剂 \ 物理性能	水含量 / %	冰点 / ℃	运动黏度 / $m^2 \cdot s^{-1}$ (21℃)	密度 / $g \cdot cm^{-3}$ (21℃)
硝酸羟铵 / 甘氨酸	14.7	低于 −20℃ 呈黏滞态		1.5
硝酸羟铵 / 甘氨酸	21.2	−54	7.45×10^{-4}	1.4
硝酸羟铵 / 甘氨酸	26.0	−35	5.23×10^{-4}	1.4
硝酸羟铵 / 硝酸三乙醇铵	25.0	−42.5		1.4
硝酸羟铵 / 硝酸乙铵	26.6	低于 −60		1.4
硝酸羟铵 / 硝酸三甲铵	28.8	−35		1.3

硝酸羟铵类单组元推进剂黏度与温度的关系如图 4.3 所示。

硝酸羟铵类单组元推进剂点火后分解，产生雾状 NO_x 和 HNO_3，在雾状产物中有熔化的硝酸三乙醇铵(TEAN) 液滴，它在特定的温度和压强下开始燃烧。硝酸羟铵类推进剂点火，需要催化剂床预热(316℃)，起动响应时间较长，但稳态性能提高。

表 4.6　硝酸羟铵类推进剂理论性能

推进剂＼理论性能	水含量 %	理论比冲 $m\cdot s^{-1}$	实际计算比冲 $m\cdot s^{-1}$	理论特征速度 $m\cdot s^{-1}$	燃烧室温度 ℃
硝酸羟铵 / 甘氨酸	14.7	2 421.0	2 303.0	1 296	1 704
硝酸羟铵 / 甘氨酸	21.2	2 205.0	2 107.0	1 198	1 399
硝酸羟铵 / 甘氨酸	26.0	2 000.0	1 891.4	1 092	1 093
硝酸羟铵 / 硝酸三乙醇铵	25.0	2 421.0	2 304.0	/	1 649
硝酸羟铵 / 醋酸	27.5	2 030.0	1 911.0	/	1 093
硝酸羟铵 / 甲酸	33.0	2 020.0	1 911.0	/	1 093
硝酸羟铵 / 乙醇	30.7	2 020.0	1 911.0	/	1 093

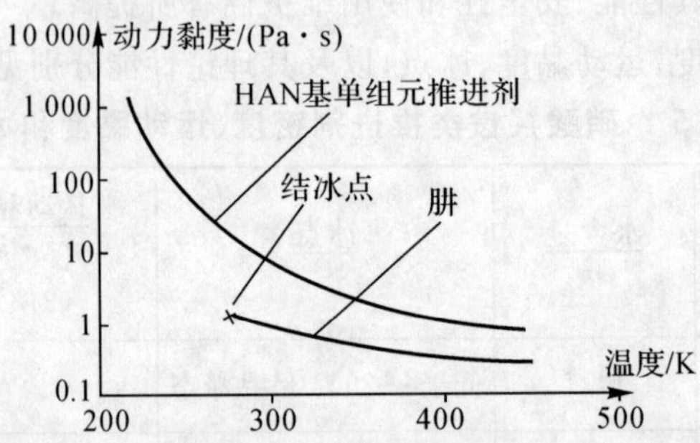

图 4.3　硝酸羟铵类单组元推进剂黏度与温度关系

3. 过氧化氢

过氧化氢是一种高密度氧化剂，具有能放热分解成水蒸气和氧的独特特性，它作为单组元推进剂具有下述特点。

(1) 密度高，它与硝酸和四氧化二氮密度相当，具有较高的密度比冲；

(2) 可储存，在室温下为液态，且有较宽的液态温度范围；

(3) 无毒环保，无致癌性，对人的影响较其他推进剂小得多，其燃烧产物为氧和水蒸气，对环境无危害；

(4) 与大气无反应，肼与二氧化碳反应形成的化合物对推力室材料有腐蚀性，而过氧化氢无反应；

(5) 蒸汽压低，与 N_2O_4 和 LOX 相比，蒸汽压低 1 ～ 2 个数量级，大大减少了吸入中毒的危险性；

(6) 性能稳定,不稳定分解温度为 140℃,爆炸性分解温度为 150℃。

过氧化氢的物理化学性能及其与其他双组元推进剂性能对比分别见表 4.7 和表 4.8。

表 4.7　过氧化氢等物理化学常数

性能 \ 氧化剂	70% H_2O_2	90% H_2O_2	98% H_2O_2	N_2O_4	O_2
沸点 /K	398.65	413.3	423.4	294.25	90.2
熔点 /K	232.9	261.65	272.7	261.95	54.0
$\frac{密度}{g\cdot cm^{-3}}$	1.29(293 K)	1.39(293 K)	1.448(293 K)	1.451(293 K)	1.14(293 K)
$\frac{蒸汽压}{kPa}$	0.75(293 K)	0.345(293 K)	0.207(293 K)	3.5(273.15 K)	2 550(99.0 K)
	2.55(313 K)	1.17(313 K)	0.69(313 K)	78(288.15 K)	1 150(122 K)
	7.24(333 K)	3.59(333 K)	2.28(333 K)	338(323.15 K)	3 390(144.3 K)
	18.07(353 K)	9.52(353 K)	6.41(353 K)	2 000(373.15 K)	4 240(149.8 K)
黏度 $\frac{运动}{m^2\cdot s^{-1}}$	9.5×10^{-7} (293 K)	9.05×10^{-7} (293 K)	8.63×10^{-7} (293 K)	2.87×10^{-7} (298 K)	1.7×10^{-7} (90.2 K)
黏度 $\frac{动力}{Pa\cdot s}$	1.23×10^{-3}	1.26×10^{-3}	1.25×10^{-3}	4.16×10^{-4}	1.9×10^{-4}

表 4.8　过氧化氢与其他双组元推进剂性能对比

推进剂	混合比	$\frac{比冲}{m\cdot s^{-1}}$	$\frac{密度}{kg\cdot m^{-3}}$	$\frac{密度比冲}{kN\cdot s\cdot m^{-3}}$
90%H_2O_2/煤油	7.70	2 952.7	$1.278\,0\times10^3$	3 773.6
96%H_2O_2/煤油	7.10	3 063.4	$1.301\,6\times10^3$	3 987.4
NTO/MMH	1.65	3 103.7	$1.127\,7\times10^3$	3 500.0
LOX/乙醇	1.80	3 234.0	$1.015\,5\times10^3$	3 284.0
LOX/煤油	2.60	3 443.7	$1.044\,9\times10^3$	3 598.3
LOX/甲烷	3.30	3 443.7	$0.810\,7\times10^3$	2 791.8

过氧化氢催化剂包括液态高锰酸溶液、氯化铁溶液等，颗粒状氟石及 Al_2O_3，SiO_2 等，网状镀银、银网等。其中采用银网作为催化剂床，其床载荷为 70 ～ 280 kg/(m^2 · s)，最高可达 700 kg/(m^2 · s)。

4. 混肼

混肼是指肼、硝酸肼和水的混合物，它是一种单组元推进剂。虽然肼可作为单组元推进剂，但其冰点较高(1.4℃)，不能满足低温环境的使用要求。为降低冰点，满足空间发动机对冰点、能量、安全和催化分解特性的要求，通过在无水肼中加入硝酸肼和水来改善其使用性能。硝酸肼具有降低冰点和提高能量的作用，但其含量过高会引起爆轰敏感和分解温度升高；水具有降低冰点和分解温度以及抑制爆轰敏感的作用，但含量过高又会降低能量和催化分解特性。因此，肼、硝酸肼和水三种组分的含量必须控制在一定的范围，才能使其冰点、能量指标、安全性能和催化分解特性均符合使用要求。典型的单组元混肼推进剂有单推-2(DT-2：61% N_2H_4 + 31% $N_2H_5NO_3$ + 8% H_2O) 和单推-3(DT-3：67% N_2H_4 + 24% $N_2H_5NO_3$ + 9% H_2O)，其主要指标见表 4.9。

表 4.9 DT-2 和 DT-3 主要物性指标

项目	单位	数值	
		DT-2	DT-3
相对分子质量	/	37.404	36.846
冰点	℃	−40	−30
密度(20℃)	g/cm^3	1.139	1.112
饱和蒸汽压(20℃)	Pa	1.32×10^3	2.67×10^3
黏度(20℃)	Pa · s	2.689×10^{-3}	2.24×10^{-3}
表面张力(20℃)	N/m	7.763×10^{-2}	7.18×10^{-2}
临界温度	℃	346.06	347.44
临界压强	Pa	1.330×10^7	1.34×10^7
真空比冲	m/s	2 274	2 343

4.2.4 肼分解

肼作为单组元推进剂具有良好的储存性能，它与许多金属和非金属材料相容。在单组元推力室内，通过高活性的铱 / 三氧化二铝自发性催化剂，在不需要提供辅助能源的情况下，肼可以发生催化分解。在不同的温度下，有不同的分解反应过程。首先发生肼分解成氨(NH_3) 和氮(N_2) 的放热反应，然后发生氨离解成氮和氢的吸热反应。氨在反应过程中并不完全解离，其解离度的百分数称为氨解离度。肼分解包括两种反应，即

$$N_2H_4 = \frac{4}{3}NH_3 + \frac{1}{3}N_2 + 152\ 244\ \text{kJ} \tag{4.1}$$

$$NH_3 = \frac{3}{2}H_2 + \frac{1}{2}N_2 - 83\ 560\ \text{kJ} \tag{4.2}$$

一般第二种反应是不完全的。通过限制催化剂床长，可以把它控制在某个范围内，可将整个反应写成

$$3N_2H_4 = 4(1-x)NH_3 + (1+2x)N_2 + 6xH_2 + (152\ 244 - 83\ 560x)\ \text{kJ} \tag{4.3}$$

其中，x 为氨解离度。

由式(4.3)可以看出，氨解离度将直接影响肼的分解过程。例如，当氨解离度较小时，由于解离反应时吸热较少，在整个反应过程中放热反应较多，在反应产物中氨较多，而氮和氢较少；而当解离度较大时，结果与上述相反。当氨解离度 $x=0$ 时，燃气温度为 1 650 K，而当氨解离度 $x=1.0$ 时(即氨完成解离)，燃气温度为 880 K。如果受到推力室材料许用温度的限制，就可通过增加氨解离度降低燃气温度；同时，燃气的平均相对分子质量也从 20.6($x=0$) 降至 12.9($x=1.0$)，燃气气体常数也将从 4 220 J/(kg·K) 增至 6 440 J/(kg·K)。通常在单组元肼分解放热反应中，氨的解离度在 45% ～ 60%，在肼的分解产物中，氨、氮和氢的摩尔分数随氨解离度的变化如图 4.4 所示。

分解反应产物的温度可近似由下式求得：

$$T = w(1\ 650 - 780x) \tag{4.4}$$

式中　T—— 分解反应产物温度(K)；

w—— 肼的质量分数(%)。

通过热力计算可以获得分解任意产物温度和特征速度以及真空比冲随氨解离度变化的关系(见图 4.5、图 4.6)。由图可以看出，随着氨解离度的增加，反应产物温度和真空比冲减小，而相应的气体常数增加。

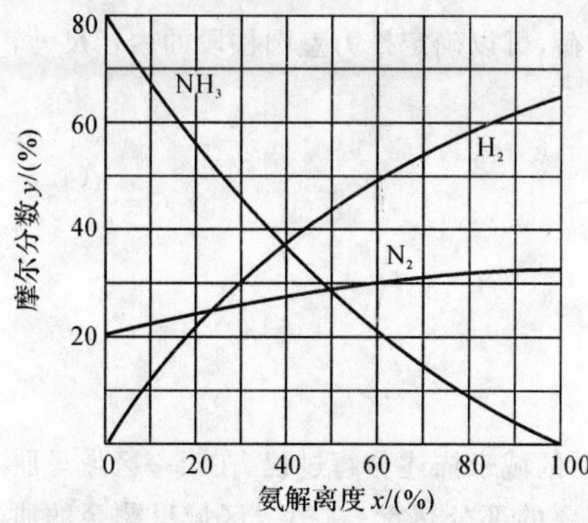

图 4.4　反应产物摩尔分数与解离度的关系

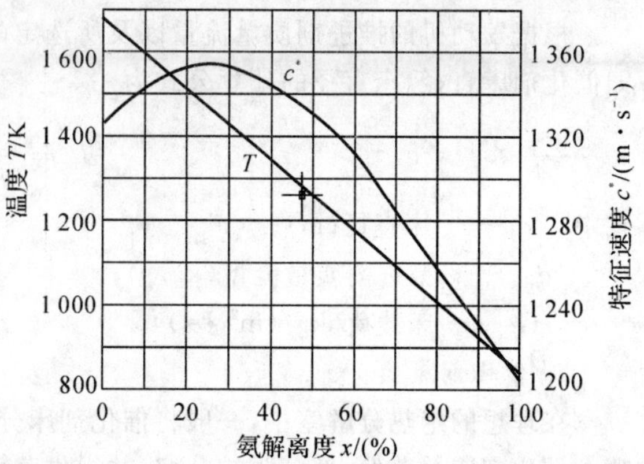

图 4.5　温度和特征速度与解离度的关系

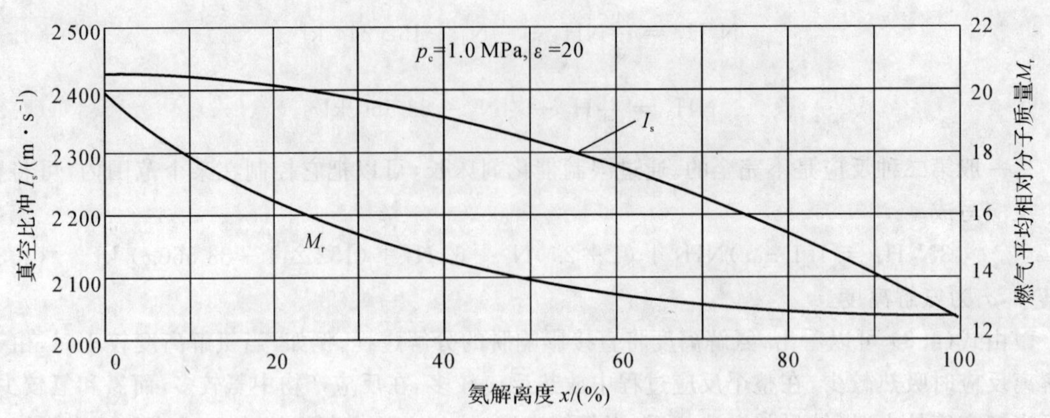

图 4.6 真空比冲与解离度的关系

4.2.5 催化剂床设计

催化剂床的参数设计对单组元肼分解发动机的工作性能影响很大，其主要设计参数包括床载荷、直径、长度、流阻以及催化剂颗粒尺寸等。为保证发动机的合理设计、性能和可靠性，下面将叙述有关参数的选取原则和估算方法。

1. 床载荷和床直径

单位时间内从单位横截面积催化剂床所通过的推进剂质量流量称为床载荷。对于肼分解发动机而言，根据发动机的用途、工作寿命和性能要求等，通常的床载荷选取范围为 6 ～ 60 kg/(m^2·s)。例如，对于卫星上使用的低推力、长工作寿命的肼分解发动机，可选择较低的床载荷，即可达 15 kg/(m^2·s)；而对于工作时间较短的发动机，床载荷可适量增加，即 25 ～ 50 kg/(m^2·s)。

根据发动机的推进剂质量流量以及所选定的床载荷，可以确定推力室圆柱段的内径尺寸，即催化剂床直径。床直径的计算公式为

$$d_b = \sqrt{\frac{4q_{m,c}}{\pi G_b}} \tag{4.5}$$

式中 d_b—— 床直径(m)；

$q_{m,c}$—— 推进剂质量流量(kg/s)；

G_b—— 床载荷(kg/(m^2·s))。

2. 催化剂床长

在理想的绝热分解室中，一般将催化剂床分为三个区域来描述分解过程。在第一区域里肼喷入催化剂床并蒸发，部分肼被分解，并提供蒸发所需要的部分热量；在第二区域里剩余的肼继续分解；在第三区域里一部分氨分解。对于液态肼，由于喷注不均匀、雾化程度不同、热损失、壁面效应和催化剂床装填不均匀，以及在催化剂内回流引起的各区域相互作用，在实际推力室

中，催化剂床的不同区域并不存在明显的边界。通过大量的理论分析和实验研究，对于单组元肼及其分解产物沿推力室轴向流动时，可以利用下式估算催化剂床的长度：

$$L_b = L_{bu} + \frac{0.06 G_b^{0.554}}{p_c^{0.306} A_s^{0.3}} \tag{4.6}$$

式中　L_b—— 催化剂床长度(m)；

L_{bu}—— 细颗粒催化剂前床的长度(m)；

G_b—— 催化剂床载荷(kg/(m² · s))；

p_c—— 推力室平均压强(MPa)；

A_s—— 粗颗粒催化剂床单位体积的面积(m²/m³)。

催化剂随意装填在容器中，通过测量一定容积内催化剂的质量，可以得到催化剂床的密度，然后利用催化剂的粒子密度，由下式可求出催化剂床的孔隙率：

$$\varepsilon = 1 - \frac{\rho_b}{\rho_p} \tag{4.7}$$

式中　ε—— 催化剂床孔隙率；

ρ_b—— 催化剂床密度(kg/m³)；

ρ_p—— 催化剂粒子密度(kg/m³)。

通过催化剂床的孔隙率，可以计算催化剂床单位体积的面积，即

$$A_s = \frac{6(1-\varepsilon)}{\varphi_s d_p} \tag{4.8}$$

式中　A_s—— 粗颗粒催化剂床单位体积的面积(m²/m³)；

ε—— 催化剂床孔隙率；

d_p—— 催化剂颗粒直径(m)；

φ_s—— 催化剂颗粒的球形系数。

催化剂颗粒的球形系数取决于颗粒的形状和尺寸。例如，对于粒状催化剂，其球形系数为0.75；而对于长度和直径均为 3.2 cm 的柱形催化剂，其系数为 0.874。对于一定粒子大小和形状，催化剂床单位体积的面积与催化剂床直径的关系如图 4.7 和图 4.8 所示。

由上述催化剂床长度公式求出的床长度偏于保守。实际的床长选择可参考现有的工程应用推力室的设计经验，催化剂床长度通常取计算值的 60% ～ 70%，并通过点火实验加以调整。同时，喷注器和催化剂床的结构形式对催化剂床长度的选择也有影响。

3. 催化剂床结构

催化剂床通常装填两种不同规格的催化剂。靠近喷注器的催化剂前床选用 20 ～ 30 目的细颗粒催化剂，前床长度一般为 5 ～ 10 mm；后床选用 14 ～ 18 目的粗颗粒催化剂。这种粗、细颗粒催化剂通常为高活性的铱 / 三氧化二铝。铱为贵金属，其价格十分昂贵。因此，为降低催化剂的成本，在某些发动机中后床采用粗颗粒的低活性非贵金属催化剂，同样也能满足性能和使用要求。

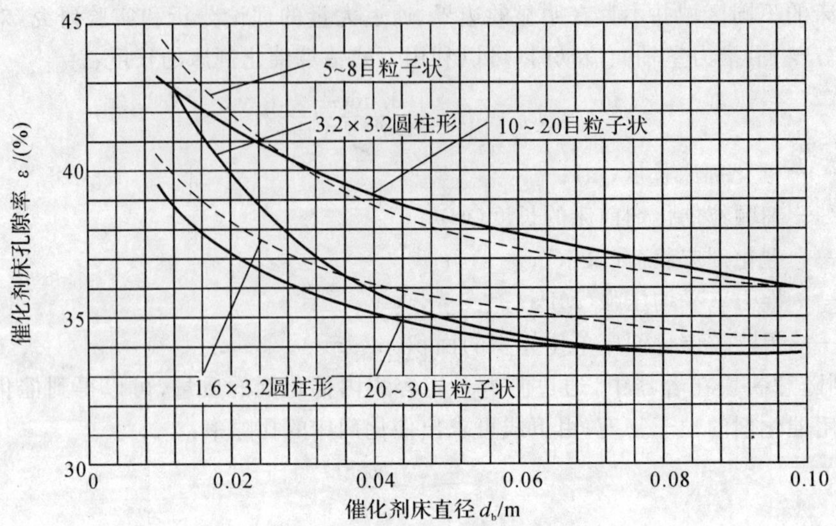

图 4.7 催化剂床孔隙率与床直径的关系

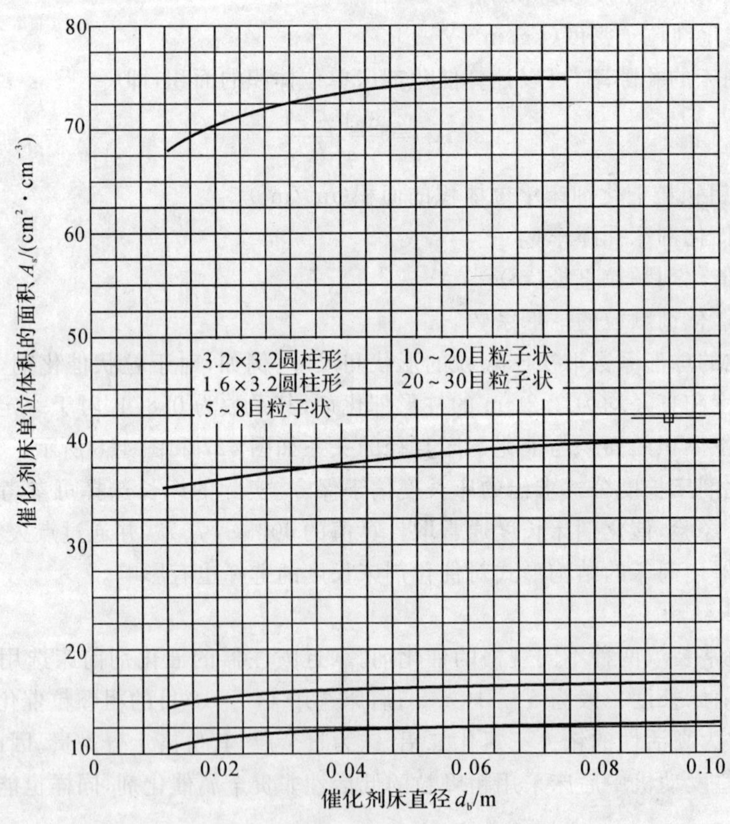

图 4.8 催化剂床单位体积的面积与床直径的关系

催化剂前、后床用金属网或多孔板隔开，以防止两种不同规格的催化剂相互混杂而影响性能，如图 4.9 和图 4.10 所示。然后，再用支撑板固定催化剂，以防止松动而形成空穴。催化剂床的结构形式分为轴向和径向两类。在单组元肼分解推力室中，大多采用轴向型结构，即肼及其分解产物沿推力室轴向流动；对于少数采用径向型的喷注器和催化剂床组件，肼通过发汗材料沿推力室径向流入催化剂床，在喷注器和中间隔板之间装填细颗粒催化剂的高活性铱/三氧化二铝催化剂，而在中间隔板与外隔板之间装填粗颗粒的低活性非贵金属催化剂。

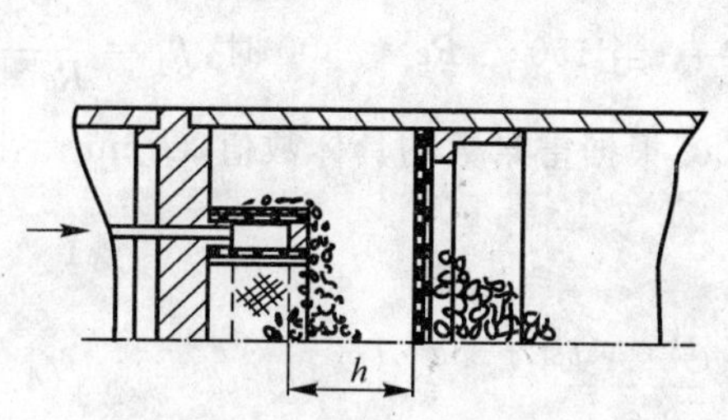

图 4.9　穿入式催化剂床结构图

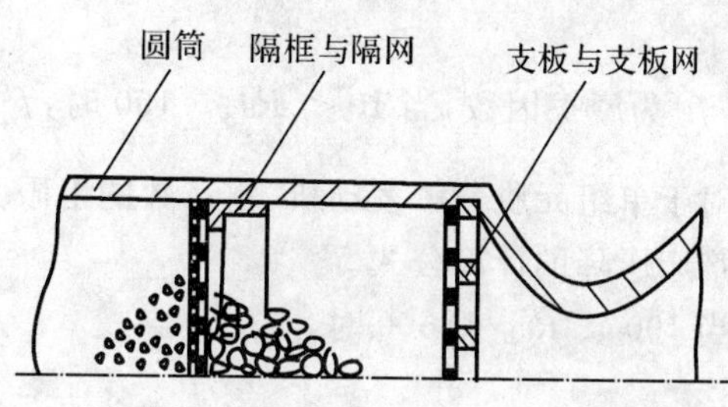

图 4.10　典型催化剂床结构

4. 催化剂床压降

在催化剂床长度、直径以及催化剂规格确定后，就可以计算肼及其分解产物流过催化剂床时引起的压强损失，即催化剂床压降，这是发动机设计主要考虑的参数之一。对于一定的分解室压强，减小催化剂压降，就可以降低推进剂供应系统的压强与质量，同时避免过大的压强导致催化剂破碎。因此，希望降低催化剂床压降。

流体沿均匀截面流动的压强损失 Δp 可用 Fanning 方程表示，即

$$\Delta p = \frac{2fG_b^2L}{gd_b\rho} \tag{4.9}$$

式中　f—— 无量纲摩擦因数；

Δp—— 催化剂床压力损失(Pa)；

L—— 催化剂床长度(m)；

G_b—— 催化剂床载荷(kg/(m² · s))；

g—— 重力加速度；

d_b—— 催化剂床直径(m)；

ρ—— 推进剂密度(kg/m³)。

无量纲的摩擦因数 f 是雷诺数和截面粗糙度的函数，通过大量的实验研究表明，催化剂床压降与气流的雷诺数有关。肼分解产物通过催化剂床时的雷诺数可由下式确定：

$$Re_b = \frac{G_b}{\mu A_s} \tag{4.10}$$

式中　Re_b—— 肼分解产物通过催化剂床时的雷诺数；

μ—— 分解产物平均黏度(Pa·s)，$\mu = 3.13 \times 10^{-5}$ Pa·s。

对于流体在催化剂床内的流动，Fanning 方程必须修正，包括流动的有效截面和颗粒之间的有效水力半径，这些修正主要取决于催化剂床的装填方式。如果催化剂连续倒入分解室，催化剂装填就松弛，存在很大的空穴；相反，如果催化剂分批倒入分解室，装填密度就大。

对任意排列的催化剂床，Oman 和 Waston 给出下列床损失计算方程：

$$\Delta p = \frac{2 f_d G_b^2 A_s L}{\rho g \varepsilon^{1.7}} \tag{4.11}$$

式中，f_d 为摩擦因数，当 $10 < Re < 150$ 时，$f_d = \dfrac{2.6}{Re^{0.3}}$；当 $150 < Re < 300$ 时，$f_d = \dfrac{1.23}{Re^{0.15}}$。

对于单组元肼分解发动机，雷诺数的上限为 3 000。根据雷诺数的具体数值，Grant 给出了催化剂床压降的计算公式。

当 $100 < Re_b < 600$ 时，

$$\Delta p = 2.157 \times 10^{-7} \frac{G_b^{1.8} A_s L}{p_c \varepsilon^{1.7}} \tag{4.12}$$

当 $600 < Re_b < 3\,000$ 时，

$$\Delta p = 3.752 \times 10^{-7} \frac{G_b^2 A_s L}{p_c \varepsilon^{1.7}} \tag{4.13}$$

式中 Δp—— 催化剂床压降(MPa)；

p_c—— 平均室压(MPa)。

将由上述公式分别求得的细、粗颗粒催化剂床压降相加，即可得到总的催化剂床压降。通常对于低床载的发动机，催化剂床压降在 0.2 ~ 0.3 MPa 范围内；对于高床载的发动机，催化剂床压降在 0.4 ~ 0.5 MPa 范围内。

4.2.6 喷注器设计

1. 设计准则

喷注器设计对推力室的响应特性、性能、工作稳定性以及催化剂寿命均有显著影响，因此喷注器设计应遵循下述准则：

(1) 选择适当的喷注器压降，防止低频室压脉动的发生；

(2) 合理选择喷嘴数目和排列方式，使肼能均匀地与推进剂接触，改善起动的工作平稳性；

(3) 喷注器外圈圆周与室壁的距离等于孔距，以免流量集中在室壁附近；

(4) 喷注孔覆盖的面积尽可能与催化剂床面积相等。

(5) 应尽量减小喷注器集液腔的容积，使后效冲量显著减小，并改善脉冲工作性能；

(6) 从结构上保证喷注器集液腔和推进剂阀的温度控制，使其在规定的温度范围内，确保发动机工作的可靠性；

(7) 喷注器结构简单，制造方便。

图 4.11 和图 4.12 分别表示了莲蓬式喷注器和穿入式喷注器的外形及组成。

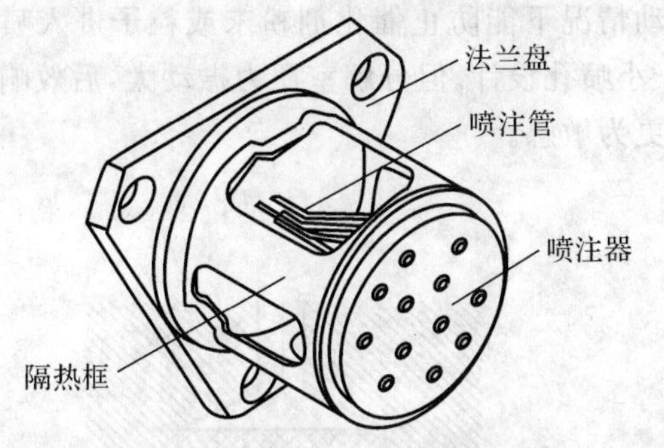

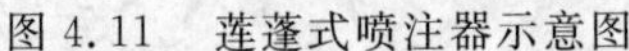

图 4.11　莲蓬式喷注器示意图

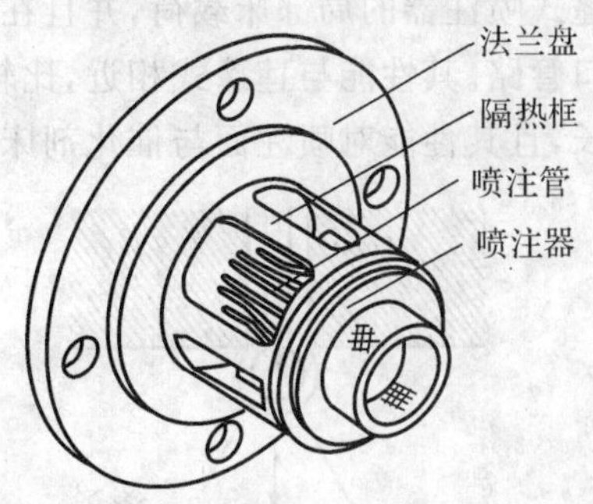

图 4.12　穿入式喷注器示意图

衡量喷注器性能的参数包括发动机响应时间(点火滞后时间 t_{80} 与后效时间 t_{10})、室压粗糙度、特征速度、比冲和推力系数。点火滞后时间是指从推进剂进入分解室到稳态压强达到额定室压 80% 的时间,后效时间是指室压下降到额定室压 10% 的时间,室压粗糙度是指催化剂床下游压强的峰-峰值变化。

2. 喷注器压降与室压选择

对于空间推进系统来说,为保证系统多次起动和脉冲工作,单组元发动机通常采用挤压式推进剂供应系统。因此,推力室压强一般为 0.1 ～ 1.0 MPa,为防止推力室内发生低频压力脉动,喷注器的压降应满足以下规定要求:

$$\frac{\Delta p_t - \Delta p_b}{p_c} > 0.5 \tag{4.14}$$

式中　Δp_t—— 推进系统中推进剂总压降(MPa);

Δp_b—— 催化剂床压降(MPa);

p_c—— 平均室压(MPa)。

在恒压式推进剂供应系统中,上述喷注器压降要求在设计中加以考虑;而对于落压式供应系统,在实际的工况下难以满足要求,需要通过热实验鉴定其稳定性。

3. 喷注器结构形式

单组元肼分解发动机喷注器的形式主要包括莲蓬式、发汗式、毛细管式、穿入式、空腔分散式和单元式等。

莲蓬式喷注器(见图 4.13)进气管轴线与推力室轴线平行,喷注器进口处装有节流孔板,用来调节进口压强。其特点是结构简单,适用于起动次数较少以及两次起动之间间隔时间较长的推力室。如果用于多次起动或脉冲工作,工作间隔时将发生热返浸而使集液腔过热,当再次起动时可能导致肼分解爆炸,因此,必须在喷注器结构上采取相应的隔热措施。其设计准则为每平方厘米一个孔;喷注器压降可降至额定室压的 10% ～ 15%;喷注面紧贴催化剂床端面;推进剂必须用单根管进入集液腔。

发汗式喷注器(见图 4.14)使用金属丝网烧结的发汗材料作为喷注器,其局部床载荷远小于莲蓬式喷注器的局部床载荷,并且在外部振动情况下能防止催化剂粉末或粒子进入喷注器和进口管路。其性能与莲蓬式相近,比较适合于小喷孔设计。但分解室压力振动大,后效响应时间较长,且其性能对喷注面与催化剂床的距离更为敏感。

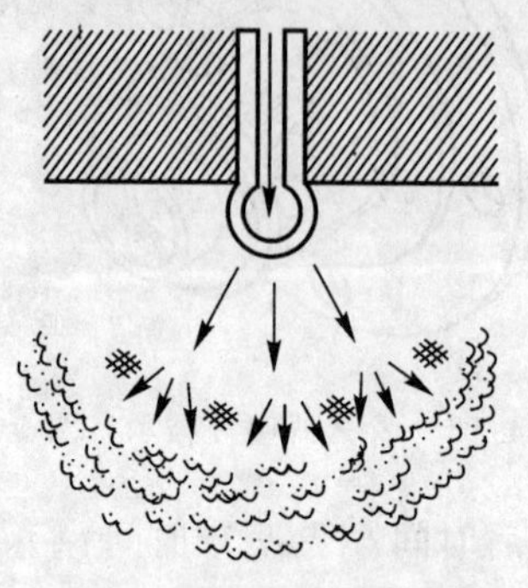

图 4.13　莲蓬式喷注器

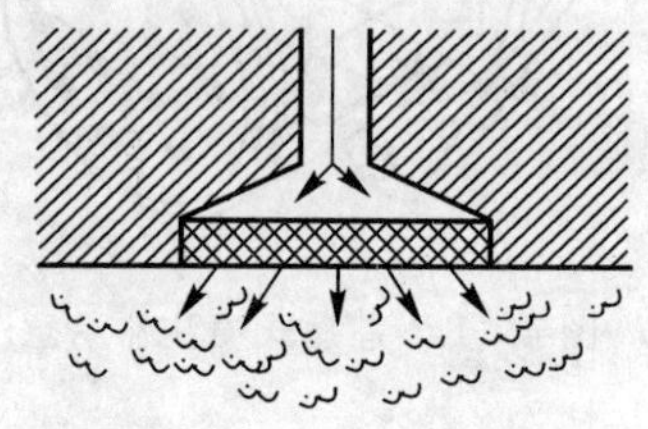

图 4.14　发汗式喷注器

毛细管式喷注器有上、下两个喷注盘,通过毛细管钎焊连接。在两喷注盘之间用隔热框隔开,使在工作间歇时从推力室回传到推进剂阀和集液腔的热量减小,以保证发动机的工作安全性。隔热框和毛细管工作时可能发生热变形,因此毛细管应稍弯曲。对于具有单根毛细管的喷注器结构,可通过局部改变毛细管横截面积来调节喷注器压降。这种结构形式已广泛应用于单组元肼分解发动机,其缺点是局部床载荷较高,催化剂受到冲刷,容易产生空穴而导致室压粗糙度增大。

穿入式喷注器(见图 4.15)的结构与毛细管式喷注器类似,但在其毛细管出口处安装一网筒,网筒传入细颗粒催化剂床里,其端面用一金属片堵塞。网筒材料用抗氧化能力较强的高温合金网卷制而成,为保持其形状,再用金属网或骨架支撑,并将网筒点焊在骨架和喷注面上。对于推进剂流量较大的喷注器,可用同心环网或辐射形网组成穿入式喷嘴,以简化装配工艺。其优点是发动机工作时肼由毛细管进入网筒,并从其侧面流进催化剂床,使肼与催化剂的接触面积增大,从而改善发动机的工作性能,但其结构与工艺复杂。另外,为保证肼的稳定分解,由于网筒传入细颗粒催化剂床里,需要适当增加细颗粒催化剂的装填量,使得成本提高。

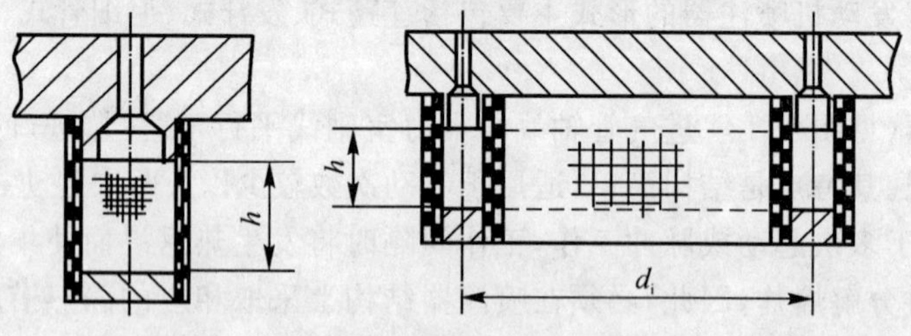

图 4.15　穿入式喷注器

空腔分散式喷注器的喷嘴组口与催化剂床之间有一个由金属支架构成的空腔，单组元推进剂(肼)从喷嘴流进空腔，然后均匀散布地喷入催化剂床，扩大了肼与催化剂的接触面积，从而使发动机的工作性能得到改善。同时，空腔也起到了隔热作用，使回传到喷注器的热量显著减小，保证了发动机的工作可靠性。

单元式喷注器适用于推力大于 1 000 N 的发动机，它由多个喷注单元组合而成，并按同心圆排列成几圈。每个喷注单元中装有穿入式喷嘴和细颗粒催化剂床等，粗颗粒催化剂装填在各个单元之间的空腔内。这种喷注器和催化剂床结构形式在大推力发动机上应用可简化结构、减少催化剂装填量，并可降低催化剂床的压降。

4. 毛细管的流量系数

在单组元肼分解发动机中，一般都采用毛细管来输送推进剂并控制其流量，对于毛细管的设计必须确定其流量系数。试验表明，毛细管的流量系数取决于其长径比和推进剂在管内流动的雷诺数。如图 4.16 所示，当雷诺数很小时，流量系数随雷诺数的增加而线性增大；雷诺数达到一定值后，流量系数趋于稳定。在雷诺数相同的情况下，流量系数随长径比的增加而减小。

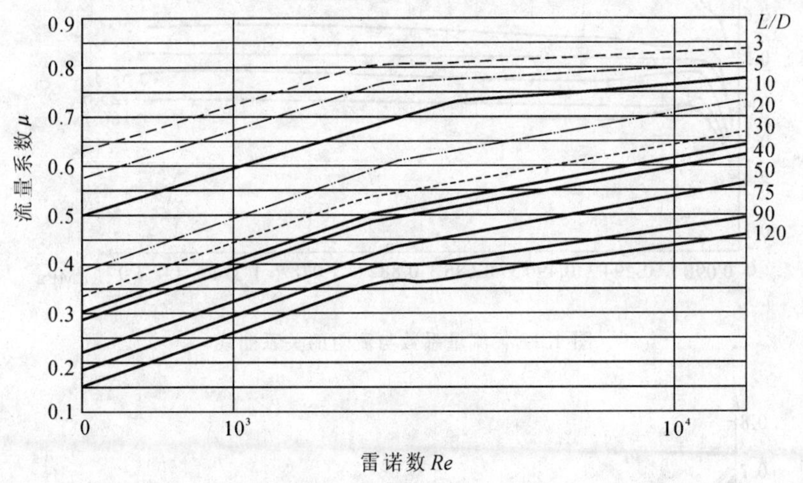

图 4.16　流量系数与雷诺数和长径比的关系曲线

在喷注器设计时，由于采用毛细管来控制推进剂的流量，所以必须严格控制毛细管的内径尺寸公差。例如，当内径小于 0.5 mm 时，内径公差应小于 10 μm；当内径大于 0.5 mm，小于 1 mm 时，相应的公差小于 15 μm。此外，毛细管的进口和出口端面要平滑、无毛刺，形状规则，其内表面应清洁干净。在毛细管弯曲时，不应发生折痕；在喷注器前钎焊过程中防止钎焊料漫流到毛细管内表面。

当量度喷注器压降时，应确定毛细管的流阻损失，此损失与毛细管的进口状态有关。对于锐边进口的毛细管，其流阻损失可由下式求得：

$$\Delta p = 10^{-2}\rho v^2\left(0.7+\frac{0.158\,2}{Re^{0.25}}\frac{L}{D}\right) \tag{4.15}$$

对于端面磨圆进口的毛细管，其流阻计算公式为

$$\Delta p = 10^{-2}\rho v^2\left(0.515+\frac{0.158\,2}{Re^{0.25}}\frac{L}{D}\right) \tag{4.16}$$

式中 Δp—— 毛细管流阻(MPa)；

ρ—— 推进剂密度(g/cm^3)；

v—— 毛细管内推进剂流速(m/s)。

通常，对于内径为 0.3 ～ 0.7 mm 的毛细管，由于内径较小，难以精确确定其尺寸，毛细管的流阻可用液流试验测定，并根据液流试验结果控制毛细管的验收标准。图 4.17 和图 4.18 分别为通过大量液流试验测得的流量系数与流阻关系和流量系数与长径比关系的曲线。

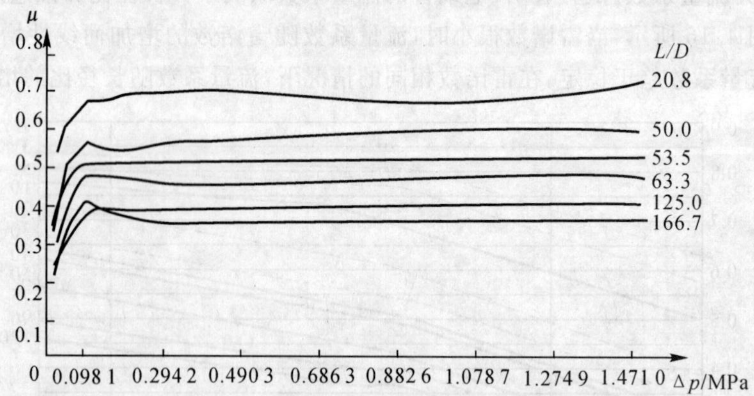

图 4.17 流量系数与流阻的关系曲线

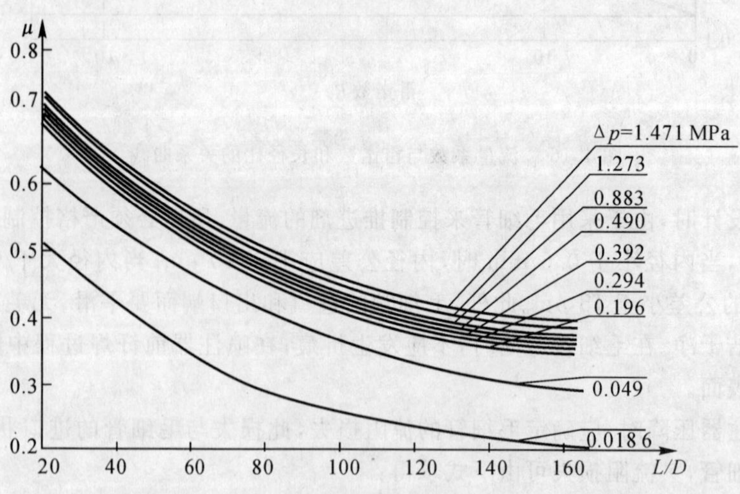

图 4.18 流量系数与长径比的关系曲线

4.2.7　喷管设计

对于空间单组元发动机，由于推力较小、室压较低，其喷管通常采用锥形喷管和特型喷管。喷管面积比应满足发动机的比冲要求，同时，还要考虑喷管的结构质量、尺寸、加工工艺、制造成本和试验设备能力。通常情况下，根据推进系统的技术要求和性能要求，单组元发动机的喷管面积比在 40 ～ 100 范围内选取。

对于肼分解发动机，由于分解产物从催化剂床进入喷管收敛段时流速很低，因此喷管的进口损失较小。为缩短喷管收敛段的长度，可将喷管收敛角适当选得大一些，通常为 120° 左右。同时，分解产物的温度较低(约 800℃)，喷管可采用辐射冷却的单壁结构，结构尺寸较小，质量较轻。其加工方法可采用精密铸造成形，也可车加工成形。

由于单组元发动机推力小，喉部尺寸小，喉部截面的雷诺数也较低(通常 $Re < 10^5$)。此时，喉部截面的附面层厚度对性能的影响不可忽视，同时，喷管的尺寸公差和形位公差对流量系数也会带来较大影响。低雷诺数下喷管流量系数与雷诺数的变化如图 4.19 所示。

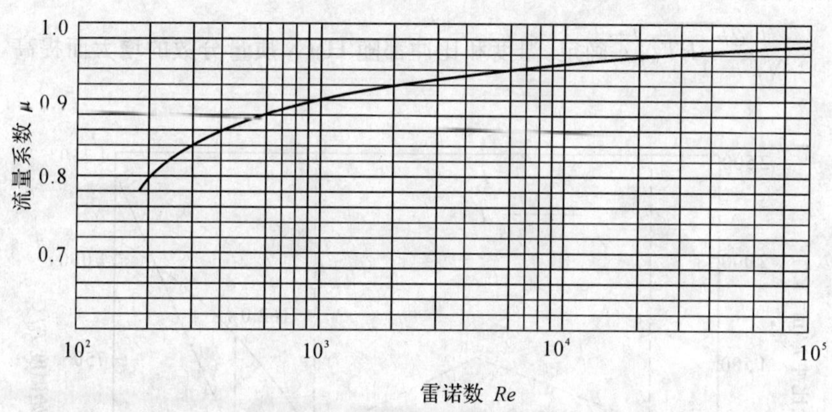

图 4.19　喷管流量系数与雷诺数的关系

单组元发动机喷管采用辐射冷却，喷管喉部壁温达 800℃，因此喉部尺寸随工作温度而变化，需要进行必要的修正。喉部截面积随壁温的变化由下式确定：

$$A'_t = A_t(1 + 2\alpha\Delta T) \tag{4.17}$$

式中　A'_t—— 工作时喉部截面面积(m^2)；

A_t—— 常温下喉部截面面积(m^2)；

α—— 喷管壁平均膨胀系数(1/℃)；

ΔT—— 平均温升(℃)。

在喷管扩散段中，附面层的厚度随喷管截面积的增加而增加。在设计喷管型面和计算喷管出口尺寸时，应适当考虑附面层厚度的影响。

4.2.8 过氧化氢(H_2O_2)单组元发动机

过氧化氢在催化剂的作用下可分解为氧气和水，并释放热量，这使得它作为单组元推进剂受到广泛关注。与单组元肼相比，过氧化氢的性能虽然偏低，但它的密度高，使得其密度比冲高于肼的密度比冲(高6%)。此外，过氧化氢无毒，分解产物对环境无害，这使得其研制、使用和维护成本大大降低。

1. 工作原理

过氧化氢(H_2O_2)单组元发动机的工作原理是 H_2O_2 通过自发或催化分解产生高温燃气，并通过喷管喷出产生推力。H_2O_2 分解按照下式进行：

$$H_2O_2 = H_2O(l) + \frac{1}{2}O_2(g) + 98.11\ \text{kJ/mol} \tag{4.18}$$

反应产物的状态和推力室获得的初始温度取决于 H_2O_2 溶液的质量分数(对于液态催化剂，应考虑同相催化剂中溶剂的稀释作用)。当 H_2O_2 的质量分数 $>67\%$ 时，可得到水蒸气和氧气的高温混合物，经一定形状的喷管喷出形成推力。以 T_0 表示反应产物温度，在真空中的理论比冲由 $I_s = \sqrt{\dfrac{2k}{k-1}RT_0}\Big/g$ 确定。温度和比冲都随 H_2O_2 质量分数的增大而提高，如图4.20所示。

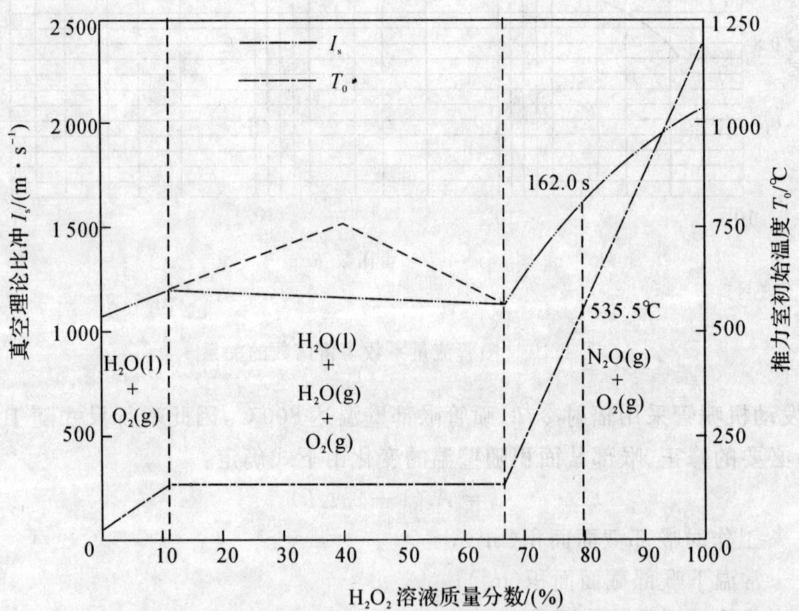

图4.20 不同质量分数 H_2O_2 与推力室初始温度及真空理论比冲的关系

2. 催化剂形式

过氧化氢催化剂包括固态催化剂和液态催化剂。固态催化剂通常采用镀有氧化钐的银网以及锰组成二氧化锰颗粒，液态催化剂通常采用高锰酸盐饱和溶液。

银网催化剂床是一种结构紧凑的压入式装置，它具有体积小、寿命长和催化效率高的优点。当过氧化氢流经催化剂床银网时，银离子与过氧化氢溶液反应，将其分解为气态氧和水蒸气，并产生热。热量将使银网和过氧化氢温度升高，促使反应速度加快。在短短的几毫秒内反应速度迅速提高，并达到分解的绝热温度，这样的反应可无限制地持续，直至银网失效。催化剂床的结构形式如图 4.21 所示。

液态催化反应可以避免固态催化剂床的老化问题，并且利用液态催化剂在工程上更容易实现，其关键是如何保证两种液体均匀混合。液态催化剂应具备催化效率高、溶解度大、化学反应延迟时间短和反应产物不含不溶残渣等特点，例如氯化亚铁($FeCl_2$)、高锰酸钙、高锰酸钠和高锰酸钾($KMnO_4$)溶液等。这样可以提高发动机的响应时间，避免堵塞管道。

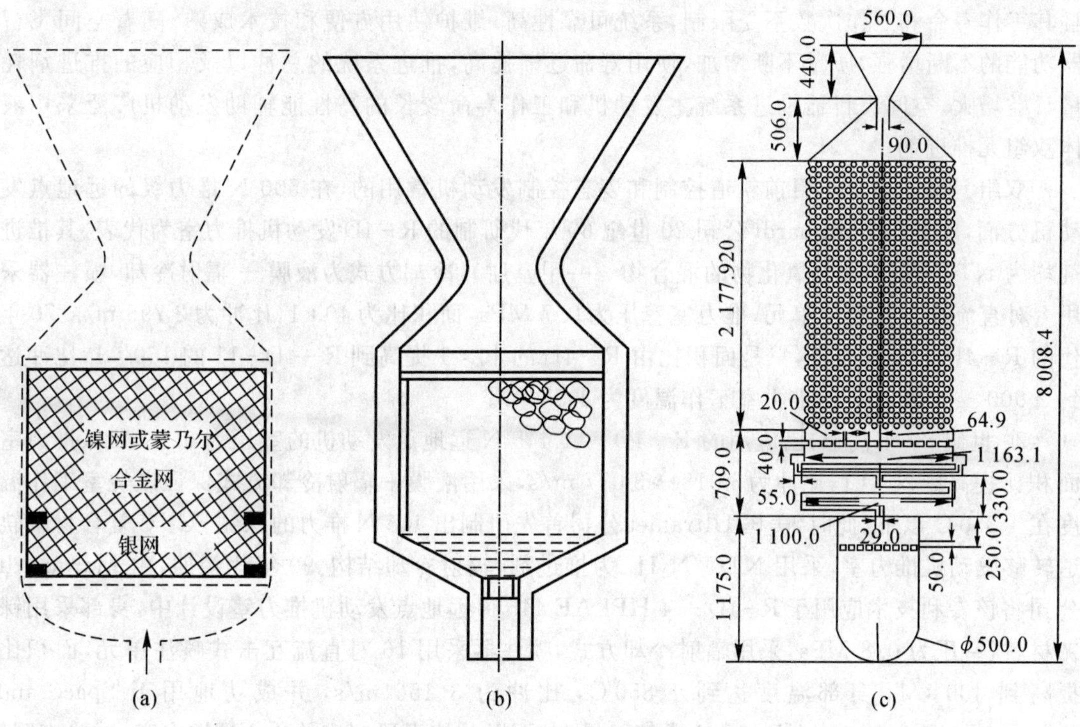

图 4.21　催化剂床的结构形式

(a) 网式催化剂床；(b) 颗粒催化剂床；(c) 微加工催化剂床

4.3 液体双组元发动机

4.3.1 概述

空间飞行器液体火箭发动机分为主推进和反作用控制两种基本类型。这两种发动机不仅在功能上和推力量级上不同，而且在推进剂种类、要求控制力、推力变化程度以及系统各组件方面都有所不同。但在实际应用上都有一个共同点，即在低温和高真空的空间环境中能可靠起动和稳定工作。

空间飞行器反作用控制推进系统与其他液体火箭发动机的区别在于设计布局和推力量级，其推力范围在1～5 000 N，其中广泛应用的发动机推力为1～500 N。其功能包括：空间飞行器变轨、中途轨道修正、末速修正、位置保持、姿态控制、离轨处理、与其他空间飞行器交会和分离，以及再入时空间飞行器的稳定控制。双组元发动机的比冲比单组元肼高20％～30％，而且其工作寿命和工作次数不受限制，系统可靠性高，维护使用方便和技术成熟。随着空间飞行器功能的不断增强，质量不断增加，使用寿命逐渐提高，推进系统的总冲以及相应的推进剂耗量日益增大。空间飞行器推进系统主发动机和工作寿命较长的高性能辅助发动机广泛采用液体双组元推进剂。

双组元推力室也是目前轨道控制和姿态控制发动机常用的，在500 N推力级的远地点发动机方面，以美国Marquardt公司20世纪60年代研制的R－4D发动机推力室为代表。其推进剂均为NTO/MMH(氮氧化物的混合物／一甲基肼)，冷却方式为液膜＋辐射冷却，喷注器采用8对直流互击式喷注单元，推力室室压为0.7 MPa，面积比为40∶1，比冲为2 795 m/s。70年代的R－4D－11推力室，只是面积比由R－4D的40∶1提高到R－4D－11的150∶1，比冲达到2 900～3 020 m/s，推力室工作温度为1 350℃。

20世纪80年代中，已应用的R－4D－11 445 N远地点发动机的室压为0.7 MPa，推力室面积比提高到205∶1，比冲为3 018～3 077 m/s，采用液膜＋辐射冷却方式保证燃烧室工作温度在1 350℃以下。此时，美国Ultramet公司首先研制出445 N推力的铼铱/C－C复合材料轨道转移发动机推力室，采用NTO/N_2H_4为推进剂，辐射冷却结构。90年代初期，由Marquardt公司将该专利技术应用于R－4D－14 HPLAE 445 N远地点发动机推力室设计中，身部采用铼铱材料，室压为0.8 MPa，采用辐射冷却方式，喷注器采用16对直流互击式喷注单元，面积比提高到400∶1，身部温度达到1 850℃，比冲为3 156 m/s，并成功地用于Space and Communications的601 HP和701通信卫星上。而以此技术研制出的2.2 N推力室，试验表明，其身部工作温度达到了2 200℃。

90年代中后期，Marquardt公司又推出R－4D－16 HIPAT推力室，采用N_2O_4/N_2H_4推进剂，身部采用铼铱材料，喷管延伸段采用铌合金和钛合金，喷注器采用16对直流互击式喷注单元，面积比为400∶1，身部温度达到1 900℃，比冲为3 208 m/s。而Aerojet公司的N_2O_4/N_2H_4

440 N推力室，采用的是层板喷注器，铼铱(Re/Ir)推力室身部，室压为1.75～3.50 MPa，面积比为400∶1，燃烧效率可以达到99.0%；燃烧室壁温为2 200℃，比冲高达3 263～3 285 m/s。在Asiasat-2卫星双模式系统的远地点发动机中发挥作用的ARC公司445N LEROS 1C远地点发动机燃烧室没有采用Re/Ir材料，面积比为300∶1，比冲达到了3 187 m/s。TRW公司研制的双组元推力室中，全部采用栓式喷注器结构。80年代为ANIK-E1，ANIK-E2和国际通信卫星K上研制了DM-LAE 445N推力室，以NTO/N_2H_4为推进剂，辐射冷却结构，面积比为204∶1，比冲达到3 090 m/s。90年代，研制了AC-LAE，ADM-LAE，HIPES-A/B等远地点发动机推力室，推力有所不同，但是，面积比均为204∶1，推进剂广泛采用NTO/N_2H_4，也用NTO/MMH，比冲在3 148～3 236 m/s。最近研制的1 000 N双组元推力室，采用LO_x/N_2H_4推进剂组合，比冲达到3 432 m/s。特别是TRW公司开发的二次燃烧增强推力室(SCAT)技术，显示了采用N_2O_4/N_2H_4推进剂的22～67 N变推力推力室技术水平。推力室采用标准的催化剂床将肼分解，既可以作为标准的单组元推力室方式工作(低推力)，也可以作为双组元推力室工作(高推力)，采用气/气三击式喷注器，不锈钢材料，再生冷却方案，燃烧效率可以达到99%，双组元工作时比冲达到3 260 m/s。

同一时期，德国Dasa公司改进了过去共存的两种方案的远地点发动机用400 N推力室。一种为铌合金＋高温抗氧化涂层，液膜＋辐射冷却方案；另一种为不锈钢燃烧室，采用MMH再生冷却方案。提出的新400 N推力室采用一个双组元离心式喷注器，燃烧室室压为1.0 MPa，采用Pt/Ir合金燃烧室，Nimonic高温合金喷管，面积比为220∶1，比冲为3 116 m/s。

目前，轻型碳/碳推力室、陶瓷推力室等先进技术已经在美国国防部、NASA等军方的支持下进行轻型拦截器演示试验。

20 N推力量级的双组元推力室，有美国Marquardt公司的R-6D，R-6C，德国Dasa公司的S10/1和ARC公司的22 N推力室、10 N推力室。S10/1推力室的第一代采用了再生冷却的不锈钢结构。到20世纪90年代，研制了Pt/Rh合金推力室，ARC的10 N推力室则采用了Pt/Rh合金。

在双组元低推力推力室中，Aerojet公司在70年代到80年代研制的2.2 N层板喷注器推力室，是目前常规双组元推力室中推力最小的。推进剂均为NTO/MMH，冷却方式为液膜＋辐射冷却，比冲为2 795 m/s。90年代，美国、欧洲和日本利用微机电系统(MEMS)技术开展了大量的概念性研究工作，美国MIT研制的基于硅材的15 N，1 N液体双组元泵压式微型发动机，推质比达到2 000∶1，已经完成了空间系统原理性演示试验。另外，各国还开展了大量的推力在0.5～50 mN量级的推力室研究工作。

在双组元自燃推进剂方面，主要采用NTO/肼类，这也是目前轨道控制和姿态控制发动机采用的推进剂组合。其他推进剂组合有液氧/烃类、液氧/醇类、液氧/液氢、过氧化氢/醇类/烃类等组合。在这些组合中，也开展凝胶化工作。

4.3.2　推进剂选择

空间飞行器推进系统发动机所使用的推进剂直接影响着空间飞行器的可靠性和性能。其推进剂的选择主要考虑使用性能和储存性能，包括下述因素。

1. 发动机比冲

比冲是评定发动机推进剂性能的最基本参数之一。在空间飞行器初始质量(M_0)和所需的速度增量(ΔV)一定的情况下，有效载荷是发动机比冲与结构重力的函数。同样，在空间飞行器初始质量、结构重力和有效载荷一定的情况下，飞行速度增量与主发动机的比冲成正比；对于姿态控制发动机，其比冲直接影响空间飞行器的工作寿命和初始质量。在空间飞行器总冲一定的情况下，发动机比冲越高，系统的质量越轻，结构尺寸越小。

2. 使用温度

在空间飞行器总体优化设计中，发动机的比冲不是推进剂选择的唯一标准。空间飞行器在变轨飞行和在轨长期运行过程中，要经历巨大的温度变化(日照、阴影)，推进剂必须保持一定的温度，以确保推进系统稳定可靠工作。除了考虑空间辐射、太阳辐射、空间飞行器组件之间的辐射外，必须考虑推进剂之间，以及推进剂与空间飞行器之间的热传导。为防止过大的温度变化引起推进剂结冰或沸腾，必须采用有效的隔热措施。因此，推进剂的热控制将直接影响推进剂的选择和空间飞行器的结构。低温推进剂比地面可储存推进剂需要更多的隔热质量和更大的隔热结构。

3. 储存性能

由于空间飞行器长期在空间运行，它要求推进剂具有良好的可储存性能，在较宽的温度和压强范围内保持稳定的物理和化学性能，并且与推进系统(储箱、阀门、管路、发动机)结构材料具有良好的相容性。

4. 密度

推进剂的密度直接影响到推进系统的体积、质量和空间飞行器的有效载荷质量。在推进剂质量一定的情况下，推进剂密度越大，推进剂增压系统、储箱、阀门和管路的尺寸越小。

5. 点火特性

空间飞行器推进系统发动机都要求多次起动，推进剂组合良好的自燃点火特性不仅可以简化发动机结构，而且可以提高工作可靠性。

6. 冷却与其他特性

对于空间飞行器推进系统发动机，大多采用高温难熔材料、烧蚀材料和高温涂层，推进剂良好的冷却性能(液膜冷却、再生冷却)可以保证发动机的工作可靠性和工作寿命，并且推进剂组合将决定燃烧温度和燃气组分，以及与燃烧室材料和涂层的相容性。

空间飞行器推进系统所使用的双组元推进剂大多是可储存自燃推进剂，即硝基氧化物与肼类燃料的组合。其中，四氧化二氮(N_2O_4)/一甲基肼(MMH)、四氧化二氮(N_2O_4)/偏二甲肼(UDMH)和绿色四氧化二氮(MON)/肼(N_2H_4)等推进剂组合具有高的比冲、良好的高空点火性能、与材料优良的相容性、稳定的储存与燃烧性能等优点，在远地点发动机和姿态控制发动机中得到了广泛的应用。空间飞行器推进系统用双组元发动机典型推进剂组合见表4.10。

表 4.10　空间飞行器用双组元发动机推进剂组合

推进剂组合＼性能	比冲 m・s⁻¹	冰点[沸点]/(℃)(氧化剂 / 燃料)	混合比(O/F)	燃烧温度℃	备注
N_2O_4/UDMH	3 385	－11.2[22.2]/－52.0[63.0]	2.3	2 974	地面可储存，自燃
N_2O_4/MMH	3 347	－11.2[22.2]/－52.8[87.2]	2.3	2 921	地面可储存，自燃
N_2O_4/ AZ－50	3 349	－11.2[22.2]/－7.8[76.7]	2.1	2 857	地面可储存，自燃
N_2O_4/N_2H_4	3 370	－11.2[22.2]/－1.67[113]	1.23	3 045	地面可储存，自燃
MON/UDMH	3 313	－30.6[－1.7]/－52.8[87.2]	2.0	2 943	地面可储存，自燃
MON/MMH	3 360	－30.6[－1.7]/－52.8[87.2]	2.4	2 965	地面可储存，自燃
MON/ N_2H_4	3 381	－30.6[－1.7]/－52.8[87.2]	1.2	3 053	地面可储存，自燃
O_2 / H_2	4 469	－219[－183]/－259[－253]	4.7	2 821	低温，非自燃
F_2/H_2	4 645	－220[－188]/－259[－253]	9.3	3 560	低温，自燃
F_2/ N_2H_4	4 107	－220[－188]/－1.67[113]	2.4	4 029	低温，自燃
N_2O_4/B_2H_6	3 675	－11.2[22.2]/－165[92.8]	2.9	3 154	低温，自燃

注：MON——氮氧化物的混合物，85％N_2O_4＋15％NO；MMH——一甲基肼，$CH_3N_2H_3$；UDMH——偏二甲肼，$(CH_3)_2N_2H_2$；N_2H_4——肼；AZ-50——混肼，50％肼＋50％偏二甲肼；平衡流真空比冲的计算条件为燃烧室压强 1.035 MPa，喷管扩张面积比为 40：1。

7. 新型空间飞行器发动机推进剂

鉴于四氧化二氮(N_2O_4)/一甲基肼(MMH)、四氧化二氮(N_2O_4)/ 偏二甲肼(UDMH)和绿色四氧化二氮(MON)/ 肼(N_2H_4) 等推进剂组合比冲有限，且具有剧毒性、强腐蚀性，其研制和使用成本较高，因此，世界各国正加紧高性能、低污染的新型空间飞行器发动机推进剂组合的研究。

(1) 氢氧推进剂。Marquardt 公司在美国空军研究实验室(AFRL) 的资助下研制了长寿命水电解推进系统，利用将水电解为气态氢(GH_2) 和气态氧(GO_2)，然后作为发动机的推进剂。Marquardt 公司利用 R-6C 发动机进行研究，当燃烧室压强为 0.12 ～ 0.35 MPa 时，推力为 7.6 ～31.1 N，比冲达 3 724 m/s。NASA 刘易斯研究中心(LeRC) 正在研究高性能液氧 / 液氢(O_2/H_2) 发动机，其比冲达 4 146 m/s。

(2) 氟类双组元推进剂。在 NASA 的资助下，喷气推进实验室研制了 LF_2/N_2H_4 发动机，发动机推力为 3 560 N，燃烧室压强为 0.69 MPa，比冲达 3 685 m/s。美国空军为 SDI 和 BMD 研制了多种空间可储存氟类推进剂。例如 ClF_5/N_2H_4，OF_2/C_2H_4 和 N_2F_4/N_2H_4，其混合比分别为 2.66，4.0 和 3.23；比冲分别为 3 225 m/s，3 675 m/s 和 3 509 m/s。其中，ClF_5 具有居高的沸点，在近地轨道储存不需要专门的冷却措施，同时，在室温和储存压强下也可地面储存，因此具有诱人的前景。

(3) 过氧化氢类双组元推进剂。由于过氧化氢具有高密度和无毒、无污染的优点，国内、外针对自燃点火过氧化氢类双组元无毒推进剂开展了大量的研究。主要包括过氧化氢 / 煤油、过氧化氢 / 甲醇、过氧化氢 / 乙醇、过氧化氢 / 丙醇、过氧化氢 / 丁醇双组元推进剂组合等，通过不同浓度的过氧化氢和燃料组合，在燃料中添加高能锰基催化剂母液形成自燃推进剂。当燃烧室室压为 3.45 MPa，面积比为 10 时，其比冲分别达到 2 953 m/s，2 786 m/s，2 832 m/s，2 854 m/s 和 2 866 m/s；其密度比冲分别达到 3 856 $kN \cdot s/m^3$，3 539 $kN \cdot s/m^3$，3 677 $kN \cdot s/m^3$，3 749 $kN \cdot s/m^3$ 和 3 786 $kN \cdot s/m^3$。

(4) 新型高性能推进剂。双模式推进系统将单组元高可靠性、低推力、脉冲性好的优点和双组元高比冲的优点有机地结合起来。日本 ETS 卫星上应用的推力为 2 000 N 的 N_2O_4/N_2H_4 推进剂发动机室压为 0.981 MPa，比冲为 3 185 m/s；TRW 公司开发的 N_2O_4/N_2H_4 推进剂的 22 ～ 67 N 变推力双组元发动机燃烧效率可以达到 99%，比冲达到 3 254 m/s；Marquardt 公司推出 R-4D-16 HIPAT 推力器，采用 N_2O_4/N_2H_4 推进剂，比冲为 3 205 m/s；宇航喷气公司的 N_2O_4/N_2H_4 467 N 层板喷注器双组元发动机(Leros 1)，混合比为 0.8，室压为 0.62 MPa，面积比为 150，比冲高达 3 195 m/s。采用 N_2O_4/B_2H_6 推进剂组合，当燃烧室压强为 1.0 MPa 时比冲达 3 616 m/s。

4.3.3 双组元发动机的组成

典型的双组元发动机由阀门和推力室组成。其中，阀门包括电磁线圈作动器(电磁铁) 和阀门本体；推力室包括喷注器、燃烧室和喷管延伸段。阀门一般采用吸合力大、响应时间快、结构紧凑的直流螺管式电磁阀；推力室的喷注器、燃烧室和喷管通常采用焊接结构，一方面可以提高工作可靠性，另一方面使得结构紧凑，质量轻。为提高响应时间，电磁阀和推力室可以直接与喷注器相连；也可以通过隔热框连接，避免燃烧室的高温影响电磁阀的工作性能。推力室的燃烧室和喷管一般采用耐高温材料(铌合金、钼合金、铼合金等),表面涂敷抗氧化涂层,并且采用液膜冷却+辐射冷却方式。典型的双组元发动机示意图如图 4.22 所示。国外典型的双组元发动机主要性能参数见表 4.11。

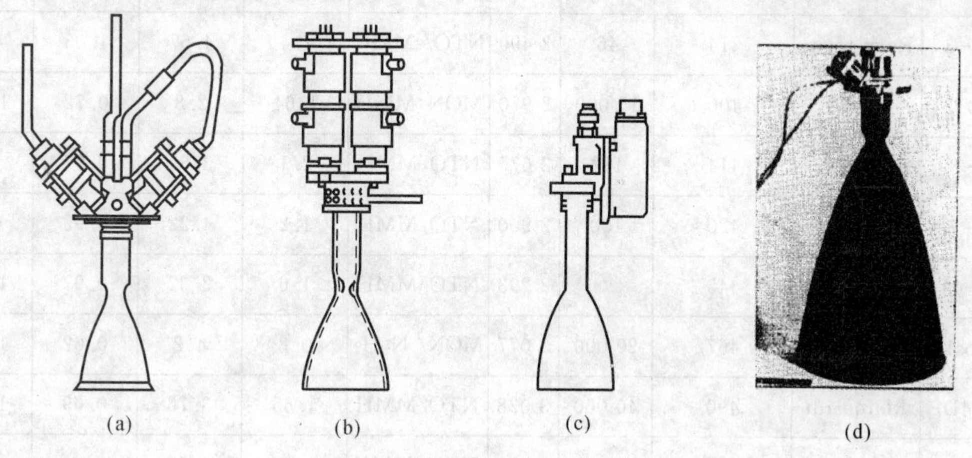

图 4.22 典型双组元发动机

(a)R-6C;(b)Bell;(c)JPL;(d)R-4D

表 4.11 典型双组元发动机主要性能参数

名称	制造商	真空推力 N	寿命 s	比冲 $m \cdot s^{-1}$	推进剂	混合比	质量 kg	室压 MPa	膨胀比
S4	DASA	4.0	/	2 793	MON/MMH	/	0.29	0.4	/
R-2B	Marquardt	4.5	>6 000	2 744	NTO/N_2H_4	1.65	0.43	/	/
RS-45	Rocketdyne	4.5	/	2 940	NTO/MMH	1.6	0.73	0.48	175
S10/1	DASA	10.0	50 000	2 813	MON/MMH	1.64	0.35	1.0	90
R-6C	Marquardt	22.0	60 000	2 842	NTO/MMH	1.6	0.67	0.68	100
Leros 20	ARC	22.0	20 000	2 900	NTO/MMH	1.65	0.73	0.9	180
RS-43	Rocketdyne	22.2	/	2 783	NTO/MMH	1.6	0.62	0.69	150
R-43	Marquardt	67.0	13 500	2 842	NTO/N_2H_4	1.6	/	/	/
SE-63	Rocketdyne	102	96	2 715	NTO/MMH	1.3	1.07	0.92	20
R-1E	Marquardt	110	82 000	2 744	NTO/MMH	1.65	4.26	/	100
RS-25	Rocketdyne	111	10 000	2 793	NTO/MMH	1.6	0.96	0.69	40
SE-9	Rocketdyne	200	4	2 940	NTO/A-50	1.56	/	0.98	60

续表

名称	制造商	真空推力/N	寿命/s	比冲/m·s^{-1}	推进剂	混合比	质量/kg	室压/MPa	膨胀比
SE5－3	Rocketdyne	214	46	2 490	NTO/ MMH	1.4	4.67	1.03	40
S400/1	DASA	400	15 000	2 970	MON/MMH	1.64	2.8	0.72	102
SE－8	Rocketdyne	414	112	2 675	NTO/MMH	2.1	3.69	0.97	9
SE－7	Rocketdyne	420	100	2 900	NTO/MMH	1.2	4.22	0.92	40
RS－42	Rocketdyne	445	/	2 293	NTO/MMH	1.6	2.32	0.97	150
Leros1	ARC	467	20 000	3 077	MON/ N_2H_4	0.8	4.2	0.62	150
R－4D	Marquardt	490	40 000	3 028	NTO/MMH	1.65	3.76	0.69	164
R－42	Marquardt	890	21 000	2 970	MON/MMH	1.65	4.54	/	/
RS－21	Rocketdyne	1 330	900	2 881	NTO/MMH	1.52	8.39	0.8	60
RS－14	Rocketdyne	1 401	/	2 820	NTO/MMH	1.6	8.8	0.85	30
RS－28	Rocketdyne	2 670	/	2 195	NTO/MMH	1.63	12.7	1.38	40
S3K	DASA	3 500	/	3 450	MON/MMH	1.6～2.1	14.5	0.9～1.2	125
R－40B	Marquardt	4 000	25 000	2 970	NTO/MMH	1.65	13.6	1.05	160
RS－41	Rocketdyne	11 100	2 000	3 058	NTO/MMH	1.63	68.95	1.32	260
阿波罗变推	TRW	58～579	/	2 940	NTO/MMH	1.65	6.81	0.08～0.69	125
AKE	NASDA	1 950～1 330	/	3 126	NTO/N_2H_4	0.94	/	0.64～0.94	77
ARJ10－181	JPL	22	54 000	3 067	NTO/MMH	1.65	/	0.80	150
ARJ10	JPL	67	28 800	2 989	NTO/MMH	1.65	/	0.80	75
AJ10－221	JPL	445	144 000	3 165	NTO/MMH	1.65	/	0.70	467

双组元发动机 R－4D 的外形及其结构分别如图 4.23 和图 4.24 所示。

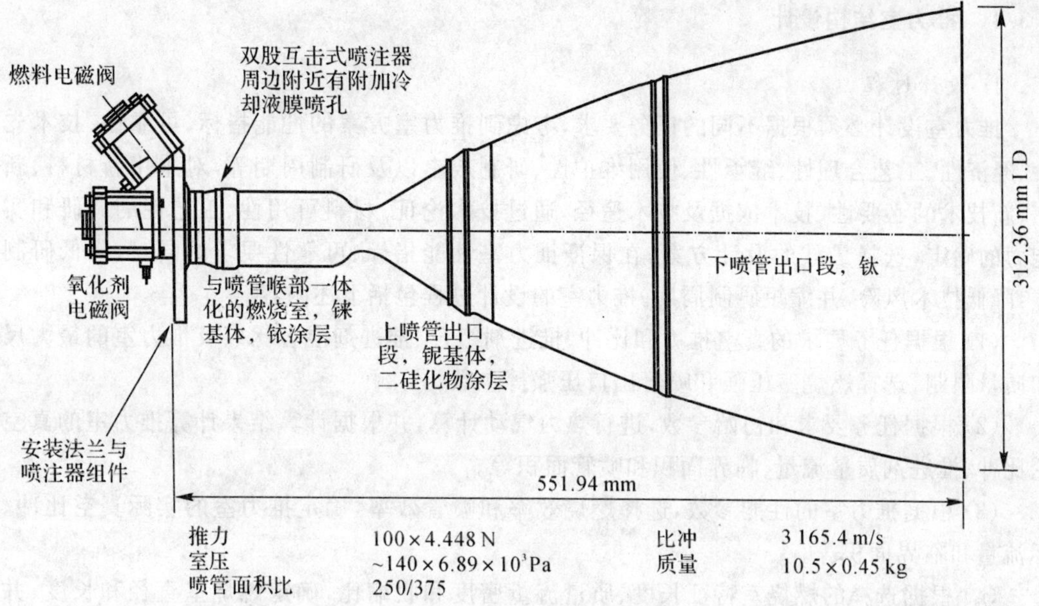

图 4.23　双组元发动机(R－4D) 外形图

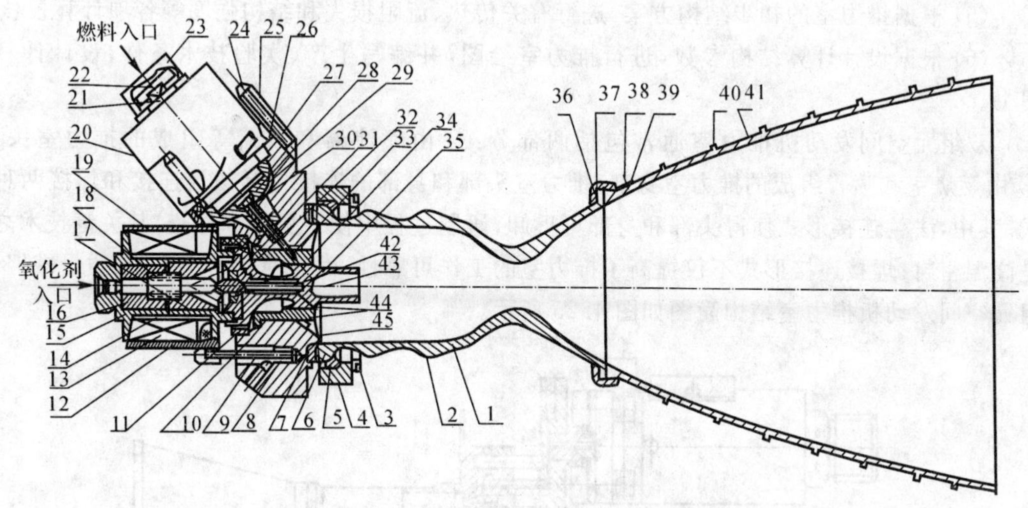

图 4.24　双组元发动机(R－4D) 结构图

1— 燃烧室；2,40— 加强肋；3— 连接螺钉；4— 连接卡圈；5— 连接半环；6— 法兰盘；7— 密封垫片；8— 铜螺衬；9— 电磁阀安装螺钉；10— 喷注器壳体；11,26— 酚醛隔热支衬；12— 氧化剂电磁阀；13— 手控线圈；14— 自控线圈；15— 绕线轴；16— 内塞；17— 衔铁；18— 弹簧；19— 阀门罩壳；20— 燃料阀；21— 过滤器环；22— 节流圈；23— 工艺堵头；24— 燃料阀安装螺钉；25— 套筒式散热垫圈；27,28,30— 密封垫；29,31— 阀门隔热支撑架；30— 预燃室引流管；33— 密封支撑垫块；34—8 个预燃室冷却喷孔；35— 预燃室；36— 连接螺帽；37— 垫片；38— 固定销钉；39— 防松套环；41— 尾喷管；42— 预燃室氧化剂引入管；43—1 对预燃室喷嘴孔；44—8 对主喷嘴孔；45— 冷却液膜喷孔

4.3.4 推力室结构设计

1. 设计过程

推力室设计必须根据不同的任务要求，考虑到推力室方案的性能指标、可靠性、技术先进性、经济性、工艺合理性、继承性、使用维护性、研制成本以及研制周期等，对采用新材料、新工艺、新技术的必要性、技术依据及技术途径，通过技术论证，材料可用性、工艺性的调研和实验能力的确定，选择最佳的设计方案，在保证推力室性能指标、可靠性要求的同时，降低研制成本，降低技术风险，并缩短研制周期。推力室的设计过程包括下述内容。

(1) 根据任务要求的真空推力和比冲、推进剂组合、推进剂混合比以及推力室的最大尺寸和质量限制，选择燃烧室压强和喷管出口压强等参数。

(2) 根据任务要求和初始参数，进行热力气动计算，并根据计算结果计算推力室的真空理论比冲、推进剂质量流量、临界面积和喷管面积等。

(3) 根据推力室的性能参数，选择燃烧效率和喷管效率，确定推力室的实际真空比冲、实际流量和临界面积等。

(4) 根据选择的燃烧室特征长度、质量流量密度和收缩比，确定燃烧室直径和长度，并根据面积比设计喷管型面与尺寸。

(5) 根据推力室的初步结构方案，进行有关传热、流阻损失和结构强度等各项计算校核。

(6) 根据设计计算结构参数，进行推力室绘图，并编写生产、实验技术条件，设计计算说明书。

双组元空间发动机推力室通常包括两部分：① 由喷注器和顶盖等组成的推力室头部；② 由燃烧室和喷管组成的推力室身部。推力室头部和身部的连接包括法兰连接和焊接两种形式。其中，法兰连接形式使得头部和身部可拆卸，研制过程中便于更换和检查，其关键技术之一是高温密封；焊接连接形式不仅提高了推力室的工作可靠性，而且使其结构紧凑，质量减轻。双组元空间发动机推力室结构简图如图 4.25 所示。

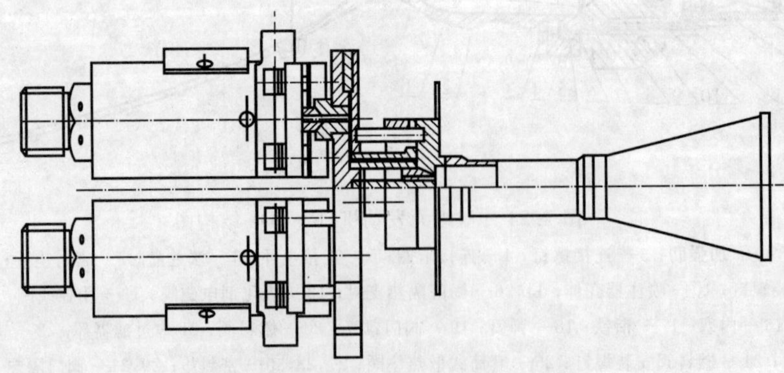

图 4.25　双组元空间发动机推力室结构图

2. 初始参数选择

(1) 根据任务要求、推进系统形式、工作环境、性能指标和结构相容性要求，选取推进剂种类。

(2) 根据推进剂种类、任务要求、推进系统形式和性能要求，选取推力室的燃烧室压强。

(3) 根据推进剂种类、燃烧室冷却方式和性能要求，选取推力室的余氧系数(混合比)。

(4) 根据推力大小、燃烧室压强、推力室混合比、喷注器类型和推力室结构，选取燃烧效率。

(5) 根据推进剂类型、喷管型面、喷管面积比和加工工艺水平，选取推力室的喷管效率。

(6) 根据推进剂种类、喷注器结构和推力室结构尺寸要求，选取特征长度。

3. 设计计算

热力计算的主要任务是根据初始参数计算不同燃烧室压强、不同余氧系数在不同面积比下推力室的理论参数。主要参数包括：燃烧室燃气温度、燃烧室燃气常数、喷管喉部比面积、燃烧室特征速度、燃烧室喉部参数、出口参数、燃气组分、理论混合比和真空理论比冲等。

根据热力计算结果，计算推力室的结构参数，主要参数包括：推进剂流量(氧化剂、燃料、冷却液)、喷注器喷注孔尺寸(氧化剂、燃料、冷却液)、燃烧室喉部尺寸、燃烧室容积、燃烧室直径和喷管出口尺寸等。

根据发动机的推力 F_v、比冲 $I_{s,v,th}$、混合比 R_m 的要求，可得到推进剂的质量流量

$$q_m = \frac{F_v}{I_{s,v,th}\eta_c\eta_n} \tag{4.19}$$

式中　F_v—— 发动机真空推力(N)；

$I_{s,v,th}$—— 真空理论比冲(m/s)；

η_c—— 燃烧室效率；

η_n—— 喷管效率。

对于空间双组元发动机，燃烧室效率决定于喷注器的设计与液膜冷却流量的大小，一般 η_c 为 0.94 ~ 0.99；喷管效率则取决于面积比与喷管型面，一般 η_n 为 0.96 ~ 0.98。

燃料和氧化剂的流量分别为

$$q_{m,O} = \frac{R_m}{R_m+1}q_m \tag{4.20}$$

$$q_{m,f} = \frac{1}{R_m+1}q_m \tag{4.21}$$

式中　$q_{m,O}$—— 氧化剂质量流量(kg/s)；

$q_{m,f}$—— 燃料质量流量(kg/s)；

R_m—— 燃烧室推进剂组元混合比。

对于空间双组元发动机，一般采用边区液膜冷却加辐射冷却或烧蚀冷却相结合的冷却方式。根据不同的冷却组合方式，边区液膜冷却一般采用燃料作为冷却液，冷却液膜的燃料流量通常占燃料总流量的 20% ~ 30%，即 $\delta = \frac{q_{m,fe}}{q_m}(20\% \sim 30\%)$。因此，边区冷却液膜燃料的质量

流量和中心区燃料的质量流量分别为

$$q_{m,\mathrm{fe}} = \delta q_m \tag{4.22}$$

$$q_{m,\mathrm{fc}} = (1-\delta) q_m \tag{4.23}$$

式中　$q_{m,\mathrm{fe}}$——边区冷却液膜燃料的质量流量(kg/s)；

$q_{m,\mathrm{fc}}$——中心区燃料的质量流量(kg/s)。

在中心区，推进剂组元混合比

$$R_{\mathrm{mc}} = \frac{q_{m,\mathrm{O}}}{q_{m,\mathrm{fc}}} \tag{4.24}$$

对于空间推进系统，由于要求发动机多次起动和脉冲工作，一般采用挤压式供应系统。对于恒压挤压式供应系统，考虑供应系统质量、尺寸、可靠性和发动机性能，推力室的压强 p_c 一般取 0.6～1.0 MPa；对于落压式系统，下限推力室室压和喷注器压降的选择要避免出现低频不稳定燃烧和性能恶化，推力室的落压比约为 3∶1，一般不超过 5∶1。

空间发动机在高空或真空环境下长时间工作，其比冲对空间飞行器的质量、寿命和可靠性起着至关重要的作用。为了得到更高的比冲，降低推进剂消耗量，推力室喷管膨胀面积比一般取 $\varepsilon_e = 60 \sim 200$。喷管面积比的选择主要取决于下述因素：

(1) 推力室的比冲；

(2) 工作环境和工作时间；

(3) 喷管外廓尺寸和结构质量；

(4) 制造和试验能力。

4.3.5　推力室头部结构设计

一、概述

推力室头部由喷注器和顶盖等组成，喷注器包括喷嘴以及相应的流道和集液腔，其功能是在喷注器压强和流量下，保证设计的混合比分布和质量分布的要求，将推进剂均匀喷入燃烧室，并迅速完成撞击、雾化、混合过程。喷注器的设计质量和加工精度直接影响着推力室的性能、稳定性、寿命和可靠性。根据推力室的推力、性能、可靠性、推进剂组合、工艺水平和用途，选择适当的喷注器形式。通过优化计算、冷流模拟试验，以推力室性能和燃烧室壁面温度作为优化目标，保证推力室可靠性和动态响应指标，选择最佳的喷注器结构形式。影响喷注器选择的主要因素包括：推进剂种类(自燃、低温或可储存)，推进剂状态(液体、气体或胶体)，冷却形式(辐射、烧蚀或再生)，燃烧室长度(由混合或汽化限定)，工况(室压、混合比)，变推力要求，系统压降和发动机寿命等。这些因素直接和间接影响燃烧性能、传热、燃烧室材料相容性和稳定性，每一个因素都对喷注器单元提出特殊要求(如局部混合比和质量流量梯度或喷雾液滴尺寸)。考虑到不同喷注器形式的特点，没有任何一种形式的喷注单元能满足所有要求。如果整个喷注器采用单一形式的喷注单元，则一般需要很大的妥协折中。

对于推力和结构尺寸较小的空间双组元发动机而言，由于推进剂及其燃烧产物在推力室内的停留时间较短，喷注器的结构设计对推力室性能的影响更为显著，如图 4.26～图 4.33 所示。直流式喷注器结构简单，排列密度大，便于燃烧室的内部燃烧组织；离心式喷注器结构尺寸大，排列密度低，便于集液腔和流道的安排；层板式喷注器加工精度高，喷注孔径可任意排列，保证结构更加紧凑。

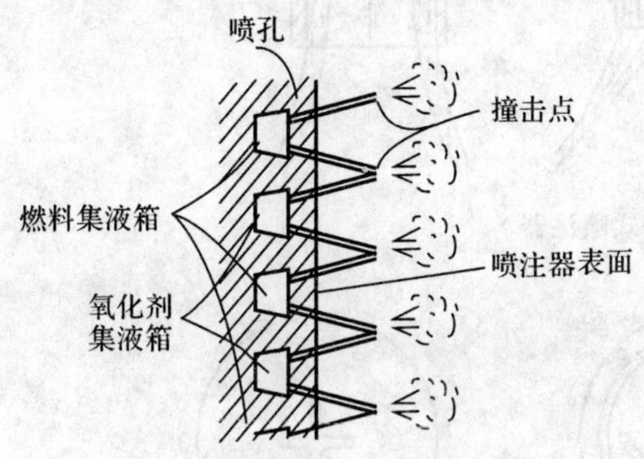

图 4.26　两股直流互击式喷注器

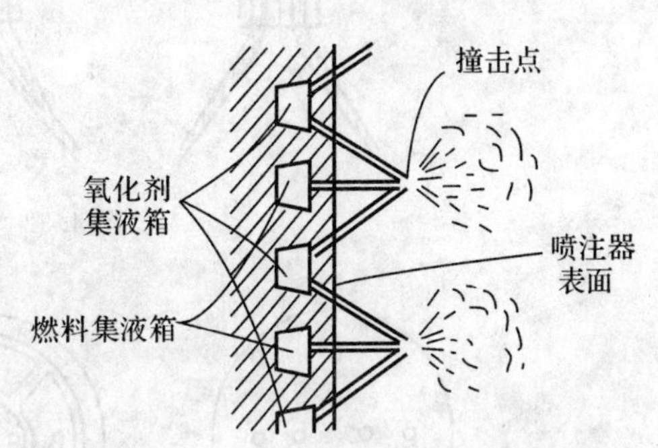

图 4.27　三股直流互击式喷注器

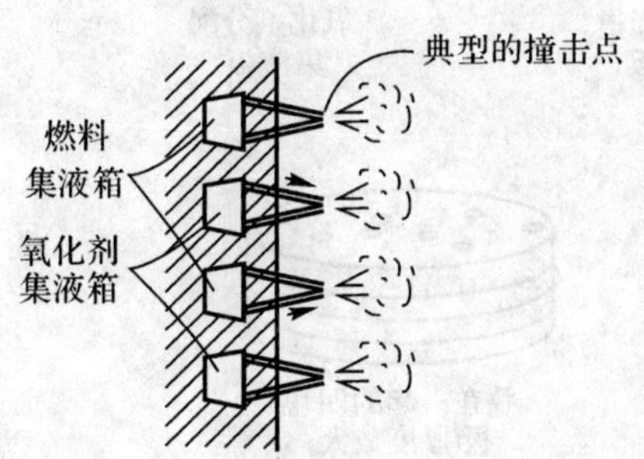

图 4.28　直流自击式喷注器

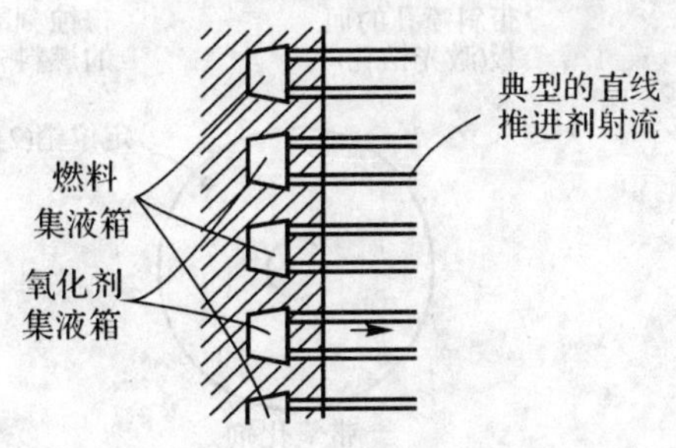

图 4.29　淋浴式喷注器

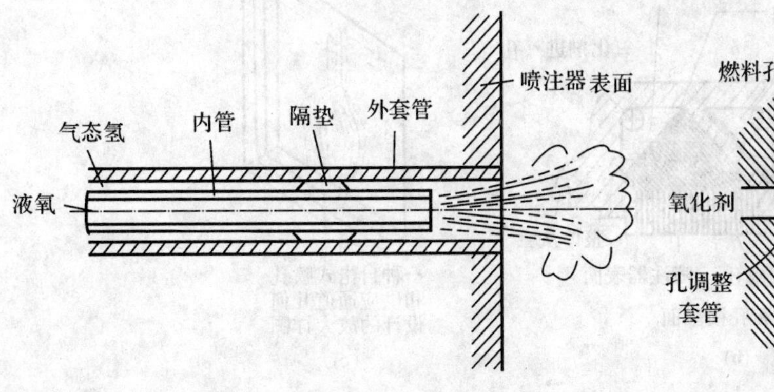

图 4.30　同心管式喷注器

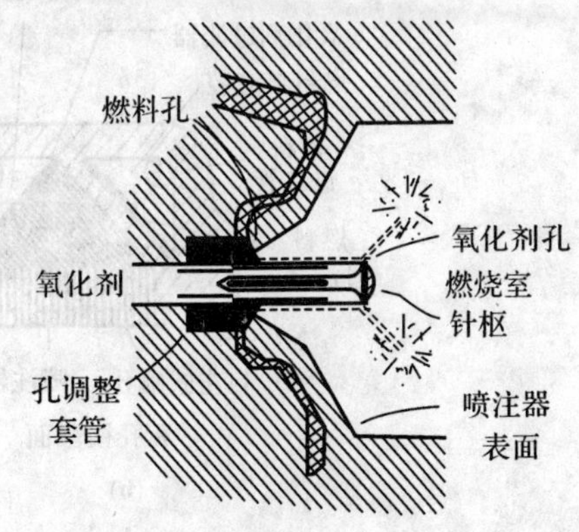

图 4.31　变截面同心管喷注器

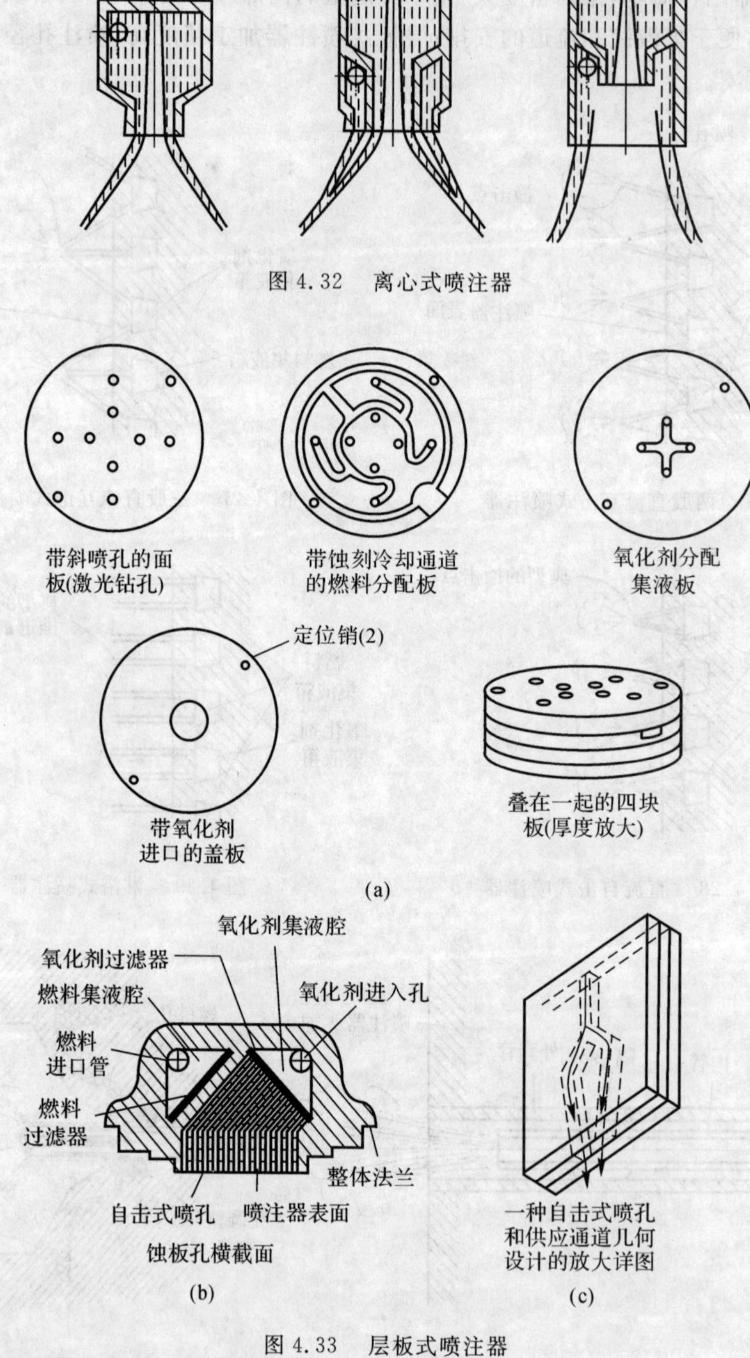

图 4.32　离心式喷注器

图 4.33　层板式喷注器

(a) 加工工艺步骤；(b) 离心式喷嘴；(c) 自由式喷嘴

1. 影响雾化质量主要因素

影响液体火箭发动机喷注器雾化质量的主要因素包括下述几个。

(1) 喷注器的形式和喷口直径。一般离心式喷注器雾化液滴较细,喷雾角较大,故雾化质量较高。单个直流喷注器雾化液滴较粗,雾化角小。但离心式喷注器结构复杂,尺寸大,要求喷注器直径即燃烧室直径也大。而采用两股或多股射流相击的直流式喷注器单元,在适当的撞击角下,其雾化质量也能满足要求。因此,采用何种类型喷注器,应视推进剂性能、对雾化质量要求及燃烧室设计尺寸而定。对同一种类型的喷注器而言,喷孔越小,射流越细或液膜的厚度越薄,雾化液滴也就越细。

(2) 喷注器压降。喷注器压降越大,射流的出口流速也越大,因而紊流度和韦伯数(扰动波长与射流初始直径之比 λ/d) 就大,这有利于射流和液滴的破裂,对雾化有利。但在压降超过 1 MPa 后,液雾的平均直径下降就不明显了。

(3) 推进剂性质。推进剂组元的密度、黏度及表面张力对雾化有直接的影响。试验表明密度大、黏度大、表面张力大的推进剂雾化特性较差。冷却套温升使推进剂组元的密度、黏度及表面张力减小,有利于雾化。

(4) 燃烧室压强。燃烧室压强对雾化有两方面的影响。由于室压增高,燃气密度增加,促使燃气的气动力增加;但室压的增加使液体射流或液膜遇到的阻力增加而引起气体的相对速度下降,又使气动力降低。喷雾试验表明,室压越大,液雾直径就越小,但室压过高,雾化过细,也会引起小液滴的结合。

(5) 燃烧室温度。燃烧室温度过高时,液滴温度也增高,从而黏度和表面张力下降,对雾化有利。

2. 喷注系统设计要点

直流式喷注器喷嘴排列密度大,结构紧凑。离心式喷注器喷嘴排列密度小,结构尺寸大,相应的燃烧室直径大。液体火箭发动机喷注系统的设计要点包括下述几点。

(1) 保证具有较高的燃烧效率、可靠性、工作稳定性和先进的加工工艺性,同时应继承已有的成功经验。

(2) 喷注器的设计满足结构、性能和可靠性指标要求,同时保证研制周期短、制造成本低。

(3) 保证液体组元雾化成尽可能小的液滴。

(4) 保证在中心流和近壁层中具有尽可能均匀的混合比流场。

(5) 既要保证室壁的可靠冷却,又要保证尽可能小的比冲损失,为此必须统筹兼顾中心流和近壁层的组元比。

(6) 因为着火之前必须给液滴提供大量的热量,所以保证喷注进入燃烧室的推进剂组元与燃气之间良好的热交换。

(7) 为了燃烧过程的稳定性,必须避免出现集中燃烧。

3. 推力室头部设计的主要内容

推力室头部设计的主要内容包括下述几点。

(1) 确定喷注器喷嘴形式，安排两种组元的集液腔和流道结构。

(2) 确定沿燃烧室截面深度推进剂质量分布和混合比分布，以及用于边区液膜冷却的推进剂流量。

(3) 确定喷注器的排列方式和排列密度，选择喷嘴压降，计算喷孔尺寸和推进剂流动参数。

(4) 确定推力室头部喷注盘与法兰的隔热措施和隔热结构。

(5) 确定抑制高频不稳定燃烧的声腔形式和声腔结构。

(6) 推力室头部结构设计。

二、直流式喷注器

将孔的流道轴线为直线，横截面积保持不变的喷嘴称为直流式喷嘴。两个或两个以上的同组元或不同组元的直流式喷嘴，其轴线互相交于一点，组成一个自击或互击式喷注单元。采用直流式喷注单元的喷注器称为直流式喷注器。喷注单元推力是喷注器设计的重要参数，它取决于推力量级和喷孔的尺寸。当一般推力小于 100 N时，单元推力小于 30 N；当推力为 100 ～ 500 N时，单元推力小于 50 N；当推力为 500 ～ 5 000 N时，单元推力小于 60 N。国外典型发动机的喷注单元推力见表 4.12。

表 4.12　国外典型发动机喷注单元推力

发动机代号	推力 /N	喷注单元 / 个	单元推力 /(N/ 个)	备注
R - 40A	3 870	84	46	航天飞机
RS - 14	1 400	36	39	民兵导弹
R - 4D - 11	445	8(12)	57(37)	远地点
日本	490	12	41	远地点
R - 6DM	22	3	7	卫星姿态控制

单孔直流式喷嘴是组成各种喷注单元的基本构件，同时也是边区冷却孔的主要形式。单孔的质量流量计算式为

$$q_{m,\mathrm{h}} = C_{\mathrm{D}} A_{\mathrm{h}} \sqrt{2\rho \Delta p_{\mathrm{h}}} \tag{4.25}$$

式中　$q_{m,\mathrm{h}}$—— 单孔质量流量(kg/s)；

C_{D}—— 孔流量系数；

A_{h}—— 单孔截面积(m^2)；

Δp_{h}—— 喷孔压降(Pa)；

ρ—— 推进剂密度($\mathrm{kg/m^3}$)。

喷嘴压降为喷孔的进口压强与出口压强之差，它是喷注器设计时需要选择的参数。对于空

间发动机，由于大多采用挤压式供应系统，燃烧室压强相对较低，喷嘴压降一般为燃烧室压强的 30% ～ 50%。对于自击式喷注单元，通常氧化剂喷嘴压降 $\Delta p_{h,O}$ 略高于燃料喷嘴压降 $\Delta p_{h,f}$，$\Delta p_{h,O} = (1.2 \sim 1.4)\Delta p_{h,f}$。较高的氧化剂喷嘴压降可以避免或减轻喷注面的烧蚀；同时，间隙孔径可以改善雾化质量。但过高的喷注器压降给推进剂供应系统和喷孔的加工带来困难。

喷嘴的流量系数是通过喷孔的实际流量与理论流量的比值。影响流量系数的主要因素如下：

(1) 喷孔的长径比(轴线长度与孔径之比)l_h/d_h。随着长径比的增加，流量系数减小。

(2) 喷嘴进口形状。进口形状对流量系数影响较大，通常要求出口保持锐边，以保持出口射流的完整性。

(3) 喷嘴内射流汽蚀。对于锐边进口，随着射流雷诺数(Re) 的增加，出现汽蚀现象，使得流量系数突然下降。

1. 自击式喷注单元

自击式喷注主单元是指同种组元的两个或两个以上直流式喷嘴射流相互撞击形成喷雾扇，组成一个喷注单元。其形式包括两股自击式和三股自击式(见图 4.34)。自击式喷注单元的各喷孔直径相等，其轴线与射流平面的中心线夹角相同。自击式喷注单元的优点如下：

(1) 利用自身的动量将液柱破碎成液滴，加速雾化过程。

(2) 射流形成的喷雾扇分布在较大的横截面上，从而改善了单个直流式喷嘴无喷雾扇的混合，提高了混合效率。

(3) 自击式直流喷注器燃烧稳定性好，并便于组织低余氧系数的边区燃烧，防止燃烧室壁的烧蚀。

(4) 自击式喷注器结构简单，加工工艺性好。

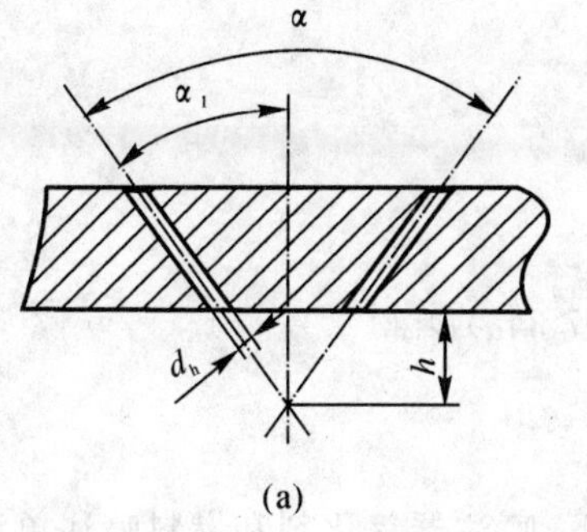

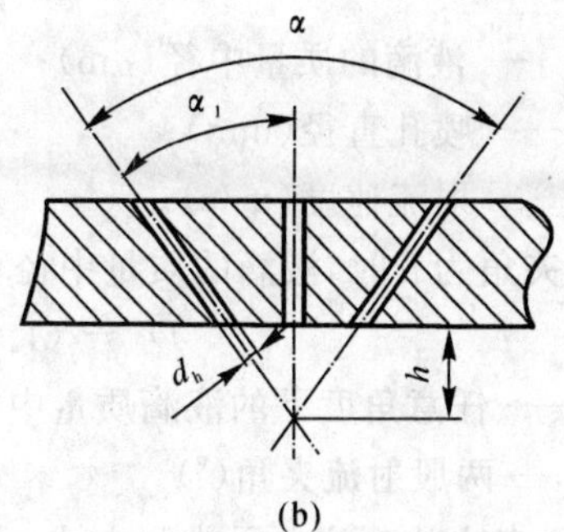

图 4.34　自击式喷注单元

(a) 两股自击式；(b) 三股自击式

影响自击式喷注单元的因素很多，为获得高性能的自击式喷注单元，须要求的主要设计参数如下所述。

(1) 撞击角度 α：指射流轴线的夹角，通常取 50° ～ 90°。此结构可以得到较好的喷雾扇的质量分布和液滴尺寸分布，防止回流引起的喷注面烧蚀。同时，在自击式喷注器设计时，氧化剂喷注单元的撞击角通常小于燃料的撞击角 5° ~ 10°。

(2) 撞击点高度 h：指射流轴线的交点与喷注面的垂直距离，一般取 $h=(2\sim5)d_h$。撞击点高度过大，射流自由行程长，撞击精度降低，从而影响喷雾扇质量分布的均匀性，喷注单元的排列密度减小；撞击点高度过小，则影响喷雾扇的展开，引起喷注器面的烧蚀。通常燃料喷注单元的撞击点高度比氧化剂小 1 ~ 2 mm。有时为提高混合效率，氧化剂和燃料喷注单元可取相同的撞击点高度，通过调整喷嘴压降和撞击角度，防止可能发生的喷注面局部烧蚀。

(3) 喷注单元射流平面倾斜角 θ：指射流平面与喷注面轴线的夹角。为改善沿燃烧室横截面上推进剂的质量分布，增加两个相邻异种喷注单元喷雾扇的重叠面积和混合程度，将射流平面倾斜一定角度，一般取 $\theta=15°\sim40°$。倾斜角的选择主要考虑喷注单元的排列密度和间距等。排列密度大，异种喷注单元间距大，倾斜角则选择大些；反之则选择小些。为保证混合后喷雾扇的动量方向沿燃烧室的轴线方向，两射流平面的各自倾斜角度按下式计算：

$$\frac{\sin\theta_f}{\sin\theta_O}=\left(\frac{d_{h,O}}{d_{h,f}}\right)^2\left(\frac{\Delta p_{h,O}}{\Delta p_{h,f}}\right)\left(\frac{\cos\alpha_O}{\cos\alpha_f}\right) \tag{4.26}$$

式中 θ_O,θ_f—— 分别为氧化剂和燃料二股自击式喷注单元射流平面的倾斜角(°)；

α_O,α_f—— 分别为氧化剂和燃料二股自击式喷注单元射流平面的夹角(°)；

$d_{h,O},d_{h,f}$—— 分别为氧化剂和燃料的喷孔直径(m)；

$\Delta p_{h,O},\Delta p_{h,f}$—— 分别为氧化剂和燃料的喷孔压降(Pa)。

(4) 液滴质量中径：表征两股互击喷注单元的雾化性能，可用下面的经验公式估算($\alpha=60°$)：

$$\overline{D}_{60°}=4.5\times10^3\,\frac{d_h^{0.57}}{v^{0.85}} \tag{4.27}$$

式中 $\overline{D}_{60°}$—— 液滴的质量中径(μm)；

d_h—— 喷孔直径(mm)；

v—— 射流速度(m/s)。

当射流夹角为 α 时，液滴的质量中径可表示为

$$\overline{D}_\alpha=(1.44-0.007\,34\alpha)\overline{D}_{60°} \tag{4.28}$$

式中 $\overline{D}_\alpha$—— 任意角度下的液滴质量中径(μm)；

α—— 两股射流夹角(°)。

(5) 两股自击式喷注单元排列方式：通常情况下，喷注器氧化剂和燃料喷注单元的喷嘴交替地排列在各同心圆上，一个氧化剂的喷注单元对应一个燃料的喷注单元，射流平面倾斜或平行于喷注面轴线。当两股自击式喷注单元的排列密度高于每平方厘米 2 个单元时，相邻的喷注单元相互倾斜对改善混合效果并不显著，反而使得燃烧稳定性降低，因此采用不倾斜的两股自击式喷注单元。

两股自击式喷注单元的设计变量如图 4.35 所示。

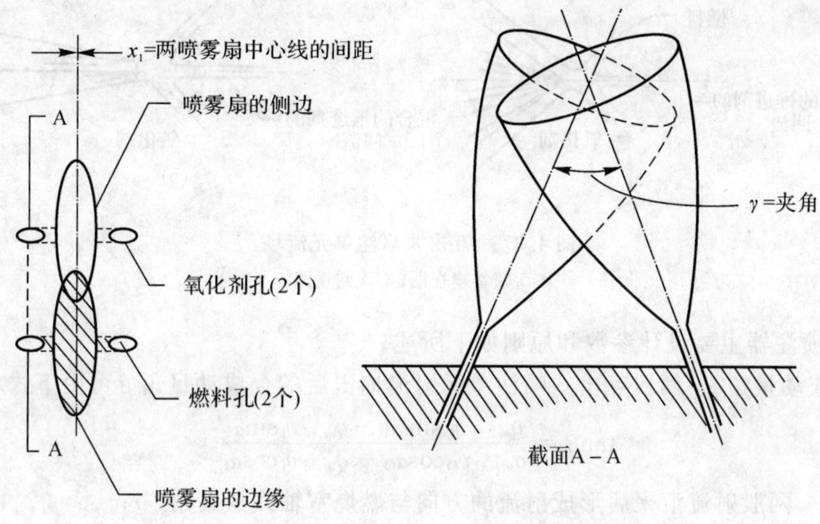

图 4.35 两股自击式喷注单元的设计变量

2. 互击式喷注单元

不同组元的直流式喷嘴射流彼此撞击，形成具有一定混合比分布的喷雾扇，组成互击式喷注单元(见图 4.36)。其优点是氧化剂射流和燃料射流撞击后，雾化与混合过程同时进行，缩短了推进剂燃烧准备过程；在同样的燃烧室特征长度下，燃烧效率将会提高。因此，互击式喷注单元在空间发动机(变轨发动机、姿态控制发动机)的喷注器上得到广泛应用，其中最常用的为两股互击式喷注单元。互击式喷注单元流场如图 4.37 所示。

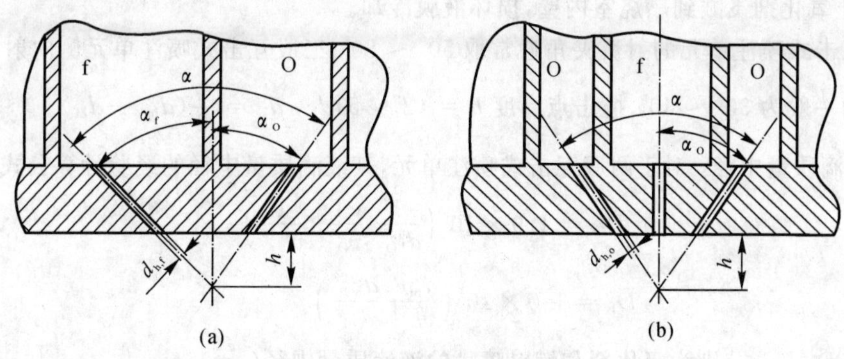

图 4.36 互击式喷注单元

(a) 两股互击式；(b) 三股互击式

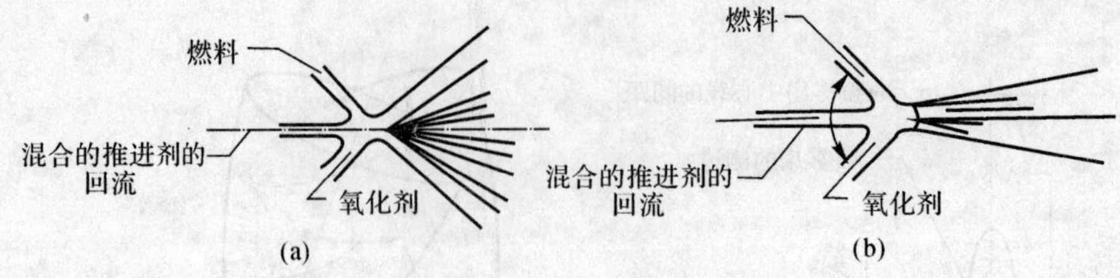

图 4.37　互击式喷注单元流场

(a) 喷雾扇视图；(b) 侧视图

互击式喷注器主要设计参数和原则如下所述。

(1) 合成动量角 β。两股互击式喷注单元射流撞击后的合成动量角 β 可由下式求出：

$$\tan\beta = \frac{q_{m,\mathrm{hO}} v_\mathrm{O} \sin\alpha_\mathrm{O} - q_{m,\mathrm{hf}} v_\mathrm{f} \sin\alpha_\mathrm{f}}{q_{m,\mathrm{hO}} v_\mathrm{O} \cos\alpha_\mathrm{O} - q_{m,\mathrm{hf}} v_\mathrm{f} \cos\alpha_\mathrm{f}} \tag{4.29}$$

式中　β—— 两股射流汇聚后形成射流的方向与燃烧室轴线的夹角(°)；

$q_{m,\mathrm{hO}}, q_{m,\mathrm{hf}}$—— 分别为氧化剂喷孔和燃料喷孔的流量(kg/s)；

$\alpha_\mathrm{O}, \alpha_\mathrm{f}$—— 分别为氧化剂射流和燃料射流的轴线与燃烧室轴线的夹角(°)；

$v_\mathrm{O}, v_\mathrm{f}$—— 分别为氧化剂射流和燃料射流的速度(m/s)。

当合成动量角 $\beta = 0$ 时，即合成射流的方向与燃烧室轴线方向一致，此时，可以得到

$$q_{m,\mathrm{hO}} v_\mathrm{O} \sin\alpha_\mathrm{O} = q_{m,\mathrm{hf}} v_\mathrm{f} \sin\alpha_\mathrm{f} \tag{4.30}$$

合成动量角 β 向外为正，向内为负。为增加相邻两个喷注单元喷雾扇的混合，可将射流平面倾斜或改变合成动量角。合成动量角的选择应遵循下述原则。

1）增加相邻喷注单元喷雾扇之间的重叠部分；

2）保持沿燃烧室横截面混合比和质量分布的均匀性；

3）防止氧化剂飞溅到燃烧室内壁，损坏液膜冷却。

两股互击式喷注单元的射流夹角通常取 50° ～ 80°；三股互击式喷注单元侧向射流与中心射流的夹角一般为 30° ～ 40°。撞击点高度 $h = (2 \sim 5) d_\mathrm{h}$，$d_\mathrm{h} = \frac{1}{2}(d_\mathrm{hO} + d_\mathrm{hf})$。

(2) 液滴质量中径。对于两股互击式喷注单元，其液滴质量中径的经验计算公式为

$$\overline{D}_\mathrm{O} = 1.9 \times 10^6 \left(\frac{1}{d_\mathrm{hO}^{0.78}} \frac{1}{v_\mathrm{O}^{0.86}} \frac{1}{v_\mathrm{f}^{1.19}} \right) \tag{4.31}$$

$$\overline{D}_\mathrm{f} = 1.0 \times 10^4 \left(\frac{d_\mathrm{hf}^{0.27}}{v_\mathrm{f}^{0.74}} \frac{d_\mathrm{hO}^{0.23}}{v_\mathrm{O}^{0.33}} \right) \tag{4.32}$$

式中　$\overline{D}_\mathrm{O}, \overline{D}_\mathrm{f}$—— 分别为氧化剂和燃料喷嘴的液滴质量中径(μm)；

$d_\mathrm{hO}, d_\mathrm{hf}$—— 分别为氧化剂和燃料喷嘴的喷孔直径(mm)；

$v_\mathrm{O}, v_\mathrm{f}$—— 分别为氧化剂和燃料的射流速度(m/s)。

(3) 鲁普准则。互击式喷注单元的射流撞击后有可能发生下述三种情况。

1) 混合，即射流撞击后形成的喷雾扇、混合比分布比较均匀。

2) 分离，即对于自燃推进剂的互击式喷注单元，射流撞击时由于液态放热反应，引起射流分离，对应氧化剂一侧的喷雾扇富氧，而对应燃料一侧的喷雾扇富燃，混合比分布不均匀。

3) 贯穿，即一股射流从另一股射流中贯穿而过，未发生混合，在两股互击式喷注单元中，每当两股射流的动量和喷孔尺寸差异较大时，便会发生贯穿现象。

因此，在进行互击式喷注单元设计时，应力求避免分离发生，防止贯穿出现。特别对于低推力空间发动机，由于互击式喷注单元少，喷嘴排列密度低，增加每个喷注单元喷雾扇混合比分布的均匀性对提高发动机的比冲和可靠性都十分重要。

为使互击式喷注单元喷雾扇的混合比均匀分布，应遵循最佳混合比效率准则，即鲁普(Rupe) 准则。鲁普通过采用模拟流体对各种形式的互击式喷注单元进行了混合比分布实验研究，并根据实验结果提出了获得最佳混合比分布效率的喷注单元设计经验公式：

$$\left(\frac{A_{\mathrm{O}}}{A_{\mathrm{f}}}\right)_{\mathrm{m,max}} = a\left(r_{\mathrm{m}}^{2}\frac{\rho_{\mathrm{f}}}{\rho_{\mathrm{O}}}\right)^{b} \tag{4.33}$$

式中　$A_{\mathrm{O}}, A_{\mathrm{f}}$—— 分别为氧化剂和燃料喷嘴的喷孔面积($\mathrm{cm}^2$)；

$\rho_{\mathrm{O}}, \rho_{\mathrm{f}}$—— 分别为氧化剂和燃料的密度($\mathrm{g/cm^3}$)；

r_{m}—— 互击式喷注单元的混合比；

a, b—— 与喷注单元形式有关的系数，见表 4.13。

表 4.13　鲁普准则的 a, b 系数($\alpha = 60°$)

喷注单元形式	a	b
两股互击式	1.00	2/3
三股互击式	1.00	2/3
四股互击式	1.58	4/7
五股互击式	9.35	4/5

对于两股互击式喷注单元，鲁普准则可简化为

$$\frac{d_{\mathrm{hO}}}{d_{\mathrm{hf}}} = \left(r_{\mathrm{m}}^{2}\frac{\rho_{\mathrm{f}}}{\rho_{\mathrm{O}}}\right)^{1/3} \tag{4.34}$$

$$\frac{\Delta p_{\mathrm{hO}}}{\Delta p_{\mathrm{hf}}} = r_{\mathrm{m}}^{2}\left(\frac{C_{\mathrm{D,f}}}{C_{\mathrm{D,O}}}\right)^{2}\left(\frac{\rho_{\mathrm{f}}}{\rho_{\mathrm{O}}}\right)\left(\frac{d_{\mathrm{hf}}}{d_{\mathrm{hO}}}\right)^{4} \tag{4.35}$$

式中，$C_{\mathrm{D,O}}, C_{\mathrm{D,f}}$ 分别为氧化剂喷孔和燃料喷孔的流量系数。

(4) 分离临界压强准则。根据上述鲁普准则设计自燃推进剂互击式喷注单元时，必须考虑是否发生分离现象，而贯穿现象较容易避免。通过对四氧化二氮 / 肼类燃料的射流互击混合、分离研究，有关研究人员提出了喷孔直径、射流速度和燃烧室压强等参数对分离现象的影响，

并建立了射流分离准则：

$$p_{c,r} = 3.0 \times 10^6 Re_f^{+1.5} \tag{4.36}$$

式中 $p_{c,r}$——临界状态下燃烧室压强(MPa)；

Re_f—— 燃料射流的雷诺数，$Re_f = \dfrac{d_{hf} v_f}{\nu_f}$，$\nu_f$ 为燃料的运动黏度(m^2/s)。

利用式(4.36)可计算出两股或三股互击式喷注单元的临界压强，如果 $p_{c,r} > p_c$，互击式喷注单元不会发生分离；反之将会分离。临界压强与射流雷诺数的关系如图 4.38 所示。

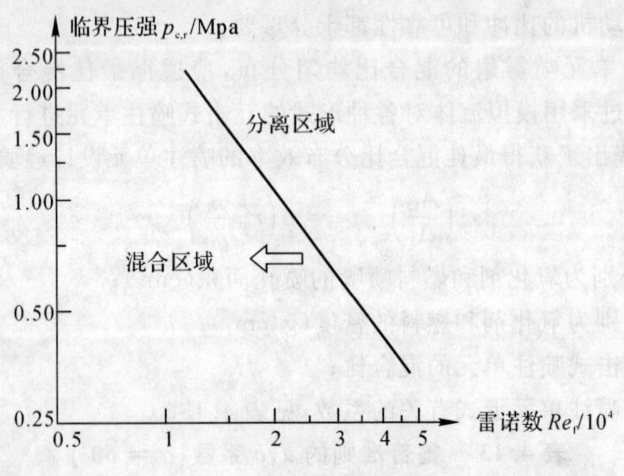

图 4.38 临界压强与雷诺数的关系

(5) 对于自燃推进剂的双组元发动机，互击式喷注单元设计应遵循下述原则：

1) 避免分离，保持混合状态，以便达到最佳的混合效率，并选择适当的喷孔直径、压降和燃烧室压强，使喷注单元的工作在混合区域内。

2) 避免喷注单元处于混合与分离的过渡区内，防止推力室性能时好时坏，即混合时比冲高，分离时比冲低，甚至引起燃烧室壁面烧蚀。

3) 处于分离区域时，要采取措施，如增加相邻喷注单元喷雾扇的重叠部分，即一喷注单元喷雾扇的富燃部分与相邻喷注单元喷雾扇的富氧部分重叠，改善喷注器的混合效率，保证推力室性能。

两股互击式喷注器广泛应用于空间双组元发动机的喷注器上，其可靠性和性能在多种应用中得到证明。其集液腔和流道最为简单，且混合比分布和质量分布相当均匀。如果两股互击式喷注单元在靠近燃烧室壁面时采用，局部混合比的不均匀性可能影响燃烧室的寿命和可靠性。通常通过控制单元射流的方位以提供射流撞击后喷雾扇的轴线流动来解决；也可采用燃烧室外圈的喷淋式燃料孔提供燃料冷却液膜，使得靠近室壁处产生富燃环境来解决。

除两股互击式喷注单元外，常用的还有三股互击式(O－f－O 和 f－O－f)和四股互击式(2f－2O)喷注单元。通常，三股互击式喷注单元设计成外面氧化剂射流和中心燃料射流，其质量分布取决于工作条件。三股互击式喷注单元不平衡的射流动量,混合比的极大变化出现在喷雾扇的外围。因此,它提供了比两股互击式喷注单元更好的混合比均匀性。但三股互击式喷注单元不希望用于靠近燃烧室壁面处。为解决靠近室壁的相容性,采用外面为燃料射流和中心为氧化剂射流的设计可以减小到室壁的热流。

三、离心式喷注器

离心式喷注器的工作原理、结构形式完全不同于直流式喷注器。离心式喷嘴由切向的进口、旋流室和轴向的出口等三部分组成。在离心式喷嘴中,流体经切向通道进入旋流室,在离心力的作用下,经轴向出口形成很薄的锥形液膜,并破碎成液滴。离心式喷嘴有单组元离心式喷嘴和双组元离心式喷嘴。采用离心式喷嘴的喷注器称为离心式喷注器,离心式喷注器的特点如下:

(1) 喷嘴单独加工,单独进行液流试验。

(2) 保持喷嘴压降恒定时,可通过改变喷嘴内部的结构尺寸调整喷嘴流量系数和喷雾锥角。

(3) 喷雾锥和破碎的液滴散布在较大的横截面上,加速雾化和蒸发过程,并有利于与相邻喷雾锥的混合。

(4) 喷嘴壳体大,流量系数低,单位面积上通过的流量较小。

(5) 喷嘴结构复杂,但喷雾器结构简单,便于安排集液腔和流道。

离心式喷注器可分为单组元离心式喷注器和双组元离心式喷注器。其中,单组元离心式喷注器采用单组元离心式喷嘴。单组元离心式喷嘴又有两种形式,即切向进口离心式喷嘴和涡流器类型离心式喷嘴(见图4.39)。两个单组元离心式喷嘴同轴地装配在一起组成双组元离心式喷嘴(见图4.40),它具有混合效率高、混合比分布均匀、结构紧凑和喷嘴排列密度大等优点。双组元离心式喷注器采用双组元离心式喷嘴。离心式喷注器上的喷嘴一般采用蜂窝式排列、棋盘式排列或同心圆式排列(见图4.41)。

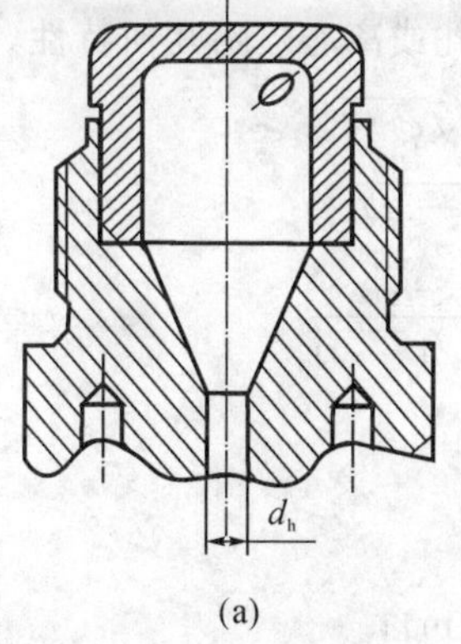

(a)

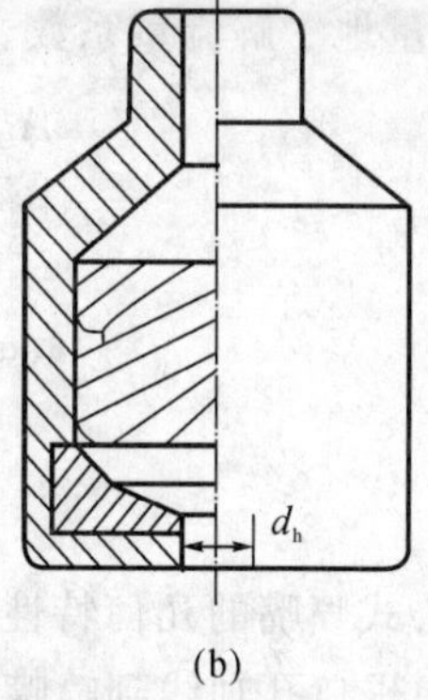

(b)

图4.39 单组元离心式喷嘴

(a) 切向孔式;(b) 涡流器式

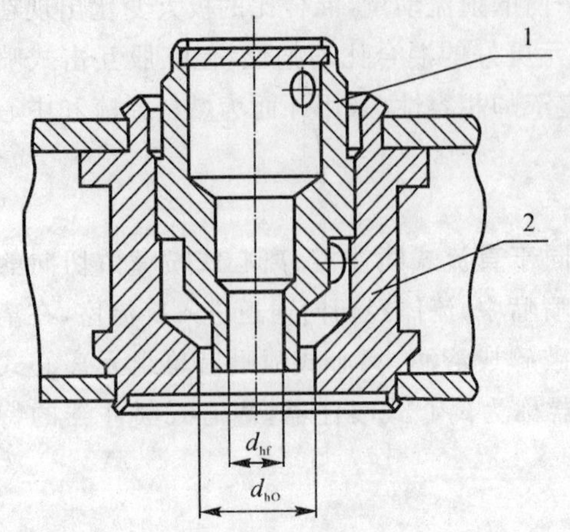

图 4.40　双组元离心式喷嘴

1— 内喷嘴；2— 外喷嘴

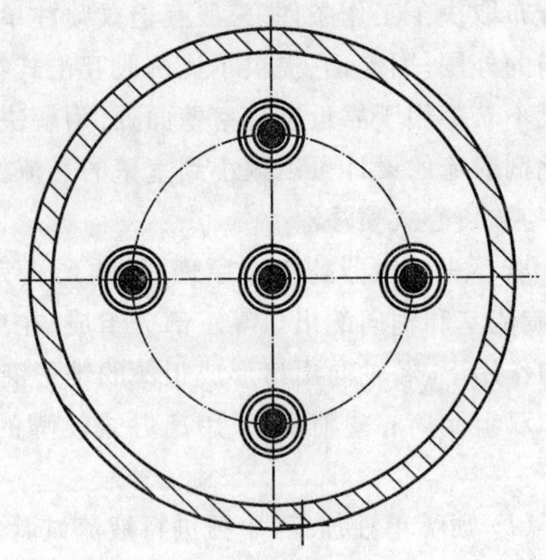
图 4.41　喷嘴排列(同心圆)

针对空间双组元发动机推力低、结构尺寸小和工作压强低的特点，以及离心式喷注器自身的限制，一般情况下空间双组元发动机推力室不采用单组元离心式喷注器，有部分发动机采用双组元离心式喷注器。

1. 单组元离心式喷嘴

(1) 离心式喷嘴的流量计算式为

$$q_{m,\mathrm{h}} = C_\mathrm{D} A_\mathrm{h} \sqrt{2\rho \Delta p_\mathrm{h}} \tag{4.37}$$

式中　$q_{m,\mathrm{h}}$—— 喷嘴质量流量(kg/s)；

A_h—— 离心式喷嘴出口面积，由离心式喷嘴出口直径 d_h 算得(m^2)。

流量系数和锥形液膜的角度 2α 主要取决于喷嘴的几何特性以及结构形状。阿勃拉莫维奇的理论公式可以定量地了解流量系数、锥角与切向孔或离心喷嘴几何特性 A 的关系，即

$$A = (1-\varphi)/\sqrt{\varphi^3/2} \tag{4.38}$$

$$C_\mathrm{D} = \sqrt{\varphi^3/(2-\varphi)} \tag{4.39}$$

$$\tan\alpha = \frac{2\sqrt{2}(1-\varphi)}{\sqrt{\varphi}(1+\sqrt{1-\varphi})} \tag{4.40}$$

$$A = \frac{R r_\mathrm{h}}{n r_\mathrm{t}^2} \tag{4.41}$$

式中　A—— 离心式喷嘴的几何特性；

R—— 切向进口孔轴线到喷嘴轴线的距离(m)；

r_h—— 喷嘴出口半径(m)；

r_t—— 切向进口半径(m)；

n—— 切向进口孔数目；

α—— 锥形液膜半角(°)；

φ—— 喷嘴出口的有效截面系数。

几何特性 A 与锥形液膜角度 2α、有效截面系数 φ、流量系数 C_D 的关系如图 4.42 所示。

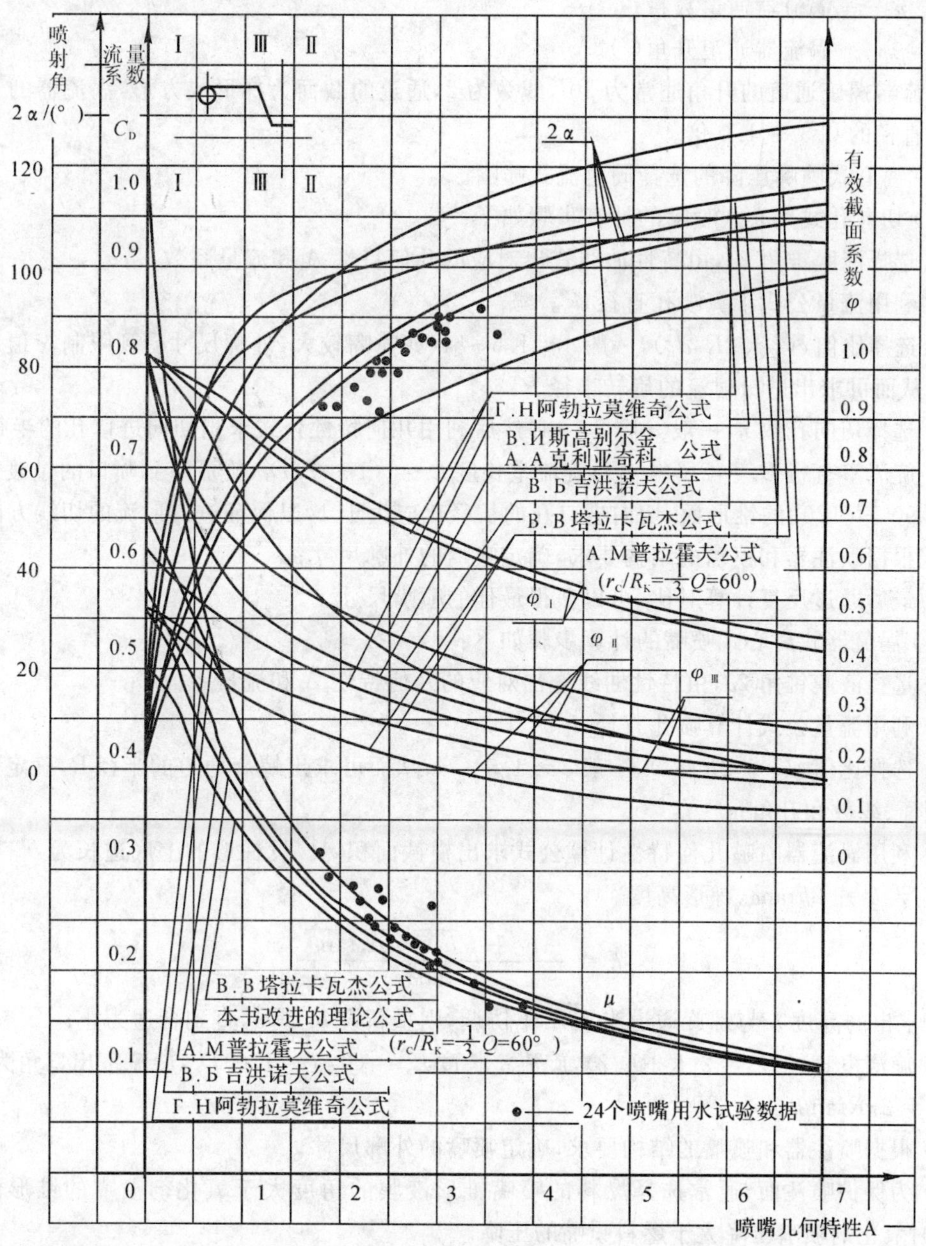

图 4.42　离心式喷嘴特性曲线

涡流器离心式喷嘴的几何特性为

$$A = \frac{\pi R r_{\mathrm{h}}}{n A_{\mathrm{s}}} \cos\beta \tag{4.42}$$

式中 A_{s}—— 涡流器通道横截面积(m^2)；

n—— 涡流器通道数目；

β—— 涡流器通道升角(°)。

涡流器螺旋通道的升角通常为 20°,线数为 2,通道的截面为梯形或方形,涡流器的长度为旋流室直径的 0.5 ～ 1.0 倍。

(2) 离心式喷嘴压降的选择同直流式喷嘴。

(3) 切向孔式离心式喷嘴的计算步骤如下：

1) 选择液膜锥角 2α,由特性曲线查出对应的几何特性 A 和流量系数 C_{D}；

2) 利用流量公式计算喷孔直径 d_{h}；

3) 选择比值 $c(c = 2R/d_{\mathrm{h}})$,一般 $c = 1.5 \sim 4$(如喷嘴较大,外廓尺寸受到限制,c 值应选小一些),从而可求出进口射流的旋转半径 R；

4) 选择切向孔数 n,一般 $n = 2 \sim 4$,然后利用几何特性公式求出切向进口孔的半径 r_{t}；

5) 旋流室直径 $D_{\mathrm{s}} = 2(R + r_{\mathrm{t}})$,旋流室长度 $L_{\mathrm{s}} = (1 \sim 2)D_{\mathrm{s}}$,旋流室到喷口的过渡部分一般采用 90° ～ 120° 的锥形面,切向进口孔的长径比应大于 1,以保证进口射流的切线方向；

6) 根据喷注器和喷嘴的结构要求,确定喷嘴的外廓尺寸；

7) 最后通过反复计算对比,可以获得最佳的喷嘴尺寸。

(4) 涡流器式离心式喷嘴的计算步骤如下：

1) 选择液膜锥角 2α,由特性曲线查出对应的几何特性 A 和流量系数 C_{D}；

2) 利用流量公式计算喷孔直径 d_{h}；

3) 选择比值 $c(c = 2R/d_{\mathrm{h}})$,一般 $c = 1.5 \sim 4$,从而可求出螺旋通道的半径 R,确定螺旋通道的型面、线数和升角；

4) 利用涡流器喷嘴几何特性计算公式求出横截面积 A_{s},设梯形的上底边长为 b_1,下底边长为 $b_2 = b_1 + 2h\tan\alpha$,梯形高度

$$h = \frac{-b_1 + \sqrt{b_1^2 + 4A_{\mathrm{s}}\tan\alpha}}{2\tan\alpha} \tag{4.43}$$

若求出的高度 h 与螺旋通道半径 R 不协调,则重新设 b_1 或 α,直到合适为止；

5) 旋流室直径 $D_{\mathrm{s}} = 2(R + h/2)$,旋流室长度 $L_{\mathrm{s}} = (0.5 \sim 1.0)D_{\mathrm{s}}$,旋流室出口角为 120°,螺距 $t = 2\pi R\tan\beta$；

6) 根据喷注器和喷嘴的结构要求,确定喷嘴的外廓尺寸；

7) 为保护喷注面,通常选择燃料的喷嘴锥形液膜的角度大于氧化剂喷嘴的锥形液膜角度,同时氧化剂喷嘴压降大于燃料喷嘴的压降。

(5) 离心式喷嘴锥形液膜破碎后的液滴质量中径可由下式估算：

$$\frac{\overline{D}}{h_{\mathrm{h}}}=\frac{47.8}{A^{0.6}\Pi^{0.1}Re^{0.7}} \tag{4.44}$$

$$Re=\frac{v_{\mathrm{h}}d_{\mathrm{h}}}{\nu}$$

$$\Pi=\frac{\nu^{2}\rho}{\sigma d_{\mathrm{h}}}$$

式中　A—— 离心式喷嘴的几何特性；

v_{h}—— 喷嘴出口截面的当量速度(m/s)，$v_{\mathrm{h}}=C_{\mathrm{D}}\sqrt{2\Delta p_{\mathrm{h}}/\rho}$；

σ—— 推进剂表面张力(N/m)；

d_{h}—— 喷嘴出口直径(mm)；

$\overline{D}$—— 液滴质量中径(μm)；

h_{h}—— 离心喷嘴螺旋槽高度(mm)。

2. 双组元离心式喷嘴

双组元离心式喷嘴由内喷嘴和外喷嘴组成。对于离心式喷注单元的内喷嘴，其流动状态不受外喷嘴的干扰，可按单组元离心式喷嘴设计。而在外喷嘴计算时，必须考虑自身的结构和内喷嘴外型面对流量系数和液膜锥角的影响。当外喷嘴受到内喷嘴尺寸的影响时，可用相干系数表示，即

$$\varphi_{\mathrm{i}}=\frac{D_{\mathrm{h,i}}}{d_{\mathrm{h,e}}} \tag{4.45}$$

式中　φ_{i}—— 双组元离心式喷嘴的相干系数；

$D_{\mathrm{h,i}}$—— 内喷嘴出口外径(m)；

$d_{\mathrm{h,e}}$—— 外喷嘴出口直径(m)。

当相干系数等于或大于临界相干系数时，外喷嘴的锥形液膜分布将不均匀、不连续，锥角显著减小，失去了离心式喷嘴的工作特点。不同相干系数时流量系数与几何特性的关系如图 4.43 所示。外喷嘴流量系数、液膜锥角、临界相干系数和几何特性的关系如图 4.44 所示。

对于双组元离心式喷嘴，由于推进剂氧化剂和燃料密度的差异，一般燃料的体积小于氧化剂的体积。在设计时，燃料通过内喷嘴，氧化剂通过外喷嘴，可以减小内喷嘴对外喷嘴的影响，便于外喷嘴的尺寸选择。从混合的角度考虑，要求内喷嘴的液膜锥角大于外喷嘴的液膜锥角。为改善两个锥形液膜的混合，通常内喷嘴出口凹进外喷嘴出口端面 1 ～ 2 mm。双组元离心式喷嘴的喷雾锥轴向动量较低，飞溅和回流小。因此，在喷注面上形成一个低温富氧的保护层，避免了喷注面的烧蚀。

四、层板式喷注器

层板式喷嘴的流道为折线或空间曲线，其横截面为非圆形截面孔，也称为曲流异形孔喷嘴。由这种喷嘴构成的自击式和互击式喷注单元称为层板喷注器单元。它是利用微机电系统(MEMS)和微加工技术，通过光刻工艺，在不同厚度(0.05～0.5 mm)的单层薄板片(金属、非金属板片)零件上，一次加工出不同形状的所有孔形，再通过扩散焊工艺将单层板片连接在一

起，由喷注单元组成的喷注器。

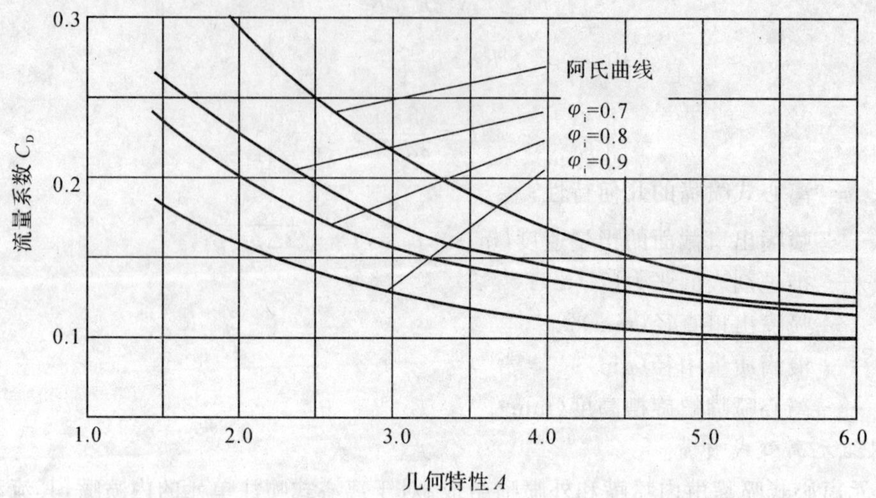

图 4.43　不同相干系数时流量系数与几何特性的关系

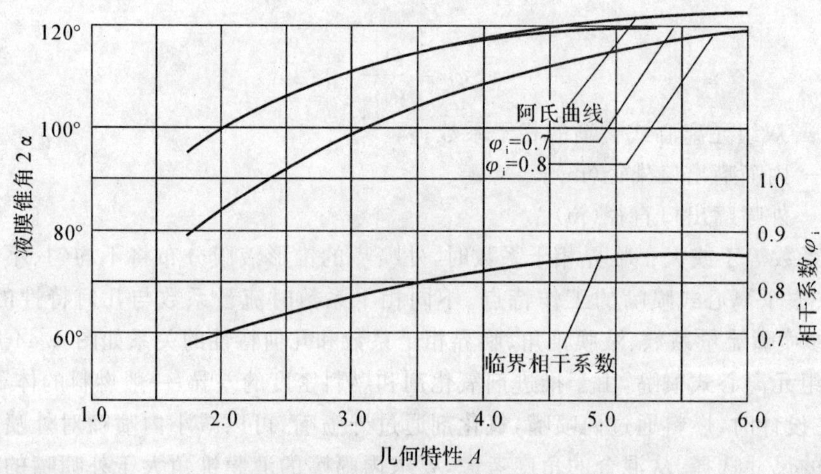

图 4.44　液膜锥角和临界相干系数与几何特性的关系

层板喷注器发动机具有集液腔容积小、推进剂充填时间短、响应时间快、后效冲量小和冲量稳定等优点，非常适合于空间低推力发动机。同时，由于层板喷注器雾化、混合效果好，燃烧效率高，以及混合比分布和质量分布均匀，使得燃烧室特征长度缩短，结构质量减轻，可靠性增加。美国宇航喷气（Aerojet）公司 1964 年首次采用光刻技术研制成功层板喷注器，并将其应用于空间双组元发动机，发动机推力在 2.2～180 000 N 范围内，其性能和热相容性又优于传统喷注器，且响应快、脉冲窄、质量轻和寿命长。

层板喷注器板片光刻工艺示意如图 4.45 所示；层板喷注器板片光刻工艺流程如图 4.46 所示。

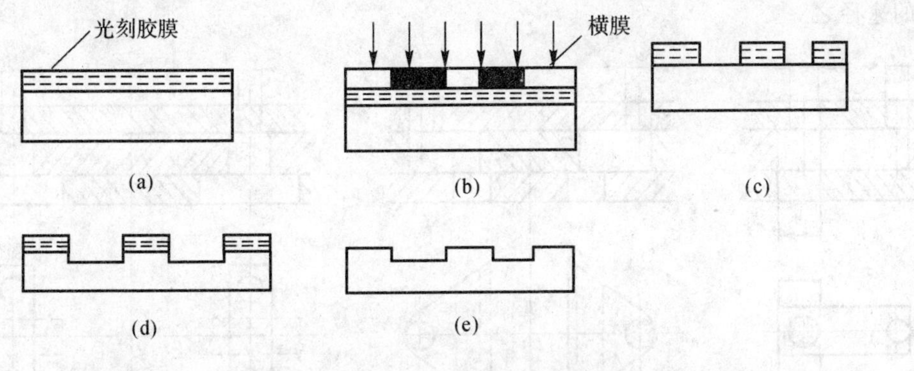

图 4.45　层板喷注器板片光刻工艺

(a) 除胶、前烘；(b) 曝光；(c) 显影、坚膜；(d) 腐蚀；(e) 去胶

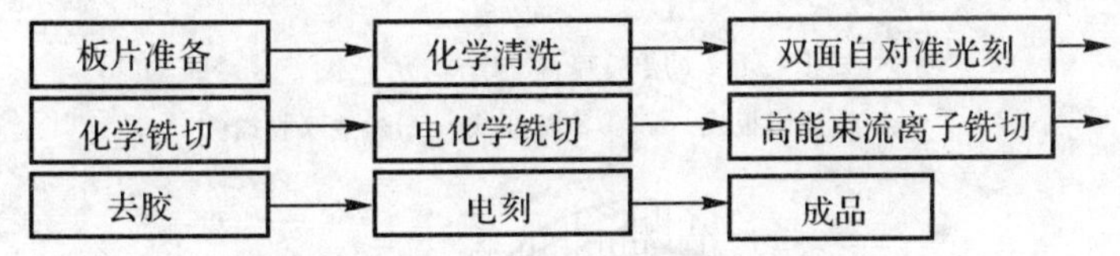

图 4.46　层板喷注器板片光刻工艺流程

层板的层数取决于喷雾器流道的形状，层板的厚度取决于喷孔的尺寸，通常板片数量为 4 ～10 片。喷注器流道的流量系数低于直流孔的流量系数，一般为 $C_D = 0.5 \sim 0.7$。

层板式喷注单元的喷嘴形式多种多样，有方形孔、矩形孔、梯形孔、三角形孔、扇形孔、圆形孔和异形孔等，每个喷嘴一般有几种孔形分别组成进口流道、出口流道和过渡流道三部分。喷注单元的形式有自击式、互击式、溅板式、X 型双股式、V 型双股式、涡流式及其各种衍生式和混合式等。其中的主要结构形式示意图如图 4.47 所示。溅板式层板喷注器的结构形式如图 4.48 所示。

层板式喷注单元与其他形式的喷注单元相比具有很多优点，主要表现在：

(1) 加工精度高，孔的尺寸和行为公差达到 μm 级，喷嘴孔径小，排列密度高，大大改善了喷注单元的雾化和混合；

(2) 喷嘴流道可以呈三维立交布置，组成结构复杂的喷注单元及其排列方式，摆脱了传统机械加工或电火花加工的限制；

(3) 生产效率高，制造成本低；

(4) 层板式喷注器的集液腔容积小，提高了推力室脉冲工作性能。

层板式喷注器喷嘴的尺寸小、精度高，孔密度可高达 1.8/mm^2，使得雾化液滴尺寸小、混合均匀，保证了在燃烧室较短的长度内完成燃烧过程，从而改善了燃烧室内的燃烧和冷却，提高了推力室的性能，减小了结构尺寸，并减轻了质量，是空间双组元发动机微型化与轻质化最关键的途径之一。

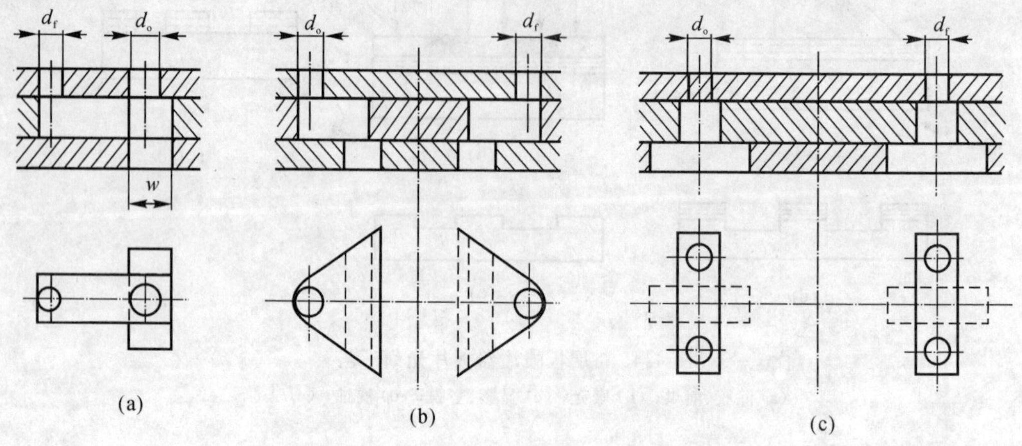

图 4.47　层板喷注器结构示意图

(a) 常规溅板式；(b)T 型双股式；(c)X 型双股式

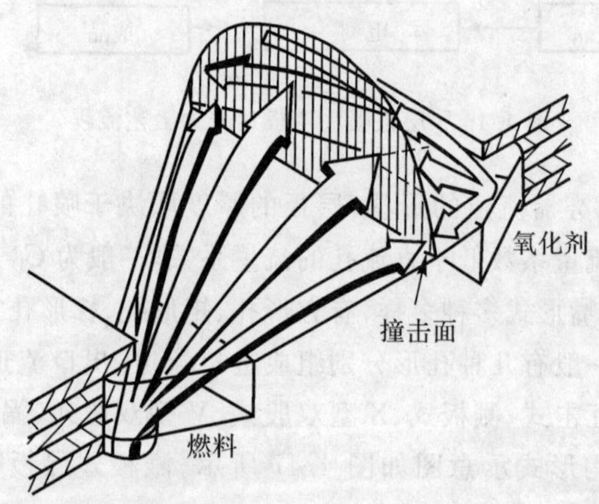

图 4.48　溅板式层板喷注器的结构形式

五、喷注器设计的主要问题

喷注器是推力室最关键的部件之一，喷注器设计需要考虑的主要问题如下：

(1) 燃烧稳定性；

(2) 雾化混合质量；

(3) 冷却；

(4) 结构与工艺。

推力室的燃烧稳定性是喷注器设计首先要考虑的问题，因为喷注器及其稳定装置是防止不稳定燃烧出现的最主要手段。为提高推力室的燃烧稳定性，防止高频不稳定燃烧的发生，以及由此引起的推力室烧蚀与结构破坏，双组元空间发动机推力室通常采用声腔作为燃烧稳定装置，同时通过合理选择喷注单元形式，有效组织沿喷注器横截面的流量密度分布，以及采用将射流平面倾斜等措施防止不稳定燃烧的出现。

推进剂通过各喷注单元进入燃烧室，随即完成撞击、雾化、蒸发和混合过程。液滴越小，雾化越细，混合越均匀，燃烧效率就越高。为获得高性能，喷注器除边区外，中心区采用等混合比分布，这就要求每个喷注单元喷雾扇内的混合比分布尽可能均匀。因此，要求喷注器设计满足：

(1) 合理设计喷嘴上游流道，使每个喷嘴的进口压强保持一致；

(2) 提高喷嘴尺寸加工精度，避免进口横向流速的影响；

(3) 合理安排最外圈的喷注单元，防止氧化剂射流溅射到壁面上，同时尽量保持边区液膜冷却的均匀性；

(4) 通过采取增加喷嘴压降以提高射流速度，减小孔径以增加喷嘴排列密度，以及射流或液膜相互撞击以加速液滴的破碎和细化等措施，可以进一步减小液滴尺寸，提高燃烧器效率。

喷注器的冷却设计主要包括喷注器面和燃烧室内壁的冷却，它对推力室的性能和可靠性影响极大，必须防止回流和飞溅引起喷注器面局部烧蚀，同时防止液膜在内壁分布不均匀和液膜冷却破坏以致烧蚀燃烧室壁。对于低推力空间发动机，一般采用液膜冷却和辐射冷却推力室。如果通过在喷注器外圈布置轴向或切向直流式喷孔以形成边区冷却液膜，则燃料冷却液流量占总燃料流量的20％～30％。直流冷却孔的倾角为15°～30°，在室壁形成液膜；切向冷却液通过沿室壁旋转形成均匀液膜。

根据空间推进系统的任务要求，不仅要求发动机连续长时间工作，而且需要多次起动和脉冲工作。为提高脉冲工作性能和多次起动的可靠性，在喷注器设计时应尽量减小集液腔的容积，并且氧化剂和燃料的集液腔要合理配置，以满足发动机在起动和关机时对响应时间与组元同时性的要求，并减小起动压强峰和推进剂残存。此外，要控制发动机在工作过程中推力室头部温度不能过高，避免高温身部的热量传递到喷注器和推进剂阀门，以使其处于安全的工作温度范围内，保证多次起动的可靠性。常用的隔热措施包括采用隔热框减小身部对头部的热返浸，以及采用推进剂冷却头部等措施。

4.3.6　推力室身部结构设计

一、概述

推力室身部由燃烧室和喷管组成。推进剂从喷注器进入燃烧室，并在其内完成撞击、雾化、混合和燃烧；而喷管由亚声速的收敛段和超声速的扩张段组成，它将高温燃气的热能转化为动能。由于推力室身部在高温、高压和高速条件下工作，燃烧效率、喷管面积比和喷管效率对发动机性能、尺寸和质量的影响极大。

1. 身部设计

推力室身部的设计要求如下：

(1) 合理选择燃烧室尺寸、形状，在最小容积下得到最高的燃烧效率；

(2) 合理组织内、外冷却，防止室壁烧蚀；

(3) 合理选择喷管型面，减少燃气总压损失；

(4) 合理选择结构形式，保证结构简单、质量轻和工作可靠。

为使推力室具有高可靠性、长工作寿命以及小尺寸与轻质量，推力室身部通常采用整体结构，燃烧室与喷管采用焊接结构，同时，还要采取有效的冷却措施。

2. 冷却设计

对于空间双组元发动机推力室，在其身部设计时，应当选择空间条件下最佳的冷却方法。根据空间发动机推力小、室压低、结构小和质量轻的特点，其身部热流密度相对较小，常用的冷却方式如下：

(1) 辐射冷却；

(2) 烧蚀冷却；

(3) 以辐射冷却或烧蚀冷却为主，液膜冷却或再生冷却为辅的组合形式。

与再生冷却推力室相比，辐射冷却推力室或烧蚀冷却推力室的结构简单、质量轻，而且由于无冷却夹套，响应速度快，适用于多次起动和脉冲工作。由于烧蚀冷却材料有一定的烧蚀率，烧蚀冷却推力室在长时间工作后，喷管的喉部尺寸将逐渐变大而影响其工作性能。对于空间飞行器推进系统，由于对其性能的精度要求很高，工作时间又较长，因此冷却推力室的性能精度和工作寿命受到一定限制。辐射冷却推力室具有结构简单、尺寸小、质量轻和可靠性高的优点，它在空间系统发动机上得到广泛应用。

辐射冷却推力室的身部通常采用难熔的高温合金、铌合金、铼合金、陶瓷或复合材料制成，在其表面喷涂或沉积相容性好、抗高温、抗热振、抗冲刷和抗氧化的硅化物高温抗氧化物涂层，在高达 1 700 ～ 2 200 K 的壁温下仍能长时间可靠工作。

3. 其他设计

对于空间双组元发动机，在燃烧室结构设计时，燃烧室特征长度 L^* 通常取 0.3 ～ 0.5 m，收缩比 ε_c 一般为 4 ～ 10，喷管面积比 ε 通常为 40 ～ 200。对于喷管型面，当面积比较小时，一般采用锥形或双圆弧喷管；当面积比较大时，通常采用双圆弧或特征型喷管。

二、燃烧室设计

推进剂在燃烧室内完成燃烧过程需要一定的时间，该时间是由燃烧室容积保证的，因此燃烧室容积的确定十分重要。由于燃烧室内的物理化学反应过程十分复杂，仅通过理论计算和数值模拟尚无法准确给出燃烧室的容积，通常根据滞止时间和特征长度选择燃烧室的容积。

1. 滞止时间

滞止时间是指燃气在燃烧室内的停留时间，表示为

$$\tau_s = \frac{m_{cg}}{q_m} = \frac{V_c \rho_{g,av}}{q_m} \tag{4.46}$$

式中　τ_s—— 滞止时间(s)；

m_{cg}—— 燃烧室内燃气质量(kg)；

V_c—— 燃烧室容积(m^3)；

$\rho_{g,av}$—— 平均燃气密度(kg/m^3)；

q_m—— 推进剂质量流量(kg/s)。

滞止时间应大于推进剂完成燃烧所需的时间，它与推进剂种类、喷注器形式和燃烧室压强等有关，一般取 $\tau_s = 1 \sim 3\ \mu s$。

2. 特征长度

特征长度是个经验的特征参数和统计数据，利用特征长度可以确定燃烧室的容积，即

$$L^* = \frac{V_c}{A_t} \tag{4.47}$$

式中　L^*—— 特征长度(m)；

A_t—— 燃烧室喉部面积(m^2)。

由于燃烧室压强不同，喷注器结构不同和推进剂种类不同，特征长度也不同。对于低推力空间双组元发动机，其特征长度一般为 0.3 ～ 0.5 m。影响特征长度的主要因素如下：

(1) 推进剂种类。低沸点推进剂的特征长度小，其次是自燃推进剂。

(2) 燃烧室压强。室压增加，特征长度可减短。

(3) 喷注器结构。互击式喷注单元和喷嘴孔径小的喷注器特征长度可减小。

(4) 推力室尺寸限制。在特征长度相同的情况下，当喷注器尺寸允许时，希望减小燃烧室直径，增加长度，这样可以延长液滴行程，增大滞止时间，从而提高燃烧效率。

3. 特征速度

特征速度是火箭技术中经常使用的评定过程质量的指标，它反映了推进剂能量的高低和燃烧过程的质量。特征速度定义为燃烧室压强和喉部截面积的乘积与质量流量的比值，即

$$c^* = \frac{p_c A_t}{q_m} = \frac{\sqrt{RT_c}}{\Gamma} \tag{4.48}$$

式中　c^*—— 特征速度(m/s)；

R—— 燃气的气体常数(J/(kg · K))；

T_c—— 燃气温度(K)；

$\Gamma = \sqrt{k}\left(\frac{2}{k+1}\right)^{\frac{k+1}{2(k-1)}}$；

k—— 燃气的比热比。

特征速度表征了推进剂的固有能量特性，反映了燃烧室的内部过程，其大小主要取决于燃气在燃烧室内的热力学特性(燃气的平均摩尔质量、燃气温度和比热比)。提高燃烧室燃气温度、降低燃烧产物相对分子质量和比热比，可以使特征速度增大。

4. 喷管喉部面积

根据推进剂质量流量、特征速度和燃烧室压强可以得到喷管喉部面积，即

$$A_t = \frac{q_m c^*}{p_c} \tag{4.49}$$

5. 燃烧室容积

由特征长度和喷管喉部面积可得燃烧室容积，即

$$V_c = L^* A_t \tag{4.50}$$

6. 燃烧室收缩比、直径和长度

燃烧室收缩比ε_c是指喷注器面积与喷管喉部面积之比。对于空间双组元发动机推力室，一般选取燃烧室收缩比为4～10。燃烧室收缩比与推力大小、燃烧室压强有关，推力大的取小些，推力小的取大些。

由喉部直径和收缩比可以得到燃烧室直径，由燃烧室容积、燃烧室直径和喉部直径可得燃烧室长度。

三、喷管设计

空间双组元发动机推力室喷管广泛采用拉伐尔喷管，它由收敛段和扩张段组成。根据型面，常用的为锥形喷管、双圆弧喷管和最大推力喷管三种形式。喷管型面对发动机性能的影响十分重要，壁面应避免出现任何突变和不连续，以防止激波出现或湍流损失。在给定扩张面积比下，喷管设计主要考虑的因素如下：

(1) 为得到最大动量矢量，在喷管出口处应是均匀、平行的轴向气流。

(2) 喷管内的分离和扰动损失最小。

(3) 为使外廓尺寸、结构质量和壁面摩擦损失最小，喷管长度应尽可能短。

(4) 加工工艺性好。

喷管收敛段型面一般由半径为r_{cc}的进口圆弧、半径为r_{c1}的喉部上游圆弧和直线段三部分组成。进口圆弧半径与喉部半径之比$\bar{r}_{cc} = r_{cc}/r_t$对收敛段的压强分布和热流分别影响很大，随着$\bar{r}_{cc}$的增加，逆压逐渐减小，热流也相应减小。当$\bar{r}_{cc} \geqslant 5$时，逆压消失，热流减小趋势不明显。而若$\bar{r}_{cc}$过大，则引起收敛段长度增加，总热流增加，产生不利的影响。喉部上游的圆弧半径与喉部半径之比$\bar{r}_{c1}$对喷管的流量系数和流场有影响。流量系数

$$C_{D,g} = 1 - \frac{k+1}{(\bar{r}_{c1}+1)^2}\left[\frac{1}{96} - \frac{8k-27}{2\,304(\bar{r}_{c1}+1)}\,\frac{754k^2-757k+3\,673}{276\,480(\bar{r}_{c1}+1)^2}\right] \tag{4.51}$$

式中　k—— 比热比；

$\bar{r}_{c1}$—— 喉部上游半径与喉部半径之比，$\bar{r}_{c1} = r_{c1}/r_t$。

1. 锥形喷管

锥形喷管是指其扩张段呈圆锥形(见图4.49)，一般喷管扩张段半锥角为$\alpha = 12° \sim 18°$，锥形喷管的长度

$$L_n = \frac{r_t(\sqrt{\varepsilon}-1) + r(\sec\alpha - 1)}{\tan\alpha} \tag{4.52}$$

式中　L_n—— 喷管扩张段长度(m)；

α—— 喷管扩张半角(°)；

r_t—— 喷管喉部直径(m)；

r—— 喷管喉部段圆弧半径(m)。

锥形喷管的特点是型面简单，加工工艺性好，主要用于低推力、小面积比发动机和实验研究发动机上。其缺点是长度长、质量大和效率低。

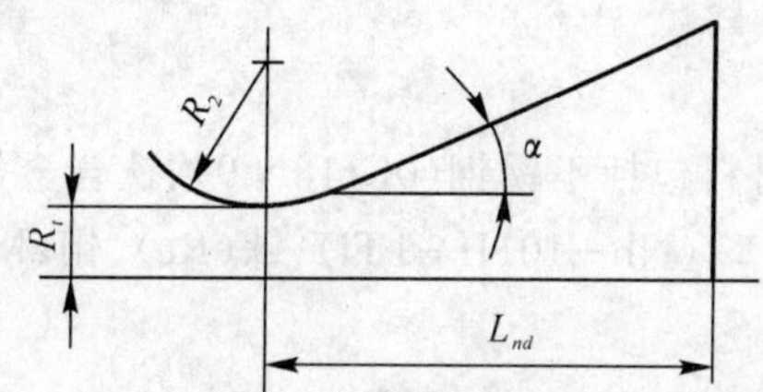

图 4.49　锥形喷管型面图

2. 双圆弧喷管

双圆弧喷管在中等面积比发动机上得到广泛应用，扩张段型面由半径为 r_{c2}，r_{c3} 两段圆弧构成。对于扩张段长度一定的喷管，较小的 r_{c2} 强迫燃气气流向轴向偏转，使喷管型面长度减小；但若 r_{c2} 过小，则气流参数变化迅速，会造成化学动力损失，一般 r_{c2} 取值在 $(0.45 \sim 1)r_t$ 之间。

双圆弧喷管扩张段型面半径 r_{c3} 由下式计算：

$$r_{c3} = \frac{\bar{L}_n^2 + \left(1.5 - \frac{1}{2}\sqrt{\varepsilon}\right)^2 - 1}{2\left[1 - \bar{L}_n \times \sin\beta_a - \left(1.5 - \frac{1}{2}\sqrt{\varepsilon}\right) \times \cos\beta_a\right]} \tag{4.53}$$

式中　$\bar{L}_n$—— 喷管相对长度，$\bar{L}_n = L_n / d_t$；

β_a—— 喷管出口壁面角(°)；

ε—— 喷管面积比。

3. 最大推力喷管

最大推力喷管型面是在给定喷管长度和外界压强(或出口壁面马赫数或面积比)下，根据最大推力原理设计的。因此，最大推力喷管性能最佳。

4. 推力系数

推力系数是表征喷管性能的一个重要参数。它的定义是：推力室所产生的推力与燃烧室压强和喉部截面积乘积的比值，即

$$C_F = \frac{F}{p_c A_t} \tag{4.54}$$

将质量流量表达式和喷气速度表达式代入推力系数公式中，可得推力系数表达式：

$$C_F = \Gamma \sqrt{\frac{2k}{k+1}\left[1 - \left(\frac{p_e}{p_c}\right)^{\frac{k-1}{k}}\right]} + \frac{A_e}{A_t}\left(\frac{p_e}{p_c} - \frac{p_a}{p_c}\right) \tag{4.55}$$

C_F 是一个无量纲量。它表示由于喷管的作用，燃气流经喷管后经过燃气膨胀而得到的推力，与假定燃烧室压强只作用于喉部面积上所产生的推力相比，增大了多少倍。C_F 越大，表示喷管在产生推力室推力方面的作用越大。它反映了燃烧产物在喷管膨胀过程中的完善程度(燃气的膨胀特性及喷管的设计质量)。喷管 C_F 的降低主要由几何损失、附面层损失和化学动力损失等造成。

4.3.7　材料选择

推力室头部广泛采用的材料包括不锈钢(0Cr18Ni9)、钛合金(TC4)；推力室身部材料主要包括高温难熔合金如铌合金 C_{103}(Nb－10Hf－1Ti)、铼(Re)、钼(Mo)和铂(Pt)等，以及陶瓷材料和碳/碳复合材料。

一、不锈钢

在不锈钢中，铁-碳合金加入至少12%的铬，从而提供氧化膜来保护基体免遭强腐蚀性环境的影响，该保护膜可确保抗腐蚀。不锈钢具有与低合金钢类似的抗腐蚀性和电活性，通常有四种不同类型的不锈钢：马氏体、奥氏体、正铁和沉淀硬化。

(1) 马氏体不锈钢(400系列，除405,430,446以外)。除了具有足够的铬使其变成钝性以外，马氏体不锈钢与低合金钢类似。这种不锈钢可以通过热处理达到高强度，但其抗大气腐蚀性在各种不锈钢中是最差的，且对应力腐蚀裂纹和氢脆化很敏感，在低温下变得很脆。除400C以外，马氏体不锈钢在空间发动机中只具有有限的应用。

(2) 奥氏体不锈钢(300系列)。奥氏体不锈钢除含有铬以外，还含有镍。镍使得奥氏体稳定性增加，在室温以及高低温度下，通常为高温相。奥氏体与马氏体不同，非磁性奥氏体不锈钢是不能热处理的，且达不到马氏体的高强度。但其具有良好的低温韧性、可加工性和可焊性，以及优良的抗腐蚀性(这一特性将抗应力腐蚀裂纹的产生)，且与氢和氧相容。其较低的价格、高的可用性以及良好的可加工性使得奥氏体不锈钢在空间发动机中(如管路、接头、法兰、喷注盘、推力室身部等)得到广泛应用。

(3) 正铁不锈钢(405,430和446)。正铁不锈钢由于其磁性效应而应用于空间发动机(如电磁线圈等)。这种不锈钢具有良好的抗腐蚀性和抗应力裂纹，并与推进剂相容，其强度较低，但具有良好的延展性。

(4) 沉淀硬化不锈钢(17－4PH,17－7PH,PH15－7MO和A286等)。这些沉淀硬化不锈钢兼有良好的抗腐蚀性，以及在600～700℃温度内的高强度。然而，绝大多数沉淀硬化不锈钢是马氏体，对应力腐蚀裂纹和氢环境脆化很敏感，且在低温下韧性降低。其中A286例外，它属于奥氏体，具有奥氏体不锈钢的所有属性，且具有高强度(冷作状态下极限拉伸强度达1 400 MPa)，因此A286适用于制造发动机的紧固件。

二、钛合金

钛合金具有高的强度-重力比和良好的韧性，以及优良的抗腐蚀性和抗应力裂纹腐蚀能力。然而，钛合金在低于－80℃温度下对氢环境的脆化很敏感，并在任何温度下与气氧或液氧以及红烟硝酸不相容；另外，钛合金还与很多推进剂燃烧产物不相容。但钛合金与可储存空间发动机推进剂组元的燃料（如偏二甲肼、一甲基肼、肼、煤油和氢等）和绿色四氧化二氮（如MON-1，MON-3等）都相容。因此，钛合金在空间发动机中得到广泛应用（如推力室头部、管路、法兰、阀体、气瓶和储箱等）。

钛合金按照微观结构存在的金相可分为阿尔法、阿尔法-贝塔和贝塔合金。阿尔法合金（如Ti-5Al-2.5Sn）虽不能热处理，但能提供高韧性，且比阿尔法-贝塔或贝塔合金更抗氧化，通常可用到540℃，但较难成形；阿尔法-贝塔合金（如Ti-6Al-4V）可热处理到较高强度，许用温度为430℃，某些情况可达540℃，可进行机械加工成形和焊接；贝塔合金（如Ti-10V-2Fe-3Al，Ti-3Al-8V-6Cr-4Mo-4Zr和Ti-15V-3 Al-3Cr-3Sn）在室温下容易成形，许用温度为320℃，通过热处理可得到较高强度（～1350MPa），且仍保持良好的韧性，其缺点是密度高，抗氧化性和低温韧性差。

三、铌合金

铌合金具有密度较低、高温强度较高和加工成形性能良好等优点，广泛应用于液体火箭发动机，主要有C-103，C-129Y，Cb-1Zr，Cb-752，SCb-291，Fs-85等。

铌合金C-103的成分为10%Hf(铪)，1%Ti(钛)，0.7%Zr(锆)和Nb(铌)，密度为8.8 g/cm³，熔点为2 310℃。它具有良好的机械加工性能、焊接性能、冲压性能和高温强度。对于空间双组元发动机，推力室身部通常采用机械加工获得，喷管延伸段采用旋压成形，采用电子束焊将推力室身部与喷管延伸段连接。

用铌合金做身部的优点是许用温度高(1 400～1 600℃)，结构简单，但其高温抗氧化能力差，须要喷涂抗氧化涂层，如硅化物涂层(Si-Cr-Ti-Zr)和铝化物涂层(Al-Si-Cr-Ti)，厚度一般为50～100 μm。

铌合金冷轧板高温拉伸性能见表4.14。

表4.14 铌合金冷轧板高温拉伸性能

试验温度/(℃)	400	800	900	1 000	1 100	1 200	1 300	1 400	1 500	1 600
拉伸强度/MPa	598	578	451	323	255	176	118	88	69	49
屈服强度/MPa	412	372	343	265	196	108	88	78	59	39
延伸率/(%)	7.0	6.0	19.0	26.9	36.3	65.8	111.4	155.2	160.5	/

四、铼铱材料

目前，几乎所有的液膜冷却和辐射冷却的推力室和喷管，为防氧化，都采用硅喷涂的铌合金生产。涂层的寿命受到两个退化模式的限制：第一，材料的熔化和蒸发，导致涂层损失；第二，基体材料与涂层有着不同的膨胀系数，而推力室在室温和高温(1 400～1 900 K)间不断循环，导致涂层开裂并最终脱落。

为了提高抗氧化能力，铼涂铱是推力室材料的首选方案。这是因为这种材料具有在 2 470 K 温度下工作的能力，而耐热合金、陶瓷、复合材料，以及碳 / 碳材料，可作为衬底材料，Engle－Brewer 化合物和陶瓷可作为抗氧化保护涂层，铱-铑-铼合金和陶瓷 / 金属合金被看作可供选择的基本材料。

选择铼作为衬底是由于其熔点高(3 400 K)，高温下强度出众，没有延伸-脆性的瞬变，而延伸脆性在其他耐热合金中是很普遍的。铱被选做铼合金的氧化保护涂层，是因为它合适的熔点温度(2 720 K)，好的抗氧化性能(比铼高 3 个数量级)，与铼相近的热膨胀系数，对铼的附着性好，延伸性好。

这些材料是用化学气相沉积技术生产的。为了进行抗氧化性能试验，生产了一些 22 N 的小推力室来评估这种材料。推力室身部与水冷却的喷注器配套，并用四氧化二氮 / 一甲基肼(N_2O_4/MMH) 点火，作为材料的示范，验证了在温度 2 500 K 下，长达 15 h 的工作和 2 684 次循环而不失效。试验时间与混合比的关系见表 4.15 和表 4.16。试验后，测量的喉部直径只增加了 0.01 mm，身部的质量损失小于 1%。

表 4.15　22 N 铼涂铱材料发动机性能参数

混合比	最高温度 /K	热循环次数	持续时间 /s
1.45	/	2	61
1.50	/	3	70
1.55	/	2	10
1.60	/	2	2 705
1.65	2 478	581	31 457
1.70	2 511	571	15 856
1.75	/	1	2
1.80	2 496	503	2 210
1.85	/	2	10
1.90	2 513	551	1 105
2.00	2 519	366	738
2.05	2 519	100	200
总计		2 684	54 430

表 4.16　22N 铼涂铱发动机性能参数(面积比 150)

混合比	最高温度 K	最大比冲 (m·s^{-1})	工作循环	脉冲次数	持续时间 s
1.59	2 209	3 010	稳态	1	300
1.61	2 156	2 979	稳态	1	5
1.62	2 200	2 950	稳态	1	90
1.63	2 229	3 038	稳态	1	350
1.64	2 214	3 077	10%	2	95
1.64	1 689	/	20%	1 000	50
1.64	1 700	/	40%	86 800	4 340
1.64	1 906	/	50%	1 800	90
1.64	1 972	/	60%	1 400	70
1.64	2 047	/	70%	2 855	143
1.64	2 094	/	80%	1 706	85
1.64	2 128	/	90%	2 240	112
1.64	2 153	/	稳态	2 500	125
1.65	2 237	3 048	稳态	1	90
1.66	2 246	3 067	稳态	1	319
1.68	2 256	3 116	稳态	2	110
总计				100 311	6 374

铼涂铱较高的工作温度(2 500 K)使得在地球可储存推进剂火箭发动机中可以取消燃料液膜冷却。对用电弧浇铸法、化学气相沉积法和粉末冶金法生产的铼的高温蠕变和拉伸性能进行了比较。实验结果表明,化学气相沉积法生产的铼的蠕变起皱性能与粉末冶金生产的相近,也进行了铼与不同种金属金相学连接技术的研究。例如,对惰性焊、钎焊、电子束焊技术通过了评估,以便把锻造和化学气相沉积生产出的铼连接到 304L 不锈钢、Hastelloy B_2 和纯铌上。

致力于提供比铼涂铱具有更高温度、更长寿命材料的工作正在进行。一个方法是给铼涂铱发动机研究出加强保护措施。利用氧化物涂层的热 / 扩散组合隔挡层被选做研究项目。主要的候选者是二氧化铪(HfO_2),二氧化锆(ZrO_2)和三氧化二钇(Y_2O_3)。另外,比较重要的材料系统是石墨纤维加强的碳化铪(HfC)和碳化钽(TaC)陶瓷复合材料。HfC,TaC和石墨是所知的熔点最高的材料(分别为4 200 K,4 150 K和3 800 K)。这些温度超过了大多数推进剂的火焰温度,能使氢/氧火箭推力室无冷却工作。

五、陶瓷材料

工业陶瓷在国外也叫高技术陶瓷,是继金属、塑料之后的第三代新材料,是当代材料研究与开发的热点。各国政府都十分重视高技术陶瓷的研究开发与应用工业,而美国和日本是在这一领域最具代表性的国家。美国注重创造性的研究与开发,基础研究处于领先地位。而日本更倾向于技术产品的商品化,在电子陶瓷方面日本已处于领先地位。

美国在高技术陶瓷研究方面主要由国防部(DOD)、能源部(DOE)、商务部、内务部和科学财团体(NSF)、国家航空与航天局(NASA)等政府机构提供经费支持。美国早在20世纪70年代开始投以巨资制定了陶瓷热机的10项计划,其中有国防部4项计划,能源部6项计划。

美国更注重以陶瓷发动机为代表的结构陶瓷产品的市场开发。采用陶瓷基复合材料作为空间发动机推力室身部的结构材料,使得制造成本显著下降,并具有下述优点:

(1) 通过简化单件结构的设计、制造与试验,可减少研制工作量;

(2) 可将许用温度从目前的1 600℃升高至1 900℃,从而显著提高发动机的性能;

(3) 发动机的结构质量减轻30%~50%。

先进的陶瓷材料轨道控制发动机将是这一领域的重要发展方向。陶瓷发动机燃烧室室压达到2.5~5.0 MPa,工作温度达到2 200℃时,在相同的总冲条件下,发动机的结构尺寸可比目前室压下推力室结构尺寸减少40%~70%,其效益是显著的。

90年代后,由于纳米技术的发展,使得减小陶瓷脆性影响有了新的突破。陶瓷材料在通常情况下呈脆性,然而由纳米超微颗粒压制成的纳米陶瓷材料却具有良好的韧性。因为纳米材料具有大的界面,界面的原子排列是相当混乱的,原子在外力变形的条件下很容易迁移,所以表现出甚佳的韧性与一定的延展性,使陶瓷材料具有新奇的力学性质。美国学者报道氟化钙纳米材料在室温下可以大幅度弯曲而不断裂。研究表明,人的牙齿之所以具有很高的强度,是因为它是由磷酸钙等纳米材料构成的。呈纳米晶粒的金属要比传统的粗晶粒金属硬3~5倍。金属-陶瓷等复合纳米材料可在更大的范围内改变材料的力学性质,其应用前景十分宽广。

在发动机方面,Aerojet公司对445 N推力室进行了提高室压的试验。将燃烧室压强分别提高到1.75 MPa和3.5 MPa,真空比冲达到3 263 m/s。通过提高室压使推力室结构尺寸减小,提高推力室性能和降低结构质量。90年代后期,Aerojet公司研制的DF/DX先进发动机,其推质比达到了208∶1。

碳化物高温结构陶瓷,通常是指SiC,B_4C,TiC,WC,ZrC,Cr_3C_2等及其复合物材料。碳化物陶瓷最主要的特性之一是具有高熔点。例如,碳化钛(TiC)熔点高达3 460℃,碳化钨(WC)为2 720℃,碳化锆(ZrC)为3 450℃,碳化硅(SiC)的气化点为2 600℃。可以说基本上所有的碳化物陶瓷的熔点都很高。除熔点很高外,碳化物陶瓷还具有较高的硬度。碳化硼硬度仅次于金刚石与立方氮化硼，属于最硬的材料，其显微硬度达到 4 950 kg/mm^2，碳化钛为 3 200 kg/mm^2，碳化硅为 3 000 kg/mm^2。碳化物陶瓷还具有良好的导电性、导热性及良好的化学稳定性。大多数碳化物陶瓷在常温下不与酸反应。极少数碳化物即使加热亦不同酸起化学反应。结构最稳定的碳化物陶瓷甚至于不受硝酸与氢氟酸混合酸的腐蚀，成为陶瓷材料中耐腐蚀的佼佼者。鉴于以上各种独特的优良性能，碳化物陶瓷作为耐热材料、超硬材料、耐磨材料、耐腐蚀材料，在尖端科学及工业领域应用前途非常广阔。其中像碳化硅陶瓷已经实现批量生产，早已应用在各个领域。最近对碳化硅类陶瓷的研究有了新的进展，发现了从常温到 1 500℃ 温度范围内，碳化硅材料可维持 70 ～ 80 MPa 的高强度。对应用于燃烧室的陶瓷材料，重点考虑金属碳化物的陶瓷材料。

日本宇宙开发事业团(NASDA) 最近与企业合作，开发出一种可供航天飞机使用的超耐热材料 —— 硼硅酸盐碳。据《日本工业新闻》报道，这是一种非氧化物耐高温陶瓷材料，在大气中，1 550℃ 的温度也不会使其发生质量和形态上的变化，即使在 1 880℃ 的高温下，它仍然能够保持其非晶质结构。

这种超耐热材料的制作方法是，把二甲基二氯硅烷、含有甲基的有机硅化合物和氯化硼置入 －65℃ 的甲苯溶液中，使用氨把它们的分子连接起来，然后将温度提高到 400℃，使之进行聚合，进而再把温度提高到 1 880℃，使聚合物在氩气中进行分解，最后形成陶瓷。这种超耐热材料可以用作航天飞机等的耐热喷涂材料或基础材料，其耐热性能超过现有的同类产品。图 4.50 所示是 C/SiC 复合材料推力室身部及其地面热试验。

(a)

(b)

图 4.50　C/SiC 复合材料推力室身部及其地面热试验

(a)C/SiC 复合材料推力室身部；(b) 热试验照片

由于纳米材料本身所具有的特殊的磁学性质，开发纳米磁性材料有了新的发展方向。通过电子显微镜的研究表明，小尺寸的超微颗粒磁性与大块材料显著不同。大块的纯铁矫顽力约为

80 A/m;而当颗粒尺寸减小到 0.02 ~ 2 μm 以下时,其矫顽力可增加 1 000 倍;若进一步减小其尺寸,大约小于 0.006 μm 时,其矫顽力反而降低到零,呈现出超顺磁性。利用磁性超微颗粒具有高矫顽力的特性,可使电磁阀中的磁性材料获得更好的性能。

六、碳/碳复合材料

碳/碳复合材料是由碳/碳增强纤维和基体材料共同组合而成的。基体的作用是把纤维状的增强材料交连在一起,它可以是树脂、塑料、金属或陶瓷等。碳/碳复合材料在比强度和比刚度方面均优于金属材料,因此在推进系统同时追求高性能和轻质的条件下,碳/碳复合材料成为高性能、轻质燃烧室、喷管的首选材料。如图 4.51 中所示的 RL10B-2 上面级发动机,采用了可伸缩的碳/碳喷管。

图 4.51　带可伸缩碳/碳喷管的 RL10B-2 上面级发动机

4.3.8　不稳定燃烧

燃烧不稳定是液体火箭发动机研制过程中经常遇到的重大技术关键。它是指液体推进剂在推力室内的燃烧过程与发动机系统中流态过程相耦合而引起的振荡燃烧现象,伴随有燃气压强、温度和速度的周期性振荡,通常是以燃烧室压强振荡来表征的。一般将随机、没有规律、其振幅不超过稳定值 5% 的室压脉动称为粗糙燃烧。而将有规律的、振幅较大的燃烧称为不稳定燃烧。不稳定燃烧的主要表现是,燃烧室压强振荡具有明显的周期性,振荡能量集中在某几个固有频率的振荡上,而且燃烧室内不同位置的燃气振荡之间具有一定的联系;燃烧室压强振荡幅度较大,通常在平均室压的 5% 以上,有时可能高达百分之几十或更高。燃烧不稳定性可能导致发动机振动加剧和热负荷增高,从而使发动机的某些部件遭受破坏或烧蚀,有时还对燃烧效率产生明显的影响。

燃烧不稳定性通常可按燃烧室压强的振荡频率和激发机理进行分类。振荡频率在 200 Hz

以下称为低频不稳定燃烧；振荡频率介于 200 ～ 1 000 Hz 的称为中频不稳定燃烧；振荡频率高于 1 000 Hz 的称为高频不稳定燃烧。对于低推力双组元发动机通常表现为高频不稳定燃烧，它是燃烧过程和燃烧室声学振荡耦合的结果，也称为声学不稳定性。当发生高频不稳定燃烧时，在燃烧室不同位置上测得的动态压强，其振荡频率和各点相位之间的关系往往与燃烧室声学振荡的固有振型相符。因此，根据燃烧室的声学特性，可以将高频不稳定性再分为纵向、切向、径向以及组合振型。

在切向振型中可能存在两种不同形式。一种为行波型或旋转波型，即波围绕燃烧室的轴向旋转；另一种形式为驻波型，它由振幅相同而旋转方向相反的两个行波叠加形成，它在燃烧室内各点的压强振幅按一定的规律分布且固定不变。纵向振型和径向振型只可能存在驻波型，这是由发动机的喷注器面、推力室壁面和喷管声速面的边界条件所决定的。

燃烧不稳定性的危害是极其严重的，主要表现在，当发动机作为反作用姿态控制系统动力时，发动机室压振荡使控制失灵，飞行任务失败。具体表现如下。

(1) 当发生高频不稳定燃烧时，常伴随有强烈的机械振动，并可能使发动机组件或导管遭受损坏。与此同时，燃烧室内局部传热率急剧增高，导致燃烧室严重烧蚀。尤其在发生旋转型的切向不稳定时，波的运行可能导致喷注器面附近区域用作保护室壁的边界层的破坏，因而甚至能在不到 1 s 的时间内就将推力室头部烧毁，使发动机工作失败，致使整个飞行任务失败。

(2) 当出现低频不稳定燃烧时，会使发动机振动加剧，可能导致推进剂供应管路或接头的断裂。此外，燃烧室和供应系统内的压强振荡还可能引起推进剂流量和混合比的振荡，从而导致发动机性能和可靠性的下降，甚至发动机工作不连续造成飞行任务的失败。

一、高频不稳定燃烧机理

高频燃烧不稳定性是燃烧过程和燃烧室内声学振荡耦合的结果。高频燃烧的压强振荡不仅与时间有关，而且与位置有关。燃烧室内各点的振荡振幅在同一时间是不同的，其振幅有时可达额定值的 50% ～ 100%。由于振荡的频率很高，推进剂供应系统来不及响应，所以高频振荡仅限于燃烧室。

当发生高频不稳定燃烧时，其振荡频率往往与燃烧室内声学振荡的固有频率相近。因此，可以根据燃烧室的声学特性计算各种振型的频率及其振幅分布规律，并用来判别发动机实验中发生的高频不稳定性的振型。

圆柱型燃烧室内的波动方程为

$$\frac{\partial^2 p'}{\partial t^2} = c^2\left[\frac{\partial^2 p'}{\partial x^2} + \frac{\partial^2 p'}{\partial r^2} + \frac{1}{r}\frac{\partial p'}{\partial r} + \frac{1}{r^2}\frac{\partial^2 p'}{\partial \theta^2}\right] \tag{4.56}$$

式中　p'—— 燃烧室压强扰动值；

c—— 燃烧室内声速；

x, r, θ—— 分别为纵向、径向和切向坐标。

波动方程的解具有以下形式：

$$p' = \sum\left[X(x)R(r)\Theta(\theta)T(t)\right] \tag{4.57}$$

由于燃烧室的两端和内壁的质点速度等于零，燃烧室的各种声学振型的固有频率公式为

$$f_{mnq} = \frac{c}{2}\sqrt{\left(\frac{\alpha_{mn}}{r_c}\right)^2 + \left(\frac{q}{L_c}\right)^2} \tag{4.58}$$

式中 c—— 声速；

m,n,q—— 分别表示切向、径向和纵向振型的阶数；

α_{mn}—— 常数；

r_c—— 燃烧室半径；

L_c—— 燃烧室长度。

例如，$m=1$，$n=q=0$，表示一阶切向振型；$m=n=0$，$q=2$，表示二阶纵向振型；$m=n=1$，$q=0$，表示一阶切向和一阶径向的组合振型。

由式(4.58)可求得波动方程的特解

$$p' = \cos\left(q\pi\frac{x}{L_c}\right)\mathrm{J}_m\left(\pi\alpha_{mn}\frac{r}{r_c}\right)\exp[\mathrm{i}(m\theta \pm \omega t)] \tag{4.59}$$

式中 J_m——m 阶贝塞尔函数；

i—— 复数中的虚数；

ω—— 振荡角频率。

式(4.59)表明，由于燃烧室内壁和两端边界条件的限制，纵向振型和径向振型只可能形成驻波型。但对于切向振型，并不受上述边界条件的限制，因而可能产生行波型和驻波型两种振型。

式(4.59)适用于切向行波型，式中 ωt 项的正、负分别表示波运行的不同方向。而切向驻波解可相应求得

$$p' = \cos\left(q\pi\frac{x}{L_c}\right)\mathrm{J}_m\left(\pi\alpha_{mn}\frac{r}{r_c}\right)\cos m\theta\cos\omega t \tag{4.60}$$

由式(4.60)可以看出，燃烧室压强扰动值是角频率的周期函数，而幅值仅随位置而变化。

液体火箭发动机的典型振型有下述形式。

1. 纵向振型

纵向振型的频率由式(4.58)，可得

$$f_{00q} = \frac{c}{2}\frac{q}{L_c} \tag{4.61}$$

纵向振型的压强扰动值由式(4.60)，可得

$$p' = \cos\left(q\pi\frac{x}{L_c}\right)\cos\omega t \tag{4.62}$$

式(4.62)中的 $\cos(q\pi x/L_c)$ 表示在燃烧室不同位置的压强幅值(p_A)。显然，在燃烧室两端的压强幅值最大，这是由边界条件所决定的。在一阶纵向振型情况下，燃烧室长度等于半个波长，两端为波腹，中间是波节。

纵向振型的频率与燃烧室圆柱段的长度密切相关，纵向振荡的频率随着燃烧室长度的增

加而减小。

2. 径向振型

径向振型的频率由式(4.58),可得

$$f_{0n0} = \frac{c}{2}\frac{\alpha_{0n}}{r_c} \tag{4.63}$$

径向振型的压强扰动值由式(4.60),可得

$$p' = J_0\left(\pi\alpha_{0n}\frac{r}{r_c}\right)\cos\omega t \tag{4.64}$$

从式(4.64)可以看出,径向振型的压强振幅是随燃烧室的径向位置而变化的,它是用零阶贝塞尔函数表示的。燃烧室内壁处是波腹,其波节在 $r = 0.627r_c$ 的圆周上。

3. 切向振型

切向振型的频率由式(4.58),可得

$$f_{m00} = \frac{c}{2}\frac{\alpha_{m0}}{r_c} \tag{4.65}$$

式(4.65)中,α_{m0} 对应不同的常数。对于一阶切向振型,$\alpha_{m0} = 0.586\ 1$。

切向振型可能是驻波型或行波型,其分布规律如下所述。

(1) 驻波型。当发生切向驻波型振荡时,压强扰动由式(4.60)可得

$$p' = J_m\left(\pi\alpha_{m0}\frac{r}{r_c}\right)\cos m\theta\cos\omega t \tag{4.66}$$

由式(4.66)可以看出,压强振幅随燃烧室的切向位置和径向位置而变化,它是切向坐标的余弦函数和径向坐标的贝塞尔函数。对于一给定的切向振型,在某一切向位置的直径上,压强幅值等于零,即该振型的波节,该直径成为节径。在高阶切向振型中有若干个节径,节径数等于振型的阶数。

(2) 行波型。当发生切向行波型振荡时,压强扰动由式(4.66)可得

$$p' = J_m\left(\pi\alpha_{m0}\frac{r}{r_c}\right)\exp[i(m\theta \pm \omega t)] \tag{4.67}$$

由式(4.67)可以看出,切向行波型振荡的特点,即压强扰动的分布规律不是固定不变的。在某一瞬时,切向行波型的压强振幅分布可能与驻波型相同,但这种分布规律随时间而变化。因此,切向行波振型也称旋转振型。

横向振荡时,同一截面上压强和速度分布如图 4.52 所示。

燃烧室的声学分析是近似的,没有考虑喷管收敛段几何形状的影响,介质分布不均匀性以及燃气流速的影响。尽管如此,燃烧室声学特性的近似分析对于研究液体火箭发动机的高频燃烧不稳定性是很有必要的,可以用来估算各种振型的频率和压强振幅分布。

发生低频不稳定燃烧时,由于室压振荡,导致室压忽高忽低,往往使燃烧效率有所下降。这是由于室压对燃烧效率的不利影响所致。而发生高频不稳定燃烧时,由于高频的压力振荡,强化了燃烧过程,往往使燃烧效率有所提高。

试验表明，当喷注器压强降低、燃烧室长度增加，或横向尺寸增加和喷管收敛角增加时，出现高频不稳定燃烧的危险性增加。

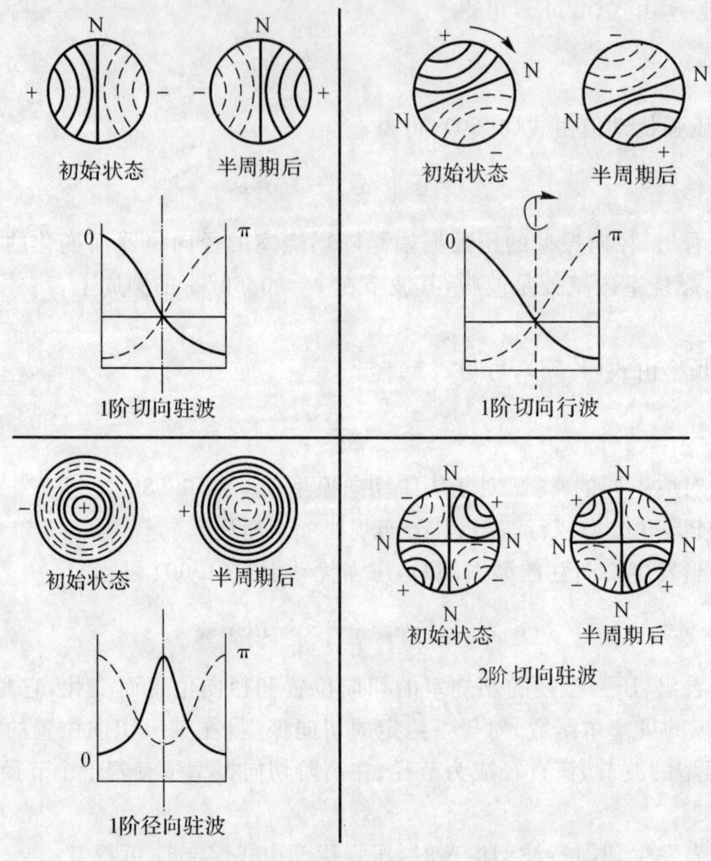

图 4.52　横向振荡时同一截面上压强和速度分布图

二、燃烧不稳定的抑制措施

为防止燃烧不稳定性的发生，可以从两个方面采取措施。一是可根据其耦合机理，采取针对性的措施削弱其耦合作用，以减少维持振荡的能量；二是可通过增加阻尼促使振荡衰减。

1. 防止低频燃烧不稳定性的措施

(1) 提高喷注器压降；

(2) 增加流体惯性，即提高推进剂供应系统管路或喷注孔的长度与直径的比值；

(3) 增大燃气停留时间。

2. 对于中频燃烧不稳定性的抑制措施

(1) 改变推进剂供应系统或推力室喷注器的结构，以减小二者之间的耦合作用；

(2) 在推进剂供应系统中设置振荡阻尼装置，如1/4波长型谐振器或由弹性薄膜和充气容腔组成的蓄压器等。

3. 对于高频燃烧不稳定性的抑制措施

由于高频燃烧不稳定性对发动机的危害十分严重，必须采取有效的措施才能保证发动机可靠工作。通常采用的抑制措施如下所述。

(1) 喷注器面隔板。在推力室的喷注器面上安装各种形式的隔板，将燃烧室头部区域分隔成若干部分，改变燃烧室的声学特性，使切向和径向等横向振型的固有频率显著提高，从而增大激励振荡所需的能量。同时，隔板的存在限制了隔板腔内燃气的声位移，使切向旋转振型不可能发生。此外，由于隔板引起的燃气涡流、分离和摩擦，可增大能量的消耗效应。实践证明，喷注器面隔板用来抑制破坏性很大的横向高频不稳定燃烧是很有效的，因而得到广泛应用。

(2) 声学阻尼器。它是一种声学谐振装置。通常将声学阻尼器设计成其固有频率与所需抑制振型的频率趋于一致，并安装在此振型的波腹附近。当燃气发生振荡时，声学阻尼器内的气体也随之谐振，使在阻尼器开口处形成射流而导致能量耗散。声学阻尼器按其结构形式可分为声衬和声腔两类。声衬是由燃烧室内壁的多孔衬套和衬套后的空腔组成的声学谐振器，结构复杂。声腔是由喷注器面周围的径向或轴向环形槽组成的 1/4 波长管型声学阻尼器，结构简单，应用广泛。

(3) 改善喷注器的燃烧稳定性。通过改变喷注器的形式、孔径和压降以及喷注孔排列等方法，调节轴向和横向的能量释放分布规律，使能量释放位置尽量远离所需抑制振型的波腹位置。这样，可以减小用于维持振荡的能量并减弱燃烧过程和燃气振荡之间的耦合作用。

(4) 阻止液幕及液态分区。采用大孔径的喷嘴产生大液滴的液雾，形成延迟蒸发完的液雾幕，或在某一区域采用特殊的喷嘴，形成雾化质量及混合比不同的区域，以阻止波的传播，消除激发的能量。

(5) 采用交叉配置的撞击点。即撞击点不在同一平面上，这样雾化、蒸发、燃烧反应不在同一平面上进行，造成各点的波阻不同，起到抑制高频振荡的发生及发展。

(6) 采用长喷嘴。将一部分喷嘴加长，深入燃烧室中，形成固体隔板，并使雾化区、蒸发区、燃烧区错开，起到抑制高频不稳定燃烧的发生。

上述抑制措施可以单独使用，也可组合使用。在大型液体火箭发动机中同时采用喷注器面隔板和声腔。用隔板抑制低阶振型，而用声腔抑制高阶振型。对于小型液体火箭发动机，由于其结构较小、固有频率高，常采用结构紧凑的声腔来抑制其高频燃烧不稳定性。

三、声腔

声腔是抑制高频燃烧不稳定性的主要阻尼装置之一，是声学谐振腔的简称，也称为声学吸收器。它在空间飞行器推进系统火箭发动机上得到了广泛应用，如美国航天飞机的 OME，PRCS 等发动机都采用了声腔结构。

声腔一般包括三种基本结构，即霍姆赫兹谐振腔、1/4 波长谐振腔和综合性谐振腔。霍姆赫兹谐振腔由一个连通燃烧室和谐振腔的小通道及谐振腔构成，谐振腔的尺寸比通道大，比波长小。1/4 波长谐振腔是一个方形的槽(或管)，其横截面面积不变；综合性谐振腔除了腔的尺寸不必比波长小之外，其他与霍姆赫兹谐振腔相同。简而言之，霍姆赫兹谐振腔和1/4谐振腔是综合性谐振腔的特殊形式。

在液体火箭发动机上用于抑制高频燃烧不稳定性的主要装置为声衬和声腔。其中，声衬是早期使用的声学稳定装置，它由许多霍姆赫兹谐振腔，沿喷注器面下游到收敛段入口的燃烧室壁上按一定规律排列而成。为工艺加工方便，声衬中的谐振器往往彼此不独立，而是若干个谐振器公用一个公共腔，但保持各自的入口，甚至有一排或几排共振器同用一个公共腔。同时，为防止燃气在公共腔内流动而烧毁燃烧室，往往在公共腔的周向和轴向安置一些隔离墙。声衬的阻尼作用大，其缺点是结构复杂，液膜冷却流量对其阻尼能力有较大影响，已被淘汰。

声腔是目前液体火箭发动机广泛使用的声学稳定装置。它由一排或两排多个1/4波长谐振器沿喷注器周向或靠近喷注器的燃烧室壁上按一定规律排列而构成。声腔可以是径向结构，也可以是轴向结构。为防止燃气周向流动而烧毁声腔，通常将声腔隔开，并对隔肋和声腔壁面采取冷却措施。其特点是结构简单、技术成熟、实用可靠。

1. 声腔类型

液体火箭发动机推力室常用的声腔形式包括两类。一种是简单直槽（孔）式声腔（见图4.53），例如直槽声腔、直孔声腔和1/4圆周导引的直槽声腔；另一类是带进口肋的声腔（见图4.54），例如矩形声腔、斜边倒圆声腔、45°斜边声腔和1/4圆周声腔等。各种形式的声腔都可以抑制高频不稳定燃烧，关键在于声腔的深度、宽度以及声腔的进口形状与尺寸，不同进口状态下其进口效应经验系数见表4.17。

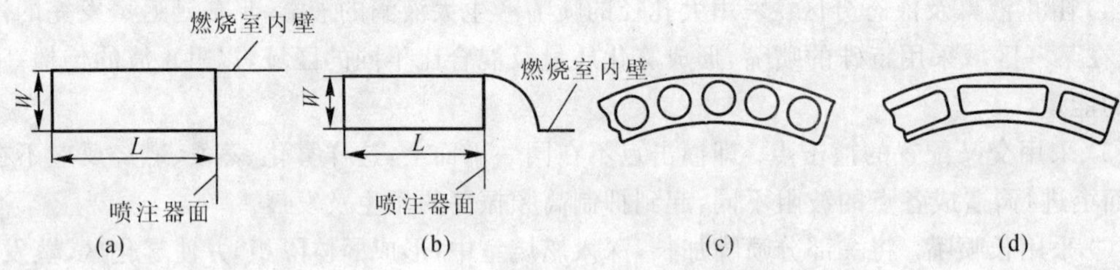

图 4.53　直槽（孔）声腔结构形式

(a) 直孔或直槽声腔；(b)1/4圆周引导的直槽声腔；(c) 直孔声腔的周向布置；(d) 直槽声腔的周向布置

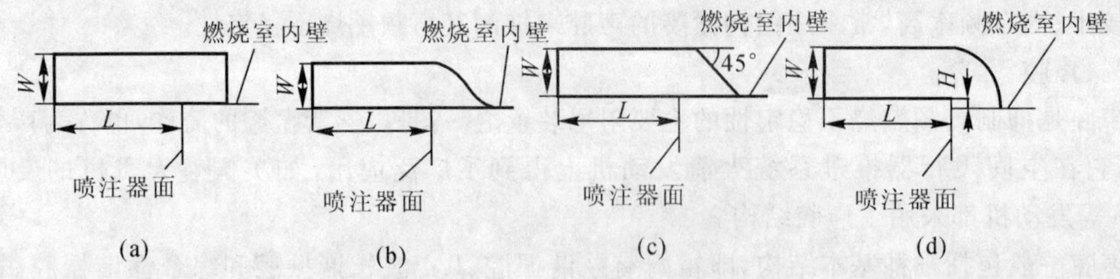

图 4.54　带进口肋声腔结构形式

(a) 矩形进口声腔；(b) 斜边倒圆进口声腔；(c)45° 斜边进口声腔；(d)1/4圆周进口声腔（有重叠量）

表 4.17　进口效应经验系数

进口状态	A	B
直进口	0	0
45°进口	0.80	0.082
1/4 圆进口	0.90	0.12
矩形进口	0.94	0.15

按声腔安装方位可分为轴向声腔、径向声腔(见图 4.55)和 45°声腔(见图 4.56);按声腔轴线形状可分为直线形声腔和 L 形声腔(见图 4.57);按组合方式可分为单腔型声腔和组合型声腔,其中单腔型声腔也称单谐振声腔,而组合型声腔包括双谐振声腔(见图 4.58)和双腔结构声腔(见图 4.59)。双谐振声腔是把具有不同谐振能力的声腔对称地排列在喷注器的周围,以达到抑制两种不同振型的目的,双腔结构声腔是两个声腔分支具有共同的进口。

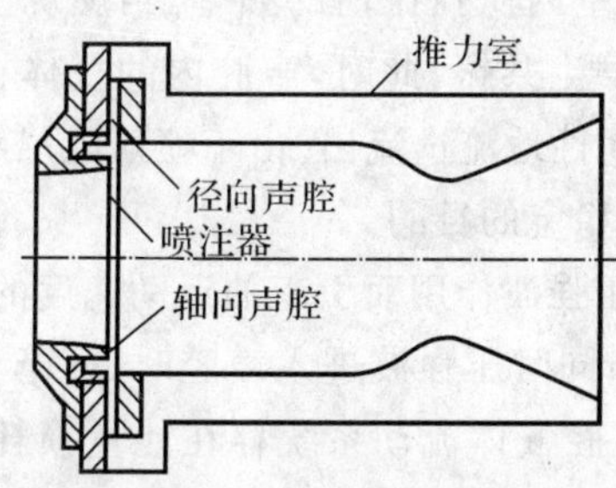

图 4.55　轴向声腔或径向声腔

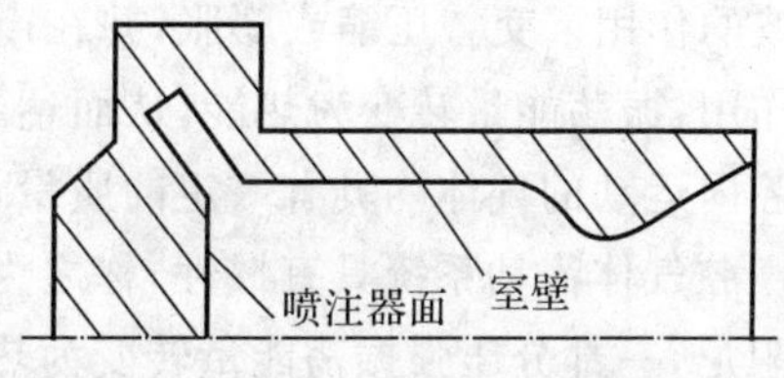

图 4.56　45°声腔

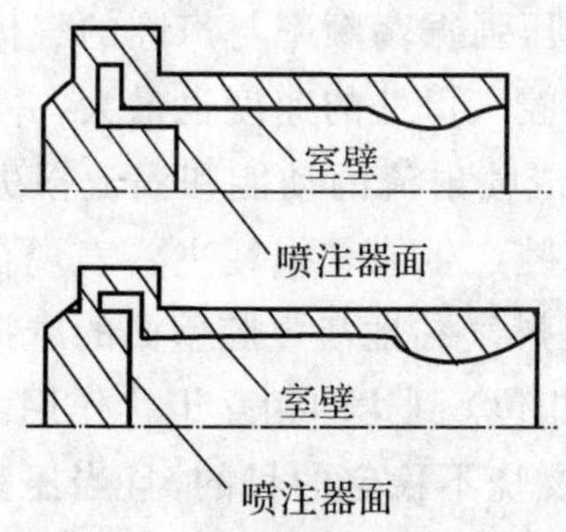

图 4.57　L 形声腔

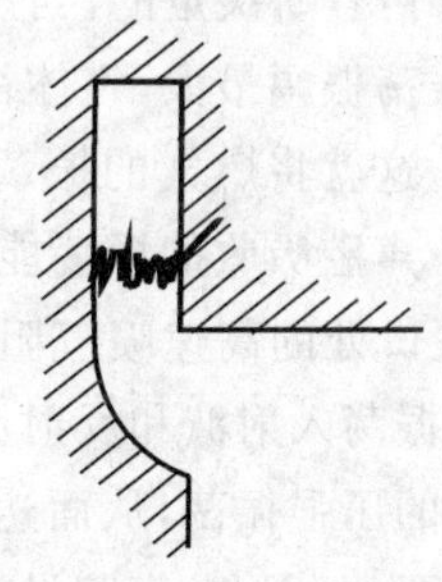

图 4.58　双谐振声腔

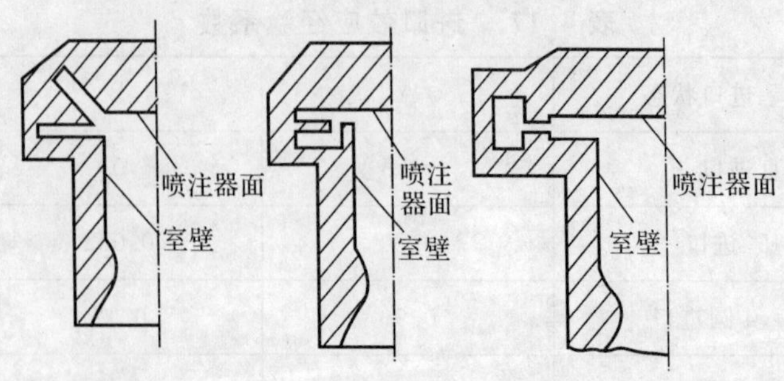

图 4.59 双腔结构声腔

在单腔型声腔中,L 形声腔比直线形声腔好。其优点是谐振频带宽,可以充分利用推力室的有限空间来抑制谐振的频率。在组合型声腔中,双腔结构比双谐振声腔优越。首先,因为两个腔分支共用一个进口,双腔结构占据的空间位置小;其次,双腔型声腔不会产生驻波型不稳定振型;最后,双腔结构声腔有可能减轻质量和减少声腔的热负荷。

2. 声腔阻尼机理

声腔的设计原则是使声腔的固有振荡频率等于燃烧室内压强振荡的频率。当燃烧室出现某种高频不稳定振型的压强振荡时,就与声腔内的燃气发生共振。此时,声腔内的气体在燃烧室压强波的作用下交替压缩或膨胀,并在声腔开口处周期性地流进流出。由于喷射阻尼和黏滞阻尼的作用,振荡能量转变为热能,从而达到抑制燃烧不稳定的目的。

声腔内运动的气体均具有一定的质量,它抵抗由于压强波作用而引起的运动速度的变化。这反映声腔气体流动系统具有惯性,称之为声(质量)抗;同时压强波进入声腔时,由于鼻腔的摩擦和阻尼,一部分压强振荡能量转变为热能,这反映声腔气体流动系统存在能量损耗,称之为声阻;充满燃气的声腔具有阻碍燃烧室压强变化的特性,这反映声腔气体流动系统具有储存能量的本领,称之为声容。

每一个声腔内的气体均具有一定的固有振荡频率,它是由声腔的宽度和深度决定的,即由声腔的声抗、声阻和声容所决定的。当燃烧室的压强振荡频率与声腔的气体固有频率相同时,即发生共振。此时振荡振幅最大,气体往返于声腔入口处的速度也最大,并在声腔入口处形成高速喷射流和涡流。这就将燃气的振荡能转变成喷射流的动能和涡流损失,最终变成热能损耗,且在共振条件下声腔吸收的振荡能最多。声腔产生能量损耗主要表现在三个方面。一是谐振(共振)时声腔入口处的高速喷气阻力;二是燃气黏性与声腔壁面的摩擦阻力和热传导;三是声腔入口处燃气振荡入射波和反射波反相(相位)到达的相互干扰作用。以上三个方面损耗了燃烧室内不稳定的压强振荡,从而达到阻尼燃烧不稳定的目的,且当压强振荡振幅较大时,喷射动能损失是主要的。因此,声腔设计的最重要原则是使声腔内气体振荡的固有频率等于须阻尼的室压振荡频率,使声腔的长度近似等于室压振荡波长的 1/4。

声腔对频率的选择性较强,只有在共振频率附近时阻尼作用才最大,偏离共振较远时阻尼能力急剧下降。因此，设计声腔时希望有较宽的频带，这样在一定范围内的不稳定频率，声腔都能起作用。

3. 声腔结构设计

燃烧室声腔频率计算公式如下：

$$f_c = \frac{c_c}{2}\sqrt{\left(\frac{q}{L_c}\right)^2 + \left(\frac{2\beta_{mn}}{d_c}\right)^2} \tag{4.68}$$

式中　f_c——燃烧室的某种振型的频率(Hz)；

c_c——燃烧室燃气声速(m/s)，$c_c = \eta_c\sqrt{\gamma gRT}$；

d_c, L_c——分别为燃烧室直径和长度(m)；

q, m, n——分别为纵向、切向和径向振型的阶数；

β_{mn}——切向和径向组合振型的因数，见表 4.18。

表 4.18　切向和径向组合振型的因数 β_{mn}

m \ n	0	1	2	3
0	0	1.219 7	2.233 1	3.238 3
1	0.568 1	1.670 7	2.714 0	3.726 1
2	0.972 2	2.134 6	3.173 4	4.192 3
3	1.337 3	2.551 3	3.611 5	4.642 8
4	1.692 6	2.954 7	4.036 8	5.081 5
5	2.042 1	3.348 6	4.452 3	5.510 8
6	2.381 7	3.735 3	4.860 0	5.932 5
7	2.730 4	4.116 5	5.261 5	6.347 7

4. 影响声腔阻尼能力的主要因素

影响声腔阻尼能力的因素很多，既有物理因素，也有几何因素。物理因素包括推进剂组合、混合比、燃烧室压强、液膜冷却流量等；几何因素包括声腔进口形状、进口位置等。

当燃烧室直径增大时，声腔谐振所需要的容积也变大，而燃烧室燃气振荡的同振型频率降低，声腔阻尼系数随振型频率的降低而降低。因此，使大燃烧室稳定工作比小燃烧室稳定工作更困难。

发动机工况对稳定性有一定影响，室压提高，稳定性下降；混合比减小，稳定性下降。但发动机稳定性不随工况发生剧烈变化，这可能是由于发动机工况的变化使燃烧机理过程发生变化所引起的，而不是声腔阻尼系数的减小所引起的。

喷注器的变化可能影响能量释放特性，对燃烧室燃气振荡振型的波形有一定程度的影响，且影响能量分布和声腔与喷注器面的距离。这几种影响要改变燃烧室对声腔的阻尼和调谐要求，而对声腔本身的阻尼能力没有影响。同样，推进剂组合的变化也会影响稳定性。

液膜冷却的流量不影响声腔的阻尼能力，而声腔安放的最有效位置是喷注器面与燃烧室壁的交界处，因为该位置是声学敏感区（横向和纵向振型压强波腹区，吸收的振荡能量最多，阻尼作用也最大）。此外，该区域还有声腔结构工艺性好、易于满足冷却要求等优点。对单一直槽声腔来说，使发动机稳定工作的最小开口面积不低于喷注器面积的 7.6%，当开口面积达到喷注器面积的 24% 时，发动机仍能稳定工作，所以开口面积可尽量大一些。声腔的稳定能力随其离喷注器面距离的增大而减弱。

声腔进口形状对谐振频率影响不大，声腔谐振频率基本上不受进口下界位置的影响；声腔内温度分散度很小；声腔进口距喷雾器的距离越远，声腔宽度对稳定能力的影响越大；声腔越宽，声腔稳定能力也越高。

4.4 阀　门

4.4.1 概述

阀门是液体火箭发动机推进系统中重要的组件之一，其功能是执行通路的启闭、换向、流量和压强的调节，以及保护系统的安全等。在液体空间推进系统中，阀门被广泛应用于推进剂供应系统及增压系统和其他气、液控制系统。常用的阀门包括充气阀、加注 / 泄出阀、安全阀、电爆阀、膜片阀、减压器、直通式电磁阀、单向阀、电动气阀和单 / 双组元自锁阀等。

1. 空间工作环境

对于空间推进系统，不仅要求发动机具有多次起、闭能力，以及稳态长程、脉冲等工作方式，而且还要求工作次数多（几十万次）和工作时间长（数十小时），这对阀门控制组件提出了极高的要求。同时，空间飞行器在极其复杂的宇宙空间环境工作，空间发动机的各种阀门将受到不同环境的影响，主要表现如下所述。

(1) 高真空环境。空间环境压强极低，例如近地轨道空间环境的压强范围为 10^{-3} ～ 10^{-8} Pa。

(2) 太阳辐射。空间飞行器在空间飞行过程中受到太阳辐射的影响，它是最大的外部热源，气辐射能量甚至比地球上夏天中午日照能量高 40% 左右。

(3) 流星和宇宙尘埃。空间飞行器在飞行过程中可能与这些物体发生碰撞，并导致空间飞行器表面腐蚀、穿孔或破坏。

(4) 电磁辐射。电磁辐射环境包括太阳电磁辐射、地球与大气对太阳电磁辐射的反射以及地球大气本身的电磁辐射。它对空间飞行器及其组件的性能和可靠性具有较大影响。

(5) 失重。空间飞行器在轨道上运行时处于持续的失重状态。

空间环境对阀门的工作性能和可靠性的影响主要表现在真空环境条件下，引起材料特性、电性能和工作性能的降低。真空环境对阀门影响的主要表现如下所述。

(1) 材料的升华与汽化。在低于 10^{-4} Pa 真空环境中，各种材料含有的溶解气体和表面吸附气体将逸出，同时材料本身及其所含的挥发性成分也将升华或汽化，并且环境温度的变化加剧了升华或汽化的速度。从温度较高的材料表面上升华或汽化的金属或其他物质将会凝结和聚集在温度较低的材料表面，这可能导致电路短路以及材料表面的发射率和光学性能发生变化。非金属聚合物中有机材料的损失可能使其电性能(如绝缘强度、电导率、介电常数等) 发生显著变化。例如，电磁线圈在真空环境中可能丧失绝缘而失效，密封材料可能因出气、升华现象严重而影响密封性能。

(2) 冷焊。在真空环境中，固体表面会失去所吸附的气体，固体表面相互接触时便发生不同程度的黏合现象。如果固体表面除去氧化膜而达到原子清洁度，在一定的压强负荷下将进一步整体黏着，即引起冷焊。这将导致阀门的一些活动部件出现故障，如金属密封和开关触点被卡等现象，也将引起摩擦力增大，甚至使接触面局部或全部被冷焊。

(3) 电击穿。当环境压强在 $1.33\times10^{3}\sim1.33\times10^{-1}$ Pa 范围内时，电极间在一定电压下可能发生电击穿，即辉光放电或电晕放电现象；当环境压强进一步降低，即低于 1.33×10^{-2} Pa 时，由于环境中介质分子数减少，分子间以及分子与固体表面的碰撞减少，不再发生电击穿现象，反而使绝缘性能增强。

(4) 推进剂冻结。液体推进剂向真空环境中的泄露，除了引起推进剂损失、污染、腐蚀、燃烧和爆炸等一系列问题外，还可能发生推进剂冻结。这将影响阀门的动作响应时间，甚至使活动部件卡死。实验研究和实际应用都曾发生过因推进剂冻结造成阀门失效的事例。

(5) 真空传热性能差。当环境压强低于 1.33×10^{-2} Pa 时，气体的密度显著减小，分子间的热传导和对流作用基本消失，热量的传递主要通过固体热传导和热辐射。因此，电磁阀等组件的传热系数大幅下降，引起工作时温升增加，这将影响阀门的性能和可靠性。

2. 阀门设计要求

空间火箭发动机的工作环境、工作特点和工作要求，对阀门的设计提出了很多特殊要求，如耐腐蚀、抗高低温、有高密封性能和高可靠性，以及承受随机振动、冲击、过载等。通过理论分析、设计计算、生产实验，并借鉴和继承已有的成熟技术和成功经验，在研制过程中不断改进完善，最终才能获得符合预定设计指标的高性能产品。因此，对于阀门的设计必须考虑下述基本要求。

(1) 系统规定的参数。此类参数包括介质种类及其特性、压强、温度和流量等。

(2) 系统要求的参数。例如压降、泄漏量、响应时间、体积、质量、功耗和寿命均为要求的参数。

(3) 选择的参数。这类参数包括结构形式及材料性能、行程、作动力等。

(4) 密封性好。密封包括静密封、动密封、阀芯与阀座间密封三种情况，这些密封部位的可靠密封对于确保推进剂通路的切断、推进剂腔的隔离及密封等极为重要。应根据实际需要确定泄漏率，过高的要求将增长研制周期和提高阀门的成本，必须保证密封部位的泄漏率满足各种环境条件下的设计要求。

(5) 介质相容性。材料的选择应充分考虑与腐蚀性介质或低温介质的相容性，结构设计中尽量采用一级相容的材料，同时在发动机的结构设计上应考虑减少与推进剂的接触部位和接触时间，例如采用隔离阀隔离储箱推进剂。

(6) 动作响应时间。动作响应时间是指指令信号发出到阀芯完成动作的时间，取决于阀芯上受到的合力，控制腔容积、流阻等。一般要求阀门动作迅速，例如小型姿态控制发动机的阀门，对于大的发动机流量会带来水击问题，影响发动机的管路，需要采取适当措施。

(7) 工作稳定性和重复性。为了保证发动机正常起动和关机、稳态工作时的工作稳定性和重复性，要求阀门应有良好的工作稳定性和重复性，例如动作响应时间应稳定，减压阀出口压强精度的稳定等。

(8) 工作寿命和储存期限。工作寿命指阀门保持正常性能的工作次数；储存期限指储存环境条件下保证阀门性能不变的最长允许时间，以及在与推进剂接触后阀门的正常工作时间，一般从阀门验收交付日算起。

(9) 环境和工作条件的适应性。阀门从方案选定到具体结构的设计、从验收到环境模拟试验，都要充分考虑环境和工作条件的适应性。

(10) 结构安全性和工作可靠性。阀门在满足设计性能指标的前提下，应可靠地工作，不能因某种原因造成阀门无法完全打开或无法完全关闭。阀门的工作可靠性是第一位的，没有工作可靠性，则其他一切性能就无法保证。

(11) 能耗。结构设计中考虑尽量减少能耗，设计上可以采用卸荷结构，气锁、液锁或磁锁等方案。

(12) 维护使用性能。结构设计中要充分考虑发动机的维护、推进剂的加注泄出、电爆管的安装，以及阀门的更换等。

(13) 尺寸质量成本。尺寸应紧凑，质量尽量小，成本要降低。

3. 影响阀门设计的主要因素

影响阀门工作性能和可靠性的主要因素包括流动介质、压降与流通能力、流量特性、工作温度、工作压强、泄漏率、响应时间、工作寿命和安装尺寸等。详细叙述如下。

(1) 流动介质。流动介质有气体、液体，现在还有凝胶，不同的介质有不同的物理特性，与零件材料有不同的相容性。对于腐蚀性介质，须很好考虑密封材料、金属材料以及镀层的选择；对于氢、氦易泄漏的气体，须采取特殊的密封措施；低温介质要考虑密封结构的可靠性，动密封可以采取波纹管及其他特殊结构。

(2) 压降和流通能力。一般根据所需的流通能力和允许的最大压降来选择阀门的类型和结构。几种阀流阻系数值的关系是：球阀 ＜ 膜片阀 ＜ 蝶阀 ＜ 菌阀。为了减少阀门阻碍介质流通的程度，一般设计时应使流道圆滑过渡，尽量少改变流体方向，各流通截面积尽量一致。

(3) 工作温度。工作温度包括环境温度、流体温度。热胀冷缩影响材料配合尺寸的变化,非金属材料的弹性模量随温度的变化而变化,温度变化还将影响密封性,而且热返浸或热燃气对电磁阀也有影响。

(4) 工作压强。它是阀门设计中必须考虑的参数,以其确定阀门类型结构。

(5) 泄漏率。泄漏率指标制定要合理,前面已经说过,在设计上要考虑活动部件的对中性,密封部位的同轴度、垂直度及密封面加工质量、配合尺寸公差等。

(6) 响应时间。应根据发动机系统实际要求,合理确定阀门的响应时间。

(7) 工作寿命。影响工作寿命的因素有工作温度、工作压强、响应时间、流动截止、润滑情况及环境条件等,导致工作寿命不够的多数原因是密封部位的泄漏超过设计要求。

(8) 安装尺寸。发动机上的阀门布局以及总装对阀门的接口和安装尺寸都有限制,这对选择阀门的结构形式有很大影响。

特别对于空间发动机,由于启闭次数多和工作时间长,既要稳态连续工作,又要脉冲工作,因此对其泄漏率、响应时间、体积、质量、功耗和工作寿命提出了更加严格的要求。泄漏率低于 1.0×10^{-6} Pa·m^3/s,响应时间(t_{90} 与 t_{10})为 5～15 ms,启闭次数为 10^5 次,工作寿命为 3～15 年。对于电爆阀和膜片阀要求具有极高的密封性能和工作可靠性,并可长期储存;对于电磁阀要求尺寸小、结构紧凑、响应速度快和密封性能好,为减小能耗,通常采用常闭阀。

对于空间推进系统中不同用途和不同类型的阀门,设计时有各自不同的侧重点。对于高性能产品而言,除了要满足预定的技术指标外,还应满足经济性、加工周期、质量稳定性和可靠性的要求,并尽量提高阀门及其零、部、组件的标准化、系列化与通用化。下面分别叙述空间发动机主要阀门的工作原理、典型结构和设计原则,具体设计过程见相关书籍与文献。

4.4.2　减压器

1. 减压器工作原理及其分类

减压器的功能一是减压,二是稳压。其工作原理是当高压气体流过减压器启闭件与阀座之间形成的狭窄通道时,气体受到节流。在节流过程中,气体分子与通道壁之间发生碰撞、摩擦和涡流,引起压强损失,且气体处于不平衡状态,是不可逆过程。节流后压强降低的程度取决于阀芯与阀座之间的开度。当流量一定时,开度越小,则压强降低得越多。对于常用气体,经过减压器节流后,其压强下降的同时,气体温度也将发生变化。如大多数气体经节流后温度下降,而少数气体(如氢、氦等)节流后温度升高。

(1) 减压器稳压的原理在于力的平衡作用。以反向卸荷式减压器(见图 4.60)为例,当入口压强作用于敏感元件膜片上时,它与加载元件主弹簧的一部分力平衡,随着入口气体压强的不断下降,阀芯的关闭力也逐渐减小,而打开阀芯的力逐渐增加,迫使减压器缝隙处节流面积不断增加,经节流后的压强损失随之减小,致使减压器出口压强维持相对稳定。

(2) 减压器的分类。减压器按工作原理分为直接作用式和先导式减压器,直接作用式又可分为正向式和反向式两种;按是否卸荷分为有卸荷式和不卸荷式两种;按加载方式分为重力、弹簧力和气压加载式三种;按敏感元件分为膜片式、柱塞式和膜盒式三种;按稳压精度分为一般精度、中等精度和高精度三种。

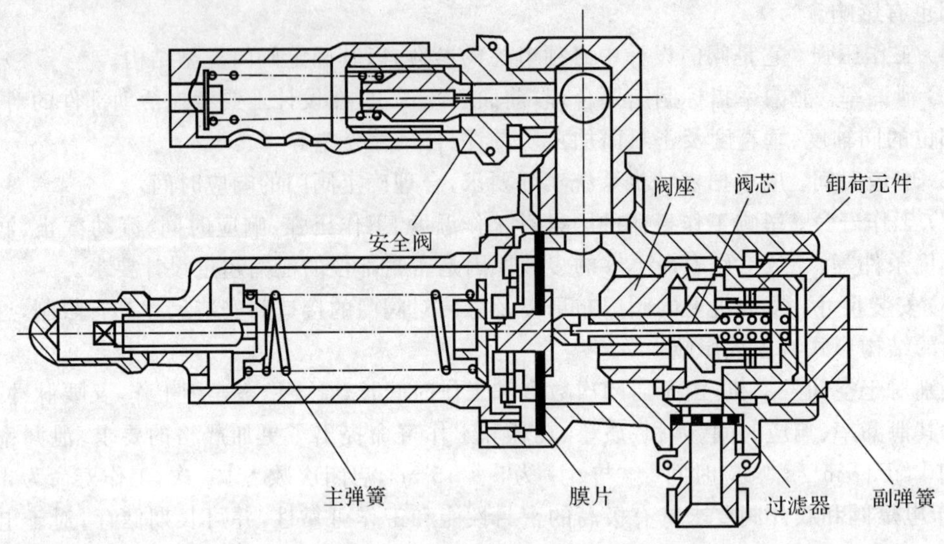

图 4.60 反向卸荷式减压器结构图

正向减压器是指高压气流方向与阀芯开启方向一致的直接作用式减压器。它具有单调下降的压强特性,适用于小流量和稳压精度要求不高的工况。

反向减压器是指高压气流方向与阀芯开启方向相反的直接作用式减压器。它具有先上升而后下降的压强特性,适用于中流量和中等稳压精度的工况。

卸荷正向和卸荷反向减压器是指在正、反向减压器的基础上采用高、低压卸荷机构构成的减压器,其稳压精度及流量范围分别比不卸荷的减压器有较大提高。卸荷式减压器结构示意如图 4.61 所示。

预调压力加载式减压器是指靠充有预定气压的气室加载的减压器。它具有载荷大小可随意调节和可遥控的优点,但只能用于阀芯工作行程小,且环境温度稳定的工况。

恒压加载式减压器的基准载荷是由一个精度较高的小减压器提供的,具有较好的锁闭特性,且入口压强和流量变化影响小,适用于流量大和变流量工况。

先导式减压器是由先导阀(副阀)和主阀组成的,具有恒压加载式减压器的优点。因先导阀直接感应出口压强的变化,并将其误差信号经一次放大后再控制主阀,故其稳压精度和流量适应范围可进一步提高。先导式减压器结构示意图如图 4.62 所示。

组合式减压器是指将两个以上的减压器串联或并联起来,以适应提高精度或扩大流量范围的要求。

正向作用式减压器又有正向膜片式减压器、正向柱塞式减压器和正向卸荷式减压器等,而反向作用式减压器又有反向卸荷式减压器、反向波纹管式减压器和反向先导式减压器等。

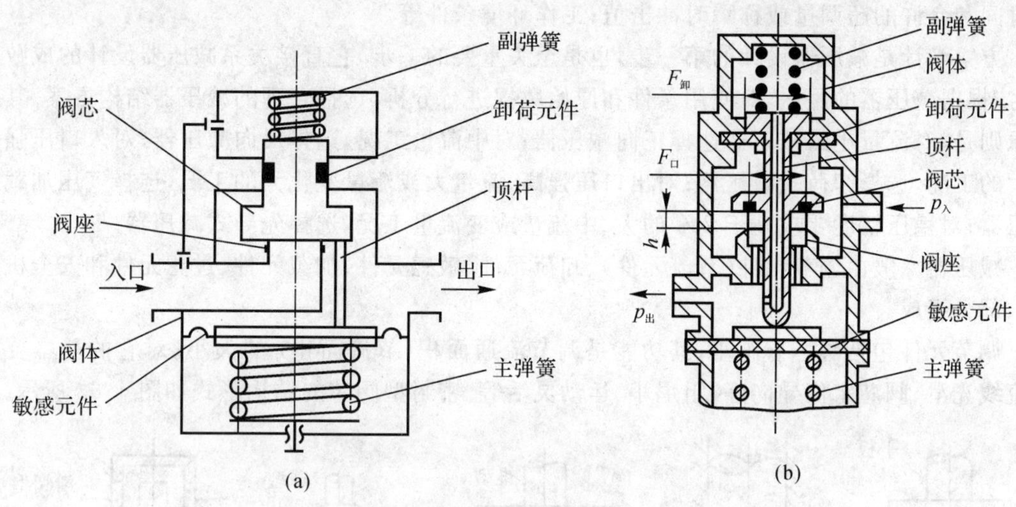

图 4.61　卸荷式减压器结构示意图

(a) 正向卸荷式；(b) 反向卸荷式

$F_口$ — 入口作用力；$F_卸$ — 卸荷作用力；$p_入$ — 入口压强；$p_出$ — 出口压强

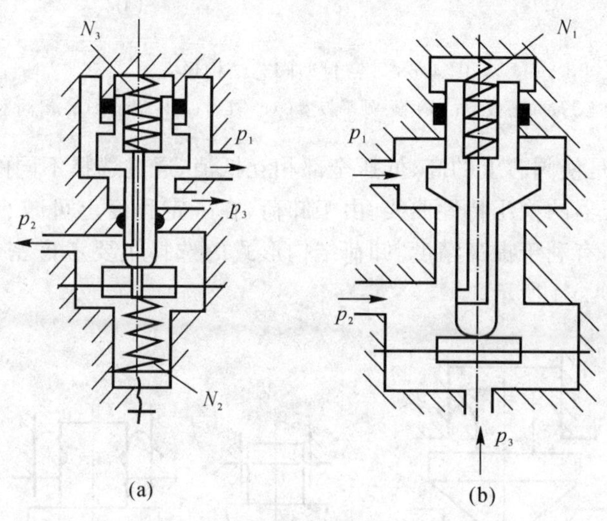

图 4.62　先导式减压器结构示意图

(a) 主阀；(b) 副阀

2. 减压器结构设计

结构设计的原始数据包括：减压器入口压强范围 $p_{1(1)} \sim p_{1(3)}$，减压器出口压强及偏差 $p_2 \pm \Delta p_2$，一般出口压强为 0.5 ～ 0.8 倍最小入口压强，出口压强偏差一般在(2% ～ 10%)p_2 范围内；减压器的出口流量 q_m；锁闭压差，一般不超过出口压强的 20%；减压器的起动方式；响应时间和允许的超调量或称瞬时冲击值；工作环境条件等。

方案设计是减压器设计的第一步，也是至关重要的一步，它直接关系减压器设计的成败和优劣。根据减压器的用途，对使用条件和原始数据进行分析，选择合理的减压器结构方案。其基本原则是，对流量小的减压器选择正向减压器；对中流量工况，选择反向减压器；对入口压强变化大的工况，选择卸荷式减压器；对出口压强高、流量大或流量变化大的工况，选择气压加载式减压器；对稳压精度要求高于 2% 的大、中流量或变流量工况，选择先导式减压器。

减压器一般由调节元件(节流元件)、卸荷元件、敏感元件、加载元件、过滤元件和安全机构等六部分组成。

调节元件包括阀芯与阀座，其功能是调节流通面积(节流面积)的大小。对它的基本要求是流线光滑、阀芯定位导向好、阻尼小、运动灵活等。密封型阀芯的结构形式如图 4.63 所示。

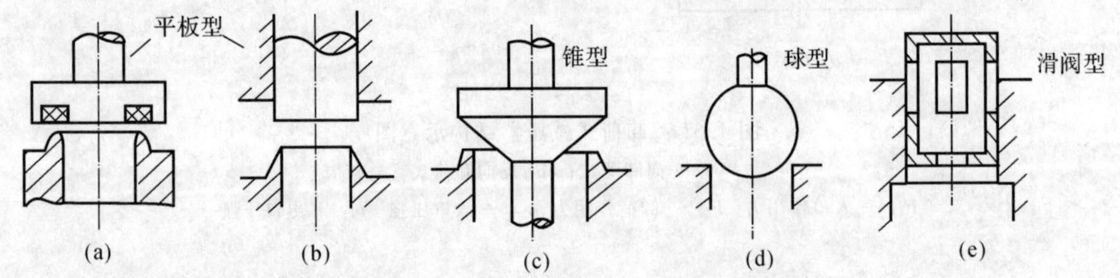

图 4.63　密封型阀芯结构形式

(a) 软-硬端平板型；(b) 硬-硬平板型；(c) 锥型；(d) 球型；(e) 滑阀型

卸荷元件的功能是使阀芯上的高、低压全部相互抵消，通过选择不同的卸荷面积与加载机构相调配，可改变减压器的稳压特性曲线。由于卸荷，在一定程度上可减小弹簧加载元件的基准载荷及刚度与尺寸，有利于提高精度。卸荷结构形式的选择主要考虑密封性和灵敏性。动密封卸荷结构形式如图 4.64 所示。

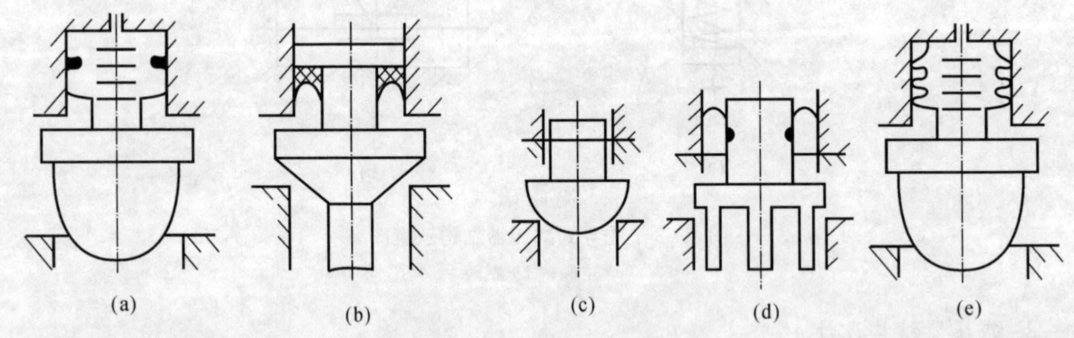

图 4.64　动密封卸荷形式

(a)O 形环式；(b) 皮碗式；(c) 平膜片式；(d) 滚动膜片式；(e) 波纹管式

敏感元件的功能是感受出口压强及其变化，带动调节元件阀芯。对敏感元件的要求是灵敏度高、密封性好、耐温度范围宽、承载能力强和耐振动性好等。设计时需要根据介质种类、工作温度、稳压精度、储存条件、振动和过载的稳定性要求等，选择合适的结构和参数。常用的敏感元件有膜片、柱塞、波纹管等。图 4.65 表示了膜片结构形式。

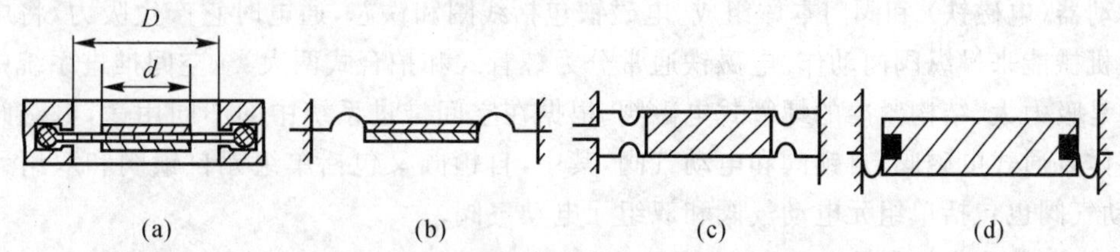

图 4.65　膜片结构形式

(a) 平膜片；(b) 波纹膜片；(c) 双膜片；(d) 滚动膜片

加载元件的功能是给定减压器出口压强额定值，并可在给定范围内进行调节。常用形式有弹簧加载和气压加载。对于弹簧设计的关键是刚度的选择，既要满足精度的要求，还要兼顾动态稳定性和结构尺寸。

过滤元件的功能是按需要过滤掉介质中的颗粒，保证减压器正常工作。它安装在减压器的进口处，要求压降尽量小和质量轻，并有一定机械强度、承压能力和抗冲击强度。

安全机构大多以安全阀形式出现，其功能是当达到预定压强时，将挤压气体排泄到外部，确保系统安全；当压强低于回位压强时又能自动关闭，并达到密封。设计时应考虑具有较好的密封性、足够的排泄量、尽可能低的排泄压强和良好的关闭特性，且结构简单紧凑，工作灵敏可靠。

3. 减压器特性分析

减压器的特性包括静态特性和动态特性。其中，静态特性是指介质在稳定流动状态下减压器出口压强随流量与入口压强的变化情况；而动态特性则是指在流量波动、压力突变等干扰因素作用下，减压器出口压强的稳定性。

静态特性可分为压强特性和流量特性。压强特性是指在稳定流动状态下，当流量等参数不变时，减压器出口压强随入口压强的变化关系；流量特性是指在稳定流动情况下，当入口压强等参数不变时，减压器出口压强随流量的变化关系。影响静态特性的因素很多，其中结构形式和结构参数的影响最大，此外还有流量、温度、环境压强、振动、过载以及调压点等影响较小的因素。

合理的减压器设计，不仅要求满足静态特性及稳压精度的要求，而且动态特性也必须是稳定的。动态特性不稳定将引起出口压强产生大幅波动，并伴有严重噪声，甚至损坏减压器的零、部、组件。影响减压器动态特性的因素很多，而改善动态特性的措施主要包括：改变起动方式，增加入口压强缓冲，改变弹性元件固有频率，增加阻尼，改变低压腔容积，改变低压腔气流流动方向，减轻活动件质量，以及加大阀芯开度等。

4.4.3 电磁阀

电磁阀是一种由电磁线圈作动器操纵的阀门。它可多次启闭，实现流体通路的开启和断流。在空间推进系统中电磁阀的应用实现了发动机的重复起动和脉冲工作。通常电磁阀由电磁线圈作动器(电磁铁)和阀门本体组成。电磁铁包括线圈和铁芯，通电时它产生吸力，将电磁能转换为机械能来操纵阀门动作。电磁铁通常分为螺管式和拍合式两大类。空间推进系统中广泛应用的是吸力大、结构紧凑的螺管式电磁阀。根据在空间推进系统中的不同用途，电磁阀种类包括整体直通式电磁阀、自锁阀和电动气阀，其中，自锁阀又包括单组元自锁阀和双组元自锁阀，电动气阀也包括单组元电动气阀和双组元电动气阀。

1. 整体直通式电磁阀

整体直通式电磁阀的功能是打开或切断两种推进剂的通路，以控制发动机的起动和关机。整体直通式电磁阀由阀体组件、阀座、阀芯、弹簧、过滤网组件、插座等组成，如图 4.66 所示。

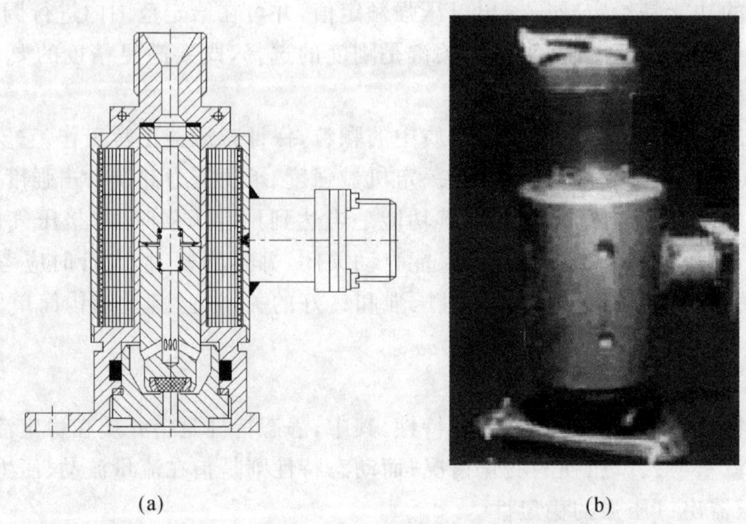

图 4.66 整体直通式电磁阀

(a) 结构；(b) 外观

其工作原理是，当发动机工作时，由控制系统发出控制指令，电磁阀通电，线圈通过电磁感应产生磁场，阀芯在电磁吸力作用下克服弹簧力、液压不平衡力和摩擦力，打开阀芯和阀座之间的通路，推进剂进入发动机；在系统任务完成后，由控制系统发出关闭指令，电磁阀断电，磁场与磁吸力消失，在弹簧力和液压不平衡力作用下阀芯关闭，切断推进剂通路，发动机停止工作。

整体直通式电磁阀的主要特点包括：① 结构简单，可靠性高；② 摩擦力小，能耗低；③ 流体冷却壳体内腔，线圈温升低；④ 可与推力室头部直接连接，不仅连接可靠，而且推进剂容腔减小,提高了响应速度,减小了后效冲量;⑤ 动作响应时间短等。

2. 自锁阀

自锁阀是为解决整体直通式电磁阀在大流量下结构很大,不能适应小型化要求的问题,而采用的主副阀形式的组合式结构的电磁阀。它是靠小型电磁铁副阀控制大流量的主阀工作,同时采用双线圈电磁铁控制主阀的工作,打开、关闭瞬间给线圈接通大电流,从而缩短副阀打开和关闭的时间,提高阀门的快速响应性。自锁阀工作过程不需要给线圈通电,以节省能耗。

自锁阀的工作原理是,当给副阀开启线圈通电时,副阀芯被吸向排气端的阀座,控制气体通过副阀进气端进入两主阀的控制气体腔内。在气压不平衡压力作用下,主阀芯克服主阀弹簧力和摩擦力使两主阀打开,副阀开启线圈断电后,副阀芯在控制气体不平衡压力作用下锁紧在排气端的阀座上,并使主阀维持在打开状态。当给副阀的关闭线圈通电时,关闭线圈产生的电磁吸力和副阀弹簧力大于副阀所受的气压不平衡力及摩擦力,副阀芯返回到进气端,控制气源被切断,主阀控制腔内的气体经副阀排气端排出,主阀芯在主阀弹簧力作用下切断推进剂通路。双组元自锁阀结构示意图如图 4.67 所示。

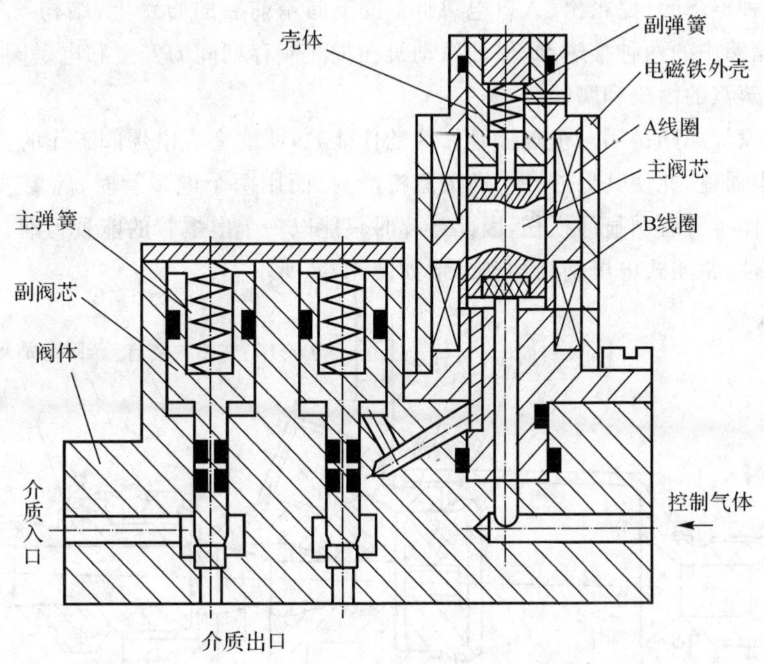

图 4.67　双组元自锁阀结构示意图

在结构设计时,控制气体进入主阀控制腔的先后,使氧化剂主阀阀芯先于燃料主阀阀芯开启;而关闭时,氧化剂主阀阀芯也先于燃料主阀阀芯关闭。其结构特点是线圈均只须瞬时通电,对多次长时间工作的空间姿态控制发动机来说是最省电的,但对于脉冲工作的发动机而言,其局限性是响应时间不够快。

4.4.4　电爆阀

电爆阀属于截止阀类，常用于隔离气流的通道闸门，是隔离气体和介质的主要元件之一，通常分为常开式和常闭式两种。在空间推进系统中一般采用一次工作的常闭阀门。电爆阀包括：气路电爆阀和储箱出、入口电爆阀三种，后两种属液路。其功能分别是：气路电爆阀在增压前将氮气封闭在气瓶中，当需要发动机工作时，通电引爆电爆管通过非电传爆将其打开，使气瓶中的高压氮气进入下游。储箱出、入口电爆阀在系统增压前将推进剂隔离在储箱中，保证发动机在加注储存期间的安全，方便了储箱的整体更换。

电爆阀的工作原理是当需要发动机工作时，控制系统通电引爆电爆管，传爆非电传爆装置和隔板起爆器，同时打开发动机上的电爆阀。隔板起爆器起爆后瞬间产生高温高压燃气推动活塞并顶动切刀，使切刀的刀口紧紧楔入阀体的两个锥面处，从而打开电爆阀，使发动机系统增压，充填推进剂，进入工作状态。

液路的两种电爆阀(储箱出、入口电爆阀) 位于储箱前后的管路上，结构与气路的基本相同，用来隔离储箱中的两种推进剂，保证发动机在加注储存期间的安全和电爆阀前后各组件免受推进剂及其蒸汽的污染和腐蚀。

电爆阀的设计原则是用一个电爆管作为动作能源，便能完成电爆阀工作的全过程。它能可靠、迅速打开主通道，并使其另外一个通道紧楔严封。而用两个电爆管时，除要求的全过程外，还不允许对阀体本身有明显的损伤，因此计算时只能以一个电爆管的能量为准，同时考虑到双倍能量的破坏性。常闭式电爆阀结构和外形如图 4.68 所示。

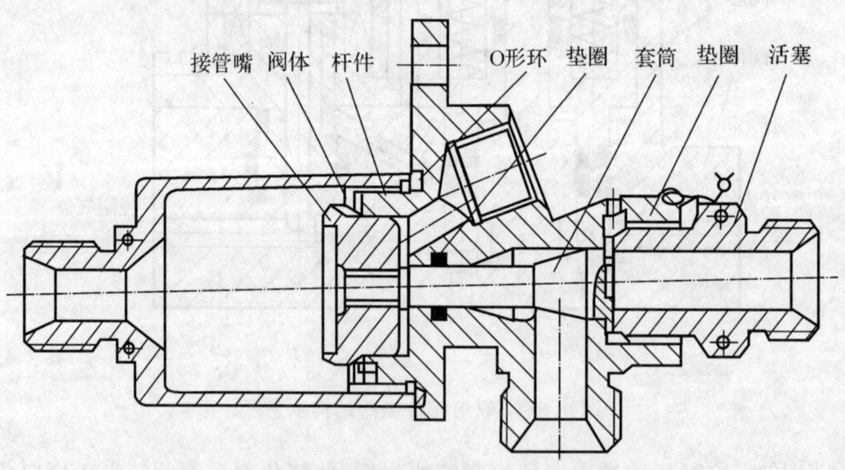

图 4.68　常闭式电爆阀结构及其外形图

4.4.5　充气阀

充气阀是常闭式菌状单向阀，其功能是为气瓶充高压氮气，或将气瓶中的高压氮气泄出，并保持气瓶中的气体与外界隔离。

其工作原理是，充气时旋下充气阀堵头，连接充放气工具，用充放气工具的顶杆顶开充气阀阀芯，接通气源，高压气体即进入气瓶中。当气瓶充到额定压强时，切断进气源，退回充放气工具的顶杆，阀芯在气体压力作用和弹簧力作用下关闭并密封，然后堵上堵头，起到冗余密封的作用。放气时，用充放气工具的顶杆顶开阀芯，气瓶中的高压气体通过配气系统缓慢放出。充气阀结构如图 4.69 所示。

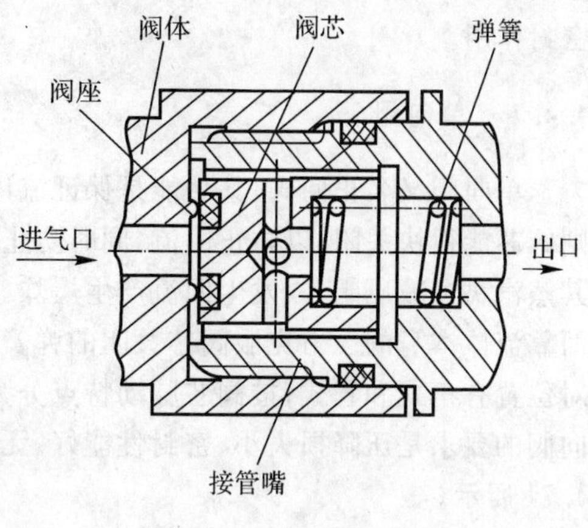

图 4.69　充气阀结构图

4.4.6　加注泄出阀

加注泄出阀的功能是在工作时可打开阀门，给储箱加注或泄出推进剂及排放气体；不工作时可关闭阀门，切断介质流动，并保证密封，使储箱中的推进剂和外界隔离。加注泄出阀根据结构类型分为弹簧式和螺旋式；根据介质流向分为内流向和外流向；根据密封材料分为金属密封和非金属密封；根据介质种类分为氧化剂和燃料。加注泄出阀由阀体、阀芯、接管嘴、弹簧、堵头、密封垫片等组成，其结构如图 4.70 所示。

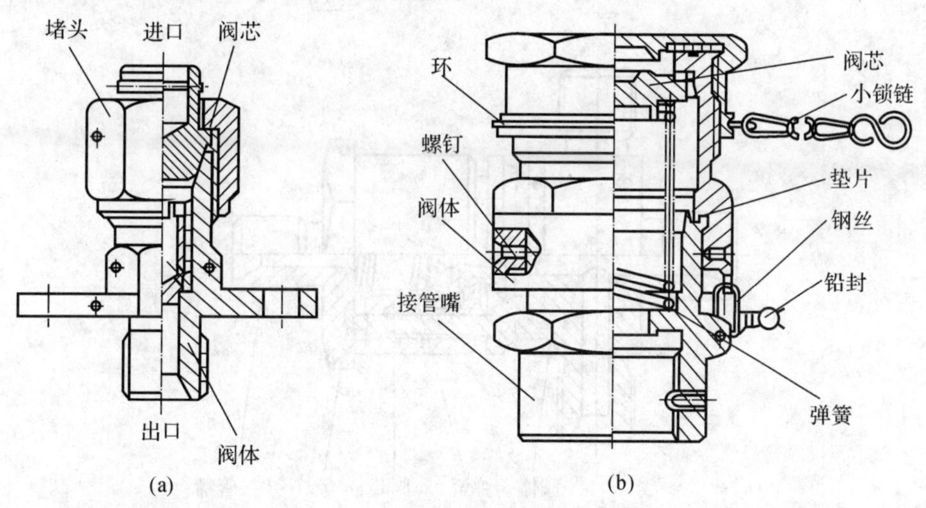

图 4.70　加注泄出阀结构图

(a) 金属密封结构；(b) 非金属密封结构

当储箱加注或泄出时，先卸下堵头，依靠专用工具顶开阀芯，向储箱加注或泄出推进剂并排放气体；工作后，卸下专用工具，阀芯在弹簧作用下自动关闭并密封，之后装上堵头起到冗余密封作用。

4.4.7　单向阀

单向阀又名止回阀，其功能是保证流体介质只能朝其高压方向流动，如果流动方向相反，则阀芯能很快关闭，以防止回流。同时防止发动机工作中推进剂零流量输出时，两种推进剂或其蒸汽腐蚀减压阀，或发生回流产生爆炸。单向阀的工作过程不需要外来动作信号或动力源，而靠流体本身的压力克服阀芯关闭的弹簧力或自重力，顶开阀芯而形成流通通路。根据出口相对位置有角式和管式；按阀芯脉动特点分为移动式和摆动式；按阀芯形状分球形和菌形。对单向阀的要求是压降损失小、密封性能好、无振动、可靠性高、寿命长和低成本。单向阀结构如图4.71所示。

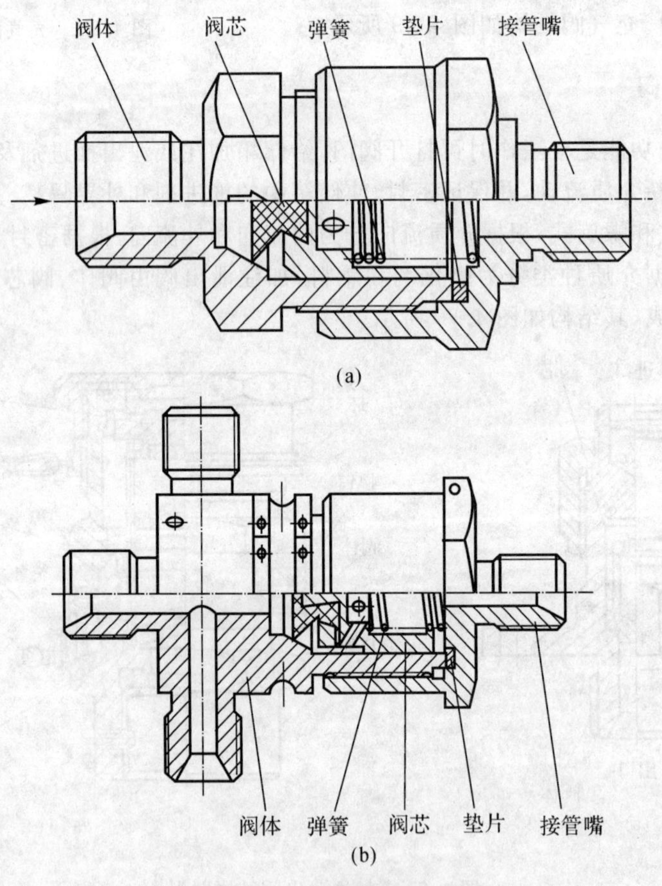

图 4.71　单向阀结构图

(a) 直通式；(b) 三通式

单向阀的工作原理是，发动机工作前该阀处于关闭位置，依靠弹簧力将阀芯压紧在阀座上并达到密封；当发动机工作时，如果有推进剂输出，则增加氮气的工作压力克服弹簧力将阀芯顶开，此时单向阀全开；如果无推进剂输出，单向阀前、后压力达到平衡，则阀芯在弹簧力作用下关闭，阻止储箱内推进剂及其蒸汽回流。

4.4.8　阀门设计要点

现以电磁阀为例介绍阀门设计的要求。

根据电磁阀的不同类型、用途、技术要求、工作环境和具体结构，在电磁阀设计过程中须注意的技术关键主要包括下述内容。

(1) 根据流体压力 p 和主密封处所需的密封压力 p_s 确定电磁铁的反作用力 F_r，同时要考虑活动元件的摩擦力、流体作用力、密封力以及适当的安全裕量，通常取电磁吸力 $F=(1.5\sim1.8)F_r$。

(2) 选择电磁铁形式，包括磁极形式和加速释放非工作气隙设置，其中，非工作气隙设置方式通常采用无磁平垫片、无磁碟形弹簧以及小凸台等三种。

(3) 工作气隙磁通密度 B_δ。应使导磁体内的磁通密度高于材料的磁化曲线的拐点，但又不至于饱和，以保证电磁铁的工作点接近于最优值。其中拐点的磁导率最大，随后逐渐减小，直至饱和。

(4) 确定线圈的吸合磁势 $(IN)_p$ 及最大磁势 $(IN)_{max}$。

(5) 确定线圈尺寸 L 和 b，对于合理设计的电磁铁，线圈尺寸的长厚比 $\lambda(\lambda=L/b)$ 有一定的范围，对于螺管式电磁铁，一般 $\lambda=3\sim8$。

(6) 导线直径的选择应保证在吸电压下得到所需的吸合磁势，考虑电阻及匝数的偏差，磁势应适当增加。

(7) 按照等界面原则确定磁导体其他部分的尺寸，即其截面面积大致和磁铁的横截面积相等；对于有磁环的结构，其厚度 δ 应保证有足够的强度，其长度可由经验取 $l\geqslant(5\sim10)\delta$，工作气隙在隔磁环中间。

(8) 在设计中通过磁路计算确定实际吸力。

(9) 同时要考虑使用温度，使用电压下的线圈电阻、电流、磁势及功率，线圈的温升，电磁铁的质量与经济指标，以及吸合电压、吸合时间、释放电流和释放时间等。

4.4.9　提高电磁阀响应时间的措施

对于空间推进系统中的阀门来说，阀门的响应时间直接影响发动机的性能，特别对于姿态控制发动机而言，响应时间是发动机性能指标的主要参数之一。因此，为提高阀门的响应时间，设计中需要注意下述几点。

(1) 选择的软磁材料应具有高的磁导率、低的剩余磁通密度及低的矫顽力。

(2) 衔铁的质量和行程尽量小。

(3) 衔铁的反作用力初值应尽量小,而终值则可以大一些。

(4) 增大吸力,使吸力高于反作用力更多些,但线圈磁势增大后,在功率一定的情况下会导致产生电磁吸力的时间增加。

(5) 设置非工作气隙,但应尽量减小非工作气隙的数值。

(6) 应有小的时间常数。

(7) 增加加速电路,即在线圈回路中串联附加电阻,或在其两端并联电容,但必须提高电源电压。

(8) 减小涡流的影响,涡流可能导致衔铁的触动时间增加 10% ~ 30%,通常在衔铁上开槽可减小涡流。

4.4.10 阀门工作可靠性

阀门在空间推进系统中具有极其重要的作用,任何阀门的失效都会造成系统故障,从而导致空间飞行器的可靠性下降,甚至功能失效,因此阀门的工作可靠性是设计、生产、试验中必须重视的问题。

常见故障有:① 密封部位泄漏率不满足设计要求;② 阀芯运动不灵或卡死;③ 响应时间长;④ 调节精度差和结构强度不够导致变形等。

产生问题的原因主要有:

(1) 设计原因,例如结构设计不合理,阀芯运动件配合间隙选择不当,零件材料选择不当,零件变形和运动件磨损等。

(2) 生产工艺原因,例如密封件质量不佳,非金属零件在装配时被锐棱边切伤,制造工艺不稳定,零件制造精度不满足要求和多余物影响,以及其他人为故障(如工人不按工艺要求,不认真导致导线焊点氟塑料套管脱落、阀座型面划伤)等。

提高阀门可靠性的途径包括:

(1) 合理的结构设计,包括合适的性能指标要求,采用继承性的结构,结构简化、具有抗污染能力,选择过滤装置、软密封结构、足够的安全裕度、冗余度设计和考虑极限环境的使用等。

(2) 研制过程中严格遵循设计与试验程序,并按研制阶段进行设计评审。

(3) 严格地面模拟试验和产品验收试验。

4.5 推进剂储箱与高压气瓶

推进剂储箱是空间推进系统对推进剂实行管理和储存的装置。在单组元和双组元推进剂空间推进系统中,分别有单组元推进剂储箱以及氧化剂储箱和燃料储箱。对于空间推进系统,主要是在失重或微重力条件下工作,如果推进剂储箱内的气体直接与推进剂接触,很容易发生气液掺混现象,从而引起推进剂流动不连续,给发动机工作带来严重影响。因此,为保证发动机的正常工作,推进剂储箱应当具备正常连续地输送推进剂的功能,即所谓的刚性排出功能。

推进剂储箱用于推进剂刚性排出的装置称为正排出装置。常用的正排出装置包括：① 橡胶或氟塑料储囊；② 橡胶或塑料隔膜；③ 金属膜盒；④ 可移动活塞；⑤ 金属薄膜等。这些正排出装置将增压气体与推进剂隔开，使气体不能进入推力室，保证推进剂储箱能定向地连续供应推进剂。空间推进系统的推进剂储箱通常由正排出装置和储箱壳体组成。

按管理形式分类，可分为正向排出式和表面张力型。为了适应各类的任务需求，国外研制了很多种类的推进剂储箱。

4.5.1 设计准则

对于空间推进系统，正向排出式储箱的选择需要考虑很多因素，例如推进剂储量、推进剂性质、储箱形状、加工工艺、结构质量以及在推进剂储存供应过程中空间飞行器质心的变化等。正向排出式储箱的设计准则包括：

(1) 储箱的最大工作压强和容积应满足空间推进系统的工作需要；

(2) 储箱的形状、尺寸及其连接管路应当满足空间系统总体布局要求；

(3) 储箱内应具有足够的气垫容积，在环境温度发生变化时能保证发动机正常工作；

(4) 在储箱上具有必要的管嘴，分别用于加注、排出、增压和推进剂供应，储箱的连接部位应当密封可靠，防止推进剂渗漏而引起推进系统其他组件的污染甚至着火爆炸；

(5) 应具有较高的排空效率，使得在寿命末期储箱内推进剂残余量最小；

(6) 储箱结构应具有较高的强度和刚度，能承受内压、外压、弯曲应力以及飞行过程中发生的过载、振动和冲击等；

(7) 储箱材料应具有较高的比强度和比刚度，并与推进剂具有良好的相容性；

(8) 正向排出装置应具有较长的使用寿命，满足空间飞行器的要求。

4.5.2 设计计算

推进剂储箱也是承压容器。对于给定的容积来说，球形储箱的结构质量最小；同时，受到空间飞行器推进系统总体布局的需要，圆筒形储箱在空间推进系统中也得到广泛应用。推进剂储箱的容积可用下式确定：

$$V_{tk} = V_p + V_r + V_u + V_d \tag{4.69}$$

式中　V_{tk}—— 推进剂储箱容积(m^3)；

V_p—— 需要消耗的推进剂容积(m^3)；

V_r—— 残余在储箱和管路内的推进剂容积(m^3)；

V_u—— 储箱气垫容积(m^3)；

V_d—— 正向排出装置的容积(m^3)。

储箱内的温度变化将导致推进剂容积和气垫压强的变化，储箱气垫应具有足够的容积，以保证在储存中推进剂达到最高使用温度下也不会出现过高的储箱压强。在计算推进剂残余量容积时，推进剂的排空效率通常为 0.95 ～ 0.98。而储箱气垫的容积可由下式近似求得：

$$V_u = \frac{V_p \alpha_v (T_{max} - T_0)}{1 - \frac{p_0 T_{max}}{p_{tk,max} T_0}} \tag{4.70}$$

式中 α_v—— 推进剂体膨胀系数(K^{-1});

T_0, p_0—— 分别为推进剂加注时的环境温度和压强(K,Pa);

T_{max}—— 推进剂最高使用温度(K);

$p_{tk,max}$—— 储箱压强最高许用值(Pa。

推进剂储箱的压强可根据发动机燃烧室压强以及从储箱到推力室的压降来确定,即

$$p_{tk} = p_c + \Delta p_{inj} + \Delta p_l + \Delta p_v + \Delta p_{th} \tag{4.71}$$

式中 p_{tk}—— 推进剂储箱压强(Pa);

p_c—— 发动机燃烧室压强(Pa);

Δp_{inj}—— 喷注器压降(Pa);

Δp_l—— 管路和过滤器压降(Pa);

Δp_v—— 各种阀压降(Pa);

Δp_{th}—— 节流圈压降(Pa。

对于球形储箱可按下式计算其壁厚:

$$\delta_w = \frac{p_{tk} d_{tk}}{4[\sigma]^t \varphi} \tag{4.72}$$

式中 p_{tk}—— 储箱在最高环境温度下的最高工作压强(Pa);

d_{tk}—— 储箱内径(m);

$[\sigma]^t$—— 储箱在最高环境温度下材料的许用应力(Pa);

φ—— 焊缝系数。

储箱在最高环境温度下材料的许用应力

$$[\sigma]^t = \frac{\sigma_b^t}{n_b} \tag{4.73}$$

式中 σ_b^t—— 气瓶在最高环境温度下材料的强度极限(Pa);

n_b—— 对强度极限的安全系数,通常为 1.8 ~ 3.0。

对于圆筒形储箱,通常采用圆筒形箱体和椭球形、碟形或半球形封头。圆筒形箱体的壁厚

$$\delta_w = \frac{p_{tk} d_{tk}}{2[\sigma]^t \varphi - p_{tk}} \tag{4.74}$$

式中各参数意义与式(4.72) 相同。

对于材料强度极限的安全系数 n_b 通常取 1.8 ~ 3.0;对于材料屈服极限的安全系数 n_s 通常取 1.3 ~ 1.5。当用强度极限安全系数进行强度计算时,应用材料屈服极限进行校验。

椭球形封头的壁厚

$$\delta_w = \frac{K p_{tk} d_{tk}}{2[\sigma]^t \varphi - 0.5 p_{tk}} \tag{4.75}$$

式中，K 为椭球形封头的形状系数，$K=\frac{1}{6}\left[2+\left(\frac{d_{\text{tk}}}{2h}\right)^2\right]$，$h$ 为椭球形封头的高度。

碟形封头的壁厚

$$\delta_{\text{w}}=\frac{Mp_{\text{tk}}d_{\text{tk}}}{2[\sigma]^{t}\varphi-0.5p_{\text{tk}}} \tag{4.76}$$

式中，M 为碟形封头的形状系数，$M=\frac{1}{4}\left(3+\sqrt{\frac{R}{r}}\right)$，$r$ 为碟形封头过渡区半径(m)，R 为碟形封头球面部分半径(m)。

4.5.3　材料选择

在空间推进系统中，推进剂储箱的质量通常占的比例较大。因此，在选择材料时，尽量选择比强度较高的材料，以减轻推进剂储箱以及系统的结构质量。此外，由于推进剂大多具有强腐蚀性，储箱材料必须与所用的推进剂具有良好的相容性。对于空间推进系统，储箱的承受压强一般在 1.0 ～ 3.0 MPa 范围内。

低压储箱箱体材料可采用铝合金。它具有密度低、价格低廉、与推进剂相容性好的优点。用铝合金制造的储箱结构质量轻，制造成本低。常用的铝合金有 LF3，LF6 和 LD10 等。其中，LF3 退火板材具有良好的塑性和焊接性能，便于冲压成形和焊接，适合于制造小尺寸储箱；LF6 和 LD10 机械性能高于 LF3，可采用锻造毛坯经机械加工成形，可制造大尺寸储箱，但 LD10 焊接时易产生裂纹，焊缝系数较低(仅为 0.5～0.6)。在推进剂储箱设计时，为减轻结构质量和保持承载均匀，可局部增加焊缝厚度。

钛合金 TC4 具有高的比强度，且与肼类和四氧化二氮均有良好的相容性，可用于制造推进剂储箱，箱体和封头可采用旋压和锻造工艺。对于大尺寸和工作压强高的储箱，钛合金材料的应用可明显减轻结构质量。

4.5.4　储箱结构类型

1. 橡胶球囊储箱

橡胶球囊储箱主要由铝合金或钛合金壳体和橡胶球囊组成，球囊的功能是将增压气体与推进剂隔开，防止气液掺混。橡胶球囊储箱主要用于单组元肼分解推进系统。橡胶球囊储箱结构简图如图 4.72 所示。

在橡胶球囊储箱设计时，应妥善选择与肼相容性良好、抗肼渗透性能强的橡胶材料。可供选择的橡胶材料有乙丙橡胶和丁基橡胶等。其中乙丙橡胶与肼的相容性优于丁基橡胶，但丁基橡胶具有较好的抗肼渗透性能。由于橡胶材料与肼的相容性直接影响球囊的使用寿命，空间推进系统对橡胶材料的相容性提出严格的要求。例如，在 35℃ 或 50℃ 的恒温条件下，橡胶材料浸泡在肼中 20 d，其出气率应在 1×10^{3} ml/(cm^{3} · d) 左右；在长期储存期间橡胶材料不使推进剂发生显著变化，同时推进剂也不使橡胶材料发生显著变化；橡胶材料的渗透率不大于

0.5 g/(m² · h)。

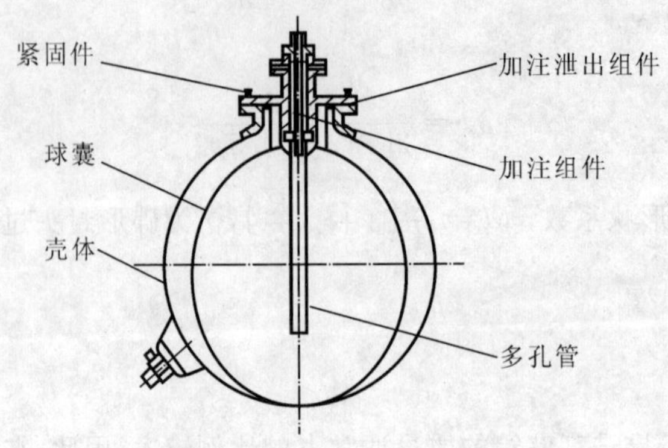

图 4.72　橡胶球囊储箱结构图

2. 橡胶隔膜储箱

橡胶隔膜储箱中，橡胶隔膜使推进剂与增压气体隔开，防止在失重环境下气液相混，从而保证推进剂的连续供应。橡胶隔膜储箱主要应用于单组元推进系统，采用真空定容法加注推进剂，并通过充气阀对储箱增压，然后充气阀关闭；在发动机工作期间，橡胶隔膜在增压气体的作用下变形，将推进剂从储箱中挤出；随着推进剂不断流向发动机，储箱内推进剂腔逐渐减小，而增压气体腔逐渐增大，因而增压气体发生膨胀，气体压强逐渐下降。实际上橡胶隔膜储箱工作过程是一个多变膨胀过程，因此这种储箱也称为落压式系统推进剂储箱。在发动机工作过程中，储箱压强从充气时的最高压强逐渐降至推进系统中保证发动机工作的最低压强。

在橡胶隔膜储箱设计时，通常选用钛合金 TC4 作为壳体材料，其设计与制造的关键是橡胶隔膜的装配以及气、液半球体的焊接与密封。

3. 膜盒式储箱

膜盒式储箱由壳体和可伸缩的膜盒组成，壳体是承压容器，用弹性膜盒将液体推进剂与增压气体隔开。它主要用于双组元可储存推进系统的氧化剂储箱或燃料储箱，采用真空加注。其优点是可长期储存推进剂，但结构质量大，制造工艺复杂。

通常选用钛合金 TC4 作为储箱壳体，经锻造和机械加工成形，也可热旋压成形。膜盒使用许多膜片焊接而成，膜片近似正弦波形，通常采用厚度约为 0.15 mm 的不锈钢 1Cr18Ni9TiA 带材冲压成形。采用不锈钢制成的膜盒具有较高的抗疲劳性能，而钛合金膜盒在振动环境下焊缝易破裂。

4. 金属隔膜储箱

金属隔膜储箱采用金属隔膜将推进剂与增压气体隔离，通过隔膜翻转将推进剂挤压到供应管路。隔膜的翻转压差范围从冷气系统的 137.9 kPa 到燃气发生器供应系统的数千帕。在热气系统中，由于能量浓缩，可以给推进剂储箱提供更高的 Δp，节省质量。其入口气体温度从 233 K(惰性气体系统冷侵）到大约 1 700 K(热气供应系统)。在关键的应用中，应严格控制质心漂移(例如,在 $20g$ 横向加速度下,直径 203.2 ~ 254 mm 储箱的中心线变化在 2.54 mm 之内)。

(1) 边缘翻转隔膜储箱。金属隔膜储箱的第一种类型是边缘翻转隔膜储箱。其边缘翻转环稳定隔膜采用分散的局部加强肋(环),局部阻止隔膜翻转。顺序翻转的每个翻转的环需要的翻转作动压力应比其相邻前翻转的隔膜膜片的明显高。这保证隔膜翻转处于受控状态,一环一环地翻转,不受隔膜厚度或几何尺寸小偏差的影响;更为重要的是,在反向环境载荷下,可仍按受控状态翻转。翻转过程的示意图如图 4.73 所示。

(2) 顶部翻转隔膜储箱。金属隔膜储箱的第二种类型是顶部翻转隔膜储箱。其隔膜的翻转是从起动点 —— 顶部的平面区或小凹区 —— 开始的。起动点有意设计成低阻力以便快速翻转。顶部翻转隔膜工作示意如图 4.74 所示。

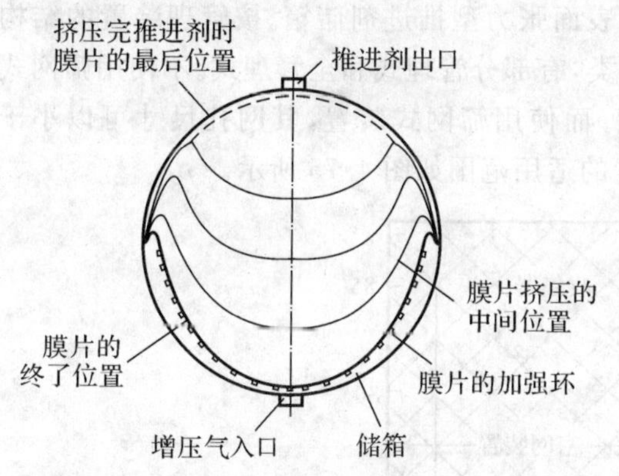

图 4.73 边缘翻转隔膜储箱

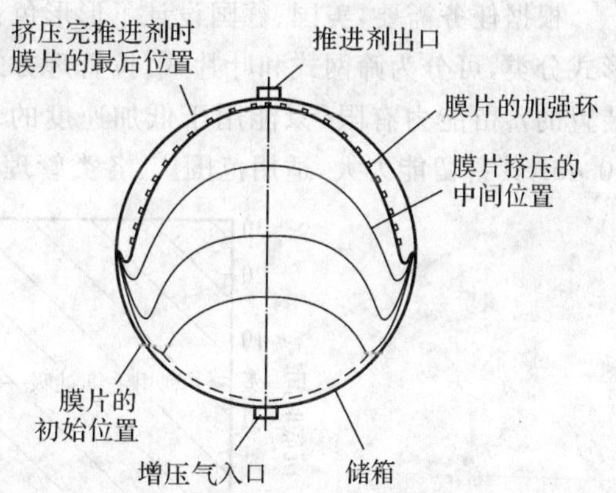

图 4.74 顶部翻转隔膜储箱

在飞机与火箭设计工程师(ARDE)取得顶部翻转隔膜的专利以前,整个隔膜与箱壁或入口部分的隔离层是接触的。隔膜翻转后,由于隔膜形状及通过翻转点时的塑变而材料在某种程度上变硬,壳体具有较大的刚性。翻转后的壳体有效边界是隔膜当前的翻转半径。

根据隔膜翻转部分壳体刚性的特点,翻转半径位于隔膜刚度最低之处,且给翻转半径上游部分提供支撑的箱壁是最敏感的疲劳之处。因此,通过合理的设计,顶部翻转隔膜能提供较大的翻转半径,从而保证隔膜的疲劳寿命大大提高。

与边缘翻转的隔膜相比,顶部翻转隔膜的显著优点是隔膜由箱壁支撑(流体载荷转移到箱壁上)。这样,可以降低由于环境载荷引起的隔膜应变的放大,降低对隔膜的最大应变值和大应变疲劳特性的要求,从而可更广泛地选用隔膜材料。

顶部翻转隔膜的滚动翻转模式可以通过隔膜的厚度变化(倒角或台阶变化)或采用离散环而得到稳定的翻转。ARDE 在预应力顶部翻转隔膜的主要经验是采用具有机械加工台阶的铝隔膜。

5. 表面张力型推进剂储箱

在推进剂储箱的使用过程中，柔性隔膜经受反复的挤压变形，尤其是非金属材料隔膜的采用，使推进剂储箱的使用寿命受到限制。对于使用寿命要求很长的推进系统，可采用全金属的表面张力储箱。液体各分子之间存在着引力引起的表面张力和由于热运动引起的扩散力，总体上主要表现为使液体自由表面呈收缩状态的表面张力。表面张力储箱工作原理就是利用毛细现象，在其内部固定安装各种分离器(叶片或金属网)，利用液体推进剂的表面张力捕捉推进剂。

由于表面张力储箱是全金属的焊接结构，无活动部件，具有很高的抗振动、冲击性能和机动运输的结构可靠性，并有很好的相容性，储箱的寿命不受组件寿命的限制，这是其他形式储箱无法比拟的。因此，对于使用寿命很长的空间推进系统，表面张力储箱具有显著的优点，已在世界航天大国导弹与空间飞行器推进系统中得到广泛的应用。

根据任务需要，美国、德国设计了形形色色的表面张力型推进剂储箱。按管理装置的结构形式分类，可分为筛网式和叶片式。按管理方式分类，有部分管理式和全管理式。不使用筛网式装置的蓄留能力有限，只能用于低加速度的环境；而使用筛网式装置，其网孔尺寸可以小于 10 μm，其蓄留能力大，适用范围广。各类管理装置的适用范围如图 4.75 所示。

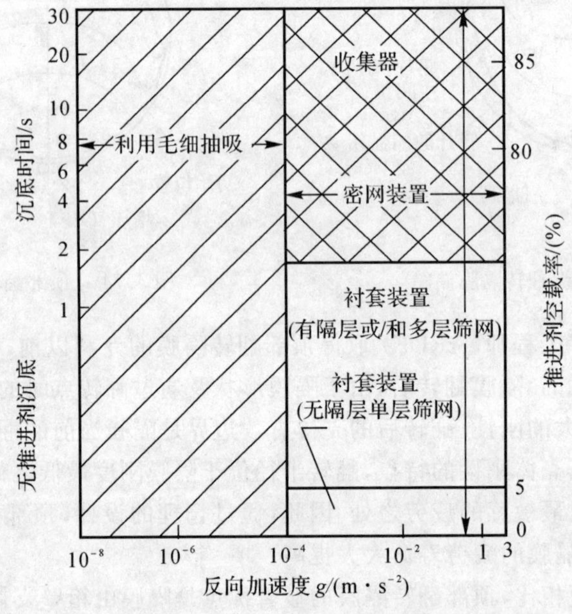

图 4.75　管理装置适用范围

20 世纪 60 年代，美国就开始研制筛网式表面张力储箱并应用于卫星姿态控制系统，表 4.19 所示是美国洛马(Lockheed Martin，LoMa)公司生产的表面张力储箱的数据。20 世纪 80 年代以来，叶片式表面张力储箱在大型卫星推进系统中的应用日益广泛。其主要技术关键有集液器设计、收集器设计、集液器入口窗设计、多孔材料设计、流动损失分析和热效应分析。以上项目与任务紧密相关,典型的设计如图 4.76 所示。

表 4.19　LoMa 公司生产的表面张力储箱

序号	品种	储箱尺寸($\phi \times l$)/25.4 mm×25.4 mm	材料	推进剂
1	PT-CS-1	59.8×129.3	铝/不锈钢	IRFNA/UDMH
2	PT-S-2	62.11×l	铝/不锈钢(2)	HYDRAZINE
3	PT-CE-3	36.5×60.5	铝	HYDRAZINE
4	PT-CS-4	59.8×129.3	铝/不锈钢	HAD/USO
5	PT-CS-5	22.14×31.4	钛	HYDRAZINE
6	PT-S-6	13.33×l	钛	HYDRAZINE
7	PT-CS-7	21.4×31.4	钛	HYDRAZINE
8	PT-S-8	76.00×l	铝/不锈钢	HYDRAZINE
9	PT-S-9	32.84×l	钛	NTO/MMH
10	PT-C-10(3)	23.5×l	钛	NTO/MMH
11	PT-CE-11	36.5×60.5	钛	NTO/MMH
12	PT-CE-12	36.5×66.5	铝	HYDRAZINE
13	PT-CE-13	36.5×66.5	钛	NTO/MMH
14	PT-S-14	7.0×l	不锈钢	MMH
15	PT-S-15	34.25×l	钛	NTO/MMH
16	PT-CS-16	22.14×31.4	钛	HYDRAZINE
17	PT-CS-17	27.68×48.33	钛	HYDRAZINE
18	PT-CS-18	23.6×39.4	钛	NTO/MMH
19	PT-S-19	32.84×l	钛	NTO/MMH

注:IRFNA—— 红发烟硝酸;UDMH—— 偏二甲肼;HYDRAZINE—— 肼;HDA—— 高密度硝酸;USO—— 偏二甲肼加硅酮;NTO—— 四氧化二氮;MMH—— 甲基肼。

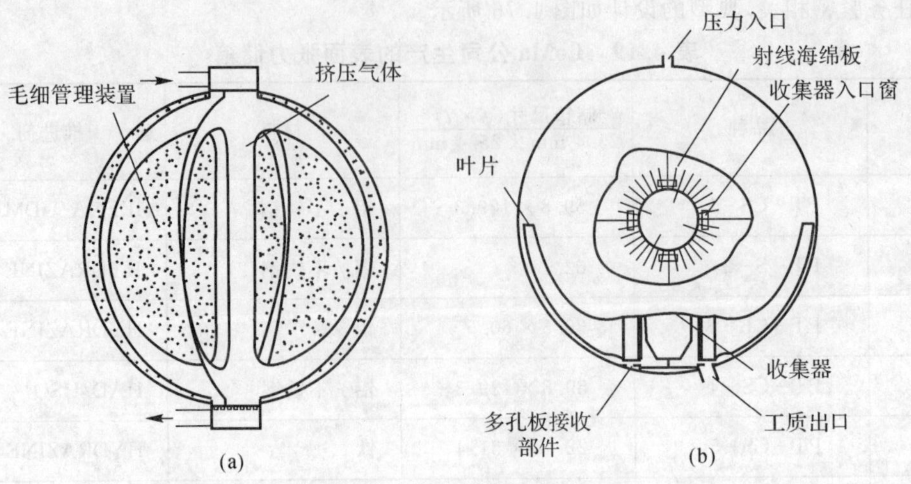

图 4.76　典型叶片式表面张力储箱

(a) 剖面图；(b) 结构示意图

4.5.5　高压气瓶

高压气瓶是挤压式推进系统储存高压气体的装置(见图 4.77)。对于不同形式的火箭发动机系统,压缩气体具有不同功用。在空间挤压式推进系统中,压缩气体作为挤压工质,将燃料和氧化剂从各自的储箱通过该管路压入推力室。同时,对于气动阀门,也用压缩气体来操纵阀门的开启和关闭。

(a)

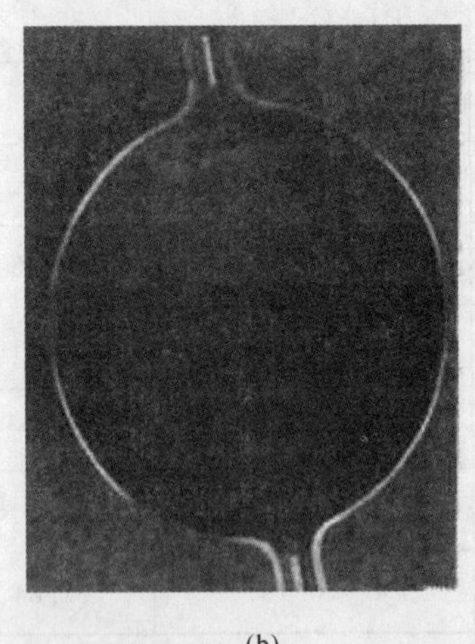

(b)

图 4.77　高压气瓶外形及其剖面图

(a) 外观；(b) 剖面

空间发动机通常使用的压缩气体是惰性气体(氮气或氦气)。它们具有良好的化学稳定性，使用和储存安全，与材料相容性好，并与许多推进剂工质不发生化学反应。由于氦气的密度较小，使用性能良好，在空间推进系统中得到了广泛的应用。

1. 设计参数

高压气瓶的设计参数包括气瓶初始压强、气瓶容积和使用温度环境等。气瓶初始压强是指气瓶在充气环境下的充气压强。在使用过程中，其内部压强将随环境温度的变化而变化。因此，气瓶存在最高工作压强和最低工作压强。

气瓶的初始压强是根据推进系统的要求选定的，用环境温度下限换算求得气瓶的最低压强，应当满足推进系统正常工作的需要。气瓶在给定储气量的情况下，提高初始压强，可以减小气瓶的容积和尺寸，并能减少系统寿命末期气体的残留量，而气瓶的结构质量变化不大。因此，在推进系统设计时，希望尽量选用较高的初始压强。空间推进系统的最大初始压强一般为 20～40 MPa。气瓶的初始压强确定后，气瓶的容积取决于推进剂储箱的容积和压强，可用下式近似求得气瓶容积：

$$V_b = \frac{\left(\dfrac{p_{tk}V_{tk}}{C_2} - p_1 V_1 \dfrac{T_g}{T_1}\right)C_1}{p_g C_1 - p_g'} \tag{4.77}$$

式中　V_b—— 气瓶容积(m^3)；

p_{tk}, V_{tk}—— 分别为推进剂储箱压强和容积(Pa, m^3)；

p_1, V_1, T_1—— 分别为增压前储箱内气体的压强、体积和温度(Pa, m^3, K)；

p_g, T_g—— 分别为气瓶内气体的初始压强和温度(Pa, K)；

p_g'—— 工作后气瓶内气体压强(Pa)。

式(4.77)中的 C_1 和 C_2 分别由下列两式求得：

$$C_1 = \left(\frac{p_g'}{p_g}\right)^{\frac{k-1}{k}} \tag{4.78}$$

$$C_2 = \frac{1 - \dfrac{p_g'}{p_g}}{k\left[1 - \left(\dfrac{p_g'}{p_g}\right)^{\frac{1}{k}}\right]} \tag{4.79}$$

式中，k 为增压气体比热比。

根据气瓶容积可求得球形气瓶的内径：

$$d_b = \sqrt[3]{\frac{6V_b}{\pi}} \tag{4.80}$$

式中　d_b—— 气瓶内径(m)；

V_b—— 气瓶容积(m^3)。

气瓶内的增压气体质量可由气体状态方程求得，即

$$m_g = \frac{p_g V_b}{R_g T_g} \tag{4.81}$$

式中 m_g—— 增压气体质量(kg)；

R_g—— 气体常数。

2. 结构形式

高压气瓶通常设计成球形，因为在相同的设计参数下，球形气瓶的结构质量较小，且成形工艺也较简单。但在特殊情况下，受到推进系统总体布局的限制，也有采用球形底或椭圆形底的圆柱形结构和环形结构。

3. 强度计算和结构质量估算

球形气瓶可按下式计算其壁厚：

$$\delta_w = \frac{p_b d_b}{4[\sigma]^t \varphi} \tag{4.82}$$

式中 p_b—— 气瓶在最高环境温度下的最高工作压强，即初始压强(Pa)；

d_b—— 气瓶内径(m)；

$[\sigma]^t$—— 气瓶在最高环境温度下材料的许用应力(Pa)；

φ—— 焊缝系数。

气瓶在最高温度环境下材料的许用应力

$$[\sigma]^t = \frac{\sigma_b^t}{n_b} \tag{4.83}$$

式中 σ_b^t—— 气瓶在最高环境温度下材料的强度极限(Pa)；

n_b—— 对强度极限的安全系数，通常为 1.8 ～ 2.2。

气瓶的结构质量可按下式估算：

$$m_b = \varepsilon \pi d_b \delta_w \rho_b \tag{4.84}$$

式中 m_b—— 气瓶结构质量(kg)；

ε—— 气瓶结构系数，考虑到气瓶壁厚不均以及附件和固定件的影响取 1.2 ～ 1.0；

ρ_b—— 气瓶材料密度(kg/m^3)。

气瓶充气后的总质量 m_{gb} 等于气瓶内的气体质量与气瓶结构质量之和，即

$$m_{gb} = m_g + m_b \tag{4.85}$$

4. 材料选择

高压气瓶的结构、材料、制造成本和工作可靠性与气瓶的材料选择和制造工艺密切相关。因此，选择气瓶材料时，必须满足下述要求：

(1) 比强度高，在相同设计参数下可以减小气瓶的结构质量；

(2) 足够的塑性和断裂韧性，防制气瓶脆性破坏，使其具有较长的使用寿命；

(3) 较好的工艺性能，便于成形、机械加工、焊接和热处理等。

高压气瓶选用的材料通常有钛合金、高强度合金钢和复合材料等，各种材料的性能见表

4.20 和表 4.21。

表 4.20　用于高压气瓶的几种钛合金性能

合金牌号	状态		σ_b/MPa	σ_s/MPa	δ_0/%	φ/%	ρ/(kg·cm^{-3})	σ_b/ρ/(MPa·(kg/cm^{-3})$^{-1}$)
Ti-6Al-4V	固溶时效		1 050	950	6～8	35	4.42	238
Ti-5Al-2.55Sn	常温	退火	760	680	18	45	4.42	172
	4K	退火	1 490	1 430	9.3	12.3	4.42	337
Ti-13Cr-3Al	固溶时效		1 360	1 130	6.8	/	4.5	302

表 4.21　几种高强度合金钢性能

牌号	钢种	σ_b/MPa	σ_s/MPa	δ_0/%	φ/%	ρ/(kg·cm^{-3})	σ_b/ρ/(MPa·(kg/cm^{-3})$^{-1}$)
D6AC	45NiCrMnVA	1 550	1 450	9	35	4.5	194
18%Ni 马氏体	00Ni18Co9MoTiA	1 860	1 620	8	/	5	230
$28Cr_3$	28Cr3SiNiMoV	1 450	1 250	9	40	5	181
406A	40SiMnCrNiMoV	1 750	1 450	8.5	35	5	219

(1) 钛合金高压气瓶。通常钛合金选用 TC4(Ti-6Al-4V),采用模锻、机械加工、焊接和热处理的工艺方法来制造气瓶,可使气瓶的结构质量较小,且加工精度较高。但在制造过程中,为消除锻造和热处理中有害气体对材料的污染,机械加工时的金属切削量较大,原材料消耗和加工量相应增加,提高了制造成本。例如,采用机械加工制造的气瓶成品材料仅占毛坯材料的20%～25%。制造钛合金高压气瓶的其他成形方法有钣材退火旋压工艺、钣材爆破成形工艺和吹胀成形工艺等。

钛合金焊接时极易吸收有害气体而使接头变脆,在 400～600℃ 温度下,氧、氮、氢等气体与钛合金将发生剧烈反应,并溶于钛中,使得钛合金强度增加,但其塑性和韧性显著下降,脆性增加。因此,钛合金高压气瓶焊接时必须严格防止吸收这类气体。焊接前应将坡口清洁干净,并在惰性气体保护下或在真空环境下进行焊接。常用的焊接方法包括氩弧焊、等离子体焊和真空电子束焊等。为保证焊缝的正、反面成形,应将焊接面设计成带有凸凹的形状。

(2) 高强度合金钢高压气瓶。高强度合金钢包括 D6AC,28Cr3,30Cr3,406A 和25CrMnSiA 等,其中 25CrMnSiA 钢板是制造高压气瓶的一种材料。它在退火状态下塑性较好，适合于冷冲压成形，且焊接性能良好，气瓶经淬火和高温回火后可以获得较满意的机械性能。与钛合金气瓶相比，利用塑性变形经冷冲压成形的合金钢气瓶壁厚不够均匀，结构质量较大。此外，超高强度钢也是制造高压气瓶的可选材料，尽管密度较高，但这类钢的极限强度很高，可达 14 ～ 17 MPa。因此，选用该类材料制造的高压气瓶结构质量也是较小的。

(3) 复合材料高压气瓶。复合材料的强度和弹性模量较高，密度较小。因此，其比强度和比模量很高。用复合材料制造的高压气瓶结构质量小、制造成本低。通常采用薄壁金属壳体作内衬，外表面缠绕经适当树脂浸润的纤维成形。常用的复合材料有碳纤维 / 环氧树脂、玻璃纤维 / 环氧树脂和硼纤维 / 环氧树脂等。

当高压气体的压强高于 30 MPa 时，采用纤维缠绕方案，可降低结构质量。对于导弹系统，为增加充气后的储存期，采用与导管材料一致的金属里衬是首选方案。美国 MX 导弹末修动力系统，采用钛合金里衬，纤维缠绕的设计方案。其主要性能指标如下：

(1) 充气压强：33.8 MPa；

(2) 漏率：1×10^{-8} cm^3/s；

(3) 充气储存期：10 a。

由于轻质要求越来越高，要求气体渗透性低的金属里衬占高压复合材料缠绕气瓶质量的 20% ～ 30%。如果采用常规里衬的生产方法，壁厚最薄的金属里衬一般能承受压强载荷的很大一部分，因此复合材料缠绕的益处被大大降低了。此外，复合材料缠绕需要的最小厚度比气瓶结构性能所需的厚度大，这导致过大的质量。摸索新里衬的生产技术、纤维和胶合材料，这可使气瓶质量降低 10% ～ 20%。

利用氟碳里衬内表面喷涂一薄层金属的技术来代替金属里衬是降低气瓶质量的一种可能的方法。如果真的可以生产无形的金属喷涂层，那么它展示的抗疲劳性能将比常规机械加工的金属里衬的要高。

已经对用无电极喷涂和磁控管喷涂制成的镀金属的 Teflon PFA 平面样件进行了有限的渗透性试验。进一步的试验将涉及缠绕的镀金属的 Teflon 气瓶，进行渗透性和循环寿命试验。

除了研究聚合的里衬外，美国正在寻求在一次性使用的芯轴上制造非常薄的金属里衬的几个有潜力的技术。这些技术也证明在聚合里衬的外表面喷涂金属是可行的。NASA 马歇尔空间飞行中心的 Gail Gordon 已经提供了聚氨脂泡沫芯轴材料样件，表明是非常可行的。水解的黏土芯轴也正在考虑，也摸索用极薄的金属薄膜制造饮料罐技术的应用。作为低风险的“保底”技术，将铝里衬化铣到壁厚 0.13mm 的现成技术的发展工作正在进行。

4.6 空间用液体火箭发动机

4.6.1 空间用液体火箭发动机

根据空间飞行器的不同任务及其对推进系统的具体要求，液体火箭发动机的作用多种多样。概括起来，空间用液体火箭发动机主要为空间飞行器完成下述任务提供动力。

1. 变轨和轨道转移

变轨指使空间飞行器从一个轨道变换到另一个轨道，变换前、后的两个轨道可以在同一平面，也可以在不同平面，通称变轨控制。轨道转移通常是指空间飞行器从地球轨道转移到地球同步轨道或月球和其他行星轨道。

2. 轨道保持和阻力补偿

轨道保持是指调整空间飞行器的速度，修正轨道参数，使空间飞行器的运行轨道与标准轨道的偏差控制在允许的范围内。地球同步轨道的轨道保持，即位置保持；阻力补偿是指空间飞行器在近地轨道飞行时，克服环境大气阻力对其飞行速度和轨道的影响。

3. 交会和对接

交会和对接是指使两个或两个以上的空间飞行器在轨道的预定位置会合，并在结构上完成连接。在交会过程中还涉及空间飞行器间的停靠及交会后的分离。

4. 入轨、离轨和再入

入轨指使空间飞行器根据任务要求进入预定轨道，在空间飞行器完成任务后脱离其运行轨道即离轨，完成任务后离轨并再入大气层进行返回即再入。

5. 姿态控制和精确定位

姿态控制指使空间飞行器在轨运行时为完成其承担的特定任务而具有一定的姿态和位置精度。空间飞行器的姿态控制包括姿态稳定和姿态机动。姿态稳定是指保持已有的姿态，而姿态机动则是将空间飞行器从一种姿态变换为另一种姿态。

6. 月球和行星上起飞、着陆

月球和行星上起飞、着陆指使空间飞行器按预定的要求进入月球和其他行星的轨道和大气层，并在其表面软着陆，在完成其探测、采集和取样任务后起飞返回。

7. 深空探测和星际航行

深空探测和星际航行指使空间飞行器按特定的任务和预定轨道脱离太阳系，进入深层空间和进行星际航行，完成探测任务。

4.6.2　空间用液体火箭发动机

空间用液体火箭发动机要求能在特定的空间环境中完成不同的任务，因而其工作方式、性能指标和系统结构方面都具有显著的特点。

1. 工作环境

空间用液体火箭发动机需要在高真空和失重的空间环境中长期工作。影响其性能和可靠性的因素如下：

(1) 高真空环境。这将引起金属材料的蒸发以及材料表明膜或气体吸附层部分或全部消失，从而导致材料性能改变、组件功能降低，甚至达到失效的程度。

(2) 热环境。影响空间用液体火箭发动机的外部辐射源主要有太阳直接辐射、星体反照射和行星辐射，它对推进剂管理系统影响极大。

(3) 核辐射环境。空间核辐射对系统金属材料将引起内热和晶体结构原子错位，严重影响金属材料的性能。

(4) 流星轰击。空间飞行器在空间运行期间将遭受各种流星、空间碎片等的轰击，将引起推进系统结构表面腐蚀、穿孔甚至破坏。

(5) 重力影响。在无重力和微重力条件下，推进剂供应系统将受到显著影响。

2. 工作方式

为满足各种空间飞行器不同的任务要求，同时为提高空间飞行器的控制精度和降低推进剂消耗，不仅要求发动机能够持续地长时间工作，而且要求发动机在脉冲方式下多次工作。因此，空间用液体火箭发动机要求具有多次起动能力，在空间飞行器长时间惯性飞行后仍能多次稳定工作；在脉冲工作时，要求响应快速，脉冲冲量最小只有几毫牛每秒。

3. 工作寿命

空间飞行器推进系统中的液体火箭发动机无论是连续工作还是脉冲工作，其工作次数和累计工作时间要远远大于运载火箭发动机。例如，对于航天飞机轨道机动发动机和星际航行发动机的累计工作时间达十几小时，而对于脉冲姿态控制发动机的工作次数或循环工作寿命高达几十万次，且在轨寿命达 15 年以上。因此，要求空间飞行器推进系统发动机具有很高的可靠性，且要求其零、部、组件的材料与推进剂工质具有良好的相容性。

4. 推力及其调节

与运载火箭主发动机和助推发动机相比，空间飞行器推进系统所用的发动机推力较小(0.5～100 kN)，尤其是姿态控制和位置保持发动机推力更低(0.05～2 000 N)。此外，空间飞行器推进系统发动机在持续工作期间，不仅要求在额定推力下工作，而且根据不同任务要求，要求其具备一定的推力调节能力，即要求发动机具有高度的节流能力，能够在不同工况下可靠工作，额定推力与最低推力之比可高达 10∶1。

5. 系统与结构

为适应多次起动和脉冲工作的要求，空间飞行器推进系统广泛采用冷气、单组元和双组元推进剂的挤压式供应系统。同时，空间飞行器推进系统要求结构尺寸小、质量轻和可靠性高，因此在结构设计、加工工艺和试验测试技术等方面都具有小型化、轻质化和高精度的特点。

4.6.3　空间用液体火箭发动机的选择

空间推进系统主要为空间飞行器、空间站、探测器等空间飞行器各种机动提供动力。在空间飞行器与运载火箭分离后，由空间推进系统完成空间飞行器的轨道转移、精确定位、阻力补偿、末速修正、位置保持、姿态控制、离轨处理和交会对接，以及星际航行和深空探测等任务。空间推进系统除了要满足空间飞行器对推力、比冲、工作寿命、结构质量、后效冲量及其偏差等的技术指标要求外，还要满足总冲、工作次数、工作间隔时间、脉冲宽度、持续工作时间、起动/关机响应时间和工作环境等要求。

空间推进系统对推进剂的选择主要根据空间飞行器对总冲、工作方式和可靠性等方面的要求，同时考虑推进剂的性能、储存、使用和维护等。

对于运行寿命短、质量轻、控制精度要求高的空间飞行器，在总冲、推力和脉冲宽度要求较小的情况下，例如总冲小于 2.5×10^5 N·s时，可考虑采用单组元推进系统，如肼、混肼(DT-2，DT-3)和过氧化氢等单组元分解推进系统。其中，肼分解单组元推进系统具有结构简单、技术成熟、响应灵敏、稳态与脉冲工作重复性好等优点，它在各类空间飞行器、运载火箭上面级、导弹弹头舱、空间探测器等的姿态控制、末速修正、位置保持、精确定位、交会对接、离轨处理等机动任务中得到广泛应用。

对于运行寿命长、质量大、性能与总冲要求较高的空间飞行器，一般采用双组元推进系统，例如空间飞行器的主发动机、变轨发动机和工作寿命较长的高性能辅助动力发动机。通常双组元发动机的比冲比肼分解单组元发动机高 20% ~ 40%，并且双组元发动机的工作寿命和循环次数不受限制，起动 / 关机响应时间短，维护使用方便。随着空间飞行器功能的增加和质量的增大，以及工作寿命、工作时间、循环次数的不断提高，它们对推进系统的比冲、总冲、工作寿命、体积和质量的要求也越来越高，双组元推进系统在空间飞行器上的应用也日益广泛。

空间推进系统大多采用结构简单、便于多次起动和可靠性高的挤压式供应系统。挤压式系统包括恒压式和落压式。对于空间主发动机通常采用恒压式供应系统，而辅助推进系统可采用落压式推进系统。落压式推进系统不仅取消了减压器等组件，而且可以节省增压气体量，从而简化系统和减轻质量，而且提高了系统的可靠性。

随着空间技术、航天技术、探测技术的不断发展，大型、长寿命地球同步轨道通信卫星、空间探测器、深空探测器等空间飞行器对其推进系统的总冲、比冲、体积、质量、寿命、可靠性提出了更加严格的要求，与此同时，电推进技术也得到了快速发展。这使得高性能的双模式推进系统和复合推进系统也得到了应用，并且显示广阔的应用潜力。

随着科技的进步和人类空间活动的日益频繁，世界各国正在研制性能与可靠性更高、寿命更长和成本更低，以及更加环保的新型空间液体推进系统，如硝酸羟铵类、过氧化氢等单、双组元推进系统，液氧 / 烃双组元推进系统，凝胶推进系统和泵压式推进系统等。

4.6.4　空间用液体火箭发动机的类型

1. *恒压式单组元液体火箭发动机推进系统*

从 20 世纪 60 年代以来沿用至今的卫星，广泛应用单组元推进系统，它具有结构简单、成本低、肼分解发动机技术成熟、可靠性高等优点。

单组元系统分为恒压式系统和落压式系统两种。恒压式单组元推进系统一般由增压气体系统、推进剂储存输送系统、单组元发动机以及温控、电缆、压力与温度传感器等组成，其结构示意图如图 4.78 所示。其中，增压气体系统包括高压气瓶、电爆阀、减压器、破裂膜片阀、放气阀和充气阀等，其功能是完成推进剂的增压；推进剂储存输送系统包括推进剂储箱、加注阀、膜片阀、过滤器和管路等，其功能是完成推进剂的储存与供应；单组元发动机包括电磁阀和推力室等。

充气阀是供高压气瓶充气和放气用的；加注泄出阀供储箱的推进剂加注与泄出；过滤器的功能是滤去推进剂中的微量杂质与固体颗粒，防止推进剂管路与推力器喷注器的堵塞；减压器的功能是将气瓶内的高压气体降压，为推进剂储箱提供恒定的气源。推进剂储存在橡胶囊式储箱内，储囊将单组元推进剂与增压气体相互隔离，防止失重状态下气、液混合而影响推进剂的供应。在发动机尚未工作时，电爆阀关闭，使高压气体密封在气瓶内；同时，储箱下游的膜片阀将储箱与推进剂输送管路隔离，即将推进剂密封在储箱内，以保证系统在加注推进剂、系统运输与储存过程中的安全性。

单组元发动机推进系统的工作原理是按照任务要求，控制系统给推进系统电爆阀发出电爆指令，电爆阀内电爆管起爆，阀门切刀将隔离膜片切破，高压气瓶的高压气体通过电爆阀，经减压器减压后进入推进剂储箱；当储箱内的压强达到发动机额定工作压强时，储箱出口的膜片阀破裂，推进剂从储箱中流出，经过滤器到达各发动机的电磁阀前，系统处于待工作状态。

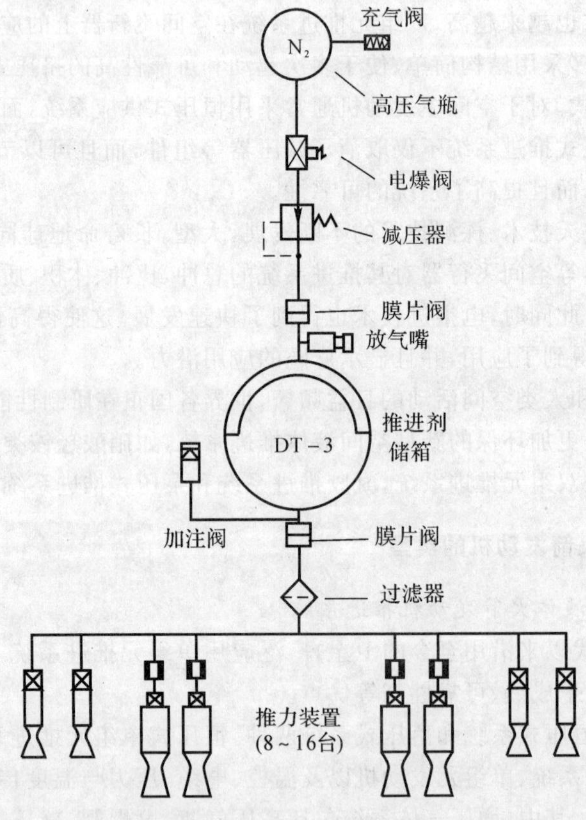

图 4.78　恒压式单组元推进系统

当空间飞行器需要进行姿态控制、速度修正或程序机动时，控制系统即发出指令。根据控制信号，电磁阀接收到控制系统指令后，阀门打开，推进剂进入推力室，推进剂与推力室内的催化剂接触立即发生热分解。推进剂分解为含有 NH_3，N_2，H_2 和 H_2O 的高温气体，再通过喷管喷出产生推力，为空间飞行器提供所需的控制力。当空间飞行器姿态、位置或速度符合预定要求时，控制系统发出关机指令，相应的电磁阀关闭，发动机停止工作，推力消失。

2. 落压式单组元液体火箭发动机推进系统

落压式单组元系统是将增压气体直接充填到推进剂储箱内，当推进系统工作时，储箱内的推进剂逐渐减少，增压气体发生膨胀并导致储箱内的压强下降，发动机的推力、室压和推进剂流量也相应随之逐渐下降，落压比一般为 3∶1。落压式单组元推进系统一般由推进剂储箱、自锁阀、过滤器、压力传感器、气体加注 / 泄出阀和推力器模块等组成，其结构示意图如图 4.79 所示。

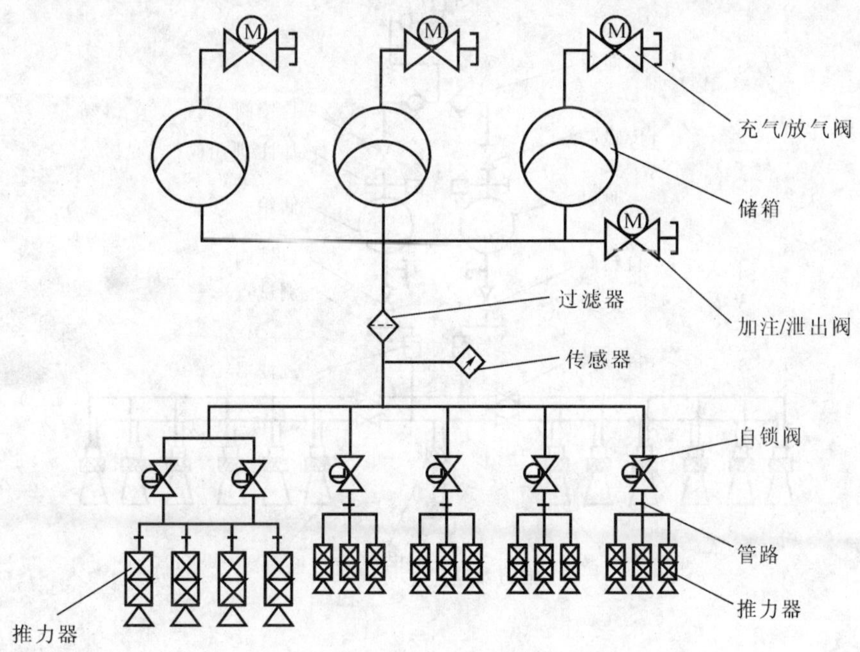

图 4.79　落压式单组元推进系统

单组元推进系统工作原理是，增压气体和推进剂储存在隔膜式储箱，当推进系统工作时，根据控制信号，打开相应的自锁阀，推进剂进入相应的推力室，并与催化剂接触发生分解反应，产生含有 NH_3，N_2，H_2 和 H_2O 的高温气体，经喷管高速喷出产生推力。当系统停止工作时，控制系统发出控制信号，关闭相应的自锁阀，发动机停止工作。

3. 双组元统一液体火箭发动机推进系统

这种形式的推进系统从 20 世纪 70 年代中期开始首次发射，到 80 年代已经广泛应用。它由一台双组元液体远地点发动机和十几台小推力双组元姿态控制发动机组成。它们用同一压强和推进剂控制系统，仅在发动机阀门前的集流腔处才分流供给远地点和姿态控制发动机。其特点是比冲高、有效载荷大。双组元推进系统一般包括气路系统、液路系统、远地点发动机、姿态控制发动机、氧化剂储箱、燃料储箱、压强调节器、电磁阀（常开和常闭）、单向阀、自锁阀、压力传感器、过滤器等，其结构示意图如图4.80所示。

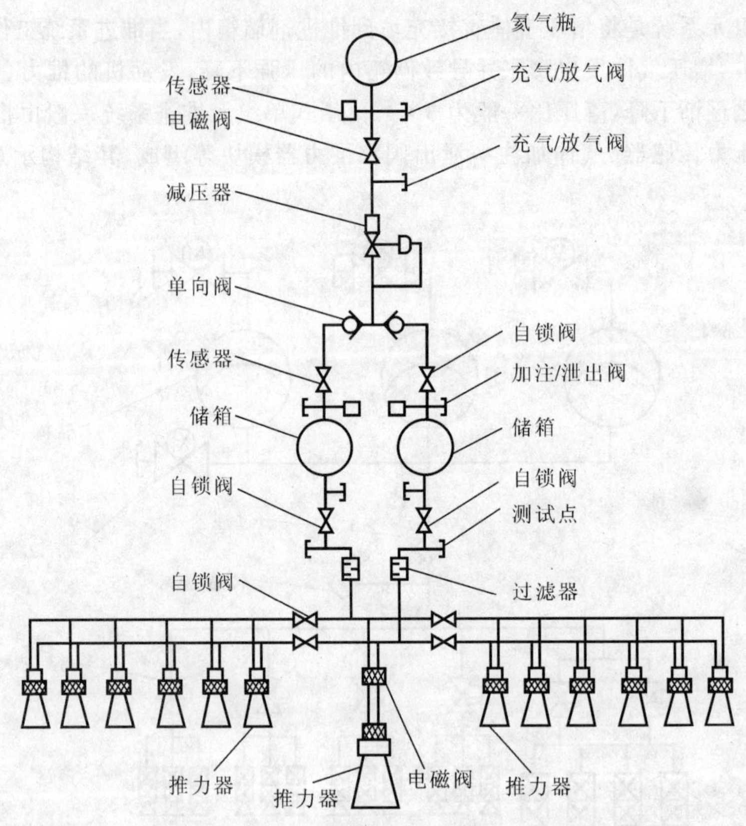

图4.80　双组元统一推进系统

液体远地点发动机的多次点火性能，使入轨精度大大提高。目前已经运行和正准备应用的统一推进系统有美国Marquardt公司的R-4D-11+R6和R-4D-12+R6C组合的推进系统、AJ10-221远地点发动机推进系统、德国MBB公司研制的400 N推进系统、英国皇家军械署研制的LEROS 500 N推进系统，以及中国空间技术研究院研制的"东方红三号"与"东方红四号"推进系统。最近，MBB公司又对400 N推进系统作了改进，除原来的10 N姿态控制系统外，新研制了4 N姿态控制发动机系统，这种新型的推进系统将用于ARTEMIS之上。双组元液体推进系统的不足之处在于小推力的双组元发动机体积小，导致加工相对较复杂，且长时间工作,四氧化二氮产生的硝酸盐可能堵塞管路及喷注器,使发动机可靠性受到影响。

双组元统一推进系统的工作原理:对于远地点发动机采用恒压供应方式,其余机动飞行(南北位置保持、姿态控制)则用落压式供应方式。姿态控制与轨道控制系统采用两个互为备份的冗余系统,并用两个自锁阀将两系统隔开,在推进剂储箱和气源之间设有两个自锁阀和单向阀,用于防止推进剂蒸汽混合,且两种阀互为备份。在首次工作前,推进剂与增压气体之间用常闭电爆阀隔离。远地点发动机完成空间飞行器轨道转移之后,常开电爆阀关闭,永久关闭远地点发动机与推进剂供应系统之间的联系,发动机按落压供应方式完成空间飞行器的姿态控制和轨道控制任务。

4. 双模式推进系统

这是一个从 20 世纪 80 年代才开始研制的新型推进系统(见图 4.81)。其特点是使用了一个用单元肼作燃料、混合氮氧化物作氧化剂的双组元远地点发动机和单元肼分解发动机作姿态控制发动机。单元肼作为双组元远地点发动机的一个组元,又作为姿态控制发动机的推进剂,系统仅需要一个长寿命燃料储箱。而远地点发动机的寿命为一个月,对氧化剂储箱的寿命要求仅一个月。研究表明,寿命仅为一个月的氧化剂储箱用铝合金材料代替钛合金系统,质量和成本都大为降低。姿态控制用单组元肼分解发动机技术成熟,系统简单可靠,虽然比冲比双组元的低 30%,但 GEO 卫星要求姿态控制发动机推力小,总冲也较低,较低的真空比冲对系统不致造成很大影响,却避开了技术复杂、羽流污染相对较大的缺点。所以它更适合于主发动机推力和姿态控制发动机推力差别很大、主机寿命短或姿态控制发动机推力和总冲都较小,但使用寿命长的发动机系统。GEO 卫星推进系统正适应于这些特点,因而双模式推进系统受到特别重视。尤其是从 20 世纪 90 年代起,该系统得到世界各国的广泛研究和应用。美国的 Marquardt 公司、Aerojet 公司、日本的 IHI 公司和英国的皇家军工局等都成功地研制出了用于双模式系统的 MON－3/ N_2H_4 推力室,包括为 ANIK－E1,ANIK－E2 和 Intalsat－K 上研制的 DM－LAE 445N 发动机,它们以 N_2O_4/N_2H_4 为推进剂,比冲达到 3 087m/ s。英国 LEROS 的 500 N 双模式推进系统、日本全落压式双模式推进系统、美国波音公司的双模式推进系统在 GEO 卫星和 XSS－11 微小空间飞行器上都得到了应用,证明了双模式推进系统具有显著的优点和广阔的应用前景。

双模式推进系统的工作压强使高比冲远地点双组元发动机以恒压供应方式工作,而使高可靠性、结构简单的单组元推力器以落压供应方式工作。姿态控制与远地点发动机系统采用公用的燃料储箱,远地点发动机为两个互为备份的冗余系统,并用两个自锁阀将两系统隔开,在推进剂储箱和气源之间设有两个自锁阀和单向阀,用于防止推进剂蒸汽混合,且两种阀互为备份。在首次工作前,推进剂与增压气体之间用常闭电爆阀隔离。双组元远地点发动机完成空间飞行器轨道转移之后,常开电爆阀关闭,永久关闭远地点发动机与推进剂供应系统之间的联系,以及关闭远地点发动机的氧化剂自锁阀。单组元姿态控制发动机按落压供应方式完成空间飞行器的姿态控制和轨道控制任务。

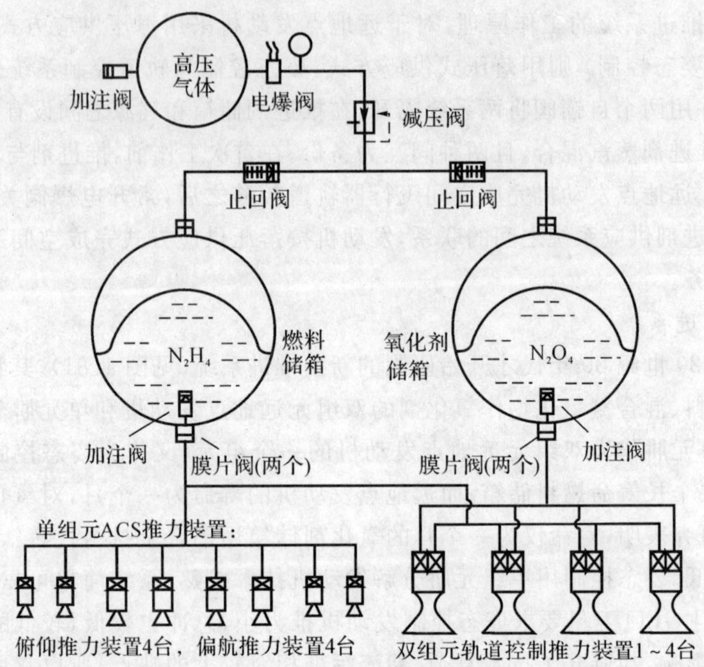

图 4.81　双模式推进系统

5. 复合推进系统

这是一个从 20 世纪 80 年代在电推进技术日益成熟基础上才开始研制的新型推进系统。其特点是利用不同推进系统的优点承担不同的机动任务，节省推进系统的推进剂耗量，从而增加有效载荷的质量，或延长空间飞行器在轨运行寿命，或降低空间飞行器发射成本。

计算表明，地球同步卫星入轨后的姿态控制系统中有 80% 的推进剂是用作南北位置保持的，也就是说提高南北位置保持的真空比冲是减少其所用推进剂和延长寿命的关键因素。在南北位置保持中，电推进与化学推进相比，前者对在轨推进剂的要求将大为降低；另一方面，发动机寿命也是两者不可比的。根据统计，对于质量为 1 000 kg，寿命为 14 年的同步卫星而言，用于南北位置保持的姿态控制发动机若使用单元肼化学推进，需用推进剂 400 kg（比冲按 2 156 m/s 计）；若采用电弧推力器，则仅需要 185 kg（比冲按 4 900 m/s 计）；若采用稳态等离子体推力器（SPT）电推进系统，仅需要 115 kg。由此可见，复合推进系统对于长寿命（＞8 年）空间飞行器具有显著的优点。复合式推进系统自 20 世纪 90 年代后得到世界各国的广泛研究与应用。例如，美国 LoMa 公司的 Series－3000 和 Series－5000 卫星平台使用双组元推进系统与电阻加热推力器（Resistojet）组成复合推进系统（见图 4.82），LoMa 公司的 Series－7000 卫星平台和 A2100 卫星平台使用双模式推进系统与电弧推力器（Arcjet）组成复合推进系统（见图 4.83），休斯公司成功地将双组元推进系统与离子推进系统(IT)组合形成 HS-601HP(XIPS-13)，HS-702(XIPS-25)复合推进系统，而俄罗斯利用双组元发动机与 SPT 组成复合推进系统。

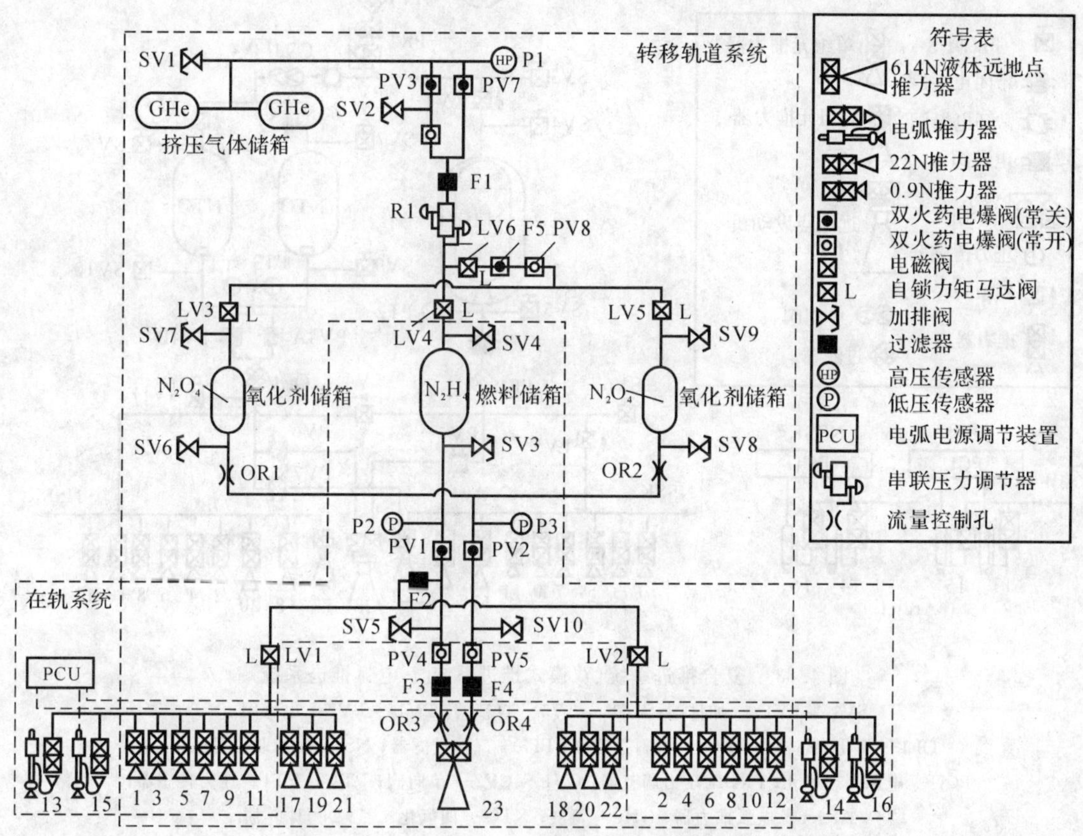

图 4.82　复合推进系统(双组元推进系统 + 电阻加热推进系统)

SV1 ~ SV10— 加排阀；LV1 ~ LV7— 自锁阀；L— 力矩马达阀；PV1 ~ PV8— 电爆阀；F1 ~ F5— 过滤器；OR1 ~ OR4— 流量控制孔；PCU— 电源处理单元；P1 ~ P3— 压力传感器；R1— 压力调节器；GHe— 氦气；N_2O_4— 四氧化二氮；N_2H_4— 肼

以美国休斯公司 HS-702 通用卫星平台复合推进系统为例，系统由双组元统一推进系统和离子推进系统组成(见图 4.84)。离子推进系统包括功率处理单元、离子推力器、氙储箱、压力调节器、加注 / 泄出阀、电爆阀、过滤器、自锁阀、压力传感器、温度传感器等。系统的工作原理是液体远地点发动机完成轨道转移任务，到达大椭圆轨道后，由离子推进系统完成 GEO 轨道的变圆升轨、在轨位置修正、东西位置保持、南北位置保持、偏心率控制、动量阻尼、离轨处理等 15 年在轨寿命期间的全部机动任务。姿态控制双组元发动机仅用于离子推进系统执行位置保持功能出现故障时的应急再捕获机动任务。

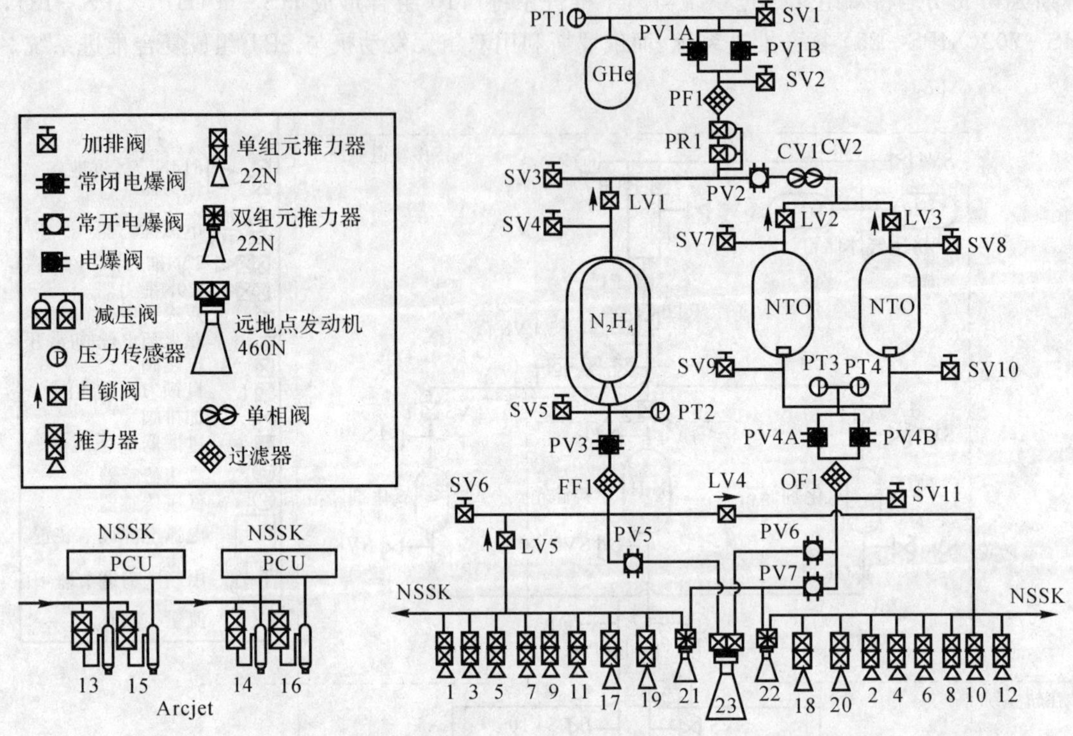

图 4.83　复合推进系统(双模式推进系统＋电弧推进系统)

SV1 ～ SV11— 加排阀；LV1 ～ LV5— 自锁阀；PV1 ～ PV7— 电爆阀；

OF1— 氧化剂过滤器；FF2— 燃料过滤器；PF3— 气体过滤器；NSSK— 南北位置保持；

PCU— 电源处理单元；PR1— 压力调节器；CV1 ～ CV2— 单向阀；PT1 ～ PT4— 压力传感器；

Arcjet— 电弧推力器；GHe— 氦气；NTO— 四氧化二氮；N_2H_4— 肼

6. 凝胶推进系统

凝胶推进剂(gelled propellant)是一种介于固体火箭推进剂与液体火箭推进剂之间的先进推进剂。凝胶推进剂的一种制造方法是在液体推进剂中加入超细的金属铝粉悬浮在液体燃料中，使得推进剂胶体化或称金属化，不仅提高了燃料的密度，增加了双组元推进剂的比冲性能，并且改善了推进剂防泄漏的安全性。其关键问题是金属粒子的粒度及其稳定性问题受工艺水平制约较大。另一种制造方法是使液体推进剂凝胶化，即在推进剂中加入一定量的凝胶剂(gellant)，燃料中使用的凝胶剂一般是有机物(如肼中加 2% ～ 4% 的 HEC，同时可以降低 N_2H_4 的冰点，改善推进剂对环境的适应性；MMH 中加 2% ～ 4% 的 HPC)，氧化剂中使用的凝胶剂一般是无机物(如 IRFNA 中加入 2% ～ 5% 的超细 SiO_2 颗粒物)，使得液体燃料在常压下变成黏度很大、安全性更好的触变胶，在受挤压输送供应时黏度减小，保证系统的正常工作。凝胶推进剂的比冲较高(2 797 ～ 3 197 m/s)，密度高(1.9 ～ 2.2 g/cm^3)，使得密度比冲显著增加，达到 5 314.1 ～ 7 032.9 kN · s/m^3。

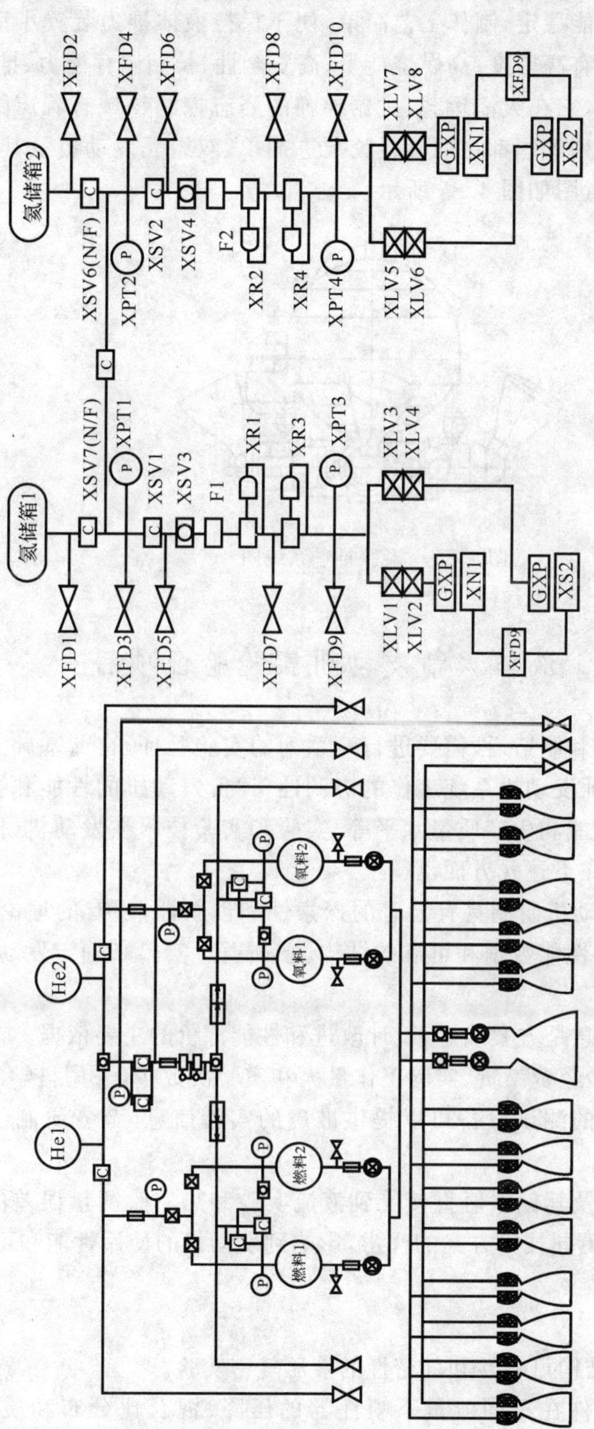

图4.84 复合推进系统(双组元统一推进系统+离子推进系统)

XFD—加注阀；XSV—电磁阀；XPT—压力/温度传感器；XR—压力调节器；F—过滤器；XLV—自锁阀；GXP—流量调节器

由于凝胶推进剂物化性能稳定，制作工艺简单，便于保持液体推力装置小型化，以及其可控性好，使用维护方便，并具有高密度、高燃烧能量、高安全性、长期储存能力、推进剂黏性大和低压储存可防止泄漏等特点，它在火箭运载、武器导弹的姿态控制领域有着广阔的应用前景。美国、俄罗斯、乌克兰和以色列等国都在加紧凝胶推进剂单、双组元发动机及其推进系统的研究与开发。凝胶推进系统示意图如图 4.85 所示。

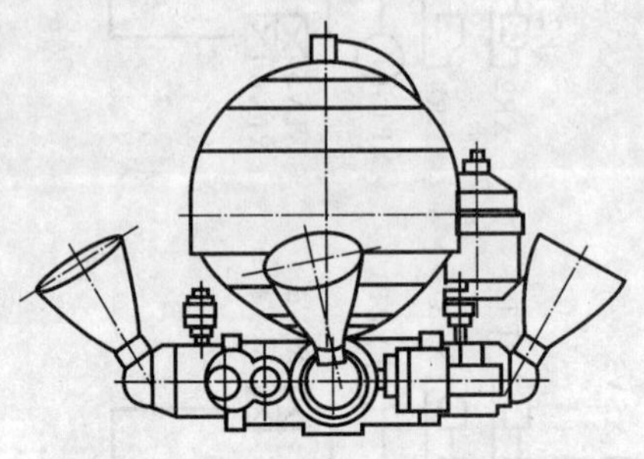

图 4.85　凝胶推进系统图

4.7　液体火箭发动机实验验证项目

空间发动机在完成设计和制造后，需要进行一系列的实验验证，在此基础上，还必须进行一系列发动机热实验，以验证发动机系统工作的协调性，评价发动机的性能和结构可靠性，以及评定发动机的维护使用性能和生产质量水平等。实验和实验技术在发动机研制过程中具有特别重要的地位，主要表现在下述几方面。

(1) 空间用液体火箭发动机研制具有显著的探索性和创新性，现有的理论、分析、计算和设计技术尚无法提供精确的性能数据和可靠的结构，必须通过实验来确定发动机的实际性能和结构可靠性指标。

(2) 实验研究获得的信息是方案确定、设计改进和性能评价的主要依据。

(3) 实验设施复杂、实验经费昂贵、实验工作量大和实验次数多，采用科学的方法、合理的安排、先进的技术和高性能的测试设备可以提供准确的实验信息，节省研制经费，缩短研制周期。

(4) 发动机的性能参数及其偏差值直接受到液流实验和热实验测量误差的影响，如果实验测量误差大，就无法判定不同技术方案的优劣，影响到发动机的使用性能和可靠性。

4.7.1　推力室实验项目

(1) 考核其结构强度、结构可靠性和气密性的液压气密实验。

(2) 考核推力室及其组件在不同流量下喷注器的压降、混合比分布和质量分布的液流实验。

(3) 考核推力室方案可行性的地面热实验。

(4) 考核推力室起动、关机、稳态工作、脉冲工作、响应特性、工作性能和工作可靠性的真空实验。

(5) 评定推力室工作稳定性的不稳定燃烧实验。

(6) 振动、冲击力学环境实验。

4.7.2　阀门实验项目

阀门实验验证项目包括可行性论证实验；气密性实验；考核活动元件灵活性与协调性的动作实验；检验工作参数之间相互关系的静特性实验；检验开启、关闭与阀芯位置变更瞬间过渡型的动特性实验；减压阀流体压强损失的流阻实验；自然(温度、湿度、真空度、盐雾、霉菌、淋浴等)、诱导(冲击、振动、噪声等)与复合(高-低温、压强-振动、高温-真空等)环境模拟实验；检验相容性、密封性及其工作性能的介质实验；可靠高低工况下设计裕量的极限性能实验；检验超工作条件下工作性能不正常的失效模式实验；考核额定工况下工作性能的鉴定实验；以及考核产品使用性能的检查与抽检批生产实验等。

4.7.3　储箱、气瓶实验项目

(1) 囊式储箱实验项目包括气密实验，储箱加注量、排液速度和排空效率实验，疲劳实验，振动、冲击环境实验，相容性与使用性能等综合鉴定实验，以及加速老化实验和验收实验。

(2) 表面张力储箱实验验证项目包括爆破点实验，加注、泄出实验，流阻实验，微重力实验，液压实验，气密实验，排空效率实验，安全裕量实验，运输、冲击、振动动态环境实验，以及疲劳实验，爆破实验和储存等抽典实验。

(3) 高压气瓶实验验证项目包括：

1) 液压强度实验。实验的同时，结合声发射检测，以测定瓶内潜在缺陷及其在工作载荷下的安定状态，尤其对锻造形成的钛合金气瓶，测定其中的偏析缺陷既经济又有效。

2) 气密实验。这是对其结构的致密性及其密封结构可靠性的综合检验，常用阀检查方法，包括充压检漏和氦质谱检漏。

3) 爆破实验。这是对气瓶设计的正确性、选材的合理性，以及对生产质量要求及品质控制效果进行的全面载荷考核评定，也是可靠性评价的主要依据。

除上述实验外，可根据需要进行其他项目的实验，如振动实验、冲击实验和蠕变实验等。

4.7.4　发动机实验项目

(1) 液流实验。主要验证发动机在不同流量下的压降和流动特性，是确定发动机工作参数和系统调整的依据。

(2) 气密液压实验。在发动机额定工况(1.5 ～ 2.0) p_c 下进行液压实验，检验发动机的强度可靠性；在额定工况(1.2 ～1.5) p_c 下进行气密实验，检验推力室的密封性能，利用氦质谱仪进行检漏,保证总泄漏率小于 1.0×10^{-5} Pa·m^3/s。

(3) 地面热实验。在地面环境下利用短身部发动机进行方案考核,通过参数测量和分析,对不同工况下的可靠起动、稳定性、工作性能和结构可靠性进行研究,计算不同参数变化对其性能、可靠性和稳定性的影响。

(4) 高空模拟实验。针对空间发动机的实际工作环境,在真空实验系统中进行高空模拟实验研究。主要考核高空环境下发动机多次起动和关机特性,发动机在满流状态下的稳态与脉冲性能,发动机在高空环境下工作稳定性,发动机性能、寿命和结构可靠性,发动机羽流场测定及其对空间飞行器的影响,以及发动机在真空环境下的热结构性能。

(5) 高低温实验。空间发动机在空间环境下工作,其工作温度环境极其恶劣,工作环境温度对发动机性能、可靠性均有不同程度的影响,通过环境温度实验和温度循环实验考核发动机在不同环境下的性能和可靠性。

(6) 力学环境实验。发动机在发射飞行过程中,空间发动机将承受过载、振动、冲击的作用,使得发动机的工作性能和可靠性受到明显影响。通过必要的力学环境实验考核发动机的工作性能、结构强度和结构可靠性。通过各种振动实验、过载实验、冲击实验和运输实验,考核发动机在不同力学环境下的工作性能和结构可靠性。

(7) 气候环境实验。空间发动机在储存、运输、发射以及空间飞行过程中,可能受到气候环境变化的影响。因此,需要通过雨淋实验、湿热实验、盐雾实验、霉菌实验、沙尘实验等环境实验,考核发动机的工作性能和可靠性。

4.8 液体火箭发动机发展趋势

单组元肼分解和双组元自燃推进剂等化学推进系统在空间飞行器的主推进、轨道转移、姿态控制、阻力补偿、精确定位、位置保持和离轨处理等在轨管理方面,在行星探测、星际航行和交会对接等领域,以及导弹武器的助推、末速修正、机动变轨、多头分导、姿态控制等方面均得到了广泛应用,对人类航天技术、空间技术、探测技术和科学技术的发展起到了积极的促进作用。

随着人类科学研究、空间活动、外太空探测和星际航行任务的日益频繁,以及导弹防御系统的迅速发展和航天技术在军事领域的广泛应用,对空间推进系统提出了更加严格的要求。例如,要求推进系统的性能更好、质量更轻、体积更小、可靠性更高和寿命更长,并且对环境污染更小和成本更低。因此,发展比冲高、结构紧凑、消耗工质少、成本低廉和更环保的推进系统已成为迫切需要。世界各航天大国(如美国、俄罗斯、法国和日本等)都非常重视先进空间推进系统的研究,均制订了近、中、远期的研究、验证和应用计划。研究方向包括先进化学推进系统、电推进系统、微推进系统和核推进系统等,研究领域包括专业基础研究、现有系统改进、新型系统研究和新概念推进系统研究。尤其对空间化学推进系统,由于其继承性好、技术成熟和经验丰富,各国在提高比冲、减轻质量(如轻质发动机、储箱、阀门等或者高密度推进剂)、改善发动机工况调节能力、提高储存寿命、提高安全性以及系统优化等方面开展了大量的研究。

4.8.1　新型推进剂技术

为不断提高空间液体火箭发动机的比冲，降低研制、维护和使用成本，同时减小对人员和环境的污染，一方面不断改进现有推进剂(NTO/MMH，MON/UDMH，MON/MMH 和 N_2H_4/MON 等)的性能，另一方面开展多种新型的绿色推进剂和高能推进剂的研究。例如，比冲分别为 3 224 m/s，3 675 m/s，3 685 m/s，3 626 m/s 和 3 508 m/s 的 ClF_5/N_2H_4，OF_2/C_2H_4，F_2/N_2H_4，OF_2/C_2H_6 和 N_2F_4/N_2H_4 的空间储存双组元推进剂，它在挤压系统和泵压系统中都可良好工作，也可空间储存；比冲分别为 3 234 m/s 和 4 145 m/s 的 LOX/CH_4 和 LOX/LH_2 的双组元无毒推进剂，以及比冲分别为 2 953 m/s，2 786 m/s，2 831 m/s，2 854 m/s 和 2 866 m/s，密度比冲达 3 778.9 kN · s/m^3，3 468.2 kN · s/m^3，3 603.5 kN · s/m^3，3 674 kN · s/m^3 和 3 710.3 kN · s/m^3 的无毒环保自燃氧化氢 / 煤油、氧化氢 / 甲醇、氧化氢 / 乙醇、氧化氢 / 丙醇、氧化氢 / 丁醇双组元推进剂等。

在单组元推进剂研究方面，单组元无水肼(N_2H_4)和混肼(DT-2，DT-3)在火箭推进系统上得到了广泛应用。各国正在加紧新型高能无毒推进剂的研究。例如过氧化氢推进剂及其催化剂和催化剂床的研究，以 HAN，AND，HNF 类推进剂为代表的新型无毒、易长期储存硝酸羟铵类单组元推进剂的研究。为进一步提高空间液体发动机小型化和可控性，保证高性能、不泄漏和可长期储存的特点，化学凝胶单、双组元推进剂和金属化凝胶单、双组元推进剂也得到了广泛研究。

4.8.2　高性能、轻质化组件技术

推进系统的质量和体积是影响空间飞行器性能、寿命和经济性的重要因素。一方面通过提高双组元发动机的燃烧室压强(p_c 达 5 MPa) 和单组元推力器的床载荷来提高性能、减轻质量和减小体积。另一方面，研制高强度、低密度、耐高温和抗氧化的金属、非金属材料来提高发动机的推质比，例如高温陶瓷、碳 / 碳复合材料等，同时，加快高性能、轻质化和小尺寸组件研究，例如高床载催化剂床、铼铱材料推力室、陶瓷推力室、C＋C/Re＋Ir 复合材料推力室、SiC/SiC 复合材料推力室、高压烧蚀燃烧室、高性能层板喷注器、力矩马达电磁阀、纳米磁性材料电磁阀、小型化快速响应力矩马达电磁阀、微型磁自锁电磁阀、轻质快响应电动气阀、金属半膜储箱、复合材料缠绕高压气瓶、一体化双组元针拴式喷注器 / 控制阀、小型泵压式双组元发动机等。

4.8.3　微型化组件与系统研究

随着小卫星、微小卫星和纳米卫星的迅速发展和广泛应用，推进系统的微型化和低成本越来越得到世界各国的重视。特别是微机电系统(MEMS) 技术的发展大大促进了空间推进系统微型化技术的发展，它可以将空间推进系统尺寸达到微型化空间的水平。国内外开展了大量基

于 MEMS 技术的微推进系统、关键组件及其系统集成技术研究，例如，微型过氧化氢分解单组元推力器（硅基材料镀银催化剂床）、微型阀（热气动阀、双金属片制动阀、形状记忆合金阀、压电制动阀、电磁制动阀和止回阀等）、微型泵（热气制动泵、静电制动泵、磁水力学微型泵、电化学置换微型泵、压电制动泵、记忆合金制动泵／电能微型泵）、微型燃烧室（金属材料、陶瓷材料和硅基材料燃烧室）、微型泵压式双组元发动机（液氧／乙醇）、微型推进系统等。

4.8.4 先进推进系统研究

为了进一步提高现有空间推进系统的性能、寿命与可靠性，减轻系统质量，降低生产成本，消除羽流污染，优化发动机综合性能，以及提高使用安全性、维护方便性和储存长期性，世界各国都在开展高性能新型空间推进系统的研究。例如，结构简单、可靠性高和使用维护方便的单组元燃气推进系统，高性能、高可靠性和长寿命的双模式推进系统，高性能、无泄漏、高安全性和可长期储存的凝胶推进系统，利用固体燃料和液体氧化剂双重优点的混合推进系统，以及高性能、长寿命的复合推进系统等均属高性能新型空间推进系统。

4.9 小结

空间化学推进系统在各类空间飞行器上得到了广泛的应用，为人类航天技术、空间技术和科学技术的发展起到了积极的推动作用。随着新材料、新技术和新工艺的研究和应用，也将大大促进液体空间推进系统的发展，碳／碳复合材料、陶瓷材料、耐高温金属的研究和应用，大大提高了发动机的性能、可靠性和工作寿命，未来的空间液体推进系统仍将在航天领域占据至关重要的地位。

电推进篇

第 5 章　电阻加热式推力器(Resistojet)

电阻加热式推力器(Resistojet)和电弧加热式推力器同属于电热式推力器。电阻加热式推力器(见图 5.1)利用气体(H_2,N_2,He,N_2O 和 Ar 等),或者液体(N_2H_4,NH_3,C_4H_{10} 和 H_2O 等)作为推进剂。典型的电阻加热式推力器的推力范围可以从几毫牛到几牛,稳态工作时效率达 80%。这类装置是一种最简单的电推力器,其技术来源于常规的热传导、热对流和热辐射。推进剂在流过电阻加热的难熔金属表面时被加热,其中加热器是一个重要的组件,如图 5.1 所示。它的结构形式主要有 ① 沿流动方向平行放置的系列加热线圈(见图 5.1(a));② 沿流动方向垂直放置的系列加热线圈(见图 5.1(b));③ 球形钨金属床(见图 5.1(c));④ 尖劈形加热器(见图 5.1(d));⑤ 壳体壁本身被电阻加热(见图 5.1(e))。这些加热器工作在直流或交流电源上,功率范围为 1 W ~ 60 kW,能以稳态与脉冲态模式工作。

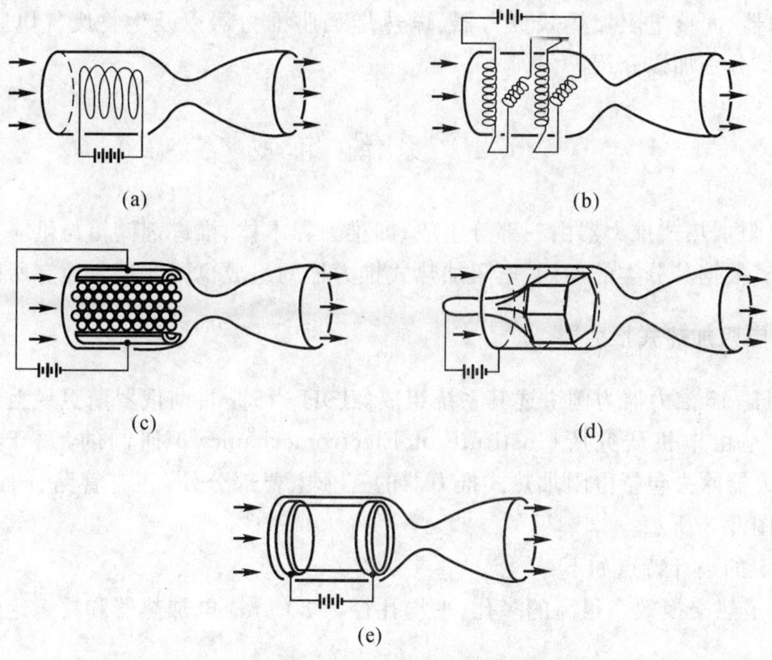

图 5.1　电阻加热式推力器加热器的结构形式

5.1 工作原理与分类

电阻加热式推力器是利用电能(电流流过电阻丝产生的热能)把推进剂加热到高温,然后通过缩扩喷嘴的气动热力加速喷出,从而将电能转化为定向射流的动能来产生反作用力(见图5.2)。它与化学火箭推力器的差别在于推进剂获得能量的方式不同(化学火箭推力器是靠化学反应),但两者产生推力的过程都同属于一种气动热力学过程。

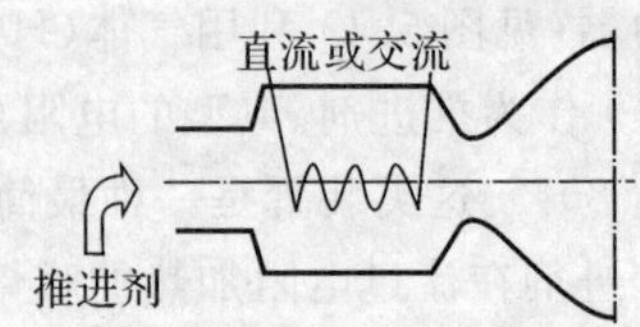

图5.2 电阻加热式推力器原理图

由于现有材料的限制,使得电阻加热推力器的工作温度只能低于2 700 K,因此其最大比冲在3 000 m/s左右。最大比冲在氢作推进剂时达到(因其相对分子质量最小),但其密度低导致推进剂储存体积很大(对于空间任务,低温度却是不现实的)。实际上很多气体可用作推进剂,例如 O_2,H_2O,CO_2,NH_3,CH_4 和 N_2。此外,由肼催化分解所产生的热气体也已经成功地使用。采用液态肼的系统具有结构紧凑的优点,利用肼的催化分解对其产生的 NH_3,H_2O 混合气体预热至700℃以上,然后通过电加热至更高的温度。利用空间化学推进的优点,可减少所需的电功耗。因此,电阻加热式推力器又可分为直接电阻加热式推力器、间接电阻加热式推力器、电热增强肼推力器以及生物废气电阻加热式推力器。本章将对其分别加以介绍。

5.2 系统组成

典型的电阻加热式推力器由三部分组成,即推力器本体、推进剂储箱与供应系统和电源与信号处理系统。根据其分类的不同,电阻加热式推力器的组成也因此相应地有所区别。

5.2.1 直接电阻加热式推力器

现以ДЭН-15推力器为例讲述其系统组成。ДЭН-15是目前俄罗斯卫星上用的电阻加热式推力器。它是由电机研究所(Institute of Electromechanics)研制的,属于直接加热式。ДЭН-15推力器除去包括电阻加热式推力器的三个主要部分外,还有管路、阀门和真空热屏蔽等部件,如图5.3所示。

ДЭН-15的设计特点如下:

(1) 采用了热交换效率很高的多孔(平均孔径为30 μm)电加热器和粉末绝缘件组合而成的热交换器。

(2) 采用简单的继电器电路控制电加热器,保持稳定。

(3) 采用半导体电加热器,它的热态电阻比冷态电阻高2～3倍,排除了控制开合过程中的电流浪涌;通过专门的制作工艺,改变其电阻率,以适应不同卫星上的电源要求,无须电压变换器。这种加热器具有良好的抗氧化性和还原性。

(4) 采用微型节流装置,可以单独对每个推力器进行推力调节。

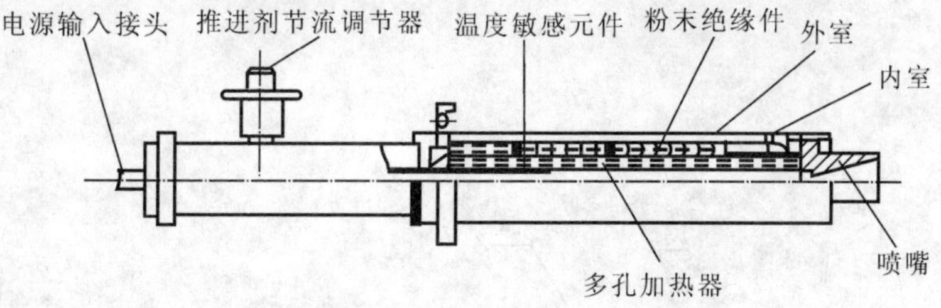

图 5.3　ДЭН-15 电阻加热式推力器

ДЭН-15 推力器系统的工作过程如图 5.3 所示。推力器的电源通过输入接头引入,推进剂(可以是氨、肼、氙)通过侧边的节流调节器和孔达到室的圆柱形空间,当推进剂从外室经粉末绝缘件和多孔加热器流进圆柱形的内室时被加热,被加热的推进剂经喷嘴喷出。温度敏感元件通过测温元件的信号可以使推进剂的温度控制精度达到± 40 K。

5.2.2　间接电阻加热式推力器

如图 5.4 所示,这是俄罗斯法克尔(Fakcl)设计局研制的一种间接电阻加热式推力器。早在 20 世纪 60 年代,苏联就发展了间接加热式电阻加热推力器,其加热器固定在热交换器里边,温度达 2 500 K,通过热交换器的通道将辐射热传递给推进剂。

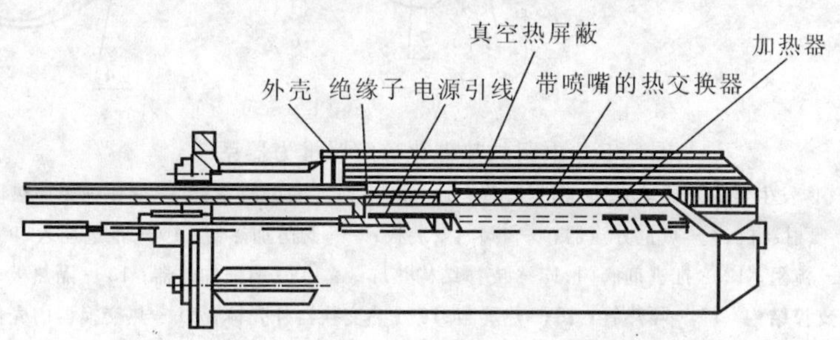

图 5.4　间接电阻加热式推力器

推力器的主要部件有:① 螺旋形加热器;② 带有螺旋形通道和喷嘴的圆柱形热交换器;③ 真空热屏蔽;④ 电源导线;⑤ 支撑绝缘子;⑥ 外部壳体。

热交换器用钼加工而成,电加热器用高温下具有良好热稳定性的热解石墨制成。

5.2.3　电热增强肼推力器

图 5.5 中给出了电阻加热催化分解肼推力器系统的详细结构图,其中肼流过催化剂床分

解成热气体，供给加热器。这也是目前最具有代表性的电阻加热肼推力器。

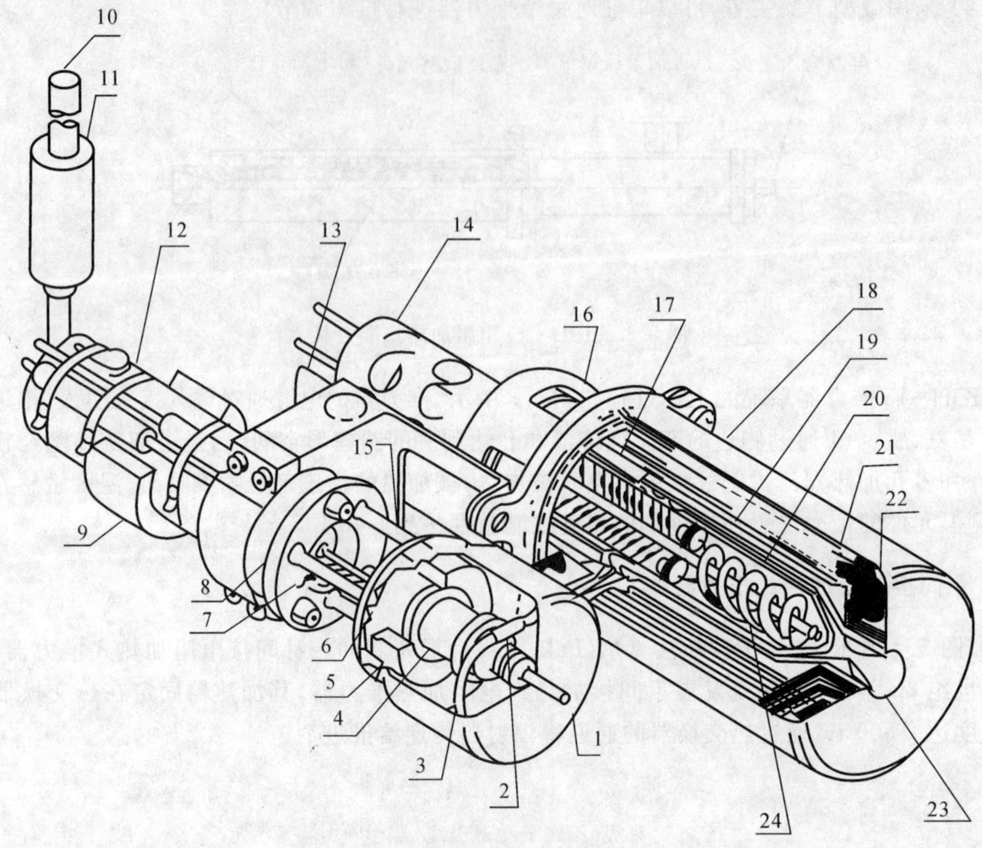

图 5.5 电阻加热催化分解肼推力器系统

1— 气体发生器的热屏蔽；2— 铜焊套管；3— 供气管；4— 分解室；5— 催化剂床加热器；6— 喷射器板；7— 热量分流器；8— 阀门安装板；9— 阀门加热器；10— 推进剂入口；11— 流阻；12— 推进剂阀门；13— 支撑结构热屏蔽；14— 增强加热器；15— 隔热板；16— 支撑结构；17— 隔热管；18— 热屏蔽；19— 热交换器外壳体；20— 热交换器内壳体；21— 螺旋形卷绕辐射屏蔽；22— 辐射屏蔽圆盘；23— 喷嘴；24— 加热丝

推力器系统由推进剂储箱与供电系统、电源处理系统和推力器本体组成。推力器本体包括阀门、肼催化分解室、热交换器和喷嘴等主要部分。其中，阀门（包括阀门加热器、热敏电阻、热涂层等）和肼催化分解室，沿用标准的 0.89 N 催化分解肼推力器的阀门和分解室。不过，为了增加寿命，分解室的材料和喷射器结构稍微作了改进。

热交换器采用外热式结构（即电加热器与气态推进剂不直接接触）。这种形式的优点是便于更换；可独立研制和改进；焊接、安装工艺容易实现。缺点是若热屏蔽不好，热损失大，加热效率降低。热交换器呈环状，内部包含一个电加热丝，热交换器与加热丝是同轴的。来自分解室的肼分解气体流经绕圆周分布的排管内的凹槽到达混流室，然后经喷嘴喷出。为了减少热损失，加热丝经一系列串接的圆盘状辐射屏蔽后引出；热交换器则用钼箔卷绕，再套上外表面镀铼的圆盘状辐射屏蔽套；固定支架也装有热屏蔽以减少传到阀门和分解室的热量。

液态肼经阀门和喷射器进入催化分解室并在分解室中被蒸发，分解成一种氮、氢和氨的气体混合物。在一般的肼推力器中，气体混合物通过超声速喷嘴喷出产生推力。但是电热增强催化分解肼推力器则不同，它在分解室与喷嘴之间加进了一个热交换器，利用电阻加热的方式提供附加的热量，使气体混合物的温度进一步提高，然后经喷嘴喷出，从而提高了推力器的性能。

如图 5.6 所示，HIPEHT 是高性能电阻加热肼推力器(High Performance Electrothermal Hydrazine Thruster)的英文缩写，由美国特雷伍德国防与空间系统组(TRW Defense and Space Systems Group)于 20 世纪 70 年代研制和生产。当时，它是针对国际通信卫星-Ⅴ(Intelsat Ⅴ)的南北位置须保持要求而研制的，也可用于其他南北位置须保持的长寿命航天器。该推力器是在一般的电阻加热式分解肼推力器的基础上再加一级电阻加热，故又称为二极电阻加热式推力器。它的主要特点就是具有比催化分解肼推力器(单组元)更高的比冲，从而减少推进系统(主要是推进剂)的质量，提高航天器的有效载荷比。

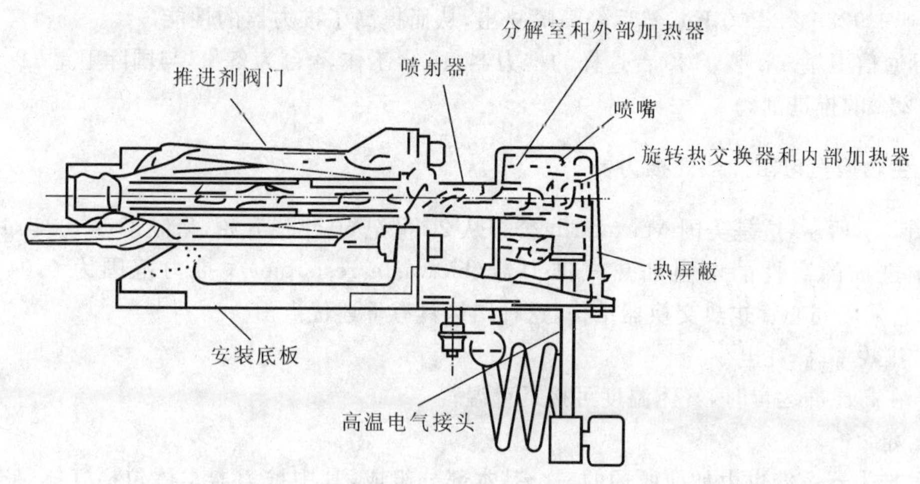

图 5.6　HIPEHT 电阻加热式推力器

推力器系统包括推进剂储箱与供给系统、电源与信号处理系统和推力器本体三部分。值得一提的是高性能电阻加热肼推力器本体还包括一个肼分解室和一个高温热交换器。

(1) 分解室。分解室可以是催化分解，亦可以用电热分解。高性能电阻加热肼推力器选用电热分解，因为它是针对国际通信卫星-Ⅴ 而研制的，它的高性能要求只有用电热分解才能满足。

分解室由三个部分组成，即头部、套管和接头。头部包含一个毛细管喷射器和一个隔离管。毛细管同心地装在隔离管内。隔离管一端与推进剂阀相连，为分解室提供结构支撑，同时也减少了分解室到推进剂阀的热传导损失。套管是分解室的中间部件，它包含有一个铂丝网状加热床。一个带屏蔽的加热器缠绕其上屏焊到套管上。接头是分解室到热交换器之间的过渡件，其上装有一个测压力的管嘴。毛细管喷射器和隔离管的材料为 L－605 钴基超级合金。

(2) 热交换器。采用已研制多年的旋气式热交换器。这种热交换器的特点是体积小，灵活而又可达到所要求的温度。热交换器包括旋气室、排气喷嘴、高温加热器和供电接线等部分。加热器是一个用难熔金属绕制成的线圈。热交换器本体和接头也都是用难熔金属加工而成的。在这种热交换器里，电阻加热元件是独立地安装于高速旋转的气流中，气流的径向和轴向速度远小于其切向速度，具有再生冷却效应，减少了热损失。这种独立的加热元件，可根据航天器的电源电压来选择电阻值。此外，即使加热元件失效也不会导致整个推力器的失效，而仅是性能下降，变为一般的单元肼推力器。

此种电阻加热式推力器在工作时，液态肼经阀门和喷射器进入分解室，并在分解室中被蒸发，分解成一种氮、氢和氨的气体混合物，温度约为 1 144 ～ 1 255 K。在一般的肼推力器中，气体混合物通过超声速喷嘴喷出产生推力。但高性能电阻加热肼推力器则不同，它在分解室与喷嘴之间加了一个热交换器，利用电阻加热的方式提供附加的热量，使气体混合物的温度进一步增加(达到 1 922 ～ 2 200 K)，然后经喷嘴喷出，从而提高了推力器的性能。

国际通信卫星-Ⅴ 装了 20 台这样的推力器，16 台工作，4 台为备份，与国际卫星-Ⅳ 相比，可节省 22% 的推进剂。

5.2.4 生物废气电阻加热式推力器

如图 5.7 所示，这是美国 Marquardt 公司从 20 世纪 60 年代开始，研制了近 10 年，用生物废气作推进剂的高性能电阻加热式推力器(biowaste resistojet)，推力范围为 0.044 5 ～ 4.45 N。它采用同心管式热交换器结构。这种结构具有下述优点。

(1) 热效率高，耗电少；

(2) 在高比冲运行时，气体温度可接近壁温；

(3) 寿命长。

这种推力器系统也由如前所述的三个基本部分组成，其中推力器本体包括气体热交换器和喷嘴。

(1) 气体热交换器。在气体热交换器中，电流从外壳流经壳端、喷嘴及支杆，然后到达内部加热件部分。内部加热件部分大约提供 75% 的热量。在热交换中，内部加热件是最关键的元件，它的直径很小(内径为 1.016 mm)，壁厚为 0.17 mm，长为 42.4 mm，再加上许多废气在高温下都带有不同程度的腐蚀性，故进行了专门的研究。

典型的生物废气包括 CO_2，H_2O，H_2，CH_4 及少量的 N_2，O_2。经过对镍基和钴基超级合金和贵金属两大类热交换器的大量实验研究表明，只有铂基材料比较适用。其中钍化铂(在 Pt 中添加 0.6%ThO_2) 可适用于所有的废气。钍不仅能阻止晶粒生长，也能压抑铂的氧化和蒸发，已有在1 700 K下运行了1 500 h无明显变化的纪录。但对于含有甲烷的推进剂，工作温度要有限制；对于 CH_4 推进剂可用 Hastelloy X tubes，但为了减少分解产物的碳沉积，工作温度限制在大约 950 K。

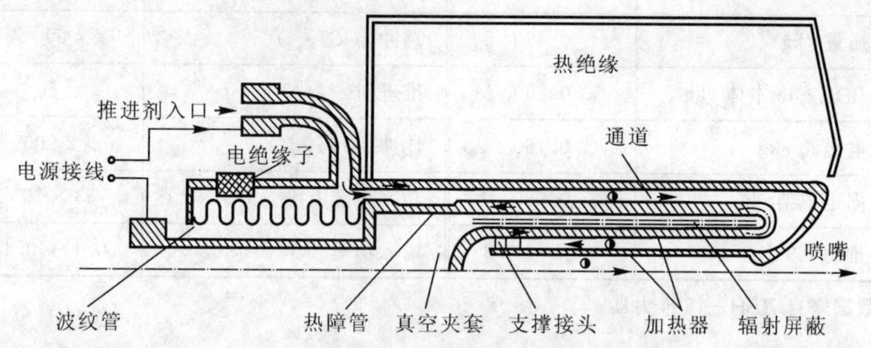

图 5.7　生物废气电阻加热式推力器

(2) 喷嘴。它把加热到高温的气体加速，产生推力。

5.3　主要特点

电阻加热式推力器具有结构简单、价格便宜、安全可靠、操作和维护方便、污染小等优点，比较适用于小型、低成本卫星的轨道调整、高度控制和位置保持。缺点是受结构材料的限制，工质(N_2，He，N_2O，NHS，N_2H_4 或 H_2O) 被加热的温度低。与化学火箭一样，其比冲正比于温度的二次方根，一般比冲为 3 000 m/s 左右。因此，为达到一定的总冲量或速度增量，航天器须携带较多的工质。

以水为工质的电阻式推力器还较适合于长期运行的载人航天器，例如空间站。空间站在运行期间需要进行机动和变轨，推进剂消耗量很大。若用水电阻式推力器则可以充分利用空间站上生命保障系统产生的大量废水作工质，减少地面向空间站补给推进剂的运输量。

另外，电阻加热式推力器的羽流是非离子化的，没有与航天器的相互影响问题。

5.4　主要性能和结构参数

电阻加热式推力器的效率在 65% ～ 85% 之间，其值随推进剂、喷出气体的温度和其他因素而变化。而对于一个给定的电热推力器，比冲主要取决于 ① 推进剂相对分子质量；② 腔室和喷管所能承受的最高温度。

下面按照电阻加热式推力器的分类特点，把各种类型的典型性能总结如下。

1. 直接加热式电阻加热式推力器

直接加热式电阻加热式推力器的主要性能与参数见表 5.1。

表 5.1　直接加热式电阻加热式推力器主要性能与结构参数*

性能参数	数值	性能参数	数值
质量 /kg	0.490	总冲 /(kN·s)	500
ДЭН－15 本体 /kg	0.250	推进剂	氨
电磁阀 /kg	0.160	比冲 /($m \cdot s^{-1}$)	2 900
固定支架 /kg	0.080	功率与推力比 /($W \cdot N^{-1}$)	33×10^{-2}
推力 /N	0.05 ～ 0.3	输入功率 /kW	0.1 ～ 0.45

* 数据来自 ДЭН－15 推力器。

2. 间接加热式电阻加热式推力器

间接加热式电阻加热式推力器的主要性能与参数见表 5.2。

表 5.2　间接加热式电阻加热式推力器的主要性能与结构参数*

性能参数	数值	性能参数	数值
推力 /N	0.02 ～ 0.05	推进剂	氨
比冲 /($m \cdot s^{-1}$)	2 500	输入功率 /W	80 ～ 200

* 数据来自俄罗斯 Fakel 设计局研制的间接加热式电阻加热式推力器。

3. 电热增强肼推力器

表 5.3 给出了电热增强推力器的典型性能指标。比冲和推力器随着加热功率的增加而增加。流量增加(在固定比功率下)引起实际性能降低。最高比功率(功率同质量流量之比)是在相对低流量、低推力和适度增强的加热器下达到的。在较高的温度下，气体分子的离解明显降低了热动力膨胀的能量。

表 5.3　典型电热增强推力器的性能*

性能参数	数值
推进剂	液态肼
入口压强 /MPa	0.689 ～ 2.41
催化剂出口温度 /K	1 144
电阻式出口温度 /K	1 922
推力 /N	0.18 ～ 0.33
流量 /($kg \cdot s^{-1}$)	$5.9 \times 10^{-5} \sim 1.3 \times 10^{-4}$
真空比冲 /($m \cdot s^{-1}$)	2 800 ～ 3 040

续表

性能参数	数值
加热器功率 /W	350 ～ 510
阀门功率 /W	9
推力室质量 /kg	0.816
总冲 /(N·s)	311 000
脉冲数	500 000
最小冲量 /(N·s)	0.002
状态	可实际应用

* 数据来自 Primex 宇航公司 MR－501。

4. 生物废气电阻加热式推力器

这种推力器尚未见应用，但它对于载人航天器的各种控制具有特殊的意义。

总之，电阻推力器的比冲虽然相对较低，但它的效率高，使得它与其他电推力器相比有更高的推力 / 功率之值。另外，这种推力器在所有电火箭推力器中是系统干重最轻的，因为它们不需要功率处理单元。

5.5　工程设计方法

电阻加热式推力器在设计方面主要注意以下几个问题：

(1) 电阻推力器和几乎所有电推进系统一样，它的推进剂输送系统也是在零重力条件下将气体或液体从高压储箱输送给推力器的。液体需要用正排储箱机构，对于纯肼还需要用加热器来阻止其结冰。

(2) 在电阻加热式推力器发展过程中，工程化方面的考虑有加热元件与推进剂之间间歇性的传热、腔室的导热和辐射损失、材料的耐高温能力以及推进剂的热容，现已经发展了能考虑比热、热传导、离解和气体密度随温度变化的规程。加热室内气流通常是层流或湍流状态，传热主要依靠对流。

(3) 由于材料的限制，电阻加热式推力器的气体最高温度是有限的。用于电阻元件的高温材料有铼、难熔金属及其合金，例如钨、钼、钽(同钇、氧化锆混合起稳定作用) 以及金属陶瓷。对于高温电绝缘(但非绝热)，氮化硼是非常有效的材料。

5.6 研究水平

1965 年 9 月 19 日，由 TRW 公司研制的电阻加热式推力器首次用于 Vela－III 对地观测卫星。美国 Primex 宇航公司的 MR－501，MR－502 等先后用于 Intelsat Ⅴ，SATCOM，SPACENET，INMARSAT 等卫星和 IRIDIUM 星座；由 Aerojet 公司研制的电阻加热式推力器应用于 LoMa 公司的 Series－3000 和 Series－5000 卫星平台；由萨里卫星技术公司(SSTL)研制的低功率电阻加热式推力器已经用于 SNAP－1，ALSAT－1，UK－DMC，UoSAT－12 和 CRYOSAT 微小卫星上。日本的 ETS－VIGEO 卫星也采用电阻加热式推力器进行轨道控制。其中，肼(N_2H_4)电阻加热式推力器是应用最多的一种。截至 2004 年 4 月，至少有 115 个在轨飞行的航天器使用电阻加热式推力器承担姿态控制、阻力补偿、位置保持、轨道修正等任务。值得一提的是，2003 年 9 月 27 日，由 SSTL 研制的水工质电阻加热式推力器首次在 UK－DMC 灾害检测卫星上进行了飞行试验。

5.7 发展中存在的问题及对策

(1) 由于工作气体相对分子质量相对较高，并且加热温度受到材料的限制，一般只能达到 2 000 K 左右；

(2) 比冲偏低(2 000 ～ 3 000 m/s)，故为要达到一定量总冲(或速度增量 Δv) 须得多带工质；

(3) 对于电热肼推力器，肼在热的喉道处会产生少量的沉积物进入催化室，导致比冲下降。尽管这也是肼推力器共存的问题，但在电阻加热式推力器上由于高温和低流量，这个问题显得更突出了。解决的办法是使用超纯肼和热分流及降低关键位置的热流。

第 6 章　电弧加热式推力器(Arcjet)

6.1　性能特点和应用

1. 工作特点

电弧加热式推力器(Arcjet)兼有电热式推力器和等离子体加速推力器的工作特性。它是利用直流放电形成的高温电弧加热气态推进剂，推进剂经加热后变为高温等离子气体，然后经拉伐尔喷管加速喷出产生反作用推力，其基本组成如图 6.1 所示。

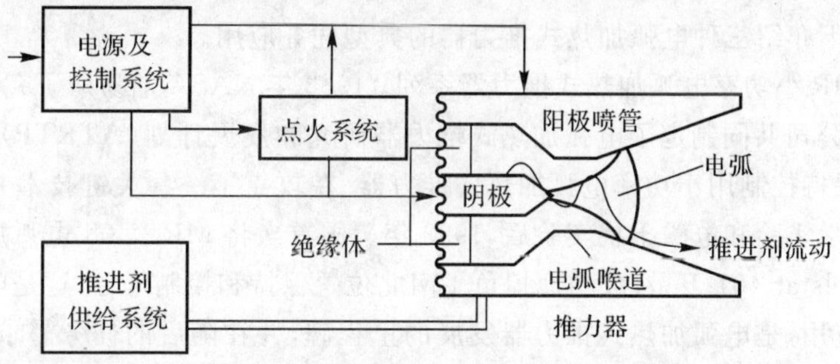

图 6.1　电弧加热式推力器系统工作示意图

从严格意义上讲，电阻加热式推力器还不完全属于电推进装置，它仅仅是在单组元推力器上增加了一套电热增强装置来获得更高的燃气温度；而电弧加热式推力器则针对推力器的内部工作特点，对电源提出了特定的要求，其中，气体加速过程更多是等离子体的加速，它是一种真正意义上的电推进。电弧加热式推力器具有适中的比冲、高推力密度、高推力 / 功率值、大的推进剂选择范围，且推进剂与卫星液体推进系统兼容性好、结构简单紧凑便于安装、起动迅速、控制容易和可靠性高等特点。在各种电推进方案中，电弧加热式推力器是最有现实发展前途的电推进方式之一。其推力 / 功率值是目前所有已投入实用的电推进系统中最高的，且具有很好的综合优势。其比冲进一步提高的潜力很大，寿命长，运行电压低，将是占据下一代多用途电火箭市场的主要产品之一。

电弧加热式推力器在 0.1 ～ 100 kW 的功率范围内可以适应不同空间推进任务的要求。小功率(0.1 ～ 2 kW) 电弧加热式推力器可以满足空间平台的姿态调整及高精度同步卫星位置保持、轨道机动及其他辅助推进的要求；中功率(10 ～ 30 kW) 电弧加热式推力器又可担负空间平台和卫星的轨道提升、转移、维持等控制任务；大功率(50 ～ 100 kW) 电弧加热式推力器与磁等离子体推进结合将是未来星际航行主推进的重要工具。同时，其优于其他电推进系统的特点又使其在与其他电火箭的竞争中具有自己的优势。

在各种电推进系统中，电弧加热式推力器具有自己的优势，但其不足之处是比冲值不是很高，尽管显著高于化学火箭发动机，但与静电式离子推力器和稳态等离子体推力器相比仍然差距较大。为保证其竞争优势，须在不降低推进效率的情况下继续研究显著提高其比冲值的方法。

2. 电弧加热式推力器的典型任务应用

国外早在20世纪50年代就开始研究电弧加热式推力器，但因缺乏空间电源及任务支持，加之比冲不及离子发动机而于60年代中期停了下来。进入80年代，对空间站和卫星等空间推进技术的要求越来越高，希望能有轻小、成本和功耗低、高性能的先进推力器，加之离子推力器的发展不如期望的那么好，使人们又重新对电弧加热式推力器产生兴趣；另外由于光电技术的进步，大大提高了卫星太阳能电池的可用功率，同时新材料及电子技术的发展为研制更长寿命的推力器和轻型高效电源系统提供了保障。首先是美国NASA于20世纪80年代初开始发展电弧加热式推力器，随后日本于1984年、欧空局（意大利、德国）于1988年也开始发展电弧加热式推力器。以下介绍三种电弧加热式推力器的典型任务应用。

(1) 美国MR小功率电弧加热式推力器系列。1983年NASA刘易斯研究中心与GE公司和Primex宇航公司共同制定了电弧加热式推力器研究和发展计划（ATRTP），研制地球同步卫星南北位置保持控制用小功率电弧加热式推力器。在攻克了一些关键技术并经过一系列的热实验、环境力学实验和电磁干扰实验后，1993年美国首次将MR-508电弧加热式推力器用于7000系列Telstar 401卫星，成功地担负了南北位置保持和控制任务。这是电弧加热式推力器的首次商业应用，是电弧加热式推力器发展的里程碑，并在随后的任务需求下，发展了MR系列电弧加热式推力器系统。最先进的在轨MR-510电弧加热式推力器性能见表6.1，推力器和地面点火照片如图6.2所示。1999年Primex宇航公司完成了为NASA数据中继和跟踪卫星研制的最新的MR-512电弧加热式推力器的低输出电压电源系统和推力器的认证。小功率电弧加热式推力器已被证明是运行可靠、性能优良的比较理想的空间先进推力器。

(a)

(b)

图6.2 MR-510电弧加热式推力器和地面点火照片

(a) 推力器实物照片；(b) 推力器地面点火照片

表 6.1　典型电弧加热式推力器系统性能

性能参数	MR-510	ESEX	ATOS
PPU 输入功率	＜2.2 kW	26.2 kW±1.5%	750 W
PPU 输入电压	68～71 V	/	93 V
PPU 效率	93%	/	＞93%
推进剂流量	36～47 mg/s	250 mg/s	24 mg/s
推力	222～258 mN	(1.93±0.09) N	115 mN
比冲	5 700～6 000 m/s	(7 705±488) m/s	4 704 m/s
总冲	1 450 000 N·s	/	/
寿命	＞1 950 h	/	1 010 h
推进效率	/	0.267±0.027	/
系统总质量	22.1 kg	/	5 kg
推进剂及储存能力	肼＞250 kg	氨	氨 26 kg

(2) ESEX 计划的中功率电弧加热式推力器。1988 年，美国空军制订了一个专门用来通过空间飞行实验验证先进技术的证实计划，并为此发射 ARGOS 卫星作为研究平台。以氨为推进剂的 30kW 级电弧加热式推力器验证(ESEX 计划)是 9 项实验项目中的一项。其主要目的是验证高功率电弧加热式推力器系统的可行性和兼容性，以及测量和记录飞行数据同地面实验结果相比较，由美国空军研究实验室资助，TRW 作为主要承包商。ESEX 飞行系统包括推进剂输送系统(PFS)、电源系统(电源调节单元 PCU、银锌电池)、遥测指令模块、在轨诊断系统和电弧加热式推力器(见图 6.3)。ESEX 飞行单元已于 1995 年在 TRW 完成环境实验及飞行鉴定实验，并于 1996 年在洛克韦尔国际公司与卫星本体进行了总装和联试。ARGOS 卫星于 1999 年 2 月 23 日由 RSC 遥控被 DeltaⅡ 火箭送入 740 km(460 英里)高度 98.7° 倾斜轨道。电弧加热式推力器在 ESEX 实验中主要是测定其在轨性能，包括比冲、推力和效率，其电弧加热式推力器在轨测量性能见表 6.1。

(3) 用于 Amsat PD-3 卫星的小功率电弧加热式推力器。1998 年由 DLR 资助、德国 IRS 制造的 750 W 电弧加热式推力器，以氨为推进剂，用于 Amsat PD-3 卫星(被称为 ATOS 计划)。该推力器用于卫星轨道修正，克服月球引力引起的轨道摄动，它是首次用于卫星的高倾斜、高椭圆轨道的电弧加热式推力器。图 6.4 是其推进系统图，电弧加热式推力器性能见表6.1。

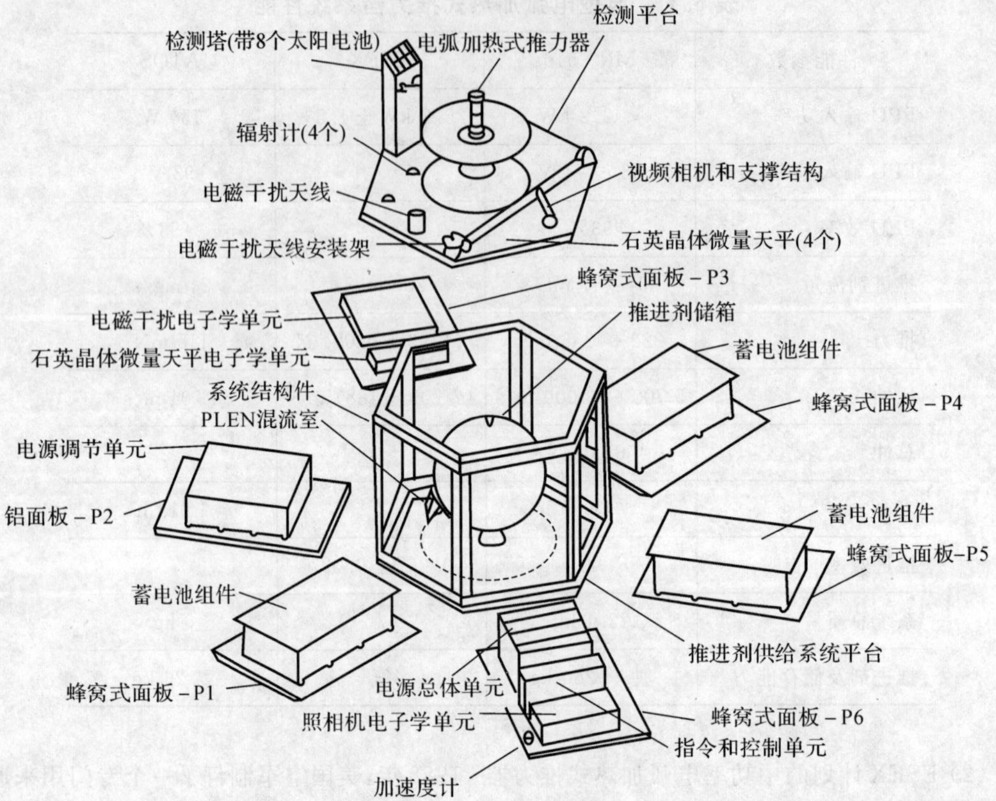

检测平台
检测塔(带8个太阳电池)
电弧加热式推力器
辐射计(4个)
视频相机和支撑结构
电磁干扰天线
石英晶体微量天平(4个)
电磁干扰天线安装架
蜂窝式面板－P3
电磁干扰电子学单元
推进剂储箱
石英晶体微量天平电子学单元
蓄电池组件
系统结构件
PLEN混流室
蜂窝式面板－P4
电源调节单元
铝面板－P2
蓄电池组件
蜂窝式面板–P5
蓄电池组件
推进剂供给系统平台
电源总体单元
蜂窝式面板－P1
蜂窝式面板－P6
照相机电子学单元
指令和控制单元
加速度计

图 6.3 ESEX 飞行单元和中功率电弧加热式推力器

主要供给线路
质量流量控制器
(TMFC)
气体发生器
阀门
Arcjet
3
1
阀A
2
两箱氨气
每箱26 kg
供给路线
卫星计算机
Arcjet
控制电路
Arcjet
电源电路
气体
Arcjet电源
温度和压力
传感器
卫星电压总线
28 VDC
1,2,3—压力和温度传感器的位置

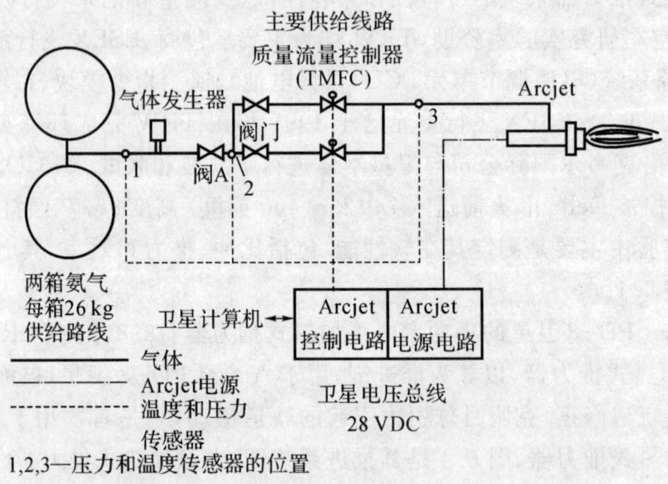

图 6.4 ATOS 计划中的电弧加热式推力器推进系统图

6.2　推力器电弧工作模式和电特性分析

1. 电弧加热式推力器电弧工作模式分析

典型的电弧加热式推力器流动通道内电弧工作模式分为高电压工作模式(见图 6.5(a) 和(b))和低电压工作模式(见图 6.5(c) 和(d))。根据试验测量电弧电压、电流和推进剂流量表明,高、低电压模式主要取决于推进剂流量,即电弧喉道压强的高低。电弧喉道压强低于一个临界压强值或推进剂流量低于一个临界流量值时,电弧在低电压模式下工作。这说明当推进剂流量较小时,电弧喉道压强低,推进剂气体不能将弧柱吹向下游。电弧喉道的结构尺寸也对电弧电压工作模式有重要影响。当推进剂质量流量适中并且高于临界流量值时,电弧电流减小,喷管膨胀段弧柱直径变大,电弧附着点后移。在更大的推进剂流量情况下,如果电流控制范围较小,电弧可能突然熄弧。高电压工作模式有较长的电弧弧柱和较高的压强,它的工作电压较低电压工作模式的电压高。由于电弧弧柱电压与总电压比率值高,高电压工作模式有较高的热效率。但如果电弧在阳极的贴附方式为局部式,则会加剧阳极的烧蚀。电弧加热式推力器在高电压工作模式下可获得高的推力器性能,正是期望的工作模式。

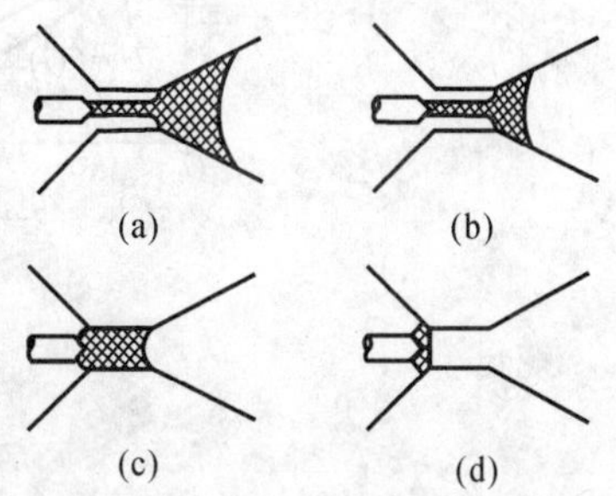

图 6.5　电弧加热式推力器通道电弧工作模式

(a),(b) 高电压工作电弧;(c),(d) 低电压工作电弧

2. 电弧稳定工作对电源伏安特性的要求

早期电弧加热式推力器研究中电源伏安特性与普通电弧电源的一致,呈负阻特性(随电流增加电压减小)。一般直流电源,为获得负阻特性,要用“镇流电阻”才能稳定运行。镇流电阻的存在增加了功耗,降低了系统的效率。对于电弧加热式推力器工作,由于弧长脉动干扰、推进剂流量变化、电极烧损、发动机温度变化等等经常引起发动机工作电弧不稳定,使工作点变化。而运行在高电压模式对电弧加热式推力器的寿命和性能都是最佳的。

电源与发动机电弧构成供电、用电系统。为了保证电弧稳定工作,系统必须有一个稳定工作点。如图 6.6(a) 所示,工作点是电源外特性曲线(曲线 1) 与电弧静特性曲线(曲线 2) 交点。在两曲线交点处,电弧静特性斜率大于电源外特性斜率为系统稳定工作条件。如果电弧静特性工作部分斜率小于零,则根据上述稳定工作条件,普通直流电弧电源外特性必须是下降特性(正阻特性)。

采用恒流电源驱动电弧加热式推力器是一个可行的办法,但恒流源驱动的电弧加热式推力器工作性能参数有时会发生变化。大变化(100 ～ 50 V) 和小变化(10 V 内) 都表现为恒流源的电压波动。国外的研究结果表明,瞬时的弧长波动要求电源有瞬时提供超过 10% ～ 20% 额定功率的能力。但是,在电源为恒流特性时,弧长增加会导致电源输出电压增加,电压增加的幅度有时不能满足增加 10% ～ 20% 的正常状态能量输出的要求，这样就会导致等离子体电弧熄灭，发动机停止工作。所以传统的系统稳定理论不足以适用这种专门的情况。

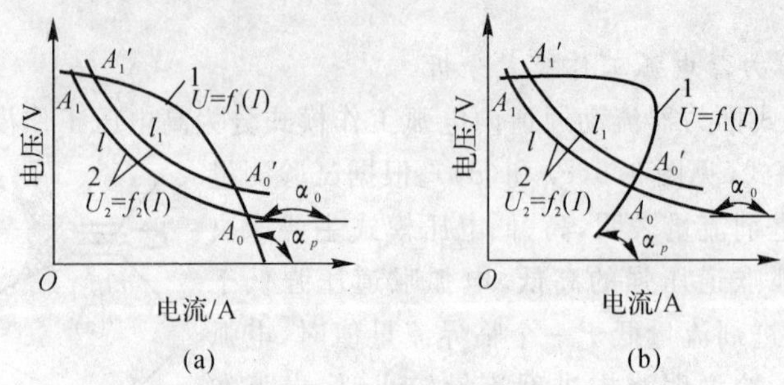

图 6.6　电弧稳定工作条件

(a) 负阻特性；(b) 正阻特性

为了解决这个问题，采用闭环反馈控制技术可以使电路呈现正阻特性，即在工作区域内，随着电流的增加，电压也增加，这样就能保证电压稍微增加时，能够快速提供超过正常运行功率 20% 的能量。图 6.6(b) 为正阻电源特性的系统稳定工作条件图。

图 6.6 中，电源外特性曲线与电弧静特性曲线相交于 A_0，A_1。如果弧长偶尔由 l 增加到 l_1，则工作点将由 A_0，A_1 移到 A_0'，A_1'。在 A_0' 点，电源的输出电压和输出电流都将增加，较大的功率输出可以保证在弧长 l_1 时电弧仍能稳定燃烧。在干扰消失后，弧长可以恢复到原来的长度 l。类似的分析表明 A_1 点也是不稳定工作点，系统稳定工作在 A_0 点。稳定性判据的数学表达如下：

$$\tan\alpha_p - \tan\alpha_0 > 0 \tag{6.1}$$

可以看出，式(6.1) 对于正阻特性的电源和负阻特性的等离子体电弧总是成立的，即使在电弧特性垂降时也能保证系统稳定工作。

通过以上分析表明，电弧加热式推力器电弧物理特性对电源工作特性的要求如下：

(1) 输出外特性呈现正阻特性，即要求在工作点附近，输出电压增加，电流也相应增加，这和一般的电弧电源特性是不同的；

(2) 有快速的动态响应特性，保证在弧长波动时能量快速输出，保证系统在新的工作点快速稳定工作，干扰消失后又能迅速回到原来的工作点。

采用基于现代电力电子技术的高频开关电源辅以特殊的电压电流反馈控制技术，可以满足上述要求。

6.3　能量转换过程和内部工作机制

1. 流动通道工作特点

电弧加热式推力器产生电弧喷射需要阳极、阴极和能让推进剂与电弧接触并顺利流出的通道这三个基本结构条件。由于电弧加热式推力器通道内的推进剂是流动的，其电弧放电过程比静止气体介质中电极间的放电过程更加复杂,呈现出了一些新的特点。

(1) 电弧加热式推力器电弧的形状和位置取决于推进剂气体介质的流动状况以及电弧与推进剂气体介质之间的物质能量交换情况,不同的流道形式下电弧加热式推力器电弧的形状和位置差别较大。

(2) 推力器中电弧在电极上的附着形态也取决于流道结构形式和推进剂气体介质的流动状况,由于流动的影响,在很多情况下电弧附着区并不固定,并且会出现一些弥散型的电弧附着形式。

(3) 推力器电弧弧柱与其周围推进剂气体介质之间的物质能量交换更加复杂,并且在不同的位置具有不同的强度和特点。例如,在超声速电弧加热推力器中,在阴极尖端附近弧柱很小;在其沿轴线向下游延伸的过程中,不断有推进剂气体介质在其边缘离解和电离并进入弧柱,使其截面积增大,同时消耗能量;在喷管扩张段由于膨胀导致推进剂气体温度迅速降低,于是不再有推进剂气体介质离解和电离进入弧柱,反而是弧柱中的粒子复合并释放能量。

(4) 电弧加热式推力器流动通道能量损耗机理更加复杂,静止气体介质中电弧消耗的电能主要以热传导的形式耗散于周围的环境中。一些情况下形成的自然对流会强化能量耗散过程,而在电弧加热式推力器中由于流道的限制导致强迫对流占主导地位,强迫对流能够极为有效地输运物质和能量,并与其他过程强烈耦合,形成推力器通道复杂的物质能量转换过程。一般来说,在电流强度和流道几何形式相同的情况下强迫对流会导致更大的能量耗散。

由于电磁场与高温电离气体的相互作用,电弧加热推力器通道的能量转换过程非常复杂。推进剂气体以一定方式进入发动机后,通过由阴极和阳极构成的通道时,被电弧喉道轴线周围的高温电弧加热,形成高温电离气体,然后在阳极喷管中膨胀加速后高速喷出产生推力,其中一部分推进剂在高温下电离出带电粒子以维持电弧。电弧中心区的温度可高达 20 000 K 以上,远远高于化学火箭发动机内部工作温度,因此推进剂可以获得很高的比焓。电弧喉道的主要作用是压缩电弧以增加弧柱电阻,进一步增加弧柱电压和输入功率,并加长推进剂气体与电弧的相互作用时间,以便充分加热推进剂气体。

电弧加热式推力器内部工作过程具有如下特点:

(1) 过程复杂多样并且各种过程强烈耦合。

(2) 空间狭小,使得各种物质和能量输运过程极其剧烈。例如,1 kW 量级的电弧加热式推力器,典型的喉道直径、长度仅为 0.6 mm 和 0.25 mm,在膨胀比为 200 的情况下喷管出口直径也仅为 8～9 mm。电能主要是在喉道内传给推进剂气体的,因此平均能流密度约为 1.4×10^{10} kW/m^3,足见其剧烈程度。

(3) 内部流动,尤其是喷管内流动明显偏离化学与热力学平衡,这与气体短暂的滞留时间有关。

2. 内部能量转换分析

如图 6.7 所示,可以将电弧加热式推力器内部等离子体流动通道分为 5 个区域。

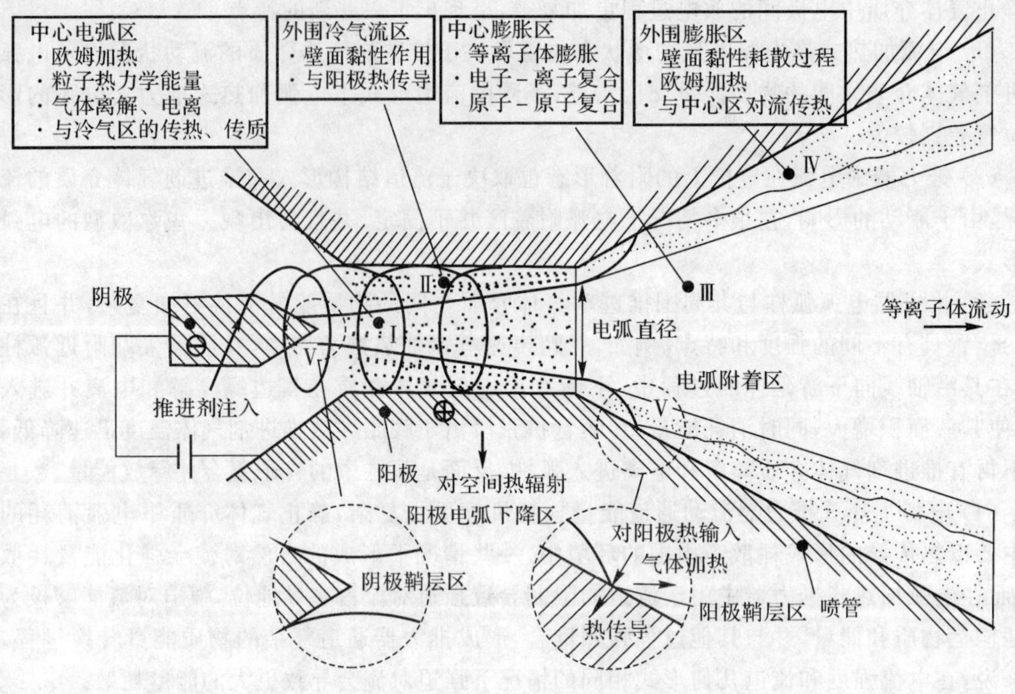

图 6.7　电弧加热式推力器内部物理工作过程

(1) 中心电弧区，即喉道轴线附近的高温区域。该区域中的等离子体具有很高的温度与电离度，欧姆加热是发生于该区域内的主要过程。欧姆加热的本质是，等离子体中的电子在电场作用下被加速而获得能量，但由于电子与其他粒子之间以及电子之间存在着极其频繁的碰撞，这些获取的能量不能成为电子的定向动能，而耗散成了电子本身以及其他粒子无规律运动的热能。这些以欧姆加热方式获取的能量，一部分存储于等离子体内各种粒子的各种热力学能量模式中(平动、转动、振动、电子激发等)；另一部分以辐射、热传导或分子扩散的方式传递给其周围气体，致使在弧柱区边缘附近发生强烈的离解与电离作用，同时提高这一区域内气体的热能；还有一部分能量直接以辐射方式被壁面所吸收。

(2) 包裹中心弧柱区的外围冷气流区。该区域基本上由中性分子组成，电离度较小。其中的气体大部分以对流方式流向下游并进入喷管扩张段膨胀，一小部分在中心弧柱区边缘处被离解和电离后进入弧柱区，以维持那里的高温、高电离度等离子体。由于电离和离解作用相当耗能，由中心区通过热传导等方式传递过来的能量基本上在其边缘处被离解和电离作用消耗，能传入外围冷气流区的很少。那些少量的传入外围冷气流区的能量在该区域中沿径向传递，最后通过电弧喉道传入阳极，提高其温度。

(3) 中心膨胀区。这是中心等离子体在喷管扩张段内的膨胀区域，与等离子体在此区域的膨胀同时进行的是离子-电子复合成原子以及原子-原子复合中性分子的过程。这些过程将以离解和电离方式储存的能量释放，释放出来的能量先转换成热能，再进一步转换成喷气动能。

(4) 外围膨胀区。这是外围冷气流区中的冷气流在喷管中的膨胀区域。除了气体的膨胀区域外，在该区域内还存在着下述几个重要过程：

1) 黏性耗散过程；

2) 电流在由阳极流入中心弧柱区途中对气体的欧姆加热过程；

3) 由中心膨胀区通过热传导和黏性作用向该区域输运能量和动量过程。

上述诸过程中，过程 1) 降低了热能转换成定向喷气动能的能力；过程 2) 提高了膨胀中气体的热能，但这些新注入的能量相当一部分通过热传导导入阳极而构成热损失。由于该区域气体由电弧喉道出口出来时本身就具有很低的电离度，电导率很小，为维持足够的电流密度需要有很大的电场强度，因此该区域内消耗的电功率在总电功率中占有一定的比例。

(5) 阳极鞘层区与阴极鞘层区。由于热传导作用强制了电极鞘层区的温度必然与壁面温度相适应，而这个温度是不会很高的，因而该区域不可能维持很高的电离度，电导率很低。若要通过所要求的电流密度则需要有很强的电场强度，因而有不少电功率消耗在该区域。这些消耗掉的电功率基本上以热的形式被电极所吸收，构成热损失。同时，伴以电极材料的熔化、蒸发、热电子的发射等，其内部过程机制更为复杂。总的来说，这是一个强烈偏离化学与热力学平衡的区域。

实际上，在每一个区域中同时存在以上分析的多种物理过程，仅是过程的强弱程度不同。

从电能 → 化学能 → 内能 → 动能的能量转换过程考虑，也可将电弧加热式推力器内部流动工作区域分为四个区域，它们分别表明了占主导地位的物理过程。区域 Ⅰ 为阴极尖和靠近电弧喉道入口的部分，它主要是将电能转换成为化学能，这里所说的化学能主要是指电离与解离能，并不是通常所说的化学反应能。区域 Ⅱ 为电弧喉道的圆柱部分，欧姆加热是该区域的主要过程，可以视为热维持区。区域 Ⅲ 为喷管扩张段靠近电弧喉道出口部分，电场强度降低，喷管的扩张使等离子体的动能增加，电子与离子的复合反应占主导过程，为化学能转换为内能区域。同普通的发动机喷管扩张段一样，区域 Ⅳ 主要是热等离子体超声速膨胀，内能转换为气体的动能。

电弧加热式推力器推进剂气体形成的电弧等离子体是连续过程，非常复杂，没有明显的电弧和非电弧流动的边界。

3. 能量分配

在电弧加热式推力器中，并不是所有输入总电功率都用来提高推进剂比焓，而是有相当一部分以热损失的形式被电极材料所吸收，构成热损失。产生这些损失的几个主要机制是：

(1) 以热传导形式和辐射形式由主流区(即非电极鞘层区) 导入电极壁面的热流；

(2) 阳极鞘层内的热流；

(3) 阴极鞘层内的热流。

设这三种损失占总电功率的分数分别为 ξ_{t1}，ξ_{t2}，ξ_{t3}，而 η_t 为除去这些损失的有用电功率所

占总电功率的比率，则有

$$\eta_t = 1 - \xi_{t1} - \xi_{t2} - \xi_{t3} \tag{6.2}$$

在被推进剂接收的电功率中，并不是所有的都转化成了喷管出口的喷气动能，而是有相当一部分能量冻结于各种热力学（平动、转动、振动及电子激发）和化学（离解、电离）能量模式中，构成冻结损失。在被推进剂接收的电功率中，转换为喷管出口喷气动能的比率为 η_f，在喷管出口仍然被冻结于热力学和化学能量模式中的能量比率分别为 ξ_{ft}，ξ_{fc}，则

$$\eta_f = 1 - \xi_{ft} - \xi_{fc} \tag{6.3}$$

在所有喷管出口的喷气动能中，只有轴向动能与生产推力有关，是有用部分，设这部分占总出口动能的分数为 η_v。

上述三项基本上概括了电弧加热式推力器内部的主要能量损失机制，因此，总能量转换效率（即推进效率）

$$\eta = \eta_t \eta_f \eta_v = (1 - \xi_{t1} - \xi_{t2} - \xi_{t3})(1 - \xi_{ft} - \xi_{fc})\eta_v \tag{6.4}$$

喷管出口速度

$$u_e = \sqrt{2\eta_t \eta_f \eta_v h_1} = \sqrt{2\eta_t \eta_f \eta_v \frac{P}{q_m}} \tag{6.5}$$

图 6.8 给出了电弧加热式推力器工作过程的能量损失情况。图 6.9 给出了输入总功率在各种输出能量模式上的分布情况，该图是根据数值模拟结果绘制的。其中的出口喷气动能包含三个方向，不仅仅是轴向的。一些实验结果表明，氢电弧加热式推力器实际测量的推进效率为 35% ～ 40%，因此非轴向喷气产生的损失为 2% ～ 7%。可以看到，在总输入电功率提高一个量级的情况下，喷气动能所占输出能量的比率几乎不变。而剩余能量却在热损失和冻结损失间重新进行分配。

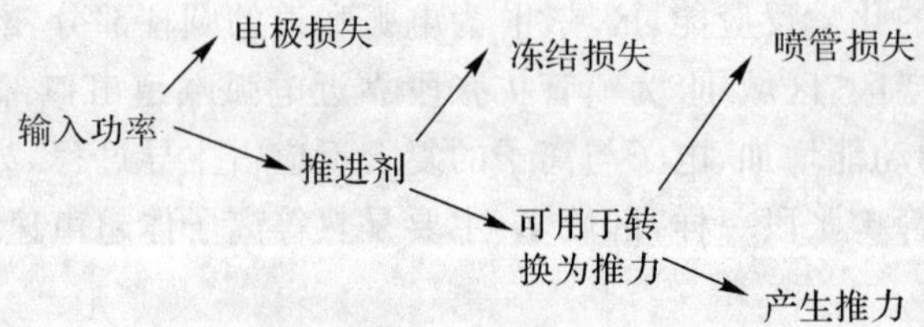

图 6.8　电弧加热式推力器工作过程的能量损失

式(6.5) 只给出了预测推力器推进效率的一个非常抽象的公式，只能定性反映影响推力器性能的一些主要过程，因为其中各种损失因子的具体数值是不能仅仅靠这些定性分析就可以得到的。产生这些损失的物理过程也不是单一的过程，而是多个相互耦合过程的综合效应。例如，冻结损失由等离子体在喷管膨胀过程中热焓转换成定向动能的比率来确定，然而，这种膨胀与单纯的一维等熵膨胀已有了很大的不同，至少需要同时考虑下述几个相互耦合的过程：

(1) 由于热传导、对流、辐射等过程向壁面的散热；

(2) 黏性耗散作用；

(3) 电流由阳极导入中心电弧区的途中对气体的欧姆加热作用。

此外，热力学与化学非平衡过程的影响亦不可小觑。不仅如此，上述诸过程之间也存在着极其复杂的相互耦合关系，并与推力器内部其他过程，包括上游诸过程耦合在一起。因此，冻结损失因子是不能独立求出的，甚至定性地分析它的影响因素都很困难，只有将推力器整个内部流动过程作为一个整体进行统一的分析，才有可能实现定性以至定量的分析，从而预测推力器性能。

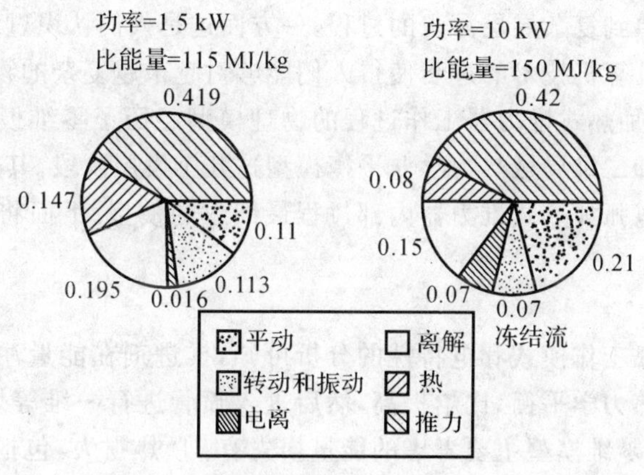

图 6.9　电弧加热式推力器输出能量分布

6.4　推力器工作过程的物理数学模型

电弧加热式推力器工作过程的气动热力学特征具有下述几个特点。

(1) 内部物理过程复杂多样并且各种物理过程之间耦合非常强烈。这些物理过程包括对流引起的质量、动量和能量的输运，黏性作用引起的能量耗散，扩散作用引起的质量、动量和能量的输运，热传导引起的能量传递，高温下粒子间的相互碰撞引起的分解反应、电离反应和复合反应，电磁场对高温电离气体力的作用(电场力和洛伦兹(Lorentz) 力) 和能量输入作用(欧姆加热和磁流体功)，辐射导致的能量损失，温度梯度引起的扩散效应，电子压强梯度驱动下的电子漂移运动对电流的贡献，热力学非平衡导致的热力学能量的传递与转换等。

(2) 内部物理过程的空间尺度和时间尺度都很小，物质、动量和能量的输运过程极其复杂剧烈，内部流动尤其是喷管流动严重偏离了化学平衡和热力学平衡，高温下各种组分的输运特性和热力学特性变化复杂。

(3) 内部流场的稳定性主要由电弧的稳定性决定。

(4) 内部流场参数变化很大，因此参数梯度比电热式推力器和传统的化学火箭发动机内的参数梯度大得多。

(5) 能量来自于外加的电能，通过电弧放电加热推进剂气体并使其获得能量，推进剂气体本身并不发生燃烧化学反应。

(6) 电弧加热式推力器的能量损失机理呈现出了其自身的特点，除了黏性作用引起的能量损失机理和非轴向损失机理与在传统的化学火箭发动机中的机理相同外，其他方面的损失呈现出了新的特点，例如化学非平衡损失和热力学非平衡损失、辐射损失、电极鞘层能量损失等。

随着对电弧加热式推力器内部过程物理机理认识的逐渐深入，其工作过程的物理模型的发展经历了一个由简单到复杂层层深入的过程。一方面这是人们认识过程的发展和需要，另一方面数值计算方法和计算机技术的进步使得人们能够对越来越复杂的物理模型建立数学模型并进行数值求解。电弧加热式推力器工作过程的物理模型经历了零维模型、准一维模型、二维局域热力学平衡模型和二维局域热力学非平衡模型这几个发展阶段。其中，二维局域热力学非平衡模型是目前描述电弧加热式推力器内部过程最细致的模型。下面将分别对这几种模型进行简要讨论。

1. 零维模型

从 6.2 节对于电弧工作模式和电特性的分析可知，推进剂在能量注入区内接受所有的电能并达到化学平衡和热力学平衡，比焓提高，然后进入喷管进行一维等熵膨胀，从喷管喷出时速度提高而比焓降低。零维模型主要考虑的能量损失有：① 热损失，包括热等离子体以辐射的形式和导热的形式传给电极壁面的热流、阳极电极区内产生的热流和阴极电极区内产生的热流；② 冻结损失，包括冻结于各种热力学能量模式（平动动能、转动动能、振动动能及激发态能量）中的能量和冻结于各种化学能量模式（离解能量、电离能量）中的能量；③ 喷管出口喷气动能的非轴向损失。

零维模型过于简单，与实际情况相差甚远，还不能揭示电弧加热式推力器内各种物理过程的特征及其对推力器性能的影响，只能定性地反映推力器工作过程的主要特征。但其包含了影响性能的冻结损失这个最重要的因素，对于某些定量分析也有一定的意义。

2. 准一维模型

准一维模型一般基于电弧加热式推力器电弧喉道内流体的两层流动近似或者三层流动近似，并且考虑推进剂物理参数的一些简单关系。在基于两层流动近似的准一维模型中，靠近电弧喉道壁面的外层流动被认为是理想的绝热流动，电流对推进剂的欧姆加热和推进剂的热传导仅存在于内层中。内层也就是电弧层，由内层到外层的热传递决定了电弧形式的发展。通过合理地假设径向热传递函数和动压头，可以得到常微分方程组形式的守恒方程，由初始条件并考虑电弧附着位置、阳极电位降、冻结损失、壁面摩擦、初始焓等影响因素，可以求解守恒方程，得到推力、比冲、推进效率及电功率等性能参数。三层流动近似将电弧喉道内流动区域划分为高温导电的中心电弧区、围绕中心电弧区的过渡区和围绕过渡区的外层冷气流区三个区（见图 6.10）。图 6.10 中，T_a 为中心电弧区外缘温度；T_c 为过渡区外缘温度；T_w 为壁面温度，单位为

K;q_r 表示各区间的热量传递。电流对推进剂的欧姆加热、推进剂的热传导和辐射是中心电弧区的主要物理过程;过渡区不导电,但存在热传导,主要过程是离解和电离;外层冷气流区内温度一致,与电弧喉道壁面温度相同,在与过渡区连接处不断地有气体被加热而进入过渡区,因此沿轴向外层冷气流区的质量不是固定的。同样,由基于以上假设的常微分守恒方程组可以求出电弧喉道出口参数,然后由等熵膨胀过程可以算出推力、质量流量、输入电功率等,进一步可以得到比冲、推进效率等。

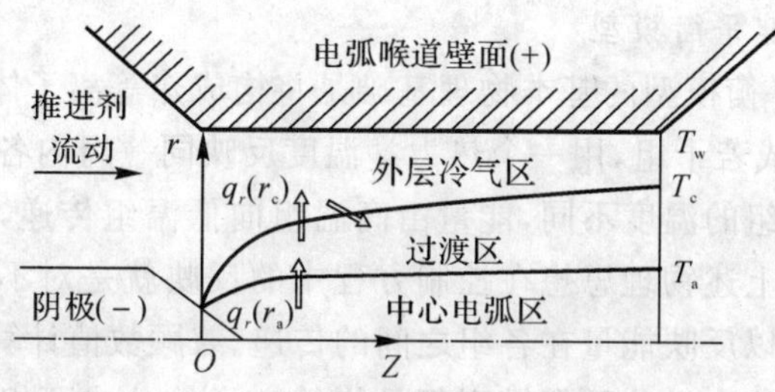

图 6.10　电弧加热式推力器三层流动模型

准一维模型能够比较有效地计算比冲,并能够比较准确地预测推进效率。准一维模型在一定程度上反映了电弧加热式推力器内最基本的能量添加、传递和损失过程,但是还不能准确模拟喷管流动过程,也不能反映阳极壁面的受热情况。而在电弧加热式推力器内高温度、高速度、高浓度梯度的条件下各种微观过程非常剧烈明显,因此需要利用更加复杂的模型来进行模拟。

3. 二维局域热力学平衡模型

从电弧加热式推力器工作过程物理模型的发展来看,二维局域热力学平衡模型是第一个能够反映其工作过程全流场特征的理论分析模型。二维局域热力学平衡模型的基本假设前提是,局域热力学平衡,即用一个温度反映流场中某一点上的所有热力学状态;宏观电中性,即宏观上高温电离气体所带正、负电荷总数相等,呈现出电中性;连续介质。二维局域热力学平衡模型可以反映对流、扩散、热传导、黏性等多种物理过程及其耦合关系,并且能够比较全面地反映电磁场的作用,通过建立合适的化学反应(电离、离解、复合)模型还可以反映流动过程中气体介质的离解、电离和复合情况。二维局域热力学平衡模型可以对由推力器入口到喷管出口的整个流场进行统一的分析计算,并且能够比较充分地反映多种对电弧加热式推力器工作性能的计算有着重大影响的物理过程机理以及其间的耦合关系,例如欧姆加热导致气体温度的上升、气体分子的离解、原子的电离、粒子的复合反应、气体在压强梯度驱动下在喷管中的膨胀、黏性作用、复合作用导致的化学能的释放等,因此二维局域热力学平衡模型能够比较可靠地预计比冲和推进效率等性能参数。

尽管二维局域热力学平衡模型是一个比较完善的模型,但它能反映的过程与实际过程仍然有较大的差距。二维局域热力学平衡模型的一个比较严重的不足就是不能有效地反映电极附近的导电机制,尤其是不能自洽地建立电弧中心区到阳极壁面的导电通道,也不能很好地揭示电弧在阳极壁面上的附着位置和形态。目前的研究表明电弧加热式推力器内部过程，尤其是喷管流动过程，明显地偏离了热力学平衡状态，而这种热力学非平衡过程特性会对推力器的性能计算产生很大的影响，例如电弧附着形态对性能计算的影响就是其中的一个方面。利用局域热力学平衡模型只能对有关过程作一个大致的模拟估计，并且还需要采用一些近似的处理措施来反映热力学非平衡的影响才能比较完善。为了准确地揭示热力学非平衡特征以更加准确地反映电弧加热式推力器内部物理过程，还需要建立热力学非平衡模型。

4. 二维局域热力学非平衡模型

二维局域热力学非平衡模型的基本物理基础是将构成热等离子体的各种组分粒子(分子、原子、离子和电子等)分成若干组，用一个热力学温度反映同一组内各种粒子在所有能量自由度上的热力学状态，不同组的温度不同，能量由高温组向低温组传递，使得整个热力学系统向着热力学平衡状态趋近。上述物理思想在控制方程中的反映就是对不同的组建立不同的能量方程，并引入能量交换项以反映能量在各组之间的传递。兼顾数值计算能力和模型反映真实过程的准确性，目前使用的热力学非平衡模型都是将等离子体分成两组：电子单独作为一组，其余重粒子作为一组。这种双温模型主要是考虑了电子比其他粒子轻得多这一特点，电子与重粒子的碰撞耦合比重粒子之间的碰撞耦合要弱得多。从已有的研究成果来看，电弧加热式推力器工作过程的热力学非平衡模型数值模拟获得了更加贴近实验结果的推力器性能参数，能够比较圆满地解决由电弧中心区到阳极壁面的导电通道问题。二维局域热力学非平衡模型代表着目前电弧加热式推力器工作过程物理模型的最高成就。尽管如此，仍然不能用该模型指导推力器的优化设计，因为该模型对某些过程细节的反映与实际情况仍然相距甚远。

从以上分析可以看出，由于电弧加热式推力器内部物理机制和工作过程的复杂性，建立准确、完整地描述其过程的物理数学模型是非常困难的，目前的主要难点集中于电极过程、非平衡机制和等离子体的跨声速流动。随着研究的深入和认识的提高，相信等离子体发动机的模拟仿真会对其设计和应用发挥巨大的作用。

6.5 描述通道流动的基本方程和数值模拟

鉴于电弧加热式推力器通道内等离子体流动的复杂物理机制，零维模型和一维模型的分析难以获得问题的解析解，必须借助有关的基本方程进行数值模拟。

1. 基本方程

(1) 状态方程。部分电离气体因其比热容随温度变化而不能认为是完全气体，但其每种组分的分压 p_j、数密度 n_j 与温度 T_j 应满足如下完全气体状态方程：

$$p_j = n_j k T_j \tag{6.6}$$

式中，k 是 Boltzmann 常数。气体总压可表示为

$$p = \sum_j p_j = \sum_j n_j k T_j \tag{6.7}$$

假定电子碰撞电离产生的等离子体是电中性的($n_e = n_i$),将离子和原子作为重粒子,其速度和温度相同($\boldsymbol{u}_i = \boldsymbol{u}_n = \boldsymbol{u}, T_i = T_n = T_g$),状态方程可以写为

$$p = \sum_j p_j = \sum_j n_{gj} k T_g + n_e k T_e \tag{6.7a}$$

(2) 连续方程和质量守恒方程。组分 j 的粒子守恒方程可以表示为

$$\frac{\partial n_j}{\partial t} + \nabla \cdot (n_j \boldsymbol{u}) = \dot{n}_j \tag{6.8}$$

式中,$\dot{n}_j$ 是组分 j 的粒子的净产生率。$\boldsymbol{u}_j$ 是组分 j 的粒子平均速度,可以认为是气体质量平均速度 $\boldsymbol{u}$ 与组分扩散速度 $\boldsymbol{U}_j$ 之和,即

$$\boldsymbol{u}_j = \boldsymbol{u} + \boldsymbol{U}_j \tag{6.9}$$

式(6.9) 中平均速度 $\boldsymbol{u}$ 定义为

$$\boldsymbol{u} = \frac{1}{\rho} \sum_j \rho_j \boldsymbol{u}_j \tag{6.10}$$

即

$$\rho \boldsymbol{u} = \sum_j \rho_j \boldsymbol{u}_j \tag{6.10a}$$

将式(6.9) 代入式(6.10a),并注意到 $\rho = \sum_j \rho_j$,可得

$$\sum_j \rho_j \boldsymbol{U}_j = 0 \tag{6.11}$$

以组分 j 的粒子质量 m_j 遍乘式(6.8) 中各项,并注意到 $\rho_j = m_j n_j, \dot{\rho}_j = m_j \dot{n}_j$,可得

$$\frac{\partial \rho_j}{\partial t} + \nabla \cdot (\rho_j \boldsymbol{u}_j) = \dot{\rho}_j \tag{6.12}$$

由于所有的质量产生项之和 $\sum_j \dot{\rho}_j = 0$,将式(6.12) 对所有的组分取和,得到总体的质量守恒方程或连续方程,即

$$\frac{\partial \rho}{\partial t} + \nabla \cdot (\rho \boldsymbol{u}) = 0 \tag{6.13}$$

或

$$\frac{\mathrm{D}\rho}{\mathrm{D}t} + \rho \nabla \cdot \boldsymbol{u} = 0 \tag{6.13a}$$

(3) 动量方程。组分 j 的动量方程通常表示为

$$\frac{\partial(\rho_j \boldsymbol{u}_j)}{\partial t} + \nabla \cdot (\rho_j \boldsymbol{u}_j \boldsymbol{u}_j) = \nabla \cdot \boldsymbol{P}_j + \rho_j \boldsymbol{F}_j - \boldsymbol{M}_j \tag{6.14}$$

式中　$\boldsymbol{P}_j$—— 组分 j 的应力张量;

$\boldsymbol{F}_j$—— 作用于单位质量的 j 粒子的体积力;

$\boldsymbol{M}_j$—— 组分 j 与气体中其他组分之间的动量交换所引起组分 j 的动量损失率。

如果组分 j 的粒子的带电量为 ez_j,则平均作用在每一个 j 粒子上的、折算为单位质量的电

场力和 Lorentz 力为

$$\boldsymbol{F}_{\mathrm{L}j} = ez_j(\boldsymbol{E} + \boldsymbol{u}_j \times \boldsymbol{B})/m_j \tag{6.15}$$

式中 $\boldsymbol{E}$—— 电场强度；

$\boldsymbol{B}$—— 磁感应强度。

式(6.14) 可进一步写为

$$\frac{\partial(\rho_j\boldsymbol{u}_j)}{\partial t} + \boldsymbol{\nabla}\cdot(\rho_j\boldsymbol{u}_j\boldsymbol{u}_j) = \boldsymbol{\nabla}\cdot\boldsymbol{P}_j + ez_jn_j(\boldsymbol{E} + \boldsymbol{u}_j\times\boldsymbol{B}) + \rho_j\boldsymbol{g}_j - \boldsymbol{M}_j \tag{6.16}$$

式中，$\boldsymbol{g}_j$ 是除电磁力以外的其他体积力(如重力)。

由于组分 j 和其他组分碰撞引起的动量损失率 $\boldsymbol{M}_j$ 对气体中所有组分的总和为零，式(6.16) 对所有组分加和后给出：

$$\frac{\partial(\rho\boldsymbol{u})}{\partial t} + \boldsymbol{\nabla}\cdot(\rho\boldsymbol{u}\boldsymbol{u}) = \boldsymbol{\nabla}\cdot\boldsymbol{P} + \boldsymbol{J}\times\boldsymbol{B} + \rho\boldsymbol{g} \tag{6.17}$$

或

$$\rho\frac{\mathrm{D}\boldsymbol{u}}{\mathrm{D}t} = \boldsymbol{\nabla}\cdot\boldsymbol{P} + \rho\boldsymbol{F} \tag{6.18}$$

此处

$$\rho\boldsymbol{F} = \sum_j \rho_j\boldsymbol{F}_j = \boldsymbol{J}\times\boldsymbol{B} + \rho\boldsymbol{g}$$

$$\rho\boldsymbol{g} = \sum_j \rho_j\boldsymbol{g}_j$$

$$\boldsymbol{P} = \sum_j \boldsymbol{P}_j + \sum_j \rho_j\boldsymbol{U}_j\boldsymbol{U}_j$$

$$\boldsymbol{J} = \sum_j ez_jn_j\boldsymbol{U}_j$$

分别为作用于气体混合物的体积力，除 Lorentz 力以外的体积力，应力张量和气体中流过的电流密度。

(4) 能量方程。

$$\rho\frac{\mathrm{D}}{\mathrm{D}t}\left(\varepsilon + \frac{v^2}{2}\right) = -\boldsymbol{\nabla}\cdot\boldsymbol{q} + \boldsymbol{\nabla}\cdot(\boldsymbol{P}\cdot\boldsymbol{u}) + \boldsymbol{u}\cdot\sum_j\rho_j\boldsymbol{F}_j + \sum_j\rho_j\boldsymbol{F}_j\cdot\boldsymbol{U}_j + S_{\mathrm{h}} \tag{6.19}$$

用文字表述，即单位体积内的能量变化率 = 表面传入的热量 + 表面力做的功 + 体积力做的功 + 体热源。体热源的常见形式是 Joule 热($\boldsymbol{E}\cdot\boldsymbol{J} = \sigma E^2$，$\sigma$ 是气体电导率) 和辐射损失(U_r)，即

$$S_{\mathrm{h}} = \sigma E^2 - U_r \tag{6.20}$$

以 $\boldsymbol{u}$ 点乘式(6.18) 等号的两边，得到

$$\rho\boldsymbol{u}\cdot\frac{\mathrm{D}\boldsymbol{u}}{\mathrm{D}t} = \rho\frac{\mathrm{D}}{\mathrm{D}t}\left(\frac{v^2}{2}\right) = \boldsymbol{u}\cdot(\boldsymbol{\nabla}\cdot\boldsymbol{P}) + \boldsymbol{u}\cdot\rho\boldsymbol{F} \tag{6.21}$$

从式(6.19) 减去式(6.21)，并注意到

$$\boldsymbol{P}=-\boldsymbol{I}p+\boldsymbol{\sigma}$$

$$\nabla\cdot(\boldsymbol{P}\cdot\boldsymbol{u})=\boldsymbol{P}\cdot(\nabla\boldsymbol{u})+(\nabla\cdot\boldsymbol{P})\cdot\boldsymbol{u}$$

可得

$$\rho\frac{\mathrm{D}\varepsilon}{\mathrm{D}t}=-\nabla\cdot\boldsymbol{q}+\boldsymbol{P}\cdot(\nabla\boldsymbol{u})+\sum_j\rho_j\boldsymbol{F}_j\cdot\boldsymbol{U}_j+S_\mathrm{h} \tag{6.22}$$

式中　$\boldsymbol{I},\boldsymbol{\tau}$—— 分别为单位张量和切应力张量；

p—— 气体的热力学压强；

ε—— 单位质量气体的内能。

又因为

$$\boldsymbol{P}\cdot(\nabla\boldsymbol{u})=(-\boldsymbol{I}p+\boldsymbol{\tau})\cdot(\nabla\boldsymbol{u})=\varphi-p(\nabla\cdot\boldsymbol{u})$$

式(6.22)可进一步写为

$$\rho\frac{\mathrm{D}\varepsilon}{\mathrm{D}t}+p(\nabla\cdot\boldsymbol{u})=-\nabla\cdot\boldsymbol{q}+\varphi+\sum_j\rho_j\boldsymbol{F}_j\cdot\boldsymbol{U}_j+S_\mathrm{h} \tag{6.23}$$

式中，φ 是黏性耗散函数，它在各种坐标系中的表达式可从流体力学教科书或手册中找到。

如果采用比焓 h 来写能量方程，则因为 $h=\varepsilon+\dfrac{p}{\rho}$，利用连续方程式(6.13)，有

$$\frac{\mathrm{D}h}{\mathrm{D}t}=\frac{\mathrm{D}\varepsilon}{\mathrm{D}t}+p\frac{\mathrm{D}}{\mathrm{D}t}\left(\frac{1}{\rho}\right)+\frac{1}{\rho}\frac{\mathrm{D}p}{\mathrm{D}t}=\frac{\mathrm{D}\varepsilon}{\mathrm{D}t}+\frac{p}{\rho}\nabla\cdot\boldsymbol{u}+\frac{1}{\rho}\frac{\mathrm{D}p}{\mathrm{D}t}$$

把该关系式代入式(6.23)后，得

$$\rho\frac{\mathrm{D}h}{\mathrm{D}t}=\frac{\mathrm{D}p}{\mathrm{D}t}-\nabla\cdot\boldsymbol{q}+\varphi+\sum_j\rho_j\boldsymbol{F}_j\cdot\boldsymbol{U}_j+S_\mathrm{h} \tag{6.24}$$

或

$$\frac{\partial(\rho h)}{\partial t}+\nabla\cdot(\rho h\boldsymbol{u})=\frac{\mathrm{D}p}{\mathrm{D}t}-\nabla\cdot\boldsymbol{q}+\varphi+\sum_j\rho_j\boldsymbol{F}_j\cdot\boldsymbol{U}_j+S_\mathrm{h} \tag{6.25}$$

在略去体积力、压力功和黏性耗散(低 Mach 数)的定常流动中，如果 S_h 中只考虑 Joule 热与辐射损失，则

$$\nabla\cdot(\rho h\boldsymbol{u})=\rho\boldsymbol{u}\cdot\nabla h=-\nabla\cdot\boldsymbol{q}+\sigma E^2-U_r \tag{6.26}$$

(5) 电磁场方程。由于电弧的出现，涉及电磁能量的释放，如上述动量方程中含有 Lorentz 力项，能量方程中含有 Joule 加热项，为使方程组封闭可以求解，必须考虑电磁场方程。

描述电磁场的 Maxwell 方程的一般形式为

$$\nabla\cdot\boldsymbol{D}=\rho_\mathrm{c} \tag{6.27}$$

$$\nabla\cdot\boldsymbol{B}=0 \tag{6.28}$$

$$\nabla\times\boldsymbol{E}=-\frac{\partial\boldsymbol{B}}{\partial t} \tag{6.29}$$

$$\nabla\times\boldsymbol{H}=\boldsymbol{j}+\frac{\partial\boldsymbol{D}}{\partial t} \tag{6.30}$$

式中 $\boldsymbol{D}$—— 电位移向量，它与电场强度 $\boldsymbol{E}$ 的关系为 $\boldsymbol{D}=\varepsilon\boldsymbol{E}$，$\varepsilon$ 是介电常数；

$\boldsymbol{B}$—— 磁感应强度，它与磁场强度 $\boldsymbol{H}$ 的关系为 $\boldsymbol{B}=\xi\boldsymbol{H}$，$\xi$ 是磁导率；

ρ_c—— 电荷密度；

$\boldsymbol{j}$—— 电流密度。

在热等离子体传热与流动问题中，空间电荷密度 ρ_c 通常可以忽略，介电常数 ε 和磁导率 ξ 可取其在真空中的数值（$\varepsilon_0=8.854\times10^{-12}$ F/m，$\xi_0=4\pi\times10^{-7}$ H/m），位移电流项 $\partial\boldsymbol{D}/\partial t$ 比起电流密度 $\boldsymbol{j}$（传导电流加对流电流）来通常可以忽略不计。

在热等离子体传热与流动研究中，气体电导率可处理为标量，而不用更一般的张量形式去表示。此时欧姆定律可表示为

$$\boldsymbol{j}=\sigma(\boldsymbol{E}+\boldsymbol{u}\times\boldsymbol{B})+\rho_c\boldsymbol{u} \tag{6.31}$$

式中，σ 是气体电导率，它是气体温度、压强与成分组成的函数。对给定的工作气体种类和压强，电导率对低温局域热力学平衡（LTE）等离子体只是温度的函数，对双温度等离子体，电导率不只与电子温度有关，还与电子温度 / 重粒子温度之比值有关。$\boldsymbol{u}$ 是气体的宏观运动速度。

对 Arcjet 通道传热与流动问题研究而言，因为电荷密度 ρ_c 可以忽略，感生电场 $\boldsymbol{u}\times\boldsymbol{B}$ 比起 $\boldsymbol{E}$ 通常又很小，欧姆定律式(6.31) 又可以简化为 $\boldsymbol{j}=\sigma\boldsymbol{E}$。

在高温电离气体流动与传热研究中，为了确定动量方程中的 Lorentz 力项以及能量方程中 Joule 热项，通常采用如下简化形式的 Maxwell 方程与欧姆定律：

$$\nabla\cdot\boldsymbol{E}=0 \tag{6.32}$$

$$\nabla\cdot\boldsymbol{B}=0 \tag{6.33}$$

$$\nabla\times\boldsymbol{E}=-\frac{\partial\boldsymbol{B}}{\partial t} \tag{6.34}$$

$$\nabla\times\boldsymbol{B}=\xi_0\boldsymbol{j} \tag{6.35}$$

$$\boldsymbol{j}=\sigma\boldsymbol{E} \tag{6.36}$$

2. 方程的求解和数值模拟

数值模拟的步骤是，根据具体的物理模型，将状态方程、连续方程、动量方程、能量方程、电磁场方程和欧姆定律联立建立控制方程组，并考虑相关气体的电离复合反应，采用相应的数值离散方法，对控制方程进行求解，可以得到速度、温度、压强、粒子密度、电流密度和电势等参数的分布。

国外采用 N_2 作为推进剂对小功率电弧加热式推力器内部热和化学非平衡工作过程进行了数值计算。其流动模型假设：流动是轴对称层流；由于电弧电流小，忽略 Lorentz 力、Hall 电流和离子滑移（在研究磁等离子体推力器工作过程中不能被忽略），等离子体是电中性的，忽略辐射，忽略热和压强扩散的输运。计算考虑了单温度和双温度 2 种情况，给出了控制方程。粒子种类包括 N_2，N，N_2^+，N^+ 和 e^-，电离复合反应见表 6.2，计算方法采用有限体积方法。在 N_2 质量流率为 45.4 mg/s 和总电流 6 A 的条件下得到了重粒子温度分布、电子温度分布、电流密度分布和阳极电流分布。

表 6.2　N_2 的电离复合反应

序号	反应物		产物
1	N_2+N_2	⇔	$N+N+N_2$
2	N_2+N	⇔	$N+N+N$
3	$N_2+N_2^+$	⇔	$N+N+N_2^+$
4	N_2+N^+	⇔	$N+N+N^+$
5	N_2+e^-	⇔	$N+N+e^-$
6	$N+N$	⇔	$N_2^++e^-$
7	N_2+N^+	⇔	N_2^++N
8	$N+e^-$	⇔	$N^++e^-+e^-$

国外有人也对 100 kW 级使用 H_2 作为推进剂的高功率电弧加热式推力器进行了数值计算,模型考虑了电子温度、重粒子的平动温度和振动温度,粒子种类包括 H_2,H,H^+,H_2^+ 和 e^-。数值模拟得到的喷管通道电流和 3 种温度的分布如图 6.11 ~ 图 6.14 所示,图 6.15 显示了喷管表面温度的计算值与实际测量值的对比。

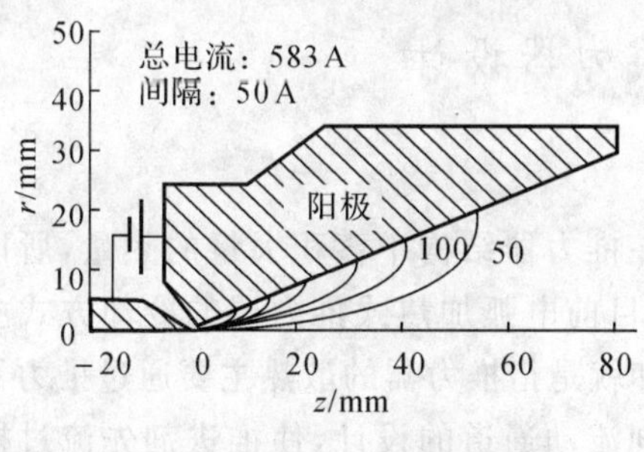

图 6.11　电流分布

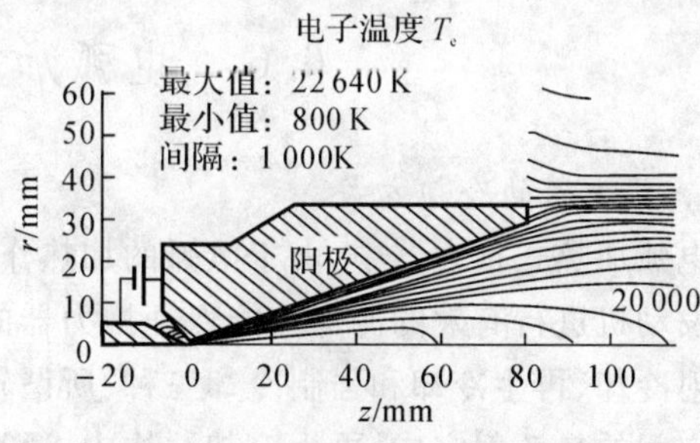

图 6.12　电子温度分布

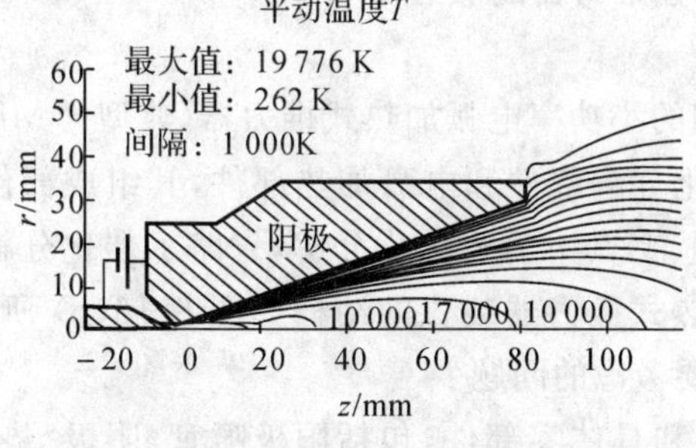

图 6.13　平动温度分布

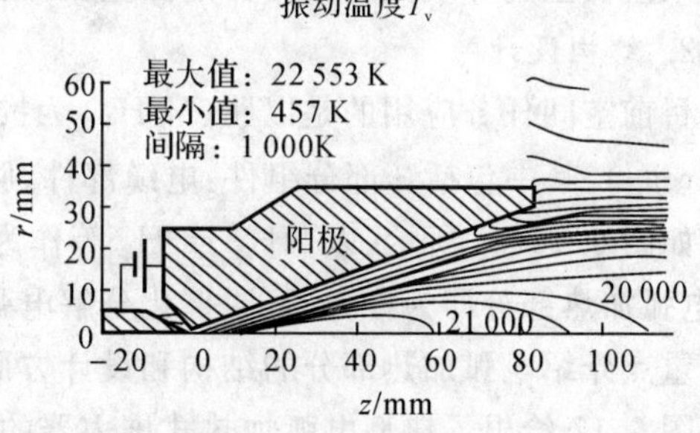

图 6.14　振动温度分布

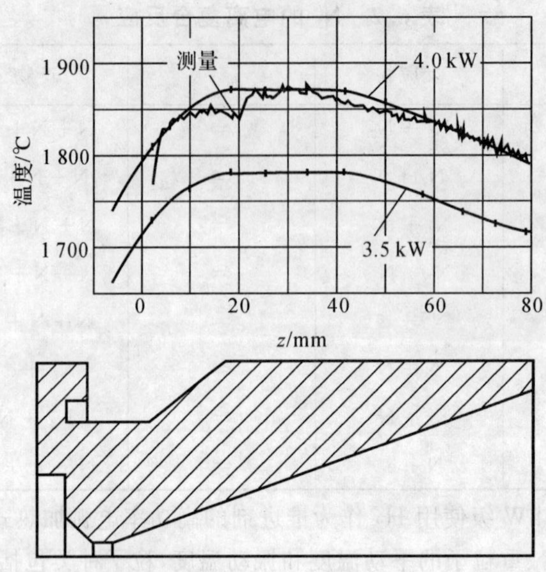

图 6.15　阳极喷管表面温度的计算值与实际测量值对比

6.6　电弧加热式推力器设计

1. 推力器的冷却方式

电弧加热式推力器中，由于电弧的加热作用，会在推力器结构中蓄积大量的热量，所以必须对发动机进行有效的冷却才能保证推力器的安全。目前电弧加热式推力器的冷却方式主要有辐射冷却、再生冷却和强制冷却三种。所谓辐射冷却就是指推力器的散热主要通过推力器表面向空间的热辐射完成。再生冷却结构中，通过推进剂流动通道的设计，使推进剂先流过推力器的高温区预热，在冷却推力器的同时，也回收了部分能量，提高了推力器的效率。强制冷却是指用某些低温的介质流过推力器的高温区，从而增强推力器的散热。

2. 结构设计

目前空间任务应用的是以肼(N_2H_4)为推进剂的小功率电弧加热式推力器(典型为MR系列 Arcjet)。其中包括 3 部分组件：电缆部件、肼催化分解部件和电弧加热部件，其组成部件示意图如图 6.16(a) 所示。以 NH_3 或 H_2 等作为推进剂，其不需要催化分解，省略了催化分解部件，电弧加热部分即为推力器。肼催化分解电弧加热式推力器装置的结构如图 6.16(b) 所示。本节重点介绍电弧加热部分的结构和设计方面需要考虑的问题。

图 6.17 给出了典型电弧加热式推力器的结构和具体零部件，包括阳极喷管、阴极、垫片、注射盘、前绝缘体、后绝缘体、阳极支架、弹簧和柱塞等。图 6.18 是推力器阴极和阳极结构关系图，给出了影响电弧工作和气体流动的几个重要几何参数，其中，l_{ac} 是阴极到阳极喷管的距

离，l_{con} 是推力器电弧喉道长度，d_t 是推力器电弧喉道直径，d_e 是阳极喷管出口直径。

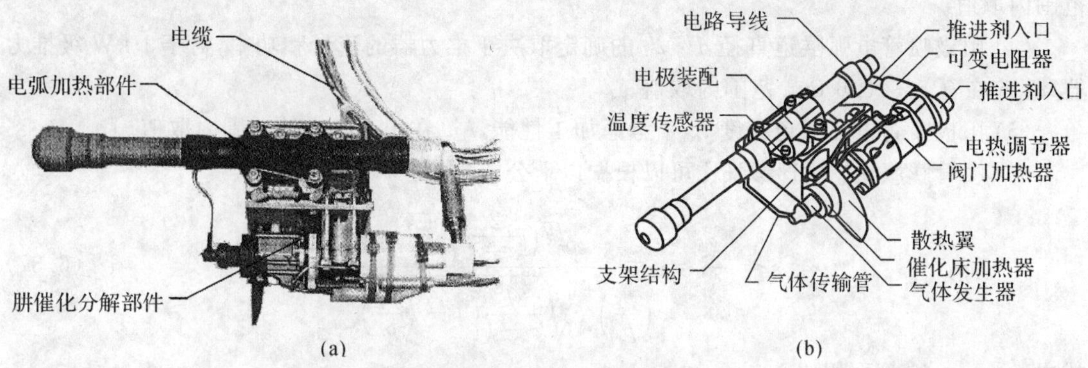

图 6.16　肼电弧加热式推力器组成和结构示意图

(a) 组成部件示意图；(b) 装置的结构示意图

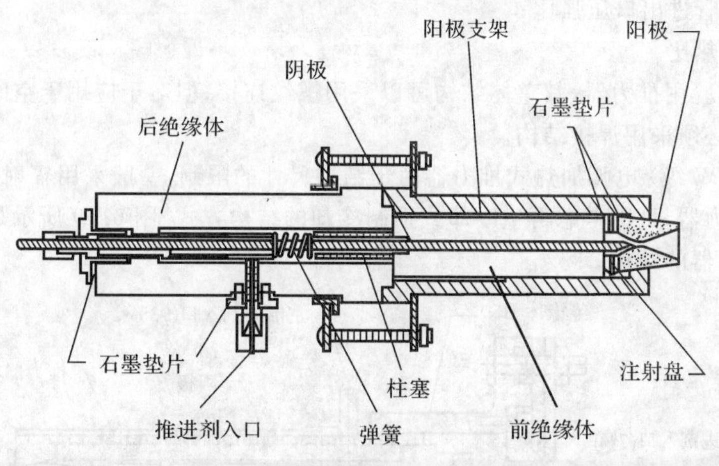

图 6.17　电弧加热式推力器的结构

推力器阴极和阳极结构关系尺寸对推力器的性能影响很大。设计主要考虑的因素包括：

(1) 推进剂从阴极或阳极进入方式。对于地面实验，可采用阴极和阳极两种进入方式。空间应用的推力器由总体决定，均采用推进剂从阳极进入。

(2) 推进剂从喷管收敛段进气的方式。一般认为，螺旋式注入推进剂可增加电弧的稳定性并降低对阳极表面的热交换，减轻阳极喷管烧蚀。设计中可以加入旋流片，使推进剂气体螺旋注入喷管收敛段。

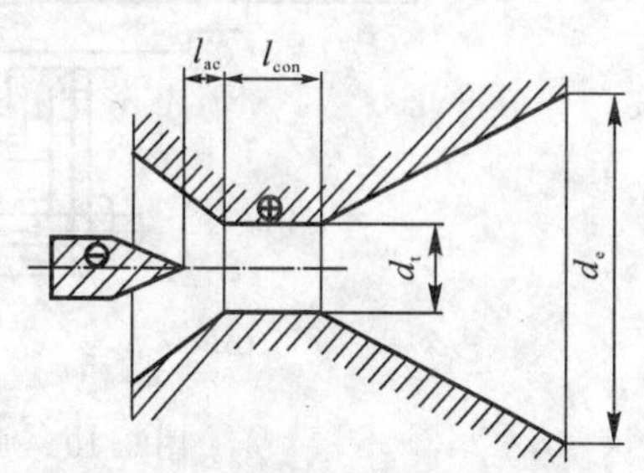

图 6.18　推力器阴极和阳极结构关系图

(3) 阴极尖到阳极喷管的距离 l_{ac}。对于小功率的推力器，考虑起弧的可靠性，l_{ac} 应在1 mm范围内取值。

(4) 阳极喷管电弧喉道直径 d_t。d_t 的确定取决于推力器的流量和功率，对于 1 kW 级推力器，d_t 应在 0.5 ～ 0.6 mm 范围内取值。

(5) 阳极喷管电弧喉道长度 l_{con}。考虑加工性能，l_{con} 在 1 ～ 2 mm 范围内取值。

(6) 喷管膨胀比。喷管膨胀比可以根据以下公式决定：

$$\varepsilon = \frac{A_e}{A_t} = \frac{\sqrt{k}\left(\dfrac{2}{k+1}\right)^{\frac{k+1}{2(k-1)}}}{\left(\dfrac{p_e}{p_c}\right)^{\frac{1}{k}}\sqrt{\dfrac{2k}{k-1}\left[1-\left(\dfrac{p_e}{p_c}\right)^{\frac{k-1}{k}}\right]}} \tag{6.37}$$

式中 ε—— 喷管面积比；

A_e—— 喷管出口截面积；

A_t—— 喷喉面积；

p_e/p_c—— 喷管进出口压强比；

k—— 比热比。

对于地面实验用推力器，其整体结构可以采用螺纹连接；但对于应用于空间任务的工程样机，推力器整体必须采用焊接结构。

小功率(1 kW 级) 电弧加热式推力器由于结构尺寸的限制，一般采用辐射冷却方式。对于中、高功率的推力器，可以考虑再生冷却或强制冷却的结构方式。图 6.19 所示是典型再生冷却电弧加热式推力器的结构。

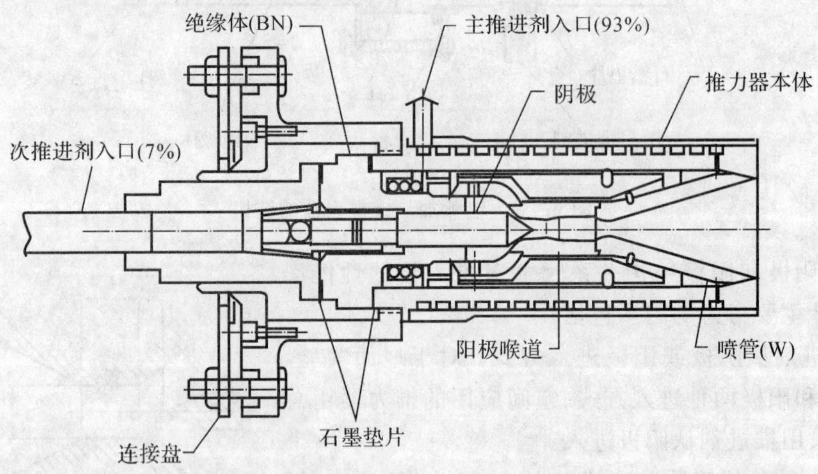

图 6.19　典型再生冷却电弧加热式推力器的结构

3. 推力器材料

(1) 阴极材料。对阴极材料的要求主要是小的电子发射的逸出功和强的电子发射能力，可以采用钍钨、钍钨铼合金、钍铼等材料。在钨中添加稀有元素的氧化物主要是为了增加电子发射的电流密度和降低电极表面温度，降低电子发射的逸出功，提高电极材料性能。

目前，作为电弧等离子体推力器的阴极，钍钨材料(2% 氧化钍) 使用得最为广泛。钍钨的电子发射能力最强，电子发射的逸出功小，作为阴极材料性能最好，但钍具有放射性。我国研究者开发的铈钨材料，起弧、维弧、耐烧蚀性能优良，在相关研究领域已取代有放射性污染的钍钨材料，也得到较广泛的应用。

(2) 阳极材料。电弧加热式推力器对阳极材料的要求主要是耐高温、耐电弧烧蚀性能及引弧、稳弧性能好。阳极材料可以选用纯钨、钍钨、钨铼、纯铼、钼铼和钼等。

相比钨、钨合金和钼材料，钨和钨合金耐高温和烧蚀性能好，但加工性能差；钼和钼合金相对易加工，但烧蚀性能差。

为了保证阳极喷管的尺寸和型面，通常采用电火花方法对阳极型面和喉道进行加工。

电极材料主要性能见表 6.3。

表 6.3　电极材料性能

电极材料名称	掺杂质	掺杂量 /(%)	其他杂质量 /(%)	电子逸出功 /eV	密度 /$(g \cdot cm^{-3})$
纯钨电极	/	/	<0.20	4.5	>17.0
铈钨电极	CeO_2	1.8～2.0	<0.20	2.7～2.8	>17.0
钍钨电极	ThO_2	1.7～2.2	<0.20	2.0～3.0	>17.0
钼阳极	/	/	/	/	>9.4

(3) 绝缘材料。对绝缘材料的要求是耐高温、绝缘性能好、可加工。推力器绝缘材料可以采用氧化铝陶瓷、可加工云母陶瓷和可加工氮化硼陶瓷等材料。

可加工云母陶瓷(熔铸合成云母) 是由合成氟金云母碎料直接熔融、浇铸制成的一种微晶陶瓷材料，既保持了云母的离解性，使之可进行各项机械加工，同时又具有氟金云母良好的电绝缘、耐高温、耐热冲击性能。熔铸合成云母还具有良好的化学稳定性，能在 H_2，N_2，NH_3 和 Cl 等气体中长期使用而不腐蚀。氮化硼陶瓷是将硼粉放在高温下烧结而成的，许多性能指标更高于云母陶瓷，但硬度稍低。目前的电弧加热式推力器的研究和应用普遍采用氮化硼陶瓷作为绝缘材料。氮化硼陶瓷材料性能见表 6.4。

(4) 密封材料和支撑部件材料。推力器的密封材料可以选用柔性石墨垫片，柔性石墨材料在无氧情况下可耐 3 500℃ 以上的高温，可以满足推力器的热密封性能。

对于推力器的支撑架和旋流注射盘，可以选用耐高温的钼合金或不锈钢材料。

表 6.4　氮化硼陶瓷材料性能

性能	标准值	
体积密度 /(g · cm^{-3})	2.1	
抗弯强度 /MPa	室温	(⊥)43
		(//)100
	1 000℃	(⊥)6.0
		(//)10.0
抗压强度 /MPa	室温	(⊥)230
		(//)300
线膨胀系数 /(1/℃)	25 ～ 350℃	(⊥)0.6×10^{-8}
		(//)10.1×10^{-8}
	25 ～ 1 000℃	(⊥)0.77×10^{-8}
		(//)7.5×10^{-8}
电阻率 /(Ω · m)	25℃	1.0×10^{14}
	1 000℃	3.4×10^{5}
	2 000℃	1.0×10^{3}
莫氏硬度	2 级	
工作周期 /h	≥36	
总加热功率 /kW	≤100	
最高使用温度 /℃	2 000	
最高使用压强 /MPa	10	
工作温度 /℃	O_2 ≤1 000	
	N_2 ≤1 800	
	Ar ≤1 800	

第 7 章　微波等离子体推力器(MPT)

微波等离子体推力器(Microwave Plasma Thruster,MPT)是将微波能转换成推进动能,属于电热型的一种电推力器。它的构造和工作原理构思不同于其他电推力器。其性能,与电阻加热式推力器相比其比冲较高,与电弧加热式推力器相比没有电极烧蚀,与稳态等离子体推力器和离子发动机相比其结构简单,与脉冲等离子体推力器相比其效率高、功率大。但它发展尚不成熟,对微波技术的发展依赖性较强;性能与电弧加热式推力器相当,虽然比冲不高,但相同功率下推力大;羽流总体上是电中性的,与飞行器的相容性好,因此有应用和发展前景。

MPT 的构思是美国于20世纪60年代提出来的。早期的研究用电子回旋加速器作谐振腔,由于它的效率低,系统较笨重,因此研究一度被中止。到 90 年代,在微波技术迅猛发展的基础上,改用结构轻巧的谐振腔,得到了新的发展。主要研究者是美国的 NASA 刘易斯(格林)研究中心、普林斯顿大学、密西根大学和宾夕法尼亚大学,以及中国的西北工业大学航天学院,日本也有研究报道。

图 7.1 为美国样机的照片。

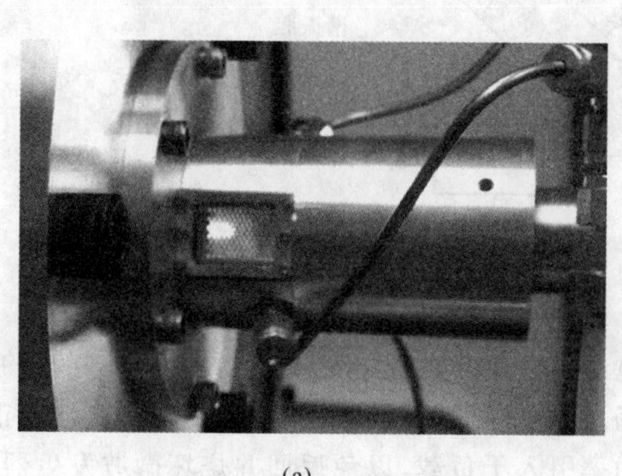

(a)

(b)

图 7.1　美国样机的照片

(a)RSI(Research Support Instruments)和普林斯顿大学共同研制的 MPT MET-100;

(b)RSI 研制的水工质 MPT 实验系统

美国研制了 1 ~ 4 kW,以及 0.1 kW 的样机,甚至对 30 kW 的 MPT 也进行了研究,推进剂工质有氩、氦、氮、氨、氢、肼和水。据报道,其中,3 kW 的样机,比冲为 6 000 m/s,质量流量为 120 mg/s,推力为 0.8 N,总效率为 50%;0.1 kW 的样机,比冲为 14 000 m/s,质量流量为 6 mg/s,谐振腔压强为 350 kPa,总效率为 54%;1 kW 样机,推进剂为水,比冲为 8 000 m/s,效率达72%。对0.1 kW的样机已完成了微波频率为7.5 GHz的小型化设计和试验。理论上对微波谐振模式、微波激发工质的等离子体温度、电子浓度等进行了研究，用激光测速仪测量了喷气速度，研究了多种工质的推力、比冲、效率与比功率的关系。

我国西北工业大学研制了0.1 kW TEM波谐振模式和1 kW TM_{011} 波谐振模式的MPT样机，进行了氩、氦、氮、氨等推进工质的地面真空实验，建立了天平式电磁反馈自动补偿小推力测量系统，测得了比冲、推力等性能，研究了功率、流量、压强等参数对性能的影响，进行了谐振腔电磁场和等离子体流场、喷管和羽流等离子体流场的数值计算，建立了朗缪尔系统，测量了羽流电子数密度。

7.1 基本组成

MPT由微波源、三端口环形器、干负载、同轴电缆、谐振腔和喷管(推力器)，以及推进剂箱和开关等组成，如图7.2所示。

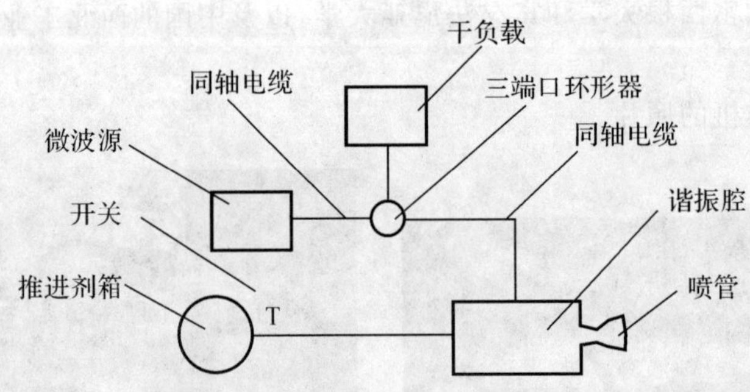

图7.2 MPT系统示意图

微波源是产生指定频率微波的能源。同轴电缆是输送微波的导线。谐振腔是将输入的微波在腔内发生特定形式的谐振，使微波形成电磁场。三端口环形器的作用是只许微波从微波源正向输向谐振腔，而将由谐振腔反射的反向微波功率引入干负载，以免返回并烧坏微波发生器。部件三端口环形器和干负载仅对大功率MPT才需要，小功率MPT是不需要的，因其反射功率较小，不致产生危害。

MPT的基本工作原理如下：

微波电源产生指定频率和一定功率的微波，通过同轴电缆输入谐振腔谐振形成特定形式的电磁场，推进剂工质同时输入谐振腔，在电磁场最强处激发形成高温和具有一定压强的等离子体流，并从拉伐尔喷管高速喷出产生推力。

图7.3～图7.5所示是MPT实验系统。

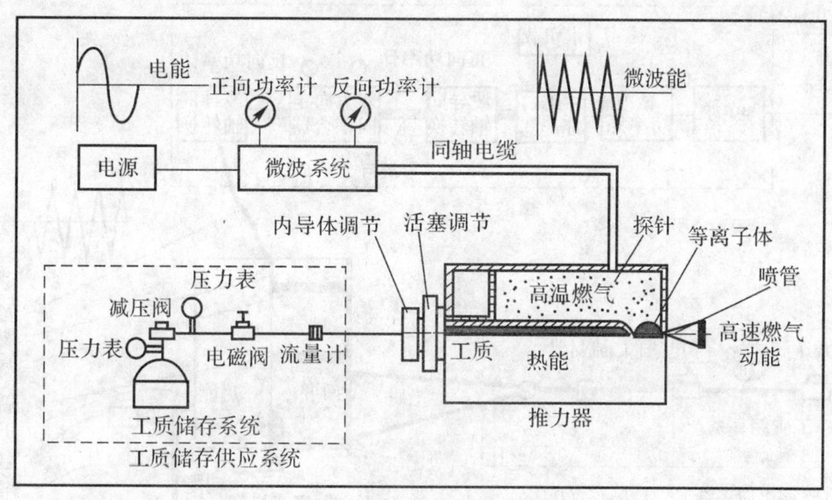

(a)

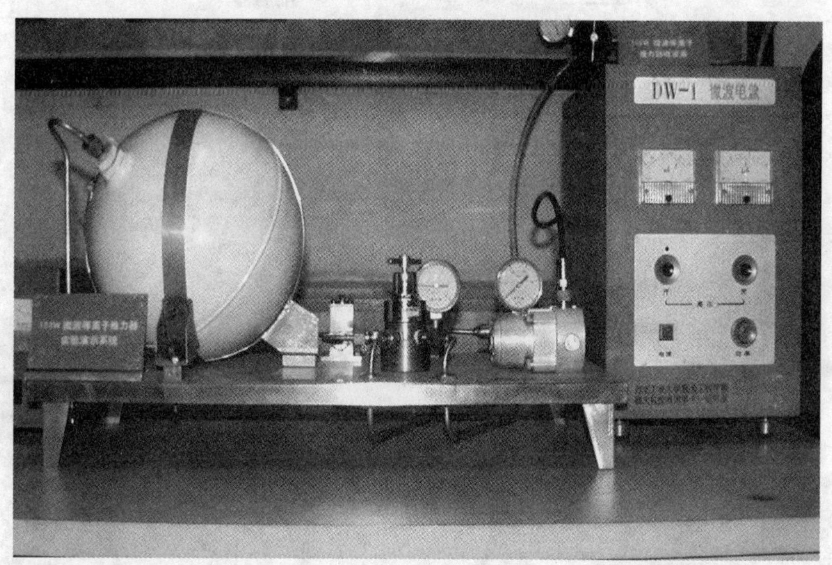

(b)

图 7.3　100 W MPT 地面实验系统

(a) 简图；(b) 实物

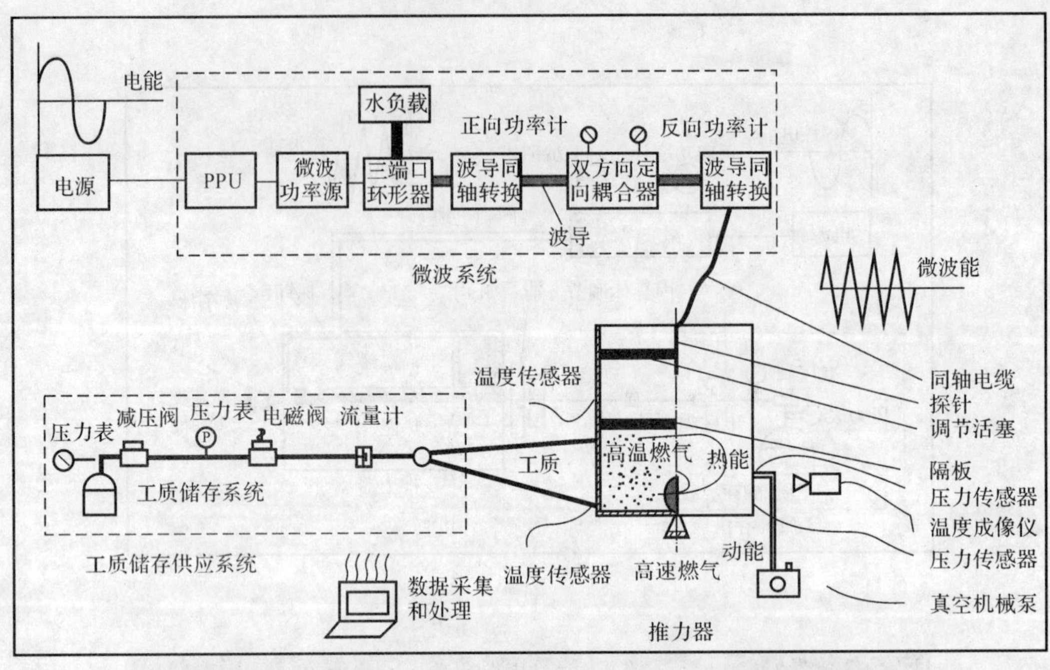

(a)

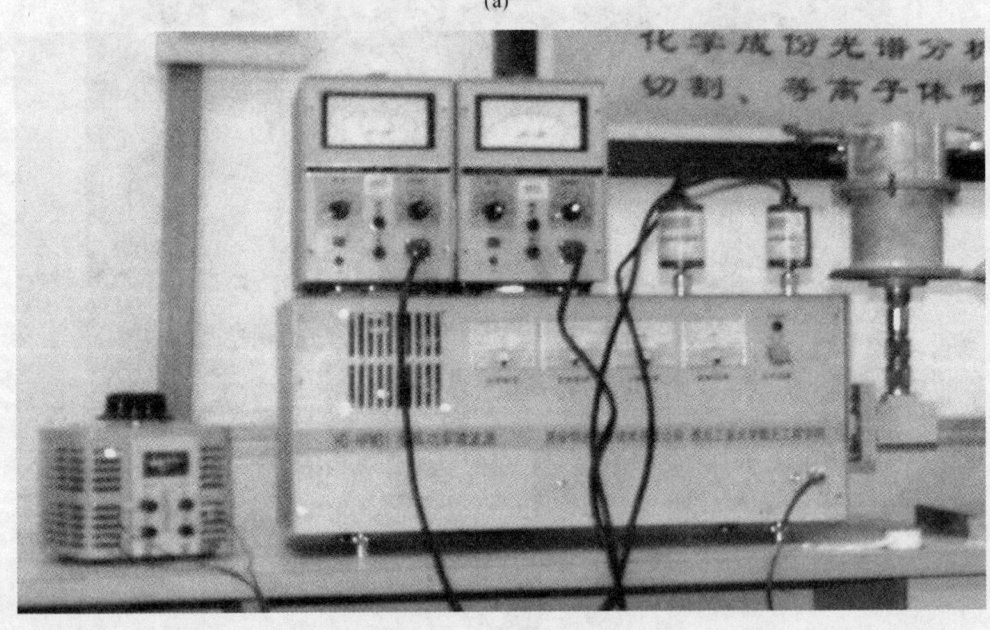

(b)

图 7.4　1 kW MPT 地面实验系统

(a) 简图；(b) 实物

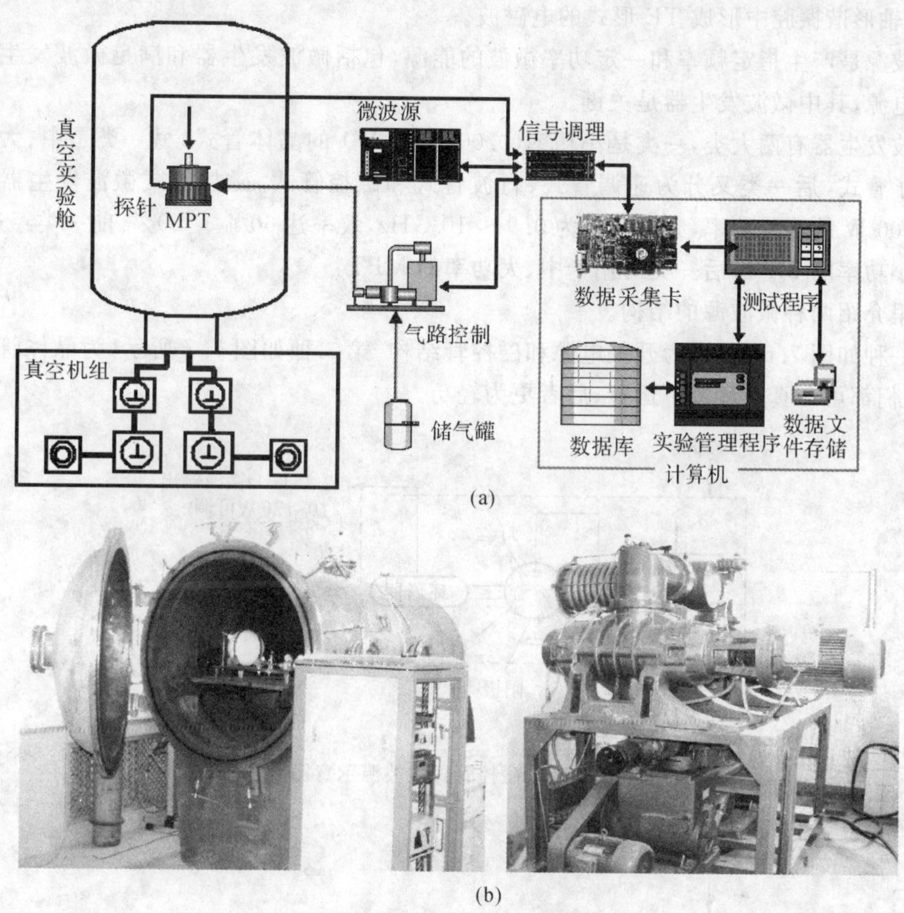

图 7.5　MPT 地面真空实验系统

(a) 简图；(b) 实物

7.2　工 作 原 理

MPT 的基本工作原理已在上一节作了简述。为了进一步理解其工作原理，以及为工程设计奠基，本节对一些相关概念作进一步的阐述。

7.2.1　微波和微波源

微波是有较高频率且具有一定能量的电磁波，能在一定形状的空腔中谐振，表现为一定规则波形的电磁场，在波导中能以一定的波形传输。例如，MPT 研制中常采用 2.45 GHz 的微波，在同轴形或矩形波导中传输，通过探针发射至谐振腔，在圆柱形谐振腔中形成 TM 形式的电磁波，在同轴形谐振腔中形成 TE 形式的电磁波。

微波源是产生指定频率和一定功率微波的能源，包括微波发生器和满足微波发生器特定要求的电源，其中微波发生器是关键。

微波发生器有两大类，一类是小功率(0.001 ～ 1 W)的晶体管式，另一类是中、大功率的真空电子管式，后一类又分为速调管式、行波管式和磁控管式。磁控管式微波发生器可产生 50 ～5 000 W 的连续功率，频率范围为 0.9 ～ 10 GHz，效率达 60% ～ 80%。前一类经过放大，可用于小功率的 MPT；后一类可用于中、大功率的 MPT。

这里介绍两种微波源的结构。

第一种如图 7.6 所示，为开关电源和磁控管结构。第二种如图 7.7 所示，为晶体管及功放结构。它们都可在真空环境下运行，后者更为轻巧。

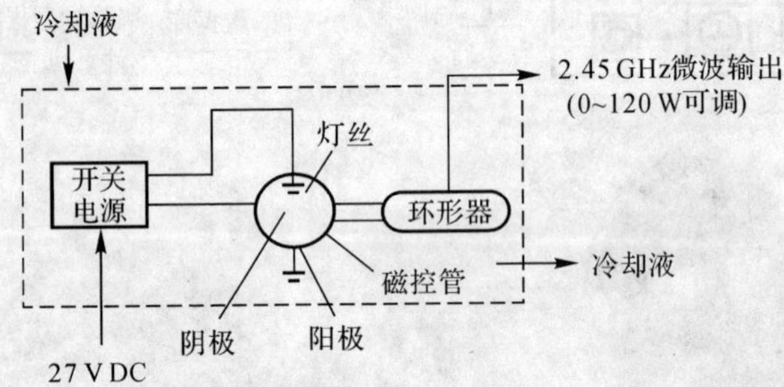

图 7.6　磁控管式微波源示意图

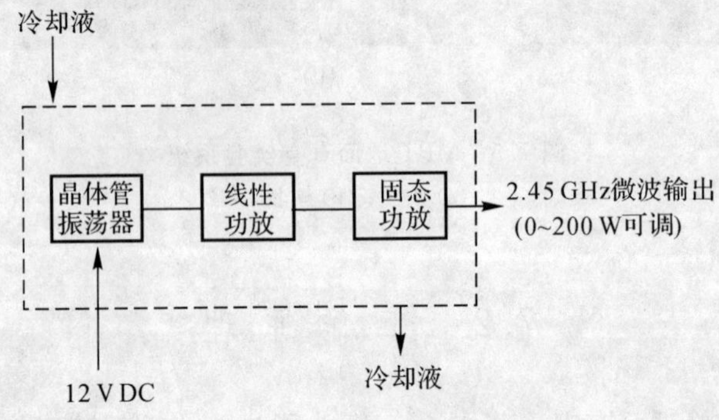

图 7.7　固态微波源示意图

7.2.2　谐振腔电磁场

谐振腔是将输入的微波，以特定方式谐振，形成某种规则电磁场的场所。适合 MPT 的谐振方式有 TM_{011} 波和 TEM 波两种，这两种谐振方式的实验谐振腔结构分别如图 7.8 和图 7.9 所示。

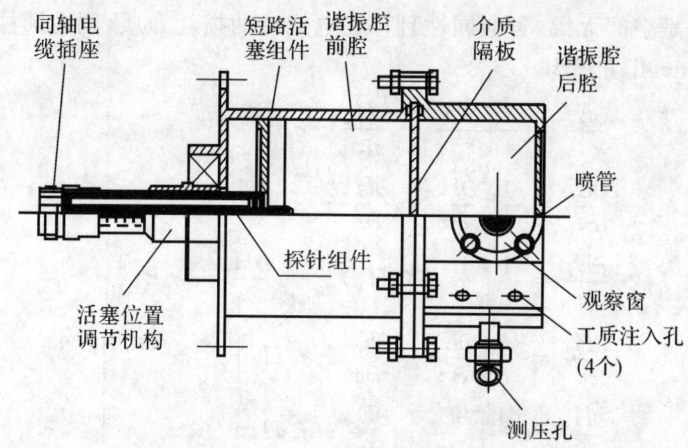

图 7.8　TM_{011} 谐振腔

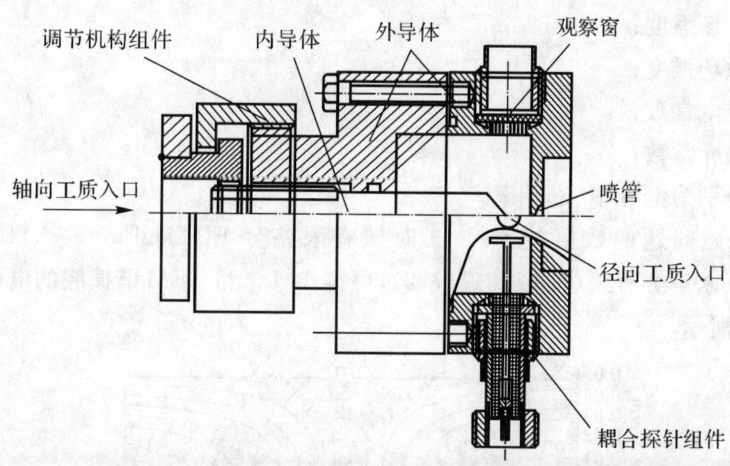

图 7.9　TEM 谐振腔

TM_{011} 谐振腔适合于中等和大功率的 MPT 使用。由图 7.8 可见，微波由左侧同轴电缆输入，由探针发射，在腔内谐振形成电磁场。活塞调节机构是实验中为了达到谐振，调节谐振腔长度所用。隔板将谐振腔分隔为前、后腔，前腔仅为形成谐振空腔所需，不通入工质；后腔通入推进剂工质，因而隔板对后腔起形成一定压强的容腔的作用。工质在后腔中解离形成一定压强的高温等离子体流，从喷管喷出产生向左的推力。对于调好的谐振腔，活塞和调节机构、观察窗、测压孔等是不需要的。

TEM 谐振腔适合小功率 MPT 使用。由图 7.9 可见，微波由侧面探针输入，工质从内导体中心孔轴向或从谐振腔侧壁送入。同样，对调好的谐振腔，内导体轴向位置调节机构、观察窗等结构可取消。

假设所研究的是空间无源、各向同性且存在电或磁的损耗介质，则在圆柱坐标系 $Or\varphi z$ 下通用的电磁场 Maxwell 方程为

$$\left.\begin{aligned}\frac{\partial E_r}{\partial t}&=\frac{1}{\varepsilon}\left[\frac{\partial H_z}{r\partial\varphi}-\frac{\partial H_\varphi}{\partial z}-\sigma_e E_r\right]\\\frac{\partial E_\varphi}{\partial t}&=\frac{1}{\varepsilon}\left[\frac{\partial H_r}{\partial z}-\frac{\partial H_z}{\partial r}-\sigma_e E_\varphi\right]\\\frac{\partial E_z}{\partial t}&=\frac{1}{\varepsilon}\left[\frac{1}{r}\frac{\partial}{\partial r}(rH_\varphi)-\frac{1}{r}\frac{\partial H_r}{\partial\varphi}-\sigma_e E_z\right]\end{aligned}\right\}\tag{7.1}$$

$$\left.\begin{aligned}\frac{\partial H_r}{\partial t}&=\frac{1}{\mu}\left[\frac{\partial E_\varphi}{\partial z}-\frac{\partial E_z}{r\partial\varphi}-\sigma_m H_r\right]\\\frac{\partial H_\varphi}{\partial t}&=\frac{1}{\mu}\left[\frac{\partial E_z}{\partial r}-\frac{\partial E_r}{\partial z}-\sigma_m H_\varphi\right]\\\frac{\partial H_z}{\partial t}&=\frac{1}{\mu}\left[\frac{1}{r}\frac{\partial E_r}{\partial\varphi}-\frac{1}{r}\frac{\partial}{\partial r}(rE_\varphi)-\sigma_m H_z\right]\end{aligned}\right\}\tag{7.2}$$

式中 E—— 电场强度；
H—— 磁场强度；
ε—— 介电常数；
μ—— 磁介常数；
σ_e,σ_m—— 分别为电导率、磁导率。

采用计算电磁问题的数值技术 —— 时域有限差分 FDTD(Finite - Difference Time - Domain) 法 —— 求解方程式(7.1)和式(7.2)，可得 TM_{011} 和 TEM 谐振腔的电磁场分布，如图 7.10 和图 7.11 所示。

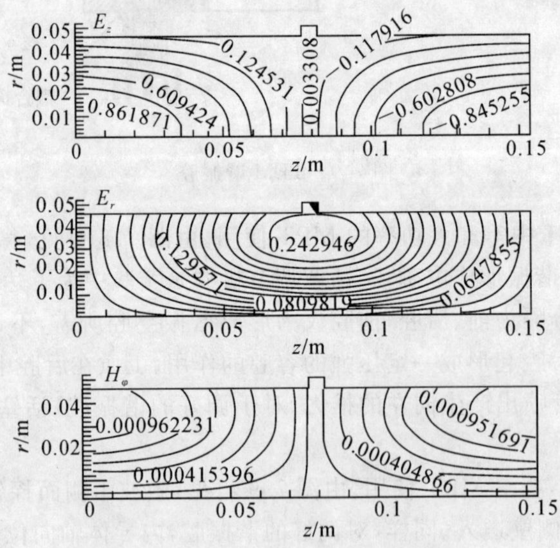

图 7.10 TM_{011} 谐振腔的电磁场分布

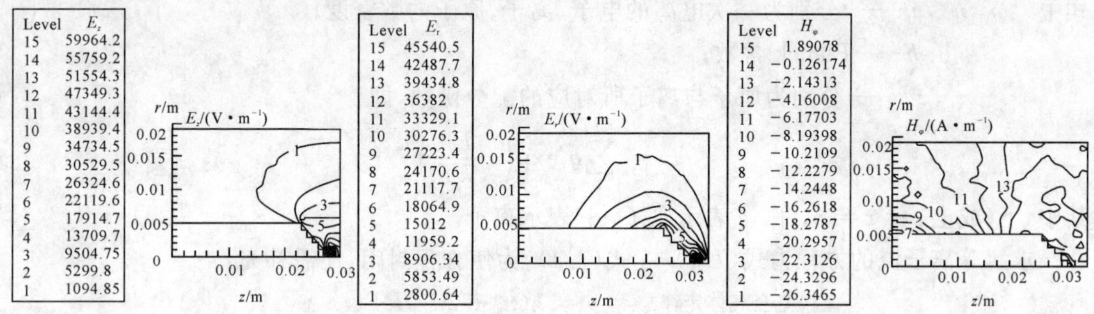

图 7.11　TEM 谐振腔的电磁场分布

由图 7.10 可见，在 TM_{011} 的空载电磁场中，电场是轴向和径向分布的，磁场是环向分布的，电场比磁场强一个量级。电场中轴向电场比径向电场强得多，轴向电场中，轴线附近的两端最强。由图 7.11 可见，在 TEM 的空载电磁场中，同样，电场是轴向和径向分布的，磁场是环向分布的，电场比磁场强一个量级，电磁集中于内导体尖端，而这里磁场很弱。

7.2.3　谐振腔中等离子体的激发与流动

当微波电磁场的能量足以使工质激穿产生电离时，电子脱离原子，形成电子和离子；高速运动的电子继续轰击其他原子，其中的非弹性碰撞使原子解离，进一步产生电子和离子；电了和离子也可能复合成原子。解离和复合是一个动平衡过程，场中的分子、原子、离子、电子混合体整体呈电中性，似流体一样运动，为等离子体流。谐振腔中的等离子体是吸收微波能量的主要负载。不同的工质，包括单原子气体和多原子气体，需要不同的激发能量，即需要不同的微波功率。

描述等离子体流的 N－S 方程张量形式为

$$\left.\begin{aligned}&\frac{\partial(\rho u_j)}{\partial x_j}=0\\&\frac{\partial}{\partial x_i}(\rho u_i u_j)=\frac{\partial p}{\partial x_i}\delta_{i,j}+\frac{\partial}{\partial x_i}\left[(\mu+\mu_t)\frac{\partial u_j}{\partial x_i}\right]+\frac{\partial}{\partial x_i}\left[(\mu+\mu_t)\frac{\partial u_j}{\partial x_i}\right]+\sigma\boldsymbol{E}\times\boldsymbol{B}\\&\frac{\partial}{\partial x_i}(\rho u_{ih})=\frac{\partial}{\partial x_i}\left[\frac{\lambda}{c_\rho}\frac{\partial h}{\partial x_i}\right]+\boldsymbol{J}\cdot\boldsymbol{E}\end{aligned}\right\}\tag{7.3}$$

式中　$\sigma\boldsymbol{E}\times\boldsymbol{B}$—— 微波电磁场产生的 Lorentz 力；

$\boldsymbol{J}\cdot\boldsymbol{E}=\sigma\boldsymbol{E}^2$—— 电磁场产生的 Joule 热。

MPT 谐振腔中的等离子体中心温度为 5 000 ～ 10 000 K，属低温等离子体。设其为局域热平衡的单温度等离子体，仅考虑一次电离，则其各种粒子（电子、离子，以及分子、原子等中性粒子）的质量作用定律 Saha 方程为

$$\frac{n_e n^+}{n_a}=\frac{2z^+}{z_a}\frac{(2\pi m_e kT)^{\frac{3}{2}}}{h^3}\exp\left(-\frac{E_0^\infty}{kT}\right)\tag{7.4}$$

式中　n_e, n^+, n_a——分别为一次电离的电子、离子、原子的数密度；

h——Planck 常数；

z_a, z^+——分别为原子与离子所对应的配分函数，即

$$z_r = \sum_i q_i \exp\left(-\frac{E_{r,i}}{kT}\right)$$

其中，下(或上)标 r = a，+。a 表示原子，+ 表示离子。

求解等离子流的方程为式(7.1)～式(7.4)。为使方程封闭，还需补充：

$$\left.\begin{array}{ll} \text{完全气体定律} & p = k(n_a + 2n^+)RT \\ \text{电中性} & n_e = n^+ \\ \text{等离子体密度} & \rho = m_e n_e + m_e(n_a + n^+) \end{array}\right\} \tag{7.5}$$

由于谐振腔中等离子体的流速很低，因此可认为是层流；但腔内温度梯度很大，必须考虑温度对密度的影响，因此流动为可压流。电磁场方程式(7.1)、式(7.2)中的电导率依赖于等离子流场的温度，流场方程式(7.3)中的 Lorentz 力 $\sigma \boldsymbol{E} \times \boldsymbol{B}$ 和 Joule 热取决于电磁场强度。因此方程式(7.1)～式(7.5)必须耦合求解。在取得适当的边界条件和特性参数后，对 TM_{011} 和 TEM 谐振腔的等离子流场计算结果如图 7.12 和图 7.13 所示。

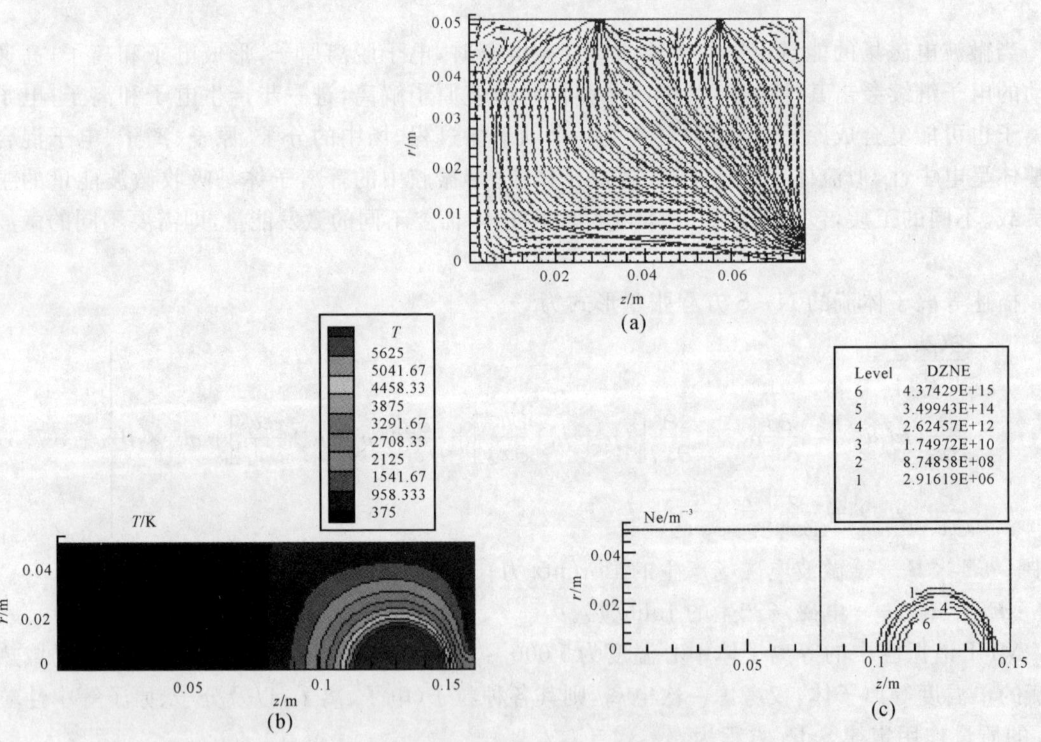

图 7.12　TM_{011} 谐振腔内的等离子流场图

(a) 后腔流线；(b) 温度分布；(c) 电子数密度分布

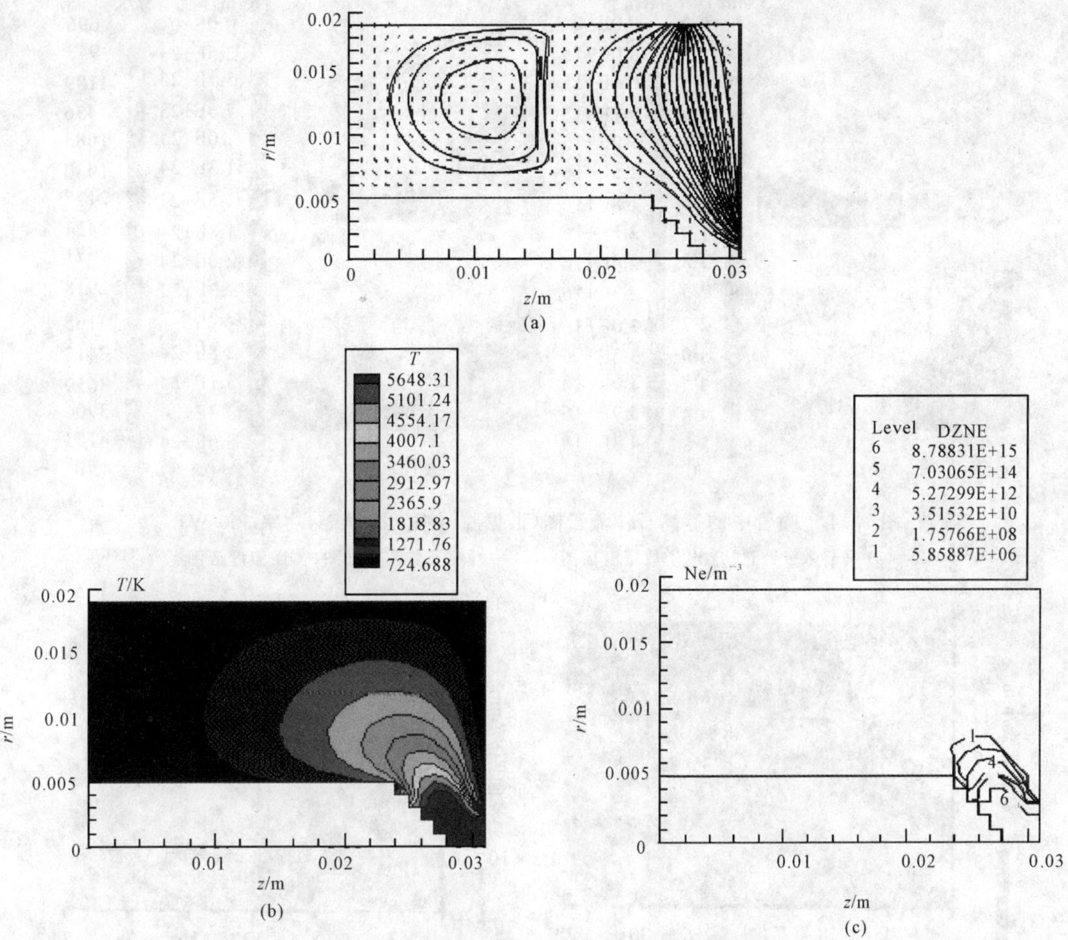

图 7.13　TEM 谐振腔内的等离子流场图

(a) 流线；(b) 温度分布；(c) 电子数密度分布

由图可见等离子体流的流向，以及电子数密度和温度最高区位于电磁场强度最强处。

7.2.4　喷管及羽流中的等离子体流动

采用欧拉方程和局域热平衡单温度等离子体模型计算了喷管中的等离子体流动，结果如图 7.14 所示。

由图可见，喷管流动中等离子体的电子数密度不高且复合比较明显。可见，MPT 是利用弱电离等离子体产生推力的。

MPT 的羽流处于真空稀薄气体环境之下，采用蒙特卡罗直接模拟法进行羽流计算，结果如图 7.15 所示。

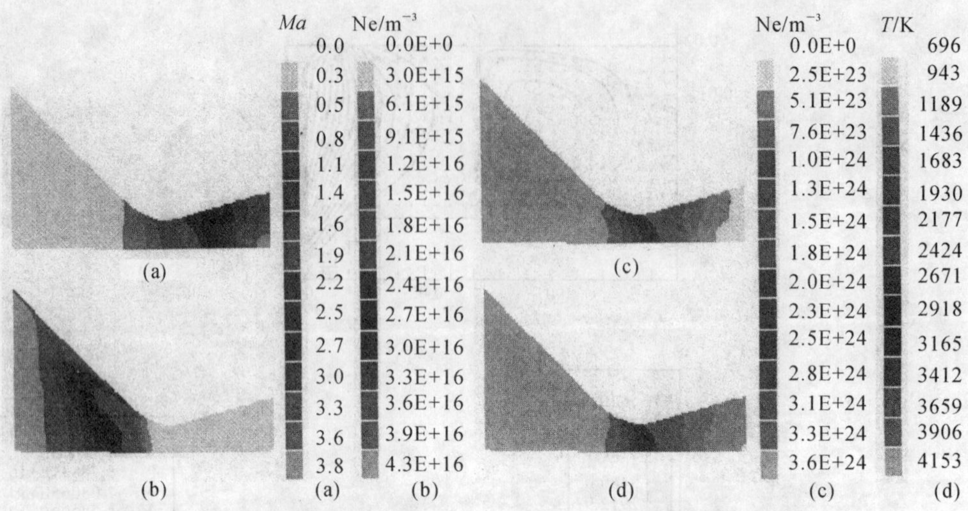

图 7.14　喷管中的等离子体流云图(谐振腔压强 0.2 MPa,功率 300 W)

(a) 马赫数云图；(b) 电子数密度云图；(c) 中性粒子数密度云图；(d) 温度云图

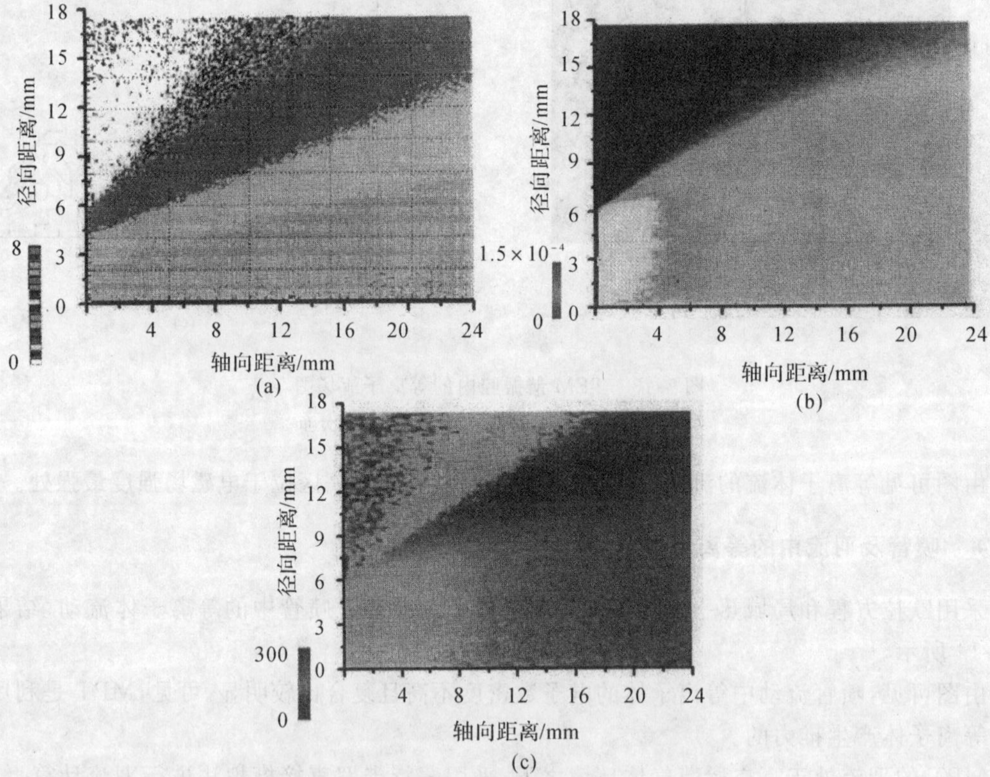

图 7.15　MPT 的羽流场

(a) 速度分布；(b) 密度分布；(c) 温度分布

结果表明,羽流存在一定的回流,但回流不大;羽流密度、压强和温度低;羽流在总体上是电中性的。因此羽流对航天器的污染小,与航天器的相容性好。

7.3　重要参数、技术指标和性能

7.3.1　重要参数

由 MPT 的基本组成、工作原理、谐振电磁场分布、等离子体的激发和流动等可知,MPT 的重要参数与谐振方式和推进剂工质种类密切相关。

谐振方式:较适合 MPT 的谐振方式是 TM_{011} 和 TEM 波,它决定 MPT 谐振腔的结构形式和参数。

推进剂工质的种类:不同的工质有不同的电离能,只有在激励能量大于电离能时,工质才会被激发等离子化;另外,如果工质是多原子气体,则它们首先要吸收部分能量分解为单原子物质,然后才能解离产生等离子体。此外,不同工质的导热率、介电常数、相对分子质量等也不同,它们对解离和流动有影响,因此对 MPT 重要参数有影响。

MPT 的重要参数如下:

(1) 微波频率 ω。微波频率影响 MPT 的尺寸,微波频率越高,MPT 尺寸越小。微波频率还影响等离子体对微波能量的吸收。只有当等离子体区中等离子体的数密度低于临界数密度时,工质才能吸收微波能量激发产生等离子体,而临界数密度 $m_{cr}=\dfrac{\omega^2 m_e \varepsilon_0}{e^2}$,因此,$\omega$ 越高,m_{cr} 越大,工质吸收的微波能量越大,产生的等离子数越多。

由计算可知,微波频率影响电磁场强度、工质解离度、等离子体温度、流动参数和 MPT 性能参数。

(2) 微波功率 P。微波功率对 MPT 的起动有影响,功率越大,工质越易激发等离子化,MPT 越易起动;功率还影响电磁场强度、等离子体温度、流动参数和 MPT 的性能,功率越大,MPT 的推力越大。

(3) 工质流量 q_m、喷管喉径 d_t。流量越大、喉径越小,则谐振腔内压强越高,MPT 的比冲和推力等性能可以提高;但压强过高和过低都不利于工质解离和 MPT 起动。

(4) 等离子体温度 T。等离子体温度是由微波频率和电磁场、工质种类等决定的,对于微波激励方式和常用工质,一般为 5 000 ～ 10 000 K。

此外,喷管的膨胀比、环境压强、MPT 系统各环节的效率对 MPT 的性能也有不同程度的影响。

7.3.2　技术指标

电推力器主要技术参数即电功率 P、比冲 I_s、推力 F 和总效率 η 之间的关系为

$$P = \frac{I_s F}{\eta} \tag{7.6}$$

推力

$$F = q_m V_e + (p_e - p_a) A_e$$

喷气速度

$$V_e = \sqrt{\frac{2k}{k-1}\frac{R_0}{M}T\left[1-\left(\frac{p_e}{p_c}\right)^{\frac{k-1}{k}}\right]} \tag{7.7}$$

流量

$$q_m = \frac{\Gamma p_c A_t}{\sqrt{\frac{R_0}{M}T}} \tag{7.8}$$

比冲

$$I_s = \frac{F}{q_m} \tag{7.9}$$

式中 p_c——谐振腔压强；

p_e——喷管出口压强；

p_a——环境压强；

A_e——喷管出口面积；

k——比热比；

M——相对分子质量；

R_0——通用气体常数；

T——谐振腔等离子体区平均温度；

A_t——喷管喉面积；

$$\Gamma = \sqrt{k\left(\frac{2}{k+1}\right)^{\frac{k+1}{k-1}}} \tag{7.10}$$

反映MPT性能的主要技术指标为微波输入功率 P、比冲 I_s、推力 F、总效率 η，有时也用比功率 $\frac{P}{q_m}$ 作为技术参数。

目前，MPT一般的技术指标，功率 P 为 100 W～30 kW，推力 F 为 20 mN～10 N，比冲 I_s 为 6 000～14 000 m/s，总效率 η 为 0.5～0.7。

MPT为电热类电推进系统，与其他类型电推力器相比，其比冲相对较低(比电阻加热式推力器(Resistojet)高，与电弧推力器(Arcjet)相当)；但在相同电功率下，推力较大。因此，在完成相同的航天器飞行任务下，所耗费的推进剂相对较多，但完成任务的时间较短。

7.3.3 MPT性能

在 10^{-5} Pa的真空环境下，点火实验的照片如图7.16所示，以小功率TEM波的MPT为代表,其样机性能的实验曲线如图 7.17 所示。

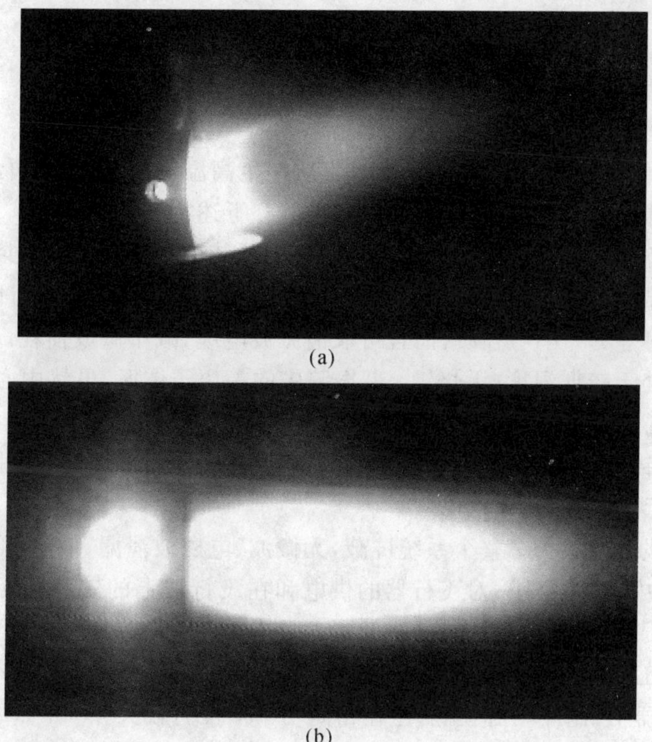

图 7.16　MPT 地面真空点火实验照片

(a) TEM 波 MPT；(b) TM_{011} 波 MPT

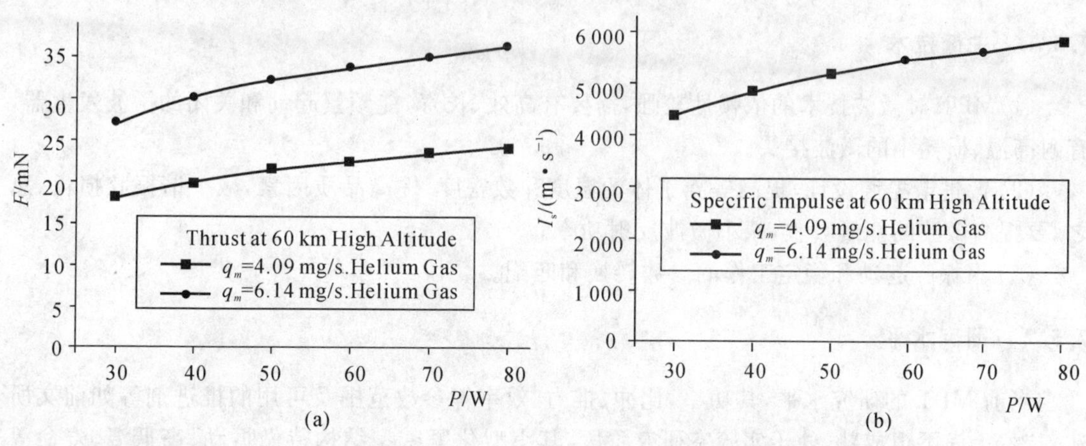

图 7.17　小功率 TEM 波 MPT 的性能曲线

(a) 推力与功率的关系；(b) 比冲与功率的关系

由图 7.17 可见，以氦为推进剂工质时，TEM 波 MPT 的推力 F 和比冲 I_s 与微波输入功率 P 和流量 q_m 之间的变化关系。

7.4 主要特点

MPT 是利用微波谐振形成的电磁场激发工质产生高温等离子体流，再经拉伐尔喷管高速喷出产生推力的装置，属于电热型的电推力器。它具有下述特点：

(1) 系统结构简单轻巧。由前文介绍可知，MPT 系统的电源少、部件少，且其结构相对简单小巧、质量轻。如果提高微波频率，更可使 MPT 小型化；还可将微波源与谐振腔设计成紧密型一体化结构，则它将更为小巧轻质，而且可取消微波电缆，减小微波损耗。

(2) 结构材料处于较低温度，无烧蚀。谐振腔中的等离子体区，虽然中心温度达到 5 000～10 000 K 高温，但在等离子体区边缘很薄的鞘层中温度锐减，位于等离子体中心区以外的谐振腔结构的材料，铜、铝即可承受，喷管处温度稍高，不锈钢便可承受。所以所用材料均很普通，且无烧蚀，对长寿运行极有好处。

(3) 与飞行器的相容性好。整个系统屏蔽，无微波、电磁波泄漏；散热不大；羽流回流小，总体呈低压、低温、电中性，污染小；对飞行器的供电和在飞行器上的安装并无特殊要求；静音无噪声；可用水作工质，可达到洁净、无腐蚀、无低温要求等。因此，MPT 与飞行器的相容性好。

(4) 可用多种工质，工作稳定，参数无波动且易控制。

(5) 在电推力器中，比冲相对较低，但在相同功率下推力较大。

7.5 关键技术和研究水平

7.5.1 关键技术

(1)MPT 对微波技术的依赖性较强，需要有高效、长寿、能频繁起动和关闭的微波发生器，有耐高温、损耗小的微波接头。

(2) 改进谐振腔设计，提高等离子体的温度和数密度；提高品质因素，减少谐振腔损耗。总之，要提高微波的能量吸收，减小微波反射功率。

(3) 谐振腔起动和稳定工作的参数转换和匹配。

7.5.2 研究水平

当前 MPT 的研究水平，其功率、比冲、推力、效率等参数范围及可用的推进剂等如前文所述；技术上尚不很成熟，处于实验室研究阶段，其小型化紧密型结构待做振动、高低温、寿命等应用性实验和飞行器搭载飞行实验，尚未实际应用。

7.6　工程设计方法

MPT 系统包括微波源、波导、供气系统、谐振腔和喷管。微波源通过选择元件后进行电路设计，波导和接头是标准件，可选用，供气系统和喷管是常规的，MPT 的工程设计主要是确定谐振腔结构和尺寸。比较适合 MPT 的谐振腔结构，一种是产生 TM_{011} 波形的圆柱形谐振腔，另一种是产生 TEM 波形的 1/4 波长的同轴形谐振腔，它们的结构分别示于图 7.8 和图 7.9。结构形式确定以后，主要是确定能使微波谐振的谐振腔尺寸。

1. 圆柱形谐振腔尺寸计算

对于圆柱空腔谐振器，横磁波可表示为 TM_{nip}，其中 n,i,p 分别表示沿径向、轴向、周向的半驻波数目，n,i,p 为正整数。对于 TM 波，半驻波数最低的波形为 TM_{011}。根据圆柱形谐振腔微波电磁场的驻波解，有如下关系：

$$Df_0 = c\sqrt{\left(\frac{\mu_{ni}}{\pi}\right)^2 + \left(\frac{D}{l}\,\frac{p}{2}\right)^2} \tag{7.11}$$

式中　D,l—— 分别为圆柱形谐振腔的内径和长度；

f_0—— 微波频率；

c—— 自由空间光速；

μ_{ni}—— n 阶贝塞尔函数导数的第 i 个根。

如选定 TM_{011} 波较单一而杂波较净的$\dfrac{D}{l}$，则当 f_0 已知时，D 和 l 可确定。由于结构和工艺的因素，所算得的 D 和 l 是近似的。在实验过程中，可固定 D，设计一个可调活塞，调节长度 l，使微波在腔内产生最强的谐振，调好后，在定型产品中可调活塞结构可以去除。此外，谐振腔设计还要注意输入微波的探针要有恰当的形状和伸入长度，谐振腔要有良好的品质因素，以增强能量输入，减少能量损耗。

2. 同轴谐振腔尺寸计算

对于同轴谐振腔(见图 7.9)，左端短路，右端相当于一个电容，谐振模式为横电磁波 TEM。为减小 MPT 的尺寸，谐振腔长度取最低阶的谐振波形 1/4 波长，故称为 1/4 波长的集中电容同轴谐振腔，即谐振腔的长度 l 与波长 λ 具有简单的关系：$l = \dfrac{1}{4}\lambda$。根据经验，为保证可靠起动和稳定工作，内导体与右端壁(喷管进口)需有 0.5 ～ 7 mm 的间隙，故外导体的长度确定后，内导体的长度可定。

内导体外径 d 和外导体(壳体)内径的选择需考虑以下几个方面：

(1) 保证谐振腔内的工作波形为单纯的 TEM 波，而不出现高次模(TE，TM 模)；

(2) 保证有较高的品质因素，即较低的损耗；

(3) 保证与微波探针和传输线匹配。

根据微波的谐振电磁理论分析解，为了保证谐振腔工作波形单纯为 TEM 波，须使最短的工作波长 $\lambda_{\min}$ 大于最长的高次模截止波长 $\pi(D+d)$，即 $\pi(D+d)<\lambda_{\min}$。当然，如果谐振腔的容积大，则储能大，品质因素高；但考虑到 MPT 的小型化，谐振腔不宜设计得过大。先不管内、外导体使用的材料，为使损耗最小，理论分析得 $\dfrac{D}{d}\approx 3.59$。而为使谐振腔负载与传输特性阻抗达到匹配，则 $\dfrac{D}{d}\approx 3.49$。

综合考虑上述诸方面，同轴谐振腔的尺寸应满足如下条件：

(1) 谐振腔内腔长度 $L=\dfrac{\lambda}{4}$，内导体长度 $l=L-(0.5\sim 7\ \text{mm})$，$\lambda$ 是对应微波频率的波长；

(2) $\pi(D+d)<\lambda_{\min}$，$\lambda_{\min}$ 是最短的工作波长；

(3) $\dfrac{D}{d}\approx 3.5\sim 3.6$。

由(2)、(3) 可解得 $d<\dfrac{\lambda_{\min}}{(4.5\sim 4.6)\pi}$，$D<\dfrac{(3.5\sim 3.6)\lambda_{\min}}{(4.5\sim 4.6)\pi}$。选定 $\lambda_{\min}$ 后，可求得 d 和 D 的最大值，具体选择确定 d 和 D 时，还得考虑具体结构和保证 D 与 d 之比。

7.7 应用状况

MPT 作为一种新的电推进品种，尚在研究之中，还未在飞行器上应用。美国宾夕法尼亚大学 Micci 教授研制了一种小功率 7.5 GHz 的小型化微波等离子推力器，待做飞行试验。

7.8 发展中遇到的问题及对策

(1) 做飞行试验前的各项试验，如高低温环境、振动、寿命等试验及飞行试验；

(2) 加强微波电源研究，例如微波电源的长寿、频繁起动、提高效率等研究；

(3) 寻找提高比冲的新途径；

(4) 虽然结构较简单轻巧，但还可进一步进行小型化研究；

(5) 进行采用多种推进剂的研究；

(6) 进行系列化研究。

第8章　稳态等离子体推力器(SPT)

8.1　基 本 组 成

稳态等离子体推力器(Steady Plasma Thruster,SPT)和阳极层推力器(Thruster with Anode Layer,TAL)统称为霍尔推力器(HET/电子闭合漂移推力器),二者采用相同的电离与加速机制。所不同的是SPT放电室壁采用绝缘材料(如BN陶瓷),加速通道较长;而TAL的放电室壁通常采用金属材料,加速通道短。目前前者(SPT)的研究和应用较为广泛,图8.1为其结构示意图。

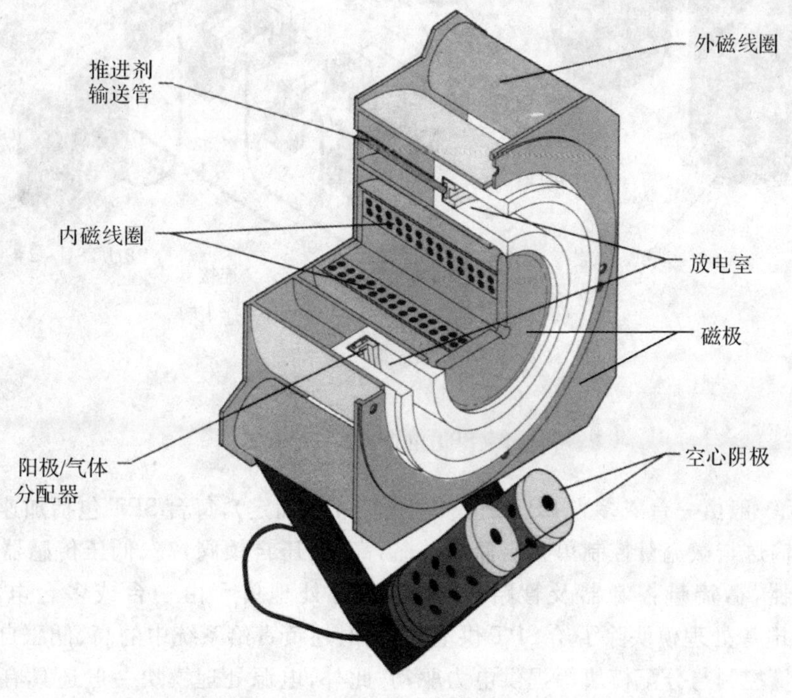

图8.1　SPT结构

图中,SPT由空心阴极、放电室、磁极(由前、后磁极板,内、外磁芯,内、外磁屏等组成)、内磁线圈、外磁线圈、阳极/气体分配器、推进剂输送管路及支撑结构等组成。

空心阴极是SPT的电子发射源,其发射的电子一部分进入放电室供SPT引弧并维持放电，另一部分进入 SPT 喷流以维持等离子体羽流的电中性；磁极与内、外磁线圈组成磁路系统，以在放电室内部形成合适的径向磁场；阳极 / 气体分配器上施加有高电压(相对空心阴极)，形成放电室内部轴向加速电场；放电室是推进剂电离和加速的场所，气体推进剂经由推进剂输送管路和阳极 / 气体分配器进入放电室，并在其中完成电离和加速。

实际应用时 SPT 须与推进剂输送和控制单元及电源处理单元组成系统，图 8.2 为执行 GEO 卫星南北位置保持任务的典型 SPT 电推进系统示意图。

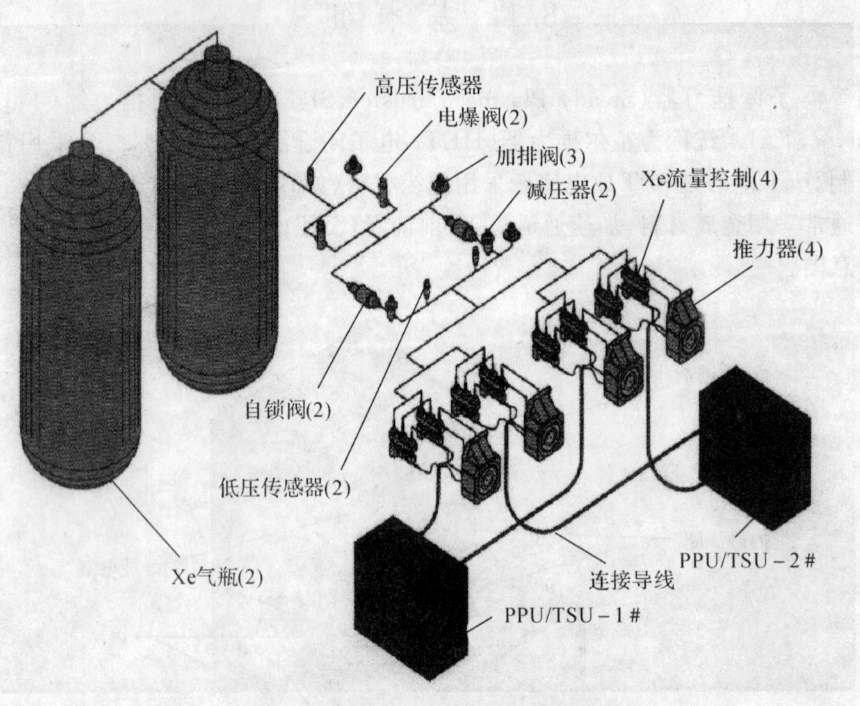

图 8.2　SPT 电推进系统示意图

SPT 单元一般由一台或多台 SPT 组成(视任务需求而定)，每台 SPT 包括加速器和阴极中和器。推进剂输送与微流量控制单元由氙气气瓶，高、低压自锁阀，高、低压传感器，加 / 排阀，过滤器，减压器，微流量控制器及管路等组成；电源处理单元由一台或多台电源处理模块(PPU)组成。电源处理模块除了给 SPT 供电外，同时还负责给系统中的高、低压自锁阀，高、低压传感器，流量控制与分配模块等提供电力驱动。此外，电源处理模块一般还具有系统时序控制、系统状态监控与参数采集、故障判断与自动处理等功能。

8.2　工 作 原 理

图 8.3 为 SPT 工作原理示意图。阴极发射的部分电子进入放电室，在正交的径向磁场与轴

向电场的共同作用下向阳极漂移，在漂移过程中与从阳极 / 气体分配器出来的中性推进剂原子(一般为 Xe) 碰撞，使得 Xe 原子电离。由于存在强的径向磁场，电子被限定在放电通道内沿周向作漂移运动。而离子质量大，其运动轨迹基本不受磁场影响，在轴向电场的作用下其沿轴向高速喷出，从而产生推力。与此同时，阴极发射出的另一部分电子与轴向喷出的离子中和，保持了推力器羽流的宏观电中性。

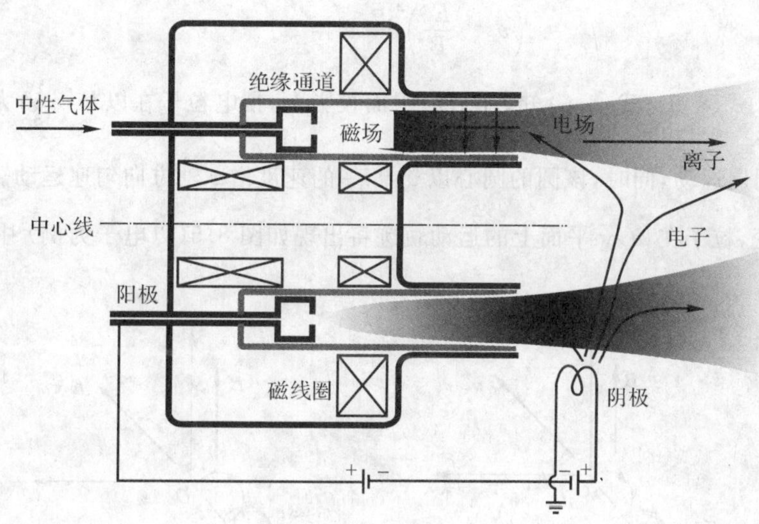

图 8.3　SPT 工作原理示意图

8.2.1　放电通道内部带电粒子的运动

研究带电粒子的运动是 SPT 放电室内部过程研究的前提和基础。在实际电场和磁场的情况下，SPT 放电室内带电粒子究竟是如何运动的呢？图 8.3 中所示的电场与磁场是理想的情况，实际上在稳态等离子体推力器纵剖面内，各处电场与磁场的大小和方向各不相同，从而决定了 SPT 内部粒子运动的复杂性与多样性。

以磁场 $\boldsymbol{B}$ 方向为 z 轴方向，以 $\boldsymbol{B}$，$\boldsymbol{E}$ 所在平面为 yOz 平面，建立直角坐标系，如图 8.4 所示。对具有任意速度 $v(x,y,z)$ 的粒子(质量为 m，带电荷为 q)，其在该坐标系内的运动为

$$\frac{\mathrm{d}v_z}{\mathrm{d}t} = \frac{qE_z}{m} \tag{8.1}$$

$$\frac{\mathrm{d}v_x}{\mathrm{d}t} = \frac{qB}{m}v_y \tag{8.2}$$

$$\frac{\mathrm{d}v_y}{\mathrm{d}t} = \frac{q}{m}(E_y - v_x B) \tag{8.3}$$

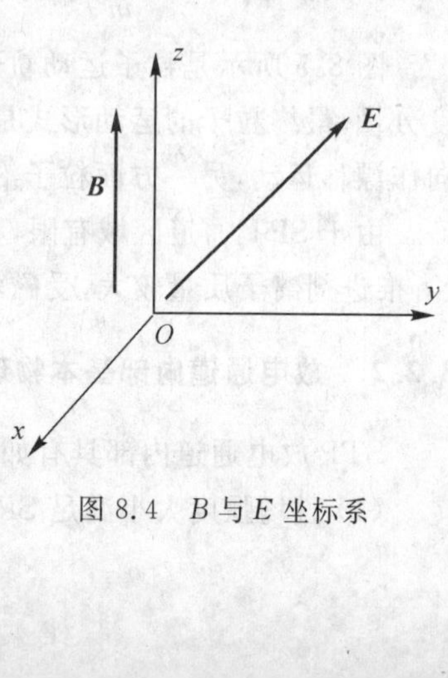

图 8.4　B 与 E 坐标系

由式(8.1) 知粒子沿 z 向以恒定加速度加速运动。由

式(8.2)、式(8.3),可解得粒子沿 x 向、y 向的运动速度分量：

$$v_x = v_a\cos(\omega t + a) + \frac{E_y}{B} \tag{8.4}$$

$$v_y = \mp v_a\sin(\omega t + a) \tag{8.5}$$

由式(8.4)、式(8.5) 两式,可得

$$\left(v_x - \frac{E_y}{B}\right)^2 + v_y^2 = v_a^2 \tag{8.6}$$

由式(8.4)、式(8.5)、式(8.6)知,在 xOy 平面投影上,带电粒子在以 $R = \frac{v_a}{\omega}$ 为半径的圆上以 ω 为频率作圆周运动,同时,该圆的圆心以 $v = \frac{E_y}{B}$ 的速度沿 x 轴方向匀速运动。随着 v_a 与 $\frac{E_y}{B}$ 相对大小的改变,粒子在 xOy 平面上的运动轨迹将出现如图 8.5(以电子为例) 中所示的两种情形。

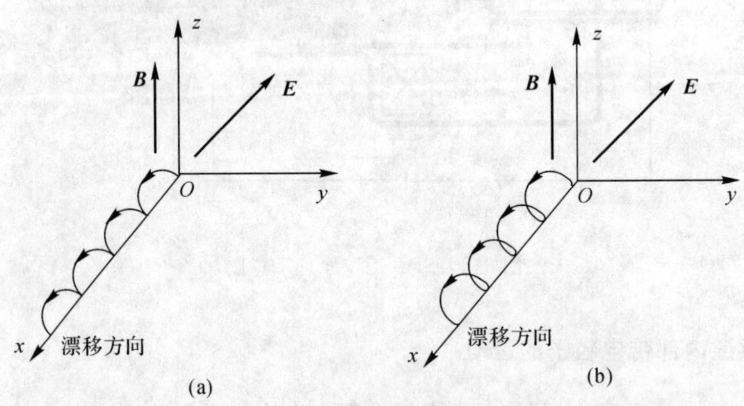

图 8.5 电子在电磁场中的漂移运动形式(xOy 平面投影)

回旋频率 $\omega = \frac{|q|B}{m}$,另外两个参数 v_a,a 由粒子运动速度初始条件 v_x,v_y 确定。

图 8.5 所示是粒子运动轨迹在 xOy 平面上的投影。考虑到粒子沿 z 轴方向恒定加速的速度分量,最终粒子的运动形式是:一方面,粒子在 xOy 平面投影上以图 8.5 所示形式沿 x 轴方向作漂移运动,另一方面粒子沿 z 轴方向以恒定加速度加速运动。

由于 SPT 通道区域有限,在通道内以上述回旋漂移方式运动的主要是电子;SPT 采用的 Xe 推进剂离子质量较大,受磁场的影响小,在通道内只有少许偏转。

8.2.2 放电通道内部基本物理过程及特点

STP 放电通道内部具有如下特点：

(1) 磁场强度大小满足 SPT 正常工作的基本条件：

离子回旋半径(R_i) ≫ 通道长度(L) ≫ 电子回旋半径(R_e)

通常 SPT 通道内磁场强度的最大值在 15 ～ 30 mT 之间(通道长度一般为 2 ～ 3 cm)。此时,L/R_e 值为 20 ～ 30,R_i/L 值在 100 以上。

(2)SPT 通道内沿阳极向外磁场强度逐渐增加,此时等离子体在宏观上呈稳定状态,并在通道内形成了一个相对稳定的电场分布,且轴向电场强度 E_z 正比于磁场的径向分量 H_r。

(3) 由于 SPT 通道前端的径向磁场强度很小,此部分的等离子体电势降很小,几乎可忽略不计。等离子体电势降主要发生在通道出口附近强径向磁场处,该处也正是 SPT 电离区和加速区的所在。

(4) 放电室内是稀薄气体(中性原子密度约为 10^{19} m^{-3},等离子体密度约为 10^{18} m^{-3})。多数碰撞(如中性原子间碰撞、中性原子与离子碰撞)的平均自由程均大于或远大于放电室的特征尺寸。

(5) 采用 Xe 推进剂时 SPT 的电离度很高,特别是在电离区 4 ～ 5 cm 的有效范围内通常可以达到 95% ～ 98%。

(6) 满足宏观电中性条件:

德拜长度[①](λ_d 量级为 10^{-5}) ≪ 通道长度(L 量级为 10^{-2})

(7) 磁场对电子的运动状态产生重大影响,霍尔数 β 高达 10^2 ～ 10^3。

(8) 电子的输运过程具有强烈的各向异性特征。平行于磁场方向的电子迁移率 $\mu_{e/\!/}$ 远大于垂直于磁场方向的电子迁移率 $\mu_{e\perp}$。

(9) 等离子体紊乱和振荡对电子的输运过程产生重大影响。实际测量的电子扩散系数 D_{Bohm} 将远大于经典电子扩散系数 $D_{e\perp}$。

(10) 分子动力学过程明显偏离统计平衡态。

图 8.3 为 SPT 理想化的工作原理图。实际上在 SPT 放电通道内,电场、磁场从阳极到喷口增加,通道前半部分其值很小,对电子、离子等的影响可忽略不计;后半部分电场、磁场的径、轴向分量均有,但以径向磁场与轴向电场为主。图 8.6 给出了放电通道内、外的磁力线分布。

工作时,电子从阴极出发进入放电通道,连同电离出来的电子,受通道内强的径向磁场的约束,从而在通道内聚集大量电子,这些电子在通道横截面内以图 8.5 所示的两种形式作周向漂移运动。在漂移过程中,电子与推进剂原子发生碰撞,并促使推进剂气体有效地电离。在漂移的同时,由于与推进剂原子、离子、电子及通道壁的碰撞,及轴向磁场与径向电场等的存在,使电子逐渐逃离磁场的约束,并在轴向电场的作用下向阳极运动,最终到达阳极。新的电离电子及阴极发射电子不断补偿逃逸的电子。如此循环往复,保证了通道内一定的电子数量及推进剂

① 德拜长度仅仅是有关等离子体的一个数量级概念,有两方面物理意义:一是静电作用的屏蔽半径,二是局域性电荷分离的空间尺度。德拜长度以下式计算:

$$\lambda_d = \sqrt{\frac{\varepsilon_0 kT}{ne^2}}$$

气体高的电离率。由于离子质量远大于电子，其受磁场的影响小，直接在轴向电场的加速下沿轴向高速喷出，从而产生推力。

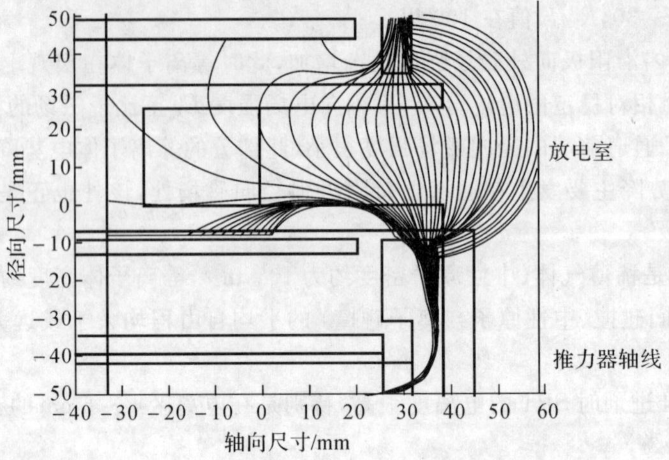

图 8.6　SPT 放电室及其周围磁力线分布

SPT 放电室内同时发生有多种复杂物理过程，其中电子与中性原子的碰撞是最重要的一种，其主要机制如下：

(1) e＋a ⇨ i＋e＋e

(2) e＋a ⇨ a^* ＋e

a^* ⇨ a＋h((光子) 或

e＋a^* ⇨ i＋e＋e

其中，e 为电子，a 为原子，a^* 为激发态的原子，i 为离子。显然，如果 e 与 a 碰撞交换的能量不够，它们的碰撞结果不会使气体原子电离，而只产生激发态原子 a^*。由于激发态原子处于非稳态，如果在一定的时间内不继续与电子碰撞获得能量并电离，它前面获得的能量将以光子的形式散发出去，从而回到基态。其中以光子形式散发出去的这部分能量对 SPT 推力不产生任何贡献，是 SPT 能量损失的一个重要因素。因此，要保证 SPT 的效率并使推进剂获得高效的电离，一是须在通道内约束足够数量的电子，二是约束的电子必须具备足够高的能量(电子温度)。这些取决于 SPT 的电场与磁场的构造。同时，它也告诉我们，在 SPT 工作时，发光太漂亮往往代表工作效率较低。

放电室内离子、电子等粒子不仅受到电场与磁场及其梯度的影响，对放电室壁及阳极附近的等离子体鞘①的形成与影响也应有所考虑。电子在运动过程中不仅与中性原子发生电离碰撞，而且还与离子、电子及壁发生各种弹性与非弹性碰撞。离子在加速过程中与具有较慢速度

① 由于等离子体中电子平均热运动速度远大于离子及壁面二次电子发射等原因，在放电室固体壁面上聚集有净负电荷，并在附近形成一层负电位的等离子体层，人们称之为等离子体鞘。

中性原子的碰撞也是放电室内一重要过程,该过程既是通道内中性原子获得加速的主要机制,也是离子轴向运动的重要障碍。由于与各种粒子的碰撞及径向电场与磁场还有等离子鞘等的存在,离子在加速过程中不免要偏离轴线并与壁发生碰撞(损失全部动能),并在壁上与电子复合并释放热量。这是 SPT 比冲、效率等性能损失的一重要机制,也是影响 SPT 寿命的根源。另外,离子与电子的复合也是影响 SPT 性能的一重要过程,它是限制通道内气体电离率提高的关键因素。除上述各过程外,各种电磁辐射,例如,带状光谱内的电子韧致辐射(自由电子经过正离子附近,受其电场的作用而失掉能量,发出的电磁辐射。在这个电子发射韧致辐射后,电子虽然减少能量,但仍处在自由态,并没有被离子俘获)以及由于碰撞产生的受激原子或离子的解激发[①]产生的一些线状光谱(线状光谱是指受激原子中处在高激发态上的电子由于自发跃迁或碰撞解激发降到低激发态或基态上时辐射的电磁波),也是放电室内一种重要物理过程及 SPT 重要的能量损耗机制。

8.2.3　SPT 放电通道内部电导过程与机制

根据电流的形成原理,SPT 放电通道内大致可以分为三个区域,即近阳极区(A 区)、电离区(I 区)和加速区(U 区)。近阳极区电离度较低,电流主要是电子电流,离子电流几乎为零;在电离区,电流是由向阳极运动的电子和向通道出口运动的离子共同形成的;加速区(位于电离区和通道出口之间)的电子电流可忽略,电流主要是由离子电流形成的。假设 SPT 放电通道内以单荷电离为主,则存在如下的等量关系:

$$(I_e)_A = (I_e + I_i)_I \approx (I_i)_U \approx I_P \tag{8.7}$$

式中,I_P 是外电路的放电电流。

在轴向加速电场的作用下,通道内电离形成的电子最终将到达阳极。事实上,到达推力器阳极的电流除了电离形成的电子电流外,还包括部分阴极发射进入放电通道内的电子电流(也称为虚假电流 $I_{假}$)。图 8.7 所示为 SPT 放电回路示意图。

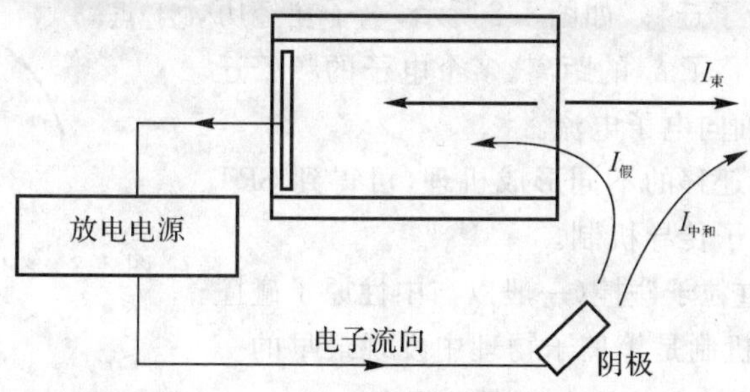

图 8.7　SPT 放电回路示意图

① 解激发是指激发态原子或离子回归到低激发态或基态。

SPT 工作时阴极连接放电电源负极，阳极连接放电电源正极。此时从推力器出口喷出的净离子束电流为 $I_{束}$，由电荷守恒（电离产生一个离子的同时亦产生一个电子）知，从放电通道流向阳极的电离所产生的电子束电流同样为 $I_{束}$。除了进入放电通道内的虚假电流 $I_{假}$ 外，阴极发射的大部分电子（电流为 $I_{中和}$）进入羽流区，以中和推力器喷出的离子。

从图 8.7 中可以看出，$I_{假}$ 这部分电流对于推进剂离子的加速不是必需的，它消耗的功（$V_D I_{假}$）为无用功，是 SPT 功率的一大损耗。$I_{假}$ 的存在只会降低推力器效率（推力器效率正比于 $I_{束}/(I_{束}+I_{假})$），在 SPT 设计时应尽量减小 $I_{假}$ 在总放电电流中的比例，它取决于推力器设计尤其是磁场设计的完善程度。

然而，并不能通过改善设计彻底消除 $I_{假}$。因为在轴向电场的作用下电离产生的电子不断向阳极运动，而电离电子只有运动一段距离获得足够能量后才能继续参与电离，若 $I_{假}$ 为零，其结果是电离区不断向阳极移动，直至最后因通道内没有电子而放电终止。另一方面，由于离子与电子高的重结合率，可以通过 $I_{假}$ 的电离作用来保持加速区高的电离度。

由图 8.7 还可以获得如下信息：由放电电源电荷守恒知，流入阳极的电子电流应等于阴极流出的电子流，即 $I_{束}+I_{假}=I_{假}+I_{中和}$，从而有 $I_{中和}=I_{束}$，即从阴极进入羽流区的中和电子流始终等于推力器喷出的离子流，故 SPT 始终自发地维持其羽流的宏观电中性。

在 SPT 放电通道的正交电磁场中，电子被约束在某一有限区域内沿圆周方向做稳定漂移运动，并不产生宏观轴向位移，那么通道内的宏观轴向电子电流是如何形成的呢？研究表明，通道内电子在做漂移运动的同时还受到多种因素（包括电子与各种重粒子碰撞、等离子体振荡、电子与通道壁面碰撞）的影响。在这些影响因素的作用下，漂移运动的电子损失了部分动能，稳定霍尔漂移运动被破坏，当再次建立起稳定的霍尔漂移运动时，电子已沿轴向电场方向（向通道内部）进行了迁移，如图 8.8 所示，电子在经历一次碰撞后向通道内迁移了 δ_z 的距离。多个电子的频繁迁移，形成了通道内宏观轴向电子电流。

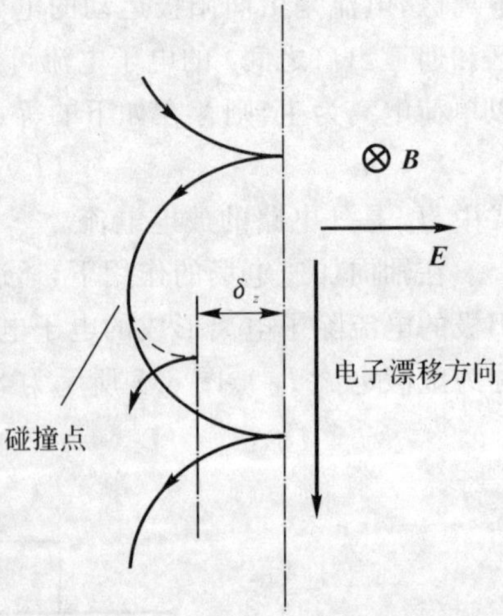

图 8.8 SPT 通道内部电导机制

根据上述电子轴向迁移的不同形成机理，可得到 SPT 通道内部的三种不同电子传导机制。

（1）经典传导。与重粒子碰撞（一般以与中性原子碰撞为主）产生的经典传导机制是等离子物理中发现最早的一种传导机制，由其引起的轴向传导电流可以写成

$$I_{ez}=\left(\frac{\nu_{ne}}{\nu_{ne}^2+\omega_{ce}^2}\right)\frac{n_e e^2}{m}E_z \tag{8.8}$$

式中 ν_{ne}—— 电子与中性原子碰撞频率；

ω_{ce}—— 电子回旋频率；

n_e—— 电子密度。

当 ω_{ce} 远大于 ν_{ne} 时,式(8.8)可以写为

$$I_{ez} \approx \frac{\nu_{ne}}{\omega_{ce}^2} \frac{n_e e^2}{m} E_z \propto \frac{n_e}{B^2} \tag{8.9}$$

可见,与重粒子碰撞引起的电子轴向传导电流与电子密度成正比,与磁场强度的二次方成反比。

(2) 玻姆传导。在实际等离子体放电装置中,常常会发现轴向传导电流比式(8.9)预言的要大,玻姆通过实验发现轴向传导电流与 B,而不是式(8.9)中所示的 B^2,成反比。后来的研究发现是由于等离子体振荡引起轴向电场同步振荡,使得电子横越磁场的扩散加剧,最终表现为轴向传导电流增大。这种由等离子体振荡引起的传导被称为玻姆传导。对应玻姆传导的轴向电子传导电流可写为

$$I_{ez} \approx \left(\frac{1}{\omega_{ce}\tau}\right) \frac{n_e e}{m} \frac{E_z}{B} \propto \frac{n_e}{B} \tag{8.10}$$

式中,$\omega_{ce}\tau$ 为霍尔系数,在玻姆早期的工作中认为 $\omega_{ce}\tau = 16$。

(3) 近壁传导。近壁传导机制最初是由 A. I. Morozov 在研究稳态等离子体推力器的背景下提出的,之后逐渐建立相应的理论体系。与经典传导相似的是,近壁传导也是由于碰撞破坏了电子的霍尔漂移运动而产生的一种轴向电子传导机制,但其不同的是,近壁传导是由于电子与推力器通道壁面的碰撞而引起的。近壁传导引起的轴向传导电流与经典传导相似,可写为

$$I_{ez} \propto \frac{n_e}{B^2} \tag{8.11}$$

事实上,SPT 放电通道内部的电子传导机制是由上述三种传导机制共同起作用的,只是在不同区域每种传导机制所占的比重有所不同。A. I. Morozov 通过实验和理论分析得到了比较系统的结果,见表 8.1。

表 8.1 SPT 通道内各种传导电流的比较

Z(通道位置)/mm	10	20	30	35	43
I(近壁传导)/A	2.2	2.5	1.1	0.8	0.9
I(经典传导)/A	0.84	0.56	0.84	1.4	0.8
I(玻姆传导)/A	0.9	0.9	0.9	0.62	0.7

结果表明,在近阳极处中性原子的密度较高,磁场强度和电子密度较低,电导主要以经典传导和近壁传导为主,其中经典传导约占 15%;在电离区,等离子体物理过程比较复杂,电导主要以玻姆传导为主;在加速区则以近壁传导为主。总体来看,在 SPT 通道内的电子传导机制中近壁传导起着较重要的作用。

电导率的分布决定着 SPT 通道内电势降的分布(从电流传导的角度,电导率相当于 SPT 放电回路中的串联电阻),从而决定了通道内各等离子体参数在电离、加速区等位置的分布;此外,通道内电导率的大小决定着 SPT 通道内约束的漂移电子密度。电导率太大时电子轻易达到阳极,使得通道内约束的电子数量不够,推力器电离不充分;电导率太小使得通道内约束的电子数量过多,过多的电子对推进剂电离已无贡献,相反增大了通道内粒子碰撞等带来的能量损失,降低了效率。因此,合理的电导率大小与分布对保证推力器的性能至关重要,电导率设计是高性能 SPT 设计时的关键内容之一。

影响 SPT 电导率的因素众多,其中磁场和通道壁面材料属性为主要影响因素。首先是磁场,随着磁场强度的增强,电导率会不同程度地下降,因此为了满足通道内的各处不同电导率的需求,磁场成了调控电导率的最主要手段;此外,通道壁面材料属性,尤其是壁面材料的二次电子发射特性对 SPT 电导率的影响也十分明显,设计时需要采用具有合适壁面二次电子发射系数的通道材料。

8.2.4 SPT 放电通道内部区域划分

根据前述分析可以看出,SPT 的内部物理过程相当复杂,为直观起见,通常将工作区分为下述几个区域(见图 8.9)。

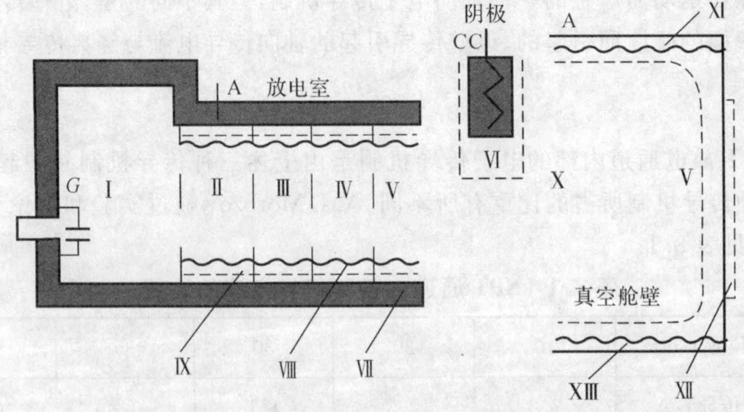

图 8.9 SPT 放电工作区域划分

(1) 缓冲区 —— I。对于第二代 SPT 才有此区域。推进剂从气体分配器进入此区域,在这一区域的 Xe 密度在 $10^{19} \sim 10^{20}\ \mathrm{m^{-3}}$ 之间,有部分电子从通道进入此区域引起 Xe 的电离。在这一区域的磁感应强度为 1 ~ 2 mT。在理想情况下,此区域的电场将形成的离子聚焦到加速通道。

(2) 近阳极区 —— II。此区域与缓冲区相连。在这一区域的电离度相对较低(大约 10%),电子通过磁场的运动(跨越磁力线)主要是电子与壁的碰撞所致(近壁传导),虽然电子与重粒子的碰撞很少,但对于电子在通道内的传输过程有一定的贡献。

(3) 阳极和德拜鞘层邻近区 ——ⅡA。目前还没有在工作条件下此区域特性的数据。但是,如果材料选择得不合适,阳极上将会被镀上一层绝缘层,由于绝缘层的存在,将可能发生微电弧放电导致阳极破裂。

(4) 电离区 ——Ⅲ。在理想情况下,此区域较小。通常在采用 Xe 为推进剂时,电离区的尺寸约为 4 mm。在此区域的大部分推进剂将被电离。通常电子温度将达到最大值(约 20 eV),电子浓度在此区域的末端亦达到最大值。在大多数情况下,在电离区会形成一定比例的双荷离子(可高达 20%)。产生较严重的高频振荡是电离区的典型特点。

(5) 主加速区 ——Ⅳ。这是离子获得其最终能量的区域。在此区域内,形成了对着阳极呈凸起的等位线构型。在这样的电场中,离子将被聚焦到通道的中心,从而也就减弱了离子对壁材料的削蚀。在通常的 SPT 中,并不是所有的离子都能够被聚焦到通道的中央而不与壁碰撞。事实上,这些与通道壁相碰撞的离子也有其有利的一面,那就是可以清除放电室壁上的污染层。这些污染层来自推进剂中的活性杂质与放电室材料的化学反应,在地面实验时,污染层可能主要来自真空室的返流。

(6) 出口区 ——Ⅴ。此区域的物理过程复杂,主要与三个因素有关:① 由于阴极附近无磁场,从阴极发射出来的电子通过此区域被引入有磁场的区域。② 在此区域离子束同时被中和。起初的中和现象是由通道内向阳极漂移的电子引起的,一旦离子离开出口,空心阴极发射的电子受离子束的拖动实现离子束的中和。③ 在此区域的一个重要的特性是沿着离子运动方向磁场强度减小。由于不满足磁场增加的基本关系式,将导致沿轴向的不均匀宏观等离子体振荡。另外,从空心阴极进入到此区域的电子在磁场中有一个固有的扩散过程。由于在此区域的等离子体密度(包括整个系统)较低,因此电子散射并不是其与粒子碰撞所引起的,而是高频振荡的结果。这已经被实验所证实。另外,电子被离子束捕获也是一个扩散过程,同时也伴随着高频振荡。

(7) 中和区域 ——Ⅵ。此区域包括阴极中和器,连接阴极中和器(通常采用中间通推进剂的空心阴极)工作空间和等离子体束流的"等离子体桥"。等离子体桥的存在使得从 SPT 喷出的等离子体束流的传输免受电子电荷的影响。由于在实际的研制过程中,此区域未带来任何困难,因此,除了一些关于空心阴极的数值计算之外,关于此区域的工作过程研究的报道很少。

(8) 晶状绝缘表面层 ——Ⅶ。对于绝缘材料,除要求有高的机械强度、高的绝缘性能和耐溅射削蚀性能之外,其在给定电子能量 ε_P 下的二次电子发射系数 σ 要达到一定的值。通常,在 $\sigma(\varepsilon^*)=1$ 的情况下,ε^*(ε^* 是 $\sigma=1$ 时的电子能量)的值应该达到 $2kT_e$(k 为玻耳兹曼常数,T_e 为电子温度)左右,否则近壁传导或德拜鞘层将被破坏。因此,SPT 放电室材料通常采用硼浓度高的绝缘材料,其 ε^* 值一般在 30 ~ 40 eV 范围。

(9) 紧贴绝缘体的德拜层(非准中性)——Ⅷ。对于电子温度较低的等离子体系统,如辉光放电系统,$kT_e \ll \varepsilon^*$,在德拜层的电位跳跃是由给定壁表面处的离子流通量和电子流通量的等量条件所决定的:

$$I_{i,n} = I_{0e}(1-\sigma_0)\mathrm{e}^{-\frac{eU_d}{kT_e}},\quad U_d > 0 \tag{8.12}$$

通常SPT中的σ值是同数量级的，但是当振荡强烈时，可能远远偏离同一数量级。这时，将形成一个动态结构的德拜层，而不是稳定的静态德拜层。正是这一动态结构的德拜层的形成调整了束流中心的参数，这也是SPT的一个重要特性。

(10) 电子流从壁面散射的自由区——Ⅸ。这一区域的情况很复杂，在相当大的范围，属于近壁传导区域。由于德拜层波动以及电子与绝缘表面的碰撞而散射的电子流的参数（特别是平均漂移速度）与束流中心的电子流差别很大，势必造成电流密度的空间振荡，从而使得高频振荡更加剧烈。

(11) 最后的Ⅹ，Ⅺ和Ⅻ，ⅩⅢ区域。其工作过程主要涉及等离子体羽流与地面实验容器器壁的相互作用。对于工作在空间的SPT而言，则主要是SPT的等离子体羽流与地球磁场以及电离层等离子体的相互作用问题。

8.3 主要特点

按照推进剂的加速原理分类，SPT属于静电推进，也有人将其归入电磁推进。与其他电推进相比，SPT具有较高的比冲，适合于对总冲要求较高的空间推进任务。

典型的SPT性能指标范围大致如下：

推力(T)：　5～650 mN

功率(P)：　100 W～10 kW

比冲(I_s)：　10 000～34 300 m/s

效率(η)：　30%～70%

推力功率比：　约60 mN/kW

最小冲量：　0.15～20 N·s

总冲(I)：　$3\times10^4\sim2\times10^7$ N·s

稳态等离子体推进是一种综合性能较为优良的推进技术，其主要特点如下：

(1) 比冲远远高于传统化学推进，应用于航天器上它能大幅降低航天器携带的推进剂质量，增加航天器的有效载荷，或延长航天器的在轨寿命，从而节约成本，产生效益。图8.10以某一GEO卫星的NSSK任务为例，分别给出了采用稳态等离子体推进、电弧加热推进和双组元化学推进时耗费推进剂的质量情况。

(2) 相对同是高比冲的离子推进，稳态等离子体推进的比冲低，然而其结构和配电系统简单，技术成熟度高（按照NASA的9级技术成熟度分级，SPT达到9级，离子为7～8级）。同时，稳态等离子体推进的推力功率比大（稳态等离子体推进为60 mN/kW，离子推进约为33 mN/kW）、推力密度高且推力质量比大。图8.11表示了不同SPT和离子推力器的比较。

基于其优良的综合性能，20世纪90年代以来，稳态等离子体推进在国际上得到了广泛关注，其研究热度不断高涨，空间应用的数量也越来越多。图8.12所示为20世纪90年代前后国际上电推进领域科技论文的发表情况。由图中可见，至2001年有关稳态等离子体推进方面的论文总数接近电推进论文总数的一半。

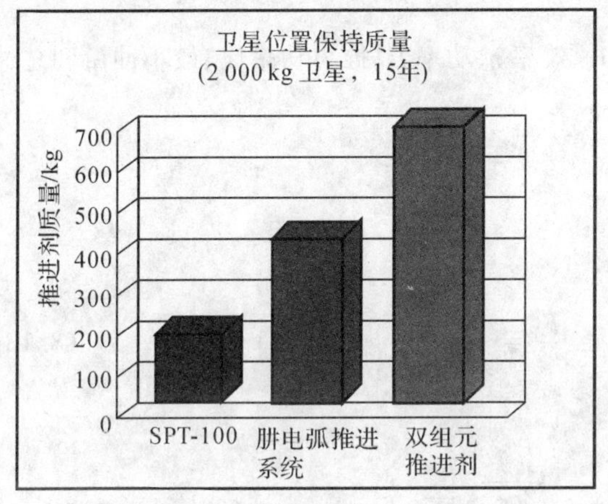

图 8.10　执行 NSSK 任务时的推进剂耗费情况

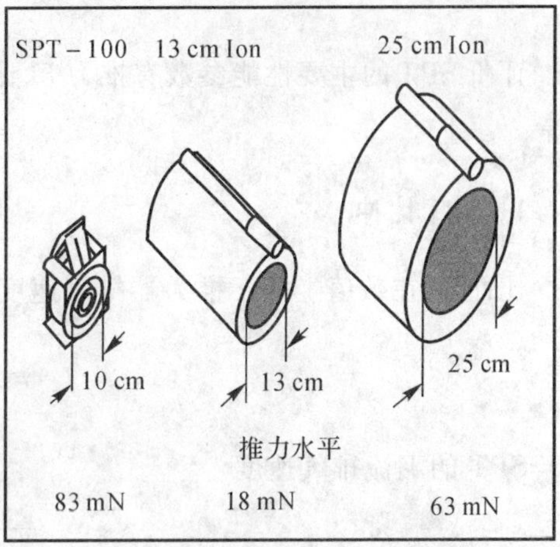

SPT－100　13 cm Ion　25 cm Ion

10 cm　13 cm　25 cm

推力水平

83 mN　18 mN　63 mN

图 8.11　SPT 与离子推力器的比较

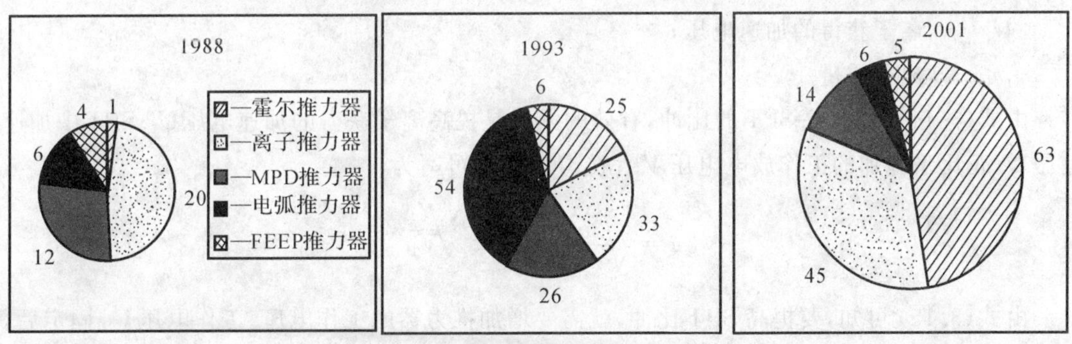

图 8.12　20 世纪 90 年代前后国际上电推进领域科技论文的发表情况

由于具有一定的系统自身质量，稳态等离子体推进系统更适合于对总冲要求较高的空间推进任务(体现高比冲优势)。应用领域主要包括：GEO 卫星的位置保持、寿命末期的离轨控制、GEO 卫星的轨道转移、深空探测主推进、低地球轨道(LEO)和中低地球轨道(MEO)卫星的大气阻力补偿、轨道机动与控制等等。尤其是 GEO 卫星的东西位保与南北位保，目前俄罗斯几乎所有的大型 GEO 卫星都已采用这一系统，美国、欧洲新一代大型 GEO 卫星平台中的相当大部分也开始采用稳态等离子体推进系统。此外，国外正在积极研究利用大功率稳态等离子体推进取代传统化学推进以进行 GEO 卫星的轨道转移。然而在空间能源技术获得进一步发展之前，利用电推进执行轨道转移的周期还稍长，当前比较可行的方案是以电推进来执行 GEO 卫星的部分轨道转移任务。

8.4 重要性能指标

评价SPT的主要性能参数有推力F、比冲I_s、效率η、功率P、推力功率比、最小冲量和总冲I等。

8.4.1 SPT比冲

比冲I_s在数值上等于推力器排气速度，即

$$I_s = \frac{Ft}{M_P} = \frac{F}{q_m} = v \tag{8.13}$$

SPT的羽流排气速度

$$v = \sqrt{\frac{2qeU_i}{m_i}} = \sqrt{\frac{2qe}{m_i}}\sqrt{U_i} \tag{8.14}$$

式中 q——离子所带电荷量；

U_i——离子获得的加速电压；

m_i——离子质量。

由式(8.14)知，提高SPT的比冲，有效的办法是提高离子获得的加速电压U_i。SPT中加速电压U_i正比于施加的工作放电电压V_D，故式(8.14)可写为

$$v = \sqrt{\frac{2qe}{m_i}}\sqrt{U_i} \propto \sqrt{V_D} \tag{8.15}$$

由式(8.15)可知，要提高SPT比冲，就需要增加推力器的工作电压。工作电压V_D固定后，提高比冲的方法唯有改善推力器的工作性能和状态，使得各粒子获得的平均加速电压U_i尽量接近施加的工作电压V_D。实际上由于自身工作特性，SPT的工作电压不可能无限制增加，一般在200～1 000 V范围内，考虑到推力器寿命和综合性能，通常300 V使用得最多。

要改善推力器的工作性能，一方面须要尽量提高并保持推进剂在整个加速通道内的电离率；另一方面应尽量提高离子所获得的加速电压，同时减小离子的放电室壁面能量损失及非轴向动能损失。

SPT在供电功率和推进剂质量一定的条件下，比冲与通道内气体的电离率密切相关，低的电离率必然导致低的平均喷气速度，因为只有离子才能在通道的电场中获得加速。要获得高的推进剂电离率，一是须在通道内产生足够数量的电子(取决于通道内磁场的构造分布)；二是应使电子的能量(电子温度)足以使中性推进剂原子得到电离(对于Xe原子应大于12.1 eV)，这取决于通道内的电场、磁场的构造与强度，电场分布又间接取决于磁场构造。

SPT 放电通道内的等离子体准中性特性使它得以大大提高其推力密度(相对离子推力器)。但由于离子与电子的同步存在,也带来了离子与电子复合的问题,限制了推进剂电离率的进一步提高;同时,由于离子与电子复合在通道内无处不在,为保持加速区推进剂气体的电离率,在加速区一般也应考虑引入气体电离机制。此外,复合时等离子体的势能将转化为热能而损失,在再次电离时须重新耗费 12.1 eV 的电离能,从此角度应设法降低通道内离子与电子的复合率。一个有效的办法是尽量缩短电离加速区的长度,提高电离加速区电势梯度,这样大部分离子在较短的时间内来不及与电子复合就被加速和离开通道。

限制 SPT 比冲提高的另一因素是离子在通道壁上的损失及离子的非轴向动能损失。如前所述,离子在加速过程中由于与各种粒子的碰撞及径向电场、磁场及等离子鞘等的影响,不免要偏离轴线并有部分与壁发生碰撞(损失全部动能),并在壁上与电子进行复合(同时释放热量)。在 SPT 设计中,有一所谓的"有效"区域,如图 8.13 中 O—A—B 所示,只有该区域的离子才能顺利跑出通道并产生推力,在该区域外产生的离子对推力的贡献很小。在设计时应尽力保证电离与加速区的位置不超出上述有效区域范围。此外,通过磁场设计合理构建推力器的电场和磁场分布,使得等离子体在通道内主动向通道中央汇聚,在通道外向推力器轴线方向聚焦,从而提高通道内离子的逃出率,减小出口离子的羽流束发散角,详见 8.5.1 节磁场技术。

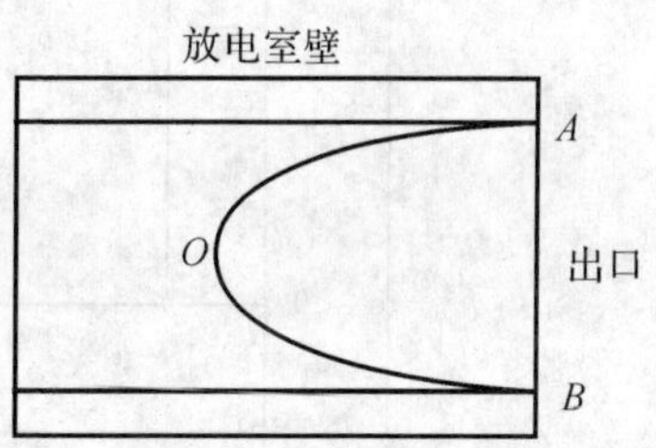

图 8.13　SPT 有效工作区域

提高比冲的另一措施是提高离子的加速电压。离子获得的实际加速电压要低于工作电压,其中有多个因素在起作用。首先离子的加速起始位置并不是通道内等离子体电势下降的开始位置,结果是大部分离子只经历了部分施加电压的加速。解决的办法是让推力器的电离区与通道内电势下降的起始位置重合,并让推进剂气体在该区域得到最大的电离。其次,在推力器通道出口处等离子体电势并没有降到零(阴极地电势)。图 8.14 为国外实验测量的 3 kW SPT 的等离子体电势 V_p 的分布图,图中通道出口处等离子体的电势高达 150 V,在出口远处等离子体电势仍达几十伏。高的出口等离子体电势带来了离子加速电压的损失、推力器束发散角的增大和离子非轴向动能损失增加。

通道外等离子体电势分布主要与推力器的自身特性有关,例如推力器自身磁场分布及阴极工作特性。大的推力器出口磁场必将带来高的出口电势。工作时阴极自身压降是一个不可忽视的因素,它对推进剂离子的加速是没有贡献的。大的阴极自身压降将显著增大推力器出口远处的电势,降低离子加速电压,带来比冲损失,因为施加的工作电压是基于阴极地电势的。阴极压降主要取决于阴极自身工作特性,包括阴极的工作模式、电子发射能力等,此外随着阴极寿命的增加压降会增大。

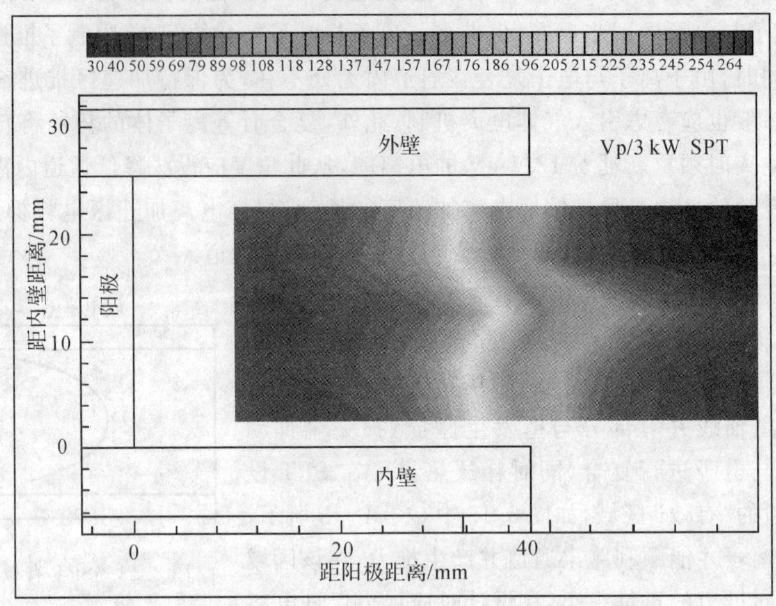

图 8.14 SPT 等离子体电势分布等高线

8.4.2 工作效率

SPT 工作效率 η 指推力器输入电功率中转换成推进剂轴向喷气动能的比率，即

$$\eta = \frac{\frac{1}{2} q_m \bar{v}^2}{P} \tag{8.16}$$

若忽略阴极加热及磁铁耗功，则总功率 P 等于放电功率 P_d，式(8.16)可写为

$$\eta = \frac{q_m \bar{v}^2}{2V_D I_d} = \frac{q_m}{2V_D I_d} \frac{2qeU_i}{m_i} = \frac{q_m}{I_d} \frac{U_i}{V_D} \frac{qe}{m_i} \tag{8.17}$$

式中，I_d 为放电电流。SPT 中，一般有放电电流 I_d 与推进剂质量流率 q_m 成正比，而加速电压也与放电电压成正比。故由式(8.17)知，理论上 SPT 的工作效率不随其工作参数的改变而变化。

实际上，随着工作电压的增大，式(8.17)中 U_i/V_D 项略有增加(电离能量 12.1 eV 保持不变)；另外随着推力器放电功率的增大，一方面阴极与磁铁消耗的消极功率的比例在下降，另一方面推力器的整体放电条件也得到改善。故最终 SPT 的效率随功率的增大而升高。例如，SPT-30 在额定工况下的效率约为 30%，自 SPT-70 以上工作效率一般均超过 50%。

研究表明，输入总电功率在 SPT 中有多种消耗机制。除产生推力的轴向动能外，其他重要的能量消耗机制有：离子的电离耗能；离子轰击放电室壁并与其上累积电子复合带来的动能与电离能损失；电子轰击放电室壁释热；电磁辐射能量损失；径向与周向动能损失；阴极与磁铁能量损失等，如图 8.15 所示。上述能量损失中，除阴极与磁铁损失为支持推力器放电的消极能量损失外，其余都属于放电室内部损失，它们是分子动力学过程(分子碰撞、电离与辐射)与电磁过程等多种过程相互耦合作用的结果，取决于推力器的设计和工作放电状态。

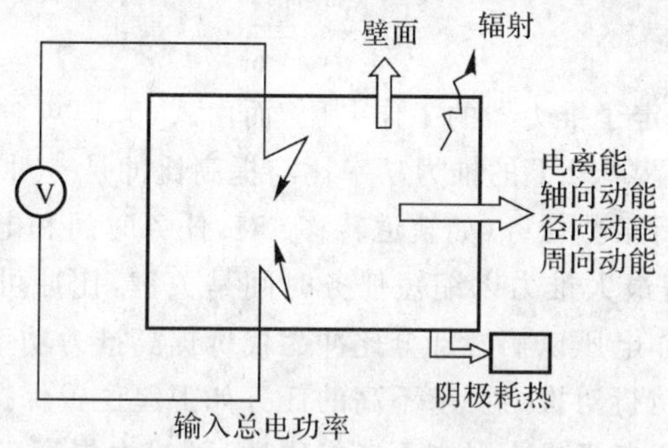

图 8.15　SPT 的能量损耗机制

8.4.3　SPT 的推力、功率与推力功率比

SPT 的推力

$$F = q_m v = q_m \sqrt{\frac{2qeU_i}{m_i}} = q_m \sqrt{\frac{2qe}{m_i}} \sqrt{U_i} = q_m I_s \tag{8.18}$$

$$F = q_m I_s \tag{8.19}$$

显然，推力与推进剂质量流率和比冲成正比，与离子平均加速电压或推力器工作电压的二次方根成正比。前面介绍的提高比冲的所有方法都可以用来提高推力(推进剂质量流率保持不变)，如提高离子的加速电压或推力器工作电压等。提高推力器推力的更直接方法是提高推进剂的质量流率。

推力功率比是除比冲、效率外衡量 SPT 综合性能的又一重要指标。众所周知，电推进有着优越的比冲性能，但正是低的推力功率比限制了其大规模应用。由于低的推力功率比，在产生一定推力的同时需要耗费大量电能。或者反过来，由于空间电能有限，能产生的推力太小。推力功率比往往是航天器设计者考虑的一项重要指标。

不计阴极和电磁铁耗功，SPT 的功率为

$$P = I_d V_D \propto q_m V_D \tag{8.20}$$

由于放电电流 I_d 与推进剂质量流率 q_m 成正比，因此 SPT 功率正比于工作电压和推进剂质量流率。由式(8.18) 和式(8.20) 可得 SPT 的推力功率比，即

$$\frac{F}{P} = \frac{q_m \sqrt{\frac{2qe}{m_i}} \sqrt{U_i}}{I_d V_D} = \sqrt{\frac{2qe}{m_i}} \frac{q_m}{I_d} \frac{\sqrt{U_i}}{V_D} \tag{8.21}$$

式中，$\sqrt{\frac{2qe}{m_i}}$ 为常数，放电电流 I_d 正比于推进剂质量流率 q_m，加速电压 U_i 正比于工作电压 V_D，故式(8.21) 可写为

$$\frac{F}{P} \propto \frac{1}{\sqrt{V_D}} \tag{8.22}$$

显然推力功率比只决定于推力器的工作电压。而由式(8.15)，对于一特定 SPT，其比冲也唯一取决于工作电压。故提高 SPT 的推力功率比与提高比冲是一对矛盾。

对于电推进而言，执行某些任务(如轨道转移)时，任务时间和电功率是主要约束条件，如何在有限的电功率下获得最大推力以缩短任务时间是关键，比冲可以适当降低。由式(8.22)知，此时可降低推力器工作电压以牺牲部分比冲为代价提高推力功率比，从而在有限的电功率下获得最大的推力；对于执行对推力要求不高的任务如卫星位置保持，在卫星提供的功率下推力大小不成问题，此时可不考虑推力限制而考虑比冲，可尽力提高工作电压，让推力器在高电压(高比冲)、低电流(低流量) 模式下工作。这正是双模式 SPT 工作的理论基础。

8.5 关键技术和研究水平

8.5.1 磁场技术

SPT 是以电磁联合工作为基础的，合适的电场与磁场结构是推力器正常工作的前提，直接决定着推力器的内部过程和工作性能。推力器的电极形状对电场的影响很小，电场的构造也主要由磁场分布决定(通过磁场对电子进行约束，从而在通道内形成合适的电导、电势分布)。磁场设计是关键，是整个 SPT 设计的核心。

在 SPT 放电通道内部，电子被径向磁场所约束，在绕磁力线作回转运动的同时沿放电通道周向作电漂移运动。若不考虑碰撞等其他因素，电子只能在通道横截面内运动，形成了一种电子约束机制。由于电子与壁面及其他粒子相互碰撞才得以从约束面上一步步地逃逸，并最终到达阳极，而且电子跨越磁力线运动比较困难，轴向电阻很大，由欧姆定律知，轴向电势梯度也很大；与此相反，电子在约束面内则可以自由运动，电阻很小，同一约束面内的任何电势差涨落将很快被电子的运动所抹平，所以同一约束面内的电势梯度几乎为零，等电势面基本与电子约束面重合。这样，放电通道内部等离子体浮动电场、电势的空间分布就主要由磁场决定。而通道内电场、电势的分布又决定着电子能量的分布，进而决定 SPT 电离区与加速区的空间位置，以及由此而来的等离子体的密度、速度及中性粒子的密度、速度等 SPT 其他内部工作参数的空间分布。

关于什么样的磁场下推力器的性能最优，经过了多年的研究，至今也没有确切的定论。图 8.3 所示的均匀磁场只是理想的情况(采用此磁场时电离区深入加速通道内部，致使离子壁面损失严重，推力器性能低下)，工程实践中常采用的是如图 8.16 所示的磁场构型。大部分磁通

集中在推力器通道出口附近，阳极底板附近的磁通密度几乎为零，在推力器的内磁极与外磁极间形成了一个环形透镜状磁场。实践表明，采用这种磁场可以最大限度地提高离子的逃出率，减少离子的碰壁损失，从而提高推力器性能和寿命。

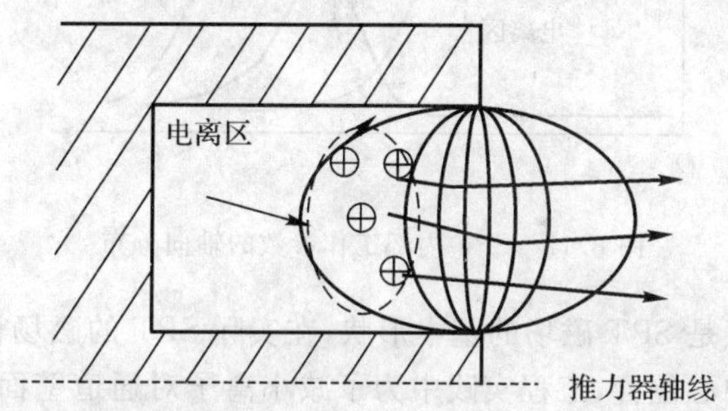

图 8.16　SPT 实际磁场构型

图 8.16 所示磁场利用了磁透镜的等离子体约束效应。在 SPT 放电通道内部，由于带电粒子平行于磁场方向的速度分量不受磁场约束，粒子很容易沿着磁场(径向) 方向运动并与通道壁面碰撞。存在磁透镜时便不一样，如图 8.16 所示，设通道中央的某带电粒子有一平行磁场的速度分量，粒子沿磁力线向壁面运动。由磁矩 $\mu = W_{\perp} / B$ 的守恒性知，当粒了从通道中央弱磁场区向近壁强磁场区运动时，由于 B 不断增加，$W_{\perp}$ (垂直磁场方向的运动动能) 也不断增加；又在磁场中粒子的运动动能保持不变，横向动能的增加要以纵向动能的减少为代价，即 $W_{\perp}$ 增加时 $W_{/\!/}$ (平行磁场方向的运动动能) 就减小。当 $W_{\perp} = \mu B$ 增加到与离子运动总动能相等时，$W_{/\!/}$ 变为零，粒子就不能再朝磁场增加方向前进了。但是粒子继续处在力 $F = -\mu \nabla_{/\!/} B$ 的作用下，它将往回运动，即被“反射” 回通道中央磁场较弱区域。

由于磁透镜效应，阻碍了通道内电子沿磁力线径向运动与壁碰撞，再加上径向磁场的存在阻止了电子直接穿过磁力线到达阳极，从而在通道内约束了足够数量的高能电子，确保推进剂的高效电离；离子回旋半径大，磁透镜虽然不能像捕获电子那样捕获离子，但它仍对离子的运动产生影响。在磁镜效应的作用下，离子向通道中心线聚焦，从而在通道内减少离子的壁面损失，提高推力器寿命；在通道外减少离子的束发散角和非轴向动能损失，提高推力器性能。

图 8.17 所示为对应图 8.16 所示磁场时 SPT 内部参数的轴向分布曲线。其中，n_a，φ 分别为中性原子密度和等离子体浮动电势的实测结果，B 为放电通道中心线上磁场实测结果。显然，此时在通道前半部分浮动电势保持不变，电势降主要发生在磁透镜磁场集中处，而推进剂的电离与加速也主要集中在此部分完成。短的电离加速区域减小了等离子体的复合损失，大部分离子来不及与电子复合就被加速排出通道。此外，电离加速区域靠近通道出口，减少了散射到通道壁面上的离子损失，提高了逃逸离子份额并延长推力器的寿命。虽然离子喷射的发散角较大，但离子总轴向动能和推力器综合性能仍有提高。

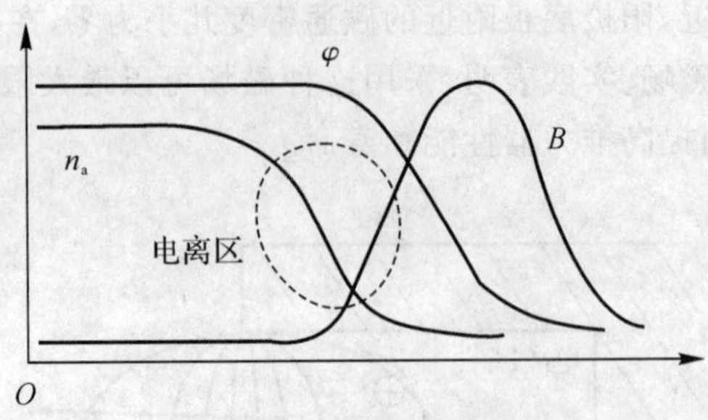

图 8.17 SPT 内部工作参数的轴向分布

图 8.16 中给出的只是 SPT 磁场的基本形状，在实际 SPT 的磁场设计时还应考虑多种因素的影响。例如磁透镜中心位置，工程实践中为了减小离子对通道壁面的轰击，常通过移动磁透镜中心位置使得电离加速区域进一步外移(如 SPT－100)，以牺牲推力器的部分性能(束发散角扩大等)来获取长的寿命。

磁场梯度也是磁场设计时要考虑的因素。在 SPT 放电通道中从阳极到出口磁场强度不断增加，在通道前半部分保留较大磁场。通道中的磁场最大值(出口处)一定，磁场梯度的大小决定了通道内各处的磁场分布，影响着等离子体参数在通道中的分布。磁场梯度越小，通道内磁场越分散。磁场梯度太小时将引起电离加速区域过长且深入通道内部。磁场梯度的正、负方向也是考虑因素之一，在梯度磁场中带电离子还存在另一种漂移 —— 梯度漂移，在通道内同时存在正、负两向梯度磁场时可能造成高频等离子体紊乱和振荡。研究表明，SPT 稳定放电(减小振荡)的前提是磁场梯度方向沿通道保持一致(从阳极到通道出口为正)。

磁力线的曲率影响通道内加速电场的形状。改变磁力线的曲率可以获得图 8.18 中所示的两种不同形式的加速电场：一种发散，一种在通道内向中心会聚。图中，虚线表示磁力线的分布，实线表示等电势面，箭头表示电力线分布，也即离子的运动方向。显然，后一种电场使得加速通道中的离子向通道中心会聚，结果是减少离子的壁面碰撞，增加离子的逃逸率，从而提高推力器寿命，降低束发散角。

磁透镜的聚焦方向影响着推力器的束流喷射方向和束发散角大小。早期磁透镜聚焦方向的设置一般是使离子束流向推力器的轴线聚焦；后来的磁透镜方向设置使得离子束流聚焦在放电室中径上，此时推力器的束发散角明显减小，测量的离子流呈双峰状分布，如图 8.19 所示。

在实际 SPT 放电通道内部的磁场是非常复杂的，每一处磁场的大小和方向均不一致，尤其是通道出口内、外壁两侧及通道前半部分，具有很强的轴向磁场分量同时磁力线走向变化剧烈。这些局部磁场带来的不利影响在设计时应得到考虑。此外，推力器磁路系统设计不够合理或内外磁铁各线圈匹配性不好，都将造成磁场的扭曲。磁场的改变将降低对电子的约束，使推力器达不到应有的性能。如图 8.20 所示的情况，在平行于磁场方向的电场分量的作用下，通道中的电子纷纷沿磁力线向两侧运动，最后与壁碰撞，加剧壁面传导电流和漏电。而图 8.21 所示磁场则较好地避免了这种情况。

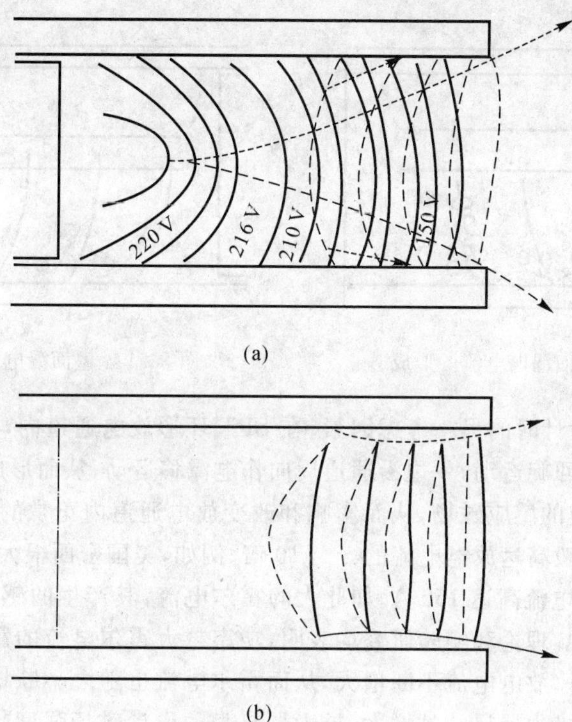

图 8.18　磁场对电场分布的影响

(a) 发散型加速电场；(b) 向中心会聚型加速电场

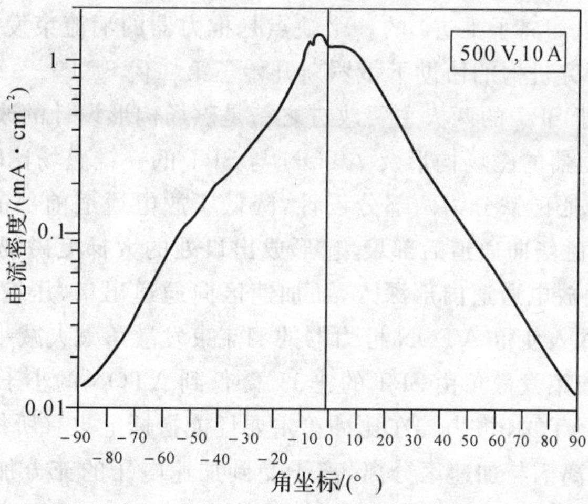

图 8.19　SPT 束流分布

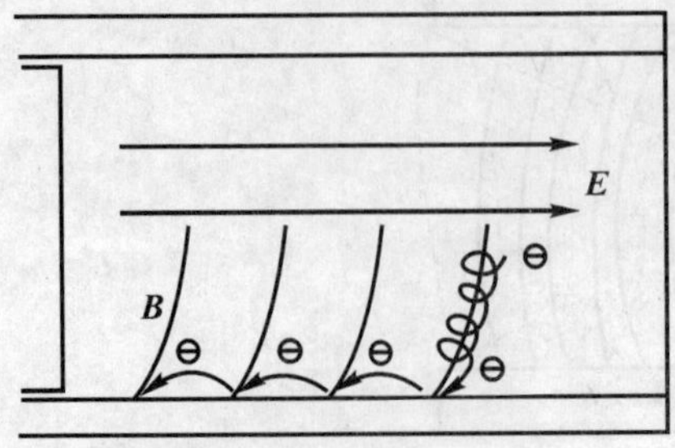

图 8.20　壁面漏电电流的形成

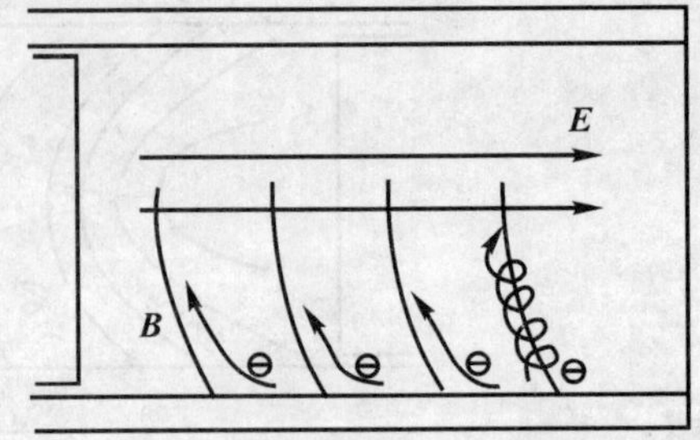

图 8.21　壁面漏电电流的避免

霍尔电流是磁场设计时的另一考虑因素。在 SPT 环形放电通道内，大量电子被径向磁场约束，一边绕磁力线作回旋运动，一边沿通道周向作电漂移运动，从而形成环形霍尔电流。有了霍尔电流必将产生相应的感应磁场，从而影响和改变放电通道内正常的磁场结构。在 SPT 放电通道内，霍尔电流一般高达放电电流的 5 ～ 10 倍。例如，美国密西根大学的 P5 推力器，其在 1.6 kW 时测量的霍尔电流高达 150 A。如此大的霍尔电流，其产生的感应磁场对推力器自身磁场的影响将不容忽视。理论和实验研究均表明，功率越大霍尔电流的影响就越显著。一方面随着推力器功率的攀升，放电电流不断增大，从而霍尔电流也随之不断增大，其自感应磁场也就越大；另一方面随着推力器尺寸的增大，推力器自身的设计磁场强度越来越小，这样霍尔电流感应磁场相对推力器自身磁场也越来越大。国外研究表明，对于 P5 推力器，工作于 1.6 kW 时，霍尔电流感应磁场对推力器原自身磁场的改变最高达 70%。在设计 SPT 尤其是大功率推力器时，应考虑霍尔电流感应磁场对推力器自身磁场的影响。

SPT 相对其他推进(如离子推进) 的一个缺点是推力器的羽流束发散角大。为此，20 世纪 90 年代末在法国相关研究机构的协助下俄罗斯开始了第二代 SPT——ATON 推力器 —— 的实验研究。ATON 相对于 SPT 的两大主要改进之一是磁场构形设计的改进，图 8.22 与图 8.23 分别给出了 ATON 推力器的磁场构形及 ATON 与 SPT 的一维磁场比较。

ATON 将推力器中心磁铁分为两部分设计，降低了放电通道前部的磁场强度(形成靠近阳极的零磁场区)，使得磁场向通道后部聚集(形成出口处的大梯度磁场区)。磁场的改变使得 ATON 推力器电离区向放电通道内部深入，而加速区向通道出口“压缩”，并实现电离区与加速区的分离。电离区的深入使得 ATON 推力器的羽流束发散角大大减小。

实验结果表明，羽流束发散角由 SPT 的 $\pm 35°$ 降低到 ATON 的小于 $\pm 10°$。图 8.24 所示为 SPT 的放电情况，同时 ATON 推力器在比冲等主要性能指标上也有所提升。ATON 比冲的提高被认为主要是由于电离区与加速区分离，离子受到加速电压的充分加速。而 SPT 则由于电离加速区重合，大部分离子只经历部分电压的加速。

ATON 属于新一代推力器，目前尚未有国外空间应用的报道。至今其研究成果大多是实验性质的，关于其工作机理有待进一步深入研究。

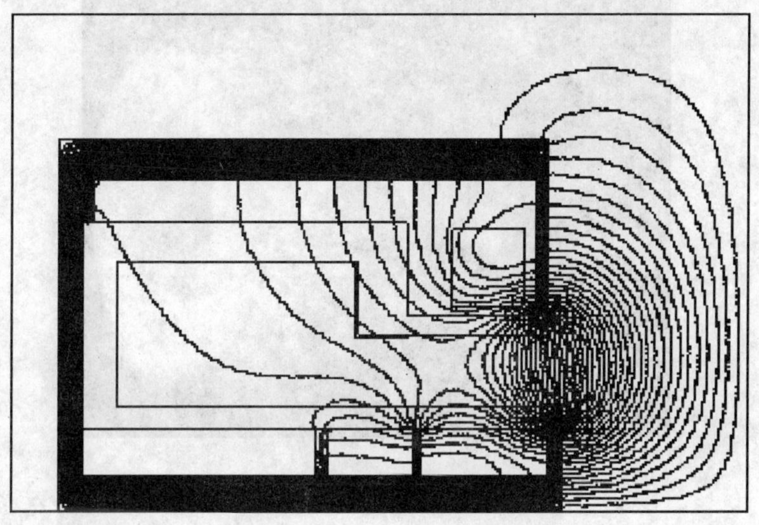

图 8.22　ATON 推力器磁场构型

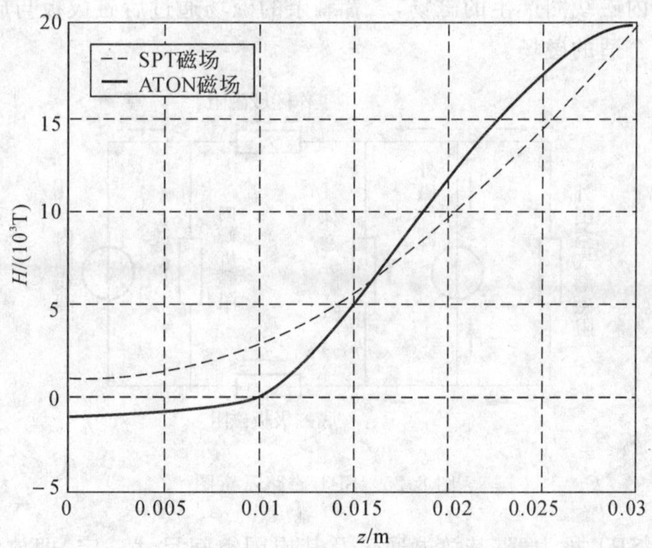

图 8.23　ATON 与 SPT 一维磁场比较

在实际进行 SPT 的磁场设计时,除了要求获得上述理想的三维磁场构型外,还要求整个磁路系统(电磁铁)的电功耗最小,同时磁性材料的质量最轻。

图 8.24　SPT 的放电情况

SPT 磁路系统包括内、外磁极和前、后磁极板。此外，为了降低通道前半部分的磁场强度及调节通道内的磁场形状，还须进行内、外磁屏蔽的设计。图 8.25 给出了 SPT 的磁路示意图。图中，外磁线圈产生的部分磁场通过与外磁屏及外围空气形成的局部回路而损失掉，同理，内磁屏也消耗了部分内磁线圈产生的磁场，二者剩余的磁场通过后磁极板与放电区域形成回路，并在通道内部形成合适的磁场。

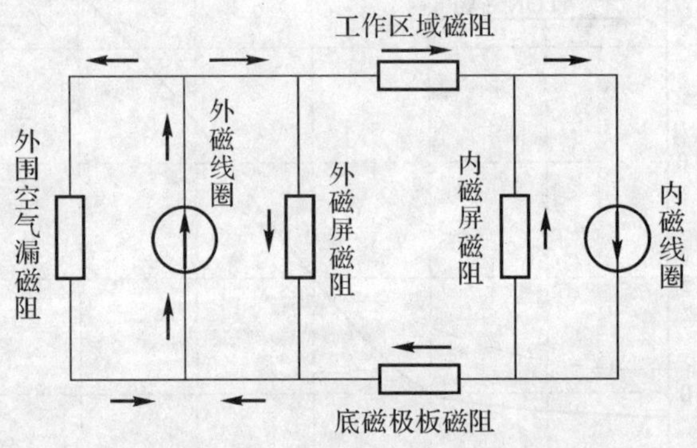

图 8.25　SPT 磁路示意图

对于某特定的 SPT 推力器，其放电通道及其周围空间尺寸一定，即放电区域空隙磁阻及外围空气漏磁阻一定；为了获得良好的屏蔽效果，通过内、外磁屏的漏磁也不能减少；这样，在要求的通道内部磁感应强度（磁通量）一定的情况下，要降低磁线圈的功耗（即线圈的安匝数或磁动势）就只有降低磁场回路中磁路构件的磁阻。在磁路系统设计时，一方面要保证磁性构件材料得到充分利用（系统质量不致太大），另一方面须确保磁路构件具有足够的导磁能力，不可因内部磁场饱和而导致整个磁路的磁阻上升。

在 SPT 的磁场设计、研究领域,国际上广泛使用的是计算机辅助优化设计技术。利用磁场计算分析软件(如 Quickfield,Magnet,ANSYS 等)对磁路系统进行设计和优化,在磁路系统的计算机虚拟模型中反复修改设计方案,直至获得满意的磁场构型,同时其他条件也得到满足。采用计算机辅助优化设计技术,相当程度地克服了早期单纯依赖经验和试验的设计方法上的盲目性和局限性,极大地提高了设计质量和效率,缩减研制周期和成本。图 8.26 所示为某 SPT－70 推力器磁路系统模型及网格划分,图 8.27 所示为对应的磁场计算结果。

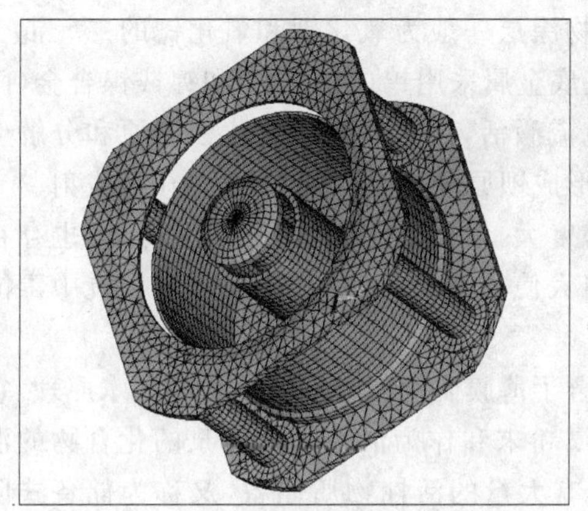

图 8.26　SPT－70 磁路系统模型及网格划分

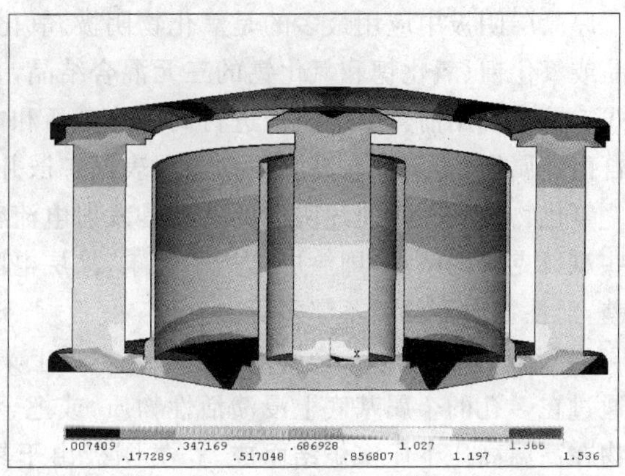

图 8.27　磁路构件内部磁感应强度分布云图

8.5.2　阴极技术

SPT 工作是以阴极工作为前提的,阴极负责 SPT 的点火、工作过程中放电通道内部电子的补充及羽流区中和。高效、可靠工作的阴极是 SPT 稳定放电的基础。阴极的工作寿命和循环次数也是 SPT 寿命和点火次数的一大制约因素。

比较常用的几类阴极(按照阴极电子发射原理)主要有金属热阴极、薄膜阴极、厚涂层阴极、金属陶瓷阴极,以及其他新材料阴极和场发射阵列阴极等。

(1) 金属热阴极。金属热阴极是将一些难熔金属加热,使其中的电子动能增加到足以克服表面势垒逸出,形成电子发射。金属热阴极的优点是发射机理简单、结构简单、发射稳定、耐离子轰击、暴露于大气后不需要激活而且使用方便;缺点是发射效率低、寿命短。典型的有钨金属热阴极、钽金属热阴极和铼金属热阴极等。

(2) 薄膜阴极。通过在金属热阴极表面覆盖活性物质薄膜,可以将其电子发射能力提高几个数量级,从而形成薄膜阴极。它利用的是原子或分子表面吸附其他物质后电子发射能力改变的特性。研究表明,在金属基体上覆盖带正电的原子薄膜可以减小逸出功,从而增大电子发射能力，例如在钨金属基体上覆盖钡膜、钼基体上覆盖铯膜、镍基体上覆盖钍膜等。理想的情况是在金属基体上覆盖连续的单原子膜，此时的逸出功可以最大程度地减小。当覆盖第二层原子膜时逸出功将重新增加，当连续覆盖几层原子膜时逸出功就相当于纯膜材料的逸出功。

典型的薄膜阴极有敷钍钨阴极。在钨金属中加入二氧化钍，然后再进行闪炼和激活，使内含的二氧化钍在高温下部分被钨还原，还原的钍在一定的温度下向钨金属表面扩散，从而形成覆盖的钍原子薄膜。

(3) 厚涂层阴极。厚涂层阴极顾名思义是在金属芯子上涂敷一层较厚的发射物质而成的阴极。发射物质一般为电阻较大的半导体。

厚涂层阴极中应用最多的是氧化物阴极。氧化物涂层一般为氧化钡和氧化锶的二元混合结晶或氧化钡、氧化锶和氧化钙的三元混合结晶，基底金属采用钨(直热式) 和镍或镍合金(间热式)。首次使用前先要对阴极进行高温热激活和电流激活，使涂层中的氧化钡还原和分解生成自由金属钡，金属钡在高温下向涂层表面扩散并形成钡原子薄膜，从而增强电子的发射。

氧化物阴极相对前述阴极的优点是发射电流密度大，发射效率高，工作温度低。但也存在一些难以克服的缺点，即涂层结构不够牢，涂层电阻大使得不能给出大的电流发射，抗中毒能力差，活性物质储备量不够多等。

(4) 金属陶瓷阴极。金属陶瓷阴极在本质上集合了薄膜阴极和厚涂层阴极的技术原理。它是通过在多孔的金属基底上浸渍活性物质，或把金属粉末和作为活性物质源泉的化合物的混合物在高温高压下压实烧结而成。这类阴极由于具有大量的活性物质储备，又称为储备式阴极。金属陶瓷阴极中应用最多的是钡钨阴极和 L 阴极。

金属陶瓷阴极由于采用的是多孔金属基体发射体，克服了厚涂层阴极涂层电阻大的缺点，可以获得更高的电流发射密度。此外，金属陶瓷阴极的抗中毒能力较好，活性物质储备量多，可以获得更长的工作寿命。

(5) 其他发射材料阴极。研究表明，某些碳化物和硼化物也是性能优良的阴极发射材料，其中六硼化镧的性能尤为突出。六硼化镧阴极可以获得很高的电流发射密度。此外，六硼化镧阴极的化学稳定性和热稳定性好，抗气体中毒和离子轰击的能力强，不怕暴露于大气和水汽；缺点是工作温度高使得需求的加热功率大，阴极热设计和加热器设计变得复杂和困难，不能自持放电。关于发射机理，其一种说法是由于镧在六硼化镧表面形成薄膜使逸出功降低；另一种说法是六硼化镧本身就是逸出功低的物质。

(6) 场发射阴极。场发射阴极一般是通过施加外部强电场，使电子克服表面势垒逸出从而获得电子发射。特点是不需要附加能量(加热) 就可获得电子发射，且没有时间迟滞，发射电流密度大(大于 10^7 A/cm^2)；缺点是需要高的外部电压，要求超高真空环境(低真空下影响寿命)，目前可以获得的总电流还较小等。适合需要小型化阴极的场合，例如场发射(FEEP) 电推力器等。

目前 SPT 中使用较多的是金属陶瓷阴极中的钡钨阴极、六硼化镧阴极和氧化物阴极等。表 8.2 给出了这三种阴极的性能比较。

表 8.2　三种发射体材料阴极性能比较

阴极类型	工作温度	加热功率	最大发射电流	抗中毒能力	耐轰击能力
氧化物	950℃左右	小	约 2 A/cm²	差	差
钡钨	1 100℃左右	小	约 10 A/cm²	中	中
LaB_6	1 700℃左右	大	60～100 A/cm²	强	强

三种阴极中,美国、欧洲等西方国家使用的主要是钡钨阴极,应用领域包括 SPT、离子推力器和等离子体接触器等。目前它们的钡钨空心阴极技术已趋成熟,工作寿命一般均超过 10 000 h。如 NASA 研制的空间站等离子体接触器用钡钨空心阴极,发射电流 12 A 时寿命达到 27 000 h,循环次数超过 32 000 次。欧洲(如德国)也有使用氧化物阴极的。

俄罗斯使用的多是六硼化镧阴极,其性能在 SPT 的长期实验和应用过程中久经考验。目前已开发了一系列大小和功率不同的六硼化镧空心阴极,可满足 SPT－20 至 SPT－290 等各种功率 SPT 的需要。

国内早期上海航天局 801 研究所针对 SPT 的需要开展过氧化物、钡钨和六硼化镧三种空心阴极的研制。其中研制的钡钨阴极,由于其工作温度低、可自持放电、电流发射密度适中、抗毒性能较好且国内拥有较好的基础,性能比较理想,而得到了广泛的应用。

下面就国内外应用最为广泛的钡钨空心阴极进行介绍。

一、钡钨空心阴极的结构原理

钡钨空心阴极的常用结构如图 8.28 所示。它主要由阴极管、内发射体、阴极顶孔板、外加热器及触持极等组成。

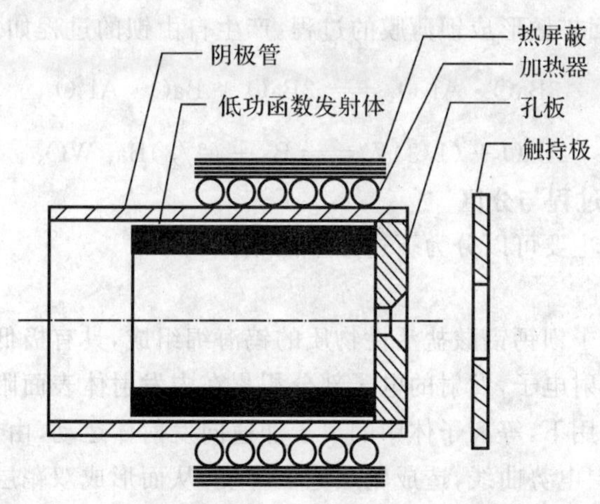

图 8.28　钡钨空心阴极典型结构

从图 8.28 看出，低逸出功发射体是做成中空的圆柱状（有利于增大发射面积），与阴极管内壁紧密配合，内部通入工质气体。阴极管外壁缠绕有加热器，透过阴极管壁对发射体进行加热。阴极管与发射体的下游为阴极顶孔板，孔板上的小孔直径很小，目的是在保证阴极管内部气体压强的同时降低工质气体流量，提高工质的电离率和利用率。触持极的目的是通过触持极与阴极之间施加正偏置电压，在阴极内部及阴极与触持极之间形成合适的引导加速电场。

阴极点火时，通过加热器使发射体达到工作温度后，发射体开始发射电子。发射的电子经过阴极内部电场加速，与阴极内部工质气体碰撞并使得工质气体大量电离。在电场的作用下，电离的电子及原电子向下游运动，通过阴极孔板小孔发射出阴极；电离的离子反方向运动与阴极壁碰撞并在壁上获得电子而中和，中和的气体分子保留在阴极内部继续参与电离，如此循环。由于工质气体的电离，大大增强了阴极的电子发射能力。此外，工质气体离子对发射体及阴极孔板的轰击及随后电子与离子的复合释热，使得阴极发射体的温度得以维持，从而实现了阴极无须加热的自持稳定放电。正因如此，在 SPT 或离子推力器中，无论钡钨阴极、氧化物阴极或六硼化镧阴极，一般均做成如图 8.28 所示的中空结构。

二、钡钨发射体的制备

钡钨阴极发射体为烧结的圆筒形钨海绵，内部浸渍了具有低逸出功的钡钙铝酸盐。钨海绵是将干净钨粉压实后放入氢中高温烧结而成的。为了加工成需要的圆筒形状，须对钨海绵进行浸铜，加工后再高温去铜。钨海绵制备后，将钡钙铝酸盐粉末及黏接剂涂敷其上，放入氢中高温浸渍后即得钡钨阴极发射体。

钡钙铝酸盐的配方是 $4BaO \cdot 1CaO \cdot 1Al_2O_3$ 或 $5BaO \cdot 3CaO \cdot 2Al_2O_3$，制备方法是将碳酸钡、碳酸钙和氧化铝三种化合物混合球磨后烘干压实，再进行高温烧结而成。

钡钨阴极与氧化物等阴极不同，首次使用前无须专门进行闪炼和激活。钡钨阴极的激活时间短、温度低，在阴极的点火加热过程中即完成。激活也是使发射体中的氧化钡还原生成自由金属钡，并向发射体表面扩散形成钡薄膜的过程。产生自由钡的过程如下：

$$3BaO \cdot Al_2O_3 \rightleftharpoons 2BaO + BaO \cdot Al_2O_3$$

$$2BaO + (1/3)W \rightleftharpoons Ba + (1/3)Ba_3\ WO_6$$

三、钡钨阴极内部过程与分区

钡钨空心阴极内部主要可以分为下述几个区域。

1. 发射体区

阴极发射体由浸渍了钡钙铝酸盐活性物质的钨海绵组成，具有极低的逸出功。被加热到工作温度后发射体开始发射电子，发射的电子部分积累在内发射体表面附近，如图 8.29 所示。在阴极内部径向电场的作用下，等离子体中的离子加速向发射体运动，由于靠近发射体表面的电子密度较高，改变了鞘层电势曲线，造成鞘层电位梯度，从而形成双鞘层。等离子体双鞘层即是一部分等离子体受离子吸引，另一部分受电子吸引，从而引起局部电场分布不均，但整体仍保持电中性的鞘层结构。

为了强调电子在鞘层中的存在,图 8.29 所示夸大了鞘层的结构。热电子通过鞘层电位加速形成阴极内的高能电子,Siegfied's 称这些高能电子为主电子。主电子通过碰撞和逐步激发,使得阴极内工质气体电离。

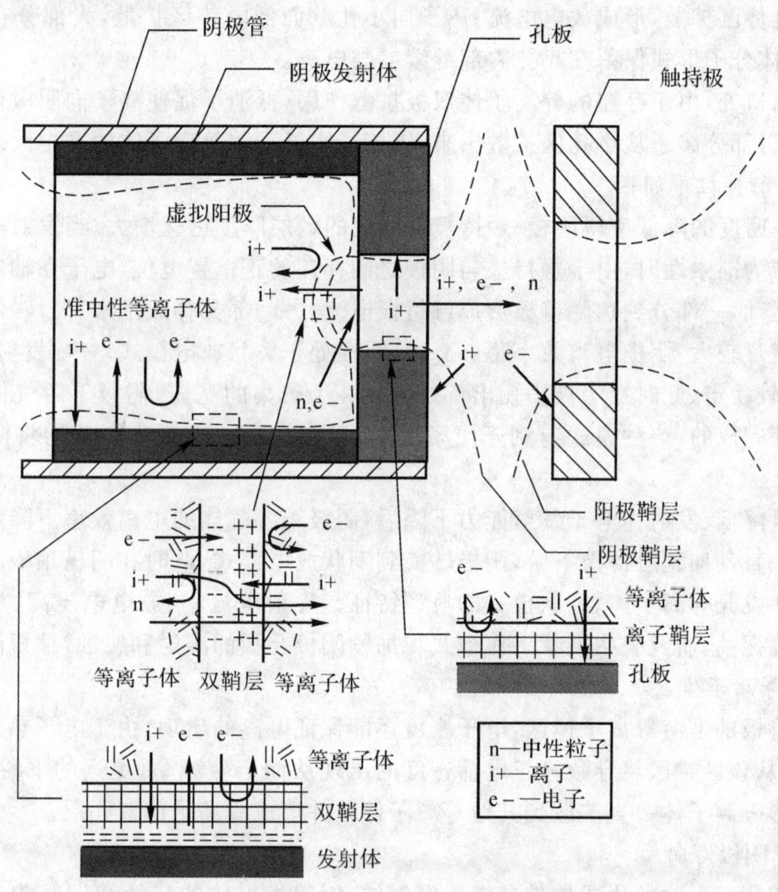

图 8.29　空心阴极内部过程原理图

发射体区含有大量部分电离的准中性气体和两种不同能量的电子,受电场作用热电子持续加速向中心轴和小孔运动,只有部分电子可能返回发射体。发射体区的德拜长度为微米级。在径向电场的作用下离子加速向发射体运动,(按照玻姆鞘层理论)离子运动速度为声速或超声速,离子与发射体表面的碰撞及电子与离子复合产生的热量将维持发射体的工作温度。

2. 小孔区

发射体与小孔之间存在等离子体双鞘层,如图 8.29 所示。在鞘层的作用下,电子被加速进入小孔区,小孔中进入鞘层的离子被加速进入发射体区,小孔和发射体区之间存在的等离子体密度与电场的梯度能够约束发射体区的离子不进入小孔。

小孔区是空心阴极中电流密度最高的区域，德拜长度相对小孔直径小很多，粒子碰撞平均自由程为小孔几何尺寸的几十分之一到几百分之一。经过电场的加速，小孔区的电子获得了较高的温度，同发射体区一样，高密度电子电流使得小孔内工质气体电离，电离电子及原电子向小孔出口高电势区扩散，形成放电电流；离子向小孔壁面低电势区扩散，大部分在壁面获得电子中和，以气体分子形式保留在小孔内部继续参与电离。

在小孔出口处，由于存在的等离子体双极扩散作用，抵消了促使离子向阴极低电势面运动的弱电场，使得部分离子从小孔区扩散出来，维持了阴极下游等离子体的准中性。

3. 阴极-触持极中间区

等离子体密度的降低使得阴极-触持极中间区的鞘层厚度迅速增大。当发射的离子密度足够维持该区域为准中性时，由于触持极与阴极之间存在的正偏置电位，电子在轴向电场的作用下向触持极运动，一部分到达触持极形成触持极电流，另一部分释放出来。

当气体流量较大、阴极电离效率足够高时，阴极处于斑状放电模式——发射电流大、放电电压低、放电较稳定，此时在阴极小孔出口处形成一个聚集的亮斑，阴极下游气体的电离主要是集中在该处完成的。该种模式有利于电子发射和延长寿命，实际中一般均将阴极工作于该模式。

气体流量降低、发射体电子发射能力下降后，阴极下游气体的电离效率下降，电离区扩散，从小孔出口一直延伸到触持极下游，阴极转换到羽状放电模式，此时在阴极顶板与触持极之间可以看到羽状发光等离子体。羽状模式的典型特征是发射电流小、放电电压高、放电不稳定且夹杂高频高幅振荡。研究表明羽状工作模式将加剧阴极孔板的溅射和腐蚀，缩短阴极寿命。

4. 下游等离子体区

靠近触持极的下游等离子体区，电子密度还能保证电离的出现。由于电子热运动速度比离子的大，电子从该区扩散将导致净正电荷密度的出现从而产生势垒。更远的下游区，电子和离子形成的球形等离子体一直扩散到其他等离子体处并形成等离子体双鞘层。

四、钡钨阴极寿命

限制钡钨阴极寿命的主要构件是钡钨发射体。钡钨发射体的活性和发射能力主要由发射体内部储备的活性物质与钨基底金属还原反应生成的自由金属钡所决定。阴极工作过程中发射体表面的金属钡是不断损失的，损失的钡由内部反应生成的钡向表面扩散而得到补充。当发射体内部储备的活性物质消耗殆尽时，阴极寿命即告结束。

对于结构一定的钡钨阴极，其发射体储备的活性物质一定，决定阴极寿命的主要是活性物质与金属钡的消耗速度。它主要取决于阴极的工作温度、发射电流、离子轰击、工质气体纯度及周围工作环境等。

工作温度对发射体寿命的影响较大。工作时发射体表面的自由金属钡膜是一个扩散与蒸发的动态平衡过程。工作温度升高时钡膜的蒸发速度加大，加剧活性物质的消耗，从而缩短寿命。不仅如此，工作温度过高时钡膜蒸发速度超过钡膜的扩散形成速度，造成钡膜浓度下降。当温度升高到某一定值时钡膜将消失，阴极不能工作，这就是阴极的去激活。需要重新激活让阴极在低温下保持一段时间,通过扩散重新形成钡膜。钡钨阴极的正常工作温度在 1100℃ 左右。

发射电流与离子轰击也是影响发射体寿命的因素之一。在近阴极区电势的加速下离子轰击发射体表面,造成钡膜的破坏和发射体材料的溅射与质量损耗,改变发射体的表面特性和发射能力。尤其是当点火电压、阳极电压较高,放电电流较大和阴极温度较高时更加严重;而当空心阴极未通入工作介质时,在同等条件下发射体内表面不出现明显破坏。离子轰击产物的沉积还容易引起下游孔板小孔尺寸的改变,影响阴极的性能,严重时甚至造成小孔堵塞。

钡钨阴极发射体对工质气体的纯度及周围工作环境比较敏感。阴极工作时混入有毒杂质气体将引起发射体中毒,这些气体主要有氧、氯、水蒸气、二氧化碳等,含硫的气体(硫化氢、二氧化硫等)也是有害的。在高温下,这些有害气体很容易与发射体中的自由金属钡起化学反应,先是消灭发射体表面的金属钡膜,然后浸入发射体内部消灭里面的自由钡,造成金属钡的损耗,严重时将造成阴极的永久中毒和报废;同时,反应生成的氧化钡、氯化钡等覆盖在发射体表面形成带负电的原子膜(氧化膜、氯膜等),使得逸出功增加。水蒸气还易与发射体中的氧化钡反应,生成对电子发射不利的氢氧化钡。此外,氢、甲烷等还原性气体虽有降低杂质气体毒害、减少激活时间的效果,但高温下氢易使钽、铝等阴极材料发生氢脆,甲烷亦在发射体上形成碳沉积降低电子发射能力。

上述有毒杂质气体可能是夹杂在不纯工质气体中的,也可能是周围真空环境不好由外部进入阴极内部的,或常温下阴极暴露大气后残留吸附在阴极管壁和发射体内部的。其中后者是经常遇到的情况。为了保证阴极的寿命,应尽量减少阴极暴露大气的时间和次数,每次暴露大气后应执行加热除气 —— 高温激活程序。

除了发射体以外,长期处在高温和等离子体轰击环境中的阴极加热器、阴极顶孔板及触持极等器件,也是制约阴极工作寿命的因素之一,设计时须加以考虑。

8.5.3　放电稳定技术

SPT 工作时存在较强烈的电流和电压振荡,该振荡主要是由于推力器内部电离振荡与等离子体参数紊乱造成的。关于 SPT 的放电不稳定现象,国内外开展了大量的研究工作,包括理论、实验和数值模拟。例如,Bugrova 对 SPT 中各种频率范围的振荡进行了系统论述,指出频率从低到高主要有电离振荡、轴向等离子体输运振荡、电子周向漂移振荡、电子回旋振荡和 Langmuire 振荡等;Choueiri 针对推力器中 1 kHz ~ 60 MHz 范围内的振荡进行了理论研究,分析了该范围内各型振荡的特征、产生根源及传播方式;Kimiya 和 F. Darnon 等人分别用光学诊断方法和高速摄像机对推力器中的放电振荡,主要是低频振荡,进行了实验研究;数值研究方面使用得最多的是混合模拟方法,例如 Boeuf, Lentz, Fife 等人用混合模拟方法对 SPT 低频放电振荡现象均进行了较好的复现;此外混合- PIC 方法也是 SPT 放电振荡常用的数值研究手段。

一、放电振荡现象及危害

图 8.30、图 8.31 分别表示了上海航天局 801 研究所研究的 HET-40 推力器放电电压与放

电电流的振荡波形。由图 8.30 右方所示打印值可知，放电电压振荡的峰-峰值达到 168 V(放电电压平均基值为 298 V)。由图 8.31 右方所示打印值可知，放电电流振荡的峰-峰值为 2.64 V。由于该图所示为放电电流振荡波形的傅里叶变换结果，其中电流变换器的变换比率为 2 mA/mV，所以放电电流振荡的峰-峰值高达 5.28 A。振荡频率由图 8.31 下方所示打印值可知，均为 25 kHz。随着推力器工作时间的增加，放电振荡的强度将继续增大。例如，美国完成的 SPT-100 推力器寿命试验中，寿命前期电流振荡峰-峰值约为 2 A，到 1 000 h 左右时其峰-峰值增大到 10 A。

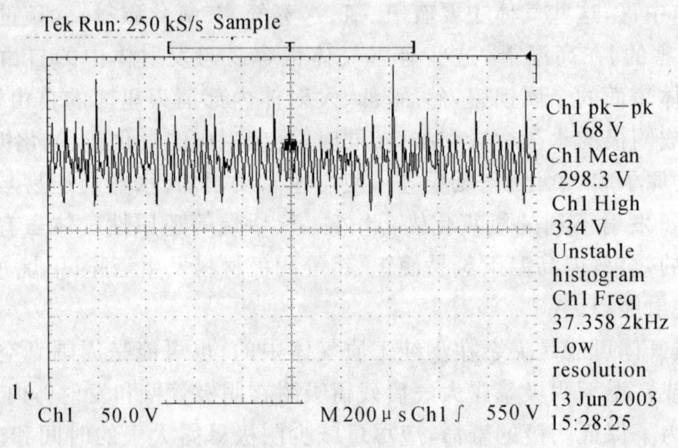

图 8.30 HET-40 推力器放电电压振荡波形

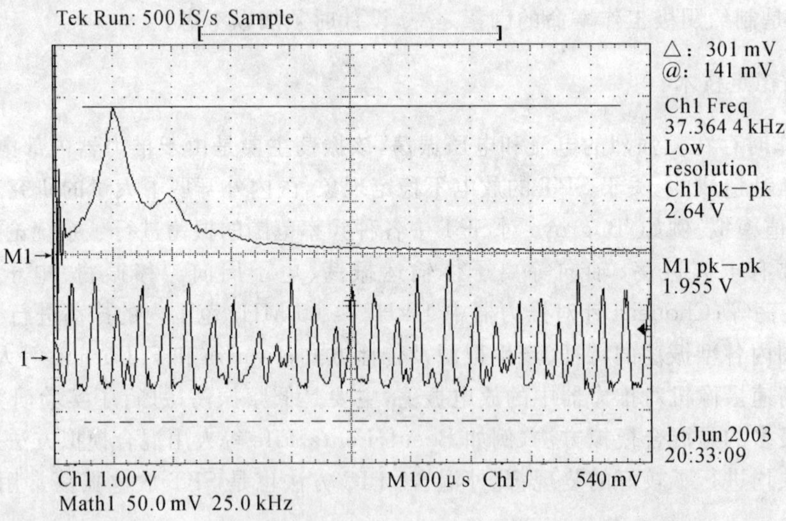

图 8.31 HET-40 推力器放电电流振荡波形及相应傅里叶变换结果

放电振荡给 SPT 的空间应用带来了多种负面影响：

(1) 降低推力器的性能，如推力、比冲、效率下降，严重时将使推力器不能稳定放电而熄灭。

(2) 降低推力器和推进系统的安全性与可靠性，高幅放电振荡引起的强烈感应电势叠加在工作电压上，极大地提高了推进系统供电线路上的峰值电压，在真空下高压部件间易发生放电短路故障。

(3) 加重推进系统自身 PPU 及航天器电源系统的负担，并可能影响航天器其他用电负载的正常工作。

(4) 推力器内部的放电振荡尤其是等离子体高频振荡将对航天器的电磁波通信产生干扰。

(5) 增加离子的束发散角，从而加重推力器的羽流污染。

(6) 国外研究表明，振荡模式下离子对室壁的溅射加强，从而降低推力器寿命。

二、放电振荡的频谱分析

国外研究表明，SPT 内部存在的几种主要振荡类型的频率范围依次为：电离振荡 10 ～ 100 kHz；轴向等离子体输运振荡 100 ～ 1 000 kHz；电子周向漂移振荡约 10 MHz；电子回旋振荡约 1 000 MHz；Langmuire 振荡 100 ～ 10^4 MHz。为了确定上述各型振荡在 SPT 放电振荡中的分量，对 HET－40 推力器的放电振荡从低频到高频进行了研究，如图 8.31、图 8.32 所示为放电电流振荡的傅里叶变换结果，其中，图 8.31 给出的是低频部分，图 8.32 给出的是高频部分。

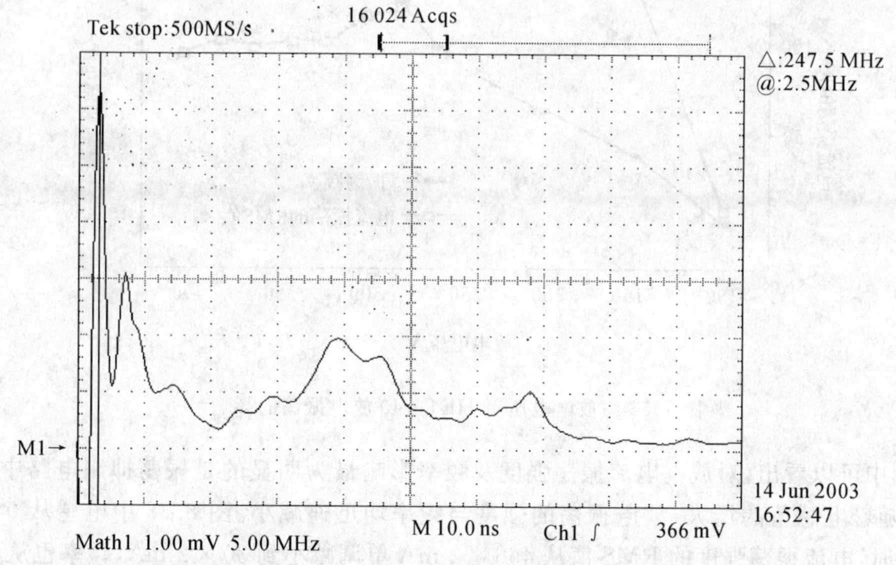

图 8.32　HET－40 电流振荡的傅里叶变换结果(高频部分)

从研究结果可以得出，HET－40 推力器的放电振荡主要由以下几个频率的子振荡耦合而成：25 kHz，1.5 MHz，3.5 MHz，20 MHz 和 35 MHz。各子振荡的振荡幅值从强到弱依次为：25 kHz振荡的幅值为 290 mA，1.5 MHz 的振幅为 14 mA，3.5 MHz 的振幅为 8 mA，20 MHz 的振幅为 6 mA，35 MHz 的振幅为 4 mA。另外还有其他一些频率的子振荡，但其振幅更小可忽略不计。显然，高频振荡的幅值相对低频部分(25 kHz) 均很小，SPT 放电振荡主要为低频电离振荡。

三、放电振荡的影响因素

影响 SPT 放电振荡的因素有很多，它们主要有：

(1) 推进剂质量流率及其种类；

(2) 施加的放电电压；

(3) 阴极特性(工质流率及位置)；

(4) 磁场的大小与形状；

(5) PPU 类型及振荡抑制电路的参数配置；

(6) 放电室的污染程度。

图 8.33 至图 8.38 给出了 HET－40 推力器放电电流振荡的强度与频率受放电电压、阳极工质流率、内磁电流、外磁电流、阴极工质流率及振荡抑制电感的影响情况。

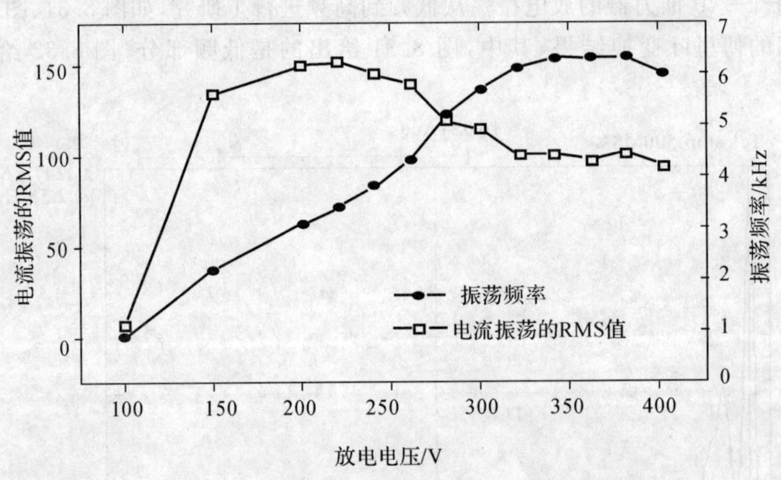

图 8.33　放电电压对 HET－40 放电振荡的影响

从图中可以看出，对放电电流振荡强度及频率影响最为明显的是振荡抑制电路中电感值的大小，随着电感值的增大，放电振荡的强度与频率均迅速减小。图 8.38 中电感从 0 增大到 150 mH 时，电流振荡强度的 RMS 值从 466×2 mA 单调减小到 30×2 mA，频率也从 29 kHz 单调减小到 5.6 kHz。

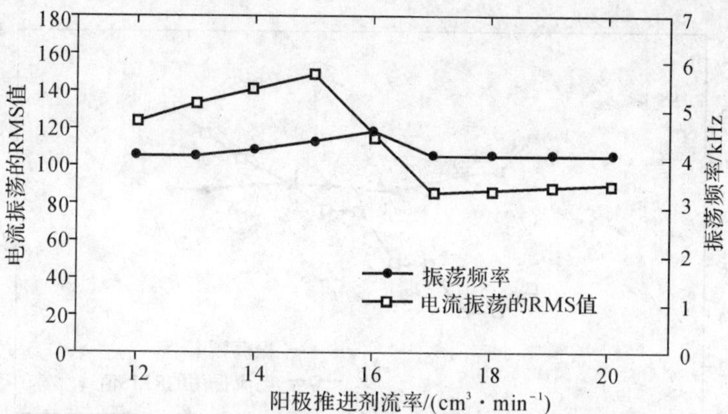

图 8.34　阳极工质流率对 HET－40 放电振荡的影响

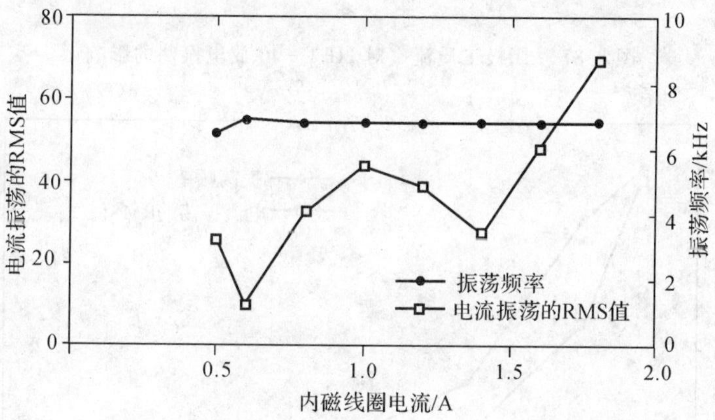

图 8.35　内磁线圈电流对 HET－40 放电振荡的影响

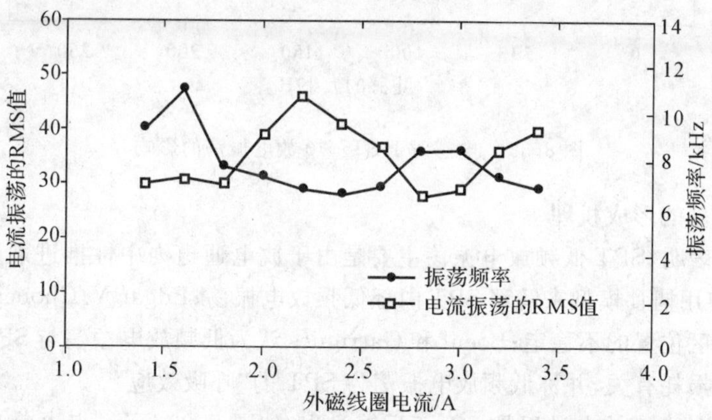

图 8.36　外磁线圈电流对 HET－40 放电振荡的影响

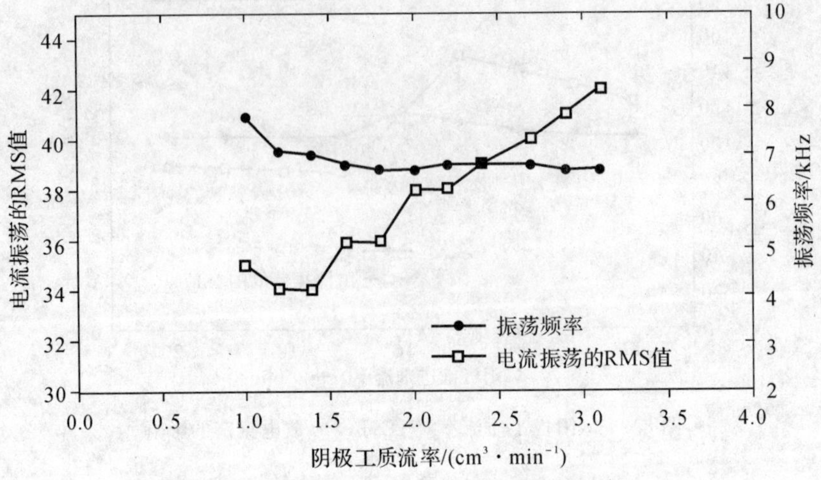

图 8.37　阴极工质流率对 HET－40 放电振荡的影响

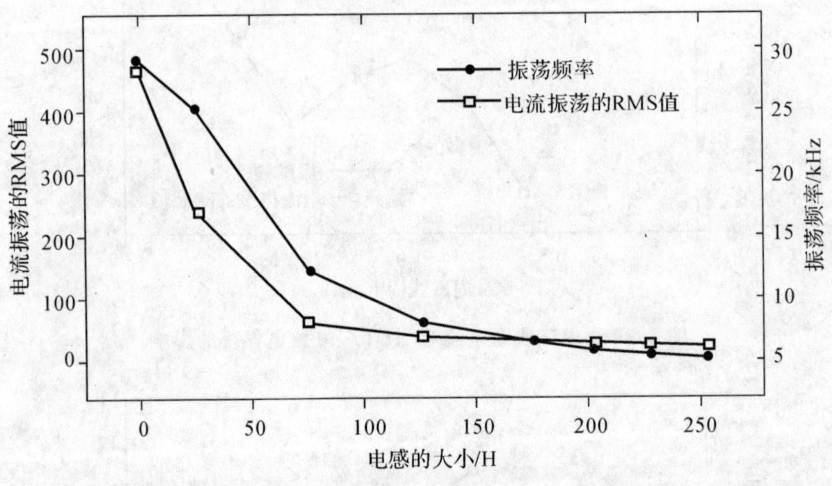

图 8.38　电感对 HET－40 放电振荡的影响

四、放电振荡的形成机理

国内外研究表明，SPT 低频放电振荡主要是由于放电通道内中性推进剂原子的电离振荡造成的。J. Fife 使用捕食模型来解释 SPT 内部低频放电振荡；Edgar Y. Choueiri 将之解释为电离不稳定或电离区位置的不稳定；Boeuf 和 Garrigues 认为低频放电振荡与 SPT 出口附近中性原子密度的周期损耗有关，并称低频放电振荡为 SPT 的“呼吸效应”。

SPT 通道内的电离放电过程是一个正反馈过程，如图 8.39 所示。点火前 SPT 通道内的中性原子密度最大。点火时阴极发射的部分电子进入通道，通过碰撞使得中性原子电离，每个中性原子电离的同时至少产生一个新的电子,新电子与原电子一起继续参与新的电离,如此形成正反馈过程。在正反馈效应作用下电子数量以“爆炸式”增长,中性原子在极短的时间内(μs级)即被电离消耗殆尽(密度降得很低),这时电离跟着缓和下来。由于通道内电子的运动速度远大于中性气体的补充速度,在中性原子的密度恢复前,大部分电子到达阳极使通道内剩余电子的密度很低。这又回到开始时的情形,如此循环形成通道内的电离放电振荡。

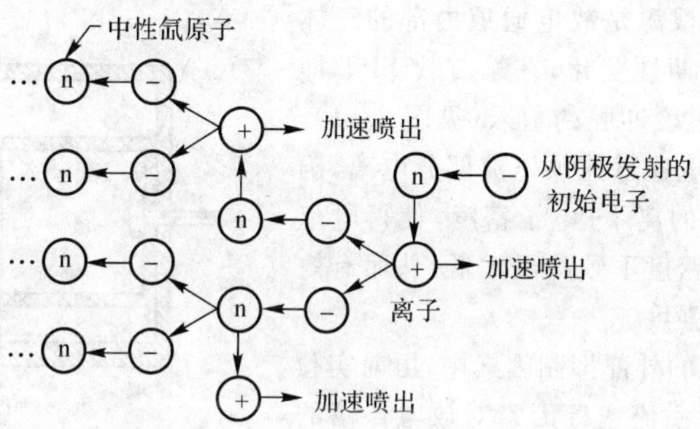

图 8.39　SPT 电离过程的正反馈效应

前述电离振荡的同时伴随有电子密度振荡,这对外表现为放电电流的振荡。当振荡过分强烈时,中性原子在电离最强时消耗过甚,以至此后在通道内不能维持足够数量的电子数,这正是振荡导致放电熄灭的原因。由前分析知,振荡的周期取决于中性原子的补充时间,也即中性原子通过电离区的时间。

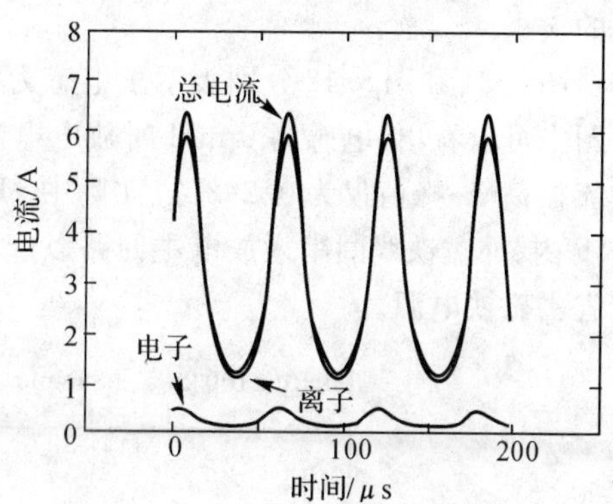

图 8.40　模拟的电流振荡波形

SPT 的低频放电振荡现象目前已通过混合模拟或混合- PIC 模拟等数值方法得到了较好的复现。例如混合模拟方法,其典型做法是以动能方法模拟离子运动,流体方法模拟电子运动,建立离子的 Vlasov 方程和中性原子连续方程等方程:

$$\frac{\partial f}{\partial t}+v_x\frac{\partial f}{\partial x}+\frac{e}{M}E\frac{\partial F}{\partial v_x}=S_{v_x}\quad\text{(离子 Vlasov 方程)}\tag{8.23}$$

$$\frac{\partial n_{\mathrm{a}}}{\partial t}+v_0\frac{\partial n_{\mathrm{a}}}{\partial x}=-nn_{\mathrm{a}}k_{\mathrm{i}}\quad\text{(中性原子连续方程)}\tag{8.24}$$

数值模拟的结果见图 8.40,其中无论是振荡的频率还是振幅的大小,都与实验结果吻合得较好。

五、放电振荡的抑制

SPT 放电振荡的控制与抑制要从内和外两方向着手。内即从 SPT 的内部工作过程与放电振荡的产生机理出发，改进推力器的设计，从根源上抑制放电振荡。推力器设计确定后就需要从外部着手：一方面通过实验适当调整推力器工况使其工作远离高振荡模式；另一方面引入振荡抑制电路从外部控制放电振荡的强度。

SPT 放电振荡的根源是放电通道内部的气体电离与电子密度的周期性变化，在第二代 SPT 即 ATON 推力器中，通过缓冲腔的引入（见图 8.41），使得工质气体进入放电通道前预先被部分电离，确保了通道内一定数量的离子、电子密度，使得电离振荡时通道内的电子密度不致降得太低，从而有效地降低了放电振荡的强度。

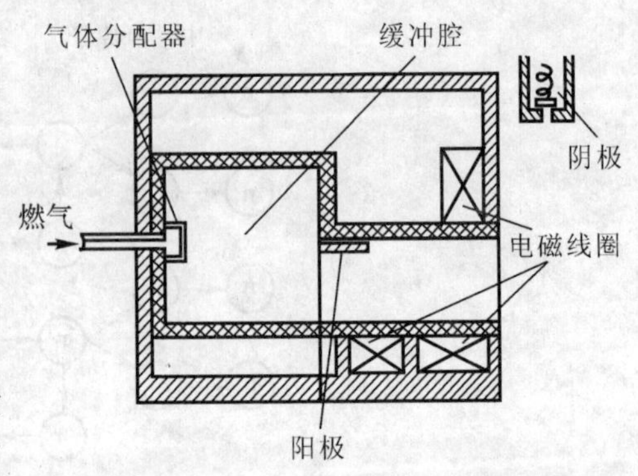

图 8.41 ATON 推力器结构

在 SPT 放电振荡的外部抑制因素中，由前实验结果知放电电压和工质流率等因素对放电振荡的影响较小，关键是抑制电路中电感值的大小。进一步研究表明，通过电感可以很好地抑制 SPT 放电振荡的大小。

图 8.31 和图 8.42 分别表示了电感为 0 mH 和 150 mH 时 HET－40 放电电流的振荡情况。从图中可以看出，电感为 0 mH 时放电电流振荡的峰-峰值高达 5.28 A，电感为 150 mH 时的电流振荡峰-峰值仅为 0.292 A。实际中 SPT 的内、外电磁铁线圈是一个较好的电感，一般常将 SPT 内、外磁铁线圈串入放电主回路以起放电振荡抑制作用，同时磁铁线圈串入放电回路还能省去磁铁电源。

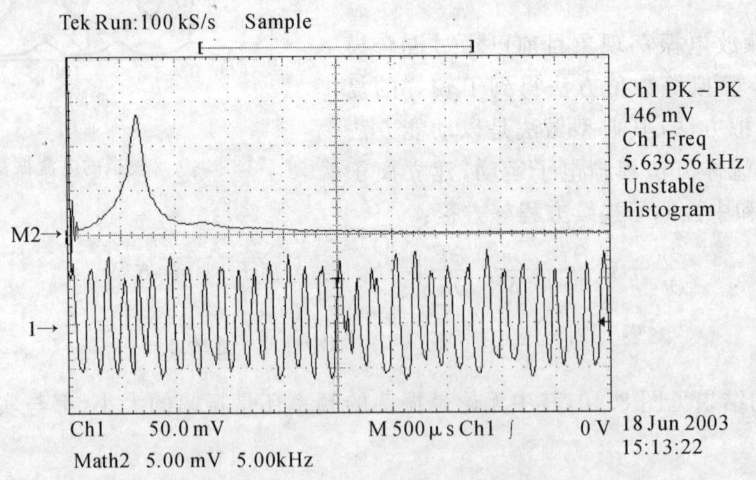

图 8.42 HET－40 电流振荡波形及相应傅里叶变换结果（电感为 150 mH 时）

除此之外，在 SPT 的电源处理单元(PPU) 中，一般还加入如图 8.43 所示专用振荡抑制电路来控制 SPT 放电振荡的强度。

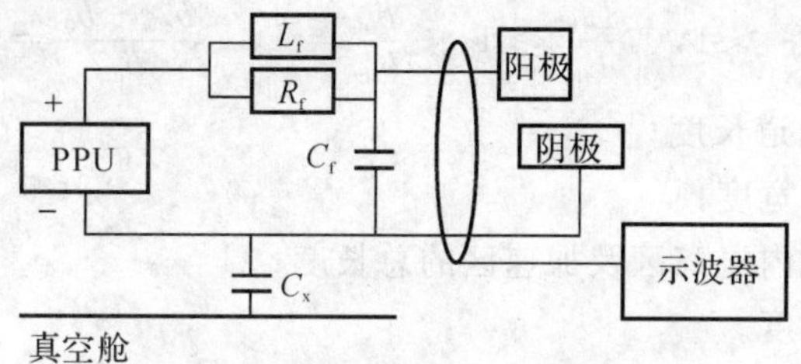

图 8.43　放电振荡抑制电路

8.6　工程设计方法

前面介绍了 SPT 的工作原理和过程，SPT 的结构设计正是在上述基础上进行的。其中关键的问题是：

(1) 满足 SPT 正常工作的基本条件：

$$离子回旋半径(R_i) \gg 通道长度(L) \gg 电子回旋半径(R_e)$$

(2) 形成合适的径向磁场及其沿轴向的分布规律；

(3) 在加速通道内、外构造合适的轴向加速电场；

(4) 保证结构有良好的散热性。

影响 SPT 性能的因素很多，主要包括：

(1) 推力器的结构，例如加速腔的几何结构、尺寸、材料物性和阳极的类型；

(2) 磁场在加速腔内、外的大小和分布；

(3) 推力器的工作点，例如放电电压、阳极和阴极工质的质量流率、磁路线圈的电流大小和匹配关系；

(4) 推力器的供电，例如 SPT 和 PPU 之间的电路和参数，滤波器的类型和参数选择；

(5) 阴极类型及其工作模式和发射特性；

(6) 阴极与本体的相对安装位置与角度；

(7) 推力器的工作历史，例如放电通道表面微观结构及宏观几何形状随工作时间的改变，加速器部件的污染程度等。

SPT 的设计包括加速器设计和空心阴极设计。

8.6.1　加速器设计

由于加速器内部过程的复杂性，其大部分设计仍主要依靠实验和经验。目前的设计经验大部分来自俄罗斯的科学家和工程技术人员。SPT 加速器的设计目标就是要获得其结构形式、尺寸大小、所用材料等信息，以及它们和推力器输出性能之间的关系。

要求设计的SPT加速器能稳定、高效地工作，首先下述关系式必须得到满足：

$$\frac{L_{ch}}{b_{ch}} > 1, \quad \frac{L_{ch}}{L_b} \geqslant 1, \quad \frac{b_0}{b_{ch}} = 1, \quad \frac{b_{ch} - b_0}{b_0} = 0 \tag{8.25}$$

式中 L_{ch}——放电室通道长度；

b_{ch}——放电通道宽度；

L_b——放电通道内电离区及加速区的总长度；

b_0——离子束宽度。

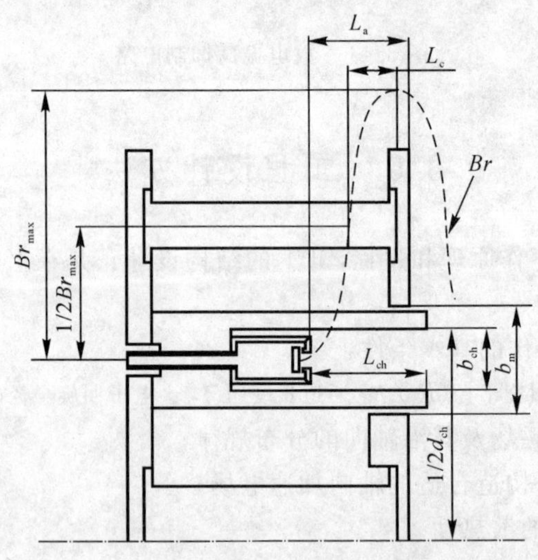

图8.44 常见SPT加速器结构示意图

图8.44给出了常见SPT加速器结构示意图。从图中可以看出，该加速器具有4个外磁线圈，1个内磁线圈及1个圆环柱形陶瓷放电室。为了获得好的磁场分布，在放电室两边还应各设置1个磁屏蔽(图中未给出)。放电室的前、后各有一个将内、外磁芯联结在一起的磁极板。关于它的各结构尺寸之间的关系，俄罗斯火炬设计局的研究人员公开发表了他们多年来的设计经验公式，即

$$\left.\begin{aligned} b_m &= 0.3d_{ch} \\ b_{ch} &= 6 + 0.375b_m \\ L_c &= 0.32b_m \\ L_a &= 2L_c \\ L_{ch} &\geqslant 1.1L_a \end{aligned}\right\} \tag{8.26}$$

式中 d_{ch}——放电室直径；

b_{ch}——放电通道宽度；

L_{ch}—— 放电室通道长度；

b_m—— 内、外磁极之间的间距；

L_c—— 径向磁场峰值处至峰值一半处的轴线距离；

L_a—— 阳极到磁极边缘的距离。

式(8.26) 中的系列方程构成了 SPT 加速器的设计基础。

式(8.26) 中给出的是 SPT 加速器各结构尺寸与放电室直径 d_{ch} 之间的关系。下一步需要确定放电室直径。为此，需要确定 SPT 加速器尺寸与各项工作参数之间的关系。其中最重要的就是放电室尺寸和额定功率。通常 SPT 的放电室尺寸和额定功率可相互转化，一个参数确定了，另一个也就确定了。例如，放电室尺寸为 100 mm 的 SPT，其额定功率一般就是 1 350 W。

当然，如前所述，改变放电电压 u_d 和电流 i_d，可以改变推力器的性能。例如，增大放电电压 u_d，可以增大离子的加速电位 U_i，也就增加了离子的喷出速度，提高了推力器的比冲 I_s；增大推进剂流量 q_m，可以提高放电电流，同时也就增大了推力器的推力。

按照上述分析，通过变化推力和比冲，同一推力器可以完成多种任务。但是，由于材料和设计等原因，对于同一推力器，其特性变化的范围是有限的。例如，一个小功率推力器以大功率工作，推力器可能过热，从而使得推力器无法正常工作或被击穿烧毁。另外，从设计的角度，小尺寸推力器要满足电子和离子回旋半径的要求，就要求有大的磁场强度，这对于磁路系统的设计是相当困难的。对于大尺寸 SPT 以小功率工作，只要能稳定，问题不大，但从结构和质量上考虑不合算。因此，设计的推力器最好在额定功率下工作，同时期望它在更高和更低的功率下也能工作。

对于 SPT，通常是通过推进系统的比冲来表述空间推进任务的。因此，需要建立比冲与功率的关系。图 8.45 给出了一些典型商用推力器功率与比冲的关系。通过这条曲线可以在由卫星任务给出推力器比冲时决定发动机所需额定功率。

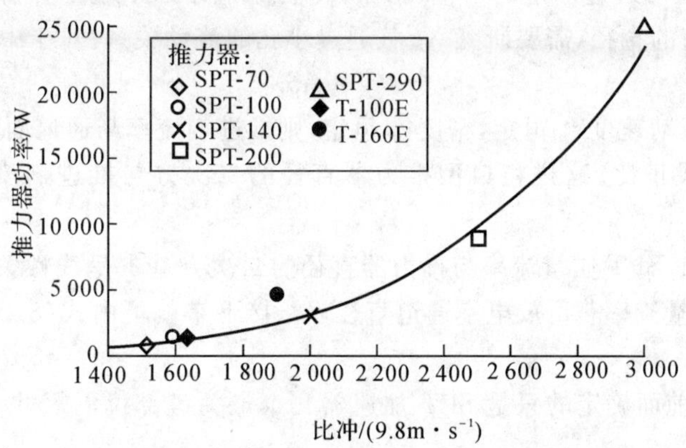

图 8.45　一些商用推力器功率和比冲的关系

同理，由图 8.46 所示比冲和推力器效率之间的关系曲线，可通过比冲而推得推力器的额定效率。或者通过下式确定推力器的效率：

$$\eta = \frac{a}{1 + \dfrac{b}{(g_0 I_s)^2}} \tag{8.27}$$

式中 a—— 理论上的最大效率，取决于离子与放电室壁的碰撞和 PPU 的电路损耗等，一般取$a=0.8$；

b—— 与产生离子的放电能量相关的数字，$b = \dfrac{2eE}{m_i}$。

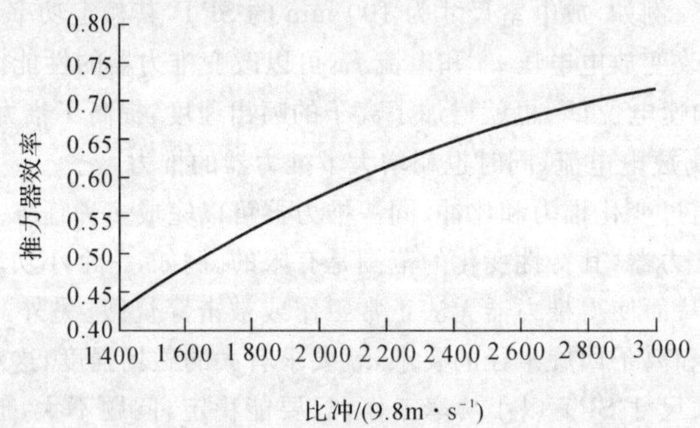

图 8.46　一些商用推力器比冲和效率的关系

我们又知道：

$$q_m = \frac{2\eta P}{I_s^2} \tag{8.28}$$

那么从式(8.28) 中又可通过确定的功率、比冲、效率而得到发动机推进剂的额定流量 q_m。

为了确定放电室的直径，需要研究 Xe 气通过小孔的流动关系。对于中性气体：

$$q_m = \rho_n A v_n \tag{8.29}$$

假设气体推进剂的流动速度 v_n 恒定，密度 ρ_n 恒定，则推进剂流率与通道面积 A 成正比，即与放电室直径的二次方成正比。这样将典型推力器直径的二次方与推进剂流率作图，如图 8.47 所示。

从图中可以看出，SPT 质量流率与推力器直径的二次方基本呈线性关系。那么，就可以通过图 8.47 由阳极质量流率获得放电室通道直径 d_{ch}。接下来就可由式(8.26) 获得推力器的其他结构尺寸。

需要指出的是，前面确定的只是 SPT 加速器几个最关键部位的尺寸。接下来需要确定其他部分尺寸。

首先是磁路系统设计。如前所述，在 SPT 加速器性能的诸多影响因素中，磁场是关键因素，它直接决定着推力器的各项性能。磁场与磁路系统的设计与优化历来是 SPT 加速器设计中的重中之重。磁路系统设计的目标是在SPT加速器放电通道内、外形成图8.6所示的磁场构形。磁路系统的设计一般是在磁场设计计算软件的辅助下完成的。关于磁路系统设计，在前节磁场设计中已有介绍，此处不再详述。

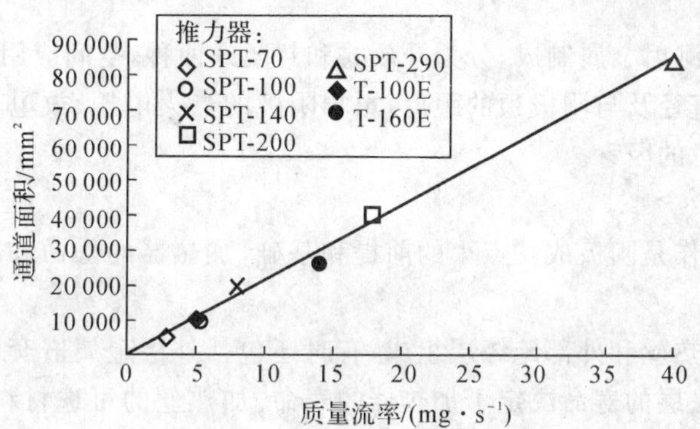

图8.47　一些商用推力器质量流率和通道面积的关系

接下来，涉及推力器设计的其他问题，包括阴极与气体分配器的组件设计，放电室内、外壁厚的设计及推力器寿命预估，推力器的热设计，绝缘与气体放电打火的防护设计，材料与系统结构的强度与抗震设计等。此外，还涉及多种材料的设计与选取，包括放电室高温耐溅射陶瓷材料、电磁线圈的高温导线材料、磁路系统的软磁材料等。

8.6.2　空心阴极设计

空心阴极消耗的功率(包括放电功率和加热功率)不是SPT推进剂加速所必需的，是推力器功率与效率的一大损耗；空心阴极消耗的工质不参与推力器推进剂的加速，是推力器比冲的一大损耗。空心阴极的设计即是最大程度地降低阴极功耗和工质流率，同时保证阴极的电子发射能力和工作寿命，满足推力器工作的需要。

空心阴极的设计主要从下述几个方面进行考虑。

1. 发射体

发射体由圆筒状具有低逸出功的活性物质组成，阴极设计寿命决定了活性物质的设计储存量，也就决定了发射体的设计厚度。

发射体内径增大，可以增大发射面积，提高电子发射能力并提高工质电离效率，从而提高工质的利用率；或在相同的电流发射能力下降低发射体温度，提高阴极寿命。研究表明，发射体内径与孔板直径比值增大时，阴极消耗流量减少。但另一方面，阴极尺寸增大导致散热面积增加，功耗增大。发射体设计须在以上几方面进行权衡。

2. 孔板

孔板一般由钽、钼、钨、敷钍钨等高熔点、耐溅射的金属制成，其中敷钍钨在国外用得较多。

孔板小孔直径由阴极发射电流决定，电流越大要求的小孔直径越大，具体根据试验和经验决定；小孔的长度越大其流阻越大，维持阴极内部气体压强所需的工质流量越小。另一方面，小孔长度增加，小孔内的离子损失增大，阴极工作电压升高，放电功率增大。小孔长度设计主要在阴极流量和功率损耗方面权衡决定。

3. 触持极

触持极一般由耐溅射金属制成，分为开放式和封闭式两种，空间应用时多使用封闭式触持极。触持极的中心孔直径及与阴极顶的距离，影响阴极的点火电压、放电功耗及阴极的工作模式，是设计时须要考虑的因素。

4. 加热器

加热器的可靠工作是阴极成功点火的前提和基础，加热器的寿命和可靠性制约着阴极的寿命。

加热器一般由加热丝和外部绝缘层组成，有时还包括外层金属嵌套保护结构如铠装加热器。加热丝与外部绝缘层的寿命决定了加热器的寿命。加热丝的可选材料为熔点高的钨丝、钨钼合金丝、钨铼合金丝或钽丝，其中钨铼合金丝的性能比较理想。

大部分氧化物（除了氧化铝和氧化铍）在高温下易与钨反应分解出自由金属，从而降低加热丝的可靠性和绝缘层的绝缘性能，工作一段时间后将使加热丝和绝缘层失效。因此，绝缘材料的选择比较重要，理想的材料是氧化铝（Al_2O_3）粉（稳定性好）。此外，当阴极管采用钽材料且加热器绝缘层与阴极管接触时，氧化铝可能使钽阴极管变脆，解决的办法是先在钽管外等离子体喷涂一层钨粉。采用铠装加热器时不存在这个问题。铠装加热器结构紧凑，热效率和功率密度高，可靠性好，是阴极加热器的理想选择。

5. 热设计

阴极工作时发射体等主要部件的温度均达到 1 100℃ 以上。因此，阴极各部件（如阴极管）除了要求耐高温、抗溅射外，还需要有低的传导和辐射散热，以降低阴极的功耗。设计时须选取具有低传导和辐射散热系数的材料并降低系统的传导和辐射散热面积，对于加热器等高温部件还须进行专用防辐射屏蔽层设计。

8.7 应用状况

20 世纪 60 年代初，美国和苏联同时开始了稳态等离子体电推进技术的研究，由于种种原因，美国中途放弃并转向比冲更高的离子发动机，苏联却坚持下来并取得了成功。1972 年，SPT 首次在苏联投入空间应用，这也是世界上较早得到实际应用的电推力器。自此，SPT 一直不断地被成功应用于各种航天器上。进入 20 世纪 90 年代，鉴于在俄罗斯获得的成功应用和其本身的优势，SPT 重获世界各航天大国的重视。他们一方面在自己的卫星上使用俄罗斯成熟的 SPT，另一方面引进俄罗斯先进的稳态等离子体推进技术，并在此基础上改进、研制自己的新型 SPT。至今，累计 300 多台各型 SPT 已被成功应用于多个国家的航天器，应用 SPT 的航天器数目超过 60 个。据报道，仅 2004 年一年，就有 30 多台 SPT 在卫星上应用。这是目前除电阻加热推力器外应用最多的一种电推力器。

30 多年的成功应用经验表明,稳态等离子体电推进是一种先进的空间推进技术,它可以完成航天器的多种在轨任务,其比冲远远高于传统化学推进,应用于航天器上它能大幅降低航天器携带的推进剂质量,增加航天器的有效载荷,或延长航天器的在轨寿命,从而大量节约成本,产生可观的经济效益。相对其他类型电推进而言,稳态等离子体推进具有结构和配电系统比较简单、推力密度高、功率推力比小、技术成熟度高、飞行应用经验丰富、空间适应性好等特点。

在俄罗斯,稳态等离子体电推进是所有的电推进中发展最为成功的一种。自 1972 年首次飞行应用以来,已有 200 多台被成功应用于各种航天器上,应用航天器数目超过 50 个,涉及的卫星包括 Sesat,Gals,Express - A,Express - AM,Sadko,Express - 1000,Express - 2000,Yamal - 200,Rouslam - MM,Dialogue, Yacht - DZZ,Yacht - GSO,Phobos - soil,Kosmos,Luch,Kupon,Meteor - 18 等。执行的任务包括 LEO 卫星的轨道机动与保持、GEO 卫星的南北与东西位置保持、GEO 卫星寿命末期的离轨操作以及深空探测等。其新一代静止轨道通信卫星 Express - A 和 Express - 200 以及高级通信卫星 Gals - R16 系列均将采用 SPT 进行位置保持。目前其 SPT 上至 50 kW 下至 50 W,已构成一个完整的系列,包括 SPT - 25,SPT - 40,SPT -50,SPT -60,SPT - 70,SPT - 100,SPT - 140,SPT - 160,SPT - 180,X - 40,D - 38,T - 160,D - 100 等。由于获得的巨大成功,稳态等离子体电推进已构成俄罗斯电推进的基础。

在高比冲电推进领域,早期由于种种原因美国曾一度终止稳态等离子体推进技术的研究并转向离子推进技术研究。进入 20 世纪 90 年代,鉴于稳态等离子体电推进在俄获得的应用成功及其本身优势,美国重新开始了稳态等离子体电推进技术的全面大规模研究。研究方遍布美国政府研究机构、各大高等院校、军方及工业界,研究范围上至 4.5 kW,5 kW 和 10 kW 等高功率 SPT,下至 200 W,50 W 等低功率 SPT。美国军方对稳态等离子体电推进技术相当重视,将其视为空间力量(空间战争支持)竞争、空间控制和空间武器应用的标志性因素和未来军用航天器的关键技术之一。美国军方还在积极安排 SPT 轨道转移的概念研究,并同时支持几种不同推力水平的大功率 SPT 的研究计划,其目标就是针对在轨航天器在战争时期的重新定位。在应用领域,2001—2002 年美国共生产了 67 台稳态等离子体电推进飞行样机,其中至少 42 台已应用或计划用于 2003—2004 年发射的卫星上,如 2004 年发射的 MBSAT - 1 和 IPSTAR 卫星(各装有 4 台 SPT),以及 2005 年 8 月 11 日劳拉公司为泰国研制的 Taicom 4 宽带卫星等。LoMa 公司为美国空军研制的新一代高安全性甚高频军用通信卫星也采用了稳态等离子体电推进系统,此外还有 LS1300S,Telstar 8,Techsat 21 卫星,以及即将发射的 TacSat - 2 通信卫星、AEHF 大型甚高频通信卫星等等,也采用稳态等离子电推进系统。美国的“月球勘探者”号环月探冰飞行器也计划采用 SPT - 100 进行探测器的轨道转移和机动。

欧洲在电推进的应用上起步较晚,但他们已意识到电推进对未来欧洲航天工业的重要性。最近欧空局已认可电推进是须增加投资以加强和保持欧洲工业在航天领域竞争力的十大尖端技术之一。他们认识到,要保持欧洲在通信卫星市场的竞争力就必须研制和使用电推进系统。

法国通过与俄罗斯合作，在俄SPT－100的基础上研制了PPS－1350，现已完成了地面鉴定并投入使用。欧洲的多颗卫星已开始使用稳态等离子体电推进系统，如CNES装有俄罗斯SPT－100和其改进型SEP PPS－1350推力器的Stentor通信卫星。此后的ASTRA 1K卫星，以及基于Spacebus 4000和Eurostar 3000平台的近10颗欧洲研制的新一代GEO卫星（如Worldsat 2，Worldsat 3，Inmarsat－4 F1，Inmarsat－4 F2，Inmarsat－4 F3，Amazonas 1，Anik F1R等卫星），都采用稳态等离子体电推进系统（卫星制造商包括MMS和Alcatel等公司）。另外值得一提的是，2003年9月27日欧空局发射的月球探测器SMART－1开创了以稳态等离子体电推进进行深空探测主推进的先例，扩展了稳态等离子体电推进技术的应用领域。

总之，国际上越来越多的航天器已经选用定型的稳态等离子体电推进系统，有些稳态等离子体电推进系统已经成为某些航天器空间推进的一个标准系统。例如，SPT－100和SPT－70稳态等离子体电推进系统已经成为俄罗斯卫星空间推进的标准配置；PPS－1350稳态等离子体电推进系统已经成为欧洲部分GEO卫星的一个标准系统；1 500 W的稳态等离子体电推进系统成为美国部分GEO卫星的标准系统；一些大型卫星甚至把是否采用电推进作为其技术是否先进的一个重要标志。按照目前的发展趋势，在几年内西方国家的GEO卫星的相关空间推进任务将完全由稳态等离子体电推进等电推进系统来承担。

8.8 发展与应用中遇到的问题及对策

8.8.1 SPT的寿命及预估

SPT的寿命决定了推力器所能获得的最大总冲，以及能否完成给定的空间推进任务。决定SPT寿命的主要有两个因素：空心阴极寿命和加速器寿命。目前国外空心阴极技术已趋成熟，其寿命一般均超过加速器寿命，且应用时一般一台加速器配有两只阴极。在空心阴极不出现重大问题的情况下，SPT寿命主要由加速器寿命决定。

1. 加速器

加速器寿命主要取决于离子对放电室壁的溅射削蚀，当放电室壁削蚀到一定程度时，磁极失去保护并在离子的削蚀下形状改变，致使推力器磁场改变、性能恶化。

加速器寿命主要取决于两方面因素：离子对放电室壁的溅射及放电室壁材料的抗离子溅射能力。优化磁场结构可以提高离子的聚焦性能，减小离子的束发散角和对壁的溅射；采取溅射率低的推力器工况和放电室结构有助于提高加速器寿命；适当将电离区和加速区外移也可以减少离子对放电室壁的溅射。关于耐溅射放电室壁材料国外开展了大量研究，包括Al_2O_3，BN，SiO_2，MgO等及它们的混合物。研究表明综合性能最佳的是BN陶瓷材料，采用目前已知的其他各型材料时要么推力器的性能下降，要么放电室壁的溅射削蚀增加。目前采用BN陶瓷材料的SPT加速器寿命：SPT－100已达6 000～8 000 h；SPT－70略小，为4 000～5 000 h。然而进一步提高BN材料加速器的寿命已十分困难。

加速器寿命的影响机制复杂,以至开展其准确预估相当困难。为此每当新型 SPT 研制定型并投入应用以前,不得不开展地面 1∶1 长期寿命考核实验。然而 SPT 寿命一般较长(数千小时),寿命实验往往需要持续相当长一段时间并耗费大量的人力和物力。在 SPT 加速器的寿命预估方面国外开展了不少工作,并取得了一些进展。例如,V. Baranov 等人发展了一套预测 SPT 工作寿命的半经验公式,通过该公式,在 SPT 设计初期根据结构尺寸和工况即可估算出推力器寿命;或开展 SPT 短期寿命实验,根据实验数据对公式中经验系数进行修正后可更精确地预估该推力器寿命。G. F. Karabadzhak 等人开展了 SPT 的光谱诊断研究,通过材料腐蚀率的实时光谱测量,有助于推力器最佳工作点的确定和结构设计优化。利用常规光谱诊断或激光诱导光谱诊断方法对腐蚀率数据进行实时测量,再结合数学模型,可以在不进行寿命实验的情况下对推力器的寿命进行预估。

2. 空心阴极

空心阴极的长寿命技术国外已获得突破,目前的难点是阴极寿命的快速实验与预估。阴极寿命的影响因素众多,情况复杂,尤其是发射体的制备工艺与环境因素,对阴极的性能和寿命影响很大。而这些因素的影响大多是非直观的,往往到阴极寿命末期才体现出来。目前的做法是开展长期寿命实验,但数千至上万小时的持续实验往往须要耗费大量的资源。采取新的快速可靠寿命实验与预估方法迫在眉睫。

8.8.2　SPT 羽流与航天器的相互作用效应

SPT 应用中存在的一个问题是推力器羽流与航天器的相互作用效应问题。SPT 的羽流束发散角较大(通常半角达 35°),且大部分为等离子体,与航天器发生作用时将产生多种不利影响,包括力矩干扰、溅射与沉积污染、表面电位及电磁通信影响等。

1. 力矩干扰

SPT 的羽流束发散角较大,当其安装角度不恰当时,推力器的部分羽流将与航天器(如突出天线、太阳电池阵等)发生作用从而产生力矩干扰,轻则干扰航天器姿态稳定,加剧推进剂消耗,重则使航天器姿态控制系统失效。国外早期应用时曾发生过此类情况,由于干扰力矩的存在,卫星姿态控制系统频繁动作,推进剂消耗过甚。在 SPT 羽流的力矩干扰研究方面俄罗斯走在了世界前列,包括 SPT 羽流干扰力矩的低轨和高轨(GEO)卫星实验测量,俄罗斯还发展了系列 SPT 羽流计算软件,在卫星设计阶段即可计算出羽流干扰力矩的大小及影响。

对于 SPT 羽流的干扰力矩影响,国际上常采取的措施是安装时将推力器与航天器保持一定的角度,以避开 SPT 羽流对航天器的撞击和影响。此外,由于阴极存在等因素 SPT 推力矢量并不严格通过推力器轴线,虽然产生的航天器干扰力矩较小,但推力器总冲大,干扰力矩对航天器姿态控制系统带来的累积负担仍不容忽视。解决的办法是开展 SPT 的推力矢量测量,尽力使推力器的推力矢量线通过航天器质心。

2. 溅射与沉积污染

SPT 羽流为高速运动的粒子流,与航天器表面如太阳电池阵等碰撞时将造成材料表面的溅射腐蚀，溅射产物及羽流中的金属与陶瓷颗粒沉积在材料表面将造成航天器表面的沉积污染。苏联开展的SPT飞行实验表明，当SPT平行于太阳电池阵安装时（平行距离0.325 m），工作300 h后太阳电池阵被溅射部分的电功率下降最大达35%，相同的结果在随后的地面实验中得到验证。解决的办法是将SPT羽流与太阳电池阵等错开，避免羽流对航天器表面的直接溅射和沉积。

除了主束离子，由电荷交换等产生的低能离子也是航天器的重要污染源。这些低能离子易受航天器表面电位影响，环绕在航天器周围，从而造成航天器热控表面、光学表面、太阳能电池阵等的溅射沉积污染。关于低能离子污染问题国外开展了大量研究，例如，SMART-1的一项重要任务即是开展SPT电荷交换低能离子环境研究，通过携带的EPDP和SPEDE专用诊断包进行电荷交换等离子体参数测量和航天器表面的溅射沉积污染研究；美国AFRL和JPL也开发了系列空间电推进羽流诊断仪器，包括电子和离子探针、辐射计、太阳电池片传感器、光度计等，目的是通过空间卫星实验开展SPT羽流的参数测量及对航天器热控表面、光学表面、太阳能电池阵等的溅射沉积污染研究。

针对SPT羽流的溅射与沉积污染问题，国外开展了多项飞行实验研究，包括SMART-1实验、Meter-Priroda卫星实验、美国电推进羽流实验小卫星计划、欧洲SPT羽流的航天飞机搭载实验等。SPT羽流效应的地面实验研究工作开展得更多，此外在SPT的正式型号应用中一般均事先在地面开展相应的羽流测试和研究，确保SPT羽流不对航天器产生负面影响。

3. 表面电位影响

如前所述，大量电荷交换产生的低能等离子体环绕在航天器周围，易造成航天器表面的带电和电位改变。国外在SCATHA和ATS-6等航天器上专门开展过电推进对表面电位的影响研究，M. Tajmar，Hideyuki Usui等人分别利用PIC方法模拟和计算了应用电推进后航天器表面电位的改变情况。实验和理论研究表明，对于GEO卫星，由于自身原有表面电位的绝对值比较高，应用电推进后有助于表面静电的消除；低轨卫星原有表面电位的绝对值较低，应用电推进后表面电位有所升高。例如M. Tajmar的计算表明，应用SPT后GEO卫星的表面电位由原来的－3 700 V左右变为－16 V，LEO卫星由原来的－0.35 V变为－16 V。

4. 电磁通信影响

SPT羽流由等离子体组成，除了主束流外还包括聚集在航天器周围的大量电荷交换产生的低能等离子体。当电磁波穿过这些等离子体时，有可能造成信号的衰减；此外等离子体自身也会辐射电磁波，从而带来电磁通信干扰。在SPT羽流的电磁通信影响方面，国外开展了较多的地面实验研究，在具体型号应用前须针对可能存在的影响开展相应的测试。图8.48所示为STENTOR卫星在开展TTC全向天线通信受SPT羽流影响的实验研究。同时，在理论研究方面，J. William等人通过理论计算分析了SPT羽流对卫星电磁通信的影响；俄罗斯的MAI和Tsniimash也发展了相应的数学计算软件以预测SPT羽流对电磁波传播的影响。

航天器羽流效应研究是一项复杂的工程，涉及多个课题和领域，包括羽流场形成分布规律研究、羽流场与航天器的相互作用研究及前述作用对航天器产生的影响效应研究，三方面缺一不可。在 SPT 羽流的四个主要影响效应中，溅射沉积污染与力矩干扰占主导支配地位，关于其研究，除了进行各种地面和空间实验外，在理论研究方面国际上也开展了大量工作。在开展 SMART-1 电荷交换离子环境空间实验研究的同时，欧洲 ARC 发展了一套 PIC 数学计算模型，利用飞行实验数据对模型进行验证和参数修正，同时利用模型对实验现象与结果进行分析和解释；I. G. Mikellides 等人发展了一套 SPT 羽流与航天器相互作用模型包。该模型包包括三个模块：SPT 喷口等离子体参数计算模块、等离子体羽流膨胀与发展计算模块及羽流与航天器的相互作用分析模块。通过该模型包可以直接通过 SPT 工作参数和航天器构型计算和预估 SPT 羽流与航天器间的相互作用效应与影响。

图 8.48　STENTOR 卫星 TTC 天线通信影响实验

对于 GEO 卫星的南北位保任务，为了减小 SPT 羽流对卫星溅射沉积、干扰力矩和电磁通信等方面的影响，通常将 SPT 设在卫星的背离地球一侧，与卫星的 X,Y,Z 轴分别呈 90°,45°,45° 角安装，这样 SPT 可最大限度地远离有效载荷和通信天线，并与太阳能电池阵保持足够的安全角度。

为了降低 SPT 羽流对航天器的影响，在新一代 SPT 中通过采取措施已使得推力器的羽流束发散半角保持在 5° 以内，有效减小了 SPT 羽流对航天器的溅射沉积与力矩干扰等影响。

8.8.3　电推进系统应用的安全性

电推进是一种新型的空间推进，技术相对复杂，应用时除了给航天器带来羽流影响效应以外，还包括电、磁方面的影响。SPT 相当于一个大功率气体放电负载，工作在高电压、强磁场环境中，放电时夹杂着较强的放电电压、电流振荡以及电磁波辐射。如何确保 SPT 工作时不对航天器产生不利影响，是一个必须正视的研究课题。

SPT 的工作电压一般均高于 300 V，如此高的电压在真空环境下极易造成带电部件间的击穿和放电打火，从而给系统自身及航天器带来威胁。此外 SPT 属于大功率气体放电负载，当 SPT 功率超出额定范围时将可能影响到卫星电源母线的稳定性及卫星平台的可靠工作。采取的办法中除了加强电推进系统的可靠性设计和安全性防护外，还要求系统具有故障检测判断和应急处理功能。在出现异常的情况下自动切断电、气供应，以保护系统和航天器不受损害；此外，系统与航天器间的电源连接具有总线保护功能，在系统短路过载的情况下主动切断电源供应，确保在 SPT 系统在失效的情况下不会波及整星或其他分系统。

SPT 工作过程中的放电不稳定性及电压、电流振荡，可通过电路传导形成对星上仪器和载荷的干扰。此外，SPT 工作时还具有较强的电场、磁场辐射。为此，须在 SPT 系统与卫星间设置滤波隔离电路，以滤去 SPT 系统对卫星的传导干扰。图 8.49 所示为 SMART－1 上使用的 FU 滤波单元。在 SPT 的定型与应用前一般须开展电磁辐射测试和研究，图 8.50 所示为 NASA 在进行 SPT－100 的 EMI 测试；美国 Aerospace 公司也针对其研制的 BPT－4000 电推进系统开展了高达 60 GHz 的电磁发射实验研究，研究项目包括电场与磁场发射、稳态磁场、放电振荡及电磁传导发射等。

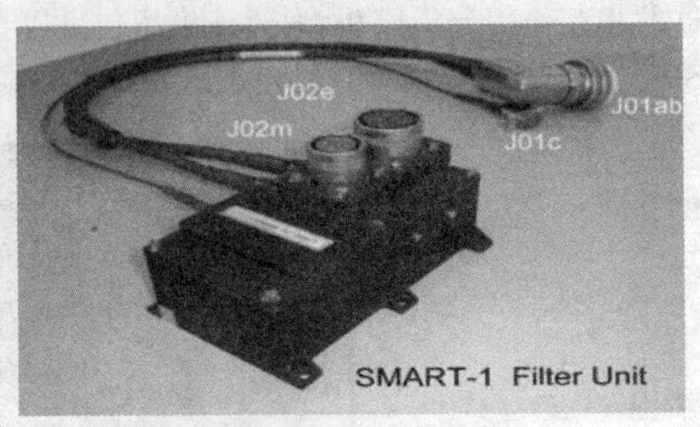

图 8.49 SMART－1 上的滤波单元

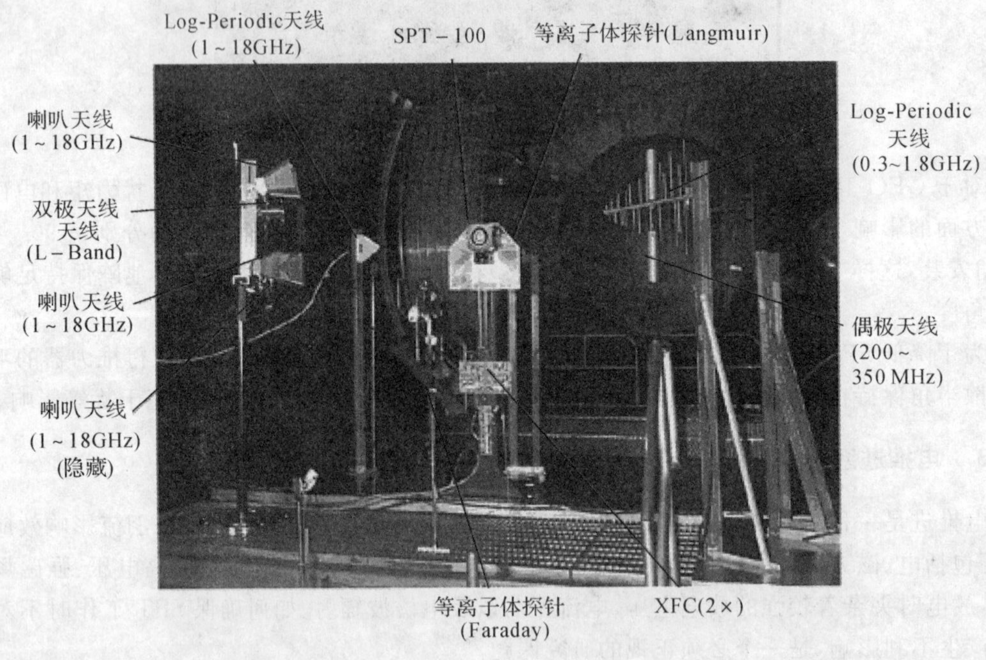

图 8.50 NASA 在进行 SPT－100 的 EMI 测试

为了电推进系统应用的安全性与可靠性，在初次型号应用前一般须开展系统的空间飞行验证实验，例如，METEOR 卫星飞行实验，深 DS-1 离子推进系统飞行实验，SMART-1 的 SPT 系统飞行实验等；此外，在 SPT 型号应用过程中须要根据卫星需求，开展 SPT 系统与卫星的电磁等兼容实验，例如 STENTOR，SMART-1 等。其中 SMART-1 开创了 SPT 随卫星整星一起开展电磁等兼容性实验的先例，即在空间环境模拟设备中同时开启卫星上的 SPT 系统及星上其他仪器载荷，看 SPT 是否对其他设备造成干扰。与 SPT 同时开启的设备包括卫星各种研究仪器载荷、等离子体诊断系统、低增益 S-band 天线及 Ka-band KaTE 仪器包(工作在甚高频波段)等，未观察到明显的干扰现象。

第 9 章　脉冲等离子体推力器(PPT)

9.1　发展过程及主要类型

脉冲等离子体推力器(Pulsed Plasma Thruster，PPT)是电火箭中等离子体推力器的一种类型。PPT 的概念早在 20 世纪 30 年代就提出了。50 年代之后，为了适应超声速电动力学和非平衡等离子体性质的研究，以及作为空间飞行器控制系统动力源的等离子体加速器的研究，发展了结构不同、形式各异的脉冲等离子体源或加速器。例如，1956 年，Bostick W. H. 首先提出了用金属作推进剂的 PPT。1957 年，L. A. Artsimovitch 及其同事研究了用金属丝作推进剂和平行轨道电极结构的脉冲等离子体加速器。后来，又出现了用气体和爆炸丝的 Kolb 或 T(形)管方案。而 S. W. Kash 和 W. L. Starr 系统地研究了用爆炸丝或电极烧蚀的同轴电极 PPT。B. A. Osadin 对一级和二级端面烧蚀型 PPT 进行了实验。A. S. Gilmour 和 D. L. Lockwood 则研究了用金属镁、铅、锡作阴极的平面型脉冲真空电弧推进装置等。对这些装置，若按采用的工质(推进剂)划分，有气体、液体和固体三种类型；如果按照电极的结构划分，又可分为平行轨道式、同轴式、钮扣式、T(形)管及线性压缩式等几种，如图 9.1 所示。

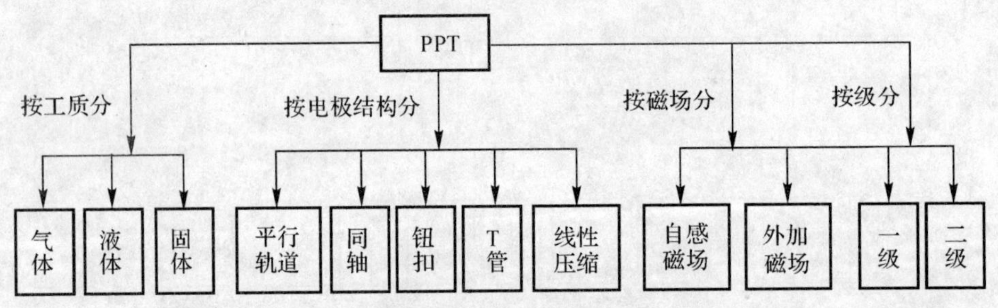

图 9.1　PPT 分类

采用气态推进剂(氮、氩气)的 PPT，因推进剂流量与投入的加速能量相互独立，容易在大功率下运行。但是由于推进剂投入与加速能量投入难于同步，推进剂利用率低，而且快速动作控制阀门不易解决；用液态水银和固体金属锌作推进剂，由于喷射流的沉积物导电性能都不理想，应用受到限制。直到找到固体氟塑料(主要是聚四氟乙烯，俗称太氟隆，英文名为 Teflon)作推进剂，烧蚀型脉冲等离子体推力器(APPT)或称太氟隆脉冲等离子体推力器(TPPT)便很快获得了应用，而且成为第一个应用于航天器控制的电火箭发动机。这里就以它作为 PPT 的代表加以介绍。

9.2　TPPT 的工作原理和特点

在已获得应用的 TPPT 中，有同轴电极型和平行轨道电极型两种结构，其结构原理图如图 9.2 所示。每种结构又有单喷口或双喷口的形式。虽然第一个上天的是同轴型 TPPT，但用得较多的是平行轨道电极型推力器(见图 9.2(b))。一般说，平行轨道结构的 TPPT，其推进剂供给结构简单；电磁加速作用比电热加速大，比冲高；而同轴结构由于推进剂包围着电弧，烧蚀量大，推力大；但其电热加速作用比电磁加速显著，比冲稍低。

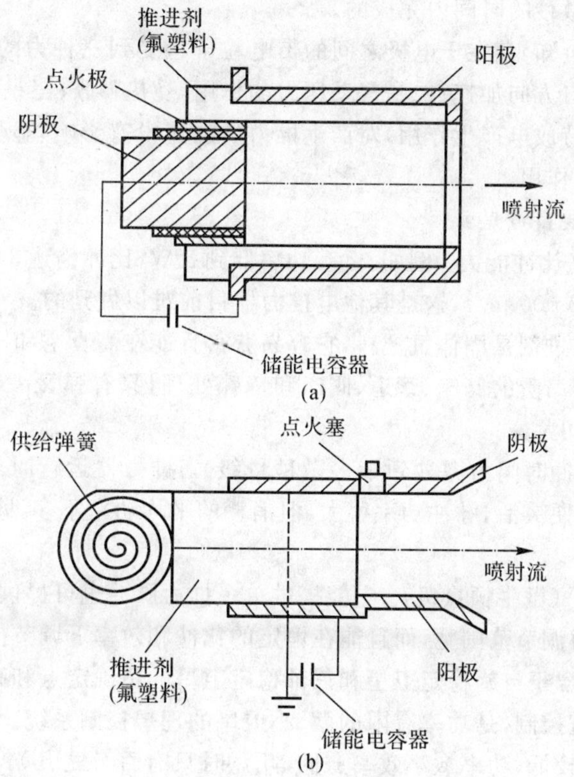

图 9.2　TPPT 的常用电极结构

(a) 同轴型；(b) 平等轨道型

TPPT 的工作原理可用图 9.2(b) 来说明。一对轨道形电极直接与储能电容器相连，呈矩形截面的太氟隆推进剂在供给弹簧的作用下，通过两电极之间的空间，定位于阳极的支撑肩上。阴极上装有一个用于引发放电的点火塞，电极两侧是绝缘侧壁。工作时，首先使储能电容器充电到它的工作电压(1 ～ 3 kV)，该电压也加到推力器的电极上。然后，按要求放电点火电路使点火塞点火，即在电极与推进剂表面之间产生一微量放电。微量放电产生的电子在电极间的电场力作用下向阳极加速并获得能量。这些具有相当能量的电子与推进剂表面碰撞，分解和离化一些工质，生成更多的电子。新生的电子又被加速和碰撞工质…… 如此下去，呈现“雪崩”过程，从而使储能电容器在两电极之间产生沿工质表面的大电流($10^3 \sim 10^4$ A) 电弧放电。放电形成的高温电弧烧蚀掉工质表面很薄的一层并把它分解、离化成等离子体。在热力和自感磁场产生的电磁力作用下，等离子体沿平行轨道电极加速喷出，产生一个脉冲的推力。电容器放电后，工作随即停止或接着进行下一循环。工质端面一经烧蚀，无须外界干预，供给弹簧自动地把工质送到规定的位置。由此可见，推力器的工作过程包括四个阶段，即电容器充电 —— 储能；点火塞点火；放电 — 形成电弧 — 烧蚀工质产生等离子体；等离子体加速和喷射阶段。这四个阶段都是在几到十几微秒的时间内完成的。

从上述工作过程可知，存在于电极之间的带电粒子将受到三种力的作用：一是电磁力，它使等离子体沿电极出口方向加速；二是气动压力的作用，受热膨胀；三是电极间电场力的作用，电场力只对放电和维持放电产生作用，对产生推力的加速没有影响，显然，对于不带电的中性粒子，只受气动压力的作用。

这种推力器的主要特点是：

(1) 小功率下的高比冲能力。例如，运行功率低到 5 W，比冲仍达 3 000 m/s；功率在 20 W 时，比冲达 8 000 ～ 12 000 m/s，这是其他电推力器目前难以做到的。

(2) 结构简单。推进剂是固体氟塑料，它容易获得且能在高真空和极低温度的环境下长期存放，储存和供给无须昂贵的储箱、管道、阀门和特殊处理，只有弹簧一个活动部件。整个系统体积小、质量轻、安全可靠。

(3) 脉冲工作(脉冲时间为微秒到十多微秒量级)。推力器运行时不需要预热时间，控制(数字和自主控制) 方便灵活。脉冲功率很大，但消耗的平均功率不多，降低了对电源和结构的要求。

(4) 推力可以很小(微牛顿量级)。它能提供单个推力脉冲也可提供等效稳态推力，可以实现高精度的控制。推力调节范围宽，而且能在恒定的比冲和效率下调节推力。

上述特点使它适合于自旋稳定卫星和三轴稳定卫星的精确定点和高精度姿态控制与轨道修正、阻力补偿和轨道控制，是功率有限的微、小卫星的理想控制系统。

它的缺点是效率较低(功率愈小效率愈低，几瓦时只有百分之几)，另外，要想获得大的推力则有困难。

9.3　运行机理分析与基本性能参数

9.3.1　从电磁加速过程看影响推力的因素

D. J. Palumbo 认为，PPT 中放电等离子体的加速是电磁力与气动压力共同作用的结果。他们利用不稳定磁流体动力学(MHD) 方程来描述推力器的电磁加速过程，并在一些假设条件下,用数值积分方法进行计算研究。R. J. Vondra 等人利用这种方法,假设推力器放电电流为 i,生成的电弧等离子体宽为 w,高为 h_1,求得电磁加速和气动压力加速产生的元冲量 I_{em} 和 I_g,可分别表示为

$$I_{em}=\iiint_0^\infty \frac{\mu_0 H^2}{2}\mathrm{d}A\mathrm{d}t\approx\frac{\mu_0}{2}\frac{h_1}{w}\int_0^\infty i^2(t)\mathrm{d}t \tag{9.1}$$

$$I_g=\iint \mathrm{d}A\int_0^t nm(v_i v_f)\mathrm{d}t\approx\sum_\alpha m_\alpha c_\alpha \tag{9.2}$$

总的元冲量便有

$$I_b=I_{em}+I_g\approx\frac{\mu_0 h_1}{2w}\int_0^\infty i^2\mathrm{d}t+m\bar{c} \tag{9.3}$$

式中　A—— 工质表面积;

m_α, c_α—— 分别代表排出气体中 α 类粒子的质量和平均热速度;

$m, \bar{c}$—— 所有种类排出粒子的质量和平均热速度。

不过,为了更为直观起见,这里引用一种对平行轨道电极型 PPT 电磁加速过程的"横杆模型"进行简化分析。如图 9.3 所示,假设上、下极板厚度分别为 b,极板中心线的距离为 h;被加速的等离子体为不变形的、但可在力的作用下沿电极表面运动的"横杆"。那么,在推力器放电过程中,平行电极板和横杆由于流过电流 i 在其周围会产生磁场。横杆周围产生的磁场 B_3 对横杆只产生压缩作用,不会使横杆沿电极方向运动;电流 i 在上、下极板周围产生的磁场 B_1 和 B_2 对于流过横杆中的电流是外磁场,且 B_1 和 B_2 的方向垂直于 xOy 平面(沿 z 轴方向),即与 i 的方向互相垂直,因此,它会产生一个电磁力作用在横杆上,使横杆向右运动。根据安培定律,作用在横杆微元线段 $\mathrm{d}y$ 上 a 点的力 $\mathrm{d}f_{em}$,可用下式表示:

$$\mathrm{d}f_{em}=iB_\Sigma\mathrm{d}y \tag{9.4}$$

式中　i—— 放电回路电流的瞬时值;

B_Σ—— 上、下电极板上的电流在 a 点产生的磁感应强度的总和,$B_\Sigma=B_1+B_2$。

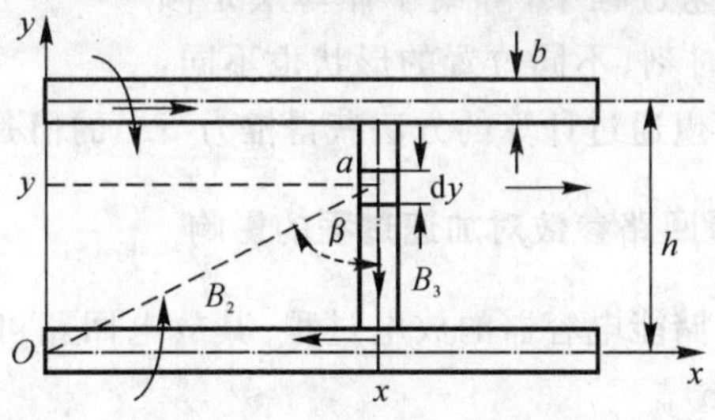

图 9.3　横杆模型示意图

根据直线电流磁场的毕奥-沙弗尔-拉普拉斯定律:

$$B_1=\frac{\mu i}{y}\sin\beta=\frac{\mu i}{4\pi}\frac{x}{y\sqrt{(x^2+y^2)}} \tag{9.5}$$

$$B_2 = \frac{mi}{4p}\frac{x}{(h-y)\sqrt{[x^2+(h-y)^2]}} \tag{9.6}$$

式中 h—— 电极轴线间的距离

μ—— 介质磁导率。

利用相关的积分方法，可以求出作用在整个横杆上的电磁力(洛仑兹力)

$$F_{\mathrm{em}} = \int_{\frac{b}{2}}^{h-\frac{b}{2}} \mathrm{d}f_{\mathrm{em}} =$$

$$\frac{\mu i^2}{2\pi}\ln\frac{\left(h-\dfrac{b}{2}\right)\left[x+\sqrt{x^2+\left(\dfrac{b}{2}\right)^2}\right]}{\dfrac{b}{2}\left[x+\sqrt{x^2+\left(h-\dfrac{b}{2}\right)^2}\right]} \tag{9.7}$$

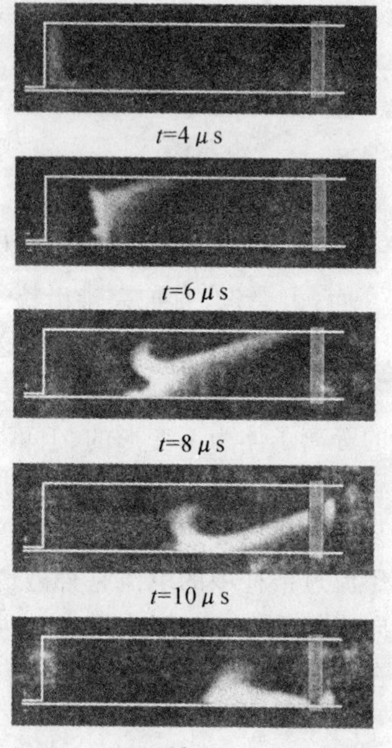

图 9.4　等离子体片的加速过程

从式(9.7)可以看出，作用在横杆上的电磁力 F_{em} 与回路电流的二次方成正比，还与电极的几何形状、横杆位置和介质磁导率有关。要想增加 F_{em}，除增大 i 外，减小 b 和增加 h，也是一个途径。但是过分减小 b，电极板太薄会增加电极有效电阻的损失和电极的烧蚀；h 的增加，会受到击穿电压、工质表面烧蚀均匀性和喷射流均匀性的限制。

上述的简化分析，是假定横杆为一可移动、不变形的固体及只存在自感磁场而言的，实际情况要比这复杂得多。无论工质是固体、液体或气体，"横杆"都是一种气态的等离子体"薄层"。在加速过程中，由于磁场分布不均匀，电极表面存在流动摩擦力，再加上带电粒子在脉冲电磁场作用下的不稳定性，这一薄层自身会发生变化，呈现复杂的形状，并不是像直杆一样向前运动。对此，不少人用高速照相方法作了研究，发现在加速过程中，等离子体薄层是倾斜着向前运动的，而且不同时刻、不同位置的形状也不同，如图 9.4 所示。这就表明，要想通过计算的方法获得推力 F_{em} 的值是极为困难的。

9.3.2　从放电回路分析，看回路参数对加速过程的影响

推力器的工作过程就是储能电容器的放电过程。其放电回路可用图 9.5(a) 来表示，又可进一步合并、简化成图 9.5(b)。

图 9.5 中，r_{C}，L_{C} 代表储能电容器的内阻、内电感；r_{e}，L_{e} 为电容器到电极之间的引线电阻、电感；r_{p}，L_{p} 为等离子体的电阻、电感。其中，$R = r_{\mathrm{C}} + r_{\mathrm{e}} + r_{\mathrm{p}}$，$L = L_{\mathrm{C}} + L_{\mathrm{e}} + L_{\mathrm{p}}$。对于给定的推力器，$r_{\mathrm{C}}$，$r_{\mathrm{e}}$，$L_{\mathrm{C}}$，$L_{\mathrm{e}}$ 是恒定的，只有 r_{p}，L_{p} 在加速过程中随时间而变化。显然，如果把 R，L 作为随时间变化的函数，所建立起来的 RLC 电路方程便是一带有变系数的二阶线性微分方程，是

很难直接求解的。

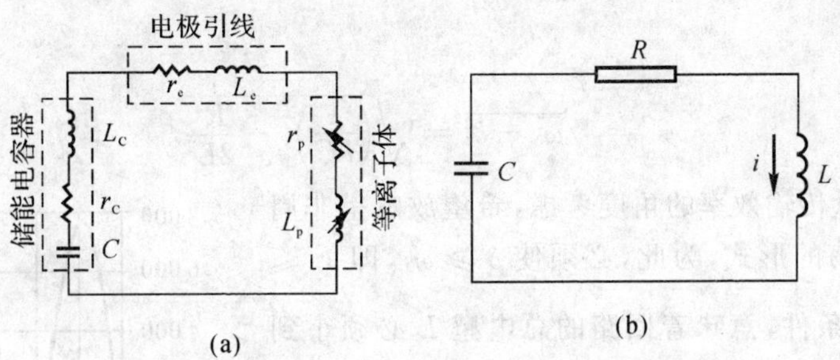

图 9.5　放电回路的等效电路

但是，如果假定 R，L 为一常数(实际上变化也不大)，那么从电工学中知道，对于集中定常的 RLC 串联电路，其微分方程为

$$L\frac{d^2 i}{dt^2}+R\frac{di}{dt}+\frac{i}{C}=0 \tag{9.8}$$

其特征方程是

$$Lx^2+Rx+\frac{1}{C}=0 \tag{9.9}$$

式(9.9)有两个根，即

$$x_{1,2}=-\frac{R}{2L}\pm\sqrt{\frac{R^2}{4L^2}-\frac{1}{LC}} \tag{9.10}$$

令 $\frac{R}{2L}=\delta$，$\frac{1}{LC}=\omega_0^2$，代入式(9.10)，得

$$x_{1,2}=-\delta\pm\sqrt{\delta^2-\omega_0^2}$$

特征方程式(9.9)的根是实数还是复数，将决定回路放电过程的性质。

当 $\delta>\omega_0$，即 $\frac{R^2}{4L^2}>\frac{1}{LC}$，或 $L<\frac{CR^2}{4}$ 时，特征方程的根为不等的实根，经推导可用下式表示：

$$i=\frac{U_0}{2L\sqrt{\delta^2-\omega_0^2}}\left(e^{x_1 t}-e^{x_2 t}\right) \tag{9.11}$$

当 $\delta>\omega_0$ 时，回路的放电为非周期放电，没有振荡，单调衰减。

当 $\delta=\omega_0$ 时，特征方程有相等的实根，其放电为非周期放电的极限情况，呈临界阻尼振荡，放电电流

$$i=\frac{U_0}{L}te^{-\delta t} \tag{9.12}$$

当 $\delta<\omega_0$，即 $L>\frac{CR^2}{4}$ 时，特征方程的根为复数，放电为衰减振荡过程，电流的表达式为

$$i = \frac{U_0}{\omega' L}\sin\omega' t - \mathrm{e}^{-\delta t} \tag{9.13}$$

式中

$$\omega' = \sqrt{\omega_0^2 - \delta^2} = \sqrt{\left(\frac{1}{LC}\right)^2 - \frac{R^2}{2L^2}}$$

从放电和能量传输效率的角度考虑，希望放电呈非周期或临界阻尼振荡的形式，为此，必须使 $\delta \geqslant \omega_0$，即 $L \leqslant \frac{CR^2}{4}$。要满足这一条件，意味着回路的总电感 L 必须小到 $1 \sim 10$ nH（1 nH $= 10^{-9}$ H）。实际上，如不采取特殊措施，这是很难做到的。因为一个精心制作的 2 μF 低电感电容器，其内感就大于 10 nH。所以，在实际的推力器中，放电总是呈衰减振荡的形式，和用罗戈夫斯基线圈测得的放电电流波形是一致的，如图 9.6 所示。由于，

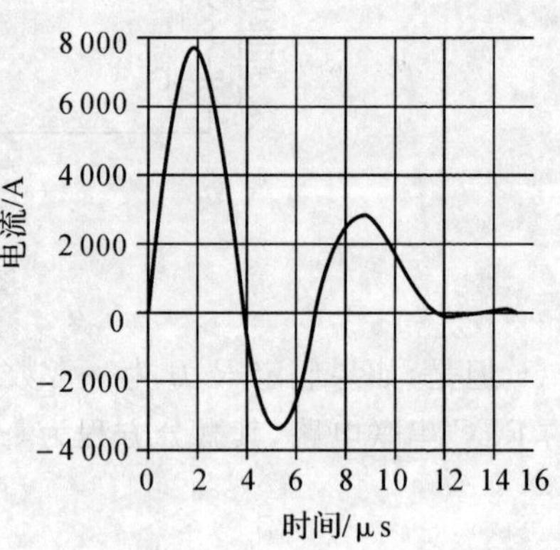

图 9.6　放电电流波形

$$\left.\frac{\mathrm{d}i}{\mathrm{d}t}\right|_{t=0} \approx \frac{U_0}{L}$$

故有

$$I_{\mathrm{m}} = \frac{U_0}{\omega' L} \approx U_0\sqrt{\frac{C}{L}} = \sqrt{\frac{2E_0}{L}} \tag{9.14}$$

从式(9.14)可见，放电电流的最大上升率和最大幅值与放电电压成正比，与回路的总电感成反比。因此，为了获得最大的电磁加速作用，必须尽量降低回路（电容器及引线）的总电感。

衰减振荡放电，电压和电流会出现反向。对于没有外加磁场只有自感磁场的推力器，电流反向，自感磁场也反向，产生的电磁力总是起加速作用的。如果引入外加恒定磁场，电流反向感生的反向磁场就会对外加恒定磁场产生抵消的作用。电流的反向，会降低储能电容器的工作寿命，增加放电回路的能量损耗。因此，应该尽量减少振荡。为此，也必须尽量减少回路的电感。

理想的放电波形是单向脉冲波形（非周期放电）。获得这种放电波形有两种方法：一是加大电容量，使回路参数满足$\frac{CR^2}{4} > L$。这种方法虽然可以消除振荡放电带来的不利影响，但也有新的问题。因为，当放电能量 E_0 一定（$E_0 = \frac{1}{2}CU_0^2$），加大 C 时，就要降低电压 U_0，从式（9.14）可见，将使放电电流的上升速率和最大幅值下降，对加速不利。

另一种方法是采用脉冲成形电路，这是准稳态脉冲放电中常用的方法。不过，采用脉冲成形电路只有当其输出特征阻抗与放电等离子体有效阻抗相匹配时，才能有效地把大部分储存的能量以单脉冲的形式传送给放电等离子体。由于 TPPT 中的放电等离子体阻抗很小，而且很不稳定，要做到匹配是不容易的，有待进一步的研究。

9.3.3　从能量传输看影响效率的因素

利用图 9.5(b) 所示的电路,可写出电压方程式:

$$u = iR + \frac{\mathrm{d}}{\mathrm{d}t}(Li) = iR + L\frac{\mathrm{d}i}{\mathrm{d}t} + i\frac{\mathrm{d}L}{\mathrm{d}t} \tag{9.15}$$

用 i 乘式(9.15) 中的各项,即可得推力器放电时的能量传输方程:

$$p = iu = i^2R + Li\frac{\mathrm{d}i}{\mathrm{d}t} + i^2\frac{\mathrm{d}L}{\mathrm{d}t} = i^2R + \frac{\mathrm{d}}{\mathrm{d}t}\left(\frac{1}{2}Li^2\right) + \frac{1}{2}i^2\frac{\mathrm{d}L}{\mathrm{d}t} \tag{9.16}$$

式(9.16) 末等号右边各项分别表示电阻发热速率、磁场储存能量变化率以及对运动等离子体薄层做功的速率。如果假定储存在电容器 C 上的全部初始能量 $E_0 = \frac{1}{2}CU_0^2$,在放电的持续时间 τ 内,以单脉冲形式全部放掉,则有

$$E_0 = \frac{1}{2}CU_0^2 = \int_0^{\tau} p\,\mathrm{d}t = \int_0^{\tau}\left[i^2R + \frac{\mathrm{d}}{\mathrm{d}t}\left(\frac{1}{2}Li^2\right) + \frac{1}{2}i^2\frac{\mathrm{d}L}{\mathrm{d}t}\right]\mathrm{d}t \tag{9.17}$$

因为当 $t = 0$ 及 $t = \tau$ 时,$i = 0$,故有

$$E_0 = \int_0^{\tau}\left(i^2R + \frac{1}{2}i^2\frac{\mathrm{d}L}{\mathrm{d}t}\right)\mathrm{d}t \tag{9.18}$$

如果把式(9.18) 中等号右边积分号下的第一项看作能量损失,第二项为全部转化为喷射流的动能(忽略其动力学损失),则可把电效率定义为

$$\eta_e = \frac{\int_0^{\tau}\left(\frac{1}{2}i^2\frac{\mathrm{d}L}{\mathrm{d}t}\right)\mathrm{d}t}{E_0} = \frac{1}{2}\frac{\int_0^{\tau} i^2\frac{\mathrm{d}L}{\mathrm{d}t}\mathrm{d}t}{E_0} \tag{9.19}$$

为了估算 η_e 的大小,假定储能电容器对一个 $R = 0$,L 等于初始电感 L_0 的回路放电,所产生的电流为 i_0,那么,电容器储存的初始能量 E_0 将全部转化为磁能,即 $E_0 = \frac{1}{2}CU_0^2 = \frac{1}{2}L_0 i_0^2$。

在实际的推力器中,放电回路总存在一定的电阻($R \neq 0$),电感 L 总是从击穿瞬间的 L_0 单调增加的($L > L_0$),因此,$i_0 > i$,从而有下列不等式:

$$\eta_e = \frac{\int_0^{\tau} i^2\frac{\mathrm{d}L}{\mathrm{d}t}\mathrm{d}t}{i_0^2 L_0} < \frac{\int_0^{\tau} i_0^2\frac{\mathrm{d}L}{\mathrm{d}t}\mathrm{d}t}{i_0^2 L_0} = \frac{\Delta L}{L_0}$$

$$\eta_e < \frac{\Delta L}{L_0} \tag{9.20}$$

式中,ΔL 是脉冲放电回路电感的总增量。

式(9.20) 表明,推力器的电效率可以用放电过程电感的变化量对初始电感之比来估算。为了提高电效率 η_e,必须尽量降低初始电感 L_0,增大 ΔL。

9.3.4　推力器喷射流的性质

了解和研究推力器喷射流的性质,不但有助于深入弄清推力器工作的物理过程,而且也是

PPT 应用到航天器之前必须回答的问题。为了弄清推力器喷射流(等离子体排气)的成分和性质,人们采用了多种方法进行研究。

例如,用校准过的光电管研究喷射流的光学性能。通过从推力器轴线的一端正对着推力器喷嘴进行测量,发现出现最大光强度的时间对应着放电电流的最大值出现的时间,整个喷射流亮度的持续时间与放电持续时间基本一致。

和其他等离子体研究一样,光谱法是一种重要工具。可以用它确定喷射流的成分、粒子的运动速度和温度。用光谱计对喷射流测量结果的分析表明,射流中含有中性的碳和氟原子,一、二、三价的碳和氟离子,也含有铁的原子。铁原子来自不锈钢电极和点火塞电极材料,但其量不多,因为电极和点火塞的烧蚀量是很少的。K. I. Thomasson 用 Doppler 效应测量射流中各种粒子的速度。结果发现,粒子不同,速度不同;电离粒子的价数愈高速度愈大。用光谱法对高离化的碳原子谱线的相对强度测量,得到电弧放电中电子温度在 3 ~ 8 eV 之间。而把郎缪尔探针放在喷嘴出口几厘米处,测得的电子温度为 15 ~ 25 eV。采用氦氖激光干涉计测得电弧放电中电子的密度为$(1\sim3)\times10^{22}\ \mathrm{m^{-3}}$;用 K 带微波干涉计测得喷嘴出口 20 cm 处射流中的电子密度为 $10^{8}\ \mathrm{m^{-3}}$。

用法拉第杯测量喷射流中的离子参数,对于了解射流的电学性质是很有用的。将法拉第杯垂直于推力轴线横过流场,可以测得射流中离子的分布;对每个测量点测得的离子流进行积分,就可估算出射流的离解度。用法拉第杯检测的结果表明,喷射流中的离子分布属高斯分布,在 $\pm13^\circ$ 处,其值等于 $1/e$。在以推力轴为中心线的 36° 立体锥角内包含了 90% 的电荷,若按单价离子计算,整个射流约有 10% 被离化,其余是中性的。另外,用法拉第杯沿着推力轴线不同位置进行测量,发现在距喷口 10 cm 以外,电荷与距离的二次方成反比,这个关系一直扩展到 50 ~ 75 cm 远,这说明,在此范围内射流不存在再复合反应。当距离小于 10 cm 时,上述关系不成立,即存在再复合反应。

此外,在地面真空系统对 TPPT 进行大量试验时发现,在真空室,尤其是面对喷口处的观测窗,会喷涂上一种半透明的黄褐色沉积物(涂层),该沉积物与表面不发生反应或腐蚀现象。这种涂层暴露于空气中半小时后,其颜色会发生变化而且有一些会自行脱落,但大部分得用汽油或丙酮清洗才能擦掉。对沉积物作的分析表明,沉积物来源于太氟隆和真空系统中的扩散泵油。因此,在应用中,当把 TPPT 装到航天器上时,喷口半角 $40^\circ\sim50^\circ$ 的范围内不要放置任何飞行部件或设备,以免受到推力器喷射流的污染。

9.3.5 基本性能参数

在电火箭发动机中,通常,表征一个推进系统的性能,用下列 4 个参数:推力 F,比冲 I_s,效率 η 和比推力(推力与功率比,F/P)。对于 TPPT 来说,由于脉冲工作,除引入脉冲频率 f 这一参数外,每个脉冲产生的推力,用元冲量 I_b 来表示。再者,脉冲工作时,虽然瞬时值很大,但作用的持续时间很短。所以,有实际意义的往往不是瞬时值而是平均值或等效稳态值,故引入了等效稳态推力 $F=fI_b$,等效稳态电功率 $P=fE$(E 为储能电容器储存的能量),等效稳态质量

流量 $q_m = fm$(m 为每次脉冲烧蚀的工质量)等参数,而推力与功率之比则变为 $\frac{F}{P} = \frac{fI_b}{fE} = \frac{I_b}{E}$。根椐定义,又可得下列性能关系式:

比冲

$$I_s = \frac{F}{q_m g} = \frac{F/f}{mg} = \frac{I_b}{mg} \tag{9.21}$$

输入的电源功率

$$P_B = \frac{P}{\eta_{pc}} = \frac{fE}{\eta_{pc}} \tag{9.22}$$

推进效率

$$\eta_t = \frac{I_b^2}{2mE} \tag{9.23}$$

推进系统效率

$$\eta = \eta_{pc}\eta_t = \frac{\eta_{pc}I_b^2}{2mE} \tag{9.24}$$

从上述关系式可以看出:

(1) 稳态推力与脉冲频率成正比,改变放电的脉冲频率,就能很容易地改变推力,而且具有线性调节的特性。

(2) 比冲和效率与脉冲频率无关,也就是说可以在恒定的比冲和效率情况下,调节推力,这是其他电火箭发动机难于做到的。

(3) 为了确定推力器的性能,必须测出脉冲频率 f,稳态推力 F 或元冲量 I_b,每次脉冲的工质烧蚀量 m、储能电容器的电容量 C 和工作电压 U。其中,f,C,U 可用常规仪器、仪表测量。每次脉冲的平均工质烧蚀量,可通过推力器放电 n 次后,工质的消耗量求得,即 $m = \frac{M_0 - M_1}{n} = \frac{\Delta M}{n}$。

但是,推力的测量要困难得多,这是因为:① 平均推力很小(毫克量级),测量装置必须很灵敏;② 推力不是稳态的而是脉冲的,而且脉冲时间很短,必须用反应速度很高的测量设备;③ 处于高真空环境及强烈的交变电磁场中,测量装置须在真空环境下工作,且有良好的抗干扰能力。在多年研究中,人们用过的方法有微量天平、弹导摆、吊摆、扭摆、地震摆等,测量多次放电产生的平均推力,而不是单次脉冲推力。

9.4　TPPT 系统的基本组成

一个完整的 TPPT 系统包括电源调节器、控制逻辑电路、点火电路、推力器本体和遥测电路五个部分。图 9.7 是其组成框图。

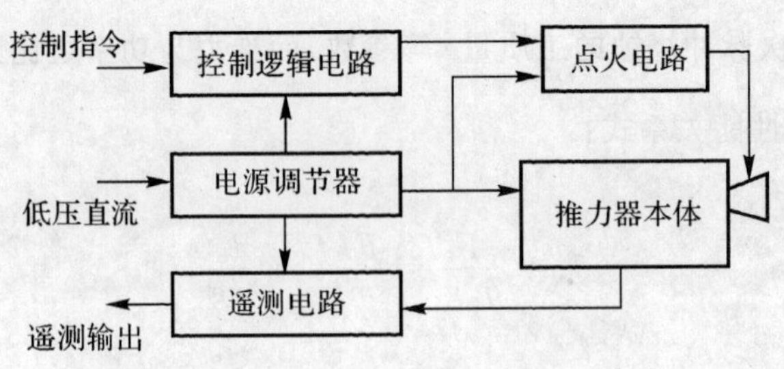

图 9.7 TPPT 系统组成框图

9.4.1 推力器本体

推力器本体是推力器的核心部件。它由放电室(电极与喷口)、工质及其供给弹簧、储能电容器及其与电极的引线、壳体与固定支架等部分组成。

1. 放电室

放电室通常由正、负平行板电极和两块带有“防爬电”结构的绝缘侧壁组成。负极板上装有点火塞,正极板上有一固定工质的肩部。电极材料常用铜或不锈钢。防爬电绝缘侧壁(可用云母陶瓷、石英玻璃、氮化硼等材料加工而成)保证电极间具有良好的绝缘,以防止喷射流的沉积污染对放电的影响。

按照工质供给的方式不同,发展了从尾部供给和从侧边供给两种不同的放电室结构,如图 9.8 和图 9.9 所示。前者结构简单,多用于元冲量要求不太大的场合;后者由于放电电弧扫过的工质面积大,工质烧蚀量大,可以提供大的推力和总冲,是实现高功率、大推力的典型结构。

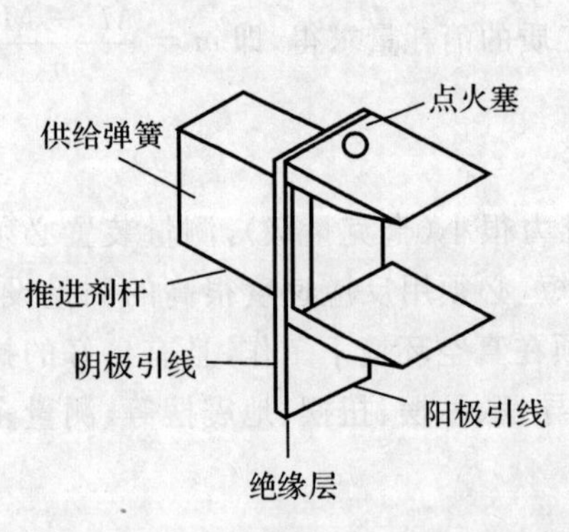

图 9.8 尾部供给放电室结构

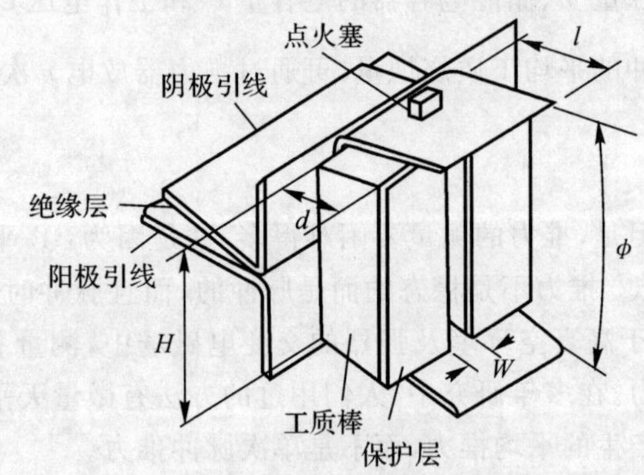

图 9.9 侧边供给放电室结构

2. 工质及其供给弹簧

在 TPPT 中,固体聚四氟乙烯塑料(Polytetrafloranethyene,俗称太氟隆)是最常用的推进剂。它具有作为空间固体推进剂所必需的一些性能,诸如:① 蒸汽压很低和极高的化学稳定性，能在空间环境下长期存放；② 在常温、常压下无毒、无臭味；③ 具有足够的机械强度和良好的加工性能；④ 能在 300 ～ 500℃ 的温度作用下，直接从固体升华成气体，不熔化、不碳化；⑤ 价廉、容易获得。

PPT 正是由于找到了太氟隆作工质，才很快地登上了空间应用的舞台。后来，在 PPT 的应用过程中，为了进一步改善性能，人们也曾分析和试验过其他一些固体材料，如聚乙烯、尼龙 6、太氟泽尔(Tefzel) 以及在太氟隆内加入容易离化的添加剂(如 $InBr_3$) 等，企图提高工质分解产物的电导率，增加电磁加速的作用效果。但是，所有这些试验和研究的结果表明，还未找到一种从总体性能上比太氟隆更好的材料。

工质的供给，如果是在实验室试验，可以简单地用螺旋弹簧和橡皮筋的办法；在真正的推力器样机中，目前大都采用一种“恒力弹簧”(Negator)。它的特点是，在一定的变形范围内，其弹力与变形量无关(不符合胡克定律)，从而保证了供给力的稳定性和均匀性。

工质的形状和供给方式与对推力器的总冲要求密切相关。小总冲推力器，用直杆形工质棒就足够了。但是，对于大总冲的任务(≥ 50 000 N · s)，若用直杆形工质，长度过大，供给困难，占空也大；此时，可采用弧形或螺旋形工质及供给系统。此外，工质的端面形状也有矩形平面式、V 形、槽形和斜面形等多种。V 形工质面的比推力较大；斜面形端面可用来获得某种特定的推力矢量。

3. 脉冲储能电容器

脉冲储能电容器是推力器的核心部件之一，担负着能量的储存和传递作用。因此，其性能的优劣对推进系统性能有重要影响。对电容器性能的主要要求是：

(1) 为了获得尽可能大的能量传输效率，电容器及其引线的电阻和电感要尽可能小(电容器本身的损耗要小)；

(2) 电容器要有尽可能高的能量密度，以保证系统的体积小、质量轻；

(3) 能在真空环境下长期可靠工作；

(4) 脉冲寿命长(＞ 10^7 次)。

这些要求常规产品是满足不了的，需要专门研制。在已应用的 TPPT 样机中(如 LES - 8/9，MDT - 2A)，大多采用同轴、圆形单绕卷伸出箔纸膜(高 ε 介质膜) 复合介质浸油电容器。实践证明，这种电容器具有工作电压高，通流能力强和寿命长的优点。缺点是能量密度较低，比能量(J/kg) 还不够高，在推力器中，其质量占系统质量的(25 ～ 40)%。为了解决这一问题，正在寻找性能更优的电容器，Zheng Chen 等人提出，金属化膜电容器(MF) 和多层陶瓷膜电容器(MLC) 可能是一种替代品。他们的研究表明，MF 能够提供很高的功率；而 MLC 具有很低的电感和极高的能量密度。两者都可在 100 kHz 的频率和良好的效率下运行，但寿命如何还有待进一步证实。

4. 点火电路及点火塞

推力器的起动靠点火电路和点火塞组成的点火系统来完成。由于推力器放电室处于高真空环境下，真空是极好的绝缘介质，正、负电极间所加的工作电压为 1 ～ 3 kV，如果没有外来的激发，是不会击穿放电的。因此，为了在电极间实现放电，必须引入激发电子，这就是点火系统的任务。点火系统包括点火塞和点火电路两部分。点火塞就是一个由正、负电极组成的火花间隙。不过，由于真空间隙的击穿电压很高（$>10^4$ V/mm），所以，和汽车发动机用的点火塞不同，它是靠沿面放电而不是靠间隙击穿工作的。因为沿面击穿的电压比间隙击穿电压低，而沿半导体材料表面的击穿电压又比沿绝缘材料表面的低，所以，大多数样机采用同轴型的半导体点火塞。点火电路的作用是给点火塞一个足够的点火能量，使之产生的带电粒子能可靠地引发电极间的放电。图 9.10 所示是完成这一作用的典型电路。

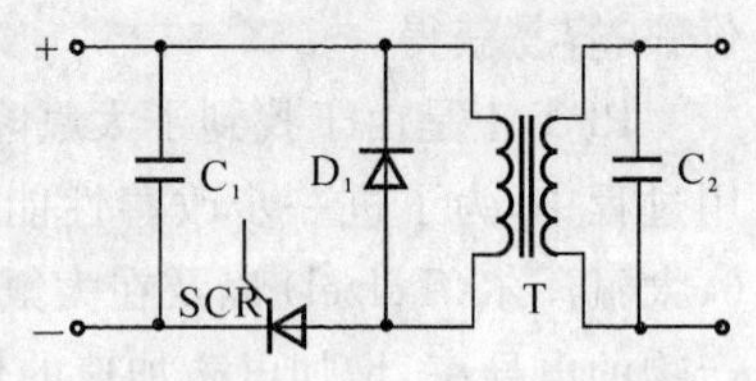

图 9.10　典型的点火电路

大量实验表明：① 仅仅是使点火塞点火所需的能量是很小的（大于 10^{-2} J即可），实现起来也不困难。然而，点火系统要保证推力器能长时间可靠放电却不容易。原因是推力器喷射流的产物会污染点火塞的表面，使表面电阻下降，其击穿电压和产生的火花能量也下降，污染严重时，甚至不能产生火花，出现所谓的“点火不放电”的故障。推力器放电能量愈大，这种现象就愈明显。为了消除这一可能发生的故障，人们通常采取改进点火电路以加大点火能量或改变点火塞的安装方式减少污染的方法。② 点火塞在阴极上的安装位置对工质表面的烧蚀形状和推力器的性能有一定影响。③ 在推力器飞行样机的点火电路中，可控硅器件的工作电压如果大于 360 V，它在真空环境下工作的性能（密封是否良好）是点火系统可靠运行的一个重要影响因素，必须严格检查、筛选。

9.4.2　电源、控制和遥测分系统

这个分系统包括电源调节电路、控制逻辑电路和遥测输出电路，都是电子学的内容。电源调节电路的功能是把输入的电源电压变换成给主放电储能电容器和点火电路电容器充电到其工作电压。控制逻辑电路的作用是使推力器根据任务的要求，按一定的时间间隔（频率）产生推力脉冲。遥测电路是把能表征推力器正常运行和性能指标的参数（如储能电容器和点火电容器的工作电压、放电电流、工作频率等）变换成标准的遥测电压值（一般为 5 V），送到控制中心，使人们随时知道推力器的运行状况并得到其性能数据。这些电子电路并不复杂，元器件也不特殊，对于地面实验是很容易实现的。对于空间应用，则必须满足效率高、体积小、质量轻和可靠性高的要求。

9.5　工程设计方法

自从 TPPT 投入应用以来，人们就不断地寻找能用来设计推力器并计算其性能的理论计算方法。近年来，P. G. Mikellides 和 P. J. Turchi 等人把 MACH2 作为计算 PPT 工质烧蚀过程和放电流场的基本工具，取得了显著的进展。尽管如此，由于理论分析计算的复杂和不够精确、完善，在推力器的设计中，主要还是采用半经验的公式和实验相结合的方法。

9.5.1　性能参数的半经验公式

为了确定推力器的性能及性能参数之间的关系,已先后对数百个推力器结构进行了实验。实验的参数范围如下:

100 V < 放电电压 U < 几千伏;

1 J < 每次放电的能量 $E < 10^3$ J;

3 μN · s < 元冲量 $I_b < 30 \times 10^3$ μN · s;

2 000 m/s < 比冲 I_s < 23 000 m/s。

从这些实验数据中获得了一些主要的经验关系式。后来,Paolo Gessini 在此基础上进一步作了分析和优化:

元冲量与放电能量大致呈线性关系,即

$$I_E = \frac{I_b}{E} = \text{const}$$

对于尾部供给推力器,有

$$I_E = 20.7\ \frac{\mu\text{N} \cdot \text{s}}{\text{J}} \tag{9.25}$$

对于侧边供给推力器,有

$$I_E = 38.6\ \frac{\mu\text{N} \cdot \text{s}}{\text{J}} \tag{9.26}$$

元冲量与比冲和能量的关系为 $I_b I_s = \alpha E^\beta$,对于不同的推力器和喷口结构,α 和 β 值是不同的。

对于尾部供给推力器,有

$$I_b I_s = 1.70 \times 10^{-3} E^{1.65}\ \text{mJ} \tag{9.27}$$

对于侧边供给推力器,有

$$I_b I_s = 3.97 \times 10^{-3} E^{1.41}\ \text{mJ} \tag{9.28}$$

比冲与放电能量和工质暴露于放电的表面积的关系如下:

对于尾部供给推力器,有

$$I_s = 247 \left[\frac{E}{A}\right]^{0.87} \times 9.8\ \text{m/s} \tag{9.29}$$

对于侧边供给推力器,有

$$I_s = 504 \left[\frac{E}{A}\right]^{0.40} \times 9.8\ \text{m/s} \tag{9.30}$$

9.5.2　推进系统的质量分配关系

一个推进系统的总质量 m_{ps} 是各个主要部件质量之和,可用下式表示:

$$m_{ps} = m_p + m_C + m_{pc} + m_{rp} \tag{9.31}$$

式中 m_{p}—— 推进剂(工质)的质量；

m_{C}—— 储能电容器的质量；

m_{pc}—— 电源调节装置的质量；

m_{rp}—— 余下零部件的质量。

m_{p} 可从需要提供的总冲值求得：

$$m_{\mathrm{p}} = \frac{I_{\mathrm{tot}}}{I_{\mathrm{s}}} \tag{9.32}$$

m_{C} 与放电能量和储能电容器产品的比能量 γ_{C}(单位为$\frac{\mathrm{kg}}{\mathrm{J}}$) 有关：

$$m_{\mathrm{C}} = \gamma_{\mathrm{C}} E \tag{9.33}$$

不同的电容器,比能量可能差别很大,选择时不能只看比能量还要考虑其脉冲寿命是否满足要求。

m_{pc} 与一固定质量 m_{pcf} 及取自母排的功率 P_{B} 和电源调节装置的比质量 δ_{pc} 有关：

$$m_{\mathrm{pc}} = m_{\mathrm{pcf}} + \delta_{\mathrm{pc}} P_{\mathrm{B}} \tag{9.34}$$

20 世纪 70 年代,电源调节装置的效率 η_{pc} 约为 80%,此时的 m_{pcf} 为 0.5 kg,比质量 δ_{pc} 有：

$$\delta_{\mathrm{pc}} = 11 \times 10^{-3}\ \mathrm{kg/W} \quad (\text{当 } P_{\mathrm{B}} < 200\ \mathrm{W} \text{ 时}) \tag{9.35}$$

$$\delta_{\mathrm{pc}} = 5 \times 10^{-3}\ \mathrm{kg/W} \quad (\text{当 } P_{\mathrm{B}} > 200\ \mathrm{W} \text{ 时}) \tag{9.36}$$

随着电子技术的发展,电源调节装置的效率已达 90% 或更高,比质量也会明显减少,上述值偏于保守,可作参考。

除上述主要部件的质量外,推进系统其余部分的质量统称为 m_{rp}。它包括点火电路的质量(约 0.2 kg,与推力器的尺寸和功率关系不大)；电极结构和工质储存与供给结构质量,在 0.5 ~3 kg 范围,与推力器尺寸和功率有关;还有壳体与安装结构的质量,对于飞行样机,约占系统质量的 20%。为简单起见,可表示为

$$m_{\mathrm{rp}} = \sigma m_{\mathrm{ps}}$$

由此,TPPT 样机的总质量可用下式表示：

$$m_{\mathrm{ps}} = \frac{m_{\mathrm{p}} + m_{\mathrm{C}} + m_{\mathrm{pc}}}{1 - \sigma} \tag{9.37}$$

9.5.3 推进系统设计步骤

(1) 根据给定的飞行任务要求(已知需要提供的总冲 I_{tot} 和执行某种控制功能的推力 F),选定一个脉冲频率 f,然后计算出元冲量 I_{b} 和总脉冲数 N_{p}：

$$I_{\mathrm{b}} = \frac{F}{f}, \quad N_{\mathrm{p}} = \frac{I_{\mathrm{tot}} f}{F}$$

(2) 选定一种推力器喷口结构(尾部供给或侧边供给),用前述有关公式即可求出 I_E 和 E。知道 E 后,选定一个工作电压 U,即可算出储能电容器的容量 C。根据能量、工作电压和总的脉冲数(脉冲寿命),选定一种合适的储能电容器产品,由此,可决定储能电容器的质量 m_{C}。

(3) 有了 I_E,用下式算出须要母排提供的功率

$$P_B = \frac{F}{\eta_{pc} I_E}$$

知道了功率、工作电压和脉冲频率,便为电源调节装置的设计提供了基本数据。

(4) 求出比冲 I_s,然后算出工质的质量

$$m_p = \frac{I_{tot}}{I_s}$$

知道了 m_p,按公式即可求出工质暴露于放电的表面积 A 及工质棒的长度。根据放电的能量、选定的工质供给方式,利用运行的经验,决定出电极板的宽度、极距和极板加速部分的长度。

(5) 值得注意的是,这种计算不是唯一的,它可根据飞行任务的要求和应用资源的限制,从不同的角度(功率最少或系统质量最小)算出几组性能参数,进行比较,然后选择其中最合适的一组。

9.6　发展水平和应用情况

最先应用 PPT 的是苏联。1960 年底和 1961 年,俄罗斯原子能研究所在 A. M. Andrianov 领导下开始研究 PPT,主要集中于烧蚀型 PPT。1961 年底,与 S. P. Korolev 设计局签订合同,研制 Zond-2(30H-2) 星际探测器姿态控制用的 PPT 系统(见图 9.11)。1964 年 12 月,苏联金星探测器 2 号发射成功,它首次采用 6 台同轴型 TPPT,承担飞船对太阳的定向任务,并成功地使探测器保持在预定的方位。这是世界上第一次应用电火箭发动机。1974 年,苏联在高空探测器上进行了一次能量更大的发动机飞行实验(见表 9.1),目的是验证推力测量与无线电干扰问题。1996 年俄罗斯科学院地磁、电离层和无线电电波传播研究所及东欧一些国家的科学家和美国普林斯顿大学电推进和等离子体动力学实验室,合作发射 COMPASS(指南针) 微型卫星。对美国 LES8/9 的 TPPT 样机稍加改进,一方面用 TPPT 给卫星提供姿控和稳定(俯仰角控制,仪器定向,阻力补偿等),通过飞行实验证实 PPT 的性能及电磁干扰问题;另一方面用 TPPT 为空间主动实验提供等离子体源,例如,对电离层电磁和等离子体扰动作为地震、火山爆发和其他大规模自然灾害先兆的研究及其他科学实验。

美国于 1968 年首次在林肯实验通信卫星 6 号(LES-6) 应用 TPPT 作为东西位保控制发动机。在这颗自旋稳定的圆柱形同步轨道卫星中部仪器舱的圆周上,均布着 4 台平行轨道电极型 PPT,每台 PPT 又带有两个喷嘴交替工作(见图 9.12),推进剂是聚四氟乙烯塑料。LES-6 于 1968 年 9 月发射,PPT 在 10 月 5 日投入运行。在其后 5 年的飞行时间内,成功地使卫星在经度方向上的变化保持在要求的 $\pm 2°$ 范围内。LES-6 应用的成功,引起人们的广泛注意,于 20 世纪 70 ～ 80 年代陆续安排了一系列应用计划,例如,NASA 同步气象卫星(SMS) 自旋轴的精确控制、东西位保;美国空军 LES-8/9 卫星的三轴姿控和东西位保;美国海军太阳同步子午仪导航卫星 TIP-2,3 和 NOVA-1,2,3 号的轨道修正和阻力补偿任务等,见表 9.1。

表 9.1 TPPT 应用样机和飞行实验情况

相关参数 \ 飞行器名称及型号		探测器 2 30Hд－2	林肯实验卫星 6LES－6	同步气象 卫星 SMS	林肯实验卫星 8/9LES－8/9	子午仪改进计划 2/3TIP－2/3	新星－1,2,3 NOVA－1,2,3	南北位保用 PPT	高空 探测器	实验技术卫星 4 ETS－4
应用样机的卫星	国别	苏联	美国	美国	美国	美国	美国	美国	苏联	日本
	用途	金星探测	卫星通信	气象	卫星通信	导航	导航			
	卫星质量									
	卫星功率									
	卫星寿命									
	轨道		同步轨道	同步轨道	同步轨道	极轨道	极轨道	同步轨道	轨道飞行实验	转移轨道
	发射日期	1964.12	1968.9.26			1975.10;1976.9	1981;1984;1988		1974	1981.2
电火箭担负的推进任务		太阳帆板定向	东西位置保持	东西位保精确定向	轨道获得三轴指控东西位保位置改变	阻力抵消	阻力抵消	南北位置保持		轨道飞行实验
元冲量/μN·s		2×10^3	26.7	111	307	90～100	340	30.5×10^3		30
平均推力 60/μN			17.8	89～200	307～1 840	400	400	4.45×10^3		
平均比冲/s			312	500	1 100	550		1 500～2 200		300
系统质量/kg		28.5	1.4	4.1	6.9	6.35		～25		4 台共 21
系统效率/%		6	0.7	3.1	6.6	3.7		25		3
设计总冲/N·s		7 200	320(285)	1 780	11 800	2 450		165 000		
设计寿命		5×10^5次	3～5 年 1.2×10^7次	5 年 1.6×10^7次	5 年 1.87×10^7次	2～4 年 1.2×10^6次	7×10^6次			

续表

相关参数 \ 飞行器名称及型号		火箭	COMPASS	Mighty-Ⅱ.1	EO-1					
应用样机的卫星	国别	中国	俄美合作	美国						
	用途		科学实验							
	卫星质量		70 kg	125 kg	150 kg					
	卫星功率		40 W	325 W	300 W					
	卫星寿命		6 个月		4 年					
	轨道		400 km		705 km 太阳同步					
	发射日期	1981.12	1996.10.28		2000.11.20					
电火箭担负的推进任务		高弹导飞行实验	在轨控制		俯仰轴姿控					
元冲量/μN·s		60	285		0.1～0.85×10^3					
平均推力/μN		60								
平均比冲/s		280～320	836		1 000 s					
系统质量/kg		2.75	5.83	31						
系统效率/%		2～3		20						
设计总冲/N·s										
设计寿命										

续表

飞行器名称及型号 / 相关参数	探测器 2 30Hд－2	林肯实验卫星 6LES－6	同步气象 卫星 SMS	林肯实验卫星 8/9LES－8/9	子午仪改进计划 2/3TIP－2/3	新星－1,2,3 NOVA－1,2,3	南北位保用 PPT	高空 探测器	实验技术卫星 4 ETS－4
每次放电能量/J	56	1.85	8.4	20	20	20	750	21	2.25
放电重复率 次/s	1	0.16	0.83～1.83	1～6	1		0.16		
结果	运行正常成功	成功	未上天	因电子元件故障，电火箭未上天	成功	成功	待飞	飞试成功	飞试成功
飞行器名称及型号 / 相关参数	火箭	COMPASS	Mighty－Ⅱ.1	EO－1 相关参数					
每次放电能量/J	28		60～100						
放电重复率 次/s	0.89 Hz								
结果	成功	成功	成功						

表9.1中,LES-8/9和SMS上用的PPT都已鉴定合格,达到可上天的水平,只因其他原因未能上天。而在两颗TIP和三颗NOVA卫星上应用的PPT,一直工作良好,出色地完成了所担负的任务。20世纪70年代,美国空军曾资助研制毫磅级推力(每次放电能量达750J)的TPPT(见图9.13),用于8～10年寿命同步卫星的南北位保控制,经过10年的努力终因储能电容器脉冲寿命未能达到预定的要求而终止。到90年代,为了适应中低轨道应用卫星小型化、微型化、群网化提出的在轨控制的要求,在美国宇航局和空军的资助下又开展了新一代PPT的研究计划,发展多种型号的PPT,用于微小卫星的入轨推进、轨道保持、精确定位、轨道机动以及微型卫星的主推进和姿态控制;还安排了许多飞行实验和应用计划。例如,美国空军MightySat II.1卫星的轨道提升,NASA地球观察(EO-1)卫星采用PPT(见图9.14)临时代替动量轮和力矩杆对偏航轴进行姿态控制,DS-3号卫星的精密定位和姿控等,都将选用PPT。Dawgstar纳星系列(美国空军纳星计划的一部分)将全部采用这种PPT(8个,总质量3.8 kg)担负卫星的三轴姿控、精确位置保持和编队飞行控制。

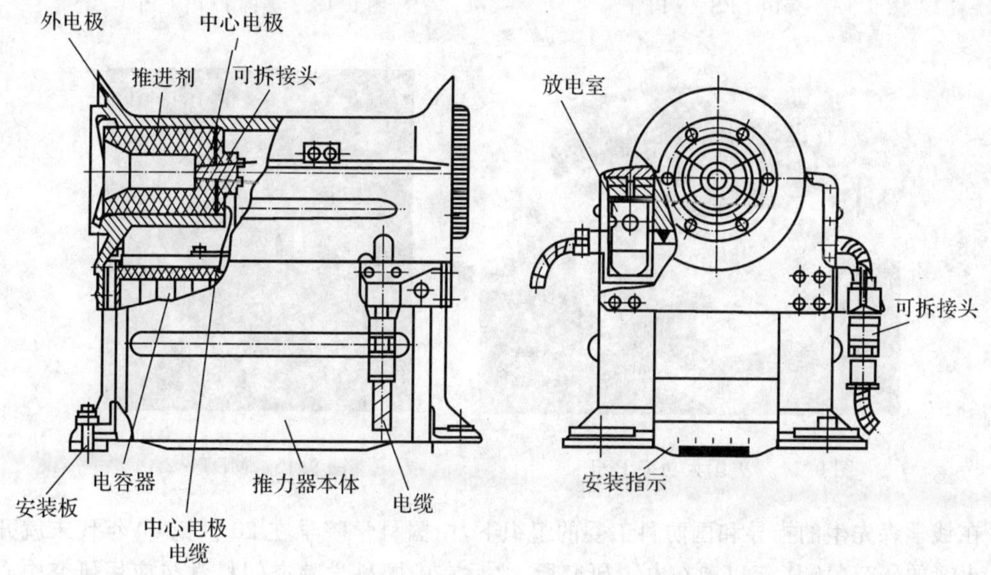

图9.11　苏联金星探测器PPT

日本东京大学宇航研究所和电总研,为了适应卫星姿控和位置保持的需要,从1971年开始联合研究PPT并研制出一种微推力PPT。该TPPT于1974年装在宇航所的L-4SC-3火箭上进行弹道飞行实验。由于火箭发生故障,推力器未能投入运行。后来(1981年)又装在ETS-IV卫星上,进行轨道实验获得成功。在3年多的卫星飞行期间,装在卫星中部实验舱内的4台PPT,进行了31次实验,累计工作40万次,未发现发动机的运行对星上设备产生有害的电磁干扰。90年代以来,为了发展微、纳卫星应用的PPT,日本的TMIT与NASDA合作,正在为NASDA的μ-LabSat Ⅱ(50 kg)的姿控和离轨,研制能量为2 J级的PPT。ISAS则以20 J

PPT 为对象，用不同的电容器和推进剂进行了实验。KIT 和 MHI 也在开展 PPT 研究。

图 9.12　美国 LES－6 PPT

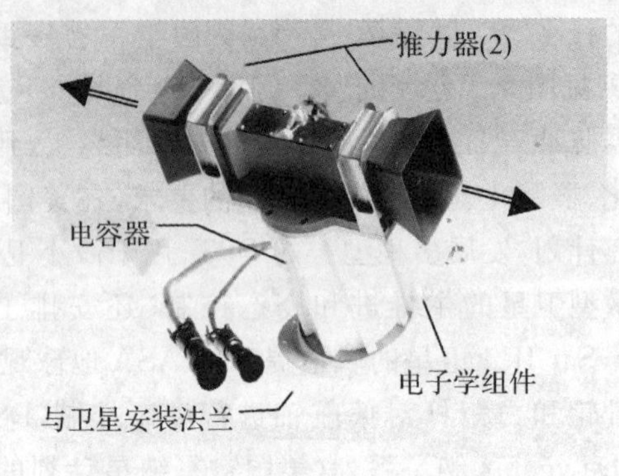

图 9.13　美国 EO－1 PPT

图 9.14　美国大功率 PPT

图 9.15　MDT－2A

在钱学森先生的指导和国防科工委的组织下，中国科学院早在 20 世纪 60 年代末就开展了电火箭的研究(1981 年以前在电工研究所，之后在中国科学院空间科学与应用研究中心)，先是搞离子推进，1970 年，针对同步卫星东西位置保持的需求，开始研制 PPT。经过大量研究和各种广泛的实验，研制出放电能量为 4 J 的 MDT－2A 飞行样机和 20 J 的实验室样机。其中，2 台 MDT－2A 推力器(见图 9.15) 于 1981 年末成功地进行了高弹道的空间飞行实验，在空间工作了 37 min。从地面接收到的遥测信号清楚表明，发动机工作正常，发动机的工作也未对其他设备带来什么影响，这是中国首次进行的空间电火箭飞行实验。原计划 4 台这种发动机在中科院天文卫星进行的卫星飞行实验，80 年代初已经在地面与卫星进行了联试，后来由于卫星下马而未能上天。90 年代，随着微小卫星的迅速发展，中科院空间中心又开展了高效 PPT 的研究，并研制出放电能量为 40 J 的实验室样机。

意大利的罗马大学和比萨大学，70 年代曾开始研究以氟塑料为推进剂的 PPT。它们重点放在准稳态的同轴型发动机上，多年来虽然进行了大量的理论分析和各种性能研究，尚未见有飞行实验和应用的报道。

在微推力发动机方面，法国以前主要集中研制场发射式离子发动机，从未研究过 PPT。但是，90 年代后期，根据欧洲的发展计划，它们与俄罗斯合作对 10 ～ 150 J 和 100 ～ 1 000 J PPT 进行研究、实验和模块化。此外，阿根廷于 90 年代末也在为自己的小卫星研究 PPT。

由于 PPT 固有的特色和多年来成功应用的经验，可以预料，它将愈来愈多地应用在未来的卫星，尤其是新兴的微小卫星上。

9.7　发展中遇到的问题及对策

在多年来的研究和应用过程中，遇到的或人们正在着力解决的有下述主要问题。

1. *发展高效的 PPT*

在 PPT 多年研究和应用的过程中发现，它最大的问题是效率偏低，而且功率愈小效率愈低(功率几瓦时，效率只有 2% ～ 3%)。虽然，一般说来，脉冲运行的效率总是要比稳态运行的低；对电火箭发动机而言，随着运行功率的下降，效率也在减小；甚至有人认为，在同样小的功率下，PPT 的效率并不比其他类型电火箭发动机低。但是，为了解决微小卫星在轨的全部复杂控制问题，要求推力器能在比冲为 1 500 ～ 2 000 s，效率达 25% ～ 30% 的条件下，产生约 10^5 N · s 的总冲。因此，为了提高它的效率，人们进行了广泛的研究和深入的分析。结果表明，影响 PPT 效率的因素很多，例如储能电容器的质量(内部损耗)、工质材料、电极结构尺寸等，不过，效率偏低的主要原因是等离子体流形成过程和放电电流片形成过程不匹配造成的。在典型的 TPPT 中，等离子体流形成和加速的时间约为 10 μs，而放电的持续时间接近 15 μs。如果大部分推进剂气体被电磁力加速，等离子体的平均速度将接近电流片的速度(约 25 km/s)。实际上，只有很小部分推进剂气体被电磁加速，导致在喷嘴出口处等离子体流的速度只有 8 ～ 12 km/s。造成推进剂和速度损失的原因是放电呈振荡形式。放电电流波形的头半周期约为 2 ～ 3 μs，此时，电流密度最大，电磁加速最明显；在其余的 12 ～ 13 μs 时间内，电流片向放电通道的背壁运动，在其热作用下，工质产生附加的蒸发分解(所谓“滞后烧蚀”)，所产生的推进剂气体在放电通道内只受到气动热力加速，其速度只有 1 ～ 5 km/s。因此，要提高效率，就要设法使这两个形成过程匹配，减少滞后烧蚀，使放电呈非周期放电或临界阻尼放电。俄罗斯学者近年来的工作着重在提高 PPT 的性能，他们通过在 TPPT 推进系统中采用非周期放电，使外电路参数与放电等离子体加速过程相匹配，已把放电能量为 100 J 的 PPT 效率从 10% ～ 12% 提高到 22% ～ 24%，并研制出新的高效的 PPT 样机系列(见表 9.2 和表 9.3)。他们还说，用一种离化性能更好的新材料代替太氟隆作推进剂，初步实验表明，效率有可能再提高 1.5 ～ 1.7 倍。

为了减少滞后烧蚀，通过改进推力器的热设计，降低工质表面的温度；也曾试过把能量分为主要用于烧蚀工质和主要用于加速的二级推力器方案，对提高效率都有一定的作用。

表 9.2 俄罗斯 PPT 性能进展

PPT 参数 \ 时间	1995 年	1997 年	1999 年
能量 /J	70	80	80
元冲量 /(N·s)	1.6×10^{-3}	1.8×10^{-3}	2.4×10^{-3}
工质消耗 /(kg/ 次)	1.8×10^{-7}	1.7×10^{-7}	1.8×10^{-7}
比冲 /($m\cdot s^{-1}$)	9 000	10 500	13 300
总冲 /(N·s)	1.74×10^{4}	3.0×10^{4}	
推力效率 /(%)	10	11	20
质量 /kg	10	8	6

表 9.3 俄罗斯 PPT 先进样机的性能水平

参数 \ 样机	PPT-40	PPT-100	PPT-120	PPT-150
放电能量 /J	40	100	120	150
元冲量 /(mN·s)	0.95	2.7	3.0	4.0
工质烧蚀量 /(mg/ 脉冲)	0.065	0.15	0.155	0.19
推进效率	0.17	0.24	0.25	0.28
比冲 /($m\cdot s^{-1}$)	15 000	18 000	20 000	21 000

2. 解决低损耗、高能密、长寿命的储能电容器

如前所述,储能电容器的品质(内感、内阻、比能量和在真空环境下的脉冲寿命)对推进系统的性能(效率、质量和寿命)有重要影响。现用的电容器多为纯膜干式(不浸渍)电容器或纸膜复合介质浸油(如硅油)电容器。前者能密高,损耗小,但因内部散热困难,通流能力受到限制,大能量运行寿命短;后者因介质中用了纸,损耗大、能密偏低,显得笨重。20 世纪 90 年代,美国 Primex 宇航公司与 Maxwell 实验室合作,研制了两种容量分别为 30 μF 和 39 μF 的电容器产品,使其能密从 10.4 J/kg(LES-8/9 TPPT 用)分别提高到 20 ~ 50 J/kg 和 13 ~ 33 J/kg,这是个不小的进步。美国大功率(750 J)TPPT 就是因为用的储能电容器脉冲寿命仅达 10^5 ~

10^6 次,距要求寿命差一个数量级而只好放弃。铝电解电容器能密很高(可达 99 J/kg),但它不可靠,易受反向电流损坏。比较有希望的是陶瓷多层电容器(MLC),能密已达 50 J/kg,但在高能下工作,其脉冲寿命仍有待证实。此外,还有一种化学双层电容器(CDL),属低电压大容量电容器,也在进行探索试验。总之,对于功率大于 100 W 的 TPPT(用于中、小卫星的控制),解决低损耗、高能密、长寿命储能电容器仍然是一个十分重要的关键技术问题。

3. 发展微 PPT 推进系统

研制高效的微 PPT 推进系统是近来 PPT 发展的一个新方向。担负组网或编队飞行的现代微、纳卫星,由于自身质量小(质量在 1 ～ 100 kg),功率有限(小于 150 W),又需要高机动能力,希望控制系统具有能提供 1 ～ 200 μN 推力的能力,而系统的质量要小于 0.3 kg,因而对在轨控制系统提出了新的挑战。为此,近年来美国空军研究实验室与 Illinois 大学和 Michigan 大学合作,发展了一种新型的 MicroPPT。这种 MicroPPT 与现有的 PPT 不同,为了减小尺寸和质量,它采用同轴管式结构并去掉了推进剂的供给系统及通常的点火电路和点火塞,图 9.16 是它的原理示意图。通过沿固体太氟隆表面的放电可产生 1 ～ 10 μN · s 范围的元冲量,图 9.17 所示是一种 MicroPPT 样机。研制者认为,这种推力器在近期可为质量达 150 kg 级的卫星提供姿态控制,其质量(干重)仅为常用的力矩杆和动量轮的 1/5。但是他们研究的最终目的是为未来 25 kg 级的微卫星提供位置保持、轨道修正、精确定点及姿态控制。目前,他们正在进行广泛的电极结构、推力器性能及喷射流的研究,并取得了多项专利。

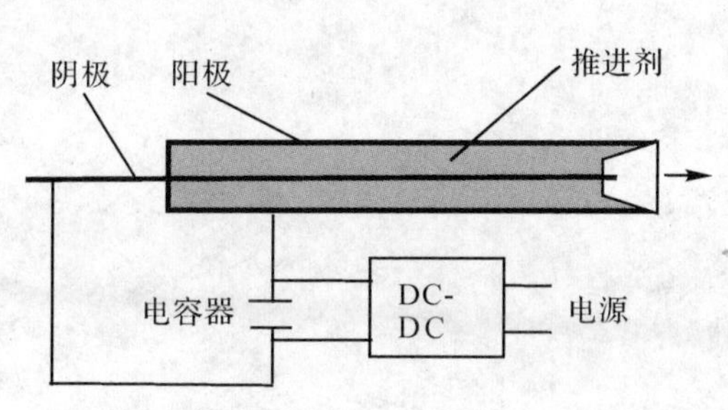

图 9.16　MicroPPT 原理

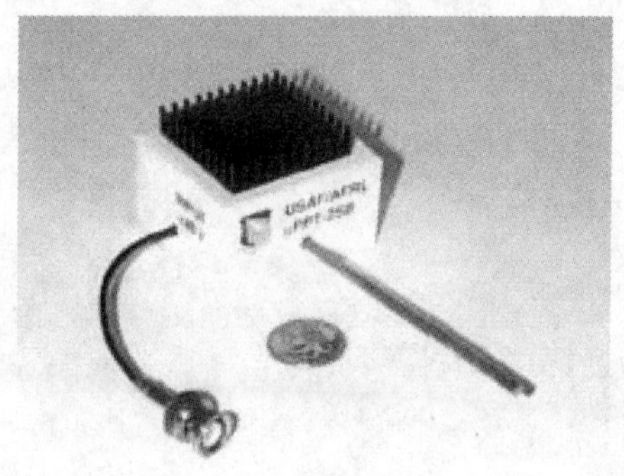

图 9.17　美国 MicroPPT

4. 广泛的探索

TPPT 具有许多突出的优点并早已成功用于航天器的控制。但是事物总是一分为二的,也总是不断发展、不会满足于现状、停留在某一个水平上的。俄罗斯学者 L. N. Lesnevsky 认为,用氟塑料作推进剂的 PPT 存在如下缺点:推进性能(比冲、效率)低;推进剂利用系数低($K_u = m_a/m_0$,m_a 为参加电动力学加速的质量,m_0 为烧蚀的总质量);推进剂解构温度(约 400℃)低,不允许在高频($f > 10$ Hz)下工作,获得大推力困难;推进剂流率不能控制,不利于提高性能。他们主张用金属作推进剂(Li,Cd)。因为用金属推进剂,每次脉冲的性能参数比气体和氟塑料推进剂的装置稳定；用锂、镉等作推进剂，金属离化电位低，即单位质量离化能耗低，可在高电极温度(＞1 000℃，即高脉冲频率)下工作，可实现高功率、大推力运行。为此，他们开展了深入的实验研究。

普林斯顿大学 J. K. Ziemer 等人认为，气态 PPT 具有比推力高、效率高、可在高功率下运行的优点，所以他们仍然继续开展气态 PPT 的研究；而日本有学者认为，现有的 TPPT 推进剂利用率低、推进效率低、点火塞寿命短，提出用液体推进剂的 PPT 方案(见图 9.18)来提高推进剂利用率和效率，去掉点火环节。与所有事物一样，科学技术的研究和发展，也是脱离不了"肯定之否定，否定之否定"这一螺旋式发展的规律的。

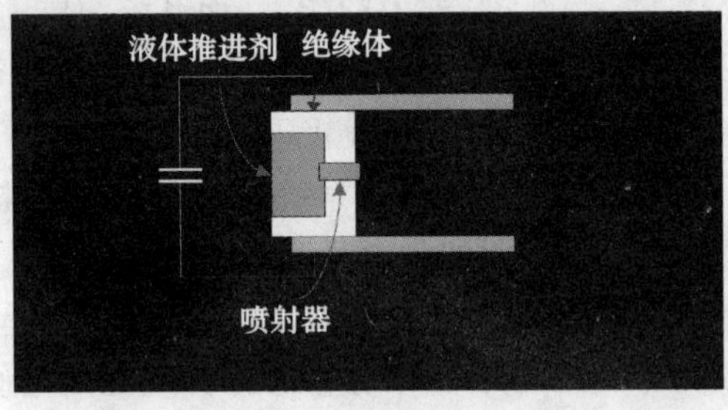

图 9.18　日本液态 PPT 方案

第 10 章　静电式离子推力器(IT)

与其他空间电推进系统相类似，对于离子发动机系统来说，也是由离子推力器(Ion Thruster，IT)、供配电子系统(Power Processing Unit，PPU)、推进剂供给子系统(Propellant Feed System，PFS)和数字接口与控制子系统(Digital Interface and Control Unit，DICU)四部分组成。静电式离子推力器分为工质气体放电电离和场致发射引出离子束两种类型。一般地，以工质气体放电电离推力器可产生 $1\sim10^3$ mN 量级的推力，主要用于航天器的轨道转移、大气阻尼补偿、位置保持和深空探测空间飞行器的主推进；而场致发射电推力器主要有两种形式，即场致发射电推力器(Field - Emission Electric Propulsion，FEEP)和胶体推力器(Colloid Thruster)，所产生的推力范围为 10 μN $\sim$ 1 mN 量级，主要用于航天器的精密定轨。主要的静电式离子推力器分类如图 10.1 所示。

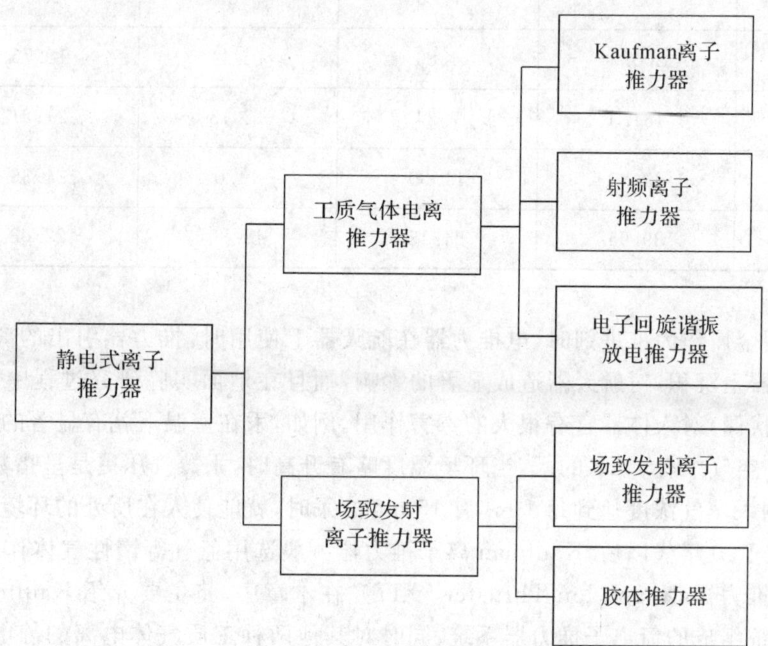

图 10.1　静电式离子推力器分类

对于推进剂工质气体放电电离的推力器，按照电离方式的不同，分为电子轰击式离子推力器(Electron Bombardment Ion Thruster，EBIT)、射频离子推力器(Radiofrequency Ion Thruster，RIT)、电子回旋谐振离子推力器(Electron Cyclotron Resonance Discharge Ion

Thruster,ECR)。其中,电子轰击式离子推力器一般被称为 Kaufman 离子推力器。上述三种离子推力器均在航天器推进中得到了应用或验证飞行。相比较而言,Kaufman 离子推力器由于其在相同的推力器口径、相同的推进剂利用率下,离子产生成本要较其他两种电推力器低很多(一般要低 100 eV/ion 以上),而受到了更为广泛的关注。Kaufman 离子推力器已经成为国外商业卫星公司的一些静止轨道卫星平台南北位置保持的标准配置,射频离子推力器和电子回旋谐振离子推力器在国外均已经成功地进行了空间飞行实验。

静电离子式推力器(IT)一般使用原子量大、一次电离电位低、二次电离电位高的元素作为发动机的推进剂工质。表 10.1 给出了 IT 常用的工质气体原子质量和电离电位。Kaufman 离子推力器在其发展的过程中,在该技术研究初期的近 30 年中,一般选用金属铯或汞作为推进剂。

表 10.1 IT 常用工质相对原子质量和电离电位

元素	相对原子质量	q/m 荷质比 $10^5\,C\cdot kg^{-1}$	一次电离电位 eV	二次电离电位 eV
Cs	132.9	7.25	3.89	25.1
Hg	200.6	4.80	10.44	18.75
Xe	131.3	7.34	12.13	21.21
Kr	83.80	11.50	14.0	24.36
Ar	39.95	24.13	15.80	22.63

但是,采用金属作为推进剂时,电推力器在航天器上使用时,推力器引出的离子束中的金属离子在航天器上沉积,对航天器造成显著的影响,而且在地面实验研究过程中,重金属被人体吸收后不易代谢,对人体器官有很大的毒害作用。例如,汞在室温下就有显著的蒸发量,大约相当于每 1 m^3 空气中有 1 mg 的汞,当环境温度略有升高时,汞蒸气压更是呈指数关系急剧增大,当空气中的汞蒸气浓度达到每 1 m^3 有 15 mg 的汞时,就能使人在所处的环境条件下中毒。因此,自 20 世纪 90 年代以后,Kaufman 离子推力器一般选用氙气等惰性气体作为推进剂,也被称为氙离子推力器(Xenon Ion Thruster, XIT)。在本章中,将主要介绍 Kaufman 离子推力器及其各子系统组成的氙离子推力器系统,同时对其他两种工质气体电离的静电式离子推力器进行简单的介绍。

10.1 基本组成

氙离子火箭发动机系统的组成如图 10.2 所示。其中,推进剂储供子系统由推进剂储存单元、工质气体减压组件和工质气体流量分配与控制单元组成,用来为推力器提供一定流率的工质气体;供配电子系统为推力器提供特定要求的电源输出;数字接口与控制子系统主要用来控制协调各个分系统的工作,并提供与卫星控制分系统的接口。氙离子火箭发动机系统的推力器决定着整个系统性能的优劣,因此,电推力器起动、正常工作、关机对供配电子系统的各路供电电源的负载端输出特性均提出了特定的要求,对推进剂供给子系统各路的工质气体流率也有特定的要求。

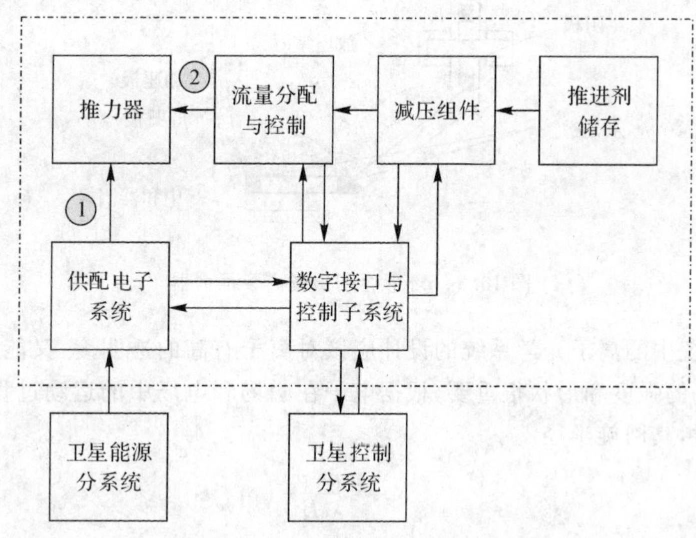

图 10.2　氙离子推力器系统组成

10.1.1　电推力器

电推力器是氙离子火箭发动机系统中的核心部分,其结构示意图如图 10.3 所示 。图中可以看出,电推力器分系统主要由主阴极(空心阴极)、阳极、磁铁、放电室、离子光学系统(即屏栅极和加速栅极组成的静电场离子加速系统)和中和器等组成。

来自氙推进剂流量控制器的氙气,通过绝缘器进入空心阴极。氙气受到阴极内部发射的电子的轰击而电离。当通过空心阴极的氙气流率和阴极发射的电子达到一定值时,就会在阴极和触持极之间点火放电。此时如果接通阳极电源,放电就通过阴极靴和挡板之间的环形区域扩展到整个放电室。在放电室内,阴极发射的初始电子和电离产生的二次电子,在磁场和电场的作用下,以磁力线为导轴,作螺旋式振荡运动。磁场的存在,增加了电子的运动路程,提高了氙原子的电离几率。这样就在放电室内形成放电等离子体。放电室下游的离子光学系统所加电压使屏栅极孔中的电位低于屏栅极电位。而屏栅极电位较等离子电位稍低一些,约为 3 ～ 5 V,因此,放电室等离子体中的电子不能打到屏栅极上,也不能通过屏栅极孔和加速栅极孔逃出,电子基本上由阳极收集。而等离子体中的离子,在屏栅极和加速栅极组成的离子光学系统的作用下,被聚焦、加速并引出,产生推力,离子引出速度一般可达 30 km/s。引出的离子束流与中和器发射的电子中和,形成准中性粒子束流排出,以保证束流相对于航天器呈电中性。

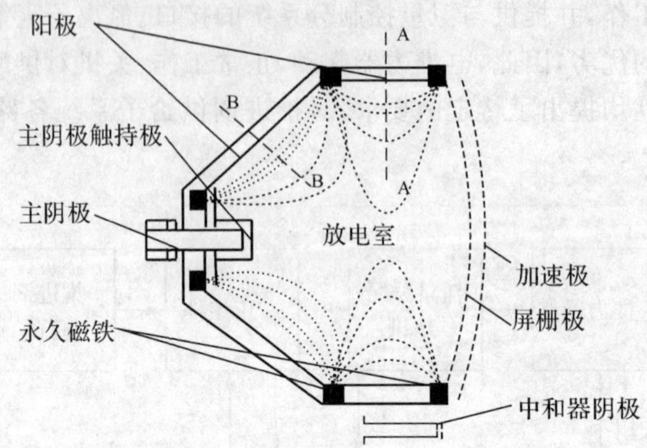

图 10.3 环形会切磁场离子推力器

电推力器系统中的离子光学系统的设计应该对离子有高的透明度,又能防止未被电离的氙原子逃出。磁场的强度和形状很重要,根据电子在磁场和电场中的运动过程,电子在电场作用下,通过磁场时,其回旋半径

$$R_e = \frac{m_e v_e}{eB} \tag{10.1}$$

式中 R_e—— 电子回旋半径;

m_e—— 电子质量;

v_e—— 电子运动速度;

e—— 单位电荷;

B—— 电子所处位置的磁场强度。

电子运动速度

$$v_e = \sqrt{\frac{2e}{m_e} u_e} \tag{10.2}$$

式中,u_e 为电子所处位置的电位。

回旋半径的选取不能大于阳极半径,对于 9 cm 离子发动机,R_e 一般应小于 1 cm。为了使中性原子通过放电室而不被电离的可能性减至最小,放电室的长度也很重要。阴极靴所限制的区域,形成阴极前室等离子体。阴极靴与挡板之间的开孔面积,直接影响等离子体阻抗,从而决定初始电子的能量。另外,阳极、屏栅极以及阴极的位置等,对放电室性能都有一定影响。

10.1.2 供配电子系统

供配电子系统的组成框图如图 10.4 所示。其作用是把一次电源提供的电源形式变换成推力器所要求的几种电源,并采用相应的过载、电弧、故障和误动作保护。长期正常工作的 IT 系统也要求相应地调节应用到推力器某些部件上的电压。

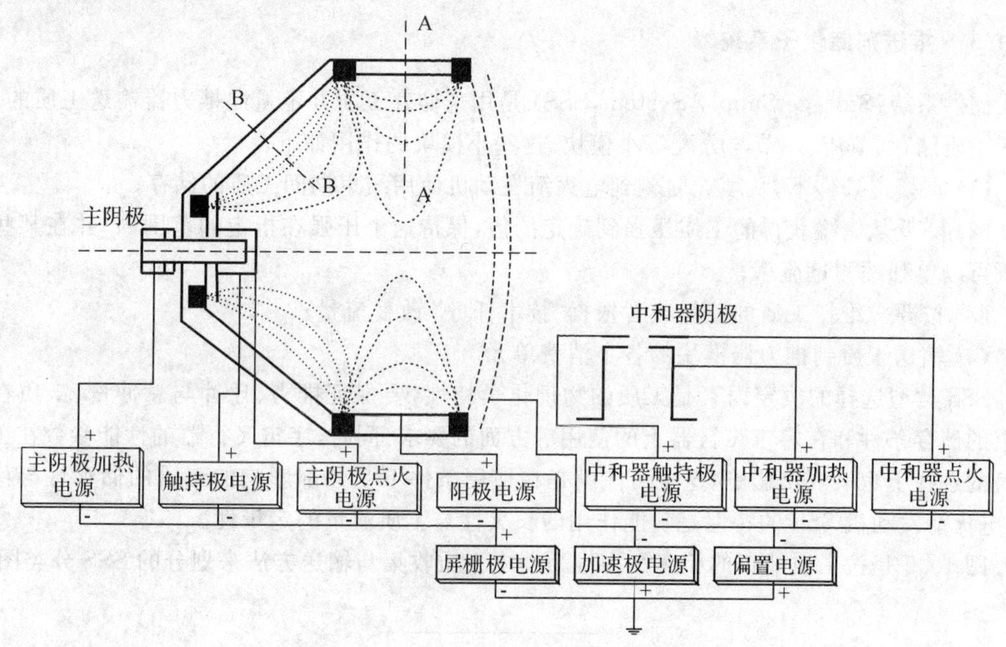

图 10.4　Kaufman 离子推力器配电组成图

IT 的点火和放电过程发生在异常辉光放电到弧光放电阶段。这一阶段的主要特征是它的负阻特性,当放电达到自持的弧光放电时,电流急剧上升,电压急剧下降。

当空心阴极加热到足够高的温度(1 100℃)时,逐渐升高点火电源电压,触持极电流逐渐增高(从几微安到几十微安),当电压上升到某一点时,触持极电流突然升到几百毫安。此时,触持极电压降到很低,甚至降到氙的电离电位以下,也能维持较大的放电电流。因此,点火电源和触持极电源要分别选用有限流电阻的直流高压电源和直流稳流电源。阴极点火后,点火电源自动关闭,由低压触持极电源维持放电。

放电阳极电源和触持极电源一样,一旦放电引到阳极,阳极电压迅速降低。因此必须采用稳流电源。因为阴极工作温度与放电电流关系密切,放电电流增加,阴极温度升高,放电电流更大,阴极温度升得更高,最后烧坏阴极。如果采用恒流电源,阳极电流恒定,阴极温度也基本不变,就不会烧坏阴极。另外,稳定工作还有自控作用,保证 IT 工作点稳定。

中和器触持极电源和中和器点火电源与主阴极部分的相应电源一样。屏栅极电源和加速栅极电源一样,主要决定离子光学系统引出电压。一般来说 IT 的工作对这两个电源的影响不大,因此,可选用可靠性高且简单的直流高压整流电源。由于两栅极距离很小(仅 0.6 mm),容易打火或短路,因此,必须有快速保护电路。主阴极和中和器阴极加热器电源是输出端串有

2 Ω 电阻的稳压电源。流量控制器加热电源是由温控仪控制的可控硅交流电源，控温精度为 ±0.5℃，它受阳极和触持极之间的电压差控制以保证输出束流稳定。

10.1.3 推进剂储供子系统

储供系统(Storage Supply System，SSS) 是用来储存工质并定量向推力器输送工质的。它包括工质储存、节流、调节与分配等小模块。这些小模块的作用如下：

(1) 在指定条件下，从填充时刻到电火箭发动机使用结束期间工质的储存；

(2) 降低从储罐获得的工质压强到确定的值，保持这个压强在指定的范围内，并在某些情况下可以单独地测量流率；

(3) 按要求维持工质的流量或者根据“技术任务” 改变流量；

(4) 输送工质到推力器模块的各个消费单元。

SSS 类型选择的决定因素是工质的物理化学特性，要保证推力、比冲与总冲量、工质在地球上的储存条件和在宇宙飞行器上的使用等方面的要求。同时，宇宙飞行器的性能参数在工质自身的选择上也表现出影响，这也可能就是在使用条件下受外部影响的工质的储存性与稳定性。电火箭发动机 SSS 的特性是功能作用的长久性与工质流量的定量性。

图 10.5 是按工质储存的相态和在推力器中工质收集与输送方法来划分的 SSS 分类图。

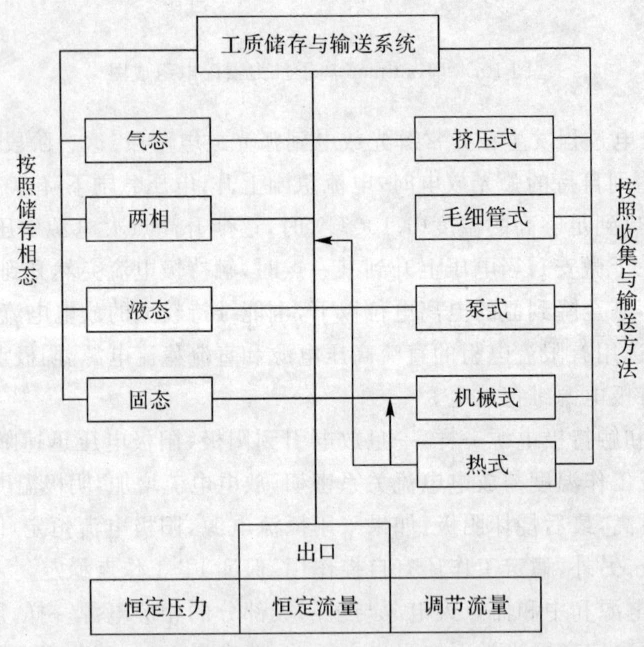

图 10.5 按工质储存相态和在推力器中工质收集与输送方法划分的 SSS 分类图

目前的离子推力器一般都采用氙气等惰性气体作为推进剂，其储供子系统的组成部件主要有储罐、稳压罐、节流器、减压器、电磁阀、热节流器等。

通常，储罐无论是按大小还是按质量都是储供子系统中最大的组成部分。罐的材料和结构由所选工质的形态和输送系统的结构决定。要求储罐的质量要小、强度高、密封性好，有较强的耐腐蚀性及与工质的兼容性。罐的形状由配套条件决定，一般球形罐具有最小的质量，但不易组合。在气态工质的储供系统中，罐的结构最为简单，仅须要安装有安全阀和填充孔。

稳压罐是位于储罐与推力器之间的容器，它将推进剂气体的温度和压强维持在一定的范围内，该范围可为输送给推力器的工质流量的调节系统创造最有利的条件。

输送系统中进一步的减压是通过节流器进行的，这个节流器是带有标准孔的片状流量孔板。在恒流时气体每秒经过节流器的质量流量

$$q_m = \rho v s \tag{10.3}$$

这里，ρ 和 v 分别为工质气体的密度和它在节流器任一横截面(其面积为 s)处的速度。

减压器在工质输送系统中是用来降低来自储罐中气体压强的部件。它是靠气体从高压室经阀与鞍座间微小的截面通向低压室运动时的节流来实现减压作用。

电磁阀的主要功能是打开和关闭输送干线，配合节流器进行流量控制的。

IT 推进剂流量很小，小于 0.4 mg/s，特别是中和器推进剂流量只有 0.05 mg/s，这样的小流量控制起来就很难，而且还要根据 IT 的工作情况适当变化。我们根据固体微粒热胀冷缩原理，成功地研制了流量可变的推进剂小流量控制器 —— 热节流器。它可以按照工作要求给定工质的流量。在给定毛细管的几何尺寸和压差情况下，气体流量与温度有一定的依赖关系。热节流器就是利用这一依赖关系进行流量控制的。气体温度也取决于经过管道的电流值。热节流器应该仅在热状态下工作，此时，通过它的流量比同等条件下，通过该热节流器冷状态下的流量小几倍。

10.1.4　数字接口与控制子系统

控制子系统就是对电源单元提供控制，并按一定的程序使 IT 完成起动、点火、放电、加高压、引出束流、稳定运行、关机等工作的。控制单元和电源单元就功能和设计来说是不可分割的。它必须完成下述几种功能：

(1) 提供起动时序逻辑；

(2) 在推力器某些关键的工作参数范围内提供闭合回路控制；

(3) 供给适合于遥测输入的信号。

数字接口与控制子系统由 CPU、数据采集卡与阀门驱动卡组成。

10.2 工作原理

IT的基本工作原理是:由储供子系统将推进剂气体送入IT的放电室,在放电室中,通过热阴极发射并被电场加速的高能电子电离推进剂原子形成等离子体,等离子体中的离子经由栅极系统引出、聚焦并加速,产生推力,与此同时,中和器发射的电子与引出的离子束中和,形成准中性束流排出,以保持束流相对于航天器呈电中性。图10.6给出了Kaufman离子推力器的简单构形。电推力器是离子发动机的核心部件。下面主要讲述电推力器的工作原理。

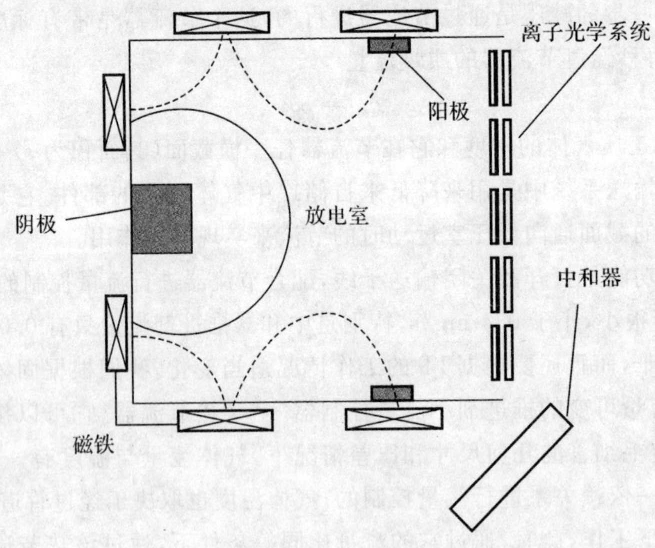

图10.6 IT示意图

10.2.1 中性原子的约束

Kaufman离子推力器对中性原子的约束是通过离子光学系统对推进剂工质气体分子的导流系数来实现的。其中有下述一些要求和特点:

(1) 尽可能降低离子光学系统对推进剂工质气体分子的导流系数,以便维持放电室中的气体压强,提高推进剂的利用率。较低的导流系数意味着须要选择较小的加速极的透明度,增大加速极的截获电流,它直接影响到离子光学系统的寿命。一般而言,所选择的离子光学系统的透明度应使截获电流约为束电流的1/1 000。

(2) 选择较长的推力器放电室的长度,增大推进剂工质气体分子在推力器的驻留时间。较大的推力器放电室的长度,直接影响到放电室的性能。一般是通过推力器的最佳化试验确定出放电室的长径比(L/D)。

在最佳化试验中，推力器的长径比是试验中的一个重要项目，也是进行推力器定性分析的一个主要内容。

从 Kaufman 离子推力器的几何结构上讲，放电室中的中性原子总有未被电离的情况，这些未电离的中性原子会通过栅极逃逸出放电室，进入束流。为了在放电室中维持足够数密度的中性原子，需要放电室中的中性原子在放电室中的驻留时间远大于其平均电离碰撞时间。放电室中的中性原子的驻留时间可以表示为

$$t_{\mathrm{res}} = \frac{m_{\mathrm{i}} n_{\mathrm{n}} V}{q_{m,\mathrm{n}}} \tag{10.4}$$

式中　n_{n}—— 中性原子的数密度；

m_{i}—— 离子的质量；

$q_{m,\mathrm{n}}$—— 中性原子的流率；

V—— 放电室的体积，可以表示为 $V = AL$，A 为放电室的横截面面积，L 为放电室的长度。

由栅孔逃逸出放电室的中性原子的质量流率可以根据栅极的有效开孔面积，即几何透明度 φ_{n} 进行计算：

$$q_{m,\mathrm{n}} = m_{\mathrm{i}} \frac{n_{\mathrm{n}} c_{\mathrm{n}}}{4} A \varphi_{\mathrm{n}} \tag{10.5}$$

此外，电离碰撞的平均时间可以表示为

$$t_{\mathrm{i}} = \frac{1}{v_{\mathrm{i}}} = \frac{1}{n_{\mathrm{e}} c_{\mathrm{e}} \sigma_{\mathrm{i}}} \tag{10.6}$$

式中　n_{e}—— 放电室电子的数密度；

c_{e}—— 电子的平均热运动速度；

σ_{i}—— 电离碰撞截面积。

为了保证中性原子在放电室中至少有一次电离碰撞，t_{res} 必须要较 t_{i} 大，或者有

$$\frac{4 L n_{\mathrm{e}} c_{\mathrm{e}} \sigma_{\mathrm{i}}}{c_{\mathrm{n}} \varphi_{\mathrm{n}}} > 1 \tag{10.7}$$

忽略式(10.7) 中独立的变量(假定电子温度为常数)，则式(10.7) 可以写成

$$\frac{n_{\mathrm{e}} L}{\varphi_{\mathrm{n}}} \triangleq \mathrm{const} \tag{10.8}$$

如果 φ_{n} 是常数，则式(10.8) 与霍尔推力器得出的结论是一致的。

10.2.2　电子的约束

推力器放电室中对电子的约束是通过放电室中的磁场位形达到的。延长电子向阳极运动的路径长度，增大电子的存活时间，可以提高推力器的效率。

通过研究得出的普遍性结论，认为通过放电室和磁场极靴的合理配置，可使主阴极发射的原初电子区更有效地占据放电室的空间和扩展放电室准无磁场区的空间，更合理地改变原初

电子区的形状，从而改善离子源的束流均匀性、气体的利用率和放电损耗。多极的环形会切磁场位形放电室结构方案十分完美地体现了这种设计概念。图 10.7 所示为 30 cm 多极场放电室的结构及磁力线的分布。

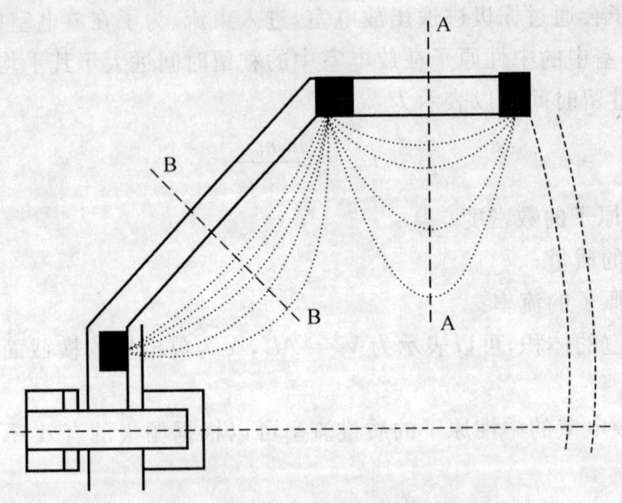

图 10.7　多极场示意图

虽然，一直认为拉莫半径应该正比于放电室的尺寸，但是，在环形会切磁场 Kaufman 离子推力器放电室中，磁力线的会切处几何形状对阳极的位置有一定的要求，并且使得被捕获的电子为一个特定的比例。就像在对放电室中的中性原子的分析一样，需要对原电子进行电离碰撞的平均时间，以及电子穿越磁力线的平均扩散时间的数量级进行判断，这是非常有意义的。对于原电子电离中性原子的平均时间可以由下列表达式进行描述：

$$t_{\mathrm{i}} = \frac{1}{n_{\mathrm{n}} v_{\mathrm{p}} \sigma_{\mathrm{i}}} \tag{10.9}$$

式中，v_{p} 为原电子的平均速度。若波姆扩散是电子运动的主要输运方式，则原电子的平均扩散时间

$$t_{\mathrm{diff}} \triangleq \frac{L^2}{\Delta} \triangleq f^2 A \frac{16 e B_{\mathrm{ave}}}{k T_{\mathrm{e}}} \tag{10.10}$$

式中　B_{ave}——在电子穿越约束磁场并被阳极所捕获时磁场的有效强度；

f——一个无量纲的值，它是磁极处磁场强度对于阳极表面的修正系数（在磁极尖角之间处 f 要大，反之 f 小）。

由式(10.10)表明，f 数值越大，则扩散速度 Δ 越小，即扩散到阳极表面的电子所用的时间越长。为了有效地利用原电子，t_{diff} 必须与 t_{i} 数量级相当，则

$$f^2 A B_{\mathrm{ave}} n_{\mathrm{n}} \triangleq 1 \tag{10.11}$$

由于电推力器放电室中输入的能量与 $n_{\mathrm{n}} A$ 成正比，式(10.11)可以写成

$$f^2 B_{\mathrm{ave}} P \triangleq 1 \tag{10.12}$$

除了与几何参数有关的系数 f 之外，上面的结果表明，Kaufman离子推力器放电室中所得出的结论与霍尔推力器磁场的相似率是一致的。在此情况下，从上述的描述中可以看出，对放电室的设计是为了维持放电室中的有效放电，即如何布置阳极，使得阳极起到原电子发生漂移运动的作用。还可以注意到，如果所选择的有效的拉莫半径与放电室直径在同一量级上或者更小，则无论处于何处的电子，均会迅速地向阳极运动。然而，正像霍尔推力器一样，IT 在最大磁场场强区域处，磁场的边界尺寸是有限的(相当小)，取此处的平均场强为 0.1 T，在此范围内所对应的放电室约束电子区域的有效尺寸为 1 ～ 2 mm。目前，Kaufman 离子推力器放电室中的磁场强度即为 0.1 ～ 0.2 T，因此，要进一步减小放电室中的尺寸是非常困难的；同时，在不牺牲电子的约束特性的情况下，减小放电室的输入功率也是很困难的，有效的方法可能是随着放电室的尺寸的减小，需要进一步地增大放电室中的磁场强度。在此情况下，由于在磁极处场强要大，电子在磁极处不成比例地增大，这样，也改善了对电子的约束效率。对于上述情况要进行定量分析，需要建立详细的数值计算模型。

10.2.3　离子光学系统的原理与要求

推力器的引出系统是决定引出束流性能的关键部件，对推力器离子引出系统的基本要求如下：

(1) 要能形成聚焦性能良好的离子束，束流发散角较小，而且在推力器参数出现不稳定，诸如等离子体密度有变化、放电室中有异常打火放电时，束流性能的变化要尽量地小。

(2) 要在指定的引出能量下达到较小的束流发散角，并具有最大的束流。通常，系统在最佳聚焦时要有尽可能大的束流导流系数。其表达式为

$$P = \sqrt{m_i/m_e}\,I/V_T^{\frac{3}{2}} \tag{10.13}$$

式中　P—— 电极间的离子流的导流系数，单位为安(培)/ 伏(特)$^{3/2}$($\mathrm{A/V^{3/2}}$)，简称“朴”(1 朴 $=\mathrm{A/V^{\frac{3}{2}}}$)；

m_i—— 离子光学引出系统引出离子的质量(kg)；

m_e—— 电子质量(kg)；

I—— 离子光学引出系统引出的束电流(A)；

V_T—— 引出栅极总电压(V)。

(3) 离子光学系统对于处于分子流的中性原子具有较低的导流系数，以增大放电室中内、外的气体压强，提高气体利用率。

(4) 应将电极上截流的离子流减到最小，以提高系统的电效率和延长电极的寿命。

(5) 加速极要维持尽可能低的电压，以减少离子束对加速极的轰击，同时还要避免离子束流中的电子向放电室中的返流。

(6) 工艺上应保证离子引出系统在工作承接较大的温度变化时，变形量较小，还应有良好的对中精度及耐离子轰击性能，结构要便于加工和安装。

在放电室工作时，放电室中稀薄的等离子体中的离子从屏栅和加速栅的小孔中被引出并

被加速而形成离子束，由此可以计算出推力。屏栅和加速栅之间的强静电场并不呈一维分布，由于离子光学的曲率半径 R 远大于栅间距 L，即在离子引出过程中，沿离子流动方向上电压的梯度远大于其横向方向的电压梯度。因此，可用简单的平板电极进行栅极的简化计算。

设平板表面带有均匀的电压值，平板之间的静电场将受到电压差和平板之间的带电离子分布的影响，用 j 和 n 分别代表电流值（A/m²）和电荷数密度（m⁻³），并且假定所有的离子带有单电荷，则对于空间中移动的电子流而言，有

$$j = nev \tag{10.14}$$

同时，通过栅极之间的离子流有能量守恒，即

$$\frac{1}{2}mv^2 = eV \tag{10.15}$$

$$v = \left(\frac{2eV}{m}\right)^{\frac{1}{2}} \tag{10.16}$$

式中 m—— 流经栅极间离子质量（kg）；

e—— 单位电荷，$1e = 1.6021 \times 10^{-19}$ C；

V—— 引出栅极对地电位（V）；

v—— 引出离子的速度（m/s）。

如果在栅极之间没有任何电流，则电位分布将是线性的。若在电势高的电极上，存在正电荷的离子，该离子将被加速到相反的电极上。这些运动的离子将形成电极间的电流，而且栅极之间的带电电荷将改变其间的电位分布。如果无限增大带电电荷，电流将持续增大，直至引出的电流达到饱和。在电势差为 V_b、间距为 L 的电极间，该电流被称为 space - charge - limited current。

泊松方程式：

$$\frac{d^2V}{dx^2} = -\frac{\rho}{\varepsilon_0} = \frac{ne}{\varepsilon_0} \tag{10.17}$$

该式不能直接积分，因为 n 为 x 的函数，故将前式(10.14)、式(10.16) 代入式(10.17)，得

$$\frac{d^2V}{dx^2} = \frac{j}{\varepsilon_0}\left(\frac{m}{2e}\right)^{\frac{1}{2}} V^{-\frac{1}{2}} \tag{10.18}$$

故得

$$\frac{dV}{dx}\frac{d^2V}{dx^2} = \frac{j}{\varepsilon_0}\left(\frac{m}{2e}\right)^{\frac{1}{2}} V^{-\frac{1}{2}}\frac{dV}{dx} \tag{10.19}$$

在放电室中，屏栅极的电压要远大于其上的等离子体鞘层的电位差，故设 $x = 0, V = 0$ 积分后常数项可消去。故

$$\frac{1}{2}\left(\frac{dV}{dx}\right)^2 = \frac{j}{\varepsilon_0}\left(\frac{m}{2e}\right)^{\frac{1}{2}} 2V^{\frac{1}{2}} \tag{10.20}$$

$$V^{-\frac{1}{4}}dV = \left(\frac{4j}{\varepsilon_0}\right)^{\frac{1}{2}}\left(\frac{m}{2e}\right)^{\frac{1}{4}} dx \tag{10.21}$$

$$\frac{4}{3}V^{\frac{3}{4}} = \left(\frac{4j}{\varepsilon_0}\right)^{\frac{1}{2}}\left(\frac{m}{2e}\right)^{\frac{1}{4}}x \tag{10.22}$$

在 $x = L$ 处，$V = V_b$，对上式重新整理，由此得出 Child - Langmuir 方程式，即

$$j = \frac{4\varepsilon_0}{9}\left(\frac{2e}{m}\right)^{\frac{1}{2}}\frac{V_b^{\frac{3}{2}}}{L^2} \tag{10.23}$$

假定不考虑加速极上的截获电流，则单位面积上的最大电流为

$$\frac{F}{A} = \frac{q_m v}{A} \tag{10.24}$$

式中，v 为 $x = L$ 处的离子的速度。单位面积上的质量流率

$$\frac{q_m}{A} = \frac{\rho v}{e/m} = \frac{j}{e/m} \tag{10.25}$$

上述的推导过程是利用平板电极间的最大饱和电流而得出的离子鞘中引出饱和离子流的理想状态，尚未考虑到发射面的离子流密度和能量等参数。一般在实际工程应用中，Kaufman 离子推力器的离子光学系统中各栅极孔上引出的束电流是不均匀的(栅极示意见图 10.8)，需要对栅极的单孔最大离子流进行换算。目前所推荐的单孔最大离子流为

$$J_h = \frac{\pi\varepsilon_0}{9}\sqrt{\frac{2e}{m}}V_t^{\frac{3}{2}}\left(\frac{d_s}{l_e}\right)^2 \tag{10.26}$$

式中，d_s 为栅极平均孔径，加速距离用有效长度 $l_e = \sqrt{(l_g + t_s)^2 + \left(\frac{d_s}{2}\right)^2}$ 计算。

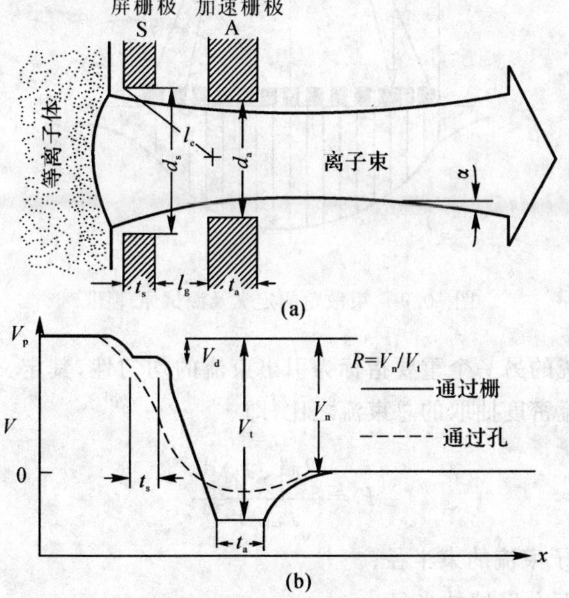

图 10.8　栅极示意图

与最大栅极单孔相对应，在发射面的离子流密度和能量较小时，在一定的总加速电压 $V_t=V_d+V_g+V_a$ 下，存在栅极允许的最小引出电流，而栅极单孔允许的最小引出电流计算较为复杂，在此不予赘述。

从离子光学系统引出的离子束，由于栅极小孔处等位面的弯曲以及离子之间的排斥作用等，使得离子束经过离子光学系统后，都有一定的发散。束散角可以按图 10.9 所示的几何关系来理解。由于难以确定离子束角分布的几何外沿，因而规定了束散角的定义及测试原理，如图 10.9 所示。

在实际试验测量中，束散角 α 的计算公式为

$$\alpha=\arctan\frac{R_\alpha-r_\alpha}{L} \tag{10.27}$$

式中 R_α—— 接收 90% 积分束流圆面积的半径；

r_α—— 加速栅极开孔区域半径；

L—— 加速栅极至束流测试面的距离。

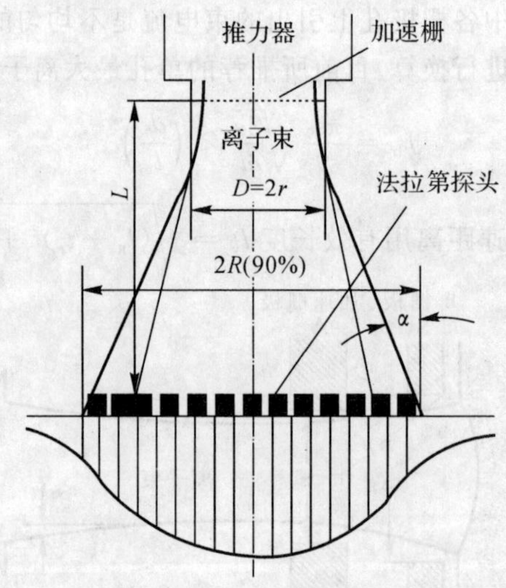

图 10.9 束散角的定义及测试原理图

表征离子光学系统的另一个重要指标为引出束流的均匀性，其定义为离子光学系统抽取的总束流与按峰值束流密度抽取的总束流之比，即

$$F=\frac{2\pi\int_0^{r_b}J_b r\mathrm{d}r}{J_{\mathrm{bmax}}\pi r_\alpha^2} \tag{10.28}$$

式中 r_b—— 引出离子束流的束半径；

r_α—— 加速栅开孔区域的半径。

对于矩形束流密度分布（即均匀分布），$F=1$，其他则小于 1。

10.3 主要特点

10.3.1 工质气体电离离子推力器

在带有离子光学系统的 IT 中,离子均是由带有磁约束的放电室中产生的,而离子光学系统将放电室中的等离子体中的电子和离子分离开来。放电室中产生等离子体可以有多种形式,如前所述,主要有直流电源气体放电、射频电离工质气体,或者电子回旋谐振电离工质气体等。

不同的推进剂工质电离方式的核心问题是减少带电离子对离子源中部件的溅射,提高放电室的效率,延长寿命。目前,推进剂工质电离方式推力器的放电室中的部件一般工作时间均可达到 20 000 h 以上,良好设计的放电室的效率可以达到 65% 以上。

工质气体电离离子推力器一般使用离子光学系统对离子进行加速,推力器的离子光学系统一般采用双栅结构,栅间距为 0.5 ~ 1 mm,在栅极间加有离子加速电压。离子扩散到屏栅上游的离子鞘层时,会被加速电压抽取并加速。对离子光学系统的几何尺寸进行设计是一项难度较大的工作,其涉及上游的等离子体密度、加速电位等,其核心问题是避免离子直接撞击到加速栅,减小加速栅的截获电流。

采用离子光学系统的工质气体电离离子推力器可以获得较小的束流发散角,有利于提高推力器的效率,便于推力器的安装。从理论上来说,栅极间的电压直接决定着推力器的比冲,通过改变栅极间的电压,可以对推力器的推力和比冲进行调节,并能够达到非常高的比冲。

工质气体电离离子推力器未来发展的困难是寿命延长受到限制(寿命达到 30 000 h 以上),需要有更好的材料,更轻、更简单的供配电子系统。

10.3.2 场致发射离子推力器

场致发射离子推力器(FEEP) 的特点是推力小、比冲高、寿命长、控制简便、控制精度高、振动小、反复开关性能好等。它的物理基础是在强表面电场的作用下从金属晶格中直接抽取单个离子,特别是从可电离的碱金属中抽取带电离子。

在欧空局的支持下所研制的场致发射推力器得到了很好的效果。其作用原理是,在一个二维毛细状供给槽的尖端(深度 $\approx 1\ \mu m$),槽带上有着锋利的唇缘,缝隙宽度在几毫米和几厘米之间,在其前端通过一个 0.5 ~ 1 mm 的电极抽取碱金属中的带电离子;其中和一般是通过场效应发射阵列阴极完成的,推力器发射的电流密度可达到 1 mA/mm^2。推力在 1 μN ~ 5 mN 之间。一般地,场致发射离子推力器需要超过 6 000 V 以上的初始电压来进行离子抽取,在场致发射离子推力器中,可以忽略中和损耗。如果在抽取加速电压(10 kV) 下,实际比冲大约有 100 000 m/s,因此尽管效率很高,每单位功率的推力仍然很小(16 $\mu N/W$)。

场致发射离子推力器的缺点是:

(1) 推力与能量的比值很低,同时需要很高的电压差,限制了其应用范围。

（2）由于液态碱金属的使用，对许多航天器表面会造成潜在的沉积及化学反应。

10.3.3 胶体离子推力器

在 20 世纪 60 年代，美国就开始发展这种推力器，其目的是产生高推力密度，在较低的比冲下比离子推力器更有效率。设计原则与 FEEP 相类似，所使用的工质液体可以是非金属的，其抽取的是亚微观结构的小滴而不是单个离子。

20 世纪 NASA 曾在这项工作上投入了大量精力。若要有效地抽取小滴，就要在一定的推进剂的容积下，不断增加其充电量，这给研制工作带来了很大的难度；此外，它需要数千伏高的电压才能达到所要求的比冲（在 10 000 m/s 左右）；胶体推力器的另外一项难点是离子流聚焦难度较大。

近 10 年中，随着喷墨打印和复印技术的不断进步，人们对推进剂进行了更深入的研究，使得推力器的效率得以有效的提高。胶体推力器由于推力功率比适度，已经成为空间微推力器中非常有竞争力的一种微推进手段。

10.4 重要参数、技术指标和性能

用于航天器上的 Kaufman 离子推力器的主要性能参数包括推力、比冲、工质利用效率、推力器电效率等。

按牛顿第二定律和动量原理，得到推力的表达式为

$$F = \frac{\mathrm{d}(m_{\mathrm{p}} v_{\mathrm{p}})}{\mathrm{d}t} = \alpha\beta q_{m,\mathrm{p}}^{+} v_{\mathrm{p}} = \alpha\beta I_{\mathrm{B}} v_{\mathrm{p}} = q_{m,\mathrm{p}}^{+} \bar{v}_{\mathrm{p}} = \eta_u q_{m,\mathrm{p}} v_{\mathrm{p}} \tag{10.29}$$

$$F = m_{\mathrm{s}} \dot{v}_{\mathrm{s}} \tag{10.30}$$

式中 F—— 推力器产生的推力；

$q_{m,\mathrm{p}}^{+}$—— 工质离子的流率；

$v_{\mathrm{p}}, \bar{v}_{\mathrm{p}}$—— 分别为工质在推力器出口处的排出速度和有效特征排气速度；

$m_{\mathrm{s}}, \dot{v}_{\mathrm{s}}$—— 分别为航天器瞬时的质量和速度；

I_{B}—— 引出的束流，其单位可换算为当量的工质流率（kg/s）；

β—— 束离子中双荷离子修正系数；

α—— 束离子发散因子。

离子束的发散将引起离子的轴向分量速度减小，降低离子推力器的推力和比冲，若束离子与推力方向的夹角为 θ，径向坐标为 r，束流密度分布为 $J_{\mathrm{B}}(\theta,r)$，则

$$\alpha = \frac{\int_0^{\infty}\int_0^{2\pi} r\cos\theta J_{\mathrm{B}}(\theta,r)\,\mathrm{d}\theta\,\mathrm{d}r}{\int_0^{\infty}\int_0^{2\pi} r J_{\mathrm{B}}(\theta,r)\,\mathrm{d}\theta\,\mathrm{d}r} \tag{10.31}$$

在带电离子经过离子光学系统加速后，离子对推进系统电位的加速电压为

$$V_{B}=V_{s}+V_{d}-V_{sh} \tag{10.32}$$

式中　V_B—— 离子束电位；

V_s—— 屏栅极与航天器地之间的电压；

V_d—— 阳极电压；

V_{sh}—— 在栅极孔处的等离子体鞘层电位。

因为 $V_d=V_{sh}$，所以一般 V_B 近似等于 V_s。那么，对于单荷离子，其排出速度

$$v_{p}=\sqrt{\frac{2e}{m_{p}^{+}}V_{B}} \tag{10.33}$$

式中　m_p^+—— 工质单个原子的质量；

e—— 电子电量。

将方程式(10.33)代入方程式(10.29)，对于氙气，则有

$$F=1.651\times10^{-3}\alpha\beta I_{B}\sqrt{V_{B}} \tag{10.34}$$

在 IT 的寿命期内，它所消耗的工质质量 m_p 为

$$m_{p}=m_{p}^{+}+m_{po}+m_{pn} \tag{10.35}$$

式中　m_p^+—— 电离的工质质量；

m_{pn}—— 供给中和器维持放电的工质质量；

m_{po}—— 逃逸的未电离工质质量。

那么，放电室工质利用效率

$$\eta_{u}'=\frac{m_{p}^{+}}{m_{po}+m_{p}^{+}} \tag{10.36}$$

考虑到中和器中的工质消耗量，则 IT 的工质利用效率

$$\eta_{u}=\frac{m_{p}^{+}}{m_{p}^{+}+m_{po}+m_{pn}} \tag{10.37}$$

在式(10.36)与式(10.37)两式中，η_u 与 η_u' 的关系为

$$\eta_{u}=\frac{\frac{m_{p}^{+}}{m_{pn}}\eta_{u}'}{\frac{m_{p}^{+}}{m_{pn}}+\eta_{u}'} \tag{10.38}$$

在流经 IT 的流率为 $q_{m,p}$ 时，IT 比冲

$$I_{s}=\frac{F}{q_{m,p}}=\frac{q_{m,p}^{+}\bar{V}_{p}}{q_{m,p}}=\eta_{u}\bar{V}_{p} \tag{10.39}$$

IT 的电效率

$$\eta_{e}=\frac{P_{B}}{P_{t}}=\frac{P_{B}}{P_{B}+P_{\varepsilon}} \tag{10.40}$$

式中　P_B—— 推力器束功率；

P_t—— 推力器实际消耗的功率；

P_ε—— 电推力器所损耗的功率。

由式(10.40)很容易得到

$$\eta_e \approx \frac{1}{1+\dfrac{\varepsilon_B}{V_B}} \tag{10.41}$$

不难看出,IT 的电效率与电推力器的排气速度之间的关系为

$$\frac{1}{2}\eta_u q_{m,p} v_p^2 = \eta_e P_t \tag{10.42}$$

10.5 关键技术和研究水平

为了增强 IT 对普通用户的吸引力,过去几十年通过削减放电室及电源系统的组件,不断地向着简单化发展,从而提高系统的可靠性。IT 的另一个重要的变化是抛弃了使用相对分子质量大的液态金属而用惰性气体作为推进剂(氙是首选的推进剂)。对于推力器的工作点的选择,人们逐步设计为单一工作点,或者近似于单一的设计工作点。其他变化包括将电磁铁替换为永磁铁,在某些情况下,去除或替换空心阴极的触持极电源,摒弃中和器的偏置电源。如此,有可能会减少 6 个电源,而且,通过简化一些组件和控制回路,还可以大大地简化其他电源和控制回路。

除了这种常规的发展趋势之外,有相当一部分注意力放在了对推力器子系统的改进上,因为它们会影响整个推力器系统的成本、寿命、可靠性以及整机的性能。对推力器子系统的改进主要集中在:

(1) 栅极的对准、制造以及装配等结构上的考虑;

(2) 栅极系统的寿命;

(3) 阴极及其连接件的寿命;

(4) 推力器性能;

(5) 推进剂的选择。

众所周知,IT 能够完成航天器较高速度增量要求的任务,例如,行星际飞行或者更远的飞行任务,因为它有比冲高的特征。如今,它在总冲量较低的近地轨道飞行任务 —— 包括卫星的轨道转移、位置保持以及姿态控制 —— 中也成了很有实力的竞争对象。

10.5.1 栅极系统的结构

离子须要通过栅极的电压引出并加速,从而栅极的机械设计比较严格,因为栅极决定着束流密度、束发散角以及引出离子束流的动能。这些因素又决定了推力密度、束发散引起的推力损失以及比冲(I_s)。

通常,最好使用较高的束流密度,这样可以减少航天器所需的推力器的数量。因为对于每一次飞行任务,都有一个最佳的工作比冲,该比冲首先取决于净加速电压。要得到较高的束流

密度需要减小屏栅厚度以及屏栅与加速栅之间的间距，这样一来，栅极的小孔孔径就可以减小，产生推力的孔数量就增加。两栅的靠近程度受限于推力器的口径，而且放电室工作条件改变时，由于栅极温度分布引起的栅极热形变，使得栅间距很难再小。出于这种考虑，对栅极系统做了以下改进：

(1) 将平面栅改成球面栅，球面栅在温度变化时的热形变小，它的栅极口径与栅间距的比值相对于平面栅的为 50 : 1，可以提高一个数量级。

(2) 改用化学蚀刻法加工栅极小孔，它相对于机械钻孔而言，不仅降低了成本，而且提高了小孔的加工精度和质量。

(3) 屏栅孔与加速栅孔之间引入一个微小的径向偏移量，偏转单孔束流的方向，从而减小整个束流的束发散角，减小球面栅引起的推力损失。

(4) 利用屈服栅极装配方案，允许两栅之间有微小的径向膨胀，支撑结构可以使栅极表面的形变降到最小，避免形变引起的栅极小孔对不准。

(5) 用碳/碳复合材料取代钼。碳/碳复合材料是当前研究工作的主题。它的优点在于它可以做得很薄，但是强度又高，避免了两栅之间的形变，而且，在推力器的工组温度范围内，碳/碳复合材料的热膨胀系数为零。这也就意味着，距离很近的两片栅不需要做成球面结构，更不需要进行栅极补偿来保证小孔对准，而且利用复合材料还有可能从狭缝中引出束流，而不必再用圆形孔。现在期望的就是能够简化碳纤维的接合与钻孔工艺，降低复合材料栅极的成本。

目前，碳/碳复合材料取代钼成为离子推力器离子光学系统的研究重点。

10.5.2　栅极系统的寿命研究

在讨论限制整个推力器寿命的单个元器件寿命的时候，需要注意的是，由于 IT 推力小的特点，使得飞行任务对它的寿命要求就比较高(10^4 h 数量级)。因此，经过严格的磨损处理时磨损率就非常小，寿命考核实验也需要很长的时间，这就使得其考核实验费用很高。利用计算机监控设备对寿命考核实验过程进行监控就成为必要。

屏栅与加速栅的寿命取决于离子溅射腐蚀，这些离子轰击栅极表面，并且其能量足以使栅极材料产生溅射。对于屏栅，溅射的产生主要是由放电室内产生的高密度等离子体中的低能离子的直接碰撞。这些离子的初始动能决定于放电室内的放电电压(阴极与阳极之间的电压)，可以通过电压控制单荷离子的能量，使它们的能量接近或低于栅极材料的溅射阈值(通常小于 30 V)。但是，放电室中产生的双荷离子甚至三荷离子的能量还是比较高的，它们仍然会对屏栅产生溅射腐蚀。

屏栅要做得尽量薄，这样可以保证最短的离子加速距离，较高的推力密度，而且要改变工作状态使得多荷离子的密度尽量减小。较薄的屏栅能够提高推力器的性能，以满足航天器的飞行要求。很明显，在一定的放电电压下，推力器工作时离子与中性原子之比要减小，使得溅射腐蚀在可接受范围之内。保持较低的放电电压也是很重要的，这样可以减小溅射离子的能量，减小屏栅的溅射腐蚀率。

栅极系统的设计要使离子引出时不会直接轰击到加速栅上对其产生溅射腐蚀。但是，束流中既有高速的离子，也有低速的中性原子从栅极中逃出，其中一小部分(约 1%) 离子在加速引出时会捕获附近中性原子的电子。电荷交换典型的结果就是产生一个高速运动的原子随束流排出，一个低速运动的离子被加速栅负电压拉回并对加速栅产生溅射腐蚀。虽然这些离子形成的电流非常小，但是它们轰击加速栅时的能量比较高，而且在只有一个屏栅和一个加速栅的情况下，这些离子轰击加速栅的位置集中在其下游表面小孔之间的区域。于是会对加速栅产生严重的溅射腐蚀，甚至导致离子光学系统的失效。因为加速栅厚度对离子引出性能的影响不大，所以通常加速栅做得比屏栅厚一些。为了提高加速栅的寿命，将加速栅的负电压减小以便减小轰击加速栅的交换电荷的动能。

加速栅电压的最小值受电子反流限制，如果加速栅电压不足时，束等离子体中的电子就会通过栅极小孔反流到放电室。这种现象叫做电子反流，它会产生额外的热效应，降低推力器的效率，而且还会使得束流显示错误的数值，从而得到错误的推力及比冲值。

如果没有加速栅腐蚀的负面影响，则可以提高加速栅电压，这样就可以提高引出束流的密度，从而推力密度也就增大。但是研究显示，加速栅电压增大时，束发散也会增大。束发散的问题及加速栅下游表面腐蚀的问题都可以通过在加速栅下游增加第三片栅(减速栅) 来解决。减速栅的电压维持在周围空间等离子体的电压附近。在某种程度上说，减速栅是加速栅的一个物理防护，避免其下游表面被离子腐蚀，而且它还有助于离子束的聚焦。这样，在加速栅的电压大范围浮动时，可以保证较小的束发散。减速栅增加了栅极组装的机械复杂度，但是它可以将大部分腐蚀加速栅下游表面的电荷交换离子转移到加速栅小孔的孔壁。孔壁腐蚀对加速栅的寿命影响很小，因为初始的加速栅孔径相当小，要将它腐蚀到加速栅结构失效需要很长的时间。但是，当加速栅小孔孔径增大时，放电室中性推进剂的损失就增大，这样，推力器的效率就降低。孔壁腐蚀时，溅射物质一般会再沉积到减速栅的上游表面、屏栅的下游表面或者放电室中，只有 12% 的溅射物质会随束流逃出推力器。而在双栅系统中，几乎所有的溅射物质都逃到束等离子体区域，成为航天器的污染源。这是三栅系统又一个优点所在。

目前，良好设计的离子光学系统的寿命在 30 000 h 以上。

10.5.3 阴极及其连接结构的寿命

早期的 IT 都用难熔的金属丝及氧化物阴极作为电子发射源，后来都被空心阴极取代。

目前主阴极及中和器阴极都用空心阴极作为电子发射源，空心阴极的优点主要有：① 结构简单、机械性能好；② 寿命比较长；③ 能够重复起动；④ 可以暴露于大气。这种阴极用低功功能材料的多孔钨作为内嵌物。

空心阴极的缺点是工作温度较高，而且电子发射体表面污染容易造成阴极失效，但是这可以通过合理的设计及提高推进剂的纯度来解决。空心阴极的设计及工作寿命与栅极相似，取决于离子溅射腐蚀。阴极寿命实验是在电子发射电流为飞行任务需求的电流下进行的，不论推进剂是用汞还是用氙，先进的空心阴极的寿命都超过 20 000 h。

尽管事实说明空心阴极的设计能够满足飞行任务的需求，但是，还是需要弄清楚其溅射现象的细节，以便可以在设计上对空心阴极进行改进，从而可以节省昂贵的阴极并缩短推力器考核实验时间。阴极的溅射腐蚀有些难以捉摸，由于阴极区电极间的电压差不足以将离子加速到溅射阈值，多荷离子是造成溅射的主要因素，但是其数量不可预计。估计阴极的下游存在瞬时的电压尖峰，对该现象尚待进一步深入研究。

根据空心阴极下游存在瞬时的电压尖峰的假设和理论，产生于电压峰值附近的离子就能够获得足够的能量，在各个方向都会引起溅射现象。这种溅射不仅会造成阴极表面的溅射腐蚀，还会造成阴极邻近部件表面的腐蚀。在推力器及推力器部件的寿命考核及运动离子通量的测量之后，发现了这些表面腐蚀现象。空心阴极组件的腐蚀率取决于阴极电子的发射率、推进剂流率、阴极下游的压强。

10.5.4 放电室性能

放电室性能的优劣决定了 IT 的效率。IT 的效率 η_t 是由推力 F、推进剂流率 $q_{m,p}$ 以及输入功率 P 定义的，它与电源的转换效率 η_e，流入放电室的推进剂利用率 η_u 以及束发散和多荷离子效应比率 η_d 等有关，其表达式为

$$\eta_t = \frac{F^2}{2q_{m,p}P} \approx \eta_e \eta_u \eta_d^2 \tag{10.43}$$

应该注意的是，在式(10.43)中用了一个约等号，这是因为仅仅利用放电室推进剂流率计算的推进剂的利用率稍微偏大一些，在总的推进剂流率中还包括中和器的推进剂流率以及固有的流率损失，但是这一部分通常比较小。

利用方程式(10.41)和式(10.43)，推力器效率还可以写成

$$\eta_t \approx \frac{\eta_u \eta_d^2}{1+(\varepsilon_B/V_{net})} \tag{10.44}$$

式中　V_{net}——将离子加速到束流中需要的电压差；

ε_B——产生并加速单个离子所需要消耗的能量。

如方程式(10.44)所示，束离子能量消耗和推进剂利用率决定了推力器的总效率。如图 10.10 所示对这两个参数(ε_B 和 η_u)之间的关系给出了定性的说明。该图可以反映出离子是通过运动的电子轰击放电室中的推进剂原子产生的。如果主阴极的电子发射率较低，大多数的能量提供给电子，用来产生离子，ε_B 是其基准能量，但是许多中性原子还是不能被电离，以原子的形式逃逸出栅极。这样，η_u 就比较低。如果电子发射率提高，未能电离推进剂原子的电子与到达阳极的电子或者它们的总动能之比就会增大。随着这些电子损失的能量会导致 ε_B 增大，但是密度增大时电离会增加，因此，η_u 也增大。当电子发射率增大到一定值时，大多数的推进剂都可以被电离(η_u 接近于 1)，同时有许多电子没有参与推进剂原子的电离，它们就会携带一部分能量到达阳极，这样束离子能量“成本”剧增。一般，最佳工作点在图 10.10 所示特性曲线的拐点处。该拐点位置越靠右下方(即推进剂利用率越高，束离子“成本”越低)，说明放电室的性能越

好。值得注意的是，净总加速电压的变化不会影响该特性曲线中拐点处的坐标值，因为在带有栅极系统的推力器中，离子的产生和加速是两个独立的过程。

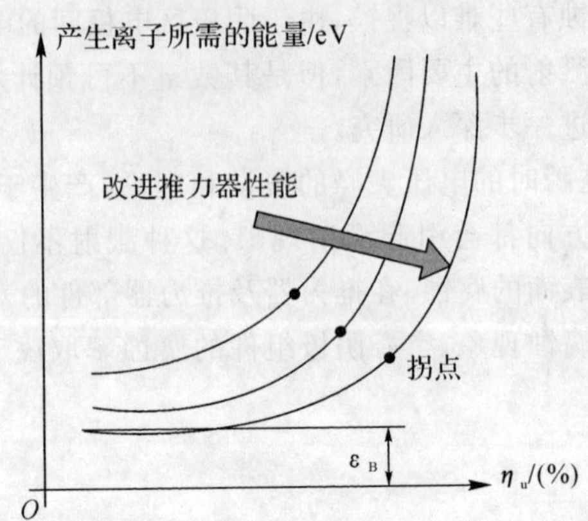

图 10.10 束离子能量消耗和推进剂利用率关系示意图

从方程式(10.44)可以看出，如果净总加速电压减小时，也就是说任务需要推力器的比冲减小时，就更需要减小离子产生"成本"。如果净加速电压较低，则放电室的设计要做必要的修改，使得推力器电效率降低的幅度尽量减小。

为使电推力器的电效率有效提高，有如下两种途径：

(1) 减小加速栅小孔的直径。因为离子束在通过加速栅这一段，束流的直径最小，这样就有可能减小加速栅小孔直径，同时可以限制中性原子的损失而不须要减小束离子的喷射率。这也叫做小孔加速栅(SHAG)效应，在任何束离子"成本"下，它都可以有效地提高推进剂的利用率。

(2) 改进放电室的磁场位形。改善磁场位形，限制电子的运动轨迹，使得它在到达阳极之前，能够尽可能地电离推进剂原子将能量消耗掉。离子推力器如果采用发散的或多级磁场位形，束离子"成本"能够降低。目前，普遍采用的是多极磁场位形。磁场的设计不仅仅要减小高能电子的损失，还要阻止离子与电阻的复合损失。这两种效应有效地减小了束离子产生"成本"。

10.5.5 推进剂发展趋势

IT 的推进剂应该首选相对原子质量较大的原子，因为相对原子质量较大的气体原子热运动速率比较小，这样在推进剂未被电离的情况下，从栅极的逃逸损失就比较小。大多数的原子，其电离能都相差不大，但是相对原子质量大的原子要得到给定的比冲需要更大的净加速电压。从式(10.44)可以看出，推力器的效率也随着推进剂原子的相对原子质量增大而提高，而且推力与功率的比值也随之增大。其次，要选择那些二次电离能较大、电荷交换率低的原子，这样可以延长推力器的寿命。最后，要选择没有汽化现象、方便存储的推进剂，这样可以简化储罐及推进剂控制处理系统。

考虑到以上这些因素，早期都使用铯及汞推进剂。汞对人体有毒性，地面实验的时候需要进行处理，增加了实验的难度及费用；而铯的表面张力太大，在空间实验中会引起迁移，最终将覆盖在绝缘体的表面引起电气短路。这两种推进剂现在都已经被氙所替代。氙气在以上提高的所有性能指标的兼容上达到了最好的平衡，现在被用作地球轨道卫星发动机的推进剂，只是相对其他的推进剂，用氙气做推进剂的成本比较高。

最近，一个很热门的课题是关于 C_{60} 作为推进剂的研究。由于其相对分子质量($M_r(C_{60})=720$)比较大，所需的加速电压比较高，尤其在一些低比冲的任务中，这种推进剂的吸引力相当大。但是它的缺点在于，这种分子会分解出负离子或裂解，这就会降低放电室的性能。

10.6　工程设计方法

10.6.1　离子推力器参数选择

IT 参数选择的主要步骤如下：

(1) 首先要根据航天器所能提供的功率和推进剂类型确定出 IT 最佳比冲。束电压与推力器的功率有很大关系，束功率一般占推力器输入功率的 75% 以上。

(2) 利用IT的比推力、所需的寿命、比冲等，可以确定出适宜的推力器推力。其考虑较为复杂，在此不再赘述。

(3) 根据推力器的推力、比冲、功率，可以确定出推力器所需束流的大小。

(4) 根据所研究的离子光学系统的水平和寿命要求，确定出适当的束流密度，由此得出推力器的束径和阳极直径(通常阳极直径等于束径)。

(5) 根据上述初步制定的参数，估算出阳极电流(为束流的 4.5 ～ 6.5 倍)，再由推力器中电流的平衡关系，估算出主阴极的发射电流。

10.6.2　离子推力器放电室设计

IT 包括主阴极、放电室和离子光学系统，放电室的性能决定着电推力器的效率和可靠性。目前 IT 一般使用多极场和发散场。

IT 放电室设计是通过大量的正交试验完成的，正交试验中的影响因素和位级的选择随同试验的深入进行，需要不断地进行调整。设计一个性能良好的放电室，要安排多次正交试验。

10.6.3　离子推力器离子光学系统设计

氙离子火箭发动机的离子光学系统较多地采用由屏栅极和加速栅极组成的双栅离子光学系统。图 10.11 所示就是双栅离子光学系统的结构及几何参数。其中，S 表示屏栅极；A 表示加速栅极；d_s 与 d_a 分别表示屏栅极与加速栅极的孔径(mm)；t_s 与 t_a 分别表示屏栅极与加速栅极的厚度(mm)；l_g 是栅间距(mm)；$l_e=\sqrt{(l_g+t_s)^2+\left(\frac{d_s}{2}\right)^2}$，表示有效加速长度；$\alpha$ 表示束发散角。

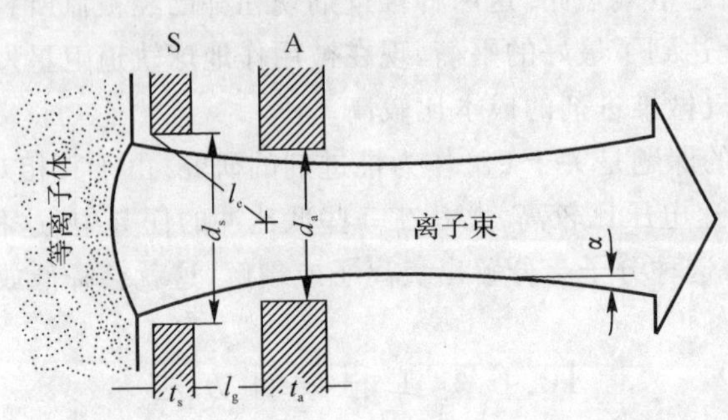

图 10.11　双栅离子光学结构及参数示意图

离子束通过双栅孔向下游喷出，双栅的下游设置中和器，其发射的中和电子以极快的速度散布于离子束中，与离子束中的离子中和。此后的离子束转变为束等离子体，绝大多数的中和电子随离子向下游运动。由于加速栅极是负电位，束等离子体沿下游方向过渡到零电位，过渡面称为中和面。对多孔栅而言，中和面大致就是一个垂直于推力器轴的平面。加速栅孔到中和面之间对离子来说是减速场，由带电粒子在减速场中运动的性质可知，这个区域中离子束将发散。束离子通过中和面后，与中和电子混成了中性束等离子体，离子轨道稍有改变后转入直线运动。所谓离子束散角，就是指束离子转为直线运动的轨道与栅极轴向的夹角。减速场引起束发散主要发生在中和面的上游。

决定束散角的参数之一是归一化导流系数 K。屏栅极几何透明度(栅极孔总面积与栅的开孔区域面积之比)对鞘层的形状和位置也有明显的影响，当栅极透明度高时就可以得到较大的导流系数，抽取较大束流且束散角也小。但是为了减小中性气体的损耗，提高气体利用率，使用小孔加速栅有很好的性能。即虽然束流变大，但由于鞘层的形状和位置优良，发射和聚焦的离子束可以通过更小的加速栅孔，因此离子束的发散也小。

大量的实验发现，要取得较好的性能，屏栅极几何透明度通常需要超过 67%。屏栅极几何透明度一般做到 70% 就足够了，小孔正三角形排列时，其有效透明度可达 73%。几何透明度超过 70% 的栅极，制造难度较大，有效透明度也不会有明显提高。

决定束散角的参数之二是净总加速电压之比 $R(V_n/V_t)$，V_n 与 V_t 分别表示净加速电压和总加速电压。该参数反映了加速场和减速场对离子聚焦和散焦的程度，可以描写离子束的发散特性。R 越大，束散角 α 就越小，但返流条件限制了最大可使用的 R 值。发生电子返流将导致测量离子束流出现虚假的指示和升高离子束电位。判断电子返流的条件可由 Kaufman 的半经验公式给出：

$$(1-R_{\max})=\frac{|V_{eb}|}{V_{b-ps}+|V_{eb}|}=\frac{0.2}{\dfrac{l_e}{d_a}\exp\left(\dfrac{t_a}{d_a}\right)} \tag{10.45}$$

式中　$R_{\max}$—— 最大净总加速电压比；

V_{eb}—— 电子返流极限电压；

V_{b-ps}—— 束流电压；

d_a—— 加速栅极孔径；

t_a—— 加速栅极厚度；

l_e—— 有效加速长度。

决定束散角的参数之三是栅间距。栅间距会影响导流系数值的大小。鞘层发射的离子流经过双栅区域抽取为束流，因受空间电荷限制而遵守二分之三次方定律。单孔束流密度为

$$j'_b=\frac{4}{9}\varepsilon_0\sqrt{\frac{2e}{m_i}}\frac{V_t^{\frac{3}{2}}}{l_e^2} \tag{10.46}$$

假定通过屏栅孔的离子流是均匀的，则单孔束流密度乘以 $\pi d_s^2/4$，可以得到单孔束流

$$I'_b=\frac{\pi d_s^2}{4}j'_b=\frac{\pi}{9}\varepsilon_0\sqrt{\frac{2e}{m_i}}\frac{V_t^{\frac{3}{2}}d_s^2}{l_e^2} \tag{10.47}$$

为了更方便地表示离子光学系统产生离子束流的特性，定义 $P=I'_b/V_t^{\frac{3}{2}}$ 为单孔导流系数，其表达式为

$$P=\frac{\pi}{9}\varepsilon_0\sqrt{\frac{2e}{m_i}}\left(\frac{d_s}{l_e}\right)^2 \tag{10.48}$$

导流系数只是离子光学几何参数的函数，表征离子光学结构所能通导的束流能力。在实际设计时，使用归一化的导流系数更为方便。如果束离子全部由单荷离子构成，且屏栅孔径与加速栅孔径相同，则定义单孔归一化导流系数为

$$K=\frac{I'_b}{V_t^{\frac{3}{2}}}\left(\frac{l_e}{d_s}\right)^2=\frac{\pi\varepsilon_0}{9}\sqrt{\frac{2e}{m_i}}\left(\frac{A}{V^{\frac{3}{2}}}\right) \tag{10.49}$$

式(10.49)是在假定鞘层发射的离子全部通过双栅离子光学系统的条件下推得的，计算出的 K 值实际是最大归一化导流系数 $K_{\max}$ 值。考虑到离子束的准直性，归一化导流系数的实用值一般不超过理论极限值 $K_{\max}$ 的 50%。当加速栅极出现明显的离子截获时，所对应的归一化导流系数设计值使用上限值。

10.7　应用状况

10.7.1　氙离子火箭发动机系统应用方向

电推进作为先进的空间推进技术，除了需要克服强引力的地球(星体)表面发射或降落

外，几乎可以应用于所有需要推进系统的航天器使命。这些用途包括：

(1) 同步轨道通信卫星的位保、轨道转移、卸轨、重定位、姿态控制；

(2) 低轨道卫星星座的轨道转移、阻尼补偿、轨道和姿态控制、间距维持、卸轨、重定位；

(3) 星际使命的主推进、姿态控制；

(4) 科学和地球观测使命的超精细定向、轨道和姿态控制、阻尼补偿(包括借以达到无阻尼自由飞行)。

这里需要强调指出，并不是单独一种电推进类型就可以满足所有这些需求。事实上，一种电推进类型甚至都不能满足一个航天器的全部使命阶段对推进系统的需求。所以，在具体航天器使命应用中，需要考虑推进系统本身的推力、比冲、效率、工作寿命等，优化配置一种或几种推进系统，包括化学推进系统。

从卫星应用电推进系统的现状及发展趋势看，电推进应用的第一步是同步通信卫星的南北位置保持，这也是保证通信卫星竞争力的关键。电推进的比冲比常规的单组元或双组元化学推进高出一倍到几十倍，所以用电推进系统进行长寿命静止通信卫星的位置保持，可以大大节省推进剂消耗，从而增加卫星的有效载荷，提高卫星性能和效益。伴随应用电推进的同步轨道卫星的发展趋势是延长寿命、增加有效载荷、提高功率、扩展服务带宽，适用于位置保持使命的电推进包括肼电弧、氙 SPT 和氙离子系统。电推进应用的第二步是随着卫星功率增大，电推进将用于部分或全部完成轨道转移及后续工作轨道位置保持和姿控，最终取代化学推进系统。现代通信卫星用电推进完成卫星从转移轨道到工作轨道的机动，并在卫星 10 ～ 15 年的工作寿命期间通过补偿引力扰动维持轨道，能够节省卫星发射质量 20%。电推进应用的第三步是低轨道卫星星座系统的轨道转移和插入、大气阻尼补偿、指向维持、间距保持、脱轨等。低轨星座电推进选择依赖于卫星质量、使命、工作轨道。一些具体限制或要求包括低系统成本、低组装成本、高生产能力、简单化设计、质量轻、体积小等。对低轨道星座，可以应用的电推进包括 SPT，FEEP，PPT 等。

FEEP 的低推力和推力可控制调节能力使其成为精细定向和无阻尼自由飞行科学航天器的电推进首选。欧洲计划中的此类使命包括激光干涉仪空间天线(LISA)、GAIA、自由飞行干涉仪(DARWIN) 等。其中，LISA 测量引力波，由多个激光束联系的卫星组成空间干涉仪，完成使命主要依赖于复杂的加速度计性能，必须工作在无阻尼自由状态。FEEP 技术可应用在 1 ～ 1 000 μN 的低推力范围，且具有非常精密的调制能力、快速响应控制、低推进剂消耗及设计系统简单、紧致、灵巧等特点的领域。

电推进作为星际使命航天器主推进的技术已经相对成熟，星际使命用电推进取代化学推进带来的益处包括降低工作费用、增加有效载荷、缩短飞行时间、避免发射窗口限制(不依赖引力辅助飞行)、小运载发射等。另外，电推进的可调节控制推力的使用将为新使命范畴提供支持。从未来发展看，如果电推进和高功率电源(核反应堆) 结合，将为太阳系及太阳系外探测、星际载人、外星移民等提供推进能力。表 10.2 列出了主要电推进系统的可能用途。

表 10.2　电推进系统的主要用途

类型 \ 用途	位置保持	轨道转移	阻尼补偿	轨道重定	姿控	精确定位	主推进
肼电热	√		√				
肼电弧	√		√	√			
氙 SPT	√	√	√	√			√
氙 TAL	√		√	√			
氙离子	√	√	√	√			√
氙 RIT	√	√	√	√			√
太氟隆 PPT	√		√		√	√	
铯 FEEP			√		√	√	

10.7.2　应用电推进的效益

应用电推进系统产生的效益包括经济效益和技术效益两个方面。经济效益是指相对应用化学推进所产生的经济效益增长，而技术效益是指能够完成化学推进不能胜任的使命。空间系统应用电推进的经济效益具体体现在下述方面。

1. 增加有效载荷

在运载条件和使命需要的速度增量不变的情况下，应用高比冲电推进可以减少推进剂需求量。这些节省的推进剂质量可以用于增加航天器的有效载荷，如通信卫星的转发器，以产生直接经济效益。但在这里还不能将节省推进剂质量和能够增加的有效载荷质量直接等效，因为增加有效载荷后需要在电源、推进剂、防护等系统进行相应的配置。

2. 减轻发射质量

在最终送入工作轨道的航天器质量和使命需要的速度增量不变的情况下，应用高比冲电推进节省的推进剂消耗量使得航天器发射质量能够减轻，从而降低发射成本。目前发射到同步轨道的费用为 30 000 ＄/kg，由此可见经济效益之显著。如果节省的推进剂量大到可以用小运载代替大运载来发射，或者增加单次运载发射的航天器数量，则由此产生的效益将更为可观。

3. 延长工作寿命

在运载任务和填装推进剂量不变的情况下，应用高比冲电推进节省的推进剂消耗量可以使得航天器能够在轨多工作几年，延长服役寿命，如果有效载荷确实能够进行正常工作，则由此增加的经济效益相当高。

4. 缩短完成使命周期

对太阳系内甚至太阳系外的星际探索使命，应用电推进系统完成逃逸地球后的轨道转移时，利用电推进的连续工作能力和推力调节能力，可以对轨道和推进策略进行全过程优化，使得航天器达到目标的周期显著缩短。另外，对低轨道星座布网情况而言，应用电推进系统可以增加单次运载发射的卫星数量，减少发射次数，缩短完成布网需要的时间，星座卫星数量越多，效益越显著。

应用电推进的技术效益主要体现在两个方面。一是以所谓无阻尼自由飞行卫星为代表的地球轨道范围使命，微小推力、高精度推力调节和控制能力需求只有类似FEEP电推进系统才能胜任，否则使命无法实现。二是所谓的远距离星际使命，在现有条件下，如果全使命应用化学推进就根本不可能把航天器发送到目标位置，而应用高比冲电推进就可以完成这类使命。

具体空间系统应用电推进的效益分析要结合使命需求和电推进类型进行优化，要通过电推进系统类型的优化选择和电推进工作策略的优化选择，最终实现客观限制条件下的最大化效益。主要的限制条件包括可用的电源功率、容许的使命周期、推力器最大工作寿命、电推进和航天器相互作用的相容性等。

10.8　发展中遇到的问题及对策

任何技术（包括火箭技术与空间技术）的发展最终要求是要对产品进行严格的验证。今天电推力器的应用量在不断增长，在不同国家还出现新的推力器制造商，所以对电推力器工作特性验证已经成为电推进技术成熟应用的关键。

在完成了电推进系统原理性样机的基础上，对电推进系统的验证可分成三类：

(1) 在产品寿命期内和各工作阶段保证产品抵抗周围环境的能力（环境冲击、振动、空间辐射等等）；

(2) 功能特性的确定（推力、可靠性等等）；

(3) 产品与飞行器其他子系统的相容性（如电磁噪声、等离子体对航天器表面的影响等）。

从保证抗振动、热和声学冲击等等环境这一要求来看，电推进系统与其他类型的推进没有区别。各种冲击的标准和对空间飞行器所采用的任何技术进行地面实验的方式和方法都可按目前的规范和标准来控制，它们完全可适用于电推进系统。

电推进系统同其他任何一种推进一样，有苛刻的工作性能参数的要求。然而，由于推力小和电推力器长寿命、高可靠的工作要求，电推进系统与其他推进系统有一定的差别，其测试试验系统要求较高，须要进行可行的寿命考核和空间飞行验证。另外，电推力器系统产生的带电离子与空间飞行器产生相互作用，会引起空间飞行器表面带电、离子溅射和沉积等，也需要进行实验分析和空间飞行验证。

因此，离子推进系统发展中遇到的主要问题是在进行原理性样机研究的时期，要建立良好的实验基础条件保障，确定有效的研制计划和经费保障，同步开展电推力器与航天器相互作用研究，在对电推进系统进行地面寿命考核中，不断发现问题并加以改进，以达到空间飞行的可靠性要求。

特种推进篇

第 11 章　核能火箭发动机(NRE)

早在 20 世纪初期,“航天之父”齐奥尔科夫斯基曾说:“一吨重的火箭只要用一小撮镭,就足以挣断与太阳系的一切引力联系。”为了实现齐奥尔科夫斯基的预言,为了向更遥远的浩瀚宇宙进发,科学家一直都潜心研制那种能长时间高速运行的运载工具——核能火箭。核能火箭发动机(Nuclear Rocket Engine,NRE)是利用核反应产生的能量加热工质或产生等离子体高速喷射产生推力。从理论上讲,原子核反应的能量密度是化学反应能量密度的上百万倍,这种高能量密度使核能推进成为大推力推进技术的理想选择。早在 20 世纪 60 年代,美国就制订了利用核能制造大型航天运载工具的研究计划。虽然反应堆的尺寸、质量和形式都适合于运载火箭,但研究发现,除了昂贵的投资经费外,核能火箭发动机的喷气射流会严重污染发射台设备及其周围环境,所以这种核推进系统还不能用于运载火箭第一级的动力。不过,由于核能火箭发动机的大功率、高效率,很适合于在大气层外执行行星际探测任务,但至今无法实际应用。核推进火箭提供的最大速度增量可达到 22 km/s,可以大大缩短探测器到达月球的时间。运用核推进火箭,探测器到达土星的飞行时间只需要 3 年,而传统航天器则要花费 7 年的时间。载有核助推器的空间探测器可作为普通化学火箭头部的有效载荷被发射出去,当有效载荷进入地球高轨道(即大约 800 km 以上)时,核反应堆开始工作。2003 年 1 月,美国制定的新太空政策中提出了利用核动力推进航天器探索火星的普罗米修斯计划,大力加强核能推进的研究。同样,欲发展地面先进、大推力、高推质比且可用于单级入轨的大型运载系统,也应优先考虑发展核能推进技术。

11.1　分类与原理

核能火箭发动机(见图 11.1) 利用核反应或放射性衰变释放的能量加热工作介质,工质通过喷管膨胀后高速排出产生反作用推力。根据核能释放方式的不同,核火箭可分为放射性同位素衰变型、核裂变型和核聚变型三种。

所谓核裂变是指在一定条件下,原子核发生分裂,同时释放出大量的能量。核聚变热能推进目前处于概念研究阶段。要产生核聚变,需要将聚变材料保持或约束在高压下足够长的时间,并加热到近亿摄氏度。目前主要有两种实现方案。一种是惯性约束核聚变(ICF),也称为脉冲式核聚变推进系统(PFPS);另一种是磁约束核聚变推进系统(MCF)。ICF 推进系统利用燃料本身的惯性来约束它,并用激光束或中子束将核聚变物质压缩到发生聚变所需的密度和温度,超高温聚变产物通过磁喷管喷出从而产生推力(见图 11.2)。MCF 则采用强磁场来约束氢,并用微波等手段将其加热到发生聚变所需的温度。核聚变推进理论上可达到 1×10^6 m/s

以上的高比冲性能，且具有很低的辐射水平。

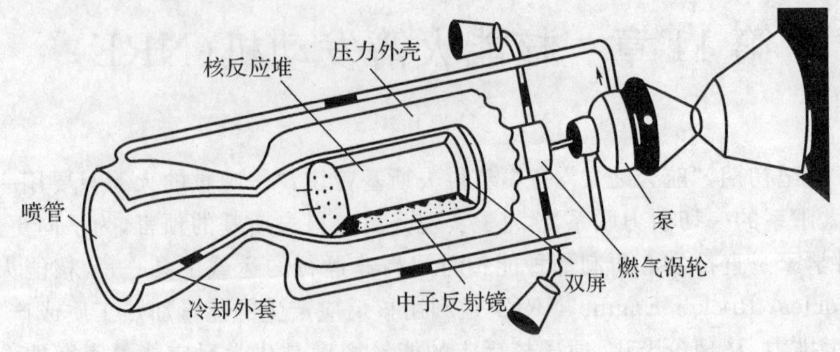

图 11.1 核能火箭发动机示意图

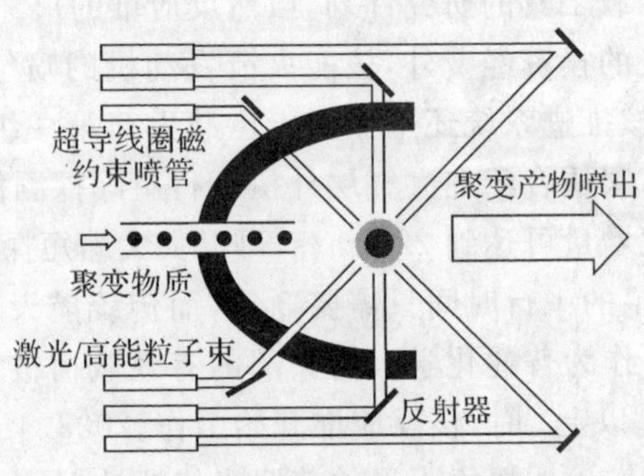

图 11.2 惯性约束核聚变推进

由于核聚变反应目前还在研究当中，所以人类在目前状况下唯一能利用的核能火箭是由核裂变反应提供能量的核裂变火箭。核裂变火箭又可分为核热火箭、核电火箭、混合核热/核电火箭、核裂变碎片火箭、核脉冲火箭、核冲压火箭等。

1. 核热火箭

核热火箭是利用核裂变的热能将工质（氢或其他惰性气体）加热到很高的温度，然后通过收缩-扩张喷管加速到超声流而产生推力的火箭发动机系统。其工作原理与液体火箭发动机相似，所不同的是核热火箭用核反应堆取代了液体火箭中的化学燃烧。图 11.3 为核热火箭的原理示意图。

如图 11.3 中所示，工质氢流经反应堆后被加热，再经收缩扩张喷管高速喷出。反应堆的控制棒用来对反应堆内中子流进行控制，当控制棒插入时，中子流减少；当控制棒抽出时，中子流增加。而自持链式裂变反应的实现取决于裂变产生的中子数与非裂变吸收及泄漏所消失的中子数之间的平衡。通常用有效增值系数 K_{eff}（反应堆内某一代中子数与上一代中子数的比值）来反映。当 $K_{eff}=1$ 时，称为临界状态，即反应堆处于不同功率下稳定运行的工况；当 $K_{eff}>1$ 时，称为超临界状态，相当于起动或升功率的过程；当 $K_{eff}<1$ 时，称次临界状态，相当于停堆

或降功率的过程。

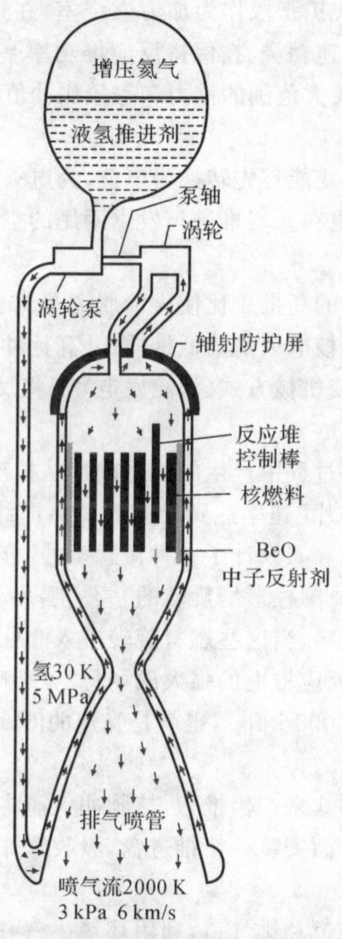

图 11.3　核热火箭原理示意图

核热火箭具有推力大、比冲高、可多次起动等优点。一般由反应堆、储箱及涡轮泵系统、管路与冷却系统以及喷管组件构成。反应堆的结构形式为高温气冷堆，包括燃料组件、支撑结构、慢化剂、控制棒或控制鼓、反射剂以及压强舱。

核热火箭通常采用氢气作为工质兼冷却剂。氢气具有优良的导热性能，在高温低压状态下容易离解为原子氢，并吸收大量的热量，其导热性能可与金属材料相媲美，是最好的冷却介质之一，同时由于其分子量小而成为最优良的工质。

核热火箭又可分为固体堆芯、液体堆芯、气体堆芯以及液氧增强型核热火箭。固体堆芯核热火箭是指其反应堆为固体可裂变物质；液体堆芯核热火箭是指其反应堆为液体可裂变物质；气体堆芯核热火箭是指其反应堆为气体可裂变物质。

液氧增强核热火箭(LANTR)以独特的方式将常规液氢冷却核热火箭的高性能进行了进一步拓展。LANTR 使用喷管的大扩张段作为加力燃烧室,在这里喷入氧气,与来自发动机喉部被核反应堆加热的氢进行超声速燃烧。在保持反应堆功率基本不变的情况下,通过调整氢、氧混合比率,LANTR 可以达到较大范围的推力和等效比冲值。

2. 核电火箭

核电火箭是指将核反应堆裂变能首先转换为电能,为电火箭供电,然后由电火箭产生推力的推进系统。目前美国和俄罗斯也在开发推进与发电两用的空间核反应堆动力系统。

3. 混合核热/核电火箭

这种火箭首先利用核热火箭的高推质比使火箭脱离星球引力,同时也可减少火箭的飞行时间。然后转为核电推进,再利用核电火箭的低推质比、高比冲在行星间飞行。该系统的电动力可以通过核热转换,同位素转换或机械方式(涡轮发电)等将反应堆的裂变能转换成电能。

4. 核裂变碎片火箭

核裂变碎片火箭是在核裂变过程中产生的能量碎片从核反应堆高速逃逸,从而产生推力。当原子裂变时,所产生的"分裂碎片"速率达到光速的3%,即约9 000 km/s。美国劳伦斯·利弗莫尔国家实验室的乔治·哈普林等人设计了一种概念型的"分裂碎片"反应堆,可以控制这些高速粒子。该反应堆类似于围绕一圆柱形塔旋转的一叠"唱片",每张"唱片"主要由石墨构成,石墨上覆盖着钚或镅等放射性燃料。当这些燃料旋转进入圆柱形塔时,与塔中的放射性物质产生可控链式裂变反应。而施加于反应堆上的强大磁场将"分裂碎片"束缚在一起向一个方向喷射,使火箭的速率能提高到约18 000 km/s,也就是光速的6%。

5. 核脉冲火箭

核脉冲火箭是指利用核弹爆炸来产生推力。核脉冲火箭将携带大量的低当量原子弹,一颗颗地抛在身后,然后引爆,火箭后面安装一个推进盘,吸收爆炸的冲击波推动火箭前进。

6. 核冲压火箭

为核热火箭设计合适的进气道和排气道,利用环境大气作工质以取代通过管路从储箱供给的推进剂,那么核热火箭就成了核冲压火箭。

11.2 基本组成

本节以NEBA-3核能火箭发动机为例来介绍其基本的系统组成以及性能参数等。NEBA-3核能火箭发动机外形结构如图11.4所示。

NEBA-3核能火箭发动机是由美国能源局(DOE)资助空军飞利浦实验室(Phillip Laboratory)设计的一种产生推力和发电的双模式应用核能发动机。马丁·马丽埃塔(Martin Marietta)公司、喷气推进实验室(JPL)、阿拉莫斯(Alamos)国家实验室、阿贡(Argonne)国家实验室和能源技术工程中心(Energy Technology Engineering Center)等单位与能源局签订了合同,参加了这项工作。1995年,该发动机通过了设计方案论证。

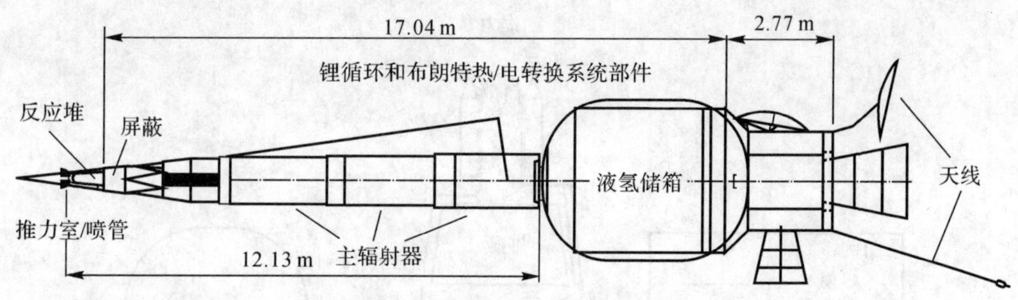

图 11.4　NEBA－3 核能火箭发动机

NEBA－3 核能火箭发动机设计拟作阿拉特斯 2AS(Atlas－2AS) 运载火箭的上面级。它可按 90 N 连续推力和 900 N 脉冲推力两种方式工作，可分别在 4.5 天和 3 天内将 1 356 kg 和 1 939 kg 有效载荷，从近地轨道推进到同步轨道，并为卫星提供 10 年的发电能力。

该发动机的核反应堆是采用 SP－100 空间核电源工程样机技术，外堆是采用 GE－710 核反应堆加热氢喷射形成推力的结构。发动机的轴向主梁是可收缩／伸展的折叠式结构，有效载荷舱安排在另一端。

1. 系统组成

NEBA－3 核能火箭发动机系统(见图 11.5) 由核反应堆分系统、锂循环热能传输分系统、氢推进剂储存管理与推力室分系统、布朗特循环热／电转换分系统、主散热分系统、交流／直流电源变换与蓄电池分系统、监控分系统、结构分系统和推力矢量分系统组成。

(1) 核反应堆分系统。它由内堆芯燃料管(259 根)、铼反射罩、密封壳、内外堆界面层、环形对称分布的 8 组外堆芯、碳化硼衬套、外堆环形反射器、中子和伽马射线防护屏及在反射堆中的核反应控制棒等组成。

(2) 锂循环热能传输分系统。它由一台热电电磁泵、一台线性感应泵、两台锂／氙氦热交换器、两台锂／氢热交换器、一台气体分离／蓄积器、耐高温金属和封装在回路中的工质锂组成。该分系统是闭合回路，流经反应堆内堆芯的通道曲折，包括要通过 259 根核燃料管。锂回路外部有一个电子扫描加热器，使反应堆工作时能同步熔化堆芯和外回路中的工质锂，加热器电源由蓄电池提供。气体分离／蓄积器有两个作用。首先，锂在中子流作用时会产生氦气，它妨碍热交换，需用表面张力网分离氦气泡，并储存在一个气室中；其次，为锂熔化时提供一个体积膨胀的空间。

(3) 氢推进剂储存管理与推力室分系统。它由液氧储罐(包括输送泵和阀门)、流量控制器、两台并联的锂／氢热交换器、钼铼(Mo41Re) 管和不锈钢管、推力室和喷管等组成。当液氢流过锂回路中的线性感应泵外壳上的冷却管时，在冷却该感应泵的同时，第一次被加热，在流过锂／氢热交换器时第二次被加热气化，温度可达 1 250 K。当气氢进入外堆芯时被第三次加热，进入推力器时氢气温度可达 2 542 K。

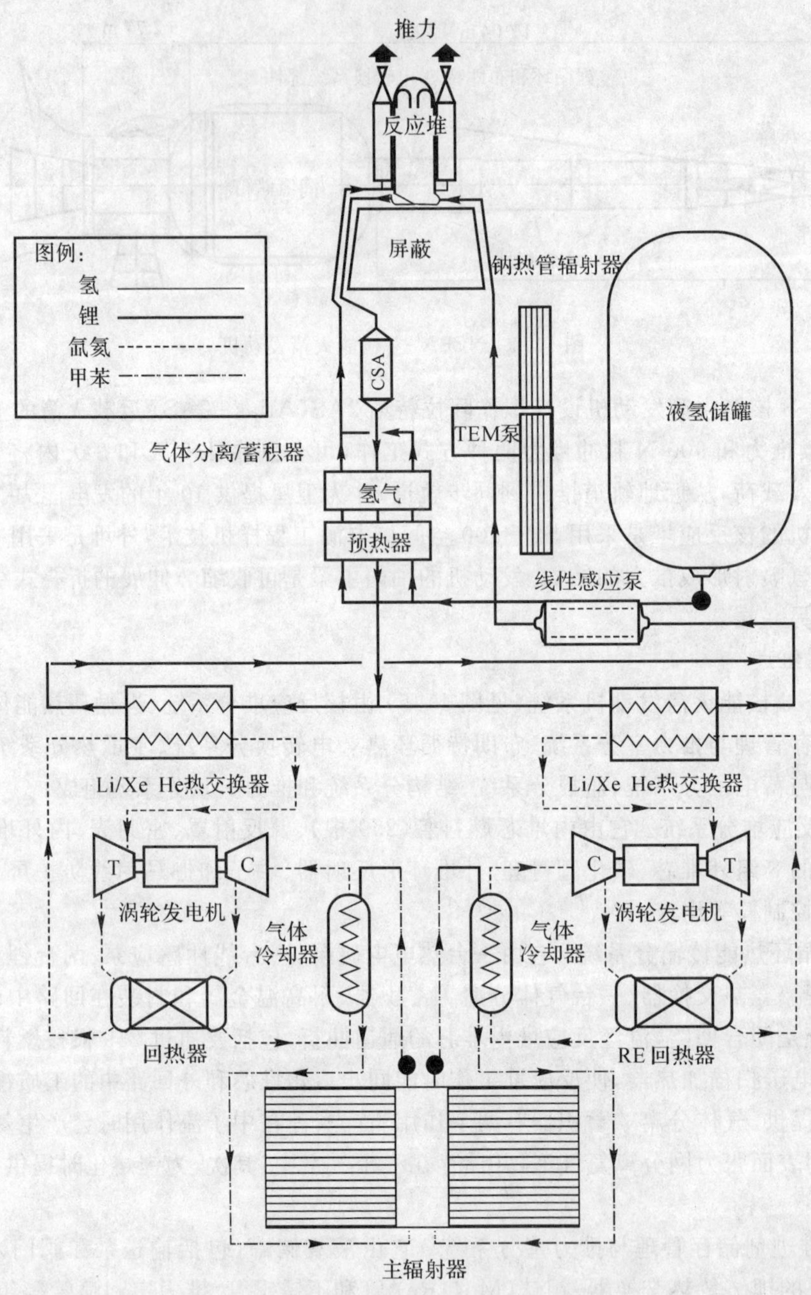

图 11.5 NEBA－3 核能火箭发动机系统简图

(4) 布朗特循环热/电转换分系统。它由锂/氙氦热交换器、涡轮发电机、回热器、气体冷却器(即氙,氦/甲苯热交换器)、气体循环动力泵、气体压缩机、铌锆(NblZr)管、不锈钢管,以及封装在循环回路中的氙、氦混合气体组成。它与另一套备份并联,以便在有故障时切换使用。

(5) 主散热分系统。它由主辐射散热片、气体冷却器、管道和封装在回路中的甲苯及其循环压强泵组成。

(6) 交流/直流电源变换与蓄电池分系统。该分系统由变压器、整流与自动稳压电路、镉/镍蓄电池组组成。

(7) 监控分系统。它由温度、压强、中子辐射通量等参量的多测点传感器、中子吸收控制棒、联轴器马达驱动机构、反射器驱动机构、时序开关控制电路和自动控制系统等组成。

(8) 结构分系统。该分系统主要由可折叠式伸缩主梁、三段不同直径的筒形主辐射散热片、反应堆与主梁连接件、主梁与液氢储箱连接件、有效载荷舱与主梁和液氢储箱连接件、发动机与运载火箭的安装连接件、有效载荷传感器遮光罩弹出机构和天线展开机构及整流罩等组成。

2. 工作过程原理

这里以产生连续推力的工作为例。NEBA-3 核能火箭发动机系统被运载火箭射入近地轨道后,相互分离,抛掉整流罩,伸展折叠式主梁的主辐射散热片,并通过遥控和程控方式指令发动机起动。发动机系统有三种工作方式。

(1) 双模式起动过程。接通蓄电池,起动反射器驱动机构的直流电机,合拢反射器。接通反射器中的中子控制棒驱动机构电源,调整控制棒位置,使内外堆开始工作。再起动锂回路电子扫描加热器,使堆芯和锂同步熔化,同时开启热电电磁泵、线性感应泵、液氢阀、流量控制器和输氢泵。这时,锂循环、布朗特热/电转换循环、主散热器、推进剂氢输送和推力室等开始工作。

(2) 双模式稳态运行过程。发电系统正常工作后,电源由蓄电池切换到交流/直流变换稳压电源。内、外反应堆温度稳定在 2 500 K 附近后,液态锂流动性好使其循环的动力负荷减轻,泵电机的耗电减少。液态锂流经内反应堆芯氮化锂燃料罐,充分吸收了核裂变释放出的热能后,经过气体分离/储蓄器滤除氦气泡,在锂/氢热交换器和锂/氙氦热交换器中移出热能,并再回流进入反应堆的燃料管,如此循环下去。同时推进剂氢经过阀门、流量控制器、线性感应泵外壳导管、锂/氢热交换器后,温度可升到 1 250 K 左右。它流经外反应堆芯燃料管,被再加热后进入推力器,再由喷管高速喷出产生推力。

发电是在布朗特循环中由锂/氙氦热交换器、涡轮发电机、气体冷却器和气体压缩器完成的。

(3) 单模式稳态运行过程。在双模式稳态运行过程中,内、外反应堆芯在同步轨道时,推力室不再需要工作,这时反应堆外堆芯要关闭,仅维持内堆芯继续运行以产生电功率。

3. 主要部件

(1) 内堆芯核燃料管。管的外壳层用铌锆合金丝编织,内层是铼金属层,管内充满了数以万计的核燃料微粒。核燃料微粒的中心是氮化铀实心丸,其外部有三个包层,最外层是铌锆合金(也称 PCW－11 合金),中间层是铼金属,内层是充氮气间隙层。

(2) 外堆芯核燃料管。由三层同轴锥管和数以万计的核燃料微粒组成。外层锥管由吸收中子的致密材料制成,中间锥管由烧结多孔材料制成,内层锥管由热烧结多孔材料制成。在内层和中间锥层锥管的夹层中充填的核燃料微粒是钨-二氧化铀($W-UO_2$) 丸,在其外面还包有碳化锆层。

(3) 中子和伽马射线防护屏。它由钨板和氧化锂板组成,总厚度为 0.52 m。内层钨板用于屏蔽伽马射线,外层氧化锂板用于阻挡穿透钨板的中子。

4. 主要性能与结构参数

NEBA－3 核能火箭发动机主要性能与结构参数见表 11.1。

表 11.1　NEBA－3 核能火箭发动机主要性能与结构参数

工作状态 / 参数	连续工作	脉冲工作
推力 /N	91.1	926
推进剂流量 /($g \cdot s^{-1}$)	11	110
比冲 /($m \cdot s^{-1}$)	8 270	8 400
推力室温度 /K	2 542	2 610
推力室压强 /MPa	2.07	2.07
推进工作时间 /h	300	30
发动机直径 /m	4.19	4.19
推进剂质量 /kg	3 759	3 759

11.3　主要特点及关键技术

11.3.1　主要特点

核能火箭的一个重要优点是它的推进剂 —— 氢,不仅在地球上可满足供应,在外太阳系的巨型行星上以及在遥远的卫星和行星的水、冰中都有广泛的来源。因此,虽然核燃料相对来说工作时间较长,但通过在必要时就地补给氢,核动力飞船从理论上说可以在外太阳系中旅行长达 10 ～ 15 年。

核能火箭发动机的比冲高(2 500 ～ 10 000 m/s)、速度快、寿命长。由于核燃料体积小、发热量大，核能火箭可做到质量轻、体积小，化学燃料火箭根本不能与它抗衡。但核能火箭技术复杂，仅在推力较小、工作时间要求很长的条件下使用，只适用于长期飞行的航天器，也可用于运载火箭的高能末级。理想的核能火箭发动机除应具有高的比冲外，还应有质量轻的反应堆和防辐射的屏蔽，以及能承受高温和热应力的反应堆结构和材料。

11.3.2　关键技术

为达到核能火箭的应用必须要解决下述关键技术。

1. 反应堆技术

核能火箭要求采用高功率密度的氢冷反应堆。与常规核电厂反应堆不同的是核推进反应堆为使结构尺寸和质量最小化，通常使用富集度高达 90% 以上的 U－235。为了得到更高的比冲，核推进反应堆一般工作温度在 3 000 K 左右，对堆芯的燃料元件提出了很高的要求，不仅要能长时间耐受高温，而且要能与冷却剂氢兼容。一般选用弥散在难熔金属(如钨)基体内的 U－235 氧化物或碳化物陶瓷材料，还有当前最有发展前途的铀(U)、锆(Zr)、铌(Nb)三元碳化物(UZrNbC)固溶体燃料。慢化剂也要求选用慢化能力高的轻质材料，例如 Li_7H，Be，氧化锆或氢化锆；反射剂也选用轻质材料如氧化锆、氢化锆和铍。在反应堆的结构形式上一般采用模块化策略，由多个小的燃料单元阵列装配成最终的反应堆，以便于进行测试和实验研究。为了满足热工水力要求，通常采用换热能力高的多孔结构或薄片状燃料单元。为了获得反应堆的临界特性、动态功率响应等，有必要开展反应堆的数值模拟研究与安全控制研究。

2. 热工流体

冷却剂氢流经反应堆时进出口温差达 3 000 K，氢在高温下离解成原子氢后具有可与金属媲美的换热能力。为了优化反应堆的热结构，有必要获取氢气在高温下的物性参数；燃料单元内温度梯度大，有必要进行热应力分析，确保燃料单元的结构完整性；由于核热能推进反应堆内氢气通道一般为细长型，存在很大的压强差，对冷却剂的流量控制提出了新的要求；高温高压下可能产生流动不稳定性，对局部的换热形成障碍可能导致反应堆局部温度过高，有必要对反应堆内的流场进行深入研究。

3. 实验设施与技术

各种核反应堆都具有一定的辐射，而采用高浓缩铀的核热能推进反应堆的辐射会更强，对实验人员的防护以及环境保护应予特别关注。此类反应堆为开式循环，从反应堆流出的冷却剂也具有一定的辐射量，应采用特定技术进行隔离、处理。高温氢在混入杂质氧时容易发生爆炸，因此在进行热工水力验证实验时应该保障氢的纯度，或者采用氦气根据相似准则进行替代实验；根据国外的经验，反应堆全功率热实验最好在低地轨道上进行。

11.4 研究状况

1. 美国研究状况

(1)NERVA 和 Rover 计划。从 20 世纪 40 年代开始,美国空军和 NASA 就开始了对核能推进技术的研究。其中,最著名的便是 Rover 计划和 NERVA 计划,在 1955—1968 年间投资了 15 亿美元。实验在内华达州核试验场的核能火箭开发中心进行,建造并实验了超过 20 种核能火箭反应堆,主要采用 U-235 燃料、氢气推进剂、石墨慢化剂和铍反射剂。在 Rover/NERVA 计划中,采用固体堆芯核能火箭,并取得了显著的成就,见表 11.2。

表 11.2　在 Rover/NERVA 计划中固体堆芯核能火箭所达到的性能参数

参数名称	参数数值
热功率 /MW	4 500
排气温度 /K	3 311
推力 /kN	1 064
比冲 /($m \cdot s^{-1}$)	8 500
工作时间 /min	90
推质比	3 ～ 4

气体堆芯核能火箭也是 Rover 计划中的一部分,它是用气体核燃料代替 NERVA 中的固体石墨堆芯。气体核燃料能使温度达到数万度,比冲达 30 000 ～ 50 000 m/s,在数月内可一举完成载人火星探索任务。但技术上的难度较大,所以气体堆芯核能火箭还有待于进一步发展。

(2)MITEE 发动机。为了克服 NERVA 和苏联(FSU) 核能火箭质量大、推质比低的缺点,20 世纪 80 年代中期美国国防部开始了一项新的计划 —— 空间核热推进(Space Nuclear Thermal Propulsion,SNTP),以研究紧凑、质量轻的核能火箭发动机。该计划研究的对象是粒子床反应堆(Particle Bed Reactor,PBR)。

MITEE(Minature Reactor Engine) 是在 PBR 基础上产生的一种更紧凑、超轻型的核能火箭发动机。与 PBR 只有一个大压强舱不同,MITEE 堆芯是一组六边形压强管。每一个管内的外部是中子慢化剂,内部是圆柱形的燃料单元。燃料单元则是由一些带孔的金属板卷成筒状而成的,其中间为空心。慢化剂是氢化锂,用来降低核裂变时在燃料中产生的中子速度。冷却剂 —— 液氢 —— 从慢化剂与燃料卷筒之间的缝隙进入燃料卷筒,受热之后流向中间的空心,然后温度高约 3 000 K 的过热气体会以很快的速度沿着卷筒中心的通道流动,最后穿过末端的小喷管。发动机的推力便由高温气体经由一组这样的小喷管最终汇聚而成。MITEE 反应堆的结构如图 11.6 所示。

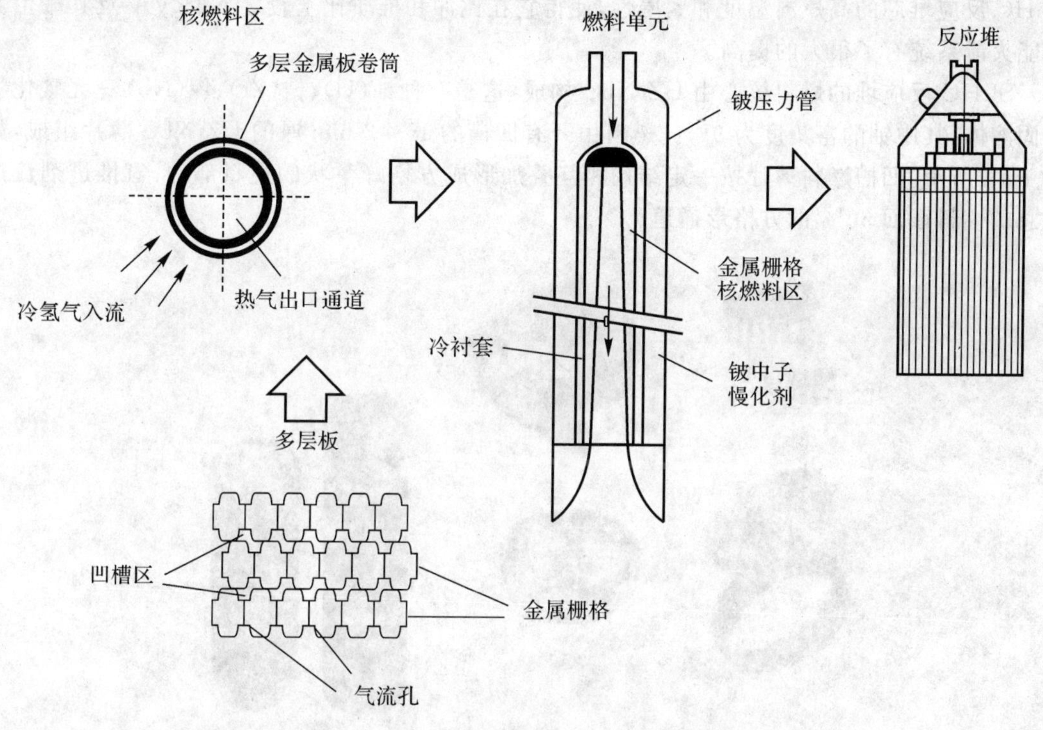

图 11.6　MITEE 反应堆结构

MITEE 核能火箭发动机的性能及设计参数见表 11.3。

表 11.3　MITEE 核能火箭发动机性能及设计参数

参数名称	参数数值
热功率 /MW	75
排气温度 /K	3 000
推力 /N	14 000
比冲 /(m · s^{-1})	10 000
燃料区功率密度 /(MW · L^{-1})	10
发动机总质量 /kg	200

(3)SLHC 发动机。方格蜂巢(SLHC) 空间核能火箭发动机结合了 NERVA 及其派生类核反应堆最好的特性,通过采用新的燃料并简化反应堆的设计,减少了发动机的总质量。由于 SLHC 反应堆芯的高燃料温度和紧凑性,使得它在比冲和推质比上较之 NERVA 及其派生类核能火箭系统有了很大的提高。

SLHC 反应堆的燃料核心由 UZrNbC 构成,这是一种铀(U)、锆(Zr)、铌(Nb) 三元碳化物的固溶体,其中铀的富集度为 93%。燃料由开有凹槽的 1 ～ 2 mm 厚的 UZrNbC 薄片组成,如图 11.7 所示。凹槽燃料薄片按一定结构相互叠加形成方格蜂巢状的燃料部件,氢推进剂流过占总的燃料截面 30% 的方格形通道。

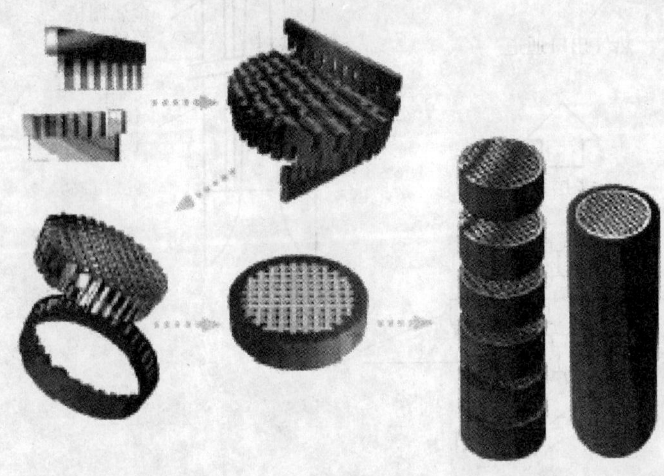

图 11.7　方格蜂巢燃料结构部件

SLHC 核能火箭发动机的推力为 50 ～ 250 kN,比冲为 9 300 ～ 9 700 m/s,推质比为 5 ～ 10。

2. 苏联研究状况

苏联从 20 世纪 60 年代早期开始研究核能火箭。在核能火箭最关键的技术 —— 高温气冷堆 —— 方面取得了很大成就。1986 年研制出了第一台高温气冷堆模型,只是于 20 世纪 90 年代初因苏联的解体而终止了研究。在核能火箭的研究过程中,苏联建立了从单个燃料单元到复合燃料组件的相当广泛的测试设备;核热火箭的研究工作,建立了反应堆采用非均质设计、减速剂使用氢化锆、燃料用三元碳化物的核能火箭方案。其设计比同期美国的几个方案无论在性能上还是在寿命上皆有优势。

3. 国内研究状况

早在 1949 年钱学森就提出了发展核能火箭的设想。之后,我国在核能火箭方面做了一些初步的研究。随着空间探索的需要以及国际火箭推进发展的趋势,我国有必要重新对核能火箭进行进一步的研究。2000 年 12 月 21 日由清华大学实施的国内第一座高温气冷堆(简称 HTR -

10 堆）建成，表明我国已经掌握了高温气冷堆的设计、加工、建造的高技术。这将为我国发展核能火箭提供有力支持。

11.5　应用前景

核能火箭能够提供广泛的空间任务支持，包括一些至关重要的独特的空间新任务，例如，对太阳系及其边远区域的详细探测，这些任务是不可能用化学推进或单纯的核电推进(Nuclear Electric Propulsion，NEP)完成的。化学推进无法提供足够的速度增量(Δv)来完成外太阳系以及更外层空间的非常有吸引力的探测任务。尽管化学推进有可能实现快速飞越任务，但结果却非常有限，因为它需要很长的飞行时间，成本高昂而且发射时机受很多因素制约。而核电推进虽然用途广泛，但却不能够对遥远的卫星或行星进行登陆并探测其表面与内部，也无法利用当地的资源，此外还存在航行时间长、低轨道初始质量高等问题。

以核热火箭为动力的飞船能够对包括冥王星在内的外太阳系所有星球进行登陆以及详细探测。作为核能火箭一个主要发展趋势的 MITEE 核能火箭发动机，用 U－235 作为燃料的基本型 MITEE 核能火箭发动机的比冲为 10 000 m/s；用 U－233 和 Am－242 作为燃料的 MITEE 核能火箭发动机的比冲可达 13 000 m/s；混合电-热 MITEE 核能火箭发动机的比冲高达 16 000 m/s。

由 MITEE 核能火箭发动机可以派生出一系列核能发动机，用以完成多种空间探索任务，如图 11.8 所示。

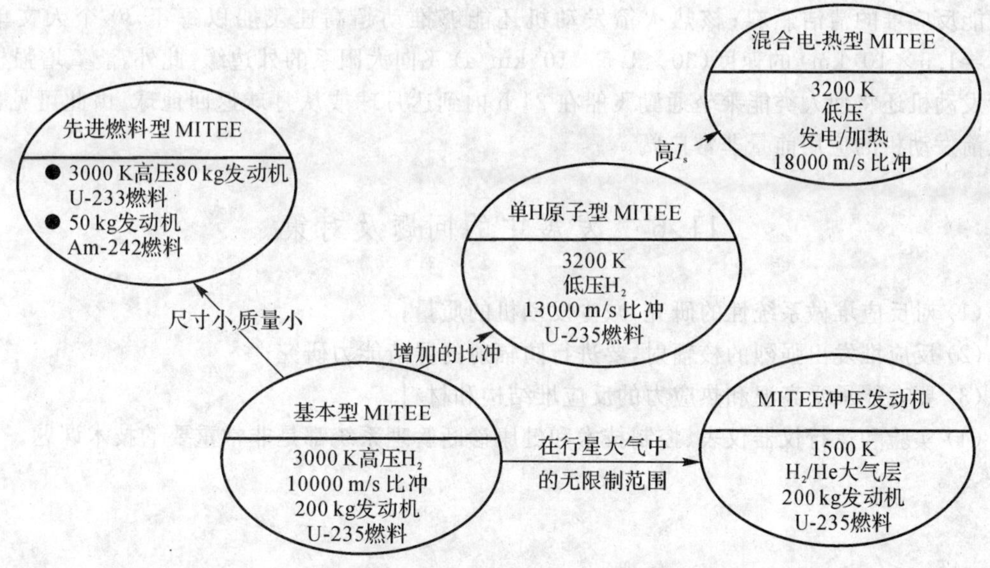

图 11.8　MITEE 型系列核能发动机图谱

对于 MITEE 核能火箭发动机,其应用前景如表 11.4 所示。

表 11.4 MITEE 核能火箭发动机可完成的探测任务

探测任务	简要说明
任务 1	进入冥王星轨道 / 登陆冥王星
任务 2	从木卫二采样返回并探测海洋下表面
任务 3	在木星大气层的无限制冲压发动机飞行探测
任务 4	采用当地推进剂建立和维持永久性火星基地
任务 5	从天王星运回 He-3 供给地球上的聚变核电站
任务 6	推动超高速飞船以每年 30 个天文单位(AU) 的速度飞向太阳系的外边缘

由此,通过使用 MITEE 核能火箭发动机,飞船可以对冥王星和其卫星进行快速飞越、绕轨道飞行和登陆;通过利用被探测星球的当地资源,飞船能够对被探测的卫星或行星上相距很远的不同地点进行采样并将带样本返回地球;通过使用溶化探测器,飞船能够对木卫二上的厚达数公里的冰层内部以及海洋下表面进行探测;如果将核热火箭发动机作为核能冲压发动机工作,则飞船能够在木星、土星、天王星、海王星以及土卫六等星球的大气层内几乎无限制地飞行;核能冲压发动机还能够在天王星的大气内采集 He-3,作为未来地球上的氘氦-3(DHe-3)聚变能反应堆的清洁燃料;核热火箭发动机还能够推动超高速飞船以每年 30 个天文单位($1A=1.5\times10^8$ km)的速度($30\times1.5\times10^8$ km/a) 飞向太阳系的外边缘。此外,液氧增强核能火箭发动机还将使人类能乘坐通勤飞船在 24 h 内到达月球或从月球返回地球。由此可见,核能火箭发动机的应用前景非常广阔。

11.6 发展中的问题及对策

(1) 对反应堆做系统性的研究,减少发动机的质量;

(2) 反应堆发出强烈的核辐射,要进行防辐射的屏蔽能力研究;

(3) 要有能承受高温和热应力的反应堆结构和材料;

(4) 实验和运行仪器仪表、控制技术和健康诊断管理系统都是非常重要的技术课题。

第12章　激光推力器(LT)

激光一问世，很多科学家就开始考虑将激光用于宇航推进。早在1963年德国火箭科学家Eugen Saenger就提出了反物质泵浦激光器，光子驱动宇宙飞船的概念。20世纪60年代末，匈牙利物理学家George Marx指出利用光帆接收光子的动能(光压)，在0.1光年(1 l.y. $=9.46\times10^{12}$ km)的路程上能将飞行器加速到接近光速。这种利用光压的推进方式称为光帆推进。

美国Arthur Kantrowitz教授最早提出了现在我们所研究的激光推力器(Laser Thruster，LT)的基本的概念。1972年Kantrowitz在AVCO Everett Research Laboratory系统地介绍了用高能地基激光发射有效载荷到近地轨道的设想。他指出，可利用地面激光装置将激光能量传输到飞行器，飞行器上的推进剂被激光加热并形成高温、高压的等离子体(核心温度达到10 000 K以上)。加热的推进剂从飞行器尾部喷管喷射出去对飞行器产生反冲力，推动飞行器前进。预计使用GW级激光能量，利用烧蚀光船自身携带的固体推进剂产生推力，可将1 t质量的有效载荷发射到近地轨道。

美国伦斯莱尔工学院(Rensselaer Polytechnic Institute，RPI) Leik N. Myrabo教授进行了一系列光船飞行试验，引导了当今激光推进研究的潮流。他设计了能以吸气模式和火箭模式工作的光船。光船尾部为一个塞式喷管，当以吸气模式工作时，抛物形的喷管壁面将激光束聚焦到塞式喷管底部的环形套内。强激光将空气击穿，产生高温、高压的等离子体并形成激光支持的爆轰波(Laser Supported Detonation，LSD)。空气等离子体沿喷管高速喷出产生反作用力推动光船前进。当以火箭模式工作时，固体推进剂放置于塞式喷管底部。激光加热汽化并部分击穿固体推进剂。被汽化的固体推进剂从喷管高速喷出产生推力。从1997年4月到2000年10月，Myrabo领导的小组进行了一系列的激光光船实验，光船的自由飞行高度记录不断被打破，从1997年4月的0.3 m提高到了2000年10月的71 m。

更加激进的激光推进概念是移除飞行器发动机的所有结构性硬件，飞行器从激光支持的爆轰波获得推力。一个相对能量较低的"测量脉冲"，汽化飞行器尾部平面上薄薄的一层推进剂，然后，当汽化的推进剂达到适当的密度时，一个高能激光脉冲辐射到汽化的推进剂上，将汽化的推进剂转化为高温等离子体。等离子体快速地吸收激光能量产生爆轰。爆轰波产生的高压提供推力。当然，在大气中飞行时也可以用空气作推进剂。这种推进概念在火箭技术上是一个革命性的概念。这种飞行器上没有带喷管的发动机，没有泵，没有管道，没有阀门，没有容易爆炸的推进剂，没有冷却系统，等等。

12.1 激光推进原理

12.1.1 基本原理

激光推进技术是利用激光光束自身携带的高能量推进飞行器，而传统的化学推进是利用燃料的化学能来推进飞行器。化学推进由于受燃料自身化学能、燃烧温度和效率等固有条件的限制，比冲受限，一般小于 5 000 m/s，而激光推进不受以上条件的限制，其能量吸收与转化效率可以很高。试验及理论分析表明，激光推进比冲在 10 000 ～ 20 000 m/s 之间，足以满足飞行器单级入轨的要求。而且，由于能源装置与飞行器分离，因而安全性得到极大提高，并可多次重复使用。

激光是一种相干性、单色性、方向性和强度均极高的辐射能量源。激光推进的基本原理是将激光能量经过远距离传输来加热火箭发动机中中性的推进剂，激光加热使其温度急剧上升，形成高温、高压气体或等离子体，然后从适当的喷管中喷射出来，从而产生推力。典型激光推进的工作原理如图 12.1 所示。它的前端是碗状的轴对称抛物形反射镜，尾部是膨胀喷口。镜面反射由地面射来的激光束，并形成环状聚焦，尾部装置接收并聚焦脉冲激光能量。激光击穿工作流体，形成热等离子体膨胀，推动飞行器。它的推进剂既可以是气体，也可以是液体或固体。

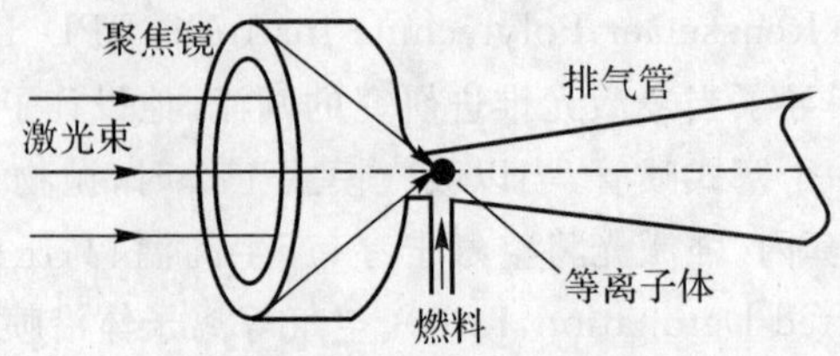

图 12.1 激光推进原理示意图

一般来说当高功率密度激光与固体材料相互作用时，能使材料表面迅速汽化产生蒸气，若其功率密度高于一定的阈值（$10^8 \sim 10^9$ W/cm^2），蒸气会产生显著的原子激发和离化，这种已部分电离的蒸气将通过逆韧致辐射机制强烈吸收后续激光辐射能量而进一步电离，形成高温等离子体，其温度可达几千乃至上万度，其等离子体芯处的温度往往达到 20 000 K。这种可用于激光推进的固体推进剂材料一般选用富氧材料（如塑料、冰块等）。

当高功率密度激光与气体相互作用时，强激光能量能使气体发生光学击穿，气体分子剥离出电子，形成等离子体。气体，特别是氢气，是最具有吸引力的一种激光推进剂，因为氢的相对分子质量最小，并能在最低的温度水平上获得最大的焓增量和比推力。

激光推进的两个关键物理量是比冲和动量耦合系数。比冲是质量为 1 kg 的推进剂能够提供 10 N 的推进力的时间，它是决定发射效率的一个重要的物理量。比冲越高，意味着推进系统能够以越高的效率产生高能量，也表明能够维持同样推进力的时间越长。由于受化学反应所能产生温度(最高温度只有约 10^3 K)的限制,现代化学能推进所能达到的最高比冲约为 5 000 m/s,而实验中 Phipps 和 Michaells 采用 KrF 激光与铝板作用已经得到了高达 75 000 m/s 的比冲。动量耦合系数是指靶所产生的动量与入射激光束能量之比。动量耦合系数越大,表明激光能量的利用效率越高,飞行器获得的动量越大。激光脉冲宽度是影响动量耦合系数的一个重要的因素。Shigeaki 等人发现,采用脉宽 20 ps 的激光比 10 ns 的激光脉冲最大动量耦合系数大 5 倍。当然靶材料的不同也会影响动量耦合系数。

12.1.2 激光烧蚀与冲量的产生

小型激光推力器主要是依靠将激光能量照射在固体推进剂表面生成等离子体(激光烧蚀),它是利用作用在推进剂表面的反作用力作为推力。这种情况下产生的等离子体基本上是沿着与推进剂表面垂直的方向收缩后喷出的。因此,为了让生成后的等离子体偏转或加速,还需要增加一个附加机构(如喷管和加速电极等)。为此,基本装置构成就只包括激光器、推进剂、光学系统和电源等,非常简单。

关于在真空中将激光照射在固体材料表面来产生冲量,目前人们一直在探索各种激光器和推进剂。结果表明,根据入射激光的大小,最大冲量能够获得的能量密度最小值处于能够观察到的等离子体生成的能量密度最小值以上。图 12.2 表示了最小能量密度 Φ 与脉冲幅宽 τ 的关系,也就是表明将各种激光(波长 UV(紫外)—IR(红外),脉冲幅宽 300 ps ~ 2 ms)照射到各种材料上时所得到的对应数据。图中重涂的地方,入射量和脉冲幅宽是用 $\Phi = A\tau^{\beta}$ 的点线来表示的。

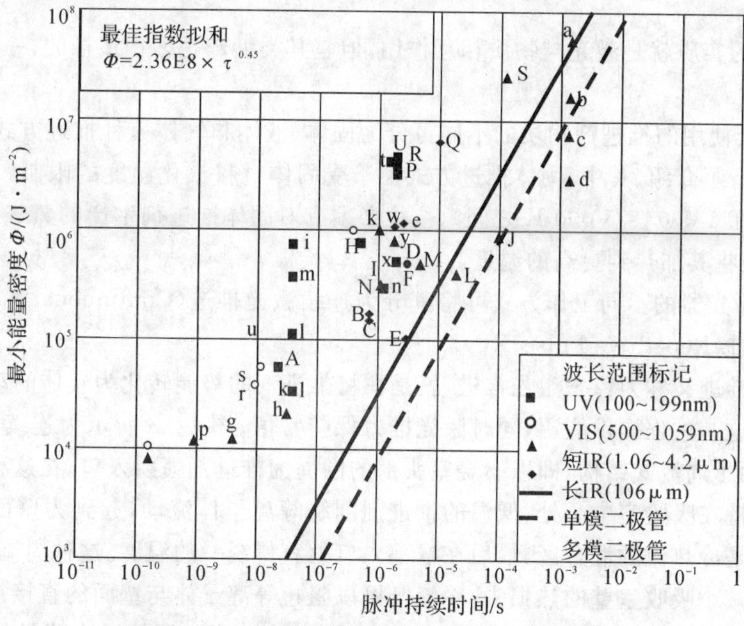

图 12.2 最小能量密度 Φ 与脉冲幅宽 τ 的关系

在这些情况下，不考虑激光能量在目标材料内部热扩散的影响，也就是说，如果将热扩散系数定义为 k，那么沿激光入射轴线方向热影响层的深度就用 $X_{th} = (k\tau)^{1/2}$ 来表示，再将激光器孔径定义为 d_s，那么 $X_{th}/d_s \ll 1$。如果使用脉冲幅宽较大的激光器，那么，利用热扩散系数小的材料作为推进剂是很有希望的。另一方面，脉冲幅宽较小时，选择材料的范围就很宽了。

设脉冲激光照射能量为 W，引起飞行器动量耦合系数为 C_m，飞行器质量为 m，速度增量为 Δv（或者连续波激光输出功率为 P，产生的推力为 F），那么

$$C_m = m\Delta v/W = F/P$$

另外，设激光烧蚀后喷射出的等离子体质量为 Δm，平均速度为 v_{av}，那么，单位质量等离子体入射的能量（比能量）为 $Q^* = W/\Delta m$。又如果

$$m\Delta v = \Delta m v_{av}$$

那么 $$C_m Q^* = v_{av} = gI_s \quad (g \text{ 为重力加速度}, I_s \text{ 为比冲})$$

进而可获得

$$2\eta_{AB} = \Delta m v_{av}^2/w = C_m^2 Q^* = gC_m I_s = C_m v_{av}$$

式中，η_{AB} 为能量转换率，$\eta_{AB} = \dfrac{\text{喷出的等离子体的动能}}{\text{激光能}}$。根据物理意义，当 $\eta_{AB} \leqslant 1$，即 C_m 高时，v_{av} 就很小；相反，高 v_{av} 意味着 C_m 很小。根据目前的研究结果，对于标准材料，$C_m = 10 \sim 100$ N/mW。

12.1.3 分类

激光推进的实质就是激光与物质相互作用，但是其类型却是多种多样的，一般常用两种分类方法。

(1) 按照其使用的推进剂物质的不同可分为固体、液体和气体三种推进方式。它们的基本特征前面已进行了介绍。其中，固体推进方式由于受固体材料汽化温度的限制（大部分固体材料的汽化温度在 1 000 ～ 5 000 K 之间），往往必须有对固体推进剂生产的蒸气进行进一步加热的机构，以便将其加热到更高的温度。

(2) 根据激光器的不同工作方式可将其分为连续激光推进（Continuous Wave，CW）和重复脉冲激光推进（Repetitive Pulse，RP）。

连续激光推进又称为稳态激光推进，就是在将推进剂的势能转化为气体的动能时，激光束连续不断地给这一过程提供能源，同时激光推力保持常值。图 12.3 所示为连续波推进的推力室设计。它采用了周流式结构，即以燃烧室头部的圆周为推进剂喷射入口。在这种约束条件下，等离子体被维持在吸收室中心处，低温的推进剂围绕等离子体流动，起到为壁面隔热的作用。等离子体下游是冷热流的混合区，最后在喉部入口处获得统一的温度。这种周流式的设计是为了最大可能地减小吸收室壁的热损失。冷流既可以阻止等离子体与壁面的直接接触，又可以吸收等离子体的辐射能，减小热损失的同时又保护了吸收室。因连续波激光能量较低，不能直接产生超声速爆轰波，所以使用了拉伐尔喷管。

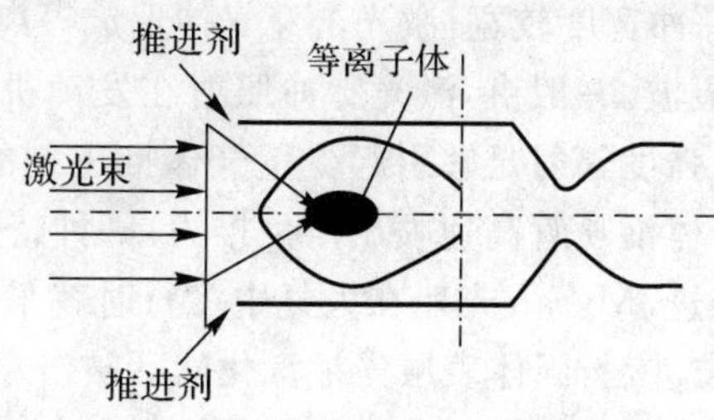

图 12.3　连续激光推进示意图

连续激光推进有两个方面的局限:一是由于等离子体在高温下会产生很大的辐射能量损失,并传给喷管壁大量的热能,因此发动机壁要采用特殊耐热材料和冷却措施以防止其在高温(6 000 K)下被融化;另一个方面是由于等离子体的屏蔽效应将把激光束与推进剂隔离开。而从脉冲激光推进方式看来这些问题要小些。

脉冲激光推进方式就是将高能量的脉冲激光在气体中或者固体表面聚集,产生迎着激光束传播的高温、高压等离子。当激光脉冲足够狭窄时,激光作用期间高压气体将留在固体表面或喷管附近,从而成为一种有效的推进机制。

图 12.4 为典型的脉冲激光推进示意图。在这种方式下,工质不是被稳定地加热,而是产生一系列巨大的脉冲爆轰波。每一个脉冲加热少量的推进剂,使之从喷管中喷出。在该系统中没有类似于吸收室的装置,只有一个类似抛物线形的喷管,内壁涂有一层高反射材料。其功能在于将脉冲光束聚焦于推进剂入口下游的某一区域,该区域的光强可达到 107 W/cm^2 以上。当推进剂流动到这一区域时,会迅速升温,发生电离,成为高温的等离子体并迅速膨胀,形成激光支持的爆轰波。这种爆轰波很像超声速的爆炸波,从超声速喷管中喷出产生推力。典型的一个激光脉冲为几微秒,而脉冲间隔时间足以使爆轰波完全从喷管中喷出,这就完成了一个循环。当然,也可以使用固体推进剂。

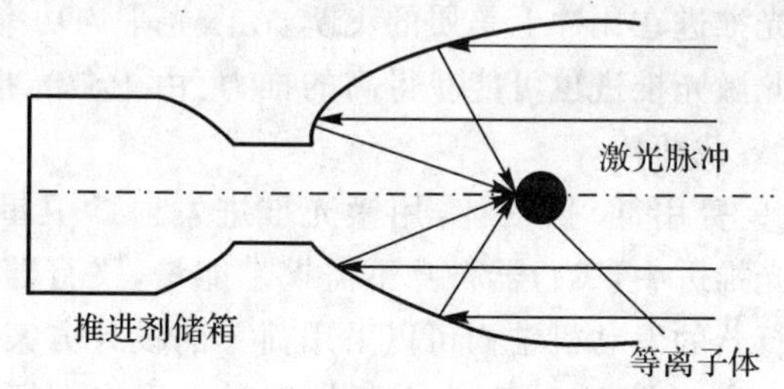

图 12.4　脉冲波激光推进示意图

根据脉冲宽度的大小,又可将脉冲激光推进分为激光等离子体相互作用推进(Laser - Plasma Interaction,LPI)和固体烧蚀推进(Ablative Laser Propulsion,ALP)两种类型。

LPI推进的特点是激光脉冲宽度较宽，激光击穿气体形成等离子体后激光脉冲仍未结束，在发动机内主要的现象是爆轰波。一般讲，激光脉冲照射在发动机尾部喷管，喷管内壁高反射率的涂层可以将激光聚焦。高强度辐射足够引起少量气体推进剂的电离，产生高温、高压的等离子体并形成爆轰波。等离子体沿喷管高速喷出产生推力。一种特殊的LPI推进模式是用空气作为推进剂，称之为吸气式推进。Myrab光船在大气中飞行时就采用吸气式推进模式。

LPI推进也可采用固体推进剂，固体表层先被汽化然后被击穿形成爆轰波。固体表面的爆轰波是脉冲式爆轰，其几何形状是平面形，不是球形。爆轰的气体不必使其改变方向。一半的气体分子会撞击飞行器固体推进剂表面，产生推力，另外一部分分子会在另一个方向上喷射出去。只有爆轰波的边缘不是平面形的，不过这个影响可以忽略。

ALP推进随着当前高能极短脉冲激光技术的发展而逐渐受重视。ALP推进必须用固体作为推进剂。其特点是激光脉冲极短（皮秒级），激光脉冲过后等离子体和被加热的推进剂才开始喷射。射流垂直于固体推进剂表面，与激光束入射方向无关。ALP推进的能量转化效率和比冲都很高，是一种简单、高效、安全的推进方法。

12.1.4 主要特点

激光推进系统的一个显著特点就是它将能源分系统与飞行器分离。此外作为一种新型的技术，激光推进还有很多的优点。

(1) 比冲高。对于传统的化学推进系统，要获得大的比冲，须选用分子量小的气体并提高燃烧室温度。在一个氢氧发动机系统中，最大的燃烧室温度大约是3 500 K，燃烧产物的相对分子质量约为12。这两个参数不可能有实质性的改变，所以化学推进系统的比冲不会超过500 s。在激光推进系统中，因为推进剂不必燃烧，所以任何物质都能作为推进剂。这样，相对分子质量为2的氢是首选推进物质（完全分解时相对分子质量为1），而且激光推进系统中吸收室的最高温度不再由燃烧释放的能量决定，吸收室温度能够提高到足以使室壁熔化的程度。如果吸收室允许的最高温度为10 000 K，则激光推进系统很容易获得10 000 ～ 20 000 m/s的比冲。对于现有的其他推进方式，激光推进在比冲上是质的飞跃。在激光平均功率增大的情况下发动机的推力也可以同步增大，因此激光推进也可能获得高的推力。由于激光推进的比冲高，因此在发射任务中可能获得大的有效载荷比。

(2) 用激光发射微卫星费用低。据估计，用激光推进发射微卫星（10 ～ 100 kg）只需要100 ～1 000 ＄/kg。在激光推进中，飞行器自身不需携带能量，飞行器的推进剂可以选用能够大量获得的廉价物质。飞行器的发动机结构可以采用简单的设计方案。这样，飞行器造价将很便宜。如果激光器的使用费用也很便宜，那么主要的发射费用将由提供激光器能量的费用组成。就目前而言，能源的价格相当便宜，因此用激光发射微卫星费用很低。

(3) 发射准备时间短，可以大批量发射微卫星。飞行器结构简单，用于飞行器检测的时间很短，所以发射准备时间短。

(4) 激光推进也使推进系统的设计得到相当程度的简化。由于飞行器与能源供给系统分离，飞行器可以省去一切不必要的部件。推力室只需要接收入射的激光并将其汇聚起来加热推进剂，与传统的能量发生子系统相关的部件被删除，无须复杂的点火设计、装药或喷注控制等。设计简化的同时，也减少了中间环节，提高了整体的可靠性。依靠对地面激光束能量的调节，可以很容易地改变推力，满足不同发射任务的要求。

12.2 关键技术

激光发射作为一项新兴的技术，其中必然有一些需要解决的问题。首先是对激光推进关键技术的突破。激光推进能否最终成为实际的空间轨道推进技术，最主要取决于激光技术的发展，激光推进涉及的其他关键技术有下述几方面。

1. 激光器功率问题

据初步分析，要真正实现有实用价值的飞行器发射，激光器的功率至少要达到兆瓦级，这在现阶段是相当高的功率，而且脉冲激光器比连续激光器的制造更为复杂，技术要求更高。因此，激光推进要求有新一代大功率激光器的出现。虽然国外研究都是利用技术成熟的大功率二氧化碳激光器，但以目前激光器发展技术而言，自由电子激光器在这一方面最有前途。它具有功率高、效率高、可调谐等特点，但也有局限性，即只能工作在脉冲方式下。激光器可以是地基或空基的。国外已开始着手研究太阳光泵浦的激光器，这将为空基激光器的发展和激光推进的星际航行奠定坚实的基础。

2. 强激光光束的大气传输与控制

激光发射必然涉及光束的长距离传输问题。而在大气传输过程中，大气的不均匀性及其运动的随机性，使光束产生一系列的线性与非线性效应，出现能量衰减、光束失真散射等问题，影响激光束的品质，进而影响能量的吸收与转化效率。自适应光学在这一方面大有可为，它主动地控制光波波前，以消除外界对光束的干扰。但是激光的相干光特性对控制精度提出了很高的要求，使得自适应光学技术的应用有较大的复杂性与难度。

3. 光束的目标跟踪与定位系统的设计

要使地面发射的光束能精确地照射在远距离的飞行器推进系统上，并实时地跟踪超声速运动的飞行器，就要保证适当的入射角度，目标跟踪与定位系统的指向精度要求相当高，且执行控制机构也要很灵敏。地面实验一般用光学望远镜很容易实现光束的近距离定位，但对远距离的高速目标，跟踪与定位系统还需继续研究。

4. 激光与推进剂的相互作用及能量转换关系

能量的转化与吸收效率是激光推进的关键性指标，关系到推进系统总体性能的优劣。推进剂接收入射激光，在不同条件下通过不同的吸收机制吸收激光能量，温度升高，同时发生复杂的相变。这一过程的时间很短，且发生在高速运动的流场中，所以推进剂能量的吸收伴随着相当复杂的动态过程。同时，外界条件如推进剂特性、激光波长、聚焦尺寸等参数的变化也会对它产生影响。早在 1974 年，Pirri 等就研究了不同的推进剂与激光能量之间的关系。他们采用的推进剂为石墨、合成树脂、氟化锂。结果表明，在对石墨靶的驱动中，某些特殊脉冲的耦合系数最大达到(2～3)×10^{-5} N/W，能量的转化率为2%～7%；而合成树脂的能量转化率却达到了10%～20%。Yabe等研究了铝膜表面的水膜和丙烯酸对激光能量的吸收，认为水膜更有利于激光能量的吸收。Pirri指出，要实现稳定状态的驱动，需要靶材料的气态吸收率很高，并且随着温度的增加，它的吸收率降低。一种理想的材料是低相对分子质量，并且含有容易离化的成分(如氢、氦、铯)。用这些成分来提高靶材料在气态时对激光能量的吸收，从而提高对飞行器的推动速度。实验表明，激光脉冲产生的冲量随靶材料元素的核电荷数增加而增加，但比冲却是随靶材料相对原子质量的增加而减少。图12.5所示为激光脉冲产生的冲量随元素相对原子质量的变化。Fabbro等人在研究不同的脉冲宽度对产生压强的影响时发现，短脉冲对靶的表面的粗糙度很敏感，且短的脉冲有利于提高质量的利用率，这样可以使得驱动时间大于脉冲宽度。

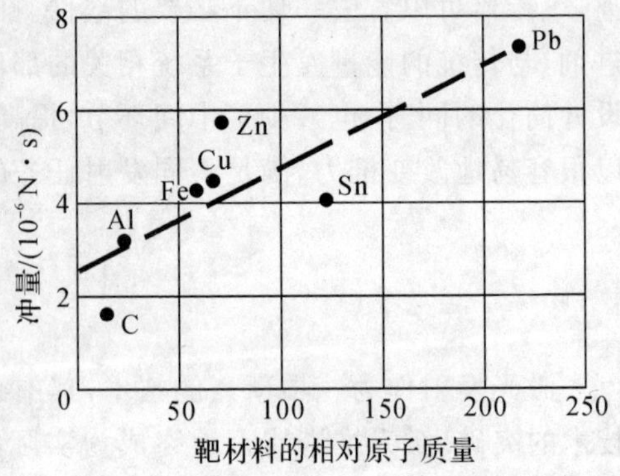

图12.5 激光脉冲产生的冲量随靶元素相对原子质量的变化

5. 激光加热流的稳定性

为保证推进剂动量转化的高效率与飞行的安全可靠，推力室内的流动必须稳定。不稳定的流场将导致能量吸收率的急剧降低，在推力室中产生复杂的难以控制的流动，使得发射失败。因为推进系统的燃烧与流动发生在超声速运动状态下，流场动态性强，运动过程结合有能量的吸收与损失，影响因素较多。这方面的研究从一开始就被提出，实验研究表明，可以获得一定的稳定加热流，但对于高能量密度和高频的脉冲光束，还有待研究。

6. 等离子体在超声速流场中的运动与能量传递特性

推进剂吸收能量后，在瞬时相变成高温高压的等离子体，由于推力室的形状及内流场的限制，它将向下游运动，并与未被加热的推进剂混合，同时继续吸收入射光。这个过程中对等离子体的运动分析关系到推进剂将内能转化为动能的效率，直接影响比冲与推力的大小。

7. 燃烧波与爆轰波推进的机理

激光推进也就是利用激光支持的膨胀波即燃烧波与爆轰波来推进。在能量稍低时，瞬时高温的等离子体产生亚声速的燃烧波，推进剂被连续加热。稳定状态下整个流场是定常的。能量高时，产生超声速的爆轰波。在脉冲方式下，流动并不平衡，是一种冻结流。这种推进机理还不是很清楚，对它的产生与传播过程的实验研究及理论分析有不同的方法，对这种波的特性的研究还未统一。在很早的时候，人们已经注意到激光烧蚀靶时会产生一个压强波。1970年，Anderholm测量了激光脉冲产生的压强波的大小，振幅达到了3 400 MPa(34 kbar，1 bar = 10^5 Pa)。压强的表达式为

$$P_{\max} = (ZE_0/3t_D)^{1/2}$$

式中　E_0—— 能量密度；

t_D—— 脉冲半宽度；

Z—— 介质声速和介质密度的乘积。

Beverly 等用二氧化碳激光器研究了金属靶和非金属靶对激光束产生的压强波的影响。而 Farrbo 等通过改变靶的结构来提高脉冲产生的压强，如图 12.6 所示。他们在靶的前面放置一个透明的绝缘材料，利用该绝缘材料来延长等离子体的膨胀时间，可以使压强的作用时间延长 2 倍，这样脉冲产生的压强比直接烧蚀靶时产生的压强提高了 4 ～ 10 倍。

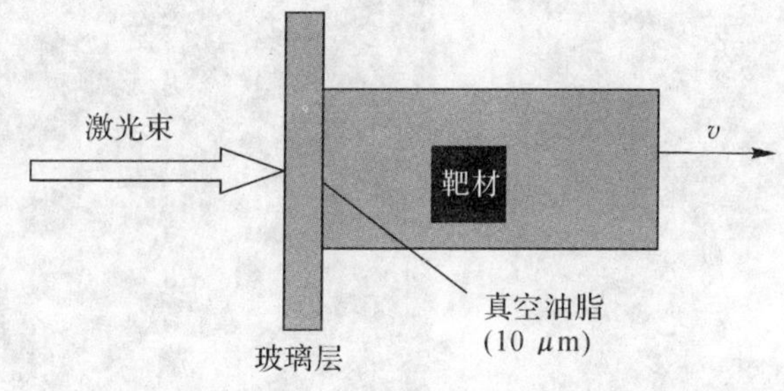

图 12.6　靶前加有绝热板来提高脉冲压强

8. 能量损失问题

能量损失发生在推进的整个过程中。光束在传播、反射、会聚过程中以及在光束、推进剂作用时，还有高温等离子体的辐射等，能量损失相当大。虽然有实验显示，在对流条件下，等离子体最高可吸收 90% 的入射光能，最高可有 38% 的入射光能转化为推进剂的焓，但受外界条件变化的影响大。同时，高温带来的推力室的冷却问题，也是不容忽视的。

9. 推进系统设计

如何更有效地将光束能量转化为推进剂的热能，涉及推进系统的构型问题。怎样将吸收室与喷管集成化设计，达到最佳的推进性能，是值得考虑的。这些都是在激光推进中需要深入研究的课题。这些问题的解决，对于将激光推进技术运用到更广阔的实际应用领域是必不可少的。Ageev 等在考虑了喷嘴处的辐射损失和空间效应的条件下，从理论上和实验上同时证明了有喷嘴时的反冲动量是无喷嘴时的 4 倍。Myrabo 等人利用大气呼吸方式，将质量为 50 ～ 60 g 的飞行器沿水平方向滑行了 121.3 m，沿垂直方向在光束的控制下上升了 4.27 m，激光的能量耦合系数达$(10 \sim 14.3)\times 10^{-5}$ N·s/J，加速度为 $213g$。图 12.7 表示了飞行器的实物照片，图 12.8 表示飞行器在金属丝牵引下水平滑行的轨迹。从图中看到的光晕就是被爆轰波散射出来的空气等离子体的发光。所用的驱动燃料通常是低相对分子质量的气体，但也可以采用固定在尾部的固体，这样可以获得更大的驱动力和更高的能量耦合率。Simons 等用流体模型数值模拟了脉冲与喷嘴结构、激光能量及脉冲频率的关系。他指出，要使一个质量为 0.907 kg (2 lb，1 lb = 0.453 593 kg) 的实验室火箭得到 $10g$ 的加速度，所需的激光能量为 15 J，频率为 25 kHz；要使一个质量为 1 000 kg 的火箭实现同样的加速度，需要的激光能量为 10^5 J，重复频率为350 Hz。

此外，激光推进是全新的推进方式，所以它的发射技术也应该有全新的思路。实现单级入轨，就摒弃了传统的先停泊轨道，再转移轨道，最后入轨的发射控制方法。而将飞行器直接送入轨道，就要有合理的发射控制与飞行控制策略。相关的地面设备，包括激光设备、发射台、跟踪与瞄准系统、飞行控制系统等，都需要结合激光发射的特点来设计。

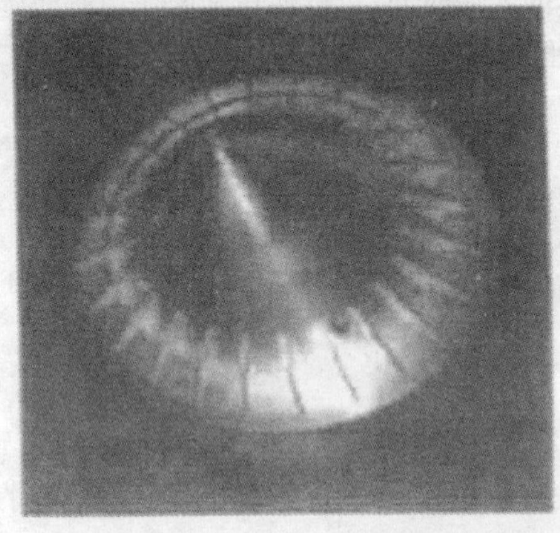

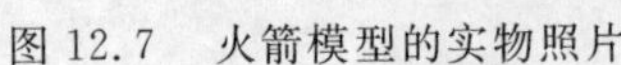

图 12.7 火箭模型的实物照片

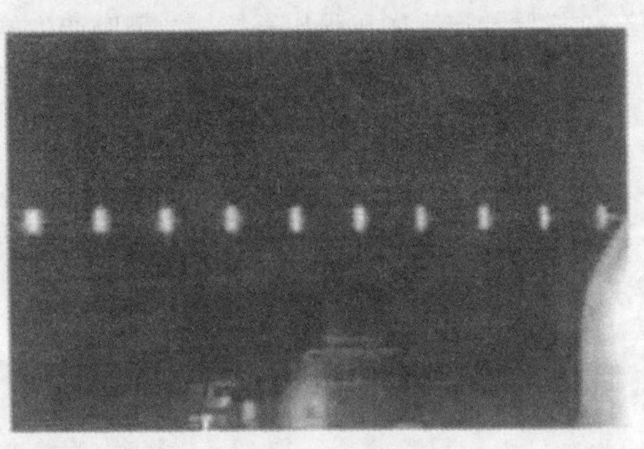

图 12.8 飞行器水平滑行的轨迹

总之，尽管激光推进在技术上有一定难度，但与传统的化学火箭推进相比，以其诱人的技术和经济上的优势，以及可能标志着传统火箭技术的先进基本原理革命性的转折而显示出有一定的发展前景，国外一直没有放松对这一原理和技术的研究，因此激光推进技术值得重视。

12.3 研究水平

12.3.1 国外研究概况

自 20 世纪 60 年代中期以来，美国就开始研究激光与固体靶之间的动量和能量转换。1972 年，美国的 Kantrowitz 首先提出了激光推进的概念。激光推进无须传统化学推进中的大质量分子氧化剂，而且燃烧温度能大大提高，可产生很大的比冲。他在假设能量完全转化的理想情况下，计算出将质量为 1 t 的有效载荷发射到近地轨道所需的激光功率为 400 MW。20 世纪 70 年代美国航空局(NASA) 和美国空军武器研究室等单位开始系统研究等离子体的膨胀过程、激光推进系统的推力、比冲和能量耦合系数等特征，获得了 5 000 m/s 的比冲和(10 ～ 100) × 10^{-5} N/W 的能量耦合系数。20 世纪 80 年代以来，实验研究主要集中在通过改变激光参数(波长、能量密度、脉宽) 和靶的选材、形状来研究激光辐射的动量传输和能量耦合系数，使激光推进理论更加完美，明确肯定了激光推进能对推力、比冲和推进剂进行独立控制，能源可从很远处传输给飞行器,可获得比化学推进系统更高的比冲等优点,展示了动力传输、轨道-轨道推进、地基-轨道推进、遥感和通信以及军事上的反卫星与卫星防御等领域良好的应用前景。1989年美国战略防御倡议组织已投资数百万美元进行了一项试验性计划,开始研究采用地基-轨道激光推进可行的实验研究,所用激光功率为 30 kW ～ 1 MW,轻质飞行器的直径为 20.3 cm。1996 年,美国空军研究实验室的推进部与 NASA 的 Marshall 空间飞行中心合作,开始联合研究用高功率激光推力器将微型航天器送入低地球轨道的可行性。目的是为了将许多较轻的载荷(军事情报搜集卫星等) 快速布放到不同的轨道上。这项研究负责人 Myrabo 设计的名为 Lightcraft 的铝材飞行器,在诸多飞行器中最具有代表意义,这种飞行器不包括任何动力装置和燃料,其结构如图 12.9 所示。

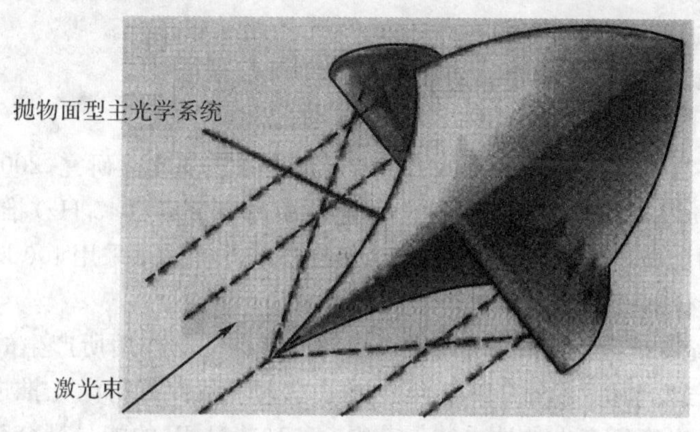

图 12.9　Lightcraft 结构示意图

飞行器头部为进气口和空气压缩腔,尾部由聚光用的轴对称抛物面形反射聚光系统及喷嘴组成。中部突出的环形罩是基本的推力结构。工作时尾部装置接收激光能量,反射由地面射来的红外脉冲激光束,并成环状聚焦,击穿腔内气体,形成高温等离子体膨胀,推进飞行。于 1997 年在白沙导弹基地首次成功进行了线导的激光推进实验,解决了飞行稳定问题。其意义正如 Wright 兄弟第一次实验飞机一样。在 10 kW、脉宽 18 ms 的二氧化碳脉冲激光的推动下,蝶状盘飞行器上升了 0.3 m。1998 年,伦塞勒工学院的 Myrabo 和 AFPL 合作在美国白沙导弹基地用10 kW脉冲二氧化碳激光器(1 kJ,30 μs,10 Hz)将直径 14 cm、质量 50 g 的飞行器垂直自由升高 4.27 m(用激光定位和跟踪系统控制),水平滑行 121.3 m。随后,又用 10 kW 脉冲二氧化碳激光器(450 J,20 Hz)把一个直径约 13.5 cm、质量约 42.5 g 的 6061－T6 型铝质实验模型在 3 s 内送上了大约 22.86 m 的高空。1999 年 7 月 9 日,Myrabo 等将直径为 11 cm 的光船发射到 39 m 的垂直高度。2000 年 10 月,LTI 将直径为 12.2 cm、质量 50 g 的光船发射到 71 m 的高空,光船飞行 12.7 s。这是迄今为止飞行时间最长、高度最高及飞行重量最重的记录。限制这一记录提高的主要原因是缺乏更大功率的激光器。LTI 已经资助开发优良的脉冲放电二氧化碳激光器，在其功率达到 100 kW 时可以将光船发射到太空边缘。LTI 计划将 1 kg 以下的小卫星用 1 MW，1 kJ，1 000 Hz 的地基脉冲二氧化碳激光器发射到近地轨道，短时间与 NASA 合作再创推进高度 304.8 m 的新纪录；预测激光发射技术一旦获得广泛应用将使得发射费用降低 2 个量级左右，将一个 1 kg 微小卫星推进到近地轨道仅需几百美元，远低于航天飞机发射所需的 10 000 $/kg 的费用，可反复使用且可靠性高。其潜在商业应用至少包括：

(1) 未来大型卫星的小型关键电子部件在太空抗辐射能力的测试；

(2) 短时间零重力加速度试验；

(3) 高分辨成像和地图绘制；

(4) 全球定位系统；

(5) 太空望远镜；

(6) 安全远程通信；

(7) 国际空间站中电子产品更轻的取代品；

(8) 危险探测和跟踪。

德国空间中心从 20 世纪 90 年代起也开始了激光推进的实验研究。2000 年 4 月 DLR 技术物理研究所的 Bohn 小组报道了采用脉冲二氧化碳激光器(200 J，45 Hz) 推进直径 10 cm，质量 55 g 的铝合金抛物面光船线导飞行 8 m 高的研究成果，并提出了采用 400 kW 脉冲二氧化碳激光器将 10 kg 的飞行器发射到近地轨道的设计要求。

苏联从 20 世纪 60 年代就开始研究激光辐射与各种靶材作用所产生的等离子体。1976 年提出"激光空气喷气发动机"概念。1978 年报道了在大气条件下的激光推进，利用脉冲二氧化碳激光的空气光学击穿所产生的冲击波能获得 5×10^{-4} N/W 的能量耦合系数。1984 年报道了利用高功率密度(10^8 ～ 10^9 W/cm^2) 的 Q 开关钕玻璃激光研制的激光推进实验装置。俄罗斯 ISTC－929 计划在 90 年代重点在理论和实验上研究强激光束与大气相互作用，以及线性和非线性自适应光学元件。RILP 和 RICTOD 发展了一系列数值计算方法来模拟激光束与激光诱导大气等离子体之间的相互作用。1999 年 RICTOD 在 200 m 高度用重复率脉冲二氧化碳激光器实验验证了理论计算结果。2000 年俄罗斯报道了大气环境中有关大气现象对激光推进能力的影响，以及采用激光推进来对小球进行加速的研究结果，展示了脉冲调制的二氧化碳激光器用于激光推进的美好前景。俄罗斯还制定了为期 3 年的 ISTC－1801 计划，分 3 阶段进行：第一阶段以推力产生的爆炸机制为基础，对 LPDE 产生推力的过程进行实验和理论模拟；第二阶段是对真空条件下的 LPDE 工作模式的模拟，也包括计算机模拟和实验；第三阶段在大气中利用 LPDE 进行轻飞行器的线导飞行实验，欲达到 40 ～ 50 m 的高度。

日本 1990 年也报道了研制成功激光推进实验装置。2002 年 6 月，东京工业大学的 Yabe 等人利用 590 mJ，5 ns 的 YAG 激光器推进纸飞机，该研究有望用于观察气候变化和火山爆发。目前，Yabe 小组正在研究用激光推进 100 g 的飞机及用激光驱动机器人在核反应堆事故时工作。

正是由于激光推进在这方面有着巨大的潜在优势，美国、德国和俄罗斯等发达国家在激光领域一直进行着坚持不懈的努力，许多基础问题和技术难题不断被攻克，展示了激光推进的诱人前景。美国 NASA 计划利用 100 kW 的二氧化碳激光器将 104.3 kg,1.2 m 直径的光船激光推进发射到 9.6 km 以外的大气层边缘,速度达到 $Ma=5$。新墨西哥大学和空军科学研究室联合报道了利用微型激光等离子体推动小型卫星的研究成果。

除了在利用地基激光发射小卫星方面不断取得进展外,在轨道推进和空间碎片清除方面国外也表示出极大的关注。1999 年在日本大阪大学激光技术研究所召开的"现代高功率激光器及其应用"国际研讨会上,详细报道了激光在宇宙应用方面的研究进展。例如,美国采用高功率脉冲激光从近地轨道上清除宇宙垃圾,日本采用航空定位高功率激光器及其相位共轭技术改变太空物体轨道的太空激光研究计划,使太空搬运物体的代价降低 25 倍。而在 2002 年 7 月召开的"大功率激光剥离 Ⅳ"会议上,专设了"激光推进与微推进"专题,专门讨论了到 2005 年将 1 kg 的物体发射到 50 km 高空的问题。2002 年 11 月,在美国举行的"第一次束能推进国际会议"上,激光推进仍是重点讨论的问题。

12.3.2　国内研究现状

20 世纪 80 年代,华中科技大学激光技术重点实验室首次在国内提出开展激光推进技术基础研究的项目申请,并得到了原国防科工委的批准,作为国防基础研究课题予以立项。该项目主要是研究多种材料激光烧蚀特性,取得了一定的基础性研究成果。90 年代,他们采用高功率连续波二氧化碳激光器和 1.06 μm 的脉冲激光器对多种材料样品进行辐照实验,主要研究激光与物质相互作用的机理。

2000 年以来,装备指挥技术学院在激光技术国家重点实验室基金及装备技术学院科研基金资助下,开始了光船结构优化设计及其激光推进机理研究。目前在激光推进机理研究、激光维持爆轰波传播过程的流体动力学数值模拟、激光束经光船表面的聚焦性能研究、光船设计和加工、光船以吸气模式进行推进的实验方案设计等方面取得了阶段性成果。

中国科学院电子所 1999 年 11 月采用重复率为 300 Hz、脉冲能量为 3 J 的 TEA 二氧化碳激光器在国内进行了首次激光水平推进实验,将一直径为 22 mm,质量为 500 mg 的圆锥状模型推进到 3 m 的距离。

2001 年中国科技大学采用调 Q 高功率单脉冲钕玻璃激光将一个质量为 5.8 g 的模拟子弹发射到 1.48 m 的高度。

2003 年中国科学院电子所和中国科技大学合作采用最高重复率为 200 Hz、脉冲能量为20 J 的二氧化碳激光器进行了激光水平方向推进和竖直方向推进实验,取得了初步的实验数据。

12.4　设 计 方 法

由于推进器必须承受 LSP 产生的高温和极高能量激光的熔融,因此研制可靠的火箭用的激光推进器,在技术上具有极大的挑战性。通过激光推进器理论模拟模型,更改推进器的关键设计特征指标,达到优化设计。推进器的关键设计特征指标包括喉部几何形状(throat geometry)、激光焦距(laser focal length)、窗口尺寸(window size)、工作气压(operating pressure)、等离子体标称位置(nominal location of the plasma)等。

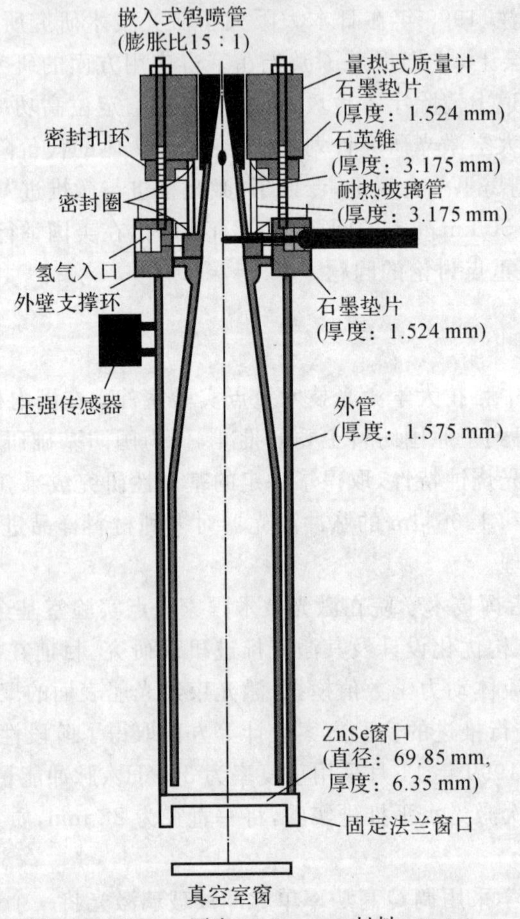

图 12.10　10 kW 激光推进器结构简图

图 12.10 给出了 J. Black 等人设计的 10 kW 激光推进器结构简图。推进器形状成旋转对称性，激光束从图示底部 ZnSe 窗口进入推进器，聚焦于推进器出口底部。气体推进剂从推进器的中部附近(即图 12.10 中氢气入口处)注入，气体向下流过环形区域，到达推进器底部，然后，气流向上流过并环绕等离子体，最终从喷嘴顶部排出。气体推进剂在推进剂底部流过时，可用于冷却激光入射窗(即 ZnSe 窗口)。推进器标称工作气压 2.0265×10^5 Pa(2.0 大气压)，实际工作气压在 $0\sim5.16\times10^5$ Pa 范围内。

推进器设计中最苛刻的部分是喉部区域，图 12.11 给出了这一区域结构的放大图。这一区域设计的关键是等离子体必须稳定，其流速使等离子体效率最大，但不超过等离子体从推进器流出的速度。圆锥形几何形状的一个优点是能够通过微调机动聚焦透镜使等离子体流速改变。

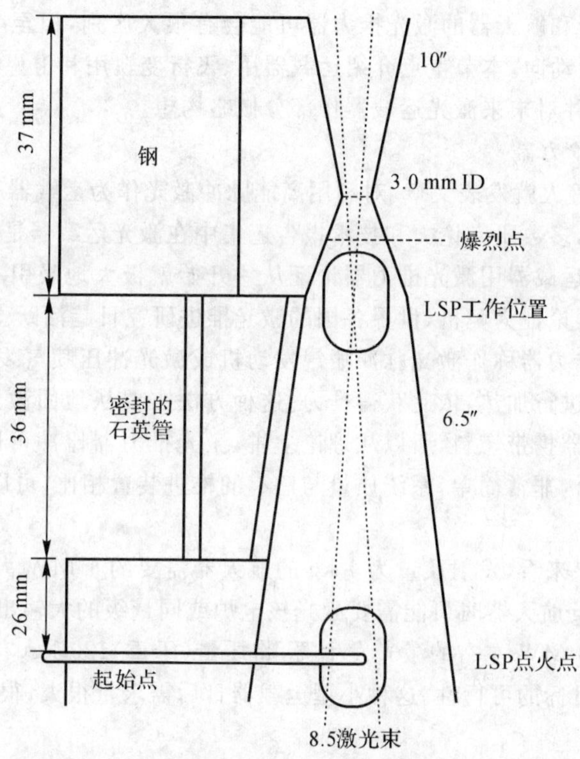

图 12.11　推进器喉部截面

影响喷嘴喉部设计的另一因素是 f 数（激光焦距与光束直径之比）的选择，为了实现等离子体的高稳定性和高效率，f 数必须适中。因为有大约 40% 的入射光能够穿透等离子体，所以必须考虑避免喉壁热损坏，为此，喉部截面的直径和会聚角度必须认真选择。

J . Black 等人设计的 10kW 激光推进器中，采用瞬时插入钨棒方式点火（产生初始等离子体）。具体方法如下：下移激光束焦点至图 12.11 所示"起始点"位置，然后，瞬时插入钨棒，至焦点。表面急剧加热释放自由电子，自由电子进入棒周围气体，气体开始通过逆韧致辐射过程吸收激光能量。一旦气体变热并达到自维持水平，移开钨棒。最后，将激光焦点上移至它的通常工作位置（见图 12.11 中所示"LSP 工作位置"）。

12.5 应用状况

近年来，研究工作取得了很大进展，技术水平也有了很大提高。尽管目前研究的激光推力器与将来适用于运载器和航天器的激光推力器可能会有很大区别，但至少可以从中看出一些基本的研究思路和发展动向。本节重点介绍运载器用、飞行变轨用和卫星姿控用激光运载器技术的研究与发展状况，并对未来激光运载器作部分概略构想。

1. 运载器用激光推力器

1998 年，Myrabo 等人就发表文章，对利用高能脉冲激光作为运载器推进能量进行了初步论证。尽管到目前为止，多数研究论文和技术报告还集中在激光运载器是否可行的理论分析与实验研究方面，但作为运载器用激光推力器论证从一开始就极大地吸引了世界各国研究人员的注意力。随后，以这种论证为契机，世界各国的激光推进研究日趋活跃。

运载器用的激光推力器称作激光脉冲喷气发动机或激光冲压喷气发动机。它是将大气吸入发动机内，利用激光进行加热，依此获得推力。这种方法需要从地面激光基地发射和传送激光能量。由于无须航天器携带燃料，所以从理论上讲，激光推力器比冲可以无限大，而且，由于无须搭载能源，故其结构非常简单，系统质量与已有的推进装置相比，可以大大减小，因此运载器成本有望大幅下降。

从目前的研究结果来看，发射质量为 1 kg 的航天器需要约 1 MW 大小的激光功率。依此推算，发射 10 ～ 100 kg 航天器时可能需要激光核电炉或同量级的大输出激光发生器。Myrabo 等人还论证了利用 100 MW 左右的激光发生器，将质量(干重)120 kg(有效载荷比为 0.5) 的运载器送入预定轨道目标的可行性。这种小型运载器日后需求量很大，很有希望用于发射低成本小型卫星。

作为运载器用的激光推力器，利用钟型喷管产生推力的方法是最基本和最常用的。德国航空航天技术研究所(DLR) 研究和设计的激光脉冲发动机喷管如图 12.12 所示。喷管的内表面为抛物线回转体，将激光束集中在抛物面的焦点，其能量循环模式示于图 12.13。由于激光束的收集伴随着等离子体的生成，故喷管内将会产生爆轰波。爆轰波膨胀并压缩喷管内的空气后，压力不断升高，形成推力。一旦激波从喷管出口飞出，喷管内受到激波压缩的空气就会排出，随后新鲜空气就从出口截面吸入。

在德国航空航天技术研究所，使用的便是这种钟型喷管的飞行体，而且也以此进行了运载发射的演示验证。实验是用电子束激发二氧化碳激光器的，激光束功率为 7.9 kW(1 个脉冲相当于 175 J 的激光能量，频率 45 Hz)。据报道，它可将 53 g 的飞行体发射到 60 cm 的高度。当激光束轴线与钟型喷管轴线一致时，即使激光束能量较低，也会在焦点附近的空气中形成等离子体。然而，等离子体的生成概率对喷管的姿态极其敏感，一旦喷管轴线方向与激光束的轴线略有偏差，等离子体就难以生成，推力也就不会产生。因此，如图 12.12 所示，通过在喷管的焦点处插入金属棒，将激光束聚集在其表面上，这样，即使激光束与飞行体轴线有一定偏差，也会产生等离子体。于是，将激光集中在固体表面上，即使能量密度较低也会产生等离子体，进而形成推力。在这种情况下，激励产生等离子体的金属棒承受的热载荷非常大，所以，这里最好不要选用金属棒。目前人们正在研究使用伴随激光照射容易升华的抛丸清理机材料。

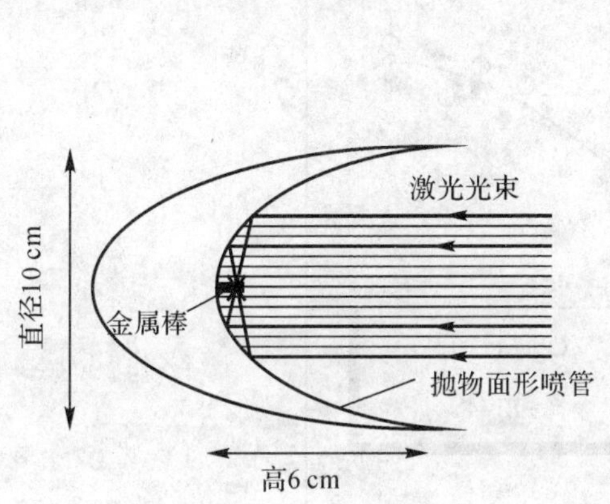

图 12.12　德国航空航天技术研究所用的激光推力器钟型喷管

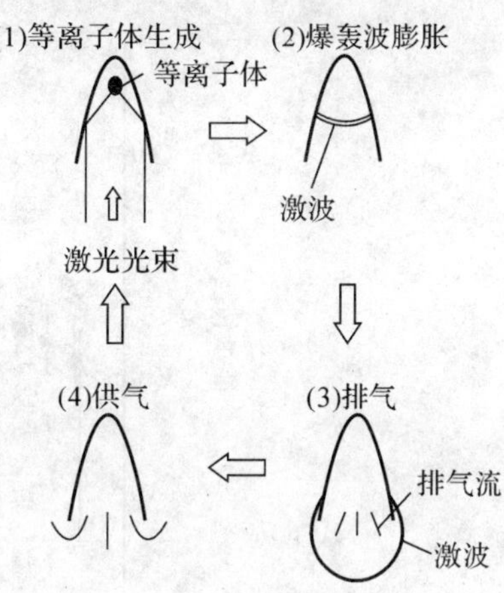

图 12.13　激光脉冲型喷气发动机的能量循环过程

在该研究所，还利用真空设备，测定了激光推力器在低压空气中的总冲量。结果表明，环境压强降到 40.5 kPa(0.4 个大气压)以下后，总冲量就会开始下降。从激光入射到喷管内开始到推力产生，可视为两个过程：一是激光产生等离子体引起爆轰波的能量转换过程，二是爆轰波在喷管内传播，其能量传递到喷管壁面形成冲量的变换过程。根据日本东京大学的研究结果，如果将激光聚集在空气中，进行产生空气等离子体的实验研究，有 40% ～ 50% 的激光能量变换成冲击波能量。然而，如图 12.14 所示，随着环境空气密度降低，能量转换效率就会下降。当空气压强为 10.3 kPa(0.1 个大气压)时，能量转换率只有 20% 左右。图 12.14 所示的纵坐标表示输入激光能量与对应的激波能量之比，即表示流体能量直接转化成推力的百分数。这个结果与德国航空航天技术研究所测定的低压空气中推力下降的趋势基本一致。为了研制高真空情况下效率高的推力器，人们必须考虑研究不从喷管出口而是从前端吸入空气，利用冲压形式实现这一过程的问题。

作为从前端进气的推力器，图 12.15 示出了 Myrabo 等人提出的轻质航空飞行器。从推进结构的相似性来看，这种轻质航空飞行器也可称作激光驱动的脉冲爆震发动机。1987 年提出方案，1997 年进行了演示验证，当年就达到了 12 m 的飞行记录。1998 年初，实验继续进行，经多方努力，发射高度不断提高，达到了 30 m 的高度。在这种轻质航空飞行器中，从地面发送的激光束传送到抛物面形状的进口整流锥喷管处，然后在整流罩处汇聚。伴随而来的是在整流罩表面处产生空气等离子体，而推力则作用在整流罩和进口锥上。一旦脉冲激光在固体表面上聚集，就会急剧产生高温、高压等离子体。在这种高压等离子区，整流罩将受到挤压，而且由于等离子区急剧膨胀，在其周围，伴随有冲击波的产生。在整流锥形喷管处，由于受到这种冲击波压力，便会产生推力。为了表明这种推力产生的机理，美国 NASA 的研究者也进行了 CFD 数值模拟。

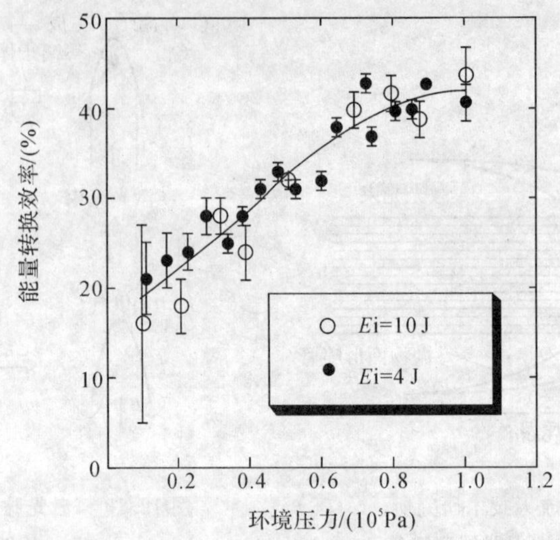

图 12.14　低压空气中能量转换效率的测定结果

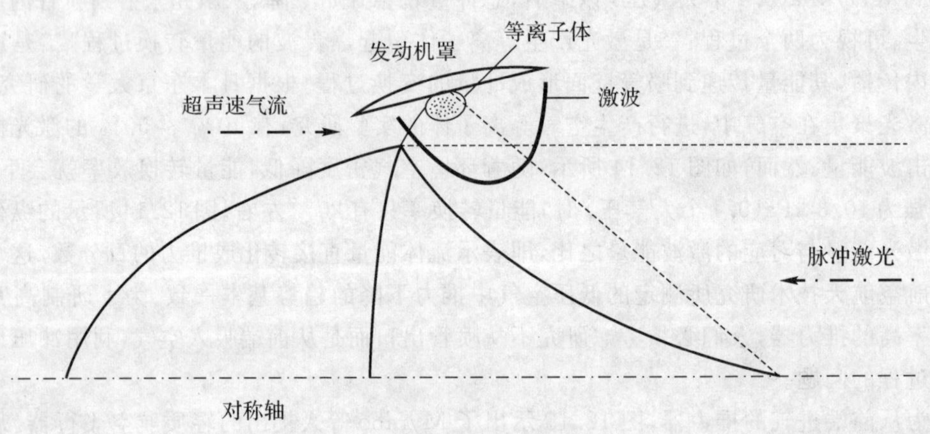

图 12.15　Myrabo 等人提出的激光推进型轻质航空飞行器概念图

利用美国空军研制的 10 kW(10 kJ 激光脉冲，频率为 10 Hz) 名为 PLVTS 的二氧化碳气体激光器，1999 年在实验室内将质量 50 kg，断面直径 14 cm，依靠旋转稳定的轻质航空飞行器发射到 40 m 高度。随后，在 2000 年又创下了发射到 71 m 高度的记录。由于随着高度增加，稳定性难以保证，所以最近也在开展六自由度飞行的理论分析与研究。

在整流罩表面，不但集中有高能密度的激光束，而且也会生成高温等离子区，特别是照射时间还很长。在这种情况下，整流罩的热损伤问题十分严重。现在人们也在研究在整流罩内表面装填喷砂清理剂，这样有可能避免或减缓热损伤问题。

到目前为止，通过前端进气进行超声速飞行的冲压发动机模型试验还未进行，但在这种情况下，同一直研究的冲压式喷气发动机一样，人们考虑的仍是与热闭塞类似的现象对推进剂性能的影响。然而，根据 CFD 研究结果，即使是冲压喷气发动机不发生热闭塞现象，也会产生推力。

另外，研究者也一直在花时间和精力进行理论与实验研究，探讨利用激光驱动管内飞行体的激光管内加速器(Laser In - Tube Accelerator，LITA)，这种形式与冲压加速器类似。

于是，人们一直在利用空气(或者管内气体)开展有关激光推进的技术研究，主要是进行性能测定和发射实验方面的基础研究。为了追求更高的性能和记录创新，还须进行飞行体姿态稳定性研究，详细探讨依靠输入激光能量产生推力的机械装置，并需要建立更宽范围内的性能参数(飞行状态和发动机设计)预示方法，而且，作为今后应该解决的技术问题，还应包括聚光镜技术和喷管的热防护技术等。

2. 飞行变轨用激光推力器

在高空，大气非常稀薄，尤其是在宇宙太空，利用大气作为推进剂将不太可能，所以必须搭载推进剂。有关这样的激光推力器，多数学者是研究关于利用激光照射、加热固体或液体后喷出动量产生推力的激光烧蚀法。

利用激光能量进行飞行变轨用的飞行器称为激光轨道转移飞行器(Laser Orbiter Transfer Vehicle，LOTV)。人们一直在利用水作推进剂开展 LOTV 系统的数值分析和基础实验研究，也在进行将激光照射在水或油膜等上面，然后通过汽化排放产生推力的液体烧蚀推力器研究，而且正在开展将激光等离子体加速器原理用于空间激光推力器的实验研究，目标都是为了提高比冲。

作为利用烧蚀的激光推力器，有学者提出了烧蚀性激光推进(Ablation Laser Propulsion，ALP)的新概念，并根据基础实验研究情况，对这一概念实现的可能性进行了多方论证。通过试验，利用静电探针测量烧蚀等离子体的到达时间，可以推算可能达到的比冲。结果表明，利用高功率激光可以保持微秒量级的极短脉冲幅宽。据此推算，有可能获得 200 000 m/s 左右的比冲，其最大值是在使用二氧化碳激光器的情况下。另外还发现，如果使用金属等分子量较大的烧蚀材料，比冲与相对分子质量基本上成反比。

3. 卫星姿控用激光推力器

烧蚀性激光推力器另一个应用方向是人造卫星的姿态控制，目前也有许多学者在进行这一方向的研究工作。比较现实的方法是搭载半导体激光器，将其激光光束照射在碳等固体材料的表面上，利用喷出的高温气体产生推力。

利用固体推进剂的优点是无须配备像气体或液体推进剂那样的高压储箱和涡轮泵，结构比较简单，重量也轻，可靠性高，而且利用激光可以实现高效率小功率激光推力器。

实际应用于推进系统时，固体推进剂的供给方法是需要探讨和研究的课题之一。美国Phipps等人开发研究了一种固体推进剂供给方式。如图12.16(a)所示，将固体推进剂做成薄片，像磁带机那样转动，然后让激光照射。还有其他推进剂供给方式，如图12.16(b)所示，即利用圆筒状的推进剂，通过旋转装置的回转，圆筒表面沿轴线方向移动，然后再将激光照射在推进剂表面上。利用30 MW的半导体激光器，可获得20 μN·s的冲量。今后研究的目标是结构更小、推力更高的推力器。

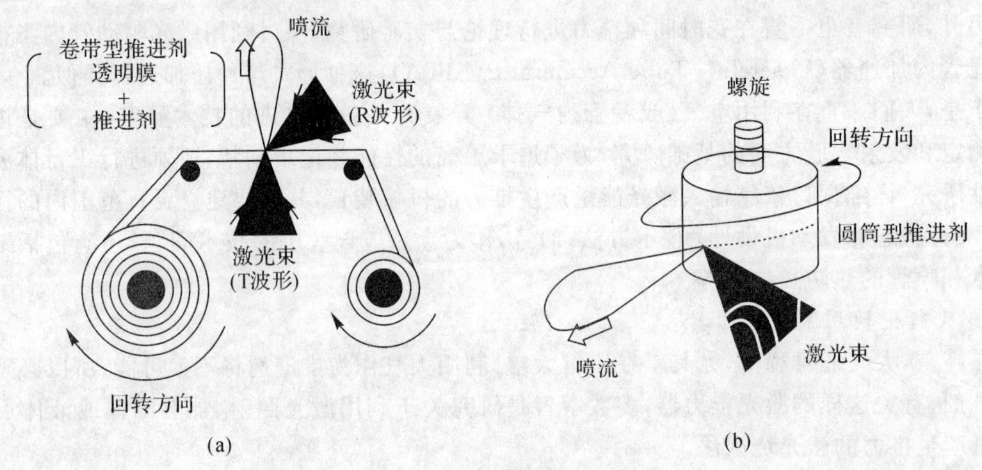

图 12.16　半导体激光器驱动的烧蚀性激光推力器

4. 未来激光推力器的构想

作为未来的构想，有人提出了不搭载推进剂的太阳帆的想法。在太阳帆板上，太阳光在面积很大的太阳帆板上反射，获取其动量，就可以产生推力。由于不使用推进剂便有可能获得推力，所以在地球附近，太阳光线很强的宇宙空间，非常有希望研制成功这种推进系统。然而，另一方面，这一构想也有缺点，由于这种获得推力的方式与太阳光强度关系很大，所以对于光照强度逐渐变弱的火星以外的其他星球，特别是其他恒星系以外的深空探测就不太可能了。为了克服和弥补利用太阳帆板进行推进的这一缺点，有人提出了激光帆板的概念。这样，就不利用不断变弱的太阳光，而是将从地球轨道传送来的定向性良好的激光束在激光帆板上反射获得推力。

前已提及，星际航行用的推进系统可以采用激光帆板。为了实现在星际间航行，必须下决心研究高效激光束传输。由于激光源的大小决定着激光束的发散角，所以要在星际间的太空传送，必须要有极其巨大的激光源。这样大的激光光源要靠把很多激光器组成阵列化来构成。为了获得良好的定向性，各发生器发出的激光必须保持高度相关性。然而，无论能够获得多么理想的激光束，在极长距离的传送过程中，激光光束还是要发散的。为了补偿这种发散，旅途中在太阳和帆船中间留置一个棱镜，依靠这一棱镜，可以提高向帆船的激光传输效率。这种棱镜目前采用一种特殊材料构形的棱镜，依靠这样的棱镜系统，用65 GW的激光器，预计航行40年便可到半人马星座。

这种激光推力器拥有其他推力器不具备的潜在能力，所以人们在探讨其更加广泛的用途。尽管目前还只能说是处于通向实用化道路的起点，但今后会有更多相关类型的激光推力器的研究与开发在持续发展，在不远的将来，有希望看到更加现实的可能性。作为发射用的推进系统，如果可以采用更大功率的激光器，那么，人们所期待的是提高推进性能。今后这一研究方向与目标不会改变，特别是作为重要的基础研究，需要探明在超声速飞行条件下推力产生的机理；作为变轨用激光推力器方面的研究与开发，人们将向超小型和大推力两个不同的方向发展。

12.6　国内外研究对比及发展对策

自激光器发明以来，人们就一直期望利用激光方向性好、亮度高、衍射损失小和传输距离远的优点，来取代火箭发动机化学推进等传统推进技术，以提高火箭发动机的比推力和推质比。为此，美国、德国和俄罗斯等发达国家在激光推进领域一直持续进行着有计划的、系统的研究。表 12.1 列出了国内外关于激光推进的研究进展情况。从表中可以看出：

(1)“激光推进”概念提出以来，有关激光推进机理实验研究，我国与国外几乎同步开始。但自 1987 年以来，国外在激光推进领域的研究一直没有停止，而我国在这方面的研究则中断了十多年。

(2) 国外在发展激光推进研究方面已提出了切实可行的长远规划，并初步形成较完善的理论体系，取得了一系列实验研究的结果，例如美国 NASA 和俄罗斯的 ISTC-1801 计划。而我国有关基础研究还没有形成长远的研究计划，较深入的研究工作近几年才刚刚起步。

我国与国外在激光推进研究领域存在着至少十年的差距。美国将激光发射小卫星与当年采用液体火箭放在同等重要的地位。面临这样的国际形势，我国深入、系统地开展这方面的研究具有重大的战略意义。

研究对策着重有以下几个方面：

(1) 集中国内在激光推进领域有优势的单位，系统开展相关基础技术研究，例如高功率、高能量及高重复率的激光器研究、强激光与物质相互作用、强激光大气传输和光束控制技术等。

(2) 有步骤地制定我国发展激光推进技术研究的长远规划，重点加大研究投资力度，攻克有关激光推进关键技术。

(3) 从应用角度看，应以具有巨大市场和战略意义的微小卫星激光发射为突破口，力争通过 2 ～ 3 个五年计划，将千克量级的微小卫星发射到近地轨道。

表 12.1　国内外激光推进研究进展对比

时间			国外	国内
20世纪	70年代	1972年	提出“激光推进”概念	
	80年代	1987年	美国 Rensselaer Polytechnic Institute 的 Leik N. Myrabo 教授为美国 SDIO 发明了用于激光推进的小型飞行器	
		1989年		华中科技大学首次开展激光推进基础实验研究
	90年代	1997年	在白沙导弹实验场首次成功进行了线导的激光推进实验，在 10 kW、脉宽 18 ms 的二氧化碳脉冲的推动下，碟状盘飞行器上升了 0.305 m(1英尺)	
		1997年	激光推进飞行高度打破了 1926 年 Goddard 首次成功试验火箭上升 12.5 m(41 英尺)的纪录，但不同的是，不用携带燃料	
		1998年	基于“空气呼吸”激光原理，创下了推进高度 30.18 m(99 英尺)的纪录	
		1999年7月	基于“第一级火箭推进”激光原理，创下了推进高度 39 m(128 英尺)的纪录，飞行器质量为 25～29 kg	
21世纪	00年代	2000年4月	德国 Bohn 小组采用脉冲二氧化碳激光器将直径 10 cm，质量 55 g 的光船推高 8 m	
		2000年10月	美国 LTI 创下了推进高度 71 m(233 英尺)、飞行时间 13 s 和飞行器质量 50 g 的新纪录	航天创新基金支持华中科技大学开展激光推进基础研究
		2001年	*东京工业大学的 Yabe 等人报道了利用 YAG 单脉冲(590 mJ，5 ns)激光推进纸飞机的结果，该研究有望于观察气候变化和火山爆发	中国科技大学用钕玻璃脉冲固体激光器进行激光烧蚀推进实验研究
		2002年		863-702 主题支持装备指挥学院、华中科技大学和中国科技大学开展“激光推进技术”跟踪研究
		2005年	LTI 计划将 1 kg 以下的小卫星用 1 MW，1 kJ，1 000 Hz 的激光器发射到近地轨道。短时间内与 NASA 合作再创推进高度 304.8 m(1000 英尺)的新纪录	

注：表 12.1 中，国外推进所用激光器除*外均为 TEA 脉冲二氧化碳激光器。

第13章　太阳能热推力器(STP)

本章将从太阳能热推力器的基本组成、工作原理入手，简要介绍太阳能热推力器的主要特点、重要参数、技术指标和性能，然后介绍太阳能热推力器的关键技术、国外太阳能热推力器的研究现状与发展趋势以及太阳能热推力器性能的工程计算方法。

13.1　基本组成

太阳能热推力器(Solar Thermal Propulsion，STP)是美国人克拉夫·埃里克(Krafft Ehricke)在1956年首次提出的，他的基本设想是利用聚集的太阳能直接加热工质产生推力，太阳能热推力器系统概念图如图13.1所示。

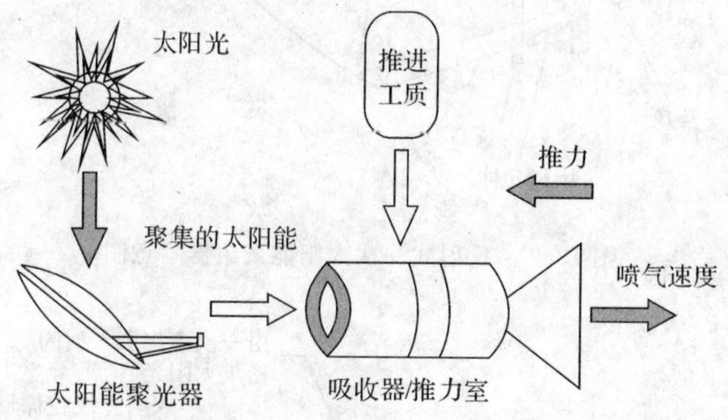

图13.1　太阳能热推力器系统概念图

由图13.1可见，太阳能热推力器系统的基本组成部件有太阳能聚集器、吸收器/推力室、工质储存和供应系统。各部件的主要功能如下：

1. 太阳能聚集器

太阳能聚集器的主要功能是使太阳光聚焦并改变传播方向到达吸收器/推力室，便于工质气体的加热吸收。

太阳能聚集器一般分为一次和二次聚集器。一次太阳能聚集器大多为反射式聚集器，如图13.2所示。它由反射抛物面、支撑环、支撑杆、对日定向装置以及紧固件组成。一次太阳能聚集器的主要功能是完成一次太阳能的聚集并改变太阳光的传播方向。

二次太阳能聚集器目前在研究中的有光锥式和折射式两种。光锥式二次聚集器的原理是利用光锥的多次反射，以提高一次聚集器的能量密度，使用二次光锥聚集器后，据资料介绍，能量密度将提高 2.2 倍；折射式聚集器一般是根据设计要求，制成一定的形状，将经过一次聚集后的太阳光折射后再聚集到吸收器 / 推力室上，以提高太阳能的聚集密度，常用的折射式二次聚集器的材料有石英、石榴石等。图 13.3 和图 13.4 分别是光锥式和折射式二次聚集器的工作原理示意图。

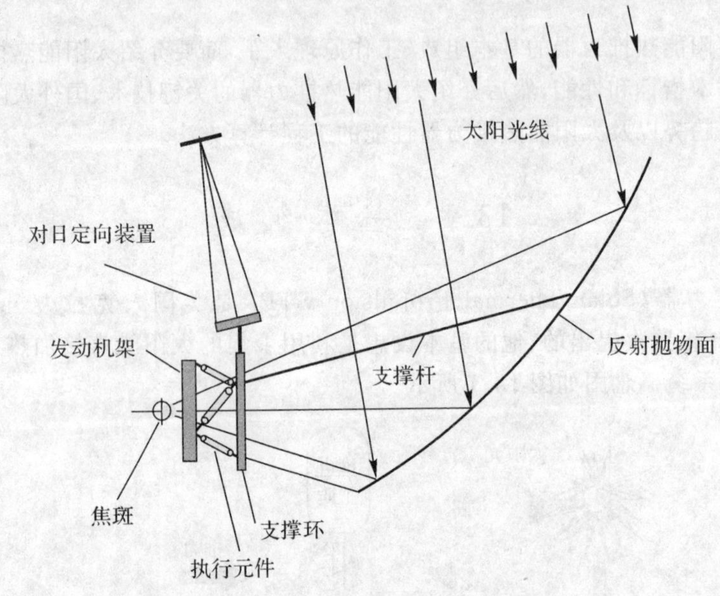

图 13.2　反射式一次太阳能聚集器示意图

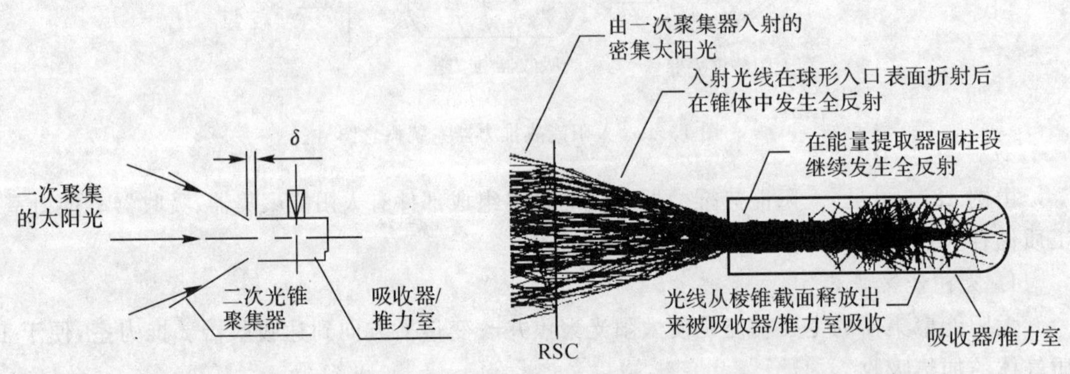

图 13.3　光锥式二次聚集器　　　　图 13.4　折射式二次聚集器

2. 吸收器 / 推力室

吸收器 / 推力室的主要功能是吸收高密度的太阳能，将光能转化成热能使工质气体加热，并通过喷管膨胀喷出产生推力，完成能量的吸收与转换。

吸收器 / 推力室主要由太阳能吸收室、工质入口管、膨胀室、热屏蔽层、喷管等组成。根据能量转换的形式，一般可分为直接转换式吸收器 / 推力室和间接转换式吸收器 / 推力室。

直接转换式吸收器 / 推力室是指工质在流经由某种耐热、导热性好的材料制成的辐射换热器时，通过传导和对流直接吸收聚集后的高密度太阳辐射能，使工质气体加热、膨胀高速喷出产生推力。直接转换式根据吸收器 / 推力室腔是否密闭分为开式(open heat exchanger cavity receiver) 和窗式(windowed heat exchanger cavity receiver) 两种，如图 13.5 和图 13.6 所示。直接转换式最大的特点是太阳能的收集、能量的转换、推力的产生是同步进行的。

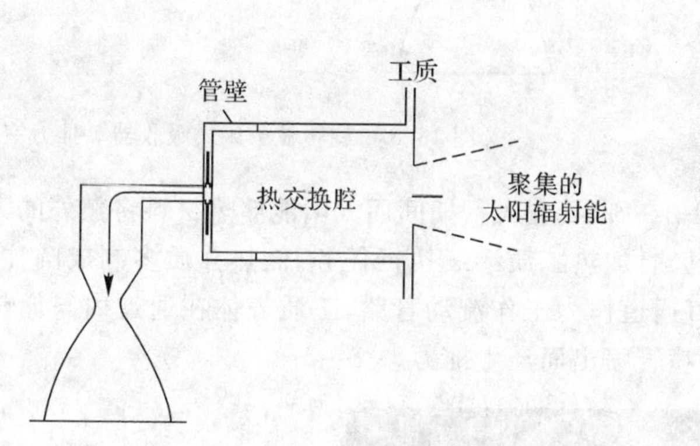

图 13.5　开式吸收器 / 推力室

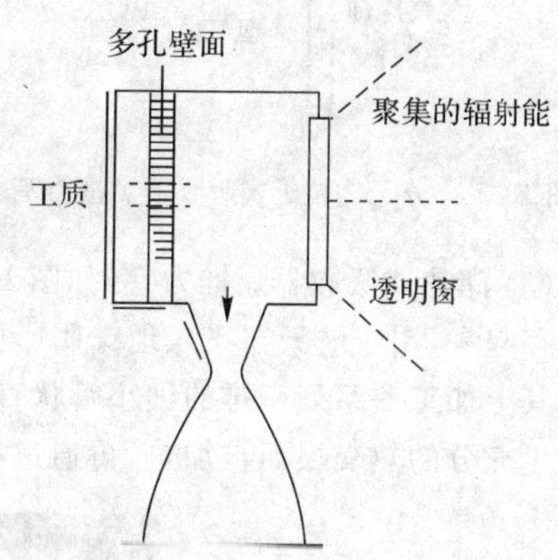

图 13.6　窗式吸收器 / 推力室

间接转换式吸收器 / 推力室首先让工质在吸收器 / 推力室中与储热材料、传热载体分子或离子团相接触，再通过热传导、对流、辐射方式将这些载体所吸收的高密度太阳辐射能转换为工质气体的热能。因此，对间接转换式吸收器 / 推力室而言，最高温度出现在工质流体中而不是在推力室壁面，并且由于储热材料或载体微粒的换热，工质的整体换热效率提高了，从而提升了推力器的性能，比冲和效率分别达到 7 840 ～ 12 740 m/s 和 70% 左右。间接转换式吸收器 / 推力室有三种典型方案。

(1) 分子 / 粒子式吸收器 / 推力室，如图 13.7 所示。因为工质为透明气体，所以必须采用传热载体分子或粒子团来实现热量的有效传递。通常采用具有很宽的吸收太阳能光谱带的碱金属蒸气(如钠、钾、铯蒸气粒子) 与工质混合来实现热传递。恰当地应用辐射能收集技术可以使吸收器 / 推力室中心温度很高，而靠近壁面温度则相对较低。

(2) 旋转粒子床式吸收器 / 推力室，如图 13.8 所示。在这种方案中，吸收器 / 推力室是由多孔材料制成的可旋转的圆筒形腔体，经过太阳能聚集器后的太阳辐射能通过透明固体窗(多为石英或碱金属氟化物制成) 投射进推力室，被附着于腔内壁的石墨微粒吸收。推力器工作时吸收器 / 推力室旋转，石墨微粒靠离心力紧紧依附于腔壁上，当工质通过时迅速吸收石墨的热量而升温，经喷管喷出后产生推力。

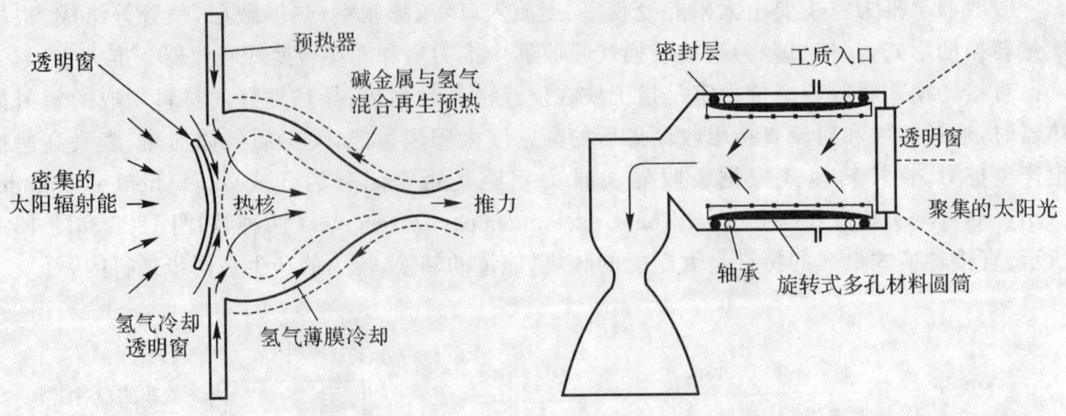

图 13.7　分子 / 粒子式吸收器 / 推力室　　　　图 13.8　旋转粒子床式吸收器 / 推力室

(3) 储热式吸收器 / 推力室，如图 13.9 所示。在飞行期间用太阳能储热材料将额外的太阳能储存起来，用于航天器飞入地球阴影区时加热工质继续执行任务。储热介质多制成圆柱状，并在其上加工一系列密排的细小管状直通道作为工作流动管路，工质气体在通道内与储热材料发生充分的热交换而被加热，再通过喷管喷出而产生推力。

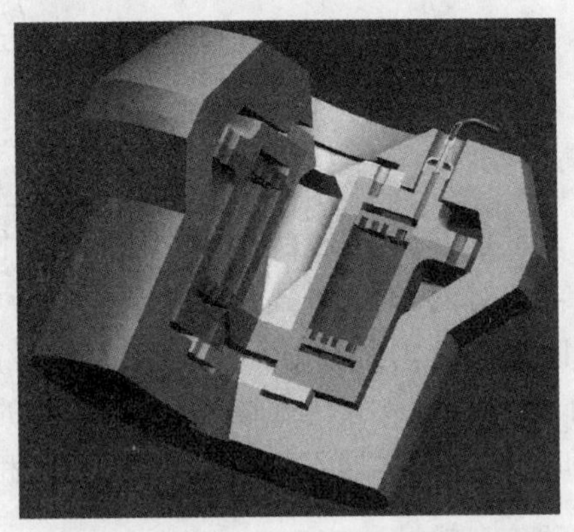

图 13.9　储热式吸收器 / 推力室

间接转换式吸收器 / 推力室最大的特点是可以实现脉冲推力工作模式，在日、月食时间仍可工作。但在目前的科研条件下，间接转换式由于技术上的复杂性并未被大多数科研实体看好，只有原理简单的储热式太阳能热推力器在探索和研究中，相对直接吸热方式来说，间接吸热式离实际应用还有相当长的路要走。

3. 工质储存和供应系统

STP 的工质气体一般为液态氢气，工质储存和供应系统一般由液氢储箱、液氢出口管、阀门、电动泵、管道等组成。其中，LH_2 储箱由薄壁铝衬套和聚氨酯泡沫塑料多层隔热

(Multilayer Insulation, MLI) 容器和 LH_2 排放管组成，排放管口压强为 207 kPa。H_2 由控制信号开启电动阀门注入。工质储存和供应系统的主要功能是为 STP 提供流量稳定的工质气体。

图 13.10 是 STP 系统在轨飞行时的概念示意图。

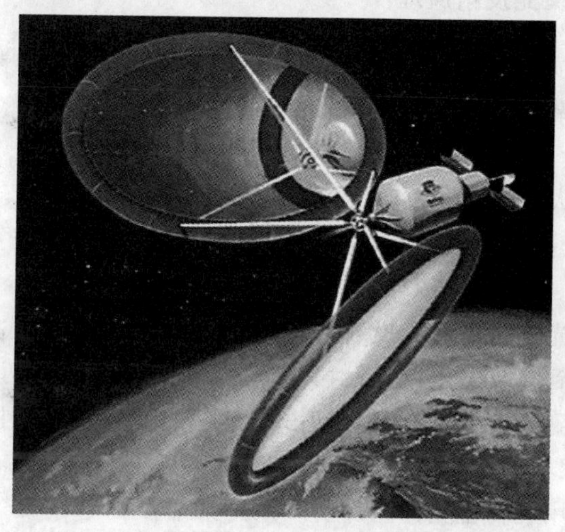

图 13.10　STP 系统在轨飞行示意图

13.2　工 作 原 理

具有折射式二次聚集系统、直接转换式吸收器 / 推力室的 STP 系统简图如图 13.11 所示。其工作原理是：太阳光束通过反射式一次聚集器，提高了能量密度并改变了传播方向，再通过折射式二次聚集器将能量进一步聚集于吸收器 / 推力室的内腔壁上，使吸收器 / 推力室的壁温升高。此时，当工质气体流经环绕于吸收器 / 推力室内、外壁间的气体管路时，与内腔壁进行热传导、热对流和热辐射等复合换热，在冷却吸收器 / 推力室内腔壁的同时，工质气体被加热后进入膨胀室，经喷管高速喷出产生推力。

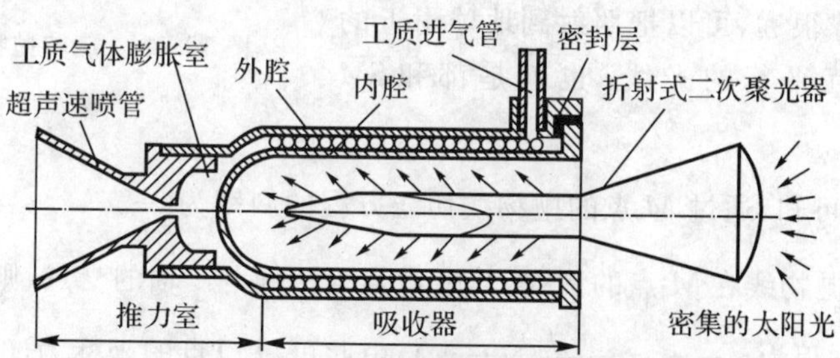

图 13.11　具有折射式二次聚集系统、直接转换式吸收器 / 推力室的 STP 系统简图

为了进一步理解STP系统的工作原理，将对STP系统中各主要部件的工作原理作进一步的阐述。

13.2.1 一次聚集器的聚光反射原理

太阳能一次聚集器按是否聚光，划分为非聚光型聚集器和聚光型聚集器两大类。

最常见的非聚光型聚集器有平板集热器和真空管集热器。非聚光型聚集器的集热温度较低，不需要太阳跟踪装置，结构简单，维护方便。

聚光型聚集器是把大面积的太阳光会聚在面积较小的吸热面上，从而提高太阳辐射能量密度，使工质气体获得较高的集热温度。与非聚光型聚集器相比，聚光型聚集器结构较复杂，且需要太阳跟踪机构。

聚光型聚集器按聚光方式可分为反射式和折射式两大类。反射式聚集器主要是通过镜面的反射将太阳光线聚焦到吸收器上，而折射式聚集器则主要是通过两种不同透明介质界面的折射而将太阳光线聚焦到吸收器上。由于反射式光学系统避免了使用折射透镜而产生的界面反射损失，所以反射式聚集器比折射式聚集器的效率一般高出3%左右。因此，在STP系统中，太阳能一次聚集器均采用旋转抛物面型反射式聚光聚集器。

旋转抛物面是由平面中的抛物线围绕其光轴旋转一周而形成的空间曲面，该抛物线称为空间曲面的母线。

图13.12中，F为抛物线的焦点，L为抛物线的准线。抛物线上任一点到焦点的距离和到准线的垂直距离相等，这是抛物线的基本性质，其定义也是根据该性质来表述的。通过抛物线的顶点作两条相互垂直的坐标轴，一条和准线垂直，为z轴，另一条和准线平行，为y轴。由此可以用一个二次代数方程$y^2=4fz$来表示这条抛物线。式中，f等于顶点0到焦点F的距离，称为焦距。取抛物线上任一点M，其坐标为(y_0,z_0)。设入射到该点的太阳光的方向$\overline{SM}$与z轴平行，由于太阳距地球很远，可以把照射到地球附近的太阳光看作是相互平行的光线，也就是都和$\overline{SM}$平行。

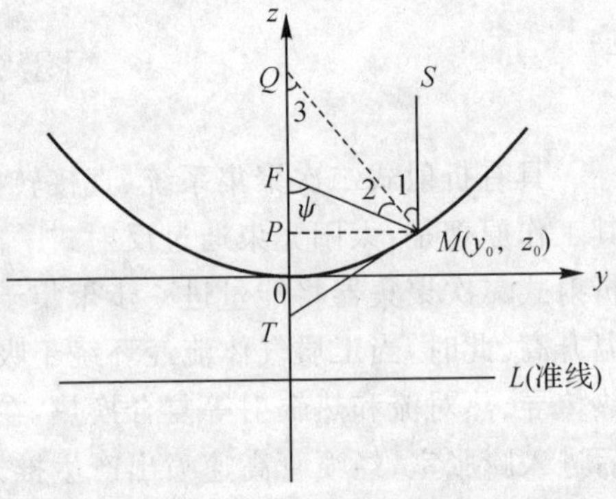

图13.12 旋转抛物面的聚光原理

由抛物线方程可知，通过M点的抛物线切线方程的斜率为$\dfrac{y_0}{2f}$。

设直线$\overline{QM}$是抛物线在M点的法线，其中Q点为法线与z轴的交点，则法线$\overline{QM}$的斜率为$-\dfrac{2f}{y_0}$，法线$\overline{QM}$的方程为$z-z_0=-\dfrac{2f}{y_0}(y-y_0)$，由此可得$Q$点的坐标为$(0,2f+z_0)$。因此，通过$M$点，作垂直于$z$轴的直线，并与$z$轴交于$P$点。再从$P$点沿$z$轴向上$2f$处取一点即为$Q$点，有$\overline{PQ} = 2f$,所以$\overline{FQ} = 2f - \overline{PF}$。

由图 13.12 可知
$$\overline{PF} = f - z_0$$
所以
$$\overline{FQ} = 2f - (f - z_0) = f + z_0$$
根据勾股定理
$$\overline{FM} = \sqrt{\overline{PF}^2 + \overline{PM}^2}$$
由抛物线方程可知
$$\overline{PM}^2 = y_0^2 = 4fz_0$$
所以
$$\overline{FM} = \sqrt{(f - z_0)^2 + 4fz_0} = f + z_0$$

由此可得$\overline{FQ} = \overline{FM}$,所以$\triangle FMQ$为等腰三角形,其底角$\angle 2 = \angle 3$。由于$\overline{SM}$和$z$轴平行,$\angle 1$和$\angle 3$为平行线的内错角,故$\angle 1 = \angle 3$,所以$\angle 1 = \angle 2$。根据反射定律,可知$\overline{FM}$是$\overline{SM}$的反射线。由于$M$点是抛物线上的任意点,而$F$是抛物线的焦点,因此可以得出结论:平行于光轴入射到抛物线上的任一点的光线,其反射光线都会聚于抛物线的焦点。而旋转抛物面是抛物线绕光轴旋转一周得到的,因此抛物面上的点都具备同样的聚光性质,平行于光轴入射到抛物面上的所有反射光线都将聚集在焦点上,这就是旋转抛物面聚集器聚光的原理。

13.2.2 二次聚集器的聚光原理

目前,美国和日本等国对 STP 系统的研究均采用了二次聚光技术,目的是提高太阳辐射能量的利用率。其中美国研制的折射式二次聚集器(Refractive Secondary Concentrator,RSC)发展迅速,技术较为成熟。折射式二次聚集器的最大优点是,将经过一次聚集器后的太阳能进一步聚焦,既可以提高聚集器系统的聚光比,又降低了一次聚集器对聚光比的要求,同时也降低了 STP 系统对太阳光瞄准定向、跟踪的要求。因此,本节主要介绍折射式二次聚集器的聚光原理。

RSC 是一种非成像式光学聚光系统,目前多用固体单晶材料制成。RSC 由具有球形入口表面的圆锥状结构体和一个呈三面棱锥状的能量提取器所组成,如图 13.13 所示。能量提取器的作用是将聚集的太阳能高效地释放到吸收器 / 推力室中,以得到较均衡的能量输出分布。

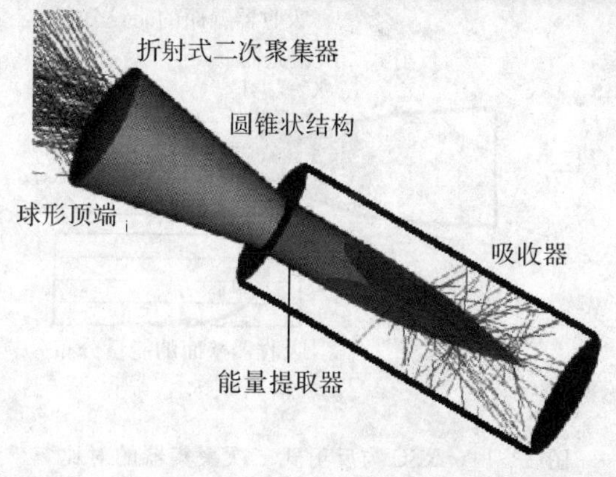

图 13.13 折射式二次聚集器

众所周知，整个太阳光谱包括紫外光区（波长范围 0.003 ～ 0.40 μm）、可见光区（波长范围 0.40 ～ 0.78 μm）和红外光区（波长范围 0.78 ～ 1 000 μm）三个部分，但太阳光谱的主要部分，即能量很强的核心部分，是由 0.30 ～ 3.00 μm 波长的太阳光所组成的。RSC 之所以选用单晶材料，正是因为单晶材料对于所有波长小于等于 5 ～ 6 μm 的太阳光谱来讲，理论上是透明的（即无吸收损失）。对波长大于 5 ～ 6 μm 的太阳光谱虽然可被单晶材料所吸收，但由于吸收所造成的能量损失也微乎其微（仅约为 0.5%）。因此，采用单晶材料制造 RSC 是理想的选择。

RSC 的聚光原理是通过入射光线在不同介质间的折射和全内反射将能量聚集传输到吸收器中。由图 13.13 可见，由一次聚集器聚集的入射太阳光线在 RSC 的球形入口表面发生折射从而进入圆锥状结构体，经全内反射将光线改变方向传至呈三面棱锥状的能量提取器中。光线在能量提取器的末端释放出来聚集至吸收器 / 推力室内壁面，使吸收器 / 推力室的内壁面温度高达 1 000 ～ 2 500 K，从而高效地为 STP 提供能量来源。

与反射式二次聚集器（如前文所述的光锥式）相比，RSC 具有较高的光学效率、更均衡的能量输出分布和较高的聚光比，表 13.1 和图 13.14 分别给出了 RSC 和反射式二次聚集器的性能对比分析。由图、表可见，在相同入口直径的条件下，RSC 的聚光比是反射式二次聚集器的几倍，且吸收器壁面的能量分布更有利于工质气体的吸收。因此，RSC 可以大大降低一次聚集器的聚光比以及对瞄准定向和跟踪的设计要求，或者说采用 RSC 后进一步聚集了太阳光线，提高了太阳能的利用率，使吸收器 / 推力室中的工质气体达到更高的工作温度。

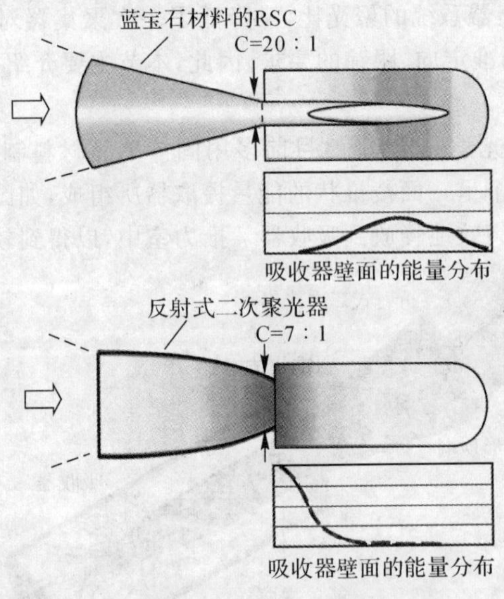

图 13.14　RSC 与反射式二次聚集器的对比

表 13.1　RSC 与反射式二次聚集器的对比

二次聚集器类型	光学效率	聚光比	能量分布
RSC	＞90%	20∶1	能量分布均衡，峰值较低
反射式二次聚集器	65%	7∶1	能量绝大部分集中在吸收器的入口

此外，使用适当的光学薄膜还可以大幅度提高 RSC 的性能。例如，在 RSC 的入口表面应用减反射膜可以降低入射光线在入口处的反射损失，进而提高整个系统的效率。另一方面，由于太阳光线进入 RSC 后，通过折射和全内反射被再次聚集，聚集的光线始终在 RSC 内进行传送，因此能量的输出损失较小。国外研究资料表明，在良好设计和材料的条件下，RSC 的输出效率可达 90% 以上。相比之下，由于反射式二次聚集器抛物面镜反射时造成了相当部分的反射损失，加上反射表面的能量吸收损失，最终导致了反射式二次聚集器的输出效率仅为 65% 左右，比 RSC 的输出效率低得多。

13.2.3　吸收器 / 推力室的光热转换机理

吸收器 / 推力室是 STP 系统的重要部件，其主要功能是将聚集器聚集的高密度的太阳辐射能转化为工质气体的热能，使工质加热，通过喷管膨胀喷出产生推力，从而完成太阳辐射能的光热转换过程。而吸收器 / 推力室良好的光热转换性能取决于吸收器 / 推力室的结构形式和热能传输方式。目前国际上普遍采用的有圆柱空腔型、直接加热工质式吸收器 / 推力室(见图 13.15)和圆柱空腔型、储热式吸收器 / 推力室(见图 13.16)。

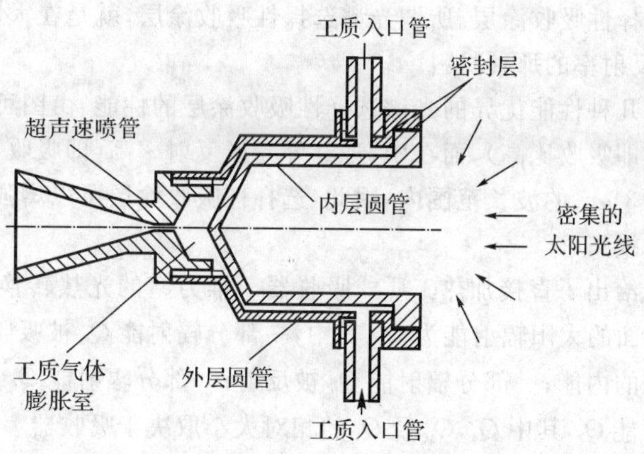

图 13.15　圆柱空腔型吸收器 / 推力室

对于储热式吸收器 / 推力室，太阳能的储存方式有很多种，如显热储热、相变储热和化学反应储热等，但目前国际上在 STP 系统中普遍采用的是显热储热式吸收器 / 推力室。所谓显热储热，就是通过热容量大的储热材料的温度升高来吸收热能而实现储热（又称为热容式储热）。可选用的热容量大的合适介质有液体和固体两种，而在 STP 中，储热材料一般为高温石墨颗粒。根据国外文献报道，当温度在 500℃ 以上范围时，以石墨为显热储热材料，吸收储存的热量为 1.05 MJ/kg，和相变储热、化学反应储热相当。因此，STP 中采用显热储热，既可以使结构设计简单可靠，同时也可得到适中的性能。

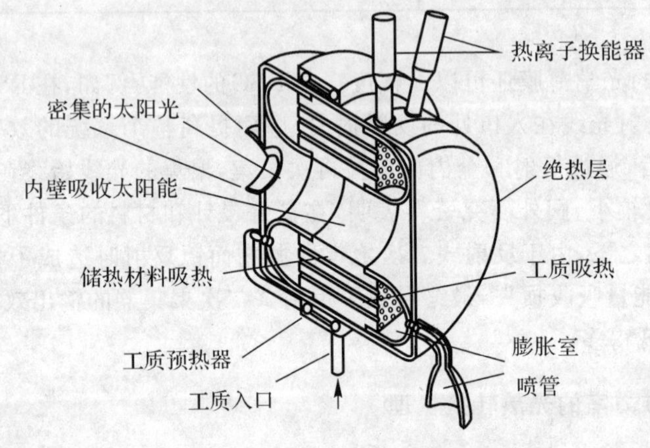

图 13.16　储热式吸收器 / 推力室

对于直接加热工质式吸收器 / 推力室，一般采用耐高温的材料制成，依靠吸收器 / 推力室的内腔壁面（即吸热面）来吸收聚集后的太阳辐射能，而高性能的吸热面应具有较高的太阳吸收率和较低的反射率，因此为了有效地吸收太阳辐射能，并减小自身反射所造成的热损失，吸热面应当采用光谱选择性吸收涂层。所谓光谱选择性吸收涂层，就是在太阳辐射能波段具有较高的吸收率、较低的反射率的那种材料。

图 13.17 所示是几种性能优异的光谱选择性吸收涂层的性能。由图可见，它们在可见和近红外光区，反射率低（即吸收比高），而在中、远红外光区反射率高（即吸收比较低）。而太阳能辐射主要集中在 0.3 ～ 3 μm 的波长范围内，因此，选择性吸收涂层可以增强对太阳辐射的吸收，减少吸热面的热反射损失。

图 13.18 形象地给出了直接加热工质式吸收器 / 推力室的光热转换机理。假定入射到吸收器 / 推力室内腔表面的太阳辐射能为 Q_i。其中，一部分辐射能 Q_a 被吸收器 / 推力室吸收，转变成吸收器 / 推力室的内能；一部分辐射能 Q_p 被反射；一部分辐射能 Q_t 被折射，并透射过去。对于给定的入射辐射能 Q_i，其中 Q_a，Q_p 及 Q_t 的相对大小取决于吸收器 / 推力室的内腔表面及其内部的性质，即与吸收器 / 推力室材料的吸收率、反射率、透射率以及吸收器 / 推力室表面的粗糙度、氧化度、表面颜色、表面沾污及吸附等因素均有关系。如果 $Q_t = 0$，则吸收器 / 推力室为不透明体；如果 Q_p 非常小甚至可以忽略，而 Q_a 非常大，则吸收器 / 推力室对于入射的太阳辐射将是良好的吸收体。因此，STP 系统中吸收器 / 推力室的设计应对太阳辐射有尽可能高的

吸收率,以增大 Q_a 值。因为,Q_a 值越大,表明吸收器/推力室所吸收的太阳辐射能越多,越容易激发吸收器/推力室材料内原子周围电子的运动而产生热能,使介质物体本身温度升高。同时,原子内部电子的热振动或激发将交替地产生变化的电场和磁场而发射电磁波(或释放光子),形成了热辐射(热辐射产生的机制主要是气体能级的转化、液体及固体的分子振动以及固体晶格振动等,这些都和物体的热运动有关)。当热辐射照射到吸收器/推力室周围的工质气体上或储热材料上(对于带有储热材料的吸收器/推力室)时,将被工质气体或储热材料吸收、反射和透射,使工质气体或储热材料的温度升高,完成热能传输。另一方面,吸收器/推力室周围(或储热材料周围)的工质气体是流动的,与吸收器/推力室腔壁(或储热材料)间又存在对流换热,因此,吸收器/推力室的热能传输是对流与辐射换热复合作用的过程。

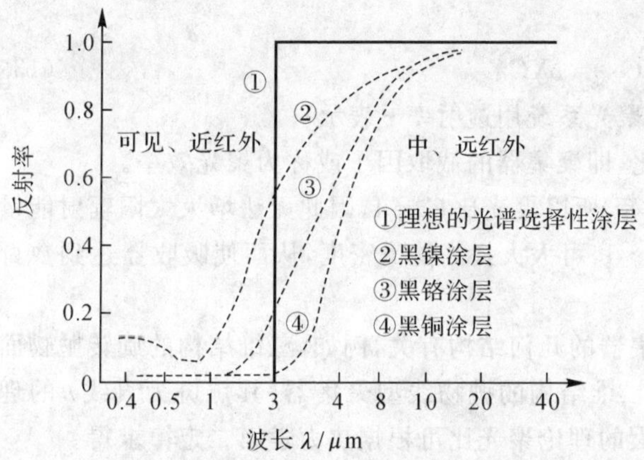

图 13.17　光谱选择性吸收涂层的反射率

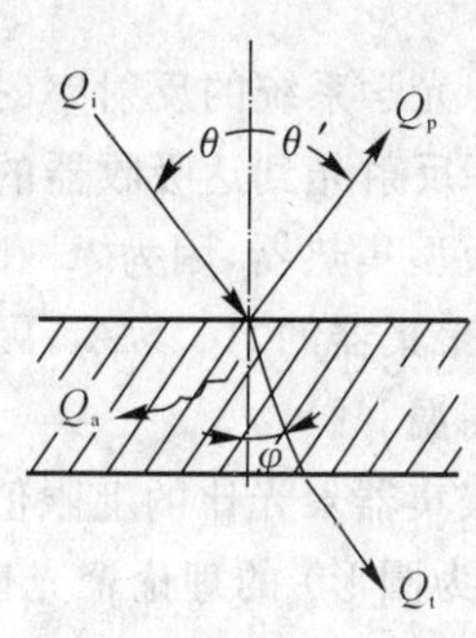

图 13.18　入射到吸收器/推力室内腔表面上辐射能的分配

13.3　重要参数、技术指标和性能

13.3.1　重要参数

STP 的研究涉及机械设计、传热学、流体力学、测控技术及光学等学科领域,因此,完整全面的 STP 系统是极其复杂的,影响系统整体性能的参数也是多方面的。系统重要的设计参数如下所述。

1. 太阳能聚集器的聚光比

聚光比是描述聚光型太阳能聚集器特性,决定焦斑温度的一个重要参数。它的大小表示太阳能热推力器聚光系统提高光能密度的比例。

聚光比一般分为几何聚光比 C_G 和能量密度聚光比 C_E 两种,分别表示如下:

几何聚光比 $C_G = \dfrac{\text{聚集器的开口面积 } A_c}{\text{焦斑面积 } A_a}$

能量密度聚光比 $C_E = \dfrac{\text{焦斑处的能量密度 } I_a}{\text{入射到聚集器上的能量密度 } I_{sol}}$

在光学系统加工精确，加工过程中没有能量损失，且吸收器完全吸收的理想条件下，即假设聚集器所接收到的能量，完全聚集到焦斑上，则

$$I_{sol}A_c = I_aA_a \tag{13.1}$$

$$C_G = \frac{A_c}{A_a} = \frac{I_a}{I_{sol}} = C_E \tag{13.2}$$

而对于实际的光学系统，由于加工精度、能量损失等的存在，C_E 总比 C_G 小。例如对于反射型聚光系统，有

$$C_E = \rho X C_G \tag{13.3}$$

式中 ρ—— 光学系统的反射率(折射式聚光系统用透射率 τ 表示)；

X—— 反射光到达吸收器的百分比，即聚集器的截取因子或称为聚光效率。

对于平板型集热器，因为 A_c 和 A_a 相等，所以聚光比 $C = 1$，因此无法增大太阳辐射能量密度。而聚光型聚集器的 $A_c \gg A_a$，因此 $C \gg 1$，可大大提高能量密度，从而使吸收器达到数百甚至上千度的高温。

太阳能聚集器聚光比的上限值和聚集器的几何结构有关，例如，三维结构的旋转抛物面聚集器(其焦斑为圆形)的理论聚光比要比二维结构的抛物线型聚集器(其焦斑为直线)的理论聚光比要大很多。对于三维聚集器，其最大的理论聚光比可根据热力学第二定律求得。

由图 13.19 可见，从太阳不同部分照射到地球上某一点的光线严格来讲并不是相互平行的，太阳直径的两端，照射到地球上某一点的光线之间有一个很小的夹角 $2\theta_S$。图中，R 为日地平均距离，一般可取为 1.5×10^8 km；r 为太阳半径，一般可取为 6.95×10^5 km；θ_S 为太阳半截角；聚集器的开口面积为 A_c，吸收器的面积为 A_a。

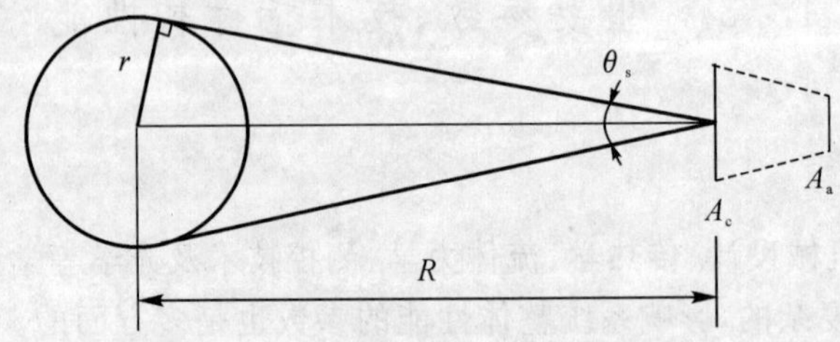

图 13.19 地球与太阳间的几何关系

由图 13.19 可知，$\tan\theta_S \approx \sin\theta_S \approx \dfrac{6.95 \times 10^5}{1.5 \times 10^8} = 0.004\ 6\dot{3}$，则 $\theta_S \approx 16'$，即 $0.27°$。

若聚集器处于理想状态，则进入 A_c 的太阳辐射能(和 A_a 上的相同)

$$Q_{S-a} = A_c \frac{r^2}{R^2}\sigma T_{sol}^4 \tag{13.4}$$

若吸收器为理想黑体，则 A_a 发射的能量

$$Q_{a-S} = A_a \sigma T_a^4 F_{a-S} \tag{13.5}$$

式中，F_{a-S} 为吸收器对太阳的形状因子。当 T_a 和 T_{sol} 相同时，根据能量守恒，Q_{S-a} 与 Q_{a-S} 相等，即

$$\frac{A_c}{A_a} = \frac{R^2}{r^2} F_{a-S} \tag{13.6}$$

形状因子 F_{a-S} 最大值为 1，因而，对于理想的光学系统(即无损失)，三维聚集器最大理论几何聚光比为

$$C_G = \frac{A_c}{A_a} = \frac{R^2}{r^2} = \frac{1}{\sin^2\theta_S} \tag{13.7}$$

类似地，可推导出二维聚集器的最大理论几何聚光比为

$$C_G = \frac{1}{\sin\theta_S} \tag{13.8}$$

将 θ_S 值分别代入式(13.7) 和式(13.8)，可得三维聚集器最大理论聚光比为 45 032，二维聚集器最大理论聚光比为 212。由此可见，三维聚集器的聚光比远远大于二维聚集器，因此 STP 系统中的太阳能一次聚集器设计为三维聚集器(即旋转抛物面型聚集器)。实际上，由于反射面的反射率总小于 1，以及反射面的几何形状误差和跟踪误差等因素，实际的三维聚集器的聚光比要比其最大理论聚光比小得多，只有 11 258。

目前，工程上常见的聚集器包括旋转抛物面型、球面型(SRTA)、抛物槽型、菲涅尔透镜、复合抛物面型、塔式聚集器等。表 13.2 给出了工程上常用的各种太阳能聚集器的聚光比和运行温度。

表 13.2　工程上常用的太阳能聚集器性能参数

聚集器类型		聚光比范围	运行温度 /(℃)
点型聚光	SRTA	50 ~ 150	300 ~ 500
	菲涅尔透镜	100 ~ 1 000	300 ~ 1 000
	旋转抛物面	500 ~ 3 000	500 ~ 2 000
	塔式	1000 ~ 3 000	500 ~ 2 000
线型聚光	复合抛物面	3 ~ 10	100 ~ 150
	菲涅尔透镜	6 ~ 30	100 ~ 200
	抛物槽型	15 ~ 50	200 ~ 300

在以上各种聚集器中，旋转抛物面型聚集器具有聚光比大、运行温度高的优点。同时，旋转抛物面聚集器是理论上最佳的聚光装置，可保证太阳光的良好聚光，可以满足 STP 对聚集器

高聚光比、提供高温热源的基本要求，是目前国际上 STP 系统唯一采用的太阳能一次聚集器。聚光比的大小，直接决定了 STP 系统所能聚集的能量的大小，聚光比越大，则聚集的能量越多、工质气体被加热的温度就越高，从而提高了 STP 的推力、比冲等性能参数。

2. 吸收器／推力室的工作压强

吸收器／推力室的工作压强，类似于常规火箭发动机的燃烧室工作压强，是STP系统设计的基本参数，也是决定 STP 系统性能参数的一个重要参数。

3. 吸收器／推力室的结构尺寸

STP系统的吸收器／推力室大多采用双层圆管螺旋套筒式结构(见图13.11)。这种结构便于加工制造，且环绕于吸收器／推力室外的螺旋式工质气体管路增大了气体与吸收器／推力室壁间的对流换热路程，可使吸收器／推力室吸收的太阳能最大限度地转换成气体热能。描述双层圆管螺旋套筒式吸收器／推力室结构的关键尺寸有吸收器／推力室的内径 d、外径 D 和长度 L。在工作压强一定的条件下，不同尺寸的吸收器／推力室所需要的工质气体流量 q_m 不同，而工质气体流量 q_m 直接影响到 STP 系统所产生的推力。

4. 工质气体种类

不同的工质气体有不同的比热容、摩尔质量、导热系数等物性参数，因此不同的工质气体具有不同的吸热、传热功能。在 STP 系统中，选择合适的工质气体，可以最大限度地吸收太阳能，提高光热转换效率，从而可以大大提高 STP 的比冲等性能参数。目前，常用的工质气体为氢气。

5. 工质气体流量

工质气体的质量流量是STP系统的重要参数，对于同样大小的STP推力器，流量越大，则STP 系统的工作压强越大，推力也越大。

此外，吸收器／推力室的喷管膨胀比、环境压强、STP系统跟踪装置的精度高低、系统各环节的效率等均对 STP 的性能有不同程度的影响。

13.3.2 技术指标和性能

STP 系统的主要技术指标是推力和比冲，其定义与常规的火箭发动机一样。因此，根据火箭发动机原理，可推出 STP 的比冲、推力、喷气速度的计算公式如下：

$$I_s = \left[\frac{1}{2}(1+\cos\theta)\right]\sqrt{2R_0\left(\frac{k}{k-1}\right)\left(\frac{T_c}{M}\right)\left[1-\left(\frac{p_e}{p_c}\right)^{\frac{k-1}{k}}\right]}+\frac{(p_e-p_a)\pi d_e^2}{4q_m} \tag{13.9}$$

$$F = q_m v_e + (p_e - p_a)A_e \tag{13.10}$$

$$v_e = \sqrt{2R_0\left(\frac{k}{k-1}\right)\left(\frac{T_c}{M}\right)\left[1-\left(\frac{p_e}{p_c}\right)^{\frac{k-1}{k}}\right]} \tag{13.11}$$

式中　k——工质气体的比热比；

M——工质气体的摩尔质量(kg/mol)；

R_0——摩尔气体常数，$R_0 = 8.314\ 510\ \text{J/(mol·K)}$；

T_c—— 吸收器 / 推力室内工质气体的温度(K)；

q_m—— 工质流量(kg/s)；

v_e—— 喷管出口喷气速度(m/s)；

A_e—— 喷管出口面积(m^2)；

p_c—— 吸收器 / 推力室内工质气体的压强(Pa)；

θ—— 吸收器 / 推力室喷管扩张半角；

d_e—— 吸收器 / 推力室喷管出口截面直径(m)；

p_e—— 吸收器 / 推力室喷管出口截面压强(Pa)；

p_a—— STP 工作时的环境压强(Pa)。

STP 系统的性能如图 13.20 所示。该图表示了 STP 系统与化学推进、电推进的推质比与比冲间的关系对比。由图可见，化学推进系统的比冲相对较低，电推进的比冲虽然较高，但美中不足的是推力小(0.001～1 N)，完成飞行器加速过程需要较长的时间。而 STP 系统的性能(推质比与比冲)介于化学推进与电推进之间，可以说填补了化学推进与电推进所具有的性能空白，在航天应用领域备受研究者关注。

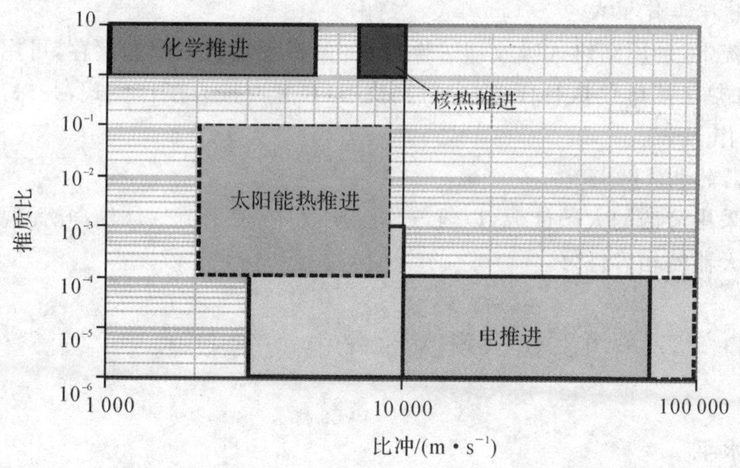

图 13.20　STP 与化学推进、电推进的性能对比

13.4　主 要 特 点

太阳能热推力器是利用太阳能直接加热工质气体，并将其经喷管喷出产生推力的装置。该装置具有下述特点。

1. 使用的能源清洁、丰富、廉价

人类利用的两种主要的长期、持久性能源是核能和太阳能。安全开发和利用核能需要高技术和大量资金，而且容易为少数掌握这类技术和拥有大量资金的国家所控制而可能出现不利的副作用。太阳能数量巨大，取之不尽、用之不竭且清洁安全，既不产生环境污染，也不会像核能那样存在潜在的危险，只要技术适当，任何人、任何地方都可利用，所以太阳能被公认为是极好的、持久能源。因此，STP以太阳能为能源，可减少环境污染、节省资源、降低航天器发射成本。

2. 系统结构简单，能量利用率高

STP系统与电推进系统相比，少了光电转换、分配与管理系统，无疑使系统和结构更为简单，并避免了将太阳能转换为电能及分配过程中的损失。

STP系统直接利用太阳光的热能，经太阳能一、二次聚集器聚集可被工质吸收的能量达80%，而经太阳帆板吸收太阳能供转换为电的能量，依目前的技术水平，仅为20%。因此，STP的太阳能利用率比电推进的高得多。

3. 比冲高、推力范围宽

STP推进系统以氢气为工质，其比冲达7 000～12 000 m/s，推力范围为0.4～100 N，因此STP系统可适用于多种航天任务的需求，例如星际航行、深空探测等。

4. 可实现脉冲工作模式

在STP系统中，采用储热式吸收器/推力室，可将吸收的太阳能储存，可用于航天器飞入地球阴影区时加热工质继续执行任务，也可实现STP脉冲推力工作模式，并保证在日、月食时间，STP仍可工作。

5. 与航天器的相容性好

由于STP采用清洁的太阳能源，以氢气作工质气体，使羽流气体洁净、无腐蚀、污染小等，因此STP与航天器的相容性好。

13.5 研究水平和关键技术

13.5.1 研究水平

1. 概述

目前，主要有美国、俄罗斯、日本和英国在进行太阳能热推力器相关技术的研究。研究的目的是希望在变轨、轨道转移、星际航行、深空探测等任务中，替代长时间工作的推进系统。

美国在集成式高效火箭推进技术(Integrated High Payoff Rocket Propulsion Technology，IHPRPT)基金项目的资助下，研究工作经历了从初始的方案设计到目前的空间飞行实验概念设计等5个阶段。

(1)1956—1979年，初始方案设计与功能演示阶段。

(2)1979—1984年，基本元器件和金属铼生产技术研究阶段。

(3)1985—1992年，无窗式铼热交换吸收器/推力室实验初始样机研制阶段。

(4)1992—1996 年,太阳能上面级发动机系统的方案论证与实验样机启动阶段。在这一阶段,NASA 和美国空军实验室(USAF) 启动了两个以 STP 为推进系统的研究项目,分别是 STUS(Solar Thermal Upper Stage) 和 ISUS(Integrated Solar Upper Stage)。STUS 和 ISUS 均采用可膨胀式的太阳能聚集器和钨或钨合金的吸收器 / 推力室,以氢气为工质。STUS 的研究重点是微重力环境下液氢的储存与供应系统,而 ISUS 的研究重点是可膨胀式太阳能聚集器研究。STUS 和 ISUS 的研究目的是从设计、制造和操作等方面论证 STP 作为上面级发动机的技术可行性,为太阳能轨道转移推进装置(Solar Orbit Transfer Vehicle,SOTV) 的研究奠定基础。

(5)1996 年至今,ISUS 系统的地面实验、太阳能轨道转移推进装置方案论证及空间飞行实验概念设计阶段。

1997 年 7 ～ 9 月,在 NASA Lewis 研究中心对 ISUS 系统进行了成功的地面实验。实验用 STP 的吸收器 / 推力室是一石墨腔体且内外表面进行了化学蒸镀铼处理,由 7 片六角形的反射面板对接形成太阳聚集器。实验的工质为氢气(H_2)。实验中测得的吸收器 / 推力室的最高壁温为 2 200 K,工质气体的最高温度为 2 022 K,工质流量为 1.7 g/s,计算比冲达 7 272 m/s。实验后对吸收器 / 推力室及其多层绝热防护层进行了检查,无任何异常现象。

在继 1997 年的 ISUS 地面实验之后,波音公司与美国空军实验室于 1998 年着手研制以 STP 为推进系统的轨道转移装置(Solar Orbital Transfer Vehicle,SOTV),以取代目前使用化学燃料的上面级火箭,从而降低航天运输成本,并于 1999 年 5 月完成了 SOTV 系统的空间实验系统 SOTVSE(Solar Orbital Transfer Vehicle Space Experiment) 的设计。SOTVSE系统中吸收器 / 推力室采用间接能量转换方式,将聚集的太阳能加热储热媒介以储存能量,储存的能量一方面用于加热工质气体,使之经喷管膨胀喷出产生推力,另一方面用于加热热电子管实现热 — 电转换,产生一定功率的电能。SOTVSE 的目的是验证把有效载荷从一条轨道转移到另一条轨道所需的技术,以及在轨道上的发电技术。

日本国家空间实验室(National Aerospace Laboratory,NAL) 与日本科学与技术协会(Japan Science and Technology Corporation,JST)、国家材料科学研究所(National Institute for Materials Science,NIMS) 等机构合作,已进行了多年太阳能热推力器的相关技术研究,研究取得了显著成果。首先,解决了 STP 系统中吸收器 / 推力室的材料问题,即在单晶钼和单晶钨中掺杂少量CaO和 / 或 MgO,热轧制成单晶钼板和单晶钨板作为吸收器 / 推力室的材料,该项技术在日本和美国申请了专利;其次,用单晶钼成功地研制了小型(吸收器 / 推力室内径为 10 mm)、中型(吸收器 / 推力室内径为 20 mm) 和大型(吸收器 / 推力室内径为 50 mm) 的 STP,用单晶钨成功地研制了背对背布置的双吸收器 / 推力室式、微小型(内径为 4 mm,外径为 8 mm) 的 STP,并对所研究的 STP 以氮气(N_2) 或氦气(He) 为工质,进行了初步的性能实验。目前,正着手研制高效率的太阳能聚集器。

俄罗斯主要是莫斯科航空研究所在进行带有补燃室的 STP 研究。补燃式 STP 除有一个吸收器 / 推力室外,还带有一个补燃室,如图 13.21 所示。它的工作原理是,工质氢(H_2) 由储箱 2

进入吸收器 / 推力室 1,被聚集器 3 聚集的太阳能初步加热,加热后的 H_2 进入补燃室 4,与由储箱 5 进入补燃室的氧化剂混合燃烧后经喷管 6 喷出产生推力。补燃式 STP 与无补燃式 STP 及传统的液体火箭发动机相比,具有较高的推质比和发动机效率,且太阳能聚集器的面积小(与无补燃式的 STP 相比,聚集器面积减小 10% ~ 15%)、光学精度要求低。莫斯科航空研究所主要对补燃式 STP 在不同氧化剂与燃烧剂比值情况下的热力学特性、补燃室内压强对比冲的影响等进行了分析,认为补燃室内维持相对较低的压强对该种 STP 有利。

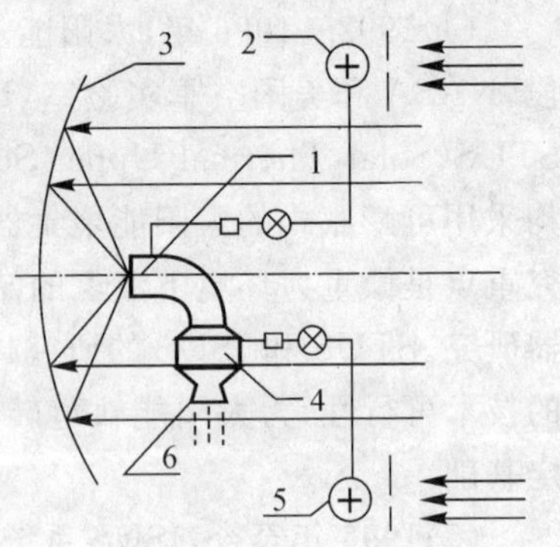

图 13.21 补燃式 STP 原理简图

英国的 Surrey 空间中心(Surrey Space Centre,SSC) 从 2001 年起开始全面研究基于微小卫星的 STP 系统,包括确定合适的应用任务,选用卫星和运载火箭,并进行轨道分析,设定精确度要求和结构设计等。Surrey 公司采用的 STP 设计方案为 T 型绝热腔式吸收器 / 推力室,如图 13.22 所示。材料为 C-SiC,并选用陶瓷结构的绝热层,在真空条件下,进行了电热循环加热实验(加热温度为 2 000 K 以上),实验后材料均未发生损坏和变形。SSC 预示该推力器的推力为 1 ~ 5 N,以 NH_3 为工质,比冲达 3 000 ~ 4 000 m/s。

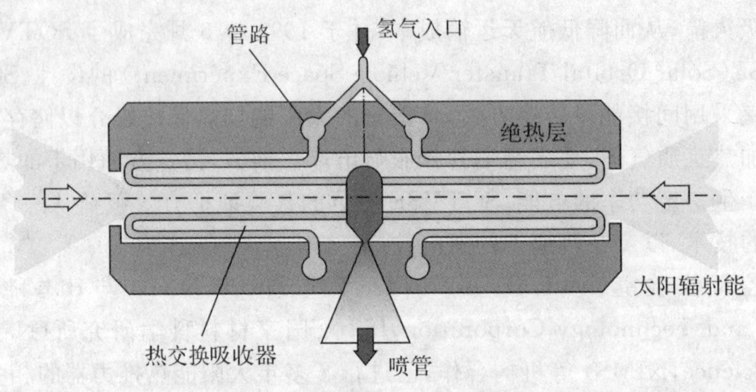

图 13.22 T 型绝热腔式 STP

国内目前的空间推进仍以化学推进为主,太阳能热推力器(STP) 的研究仍处于基础理论的起步研究阶段。

2. 国外 STP 研究类型汇总

美国、日本、俄罗斯、英国等对 STP 的研究主要有下述几种类型。

(1) 补燃式 STP(见图 13.21) 和 T 型 STP(见图 13.22)。

(2) 背对背布置的双吸收器 / 推力室式 STP。背对背式 STP,有两个相同尺寸的吸收器 /

推力室，相应地必须有两个面对面布置的反射式太阳能聚集器，如图 13.23 所示。背对背式 STP 的最大优点是可在轨道的远地点和近地点起动工作，最大的缺点是需要一套相对复杂的、关联的、可同时对太阳和加速度方向定向的机动控制系统。

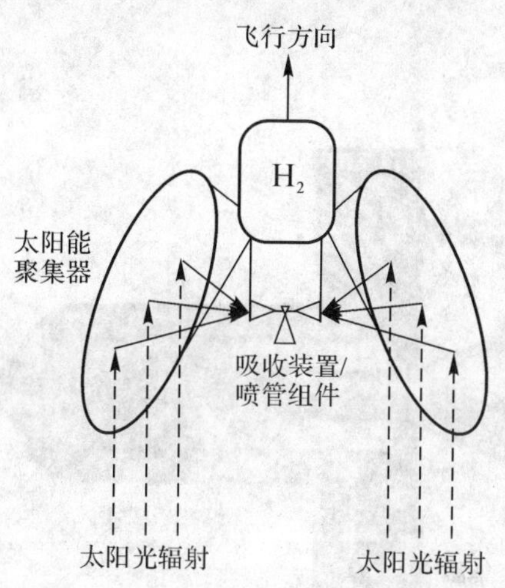

图 13.23　背对背双吸收器 / 推力室式 STP

(3) 单一吸收器 / 推力室式 STP。单一吸收器 / 推力室式 STP，相应地只有一个反射式太阳能聚集器，如图 13.24 所示，可作为远地点或近地点发动机使用。与背对背式 STP 相比，它的最大优点是有一套相对简单的机动控制系统。

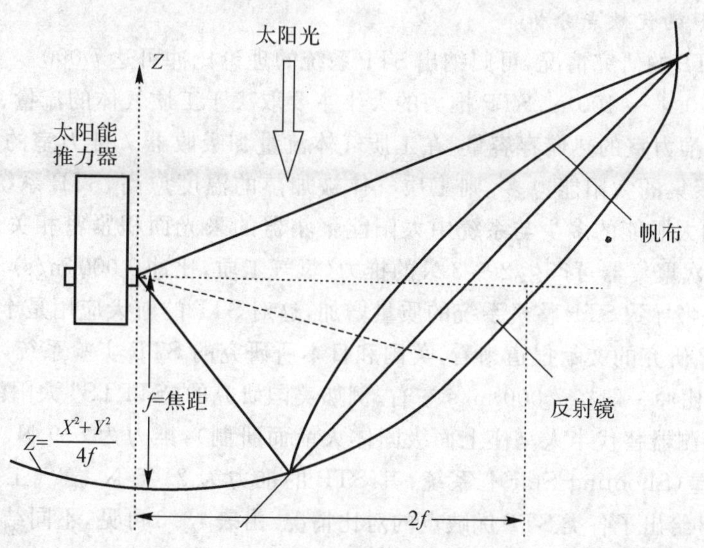

图 13.24　单一吸收器 / 推力室式 STP

(4) 二次聚集式 STP。二次聚集式 STP 是将一次反射式聚集器聚集的能量通过二次聚集后，将能量聚集于吸收器 / 推力室。采用二次聚集的目的是提高太阳能的聚集密度，降低光照损失。图 13.25 所示是 NASA MSFC 中心研制的"Shooting Star"所采用的、带有折射式二次聚集器的 STP。

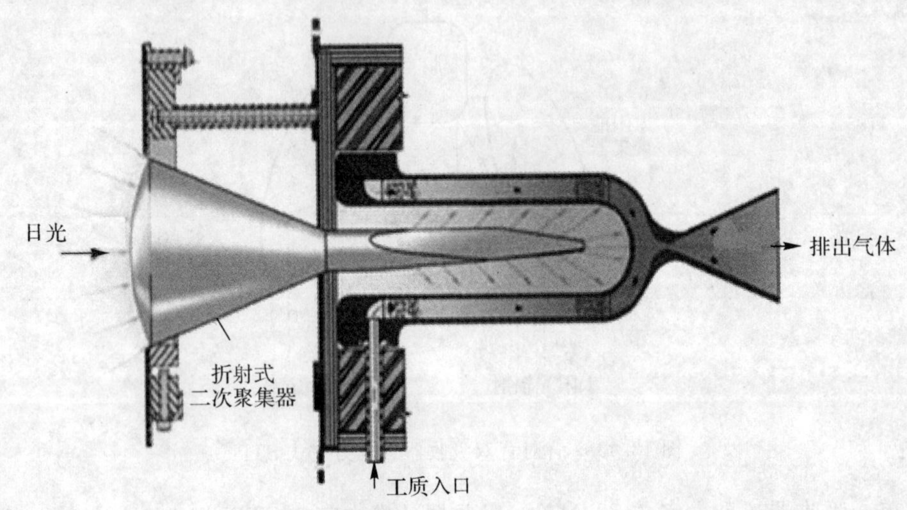

图 13.25 "Shooting Star"折射式 STP

3. 各类 STP 的优缺点分析

纵观各国 STP 的研究情况，可归纳出 STP 系统的理论比冲可达 7 000 ～ 12 000 m/s(氢气工质)，推力可达 0.4 ～ 100 N。STP 推力的大小主要取决于工质气体的流量、系统聚集的太阳能量和吸收器 / 推力室的热储存容量。在工质气体流量和吸收器 / 推力室的热储存容量一定的情况下，系统聚集的太阳能愈多，则工质气体被加热的温度愈高，STP 系统的推力也愈大。STP 系统聚集的太阳能的多少与系统中太阳能聚集器的采光面积紧密相关。一般地，采光面积为 10 m^2 的一次聚集器可产生 2 ～ 3 N 的推力(氢气工质，比冲 9 000 m/s)，而一次聚集器采光面积的增大必将导致 STP 整机系统的质量增加，这对 STP 的航天应用是十分不利的。因此，就目前有关 STP 研究的文献报道来看，美国和日本所研究的 STP 实验系统，其推力设计值均小于 10 N、实验比冲一般在 7 000 m/s 左右。例如美国研究的"STPTS"太阳能推力器(针对冥王星的太阳系探测器替代半人马座上面级固体火箭而研制)，推力为 8.9 N、比冲 9 100 m/s；美国研制的"流星(Shooting Star)"系统，其 STP 的推力为 2.45 N，氢气工质的加热温度近 2 000 K。表 13.3 给出了各类 STP 优缺点的对比情况。由表 13.3 可见，不同结构形式的 STP 系统有各自的优缺点。

表 13.3　各类 STP 优缺点的对比

STP 类型＼对比项	研制国	推力/N	比冲/(m·s^{-1})	优点	缺点
背对背布置的双吸收器/推力室式 STP	美国、日本	＜10	7 000～10 000	1. 可在轨道的远地点和近地点起动工作； 2. 系统的质量平衡性、气动性好	1. 需要一套相对复杂的、关联的机动控制系统； 2. STP 整机系统相对复杂
单一吸收器/推力室式 STP	美国、英国、日本	＜10	7 000～10 000	1. 有一套相对简单的机动控制系统； 2. STP 整机系统相对简单	1. 仅作为远地点或近地点发动机使用； 2. 系统的质量平衡性、气动性较差
补燃式 STP	俄罗斯	150～700	5 100～5 900	1. 推质比高； 2. 降低了系统中太阳能聚集器的面积和光学精度	由于系统中带有一个补燃室，因而 STP 整机系统的复杂性增加
二次聚集式 STP	美国、日本	＜10	7 000～10 000	提高了太阳能的聚集密度，降低了光照损失	由于系统中增加了一个二次太阳光聚集器，因而 STP 整机系统的复杂性增加

13.5.2　关键技术

成功的 STP 系统需要解决的关键技术有下述几项。

1. 高性能太阳能一次聚集器的研制

高效的 STP 要求配备高性能的一次聚集器。太阳能一次聚集器的性能主要取决于以下 4 个方面：

(1) 聚集器的聚光比；

(2) 聚集器的聚集性能，即聚集器的型面光学加工精度；

(3) 聚集器反射面的反射性能；

(4) 质量轻，便于携带，一般航天应用的一次聚集器多做成折叠携带，充气膨胀至工作状态的结构。

因此，研制质量轻、光学精度高、反射面具有高反射率、低透射率的太阳能一次聚集器，是提高 STP 性能的关键技术。

2. 吸收器/推力室的高温热结构设计

由于STP系统中工质气体被加热的温度很高，可达2 500 K或更高，因此对吸收器/推力室的热结构设计提出了较高的要求，即要求吸收器/推力室的基体材料有较高的耐热性能，并辅以高温热防护以保护吸收器/推力室在高温下免受升华变化，同时要求吸收器/推力室的基体材料有较高的蓄热和传热性能及较高的热强度，以保证完成对工质的加热任务。因此，吸收器/推力室的高温热结构设计，是提高STP系统性能及可靠性的又一关键技术。

3. 二次聚集器的研制

二次聚集器的主要功能是将经过一次聚集的太阳能进一步聚集，在提高STP系统聚光比的同时，降低系统对一次聚集器的研制要求，减少研制成本。因此，研制结果合理，轻质而高效的二次聚集器也是提高STP性能的关键技术。

13.6 工程设计方法

13.6.1 一次聚集器结构和聚光比的确定

在STP系统中，太阳能一次聚集器普遍采用偏焦(偏轴)旋转抛物面聚集器。偏焦型聚集器和正焦型聚集器的根本区别，就在于对抛物形聚集器反射面部位的不同选择。如图13.26所示，用一个斜截面截取旋转抛物体，即形成了偏焦型抛物面聚集器。根据投影定理，用斜截面截取旋转抛物面的截面曲线为一椭圆。偏焦(偏轴)旋转抛物面聚集器的焦点和主光轴在聚集器反射体的一侧，不仅能将反射光线汇聚在吸收器的光线入射面上，而且吸收器的支架也靠近聚集器的一侧，操作、控制均比较方便。

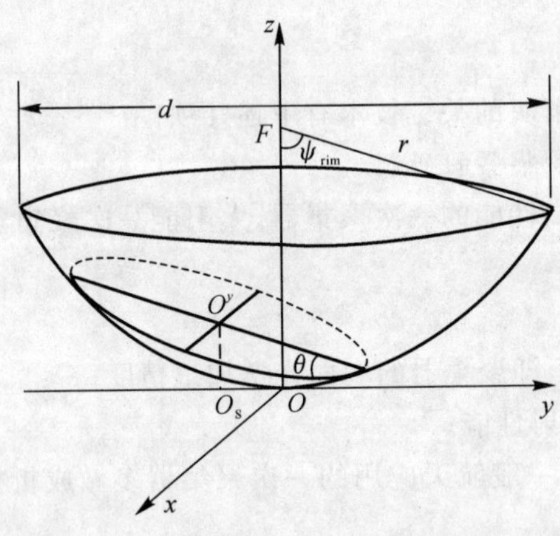

图13.26 偏焦型聚集器形成原理

STP 一次聚集器设计的思路是根据执行任务中 STP 对能量的要求，记入光能沿程的各项损失，确定所需的由一次聚集器聚集的能量 P，然后确定偏焦抛物面聚集器截面曲线椭圆的投影半径 R，进而确定一次聚集器的结构参数、聚光比等，如图 13.27 所示。

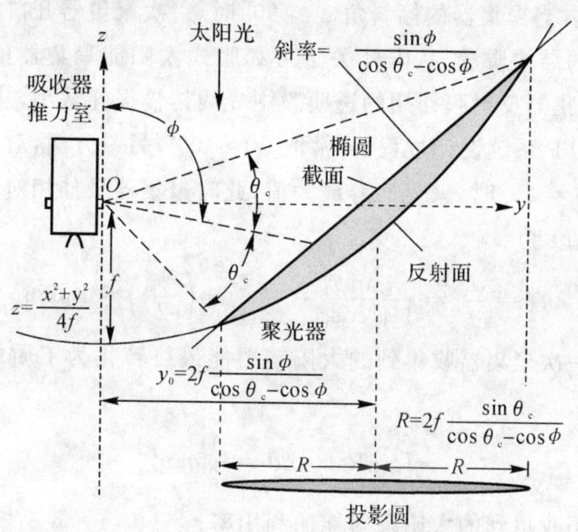

图 13.27 偏焦抛物面聚集器的构型

图 13.27 所示为 STP 偏焦抛物面聚集器的设计计算模型，yOz 平面如图所示，x 轴垂直于纸面指向读者。z 轴是抛物面聚集器的旋转对称轴，θ_c 为偏焦抛物面聚集器的接收半角，ϕ 为聚集器倾斜角。参考美国关于 STP 太阳能偏焦抛物面聚集器的设计，有如下设计计算公式：

投影圆的半径：

$$R = \frac{2f\sin\theta_c}{\cos\theta_c - \cos\phi} \tag{13.12}$$

投影圆的圆心与 z 轴间的距离：

$$y_0 = \frac{2f\sin\phi}{\cos\theta_c - \cos\phi} \tag{13.13}$$

椭圆的长半轴：

$$a = \frac{R}{\cos\left(\arctan\dfrac{\sin\phi}{\cos\theta_c - \cos\phi}\right)} \tag{13.14}$$

椭圆的短半轴：

$$b = R \tag{13.15}$$

偏焦抛物面聚集器的开口面积：

$$A_c = \pi ab \tag{13.16}$$

偏焦抛物面聚集器的开口周长近似为

$$p = 2\pi\left(\frac{1}{2}a^2 + \frac{1}{2}b^2\right)^{\frac{1}{2}} \tag{13.17}$$

从式(13.14)可见，当聚集器的倾斜角 $\phi > 90^\circ$ 时，一次聚集器开口椭圆面长轴缩短，从而可以减轻一次聚集器的结构质量。从国外关于可膨胀式太阳能聚集器的文献中得知，当 $\phi = 100^\circ$ 时，起保护一次聚集器反射膜作用的透明膜中光线传输损耗减小，从而增大了可膨胀式聚集器的效率。为此在 STP 系统设计过程中，常取 $\phi = 100^\circ$；另一方面，对于旋转抛物面聚集器，当聚集器的边缘角 $\psi_{\rm rim} = 45^\circ$ 时，聚光比有最大值，此时聚集器最佳相对口径(即聚集器开口投影圆直径和焦距的比值)为

$$n_A = \frac{d_c}{f} = \frac{4\sin\psi_{\rm rim}}{1+\cos\psi_{\rm rim}} = 4\tan\left(\frac{\psi_{\rm rim}}{2}\right) = 1.656 \tag{13.18}$$

在 STP 系统中，一次聚集器收集到的太阳辐射能最终转化为工质气体的动能，故有如下关系式：

$$\eta I_{\rm sol}\pi R^2\cos\Delta\theta = \frac{1}{2}q_m v_{\rm e}^2 \tag{13.19}$$

式中 η——STP 系统收集到的太阳辐射能的利用率；

$I_{\rm sol}$——地球表面的太阳辐照度，可用辐射仪实际测量，一般在晴朗无云的天气下，地面上 $I_{\rm sol}$ 约为 800 W/m^2，在真空中 $I_{\rm sol}$ 比太阳常数 $I_{\rm sc} = (1\,367 \pm 7)$ W/m^2 略小，约为 1 300 W/m^2；

$\Delta\theta$——太阳光跟踪装置的跟踪精度，一般要求 $\Delta\theta \leqslant 1^\circ$，故 $\cos\Delta\theta \approx 1$；

q_m——工质气体的质量流量；

$v_{\rm e}$——工质喷气速度。

在设计条件下(即认为 STP 喷管处于完全膨胀状态)，STP 的比冲 $I_{\rm s} = v_{\rm e}$，推力 $F = q_m I_{\rm s} = q_m v_{\rm e}$，因此式(13.19)可以表示为

$$\frac{F}{\pi R^2} = \frac{2\eta I_{\rm sol}}{I_{\rm s}} \tag{13.20}$$

在工程设计中，根据航天器总体性能对 STP 系统所提出的性能指标(如推力、比冲等)要求，利用式(13.20)，可确定出 STP 系统中偏焦抛物面聚集器投影圆的半径

$$R = \sqrt{\frac{FI_{\rm s}}{2\pi\eta I_{\rm sol}}}$$

在此基础上，利用式(13.12)～式(13.17)可确定出聚集器的焦距、聚集器截面椭圆的短半轴、聚集器截面椭圆的长半轴、聚集器开口面积 $A_{\rm c}$ 和聚集器开口周长等参数。此时，若给定聚集光线入射到吸收器/推力室上焦斑面 $A_{\rm a}$ 的直径 $d_{\rm a}$，则可计算出一次聚集器的几何聚光比

$$C_G = \frac{A_c}{\pi\left(\frac{d_a}{2}\right)^2}$$

13.6.2　吸收器/推力室的结构尺寸计算

吸收器/推力室是 STP 的关键部件之一，其设计内容主要包括吸收器/推力室的结构形式、整体尺寸、材料选取、工质输送管路的管径和布置方式，绝热层的厚度、材料选取以及推力室喷管的设计等。

如前文所述，吸收器/推力室的结构形式很多，但目前大多采用双层圆管螺旋套筒式吸收器/推力室(见图 13.15)。双层圆管螺旋套筒式吸收器/推力室由内腔和外腔构成，内外腔体之间装填螺旋式工质流动管路。

在工程设计中，根据STP的性能技术指标(如推力、比冲、吸收器/推力室的工作压强 p_c)、空间安装尺寸要求以及聚集器的聚光比等，首先可确定出吸收器/推力室的内径 d、壁面厚度 e_1 和长度 L；其次根据连续方程

$$q_m = \rho_{in} A_{in} v_{in} = \frac{1}{4}\pi\rho_{in} v_{in} d_{in}^2$$

可知工质气体的质量流量与工质气体入口处的密度 ρ_{in}、流速 v_{in} 和流通截面积 A_{in} 有关。在设计状态下，根据 STP 的性能技术指标(推力、比冲)，可确定出工质气体的质量流量 $q_m = F/I_s$，由此，根据工质气体的物性参数.吸收器/推力室的工作压强、理想气体状态方程等可确定出工质输送管路的入口管径 d_{in} 和管路的壁厚 e_{in}。在以上参数的基础上，可确定出吸收器/推力室的外径(包括壁厚 e_2)为 $D = d + 2e_1 + 2d_{in} + 2e_2$。

在确定了吸收器/推力室的结构尺寸后，吸收器/推力室的喷管喉径、扩张比等参数的确定与常规火箭发动机一样，此处不再赘述。图 13.28 给出了双层圆管螺旋套筒式吸收器/推力室的剖面示意图。

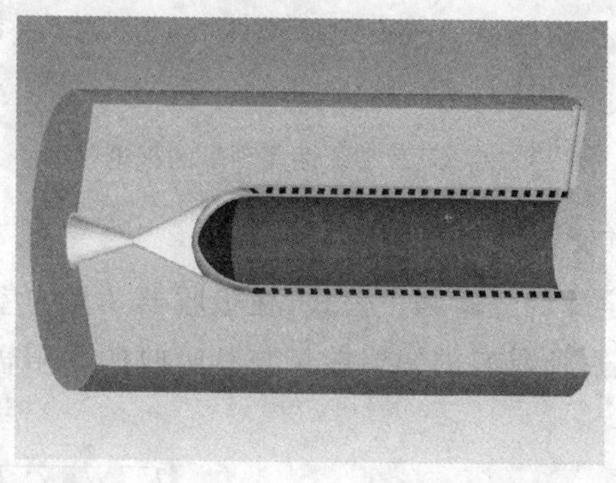

图 13.28　STP 吸收器/推力室结构方案剖面图

13.6.3 STP 系统理论性能预示

1. 性能预示的理论模型

STP 系统性能预示的理论模型可简化为如图 13.29 所示。

图中 A_1—— 吸收器/推力室的内腔表面积(m^2)；

A_2—— 吸收器/推力室的开口面积(m^2)；

D_e—— 喷管出口直径(m)；

ε_1—— STP 吸收器/推力室内表面的发射率；

L—— STP 吸收器/推力室的长度(m)；

L_t—— 螺旋线工质流动管路的长度(m)；

q_m—— 工质气体的质量流率(kg/s)；

P_a—— 环境压强(MPa)；

P_c—— 吸收器/推力室内压强(MPa)；

P_e—— 喷管出口截面上的压强(MPa)；

T_c—— 吸收器/推力室内工质气体的温度(K)；

T_e—— 喷管出口截面上的温度(K)。

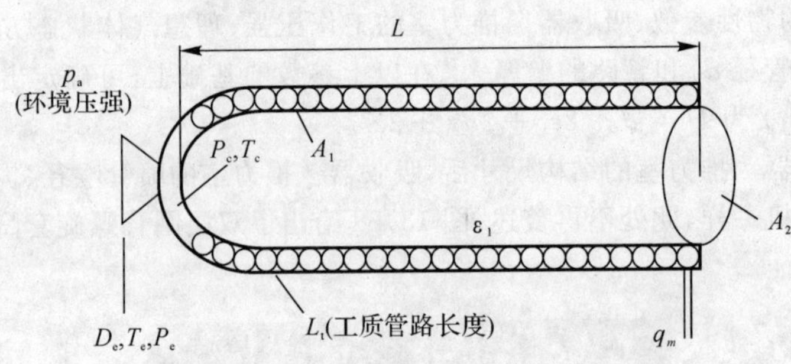

图 13.29 STP 系统性能预示的理论模型

2. 性能预示的工程计算方法

根据斯忒藩-玻耳兹曼定律的经验修正公式，在吸收器/推力室的光热转换过程中，吸收器/推力室内腔吸收面加热后所具有的辐射能量与其吸收的太阳辐射能量相等，故辐射换热方程为

$$\varepsilon A_r \sigma T_s^4 = \eta_{c1}\eta_{i1}\eta_a C_1 I_{sol} A_{c2} \Rightarrow T_s = \sqrt[4]{\frac{\eta_{c1}\eta_{i1}\eta_a C_1 I_{sol} A_{c2}}{\varepsilon A_r \sigma}}$$

式中 ε—— 吸收器/推力室内腔表面选择性吸收涂层的热辐射率(即涂层表面所辐射的能量

与黑体在同一温度下所辐射的能量之比)；

A_r—— 吸收器 / 推力室的内腔表面积(m^2)，$A_r = \pi dL + 0.5\pi d^2$，$d$ 为内腔直径(m)，L 为吸收器 / 推力室的长度(m)；

σ—— 斯忒藩-玻耳兹曼常量，$\sigma = 5.669 \times 10^{-8}\ W/(m^2 \cdot K^4)$；

T_s—— 受热后吸收器 / 推力室内壁面的温度(K)；

η_{c1}—— 一次聚集器的反射率；

η_{i1}—— 一次聚集器的截取因子(即反射光到达吸收器 / 推力室光线入射表面的百分比)；

η_a—— 吸收器 / 推力室内腔表面选择性吸收涂层的热辐射吸收率(即涂层从指定的热源(太阳) 所吸收的能量与投射在表面上的能量之比)；

C_1—— 一次聚集器的聚光比；

I_{sol}—— 太阳辐射能量密度(W/m^2)；

A_{c2}—— 吸收器 / 推力室光线入射面的面积(m^2)，$A_{c2} = \pi(d/2)^2$。

为简化计算并保守预示 STP 的性能，假设工质气体在管路中的流动状态为层流流动。由管槽内层流充分发展对流换热的理论可知，圆形截面形状、长宽比为 2 的矩形截面形状以及正方形截面形状的管槽内层流充分发展换热的努塞尔数 Nu 分别为 4.36，4.12 和 3.61。

由努塞尔数 $Nu = \dfrac{hl_e}{k}$ 可推出表面传热系数

$$h = \frac{kNu}{l_e}$$

式中，k 为工质的导热系数。对于截面为圆形的螺旋式工质流动管路，当量直径 l_e 为管路直径，而对于非圆形截面槽道，当量直径 $l_e = 4A_{in}/P$，A_{in} 为槽道的流通截面积，P 为润湿周长(即槽道壁与流体接触面的周长)。由此可见，三种流通管路的表面传热系数各不相同，圆形截面最大，正方形截面次之，矩形截面最小。考虑到螺旋槽薄壁件的加工，设计为正方形截面的流通管路。

对于流体在螺旋管内的对流换热计算，工程上的一种实用做法是将 Nu 乘以一个螺旋管修正系数 C_r，对于普朗特数 $Pr > 0.6$ 的气体，$C_r = 1 + 1.77 \times l_e/R_r$，其中，$R_r$ 为螺旋管的环绕半径。实验中常用的气体，如 H_2 的 $Pr \approx 0.74$，Ar 的 $Pr \approx 0.67$，He 的 $Pr \approx 0.685$，均满足公式适用条件。

根据能量守恒原理，工质气体吸收的热量应等于工质流动管路内腔壁表面的散热量，因此，有

$$q_m c_p(T_c - T_i) = hA_h(T_s - T_c) \Rightarrow q_m c_p(T_c - T_i) = \frac{kC_r Nu}{l_e} \times 4d_h L_h(T_s - T_c) \Rightarrow$$

$$q_m c_p(T_c - T_i) = 4kC_r Nu L_h(T_s - T_c)$$

$$T_c = \frac{q_m c_p T_i + 4kC_r NuL_h T_s}{q_m c_p + 4kC_r NuL_h} = \frac{q_m c_p T_i + 4kC_r NuL_h \sqrt[4]{\dfrac{\eta_{c1}\eta_{i1}\eta_a C_1 I_{sol} A_{c2}}{\varepsilon A_r \sigma}}}{q_m c_p + 4kC_r NuL_h} = \frac{T_i + \dfrac{4kC_r NuL_h \sqrt[4]{\dfrac{\eta_{c1}\eta_{i1}\eta_a C_1 I_{sol} A_{c2}}{\varepsilon A_r \sigma}}}{q_m c_p}}{1 + \dfrac{4kC_r NuL_h}{q_m c_p}}$$

式中　q_m—— 工质的质量流量；

c_p—— 工质的平均比定压热容；

T_i—— 工质的入口温度；

A_h—— 螺旋式工质流动管路的换热面积，$A_h = 4d_h L_h$，d_h 为正方形截面管槽的边长，其当量直径 $l_e = d_h$。

螺旋式工质流动管路的缠绕圈数 N 和长度 L_h 可根据吸收器 / 推力室的内、外径尺寸计算求得。设螺旋管路的螺距为 $2d_h$，计算公式如下：

$$2d_h N = L \Rightarrow N = \frac{L}{2d_h}$$

所以

$$L_h = 2\pi R_r N = 2\pi R_r \frac{L}{2d_h} = \frac{\pi R_r L}{d_h}$$

由于喷管扩张半角 θ 的影响，工质气体喷出的方向与 STP 推力器的轴线并不完全一致，而是存在一定的夹角，从而导致推进效率的部分损失。喷管扩张半角对 STP 性能的影响可用喷管扩张损失系数 λ 表示，公式如下

$$\lambda = \frac{1}{2}(1 + \cos\theta)$$

喷管面积比与压强比的关系为

$$\frac{A_e}{A_t} = \frac{\Gamma}{\left(\dfrac{p_e}{p_c}\right)^{\frac{1}{k}} \sqrt{\dfrac{2k}{k-1}\left[1 - \left(\dfrac{p_e}{p_c}\right)^{\frac{1}{k}}\right]}}$$

其中

$$\Gamma = \sqrt{k}\left(\frac{2}{k+1}\right)^{\frac{k+1}{2(k+1)}}$$

根据火箭发动机原理并结合以上公式，推出 STP 的比冲、推力、喷气速度的计算公式分别为

$$I_s = \left[\frac{1}{2}(1 + \cos\theta)\right]\sqrt{2R_0\left(\frac{k}{k-1}\right)\left(\frac{T_c}{M}\right)\left[1 - \left(\frac{p_e}{p_c}\right)^{\frac{k-1}{k}}\right]} + \frac{(p_e - p_a)\pi d_e^2}{4q_m} \quad (\text{m/s})$$

$$F = q_m v_e + (p_e - p_a)A_e \quad (\mathrm{N})$$

$$v_e = \sqrt{2R_0\left(\frac{k}{k-1}\right)\left(\frac{T_c}{M}\right)\left[1-\left(\frac{p_e}{p_c}\right)^{\frac{k-1}{k}}\right]} \quad (\mathrm{m/s})$$

以上各式中,k 为工质气体的比热比;M 为工质气体的摩尔质量;R_0 为摩尔气体常数,$R_0 = 8.314\ 510\ \mathrm{J/(mol \cdot K)}$。

3. 性能预示结果与结论

计算条件:

(1) 认为 STP 推力器处于设计工作状态(即喷管内气体流动为完全膨胀状态),则有

$$p_e = p_a$$

(2)STP 吸收器/推力室的结构尺寸,参照美国、日本研制的 STP 推力器,设计吸收器/推力室的内径 d、外径 D、长度 L、工作压强 p_c、喷管面积比 A_e/A_t 等参数,见表 13.4。

表 13.4　STP 吸收器/推力室的结构参数

参数	d/mm	D/mm	L/mm	p_c/MPa	A_e/A_t
数值	50	66	200	0.2	100

(3) 计算中太阳能一次聚集器聚光比选取。在一次聚集器的结构设计中,当吸收器/推力室的光线入射面直径取 5 cm 时,要使 STP 推力器产生的推力为 1 N、比冲 I_s 为 7 000 m/s,则一次聚集器的聚光比应达到 4 703,而旋转抛物面聚集器的最大理论几何聚光比为 $C_{\mathrm{Gmax}} = 11\ 258$,因此在进行 STP 系统理论性能预示计算时,太阳能一次聚集器的聚光比 C_1 的取值范围为4 000 ~ 11 000。

(4) 太阳辐射能量密度的选取范围。由于太阳发射辐射能的特点及日地空间关系基本不变,在地球大气层外的太阳辐射能量密度大体上是固定的,为太阳常数 I_{sc},$I_{sc} = (1\ 367 \pm 7)\ \mathrm{W/m^2}$。但是,由于大气层的存在,太阳辐射通过大气层时,受到空气分子、水蒸气分子以及尘埃等的散射,并被臭氧、水蒸气及二氧化碳等吸收掉某些波段中的能量,使太阳辐射到达地球地面时,与阳光垂直的地球表面上的太阳直接辐射能量密度将减少到 1 000 $\mathrm{W/m^2}$ 以下。因此,在进行 STP 性能预示计算时,I_{sol} 的取值范围为 800 ~ 1 300 $\mathrm{W/m^2}$。

(5) 其他参数的选取。

1) 工质气体:氢气,其摩尔质量 $M = 2.016 \times 10^{-3}\ \mathrm{kg/mol}$,平均导热系数 $k = 0.530\ 7\ \mathrm{W/(m \cdot K)}$,比热比 $k = 1.404$,平均比定压热容 $c_p = 0.8 \times 14\ 196 = 11\ 352\ \mathrm{J/(kg \cdot K)}$。氢气的入口温度 $T_i = 298.15\ \mathrm{K}$。

2) 吸收器/推力室内表面选择性吸收涂层 HfC:吸收率 $\eta_\alpha = 0.8$,发射率 $\varepsilon = 0.15$。

3) 一次聚集器的截取因子:反射光到达吸收器/推力室入射表面的百分比,一般在

88% ~96% 的范围内,计算时取 $\eta_{t1} = 0.90$。

一次聚集器的反射率:不同反射积层、不同反射材料对太阳光的反射率在 0.80 ~ 0.98 之间,抛光或者蒸镀的铝膜表面反射率大约为 92%,采用现代镀膜技术抛光的银膜表面反射率高达 98%,计算时取 $\eta_{c1} = 0.90$。

4) 喷管扩张半角:$\theta = 20°$。

计算结果与分析:

在上述计算条件下,对 STP 系统的理论性能进行了预示,典型的结果如图 13.30 ~ 图 13.35 所示。图 13.30 ~ 图 13.33 表示了在不同的 C_1 和 I_{sol} 条件下,q_m 对 T_c,I_s,F 的影响曲线;图 13.34 和图 13.35 表示了在不同的 I_{sol} 条件下,C_1 对 I_s,F 的影响曲线。从以上计算中,可以得出如下结论:

(1) 在工质气体的质量流量 q_m 一定的情况下,一次聚集器的聚光比 C_1 和太阳辐射能量密度 I_{sol} 越大,吸收器 / 推力室中的气体温度 T_c、STP 的比冲和推力越大。这是因为 C_1,I_{sol} 越大,则表示 STP 系统所聚集的太阳辐射能越大,工质气体可以用来转换成动能的热能就越多,在 q_m 一定的情况下,单位气体吸收的能量越大,喷气速度 u_e 越大,因此 T_c,I_s 和 F 越大。

(2) 在一次聚集器的聚光比 C_1 和太阳辐射能量密度 I_{sol} 一定的前提下,随着质量流量 q_m(0.1 ~ 10 g/s) 逐渐增大,推力 F 增大;但吸收器 / 推力室中工质的温度 T_c 随 q_m 增大而逐渐降低,比冲 I_s 也逐渐降低。这是由于在太阳能供给的总能量一定时,增大质量流量 q_m,吸收器 / 推力室中工质的温度 T_c 势必会降低。吸收器 / 推力室中工质的温度、质量流量和推力可根据任务要求协调确定。图 13.32 和图 13.33 也表明,STP 可以有较大的推力范围。

由此可知,影响太阳能热推进性能的关键因素是太阳能一次聚集器的聚光比 C_1、太阳辐射能量密度 I_{sol}、螺旋式工质流动管路长度 L_h 和工质的质量流量 q_m。

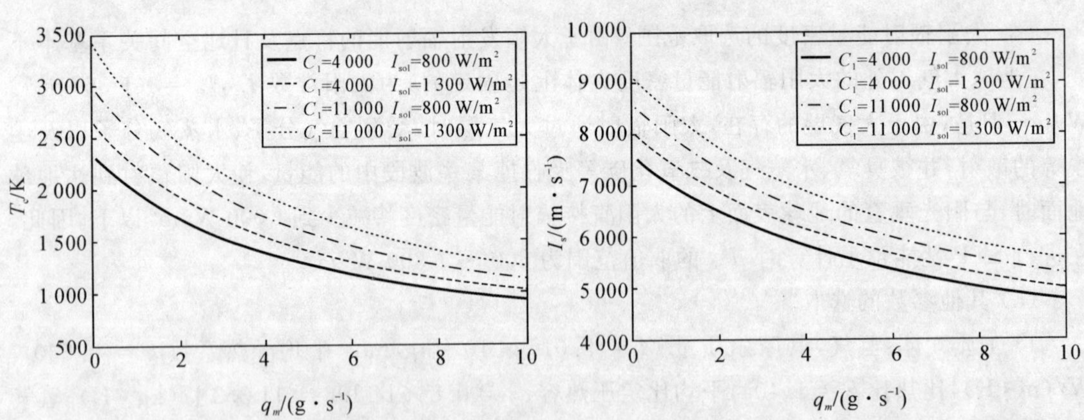

图 13.30 工质气体温度随质量流量的变化曲线

图 13.31 比冲随质量流量的变化曲线

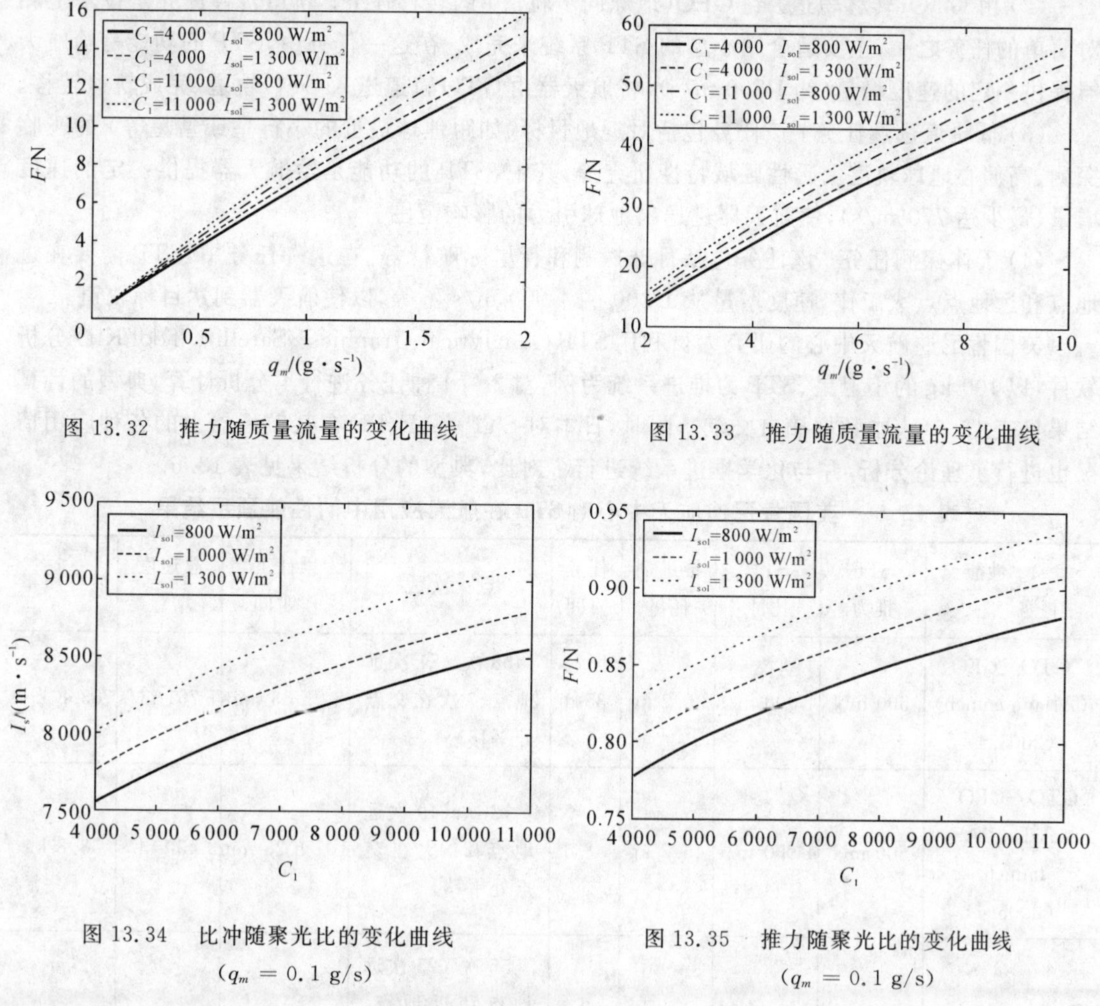

图 13.32　推力随质量流量的变化曲线

图 13.33　推力随质量流量的变化曲线

图 13.34　比冲随聚光比的变化曲线 (q_m = 0.1 g/s)

图 13.35　推力随聚光比的变化曲线 (q_m = 0.1 g/s)

13.7　应用状况

目前,STP 系统尚在研究之中,还没有在航天器上得到实际应用,但 STP 系统潜在的航天应用领域大致可分为下述几种情形。

(1) 由 LEO(近地轨道) 到 GEO(地球同步轨道) 的变轨任务。对于大型、高性能的STP系统,可将有效载荷从 LEO 轨道送入 GEO 或更高的轨道。在这一任务中,STP 首先在近地点多次点火工作,以提高有效载荷的远地点高度。当有效载荷的远地点高度达到 GEO 轨道高度时,STP 再在远地点多次点火工作,以提高有效载荷的近地点高度。当有效载荷的近地点高度达到 GEO 轨道高度时,即完成了由 LEO 到 GEO 的变轨任务。

(2) 由 GTO(转移轨道) 到 GEO(地球同步轨道) 的转移任务。轨道转移任务是技术上相对简单的任务之一，主要适合用小型的 STP 系统来完成。在这一任务中，STP 的功能是给航天器提供一定的速度增量(约 1 700 m/s)，将航天器由 GTO 轨道送入 GEO 轨道，完成轨道转移。

(3) 低轨道逃逸任务。该任务包括对近地目标(如距地球最近的小行星或彗星等) 的飞临探测、高偏心地球轨道上磁性区域特性研究等。其中，STP 的功能是给航天器提供一定的速度增量(最少达 770 m/s)，使航天器逃逸出地球引力的影响范围。

(4) 天体探测任务。该任务包括月球探测和行星际航行等。在这一任务中，STP 需要在近地点和远地点点火工作，速度增量从 1 100 ～ 4 000 m/s 不等，以使航天器到达目标轨道。

美国肯尼迪航天中心的研究人员利用 STK(Analytical Graphics' Satellite Tool Kit) 分析软件，以 100 kg 的小卫星、STP 为推进系统为例，对 2 ～ 4 种任务进行了分析计算，典型的计算结果见表 13.5(表中数据摘自文献)。同时，日本对 STP - AE/PE 在某航天器上的各种应用情况也进行了理论分析，并与化学推进系统进行了对比，典型的分析结果见表 13.6。

表 13.5　美国肯尼迪航天中心对 STP 在航天应用中的性能预示结果

性能 任务	STP 推力	STP 比冲	推进剂耗量	任务时间	点火次数	累计工作时间	总速度增量	最终质量
GTO—GEO (Ariane launch) (2005.4)	500 mN	4 000 m/s	36.2 kg	35 d	58 次 (51 次远地点、7 次在交点处平移)	80 h 33 min	1 761 m/s	63.8 kg
GTO—GEO* (Atlas IIAS launch) (2005.4)	500 mN	4 000 m/s	46.2 kg	48 d	73 次 (49 次远地点、24 次在交点处平移)	101 h 23 min	2 430 m/s	53.8 kg
Toutatis Flyby (2004.6)	2 980 mN	4 000 m/s	36.3 kg	135 d	55 次 (25 次远地点和近地点、25 次逃逸、3 次交会期调整、2 次交会期附加调整)	13 h 12 min	1 770 m/s	63.7 kg
2000 UK11 Flyby (2005.2)	2 980 mN	4 000 m/s	35.1 kg	274 d	52 次 (25 次远地点和近地点、23 次逃逸、4 次交会期调整)	12 h 34 min	1 696 m/s	64.9 kg
GTO - to - Escape (Any Bearing)	2 980 mN	4 000 m/s		267 d	78		3 023 m/s	

续表

性能 任务	STP 推力	STP 比冲	推进剂耗量	任务时间	点火次数	累计工作时间	总速度增量	最终质量
Lunar Capture (2005.3)	2 980 mN	4 000 m/s	41.5 kg	178 d	62 次（21 次近地点、28 次远地点、4 次飞越入轨、7 次月球轨道入轨、2 次最终点火）	13 h 12 min	2 103 m/s	58.5 kg

* 同样的任务，如用 N_2H_4/N_2O_4 的双组元液体发动机为推进系统（比冲 3 126 m/s），推进剂耗量达 53 kg，比表中的 STP 推进系统多 7 kg；如用 N_2H_4 的单组元液体发动机为推进系统（比冲 2 254 m/s），推进剂耗量达 66 kg，比表中的 STP 推进系统多 20 kg 左右。对于小卫星而言，7～20 kg 的质量节省将带来充足的有效载荷设计空间。

表 13.6　日本对 STP 在航天应用中的性能预示结果

任务种类	1	2	3	4	5
轨道转移任务	GTO—GEO	GTO—LLO	LEO—LLO	GTO—LMO	LEO—LMO
航天器代号	H—Ⅱ	H—Ⅱ	H—Ⅱ	H—Ⅱ	H—Ⅱ
初始轨道	GTO	GTO	LEO	GTO	LEO
近地点高度 /km	250	250	250	250	250
远地点高度 /km	36 226	36 226	250	36 226	250
轨道倾角 /(°)	28.5	28.5	28.5	28.5	28.5
初始质量 /kg	3 900	3 900	100 000	3 900	100 000
最终轨道	GEO	LLO	LLO	LMO	LMO
轨道高度 /km	36 226	100	100	400	400
轨道倾角 /(°)	0	85	85	85	92
速度增量 /($m \cdot s^{-1}$)	1 883	1 600	4 040	4 040	6 400
化学推进(I_s = 320 s)	AE(远地点发动机)	PE(近地点发动机)	PE	PE	PE
最终质量 /kg	2 200	2 340	2 764	1 076	1 300

续表

任务种类	1	2	3	4	5
最终质量 / 初始质量	0.564	0.600	0.276	0.276	0.130
STP(I_s = 800 s)	AE	PE	PE	PE	PE
最终质量 /kg	3 067	3 178	5 970	2 328	4 420
最终质量 / 初始质量	0.786	0.815	0.597	0.597	0.442
最终质量增大倍数	1.39	1.36	2.16	2.16	3.4

由表13.5和表13.6可见，作为航天器的推进系统，STP推进系统与化学推进系统相比有显著的质量节省优势，与电推进系统相比也是有优点的。例如，欧空局发射的第一枚月球探测器SMART-1采用离子发动机(IT)为奔月推进系统(SMART-1的体积很小，只有1 m^3，质量0.3 t左右)，与传统的化学推进剂发动机相比，离子发动机节省推进剂耗量约90%，但其不足之处是其推力不够大，需要约13个月的时间才能到达月球。而表13.5中的小卫星体(100 kg)，以STP为推进系统，由于STP的推力比电推进系统的明显大，故到达月球轨道仅需178天(不到6个月)。由此可见，采用STP推进系统，在增加有效载荷的同时，可以大大缩减探测器的航行时间。

13.8 发展中遇到的问题与对策

(1) 高聚光比、轻质太阳能聚集器的研制。

(2) 耐高温、吸热性好、导热性能高的新型材料研制。STP中吸收器/推力室的主要功能是完成太阳能的吸收和光热转换，因此其对材料提出了耐高温、吸热性好、导热性能高的要求。

(3) 开展进一步的理论研究，以寻找提高STP性能的新途径。

典型应用篇

第 14 章　宇宙飞船和航天飞机

14.1　航天飞机轨道器推进系统

世界上第一架航天飞机轨道器是美国 1981 年研制成功并进行首次飞行的。它是用航天飞机上安装的液氢 / 液氧主发动机推进系统和 2 台固体火箭助推器，将 7 ～ 10 名航天员和2.71 t 的有效载荷送到近地点 110 km、远地点 280 km 的椭圆轨道，再变为圆轨道，航天飞机即可进入工作状态。随后航天飞机轨道器上的推进系统开始工作，将航天飞机上所带的有效载荷送入更高的地球轨道，或从这个轨道上回收有效载荷并将航天员送回地球。轨道器每次飞行时间为 7 ～ 30 天，在 10 年服务寿命期间可累计飞行 100 次。

轨道器上模块化的推进系统由麦道(McDonnell) 公司制造。它由轨道机动系统(OMS) 和反作用控制系统(RCS) 构成，前者执行入轨，提供变轨用的大速度增量和离轨功能，后者执行三轴稳定和小速度增量轨道校正功能及三轴控制功能。

轨道机动系统的功能要求是：

(1) 提供 305 m/s 的速度增量；

(2) 不需要推进剂沉底机动就能起动发动机；

(3) 每舱可向反作用控制推力器提供 454 kg 的推进剂；

(4) 系统在有两个独立部件失效时仍能工作；

(5) 失效后 300 s 内能将可用推进剂排出。

反作用控制推进系统的功能要求是：

(1) 提供姿态控制和三轴平移能力；

(2) 在 13 km 以下仍能正常工作；

(3) 在 1 台轨道机动发动机工作时提供滚动控制；

(4) 系统在有两个独立部件失效时仍能工作。

美国的这一航天飞机轨道器采用 MON－3/MMH 液体双组元推进系统，采用恒压供应系统输送推进剂。推进系统在轨道器上的布局如图 14.1 所示。前反作用控制系统(ERCS) 装在轨道器前鼻锥内，轨道器后部左、右侧各有一个独立的推进舱，每个舱内装有一套轨道机动分系统和一套后反作用控制系统(ARCS)。

现以左舱后推进系统为例，其推进系统示于图 14.2 和图 14.3。每侧的轨道机动分系统各有一台 26.7 kN 推力的轨道机动发动机(OME)，每侧后反作用控制推进系统各有 12 台 3 872 N 的主推力器和 2 台 111 N 的微调推力器。每个后反作用控制推进系统质量(干重)1 816 kg，装填推进剂 6 810 kg。推进系统主要由钛内衬外绕纤维的轻结构高压球形气瓶、调压器、安全阀、推进剂储箱、推进剂加/排阀、气体加/排阀等部件构成。每舱的推进分系统有 290 个流体管道连接件和 470 个推进系统硬件组成。它们中的绝大多数通过 700 多个焊接节点连接,以减少泄漏,仅在推进剂储箱和对加热很敏感的压力传感器部件、推力器、发动机与推进系统接口处使用了冗余密封的机械连接。轨道机动系统挤压气瓶的工作压强范围是 33.1 ~ 3.17 MPa,推进剂储箱的工作压强为(1.74 ± 0.03) MPa。轨道机动时以恒压模式工作,当轨道机动系统向反作用控制系统供应推进剂时,则以落压模式工作,落压比为 1.83 ~ 1.64。后反作用控制系统气瓶的工作压强范围为 27.6 ~ 2.76 MPa,推进剂储箱的工作压强是(1.66 ± 0.2)MPa。由于飞行任务要求,后反作用控制系统几乎是连续工作,故必须采取独立的氧化剂和燃料挤压系统,以确保两种推进剂蒸气不致在挤压气路中混合,导致点火或爆炸。

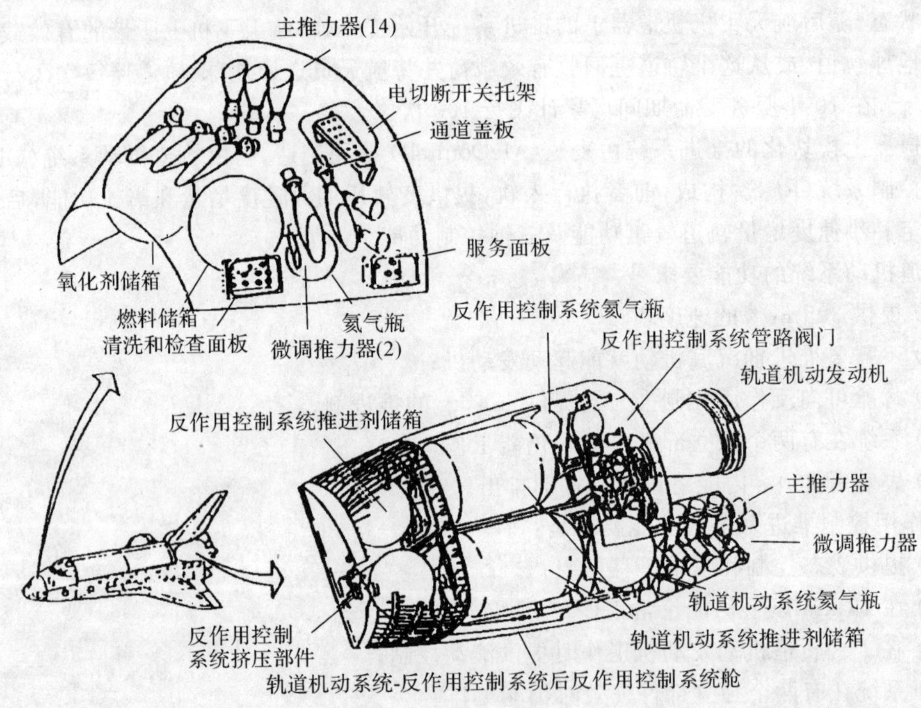

图 14.1　航天飞机轨道器推进系统布局

轨道机动系统 10 次点火是预定好的,故氧化剂和燃料采用了公共的挤压系统,以确保 1.65 : 1 的氧化剂/燃料质量精确混合比,这是等体积消耗两种推进剂而采用的混合比。氧化剂管路用常闭电磁阀可靠隔离,以防止两种推进剂蒸气在不工作期间混合。调压器采用两路并联且每路又按串联备份设计,从而保证了系统在两次出现失效的情况下仍能正常工作。

通过装在轨道器尾部机身内的交叉供应推进剂管路将左、右两个后推进舱互连,这样能把推进剂从一个舱分配给另一个舱内的发动机和推力器。为了满足更大推进剂容量的飞行任务要求，它还能把两个舱和装在轨道器后有效载荷舱中的两个备用推进剂储箱相连。推进剂储箱内装有表面张力推进剂管理装置，以确保在重力和微重力条件下供应无气的推进剂。轨道器上使用的三种发动机和推力器主要特性见表 14.1。

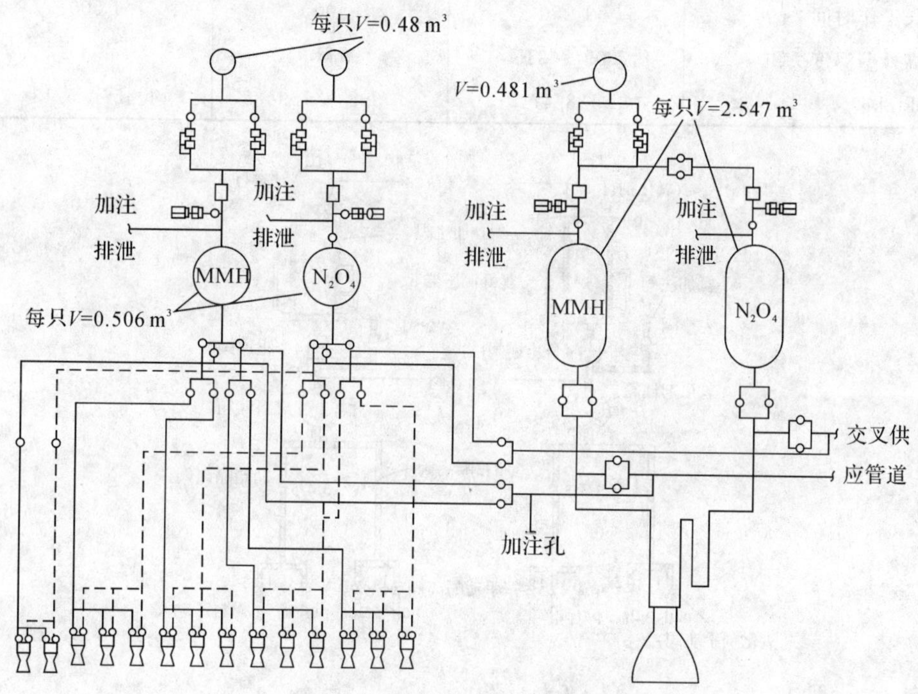

图 14.2　轨道左舱后推进系统简图

表 14.1　轨道器用的发动机和推力器特性

发动机和推力器 特性	轨道机动发动机 OME(1 台)	反作用控制 主推力器(12 台)	姿态反作用控制 微调推力器(2 台)
真空推力 /kN	26.7	3.87	0.11
比冲 /($m \cdot s^{-1}$)	3 040	2 832	2 234
推进剂	MON－3/MMH	MON－3/MMH	MON－3/MMH
混合比(氧 / 燃 质量比)	1.65	1.6±0.32	1.6±0.6
10 年中点火次数 / 次	1 000	50 000	50 000
累计点火时间 /s	54 000	20 000	20 000
燃烧室压强 /MPa	0.86	0.86	0.73
喷管面积比	55：1	22：1	21：1
推进剂供给压强 /MPa	1.38～2.07	1.21～1.82	1.69
推进剂供给温度 /℃	－1.1～51.7	4.44～37.8	4.44～37.8

续表

特性 \ 发动机和推力器	轨道机动发动机 OME(1 台)	反作用控制 主推力器(12 台)	姿态反作用控制 微调推力器(2 台)
最长工作时间 /s	1 250	500	1 500
最高外壁温度 /℃	909 ～ 915	171	171
净重 /kg	138.47	9.8 ～ 7.9	4.45 ～ 5.13

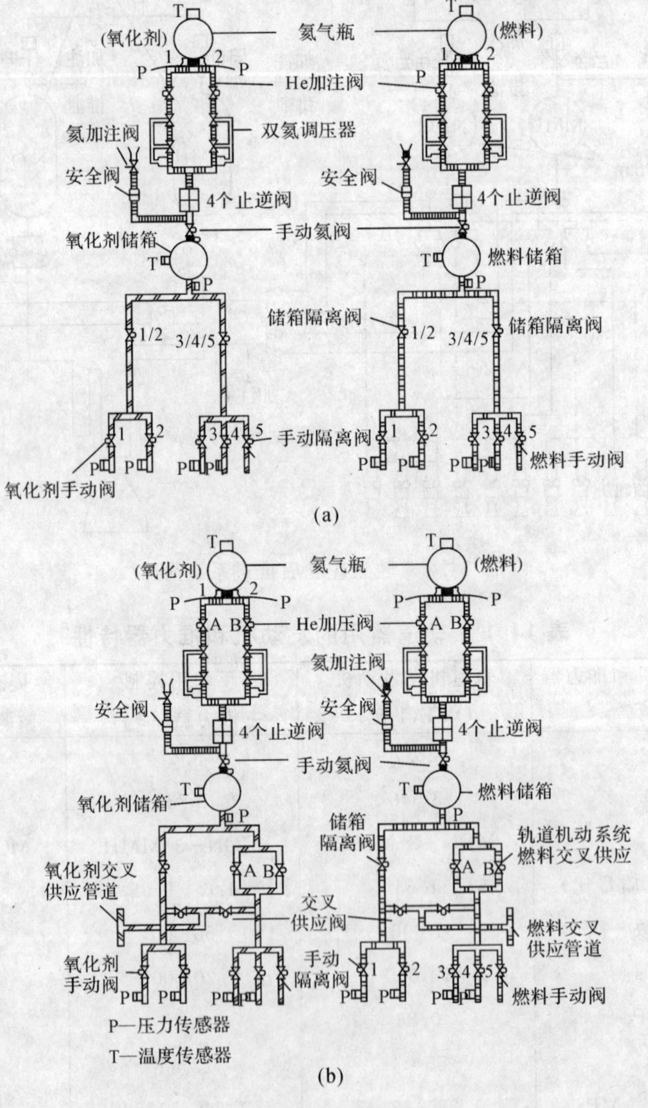

图 14.3　左舱反作用控制系统

(a) 左舱前反作用控制系统；(b) 左舱后反作用控制系统

图 14.4 表示了这一航天飞机轨道器轨道机动发动机(OME) 的结构。其主要部件包括双组元推进剂阀门、薄板式喷注器、燃料再生冷却燃烧室和喷管。双组元推进剂阀采用氮气驱动的串联备份球形密封,喷管利用涂 R-512A 二硅化物抗氧化涂层的铌合金进行辐射冷却,发动机喉部装有一个万向支架,以使发动机与轨道器的结构相连,靠电机驱动俯仰、偏航和变向。

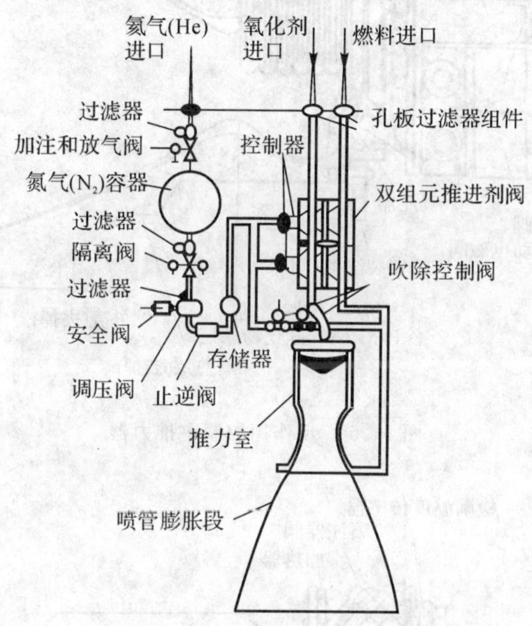

图 14.4　航天飞机轨道器轨道机动发动机(OME)

反作用控制主推力器结构示于图 14.5。它由推进剂阀、喷注器燃烧室和喷管组成。氧化剂阀沿喷注器中心线安装,燃料阀则偏置安放。两种阀门都是同轴式阀门,都是由电磁线圈驱动的前置级和推进剂挤压介质(He) 驱动的主级组成,响应速度很快,工作性能平稳。喷注器采用异质互击结构,每一个喷注器环中,有 84 对互击孔以两种合成动量角成对交替排列,燃烧室内有 24 个燃料液膜冷却孔和 42 个防止发生高频燃烧震荡的圆柱形声腔。

微调推力器结构示于图 14.6。它主要包括响应快的氧化剂电磁阀及燃料电磁阀、单对互击式喷注器、铌合金焊接燃烧室和膨胀喷管等。这两种推力器都置于航天飞机轨道器机身外蒙皮中,为确保推力器及轨道器工作安全,推力器的热设计及结构设计都相当复杂而考究。

推进剂储箱内装有被动式表面张力管理装置,这在载人航天器上还是首次使用。它可在 0 ～ 5g 的失重情况和过载条件下连续供应无气体的液体推进剂。

轨道器后推进系统中还装有一套完整的监测系统,它由 40 个工作压强测量元件和 40 个工作温度测量元件构成,分别装在挤压氦气瓶、推进剂储箱、供给管道、发动机和推力器的喷注器和燃烧室壁上。各推进剂储箱中还装有推进剂测量装置,这些测点对监测推进系统工作是否正常,估算推进剂剩余量和分析判断故障原因及决定排除故障的对策都至关重要。

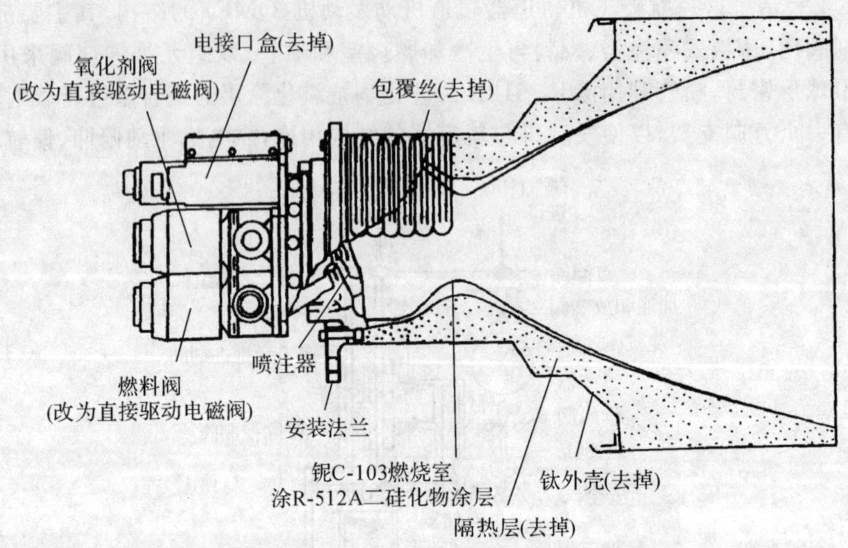

图 14.5　反作用控制主推力器

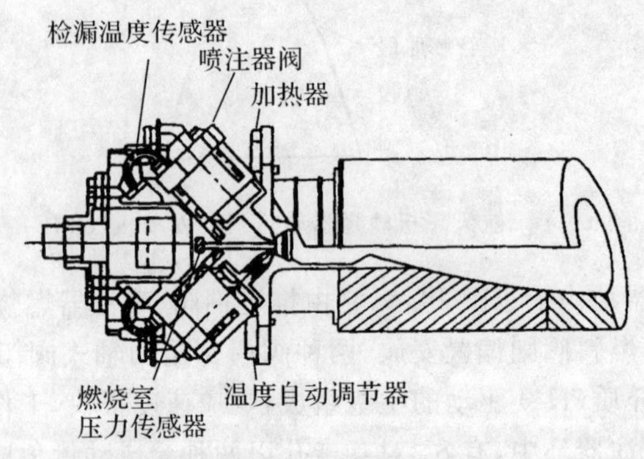

图 14.6　微调推力器

14.2　Gemini 载人飞船推进系统

Gemini 载人飞船是登月并从月球安全返回地面的重要里程碑。其主要目的是执行多种交会和对接飞行操作，同时，通过航天员进行舱外活动，以证实人可在空间生活并进行有效工作的可行性，其对航天员的适应性训练比水星飞船的水平更高，难度更大。Gemini 飞船呈锥状体，长 5.613 m，发射时总质量为 3 178 kg。再入舱高 3.36 m，底部直径为 2.29 m，位于回收舱与驾驶舱之间，质量为 2 133.8 kg。

Gemini 飞船上采用液体双组元(N_2O_4/MMH) 推进系统，以挤压式输送推进剂，以恒压方式工作，推力器混合比为 1.6∶1，比冲为 2 650 m/s。推进系统在飞船上的配置如图 14.7 所示，功能与推力器配置见表 14.2。推进系统分姿、轨机动系统(OAMS) 和再入控制系统(RCS) 两部分。前者的推力器埋装在飞船转接器承力圆筒周围，为飞船提供轨道转动与平移功能。转动控制由 8 台 102 N 推力的推力器提供，而平移机动则靠 2 台 315 N 和 6 台 420 N 推力的推力器提供。后者的推力器埋装在再入舱中，再入期间的滚动控制则由 RCS 的 16 台 104 N 推力器提供，这 16 台推力器按 2 个完全备份系统配置。Gemini 飞船的所有推力器都是由电子线路控制工作的，作为控制线路备份，推力器阀上还安装了两个独立的电磁线圈。

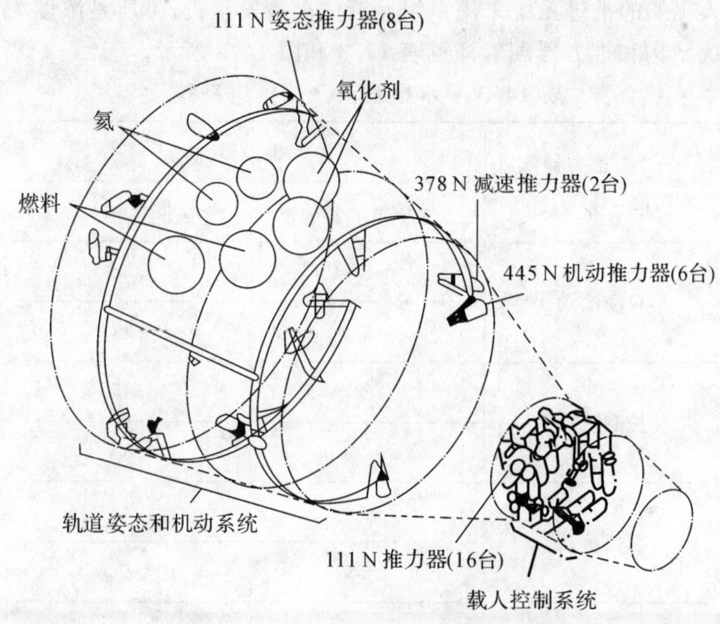

图 14.7　Gemini 飞船推进系统

表 14.2　Gemini 飞船推进系统配置

推力器配置 / 飞船姿态	轨道、姿态机动系统		再入控制系统	
	推力 /N	数量 / 台	推力 /N	数量 / 台
滚动	102	8	104	16
偏航	315	2		
俯仰	420	6		

由于 Gemini 飞船的飞行寿命较短，仅要求推进系统点火 900 s，且推力器都埋装在飞船

内，因此推力器全部采用烧蚀型。

14.3 Mercury 载人飞船推进系统

“人类登上月球并安全返回地球”的设想是在 20 世纪 60 年代初由美国首次提出来的，这一设想后来由美国国家航空顾问委员会(NACA) 负责制定计划并组织实施。到 1961 年 5 月，美国就研制成功第一艘水星载人飞船，把 1 名航天员送入太空。两年后，到 1963 年 5 月，共发射了 6 次，累计载人飞行 54 h，充分证实了人类登月飞行的可行性。

Mercury 载人飞船的推进系统采用单组元液体火箭发动机，工质是浓度为 90% 的过氧化氢(H_2O_2)，其系统结构和推力器配置详见表 14.3 和图 14.8 所示。

表 14.3　水星载人飞船推进系统

推力器配置 \ 功能	推力器	
	数量 / 台	推力 /N
自动滚动	2	4.45
	2	26.7
控制滚动	2	4.45
	2	106.8
系统滚动	2	4.45
	2	106.8
手动滚动	2	26.7
控制俯仰	2	106.8
系统偏航	2	106.8

单组元液体火箭发动机的三种推力器的剖面示于图 14.9，每台推力器都由一个推进剂阀、热屏蔽、测量孔板和不锈钢推力室组成，辐射冷却推力室中还装有 节流孔板、过滤器、催化剂床及与催化剂床成 90° 的排气喷管。

这三种推力器均使用过氧化氢催化剂推力器，催化剂床中过氧化氢催化分解浓度为 90%，温度达到 748.9℃，再经面积比为 15∶1 的拉伐尔喷管膨胀加速，产生推力，推力分别为 4.45 N，26.7 N 和 106.8 N，比冲范围为 1 470 ～ 1 700 m/s。

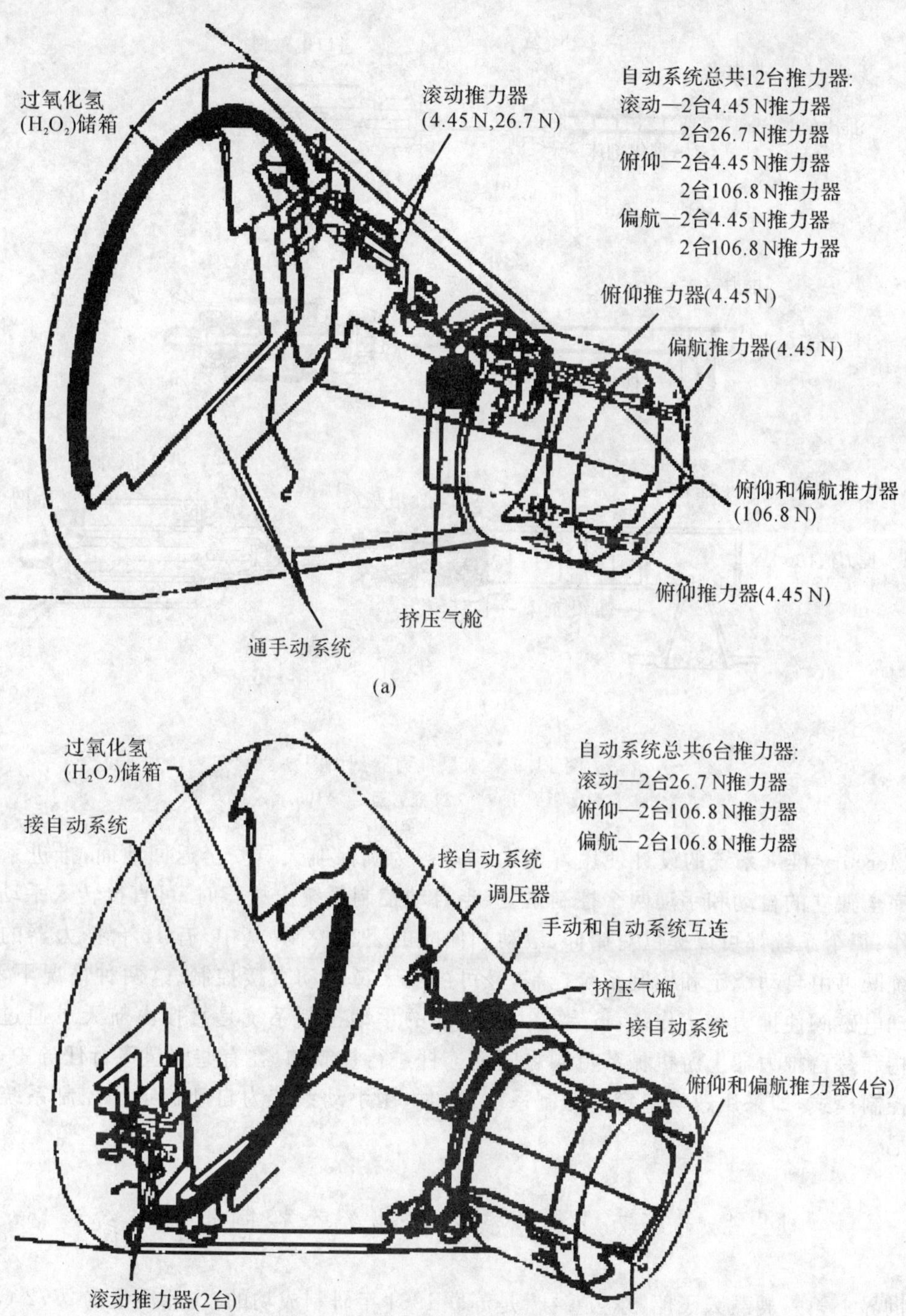

图 14.8　水星载人飞船推进系统

(a) 自动系统；(b) 手动系统

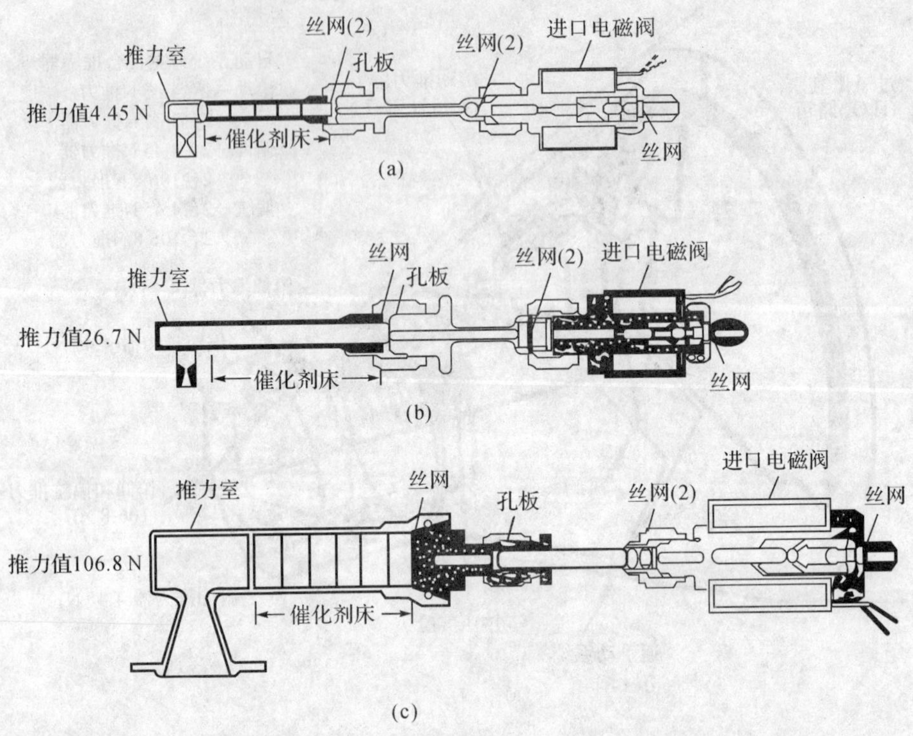

图 14.9　水星推力器剖面图

(a)4.45 N 推力器；(b)26.7 N 推力器；(c)106.8 N 推力器

Mercury 推进系统的设计使用寿命为 900 s。为确保航天员安全返回地面，推进系统中配置了完全独立的自动和手动两个控制系统，当自动控制系统出故障时，可直接转入手动控制系统工作。每个系统都可以提供对俯仰、滚动和偏航的姿态控制。其中，有 12 台推力器的自动控制系统既可由自动稳定和控制系统控制，又可由航天员手动直接控制。这两种情况下，都是通过驱动电磁阀使推力器工作。有 6 台推力器组成的手动控制系统是直接由航天员通过推动操纵机构和每台推力器上游机械节流阀之间的连杆进行控制的。在有些水星飞行任务中，还有另一种控制模式，即采用速率稳定和控制系统，这时，用手动系统为自动稳定和控制系统提供辅助阻尼。

14.4 “东方 1 号”载人飞船姿态控制推进系统

世界上第一艘载人飞船“东方 1 号”是苏联 1961 年研制成功的。飞船质量为 2.72 t，著名航天员加加林就是乘坐“东方 1 号”被送到距地球 200 km 高的轨道上绕行一圈后返回的。这艘飞船采用的是氮冷气姿态控制推进系统和返回制动液体火箭发动机。

该氮冷气姿态控制推进系统的主要部件包括推力器、电磁阀、气瓶、温度传感器、压力传感器、高压阀门、过滤器、减压阀、备份气体输送阀及加／排气阀等，如图14.10所示。从中可以看出，它分成两组独立的半系统，每组8台氮冷气推力器，为飞船提供姿态控制所需的力矩。12个球形氮气瓶配置成3个独立的高压氮气瓶组，安装在仪器舱上端与返回舱对接处的四周，向2组推力器供气，其中，有2个瓶组保证自动姿态控制推力器供气，另一瓶组保证手动姿态控制推力器供气。整个推进系统安装在球形返回舱上，该球形返回舱直径为2.3 m，质量为2 460 kg，宇航员就乘此返回舱返回地球。

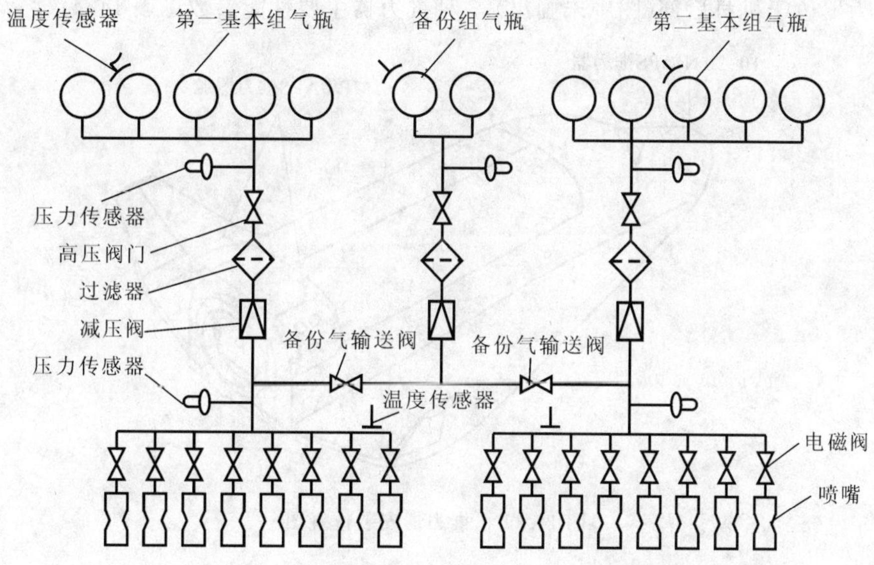

图14.10 "东方1号"载人飞船姿态控制推进系统

为了使飞船从原来的运行轨道转入返回地球的轨道，还需要为飞船提供100～140 m/s的速度增量，所以"东方1号"飞船上还装有一台为航天员返回地球所需的制动液体火箭发动机。该发动机质量（干重）为396 kg，装有280 kg推进剂，推力为15.7 kN，液体推进剂从储箱到发动机是通过涡轮泵输送完成的。在制动液体火箭发动机工作期间，飞船靠姿态控制推进系统产生的控制力矩来稳定，喷气系统的气源来自涡轮泵的气体。另外，推进剂储箱中还设计有专门的气垫，为的是使制动液体火箭发动机能在微重力条件下正常起动。

14.5 Hermes空天飞机推进系统

Hermes载人空天飞机的研制工作开始于20世纪80年代，但由于经费和技术等原因，到90年代初就下马了。不过，由德国慕尼黑的MBB空间通信和推进系统分部负责研制生产的推进系统已经基本完成。

Hermes空天飞机的整个推进系统由主推进系统(MPS)和辅助推进系统(APS)两部分构成,液体推力器都使用MMH和MON双元推进剂,冷气推力器使用氮气作工质。

推进系统的安装位置示于图14.11。主推进系统MPS由6台双元(MMH/MON)400 N推力器组成,安装在机身后舱内,提供进入有人照料自由飞行器(MTTF)轨道所需的轨道圆化和离轨返回所需的推力;辅助推进系统APS由52台推力器组成,为系统提供姿态控制和定位要求所必需的冲量。其中,10台双元(MMH/MON)400 N推力器位于机身后部,26台10~30 N双元(MMH/MON)推力器,安装在机身前的有16台,安装在机身后的有10台,另外16台冷气推力器位于机身后部(图中未画出)。3种推力器主要性能参数见表14.4。

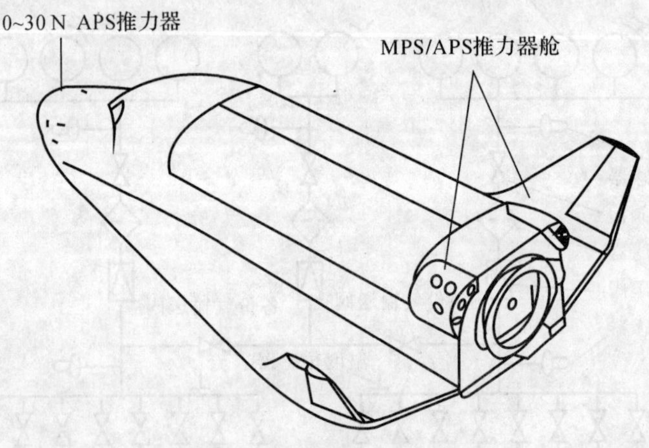

图14.11 推力器安装位置图

表14.4 3种推力器的参数

参数＼推力器	双元推力器(10台)	双元推力器(26台)	冷气推力器(16台)
推力 /N	400	30	10
真空推力 /N	410	30	10
喷管面积比	70	50	70
推进剂	MMH/MON	MMH/MON	MMH/MON
混合比	1.645	1.645	1.645
室压 /MPa	0.72	—	0.87
发动机寿命 /s	15 000	15 000	15 000
最小冲量 /(N·s)	20	20	2

为满足 Hermes 的基本要求，整个推进系统预计需要 1 500 kg 的推进剂。推进剂管理装置可在整个任务阶段为下游输送不含气体的推进剂。两个 MMH 储箱安装在机身前部，而 MON 储箱则安装在机身的后部。氦挤压气体储存在两个球形气瓶中，这两个球形气瓶均位于后部 MON 储箱的上面。

因为 Hermes 是载人飞行器，所以推进系统必须满足失效操作 / 失效安全的原则，其基本配置如图 14.12 所示。从中可见，推进剂供应系统由 2 套完全相同的部分组成，其中一套为冗余设计。

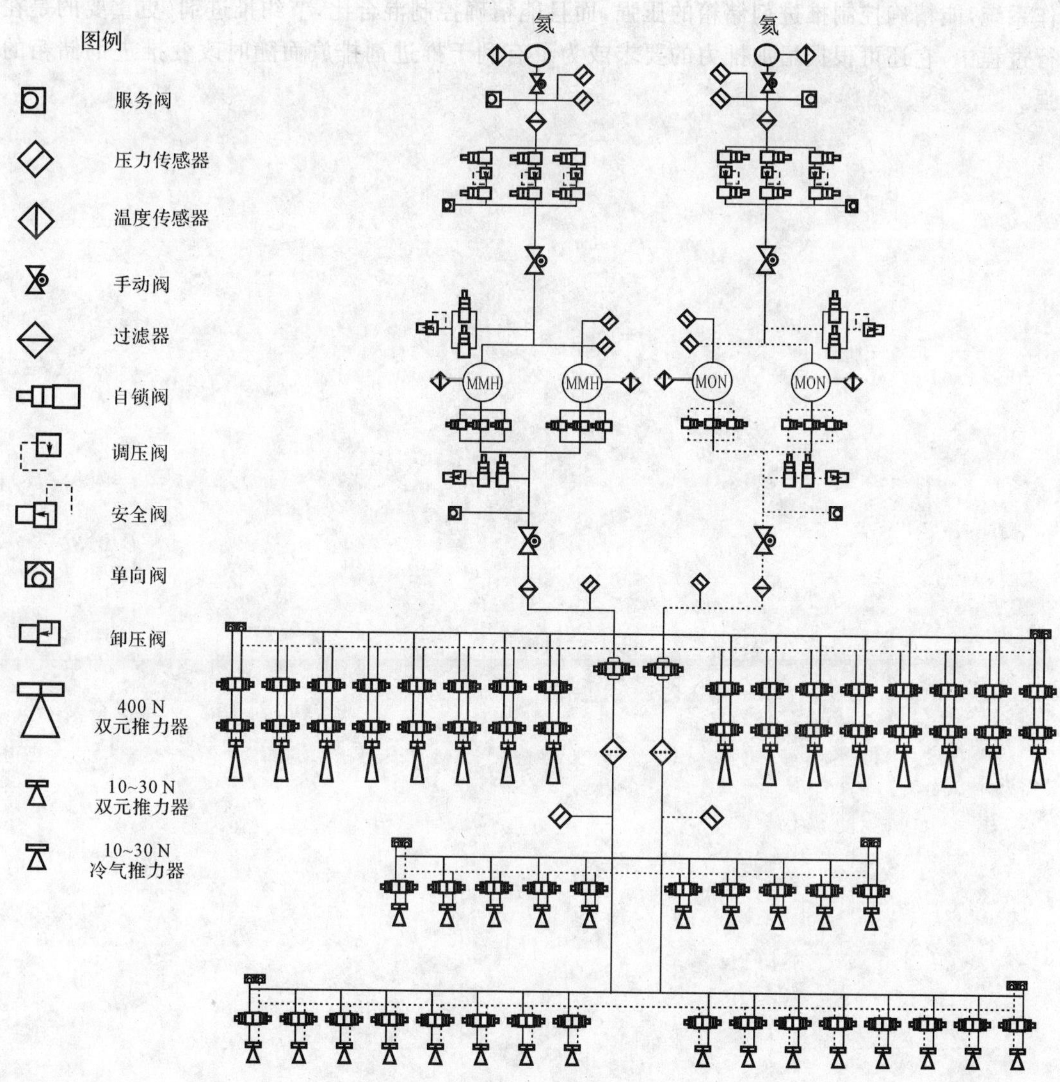

图 14.12　推进系统基本配置

该推进系统有两个主要的设计特点：

(1) 燃料和氧化剂储箱各有一套独立的氦挤压气体管路，这样由于没有燃料和氧化剂蒸气的混合问题，所以系统设计非常安全，而且燃料和氧化剂压强控制组件可以分别进行维护和操作。

(2) 氦挤压气体的压强首先通过位于机械式粗精度调压器下游的脉冲式自锁阀进行电子调节，然后再由受推进剂储箱压力传感器控制的一个脉冲式自锁阀进行精调。这种调压方式与纯机械调压阀相比，特点非常明显。不仅在整个飞行任务期间，它可根据敏感到的储箱压强来操作系统，能精确控制推进剂储箱的压强，而且能精确控制混合比，节约推进剂。更重要的是在飞行过程中，它还可根据增加推力的要求或为了有利于推进剂排放而随时改变推进剂储箱的压强。

第 15 章　空间站及各类卫星

15.1　国际空间站推进系统

21 世纪初，世界上 16 个国家和地区正在联合发射和建设国际空间站(ISS)（见图 15.1），其推进系统包括相互独立的主推进系统(MPS) 和辅助轨道控制推进系统(SRS) 两大部分，全都采用液体单组元火箭发动机。为了便于装拆和维修方便，系统均采用模块化设计，这一思想代表了新一代空间推进系统的设计方向。

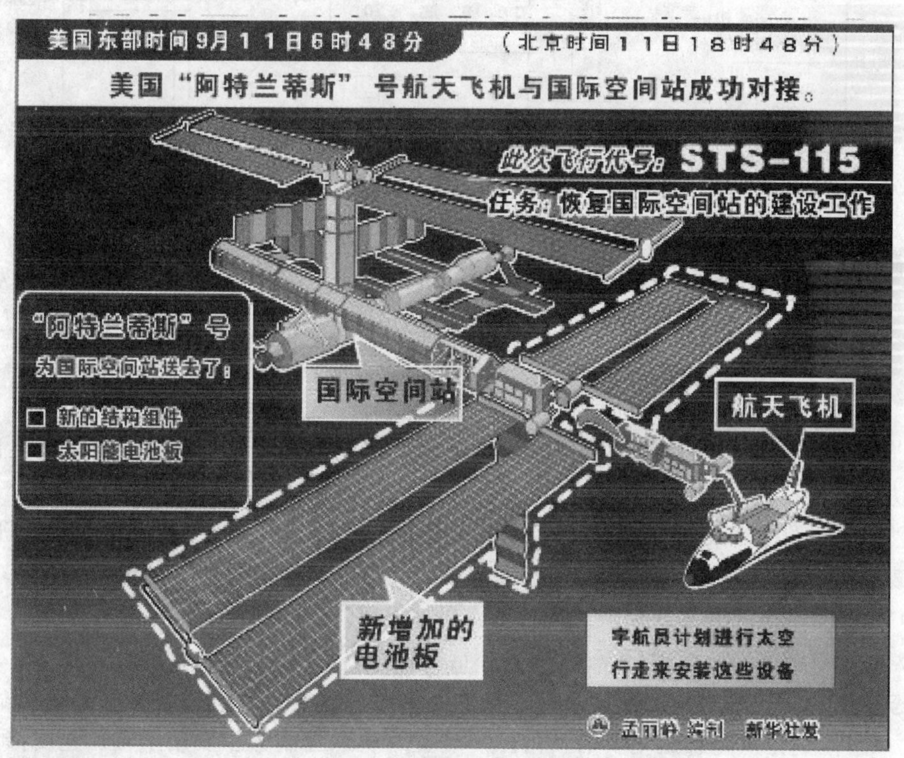

图 15.1　正在建设中的国际空间站(2006.09.11)

MPS 包括空间站轨道控制、姿态控制和应急机动所用的自成体系的单元肼推进模块，其中装有轨道控制和姿态控制推力器、推进剂储箱、温控器和电子控制器等。这些推进模块均可在地面上进行维修加注，然后在航天飞机上发射，以替换空间站上推进剂已耗尽的推进模块。这些使用过的模块在返回地面经过重新维修后，可供以后多次使用。主推进舱的构成如图15.2所示。

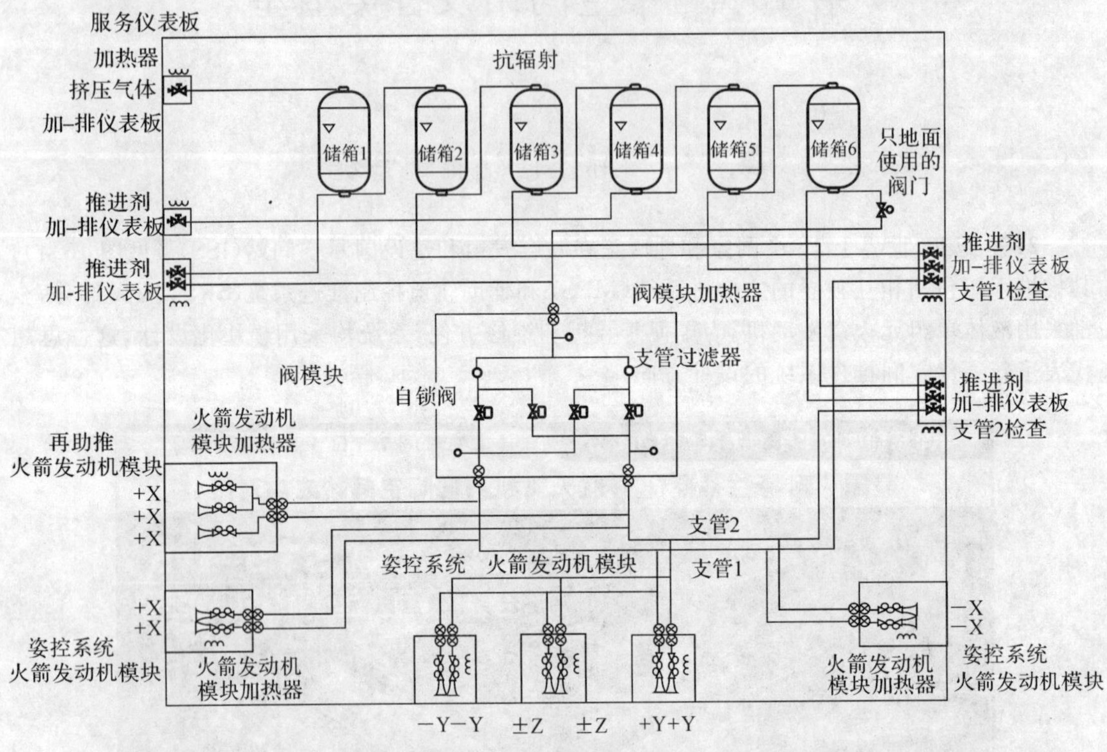

图 15.2 主推进舱简图

MPS 的大部分推进剂用于把空间站的轨道保持在能与航天飞机轨道器正常交会的高度。其主要功能体现在三个方面：

(1) 在各个飞行阶段，为空间站提供姿态控制力矩和轨道控制力，并作为动量管理系统和动量卸载备份的力矩；

(2) 利用模块化的方法使模块之间没有流体来往；

(3) 无须宇航员出舱活动(EVA) 就能补给推进剂。

姿态控制力矩包括重新定向所需的三轴控制力矩以及姿态干扰超过主动量管理系统能力的控制力矩(控制力矩陀螺是主要的动量控制装置)；轨道控制力主要用于轨道速度修正，例如大气阻力补偿、轨道调整和防止地面可跟踪轨道碎片碰撞的机动等。

MPS 主推进舱模块示于图 15.3。其中，安装有肼推进剂储箱和挤压气体储箱；轨道控制和姿态控制系统火箭发动机模块(REM)。REM 包括肼推力器，推进剂分配与隔离装置，地面服务接口，微陨星体和轨道碎片(MM/OD) 防护装置，被动热控装置和带驻留软件的电子控制系统等。主推进舱模块的连接机构中只装有数据和电源电缆，只须利用抓钩夹具就可由机器人更换推进剂补给舱。

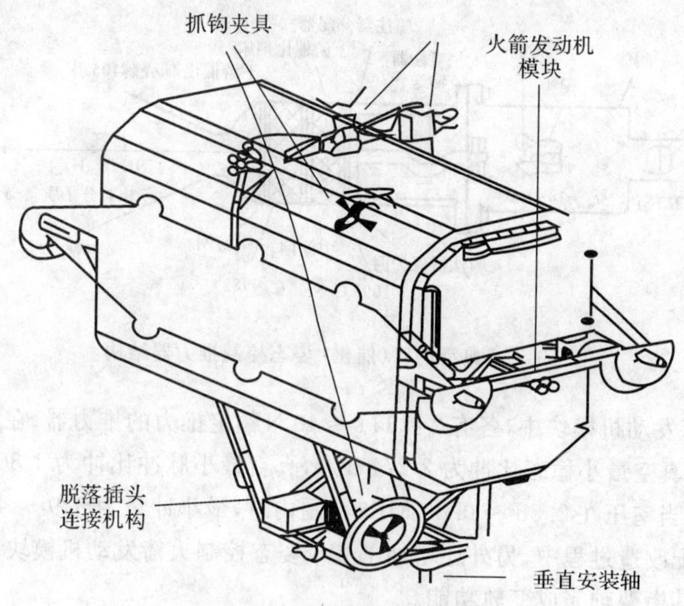

图 15.3　MPS 主推进舱模块

MPS 使用军标 MIL－P－26536 规范的单元肼推进剂，氮气挤压，简单落压式输送系统，落压比 3∶1。每个推进舱中装有 6 个相同的储箱，其中有 4 个储箱充满推进剂肼，满负载时，储箱的标称压强在 2.58～0.86 MPa 之间，最大额定推进剂容量为 3 050.9 kg，有效可用推进剂为 2 905.6 kg。另外 2 个储箱充满氮气，装在推进剂储箱上游并与之连通。

推进剂储箱用钛制成，圆柱体，两端为椭球状顶盖，直径 965.2 mm，长 1 498.6 mm，体积 0.773 m^3，质量约 66 kg。储箱内部装有表面张力金属网状推进剂收集装置(PAD)，包括 4 个集液通道和 1 个后收集器。后收集器由荷兰双斜纹编织型(TDDW)集液通道和阻尼网组成。这些网在空间微重力环境下，可以保证储箱中推进剂用尽前流出的推进剂不带气，而且最低挤出效率达到 98%。

主推进舱内安装的姿态控制与轨道控制火箭发动机模块类似，但推力器数量和推力值大小不同。典型的肼姿态控制推力器结构见图 15.4。这两种发动机模块都由安装结构、推力器电磁阀、内支管、压力传感器、推力室组件(TCA)、热控和监测装置等组成。TCA 包括催化剂床和推力器喷管，是一个独立的地面可更换单元。由于催化剂材料的寿命有限，所以推力器组件设计成可拆卸的，以便更换催化剂。压力传感器用来监视推力器催化剂性能的“粗糙度”，这是何时需要更换催化剂的决定因素。

轨道控制火箭发动机模块共有 3 台 245～89 N 额定推力的推力器，在室压为 2.5 MPa 情况下，推力器的真空最小稳态比冲为 2 300 m/s，单次燃烧持续时间约 7.2 h，总冲达到 6.675×10^6 N·s。

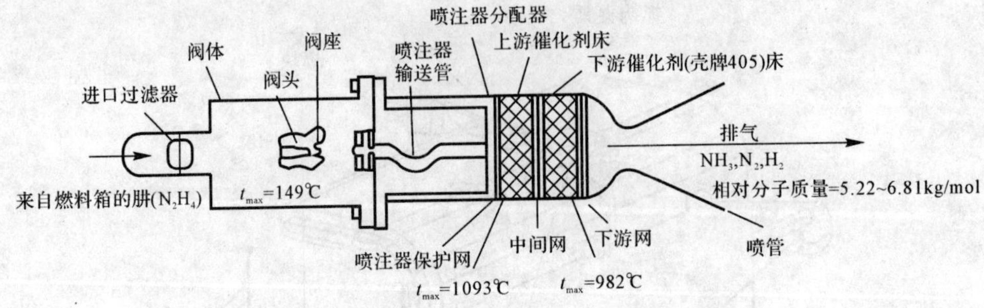

图 15.4　典型的肼(催化)姿态控制推力器结构

3 个姿控火箭发动机模块中，各有 2 台 111 ~ 40 N 额定推力的推力器。在室压为 2.58 MPa 情况下，推力器的真空最小稳态比冲为 2 274 m/s，真空最小脉冲比冲为 1 800 m/s，总冲达到 3.34×10^6 N·s。当室压在 2.58 ~ 0.86 MPa 范围内时，最小冲量为 8.9 ~ 4.0 N·s±25%。

在空间站装配改造过程中，另外还增加了 2 个姿态控制火箭发动机模块，目的是使空间站在装配初期能沿其桁架轴完成变轨功能。

在主推进系统中，推力器电磁阀打开时需要电源，一旦电源断掉，电磁阀将自动关闭。系统中的自锁隔离阀也是电磁式的，无论指令开启或关闭，自锁隔离阀都需要电源，而保持其开启或关闭状态则不需要电源。阀门的工作电压一般为(DC)120 V。

SRS 包括一个废气装置(WGA)和几个用于变轨机动的电阻加热电离式发动机模块(RJM)。WGA 由废气储箱、压气机和干燥器三部分组成；RJM 由可用多种推进剂的电阻加热电离式发动机、电子压强调节器和功率设备组成。辅助轨道控制推进系统的构成如图 15.5 所示。

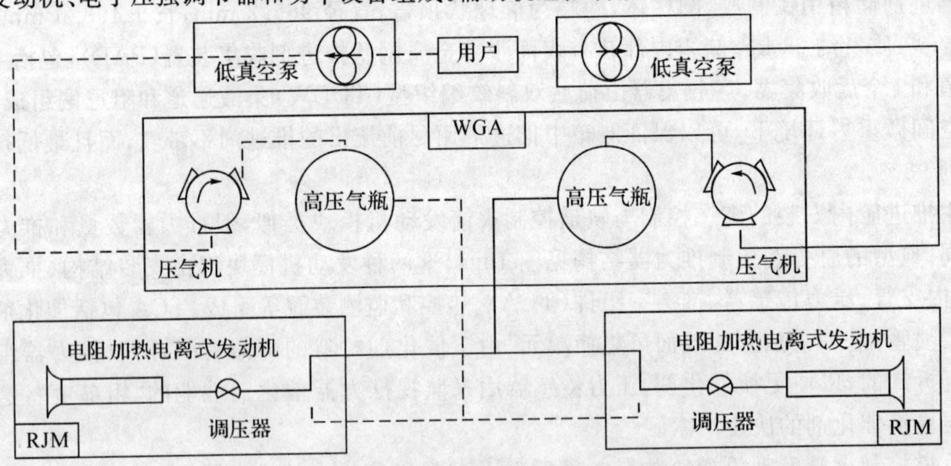

图 15.5　辅助轨道控制推进系统简图

SRS的主要功能包括：

(1) 控制和监视由各飞行单元和系统排出的废弃流体的收集、处理和储存；

(2) 利用电阻加热电离式发动机处理废弃流体，以产生轨道控制推力；

(3) 确保电阻加热电离式发动机的推力量级和羽流特性符合微重力和外部污染的要求。

废气装置收集、处理和储存的废气主要来自空间站上美、日和欧等的实验室、试验舱、密封舱和环境控制与生保系统。它负责分别收集空间站上的氧化废气和还原废气，并确保两种气体隔离，以防化学反应。RJM中的电阻加热电离式发动机的配置主要是要保证在处理废气的同时，使废气所产生的推力能按所需要的变轨方向增加空间站的速度。辅助轨道控制推进系统中还有低真空泵和流体利用分配系统(UDS)，它作为与用户的接口，在不同装置间输送废气，以满足空间站上不同的需要和要求。SRS推进模块在空间站上的安装位置示于图15.6。

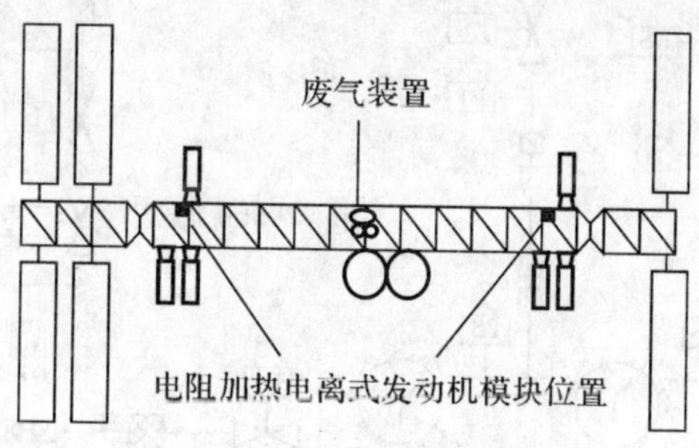

图15.6　SRS硬件配置

废气装置的构成如图15.7所示。从中可以看出，两个分系统的硬件完全相同，一个分系统主要负责收集、处理和储存CO_2，后阶段还可以用来收集甲烷；另一个分系统主要负责收集、处理、储存氧气和惰性气体的混合物。

该废气装置是一个自成体系的封闭式结构单元，主要包括高压储气罐，两级压气机、低压储气罐、气体干燥器、隔离阀、流体分配管路和测量仪表等。在其进口处，低压储气罐和高压储气罐上分别装有安全阀，并与外排气孔相连。除高压储气罐和低压储气罐外，废气装置中的所有部件都按在轨可更换单元设计。在废气以低压状态从低真空度(1 333.22 Pa = 10Torr)真空泵输送到压气机进口后，被第一级压气机增压后输送到低压储气罐。当储气罐压强超过6.89×10^5 Pa时，第二级压气机打开，废气通过干燥器再传送给高压储气罐。在6.89 MPa上限压强时，该罐可接收2天的废气。

电阻加热电离式发动机模块示于图15.8。它是一个自成体系的结构单元，每个模块中有4台小推力(牛顿级)的电阻加热电离式发动机和各自的功率调节装置，一个电子压强调节器，几个控制隔离阀以及被动热控装置、流体分配管路和测量仪表等。由于来自两个分系统的流体都流入该模块，所以，为了防止一个分系统的气体回流到另一个分系统，各分系统中都装有止逆阀。另外，为了防止电子调压器出故障时过压造成系统损坏，电阻加热电离式发动机的上游装有外排气孔的过压自动开启安全阀。

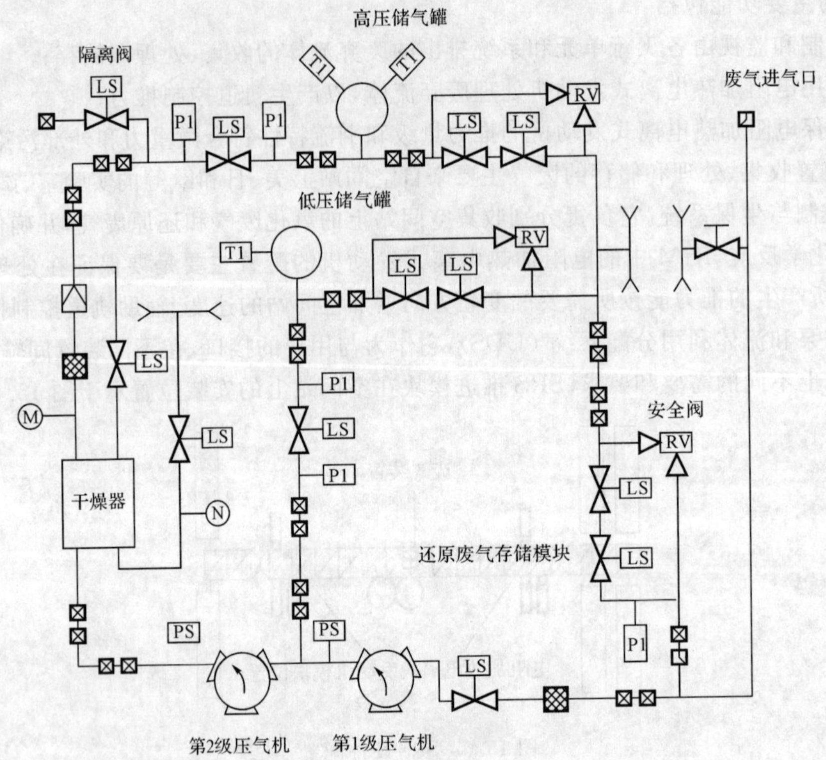

图 15.7　废气装置系统简图

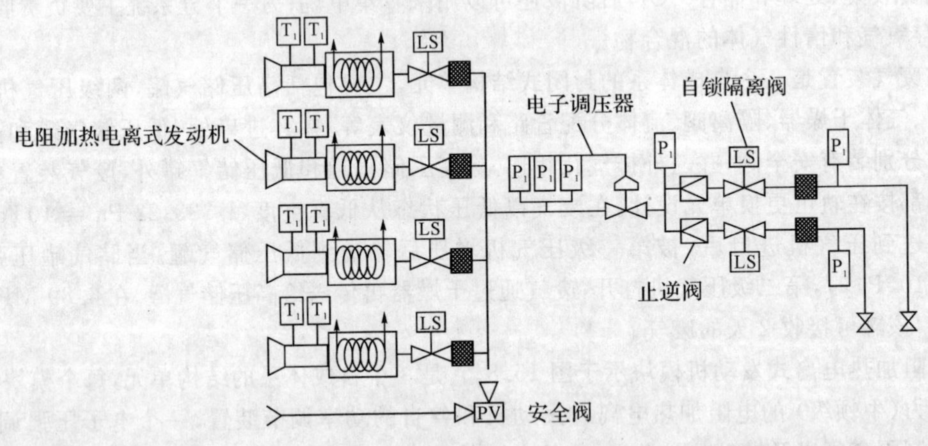

图 15.8　电阻加热电离式发动机模块

当电阻加热电离式发动机以还原废气作工质时，单台推力为 0.222 5 ～ 1.068 N；当选择混合废气作工质时，单台推力为 0.939 ～ 1.744 N。由于该系统设计时未考虑微重力环境中的液体流动，所以该系统只能接收各种气体工质。

15.2　Intelsat Ⅴ 推进系统

1968 年 12 月 19 日到 1970 年 7 月 23 日，美国相继发射了 8 颗国际通信卫星-Ⅲ(Intelsat Ⅲ)系列卫星。这是美国研制的第三代地球同步轨道全球商用型通信卫星。卫星总质量为 293 kg，通信能力为 1 200 路双工话音通道或 4 路彩色电视通道，工作寿命 5 年。此后，Intelsat 卫星不断地改进发展，后续产品有 Intelsat Ⅳ ～ Ⅶ 和 ⅦA。为简练起见，本书仅介绍有代表性的 Intelsat Ⅴ 和 Intelsat ⅦA 推进系统。

1966 年美国 TRW 公司承担了 Intelsat Ⅴ 和星上的单组元肼(N_2H_4)推进系统的研制任务。这是美国为商用型通信卫星研制的第一个以单组元肼推力器作为姿态控制执行机构的推进系统。

Intelsat Ⅴ 推进系统的组成如图 15.9 所示，其部件配置如图 15.10 所示。

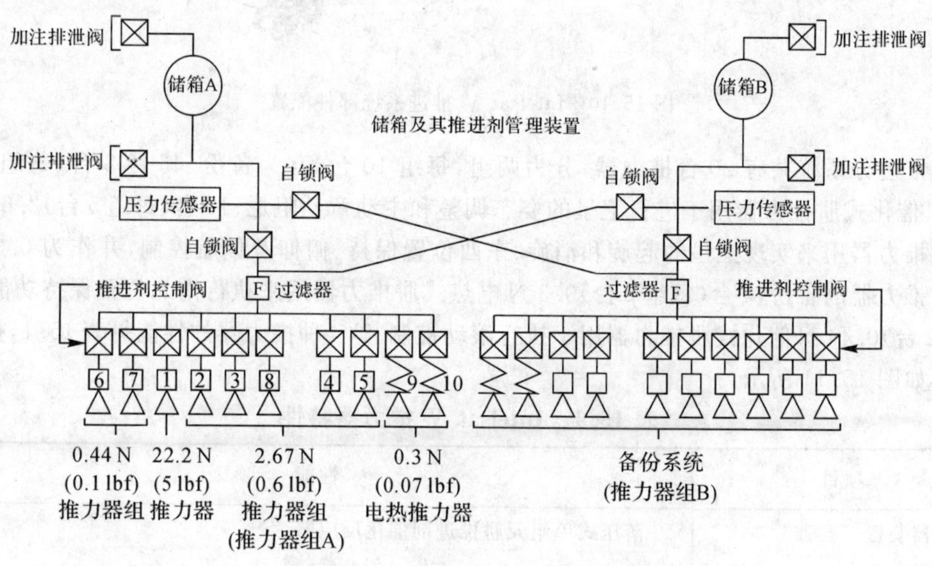

图 15.9　Intelsat Ⅴ 推进系统组成

该推进系统由单组元肼催化式推力器和电热式推力器联合组成星上推进分系统，可用于卫星的自旋稳定和三轴稳定机动。从星箭分离到卫星进入圆轨道，该推进分系统执行自旋稳定的控制功能，主要包括：① 卫星起旋；② 卫星自旋轴进动；③ 主动章动阻尼；④ 卫星速度修正；⑤ 卫星消旋等。从远地点发动机点火后卫星进入圆轨道起，直到卫星 7 年有效工作寿命终了，该推进分系统执行三轴稳定的控制功能，主要包括：① 东西位置保持；② 南北位置保持；③ 姿态控制；④ 位置调整及动量飞轮卸载等。

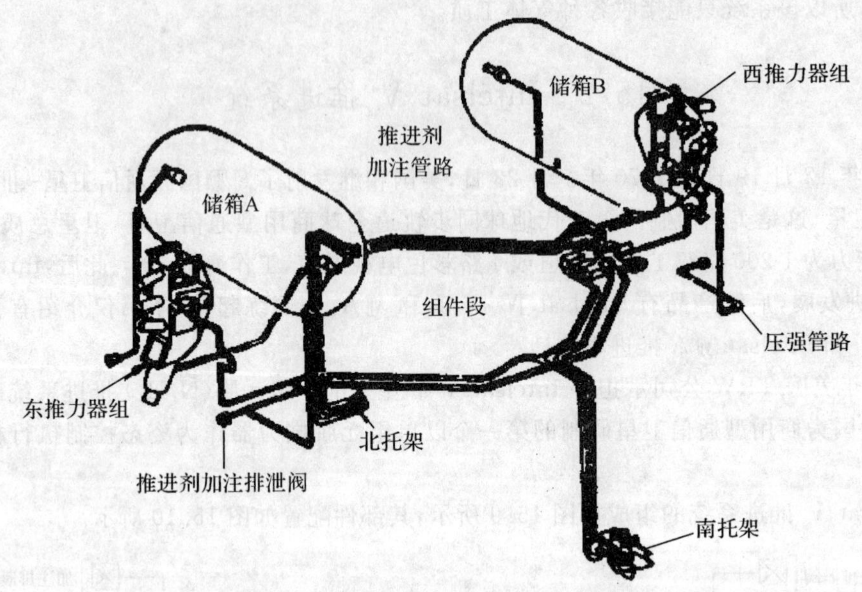

图 15.10 Intelsat Ⅴ 推进系统部件配置

该推进分系统共有 20 台推力器，分为两组，每组 10 台，互为备份。其中，2 台（每组 1 台）22.2 N 催化式肼推力器用于进行卫星的姿态调整和主动章动阻尼；10 台（每组 5 台）2.67 N 催化式肼推力器用来实现卫星的起旋和消旋、东西位置保持、俯仰及偏航控制，并作为 0.3 N 电热式肼推力器的备份；4 台（每组 2 台）0.3 N 电热式肼推力器用来执行南北位置保持功能；4 台（每组 2 台）0.44 N 催化式肼推力器用于执行滚动控制。这 4 种推力器的性能见表 15.1，推力器的外形如图 15.11 所示。

表 15.1 Intelsat Ⅴ 推力器特性

项目	性能			
推力器装置	落压式单组元肼推进剂催化反应器			
推进剂	肼（N_2H_4）规格：美军标 MIL－STD－128731A，低碳			
工作压强 /MPa	最大（绝压）2.8，最小（绝压）0.41			
推力方向的校准	机械对接面对喷管 /（°）：±5；测试前后变化 /（°）：Δ0.05			
推力重复性 /（%）	±5			
推力器 /N	22	2.67	0.44	0.3
稳态比冲 /（$m \cdot s^{-1}$）（推进剂温度 4.4℃）	2 238.3	2 293.2	2 190.3	2 979.2（功耗 1.5 W/mN）

续表

项目		性能			
脉冲比冲 /(m·s^{-1})		2 185.4			
阀开启响应时间 /ms		+＜22	＜18	＜18	
阀关闭响应时间 /ms		＜10	＜10	＜10	＜10
阀最大功率(每个线圈)/W		13	12	12	
推力器内漏率(最大)		1 mm^3/h(在工作压强下)			
推力器加热器最大功耗 /W		2.4(每推力器)	4.0(每推力器)	4.0(每推力器)	
推力不平稳定度 /(%)		±4			
冲量预测精度 /(%)		±4	±4	±6.7(脉冲)	
最小脉冲冲量 /(N·s)				0.001 33	
寿命(热循环次数)/ 次		400(177～732℃)	680(121～732℃)		
质量(最大)/kg		0.66	0.36	0.35	
推力器设计参数					
催化剂牌号		Shell 405 ABSG			铂丝网
粒度 / 目	上催化床	25～50	25～30	25～30	
	下催化床	14～18			
催化床直径 /mm		29.94	13.67	10.1	
催化床长度 /mm		上床:6.35			
		下床:16.51			
		总长:22.86	19.94	15.24	
喷管面积比		40∶1	200∶1	100∶1	
喷管喉部直径 /mm		5.0	1.08	0.584	
喷管出口直径 /mm		31.65	15.27	5.84	
材料	推力室、喷管	海纳 25 钴铬钨镍超级耐热合金			高熔点合金
	喷注器	600 号因康镍合金	347 号不锈钢		
	毛细管	600 号因康镍合金(Inconel)			
	隔热屏组件	CRES304L	耐盐酸镍基合金		
	催化床底板		同推力室	同推力室	
	喷管			同推力室	铂丝网

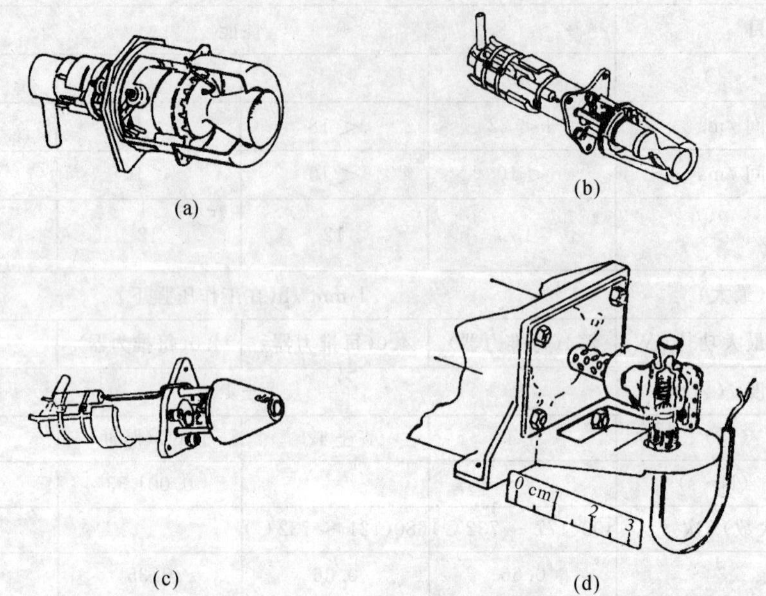

图 15.11　推力器外形

(a)22.2 N 催化式肼推力器外形图；(b)2.67 N 催化式肼推力器外形图；
(c)0.44 N 催化式肼推力器外形图；(d)0.3 N 电热式肼推力器外形图

这 4 种推力器均采用单元肼作推进剂，以落压方式工作。其中 22.2 N，2.67 N，0.44 N 这 3 种是催化式肼推力器。启动阀门，把肼喷入催化床中后，肼就分解为氨、氮和氢等气体，然后经一个收敛-扩散喷管排出，便产生推力。为了防止冷起动引起的催化床性能衰退，系统还备有催化剂床加热器，加热器在推力器工作之前就启动。

0.3 N 推力器是电热式的。它包括双冗余线圈、内带过滤器的双阀座电动推进剂阀门、热分解燃烧室、涡流换热器和隔热层等。热分解燃烧室由 1 个溅射式的毛细管喷注器、1 个铂丝网热分解床和冗余燃烧室加热器构成。喷注器与套在其外边的隔热管同心安装。隔热管既是热分解燃烧室的支撑结构，同时还可降低燃烧室向推进剂阀门的传热量。推力器上还连接了 1 个高温换热器，它由涡流燃烧室、排气喷管、加热器组件和馈电装置组成。二者的所有连接处均采用高温焊接或电子束焊。推力器外边的隔热层可最大限度地减少热损耗，既提高了热效率又限制了向周围部件的传热。

这 4 种推力器分为 2 组，每组 10 台，通过管道和自锁阀与 2 个圆柱形推进剂增压储箱交叉连通。储箱通常都用高强度钛合金制造，它用来储存肼推进剂和挤压气体(N_2)，以便利用气体压强排出推进剂。该推进系统推进剂储箱的设计容积为 140.76 ～ 141.67 L，排出效率为 99.9%。储箱与不锈钢部件或管道连接处有扩散焊接过渡段，其结构如图 15.12 所示。

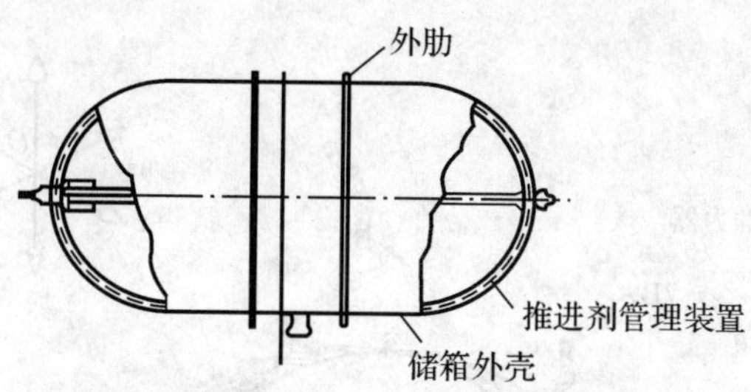

图 15.12　推进剂储箱结构示意图

2个推进剂储箱中都装有金属网式表面张力推进剂管理装置，它由3个不锈钢筛网通道和1个气泡收集器组成。这样可以确保在任何工作条件下，输出的都是不含气体的推进剂。即便是在从翻滚到自旋状态（自旋速率降低到 30 r/min，推进剂容量减到 55%）逐步恢复这种故障的条件下，也能输出不含气体的推进剂。

15.3　Intelsat ⅦA 推进系统

第一颗国际通信卫星-Ⅶ（Intelsat Ⅶ）是 1993 年 10 月发射的，到 1996 年 6 月为止，已相继发射了 5 颗 Intelsat Ⅶ 和 4 颗 Intelsat ⅦA 卫星。

Intelsat ⅦA 推进系统是由美国马夸特劳拉空间系统公司研制的，其功能与 Intelsat Ⅶ 卫星基本相同。该推进系统是以四氧化二氮（N_2O_4）作氧化剂，一甲基肼（MMH）作燃料的双组元统一推进系统，目的是为三轴稳定的 Intelsat ⅦA 提供近地点机动和远地点入轨所需的所有速度增量，以及在轨姿态控制、位置保持和再定位机动所需的所有推进功能。在正式应用于 Intelsat ⅦA之前，这个推进系统曾先后在印度卫星（INSAT-1）、阿拉伯卫星（Arabsat）、超鸟卫星（Superbird）、Intelsat Ⅶ、地球静止环境业务卫星（GOES）等卫星上进行过飞行验证。其推进系统布局和配置分别如图 15.13 和图 15.14 所示。

Intelsat ⅦA 推进系统有一台 490 N 液体双组元火箭发动机，主要用于远地点入轨和提供近地点速度增量；另有 12 台 22 N 液体双组元推力器分为两组，每组 6 台，以功能备份方式配置，主要是用于所有姿态控制、位置保持和再定位机动等，并为远地点机动提供一定的备份功能。两种推进剂储箱的容积完全相同（1 275 L），都用 6Al-4V-Ti 材料制成。为了保证在重力和微重力条件下均能供给不带气体的推进剂，储箱内均装有表面张力型推进剂管理装置。3 个用于储存高压氦气的铝压力容器用 T-30 石墨缠绕外壳，并通过一个单级调压器向推进剂储箱增压。增压系统与机械主系统完全旁路，其全备份是靠数字式压强调节功能单元来实现，并通过卫星控制电子设备（SCE）以开关模式控制的。液路供应的备份靠的是并联常闭电爆隔离阀。推进系统性能见表 15.2。

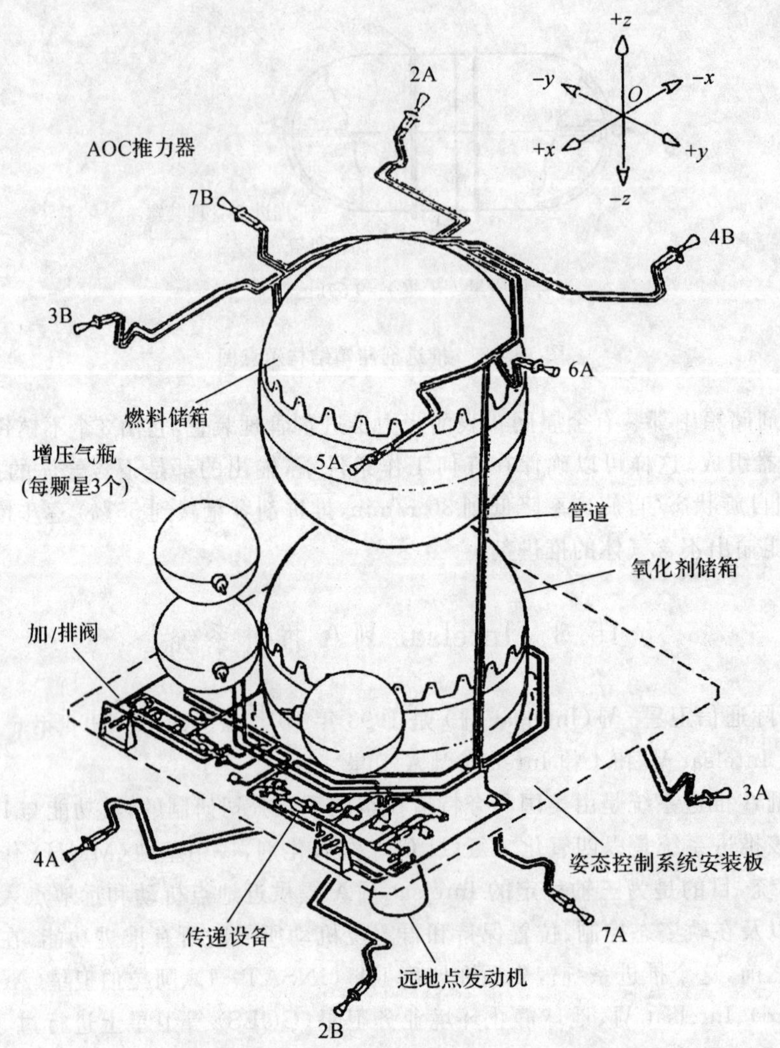

图 15.13 Intelsat Ⅶ A 的推进系统布局

490 N远地点发动机由2个同轴电磁阀、1个推力室和1个喷注器组件构成。喷管由铌材料制成，面积比为164∶1。关于490 N发动机在15.5节中还有详细介绍。Intelsat Ⅶ A要求发动机连续工作的时间为11 362 s，已通过鉴定的发动机能连续工作时间为35 000 s，因此有3.1∶1的裕度。

22 N姿轨控推力器的推力室由铌合金制造，喷管面积比为150∶1，喷注器组件与阀门热隔离，还配有2个双阀座双线圈快速响应电磁阀。该推力器在8 ms最小电脉宽下的最小冲量值达到0.067 N·s，脉冲点火次数大于379 000次，单次连续工作最长时间3 000 s，工作总时间为126 000 s。总体对该推力器要求总冲为1 270 350 N·s，实际鉴定总冲超过2 208 970 N·s，比所要求的总冲有 1.7 倍的裕度。

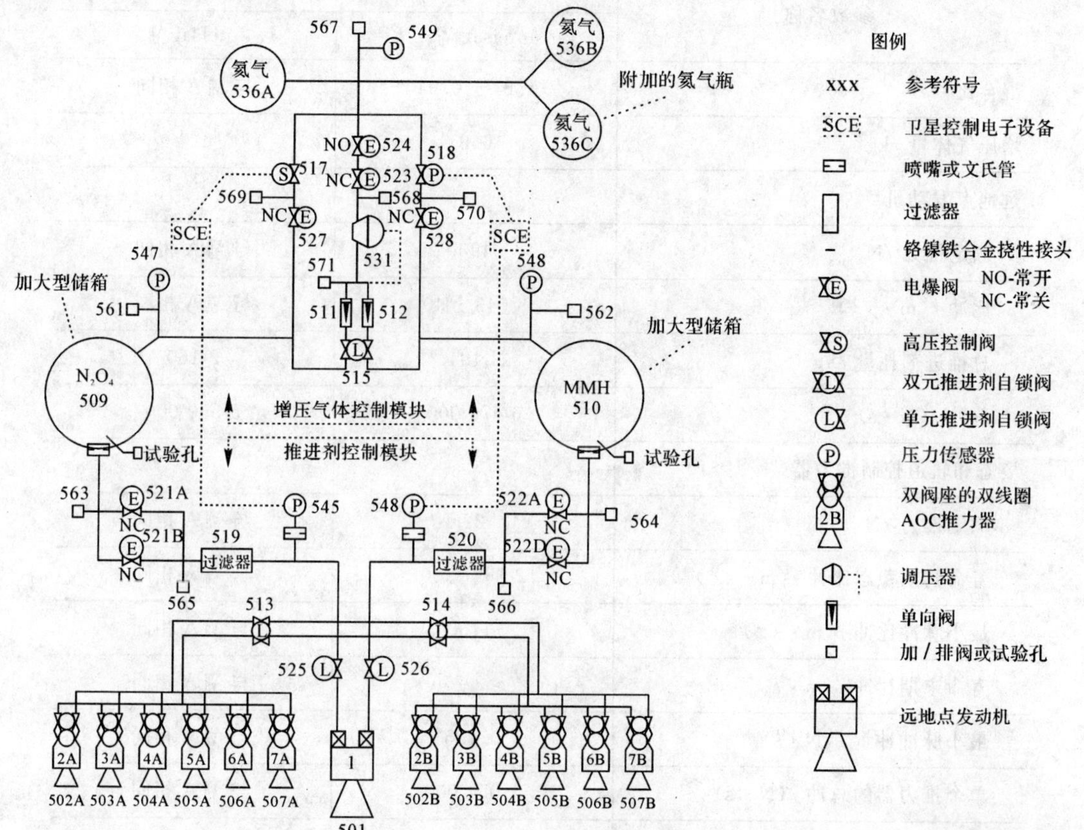

图 15.14 Intelsat ⅦA 的推进系统配置

表 15.2 Intelsat ⅦA 推进系统性能

参数名称	额定值	
	Intelsat ⅦA	Intelsat Ⅶ
工作压强范围 /MPa		
低压组件	1.24 ～ 1.72	与 ⅦA 相同
高压组件	20.7 ～ 27.6	与 ⅦA 相同
推进剂总容量 /kg	2 820	2 216
推进剂残存量 /kg	9.0	8.4

续表

参数名称	额定值	
	Intelsat Ⅶ A	Intelsat Ⅶ
混合比	1.61±0.04	与ⅦA相同
增压气体量 /kg	6.6	4.4
远地点发动机		
额定推力 /N	490	与ⅦA相同
比冲 /($m \cdot s^{-1}$)	3 048±40	与ⅦA相同
总推进剂耗量 /kg	2 194	2 160
总冲 /(N·s)	6 670 000	5 560 000
姿态和轨道控制推力器		
额定推力 /N	22	与ⅦA相同
寿命初期稳态比冲 /($m \cdot s^{-1}$)	2 862±60	与ⅦA相同
最小脉冲比冲 /($m \cdot s^{-1}$)	＞50	与ⅦA相同
寿命末期比冲 /($m \cdot s^{-1}$)	＞2 759	与ⅦA相同
最小脉冲冲量 /(N·s)	0.125	与ⅦA相同
单个推力器的总冲 /(N·s)	1 054 000	与ⅦA相同
泄漏要求		
除推力器外的总泄漏 /($mm^3 \cdot s^{-1}$)	1.4×10^{-3}	与ⅦA相同
推力器内漏 /($mm^3 \cdot s^{-1}$)	＜3	与ⅦA相同
寿命 /a	16.4	与ⅦA相同
功耗(连续)/W	4.6(传感器)	与ⅦA相同
系统质量 /kg	148.5	108.3
备份	除管道和其部件外,工作部件全备份	

22 N推力器在Intelsat Ⅶ推进系统研制计划中已作过寿命鉴定,Intelsat ⅦA推进系统又进行了附加鉴定实验,以验证脉冲工作模式和高温极限循环工作能力。该推力器性能如图15.15和图15.16所示。

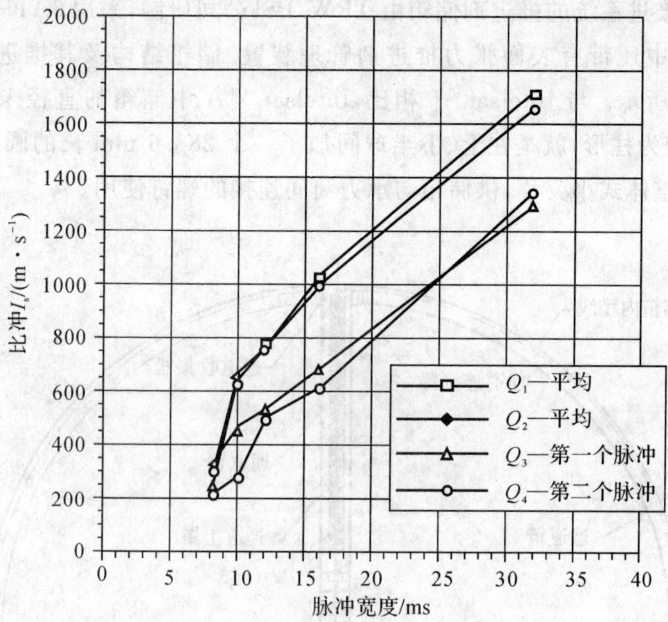

图 15.15　22 N 推力器的比冲随脉冲宽度的变化

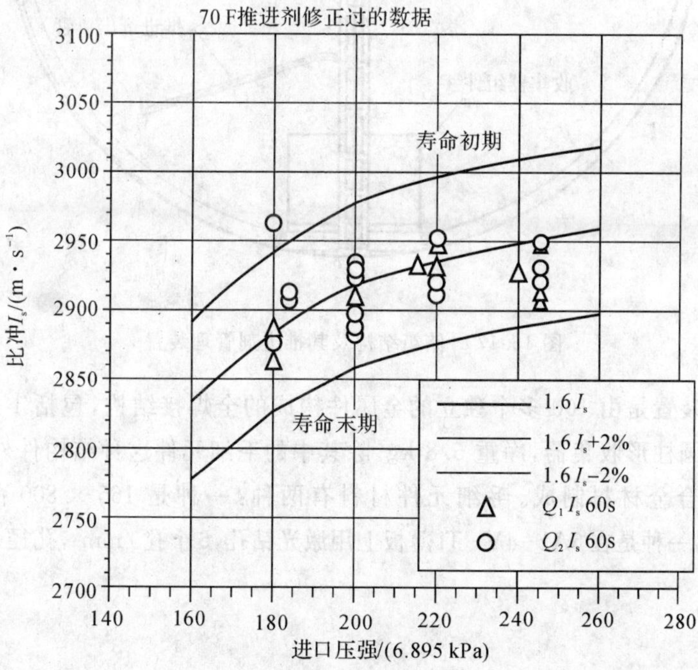

图 15.16　22 N 推力器的比冲与进口压强的关系

Intelsat ⅦA推进系统的推进剂储箱由TRW/PSI公司研制，采用6A1-4V-Ti合金制造的全焊接结构，其中还带有表面张力推进剂管理装置。储箱结构及其推进剂管理装置如图15.17和图15.18所示。与Intelsat Ⅶ 相比，Intelsat ⅦA 中储箱的直径未变，都是1 244.6 mm。形状由球形变为柱形，就是在上、下半球间加了一个288.6 mm长的圆柱段。储箱上半球四周设计有32个整体式小突片，供储箱与承力筒间连接的螺钉使用。

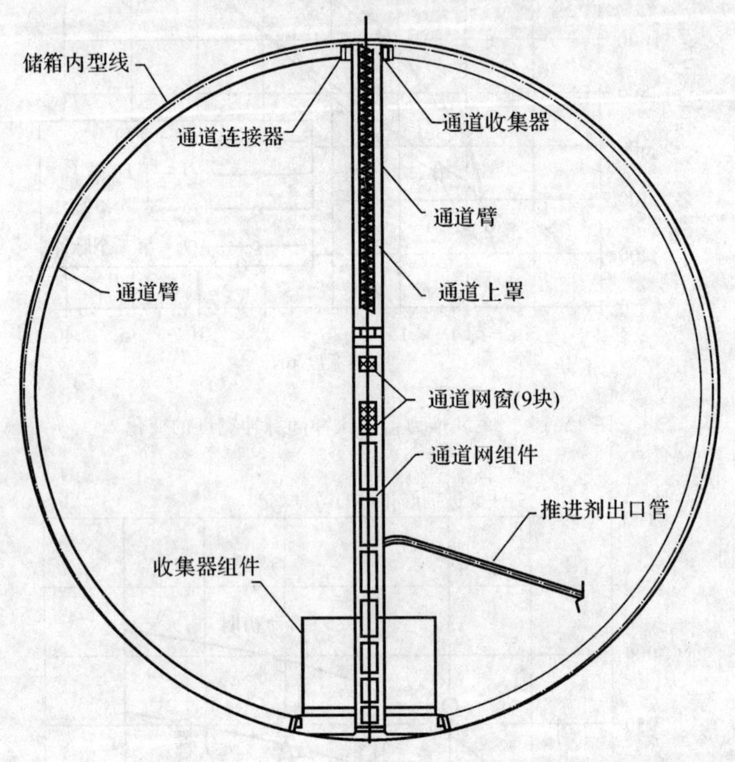

图15.17 储箱结构及其推进剂管理装置

推进剂管理装置是由100多个独立的金属件构成的全焊接结构，包括1个通道收集器、4个通道臂和1个圆柱形收集器，净重5.8 kg。除其中的毛细元件这种结构件外，所有结构件都由商用纯钛和钛合金材料制成。毛细元件材料有两种：一种是165 × 800荷兰双斜纹编织(TDDW)钛网；另一种是在6A1-4V-Ti薄板上用激光钻孔，6个孔/mm^2，孔径(0.2±0.02)mm，开口面积20%。

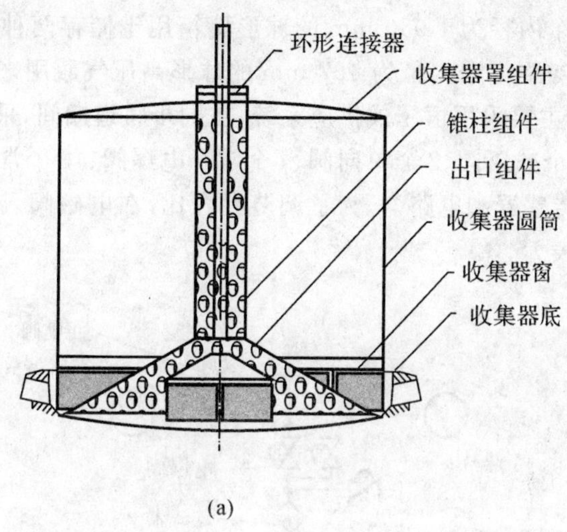

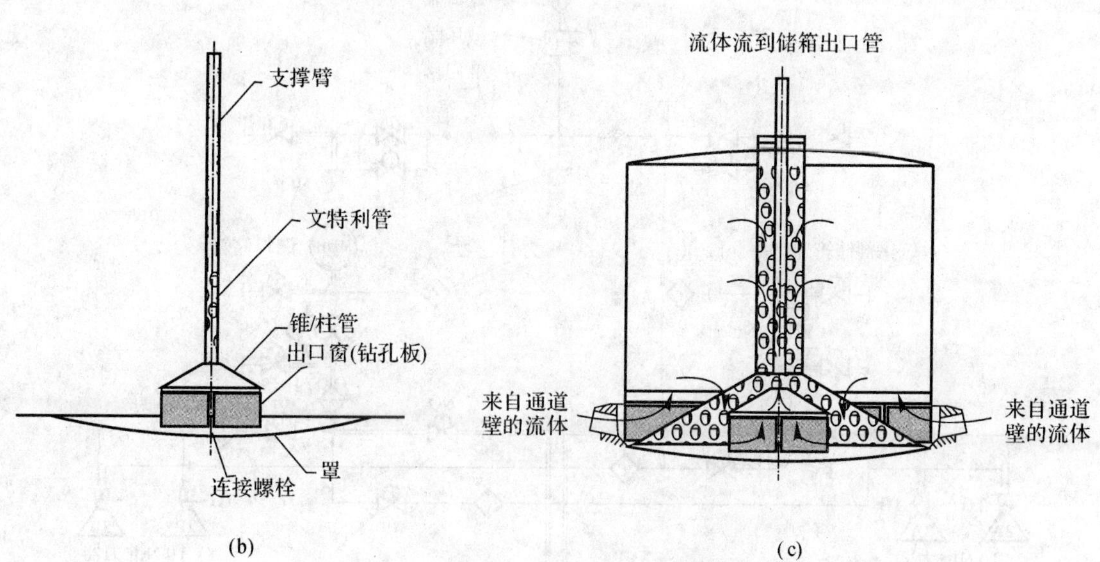

图 15.18　流体通过推进剂管理装置的通路

(a) 通道收集器；(b) 通道臂；(c) 圆柱形收集器

15.4　DFH－3 卫星推进系统

DFH－3 卫星是中国成功研制和发射的地球同步轨道通信卫星，其推进系统(代号:DK600－3，见图 15.19) 由中国航天科技集团公司第 502 研究所研制。该推进系统采用液体双组元统一推进模式，氧化剂为绿色四氧化二氮，燃料为一甲基肼。1 台 490 N远地点发动机用于卫星轨道转移,14 台 10 N 推力器分为两组,每组 7 台,构成两个相互独立互为备份的半系统,用于卫星的姿态控制和轨道控制。2 个内径为 1 050 mm 的球形储箱用于储存两种推进剂,推进剂的管理采用半管理式表面张力装置。2 个内径为 457 mm 的球形高压气瓶用来储存挤压气体。卫星在过渡轨道期间,推进系统主要采用恒压式供应系统;在同步轨道期间,采用落压式供应系统。另外,该推进系统还包括 1 个减压阀、2 个单向阀、4 个常开电爆阀、10 个常闭电爆阀、3 个过滤器、8 个加 / 排阀、3 个压力传感器和电路盒。为了调节混合比,在电磁阀入口处还装有节流孔板。主要性能和结构参数见表 15.3。

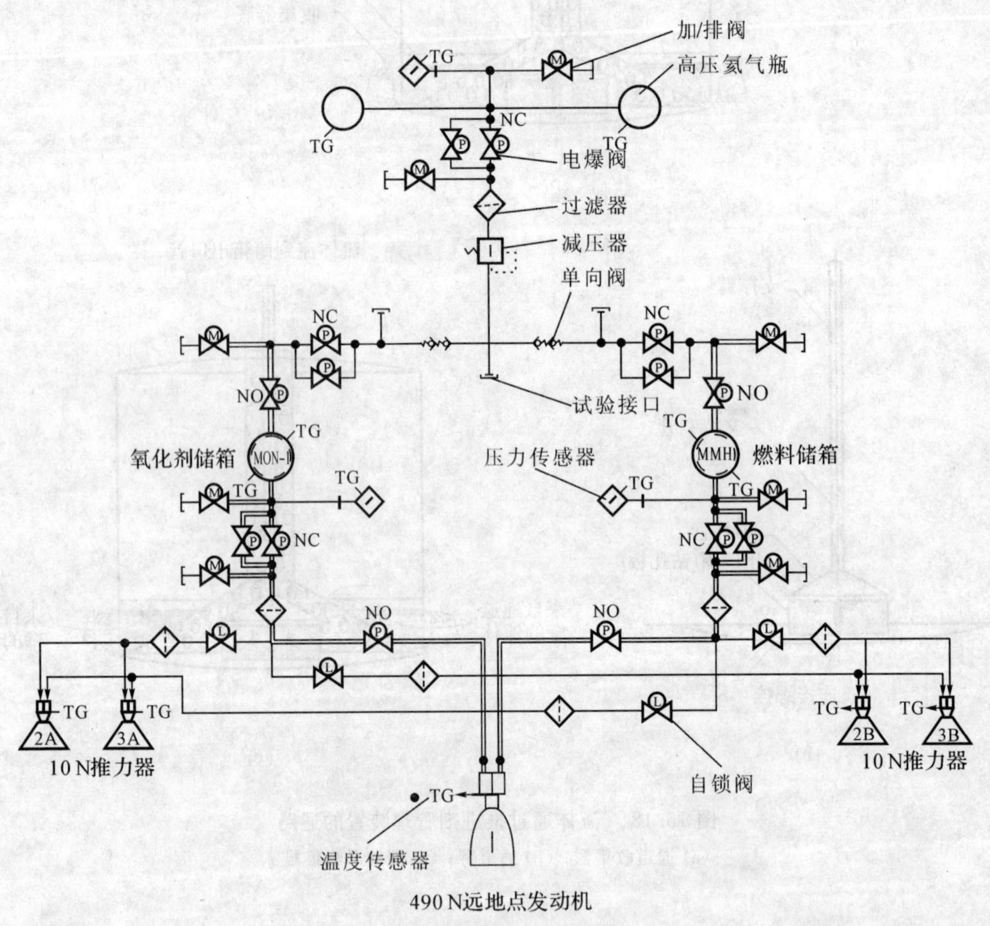

图 15.19　DK600 - 3 推进系统

表 15.3　DK600－3DE1 主要性能和结构参数

参数名称	额定值	参数名称	额定值
推力器真空额定推力	10 N	储箱工作压强	1.5 MPa
推力器真空比冲	2 744 m/s	挤压气体	氦气
远地点发动机真空推力	490 N	推进系统质量(干重)	140 kg
发动机真空比冲	3 030 m/s	推进剂装填量	1 280 kg
混合比	1.65	常值功耗	18 W
飞行寿命	8 a	峰值功耗	＜210 W
气瓶压强	21 MPa		

运载火箭把卫星送到同步转移轨道以后，星箭分离。在远地点发动机第 1 次点火前，所有 10 N 推力器都按落压式工作，储箱预充的氦气作为挤压气体。这时，10 N 推力器提供力矩，使卫星以 0.5°/s 角速度绕 z 轴对日定向慢旋。当远地点发动机准备点火时，高压气路和液体主管路的常闭电爆阀通电打开，接通气瓶到储箱的管路，减压器处于工作状态，保证储箱有足够的恒定压强。这时，由 10 N 推力器提供姿态控制机动，把卫星调整到远地点发动机点火姿态，同时，也使推进剂沉底。远地点发动机点火后，推进系统一直按恒压式工作。远地点发动机经过 3 次点火，卫星便从同步转移轨道(GTO) 到达地球从、同步轨道(GEO)。第 3 次点火终了后，常开电爆阀通电，使之关闭。这样，远地点发动机、高压气瓶、减压阀和单向阀等，便与正常轨道运行的储箱、自锁阀和 10 N 推力器等有效部分隔开。从此，推进系统便按落压式工作，完成卫星的姿控和轨控任务。由于星上 14 台 10 N 推力器是分为两个互为备份的独立半系统，所以，在 490 N 发动机出现故障的情况下，可由多台 10 N 推力器完成轨道转移的变轨任务。

推进系统的重要部件 —— 电路盒 —— 主要用于向推进系统提供二次电源，实现推进系统 A、B 分支的切换。同时，用于驱动自锁阀、远地点发动机电磁阀和各分支的推力器电磁阀，为各电源模拟量、各推力器状态显示和压力传感器遥测信号接口提供电能。

490 N 远地点发动机由推力室本体以及两只推进剂控制阀组成(见图 15.20)，其主要性能和结构参数见表 15.4。

推力室本体由燃烧室段和扩散段组成，两部分均采用耐高温铌合金，并用电子束焊连成一体，为了增强扩散段的刚度，端部还有翻边。为防止铌合金高温氧化，燃烧室段和扩散段内、外表面都涂以耐高温抗氧化涂层。推力室头部采用直流互击式喷注器，喷注器芯上有 8 对互击式孔，内圈为氧化剂孔，外圈为燃料孔，各自均布于圆周上。另外，在边区靠燃烧室内壁布有 8 个冷却燃烧小孔，发动机通过采用液膜冷却和辐射冷却，不仅降低了推力室壁温，而且也减少了本体回浸到头部的热量。

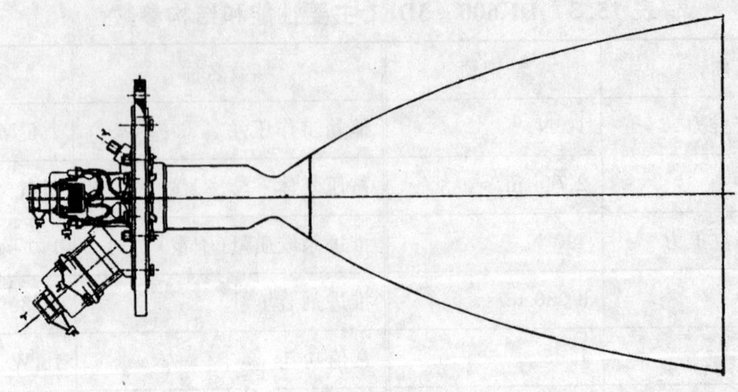

图 15.20　490 N 远地点发动机

表 15.4　远地点发动机主要性能和结构参数

性能参数	数值
真空推力	490 N
真空比冲	3 030 m/s
混合比	1.65
最长工作时间	90 min
喷管面积比	154
燃烧室压强	0.67 MPa
工作次数	≥10 次
发动机质量	4 kg
推力矢量偏移	≤0.1°
电磁阀工作电压(DC)	35～42 V
电磁阀功耗	≤300 W(200 ms)
电磁阀开关相应时间	≤10 ms

推力室本体和头部也采用电子束焊接口，氧化剂和燃料控制阀选用同一结构，都是同轴双稳磁锁单阀口电磁阀，阀口为平板式软密封，为补偿密封面间的不平行，阀芯有一定的自动调整功能。氧化剂阀在推力室头部中间，燃料阀与氧化剂阀成 40° 角。

10 N 推力器包括推力室和电磁阀两部分，其结构形式及外形如图 15.21 所示，其主要性能和结构参数见表 15.5。

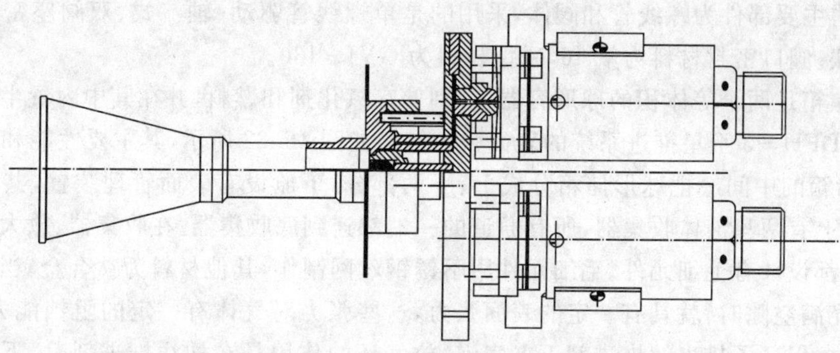

图 15.21　10 N 推力器

表 15.5　10 N 推力器主要性能和结构参数

参数	额定值
额定真空推力	10 N
真空比冲	2 744 m/s
混合比	1.65
燃烧室压强	0.8 MPa
一次最长工作时间	4 h/ 台
累计连续工作时间	＞4 h/ 台
最小冲量	≤100 mN · s
单台推力器点火次数	5.2×10^5 次
燃烧室直径	10.2 mm
喉部直径	3.2 mm
喷管面积比	85
电磁阀工作电压	24 V
电磁阀功耗	≤15 W
电磁阀开关响应时间	≤10 ms
质量	600 g

推力室包括双涡旋喷注器、燃烧室和喷管三部分，喷注器和燃烧室之间采用电子束焊。燃烧室利用液膜冷却，以降低点火期间的热回浸。为了增加冷却能力，燃烧室和喷管采用难熔铌合金 C103，并在其内、外表面涂以具有高辐射系数的硅化物抗氧化涂层。

电磁阀的主要部件为螺线管和阀体，采用的是单螺线管驱动、轴流式、双阀座密封结构和柔性支撑衔铁。阀口密封材料为氟 46，磁性材料为 GYJ－130。

推进剂储箱是两个等体积的球形容器，分别储存氧化剂和燃料，并在其中内置半管理式表面张力装置。DFH－3 卫星推进系统的表面张力储箱如图 15.22 所示，其主要性能和结构参数见表 15.6。储箱的中间底把球形储箱分成上、下两部分，下舱设有表面管理装置，共有 8 条通道，每条通道上有两只液体收集器，所有通道的一端都连到底收集器。在收集器、放大杯和中间底中心部分，都设计有毛细元件。毛细元件用不锈钢丝网制作，其他材料为钛合金。当这些毛细元件被液体充满空隙时，就具有一定的表面张力，这些张力对气体有一定的阻挡能力，而液体比较容易通过，保证了排出的推进剂不夹气泡。放气环的作用是在加注推进剂时，下舱的气体可以通过气管到达放气杯，排入上舱。

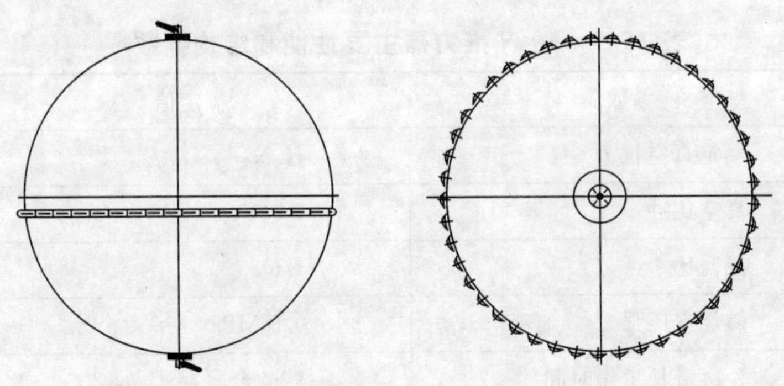

图 15.22　表面张力储箱

表 15.6　表面张力储箱主要性能和结构参数

参数	额定值
最大工作压强	2 MPa
验证压强	3 MPa
爆破压强	⩾4 MPa
最大安装外径	1 080 mm
有效容积	606 L
远地点发动机工作时最大加速度	$1\times10^{-3}g$
推力器工作时的最大加速度	$1\times10^{-4}g$
挤出效率	99%
压强循环次数	＞50%
单件质量	≈35.7 kg

1994 年发射的第一颗 DFH－3 卫星，在过渡轨道上曾出现 5B 推力器处推进剂泄漏，分析认为，主要是安装推力器的支架刚性较差，在发射过程中，振级放大，造成推力器局部损坏。经过对推力器安装支架进行改进设计和地面实验论证可行后，于 1997 年进行了第二次发射，有效地解决了部件局部损坏而引起的推进剂泄漏问题。

“东方红三号”后继星的推进系统在原有基础上都作了相应改进。为了提高系统可靠性，在高压气路中增加了一个高压自锁阀，常闭电爆阀由原来的 10 个增加到 13 个。由于系统可靠性提高，将原系统中 10 N 推力器的备份取消，由原来 14 台减为 12 台，这样，仍然保证了系统的可靠运行。

15.5　新型高功能卫星通用平台(HS702) 推进系统

HS702 通用平台是美国研制的新型高功能平台，它能将 4.6 t 的发射质量送入地球同步轨道(GEO)，有效载荷高达 1 t，大体上可装载 90 个大功率转发器，工作寿命为 15 年。HS702 通用平台及其推进系统已于 1999 年在美国通信卫星 —— 银河卫星(Galaxy)—— 上首次飞行并获得成功，后来在其他通信卫星上都继续使用。

HS702 通用平台其推进系统设计的最大特点是采用砷化镓太阳电池，这样，可将功率提高到 10 000 ～ 15 000 W。更重要的是，通过采用液体双组元推进系统与氙离子电推进的组合式推进系统，不仅能完成位置保持任务，还可用于轨道上升。

HS702 通用平台推进系统功能主要包括：

(1) 在轨道转移期间，卫星以自旋稳定模式工作，主要靠液体双组元推进系统完成点火姿态调整、近地点和远地点点火机动、巡航姿态控制、自旋控制、展开姿态的再定向、地球捕获、章动控制等全部轨道与姿态控制功能。

(2) 到达大椭圆轨道后，由氙离子推进系统完成轨道调整、在轨修正、位置保持、偏心率控制、动量阻尼、离轨等 15 年在轨寿命期的全部机动功能。

(3) 当氙离子推进系统执行位置保持功能出故障时，在辅助推进剂储箱中储存的少量液体双组元推进剂用于应急再捕获机动。

HS702 通用平台推进系统通常配置 1 台 490 N 液体双组元发动机、12 台 9 N 液体双组元推力器和 4 台 25 cm 氙离子推力器。但有时根据使用要求不同，推进系统配置略有差异。推进剂储箱采用球柱形，也可以将圆柱段加长，采用加长型球柱形储箱。双组元液体和氙气储箱共用同一组氦气挤压气瓶。该推进系统的构成与配置如图 15.23 所示。

490 N 远地点发动机(LAM) 由美国 Marquardt 公司研制。该发动机曾在 Leasat，Intelsat Ⅵ 系列，HS393，Optus B1 和 Galaxy7 等 28 颗休斯公司的卫星上飞行过，无一失效。其技术十分成熟，发动机性能稳定可靠。490 N LAM 的特性见表 15.7。

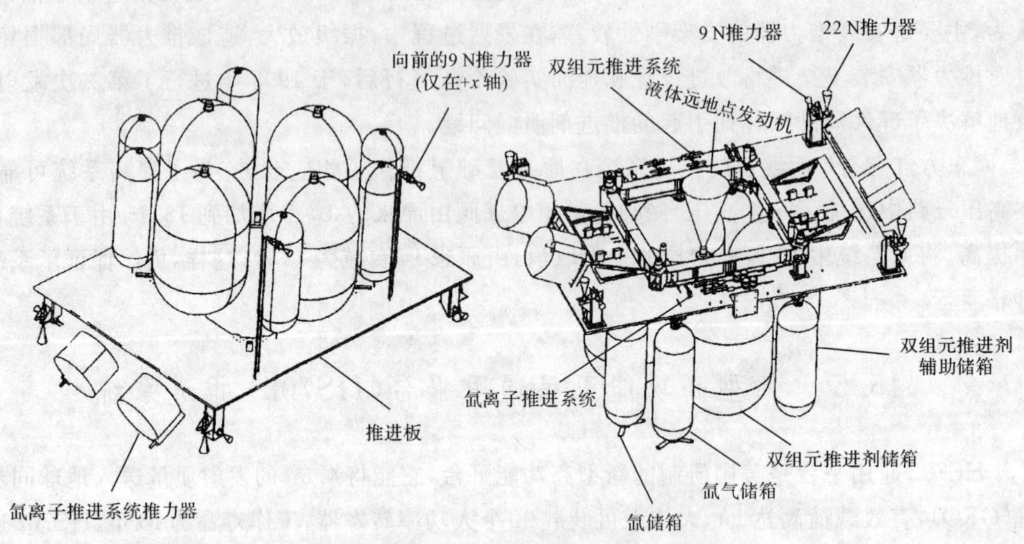

图 15.23　HS702 推进系统构成与配置

表 15.7　490 N 远地点发动机特性

验收实验性能	数值
推力 /N	492 ± 5
比冲 /(m · s^{-1})	3 048 ± 11.8
混合比	1.620 ± 0.035
燃烧室温度 /℃	1 229 ± 20
鉴定实验特性	
涂层寿命 /h	11.3(含 100 次完全热循环 + 20 000 次点火循环，实际点火工作时间不足 3h)

490 N 发动机由燃烧室 / 喷管组件、喷注器组件 / 安装法兰和电磁阀构成。燃烧室和喷管用铌制成，其内、外表面涂有抗氧涂层。发动机的工作寿命主要由抗氧涂层寿命决定。喷管的设计面积比为164∶1。喷注器含有 8 个异质成对孔和 16 个燃料液膜冷却孔，这些冷却孔位于喷注面圆周处，目的是为燃烧室提供液膜冷却。双线圈电磁阀采用耐腐蚀钢材料制造，它与推进剂相容性良好。电磁阀阀座采用太氟隆(Teflon)软材料进行密封。电磁阀通过带螺栓的金属安装环连接到喷注器组件 / 安装法兰上。

12 台 9 N 液体双组元推力器和 490 N 远地点发动机(LAM)组成双组元统一推进系统，其构成如图 15.24 所示，推进系统中推力器和远地点发动机(LAM)的布局如图 15.25 所示。

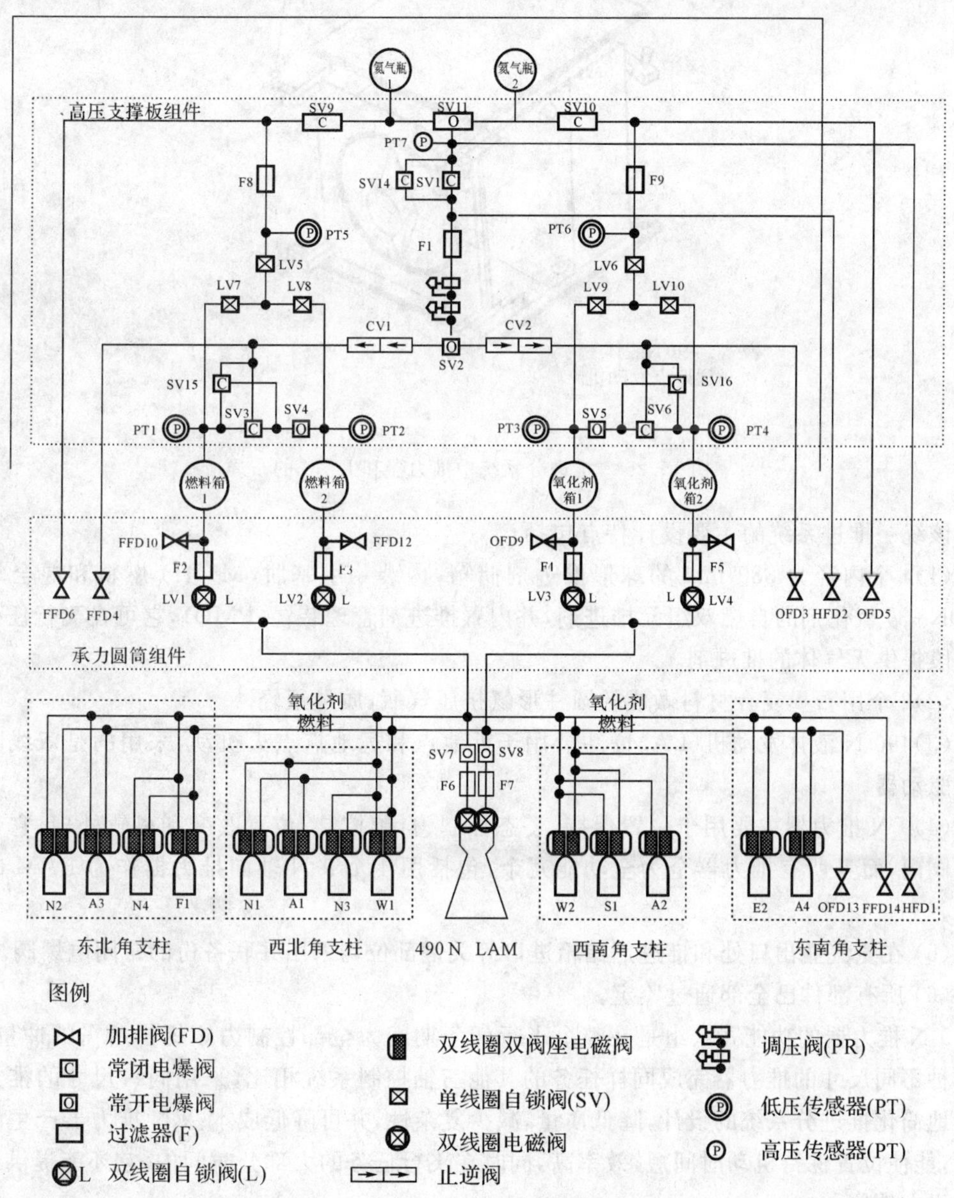

图 15.24　液体双组元统一推进系统的构成

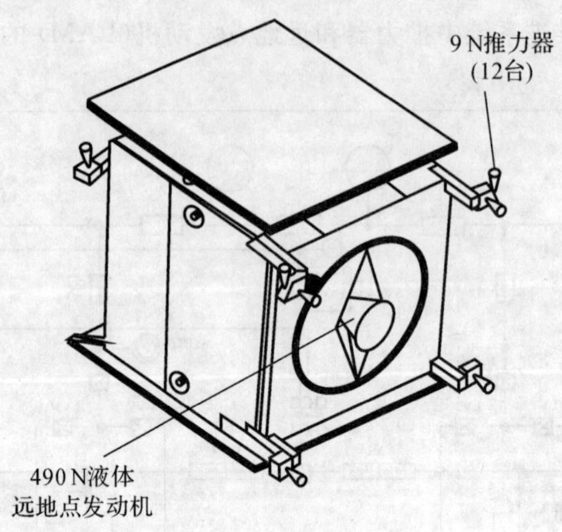

图 15.25　推进分系统中推力器和 LAM 的布局

该统一推进系统的主要设计特点包括：

(1)4 个内径为 889 mm 的球形推进剂储箱，内装一甲基肼(MMH) 燃料和混合氧化氮(MON-3) 氧化剂的自燃双组元推进剂，并内置推进剂管理装置(PMD)，它可在飞行任务的各个阶段提供无气体的推进剂。

(2)2 个用石墨复合材料做成的圆柱形氦挤压气瓶，质量很轻。

(3)490 N 液体发动机(LAM) 主要用于近地点和远地点点火机动，采用的是双线圈阀和双阀驱动器。

(4)9 N 推力器主要用于位置保持、姿态控制、自旋控制、位置改变和离轨处理。它带有双阀座阀门，而且所有推力器全为全功能冗余，包括用 4 个 9 N 轴向推力器作为 LAM 的备份模式。

(5) 在氦气瓶出口处和推进剂储箱进口等关键部位均采用并联备份的常闭电爆阀。

(6) 所有部件已全部通过鉴定。

9 N 推力器的功能冗余组是在整个飞行任务期间为全部控制力矩提供所需的冲量。与采用几种不同尺寸的推力器完成同样任务的其他三轴控制系统相比，采用同一尺寸的推力器可大大地简化推进分系统的设计，降低质量，减少复杂性，并可降低成本。9 N 推力器产生的冲量较大，能使位置保持机动时间短，效率高，同时在飞行任务的大部分时间内，它还能提供最佳的通信指向性能。

4 台 25 cm 氙离子推力器组成氙离子推进系统，其主要部件包括 4 台 25 cm 氙离子推力器、2 个电源控制器、2 个串联氙调压器、4 个框架式平台、4 个氙/氦储箱、10 个加注和排泄阀、6 个电爆阀、2 个氙过滤器、8 个自锁阀、2 个高压传感器、2 个低压传感器及其相应的管道、配件、加热器和温度传感器等。推进剂供给系统配置成互为备份的半系统，各半系统中的调压器和自锁阀串联备份，氙离子推力器并联备份。该推进系统中，氙气最大装填量可达 224 kg，氙气的调制压强为 141 kPa。氙离子推进系统的氙气电源控制器的接口如图 15.26 所示。氙离子推力器的工程研制样机和结构原理如图 15.27 和图 15.28 所示，主要性能见表 15.8。

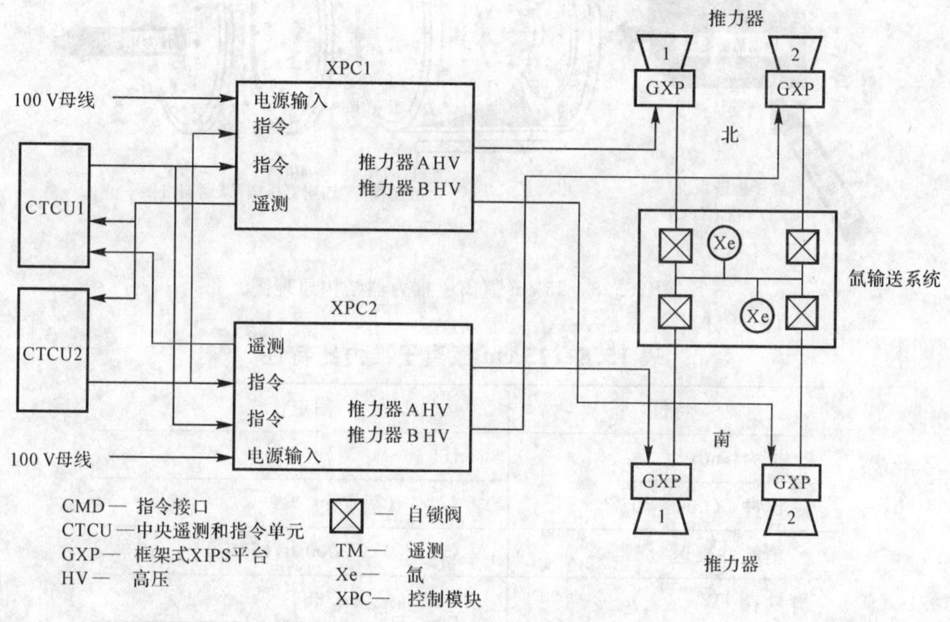

图 15.26　氙气电源控制器接口

工程研制样机(EDM)　　高级研制样机(ADM)　　实验室样机

图 15.27　25 cm 氙离子推力器工程研制样机

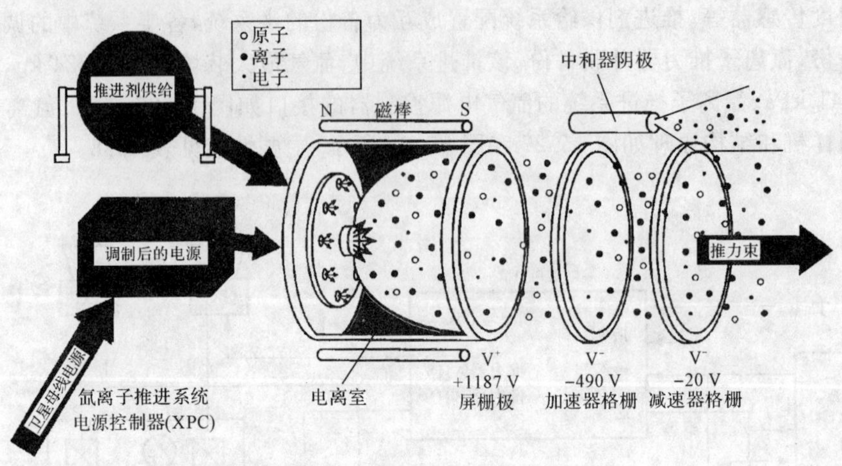

图 15.28　25 cm 氙离子推力器结构原理图

表 15.8　25 cm 氙离子推力器特性

特性	额定值
推力 /mN	165
比冲 /($m \cdot s^{-1}$)	37 240(额定)
消耗性衰退	(3.8%)/(1 000 h)(额定)
功耗 /W	4 200(最大 4 655)

该氙离子推力器 20 世纪 60 年代开始研制，80 年代进行飞行实验，样机累计进行过 3 800 次 4 375 小时的开 / 关循环实验。1992 年曾在美国航天飞机上作过飞行实验，1994 年 8 月也在日本工程技术卫星 ETS－Ⅵ 和俄罗斯的几个卫星上飞行过。后来在美国休斯公司的 HS601 和 HS702 卫星成功运行。

氙储箱和挤压氦气的一样，主要特性见表 15.9。该储箱呈圆柱形。内衬是由铝材料冲压后经机械加工的半球与圆柱段单周焊接而成的。外包敷采用航天应用的环氧树脂，经碳纤维预浸粗纱缠绕而成。

表 15.9　氙储箱特性

特性	数值
容量 /L	68.7
预计最大工作压强(MEOP)/MPa	24.1(氦)
爆破压强 /MPa	1.5 × MEOP = 36.2
氙最大装填量 /kg	112

15.6　英国技术实验卫星的冷气推进系统

英国 1974 年用侦察兵运载火箭发射了一颗低轨太阳同步轨道卫星 X4，该卫星是采用三轴稳定技术的实验卫星。卫星的运行轨道为近地点 728 km、远地点 924 km、倾角 98.8°，寿命 6 ～ 8 个月。在这颗卫星上，首次使用了可储存液体推进剂的冷气推进系统。该系统是美国研制的，采用易汽化的液体丙烷作推进剂。液体丙烷推进剂储存在低压容器中，通过加热容器，推进剂变为气体，气体通过喷管排出便产生推力。

该冷气推进系统的组成如图 15.29 所示。它由一个圆柱形丙烷储箱、液体 / 蒸汽减压阀、蒸汽蛇形铜管、气体减压阀、控制阀和喷管等组成。气体减压阀向喷管供应 0.070 9 MPa 左右的气体，喷管所产生的标称推力为 0.046 N。

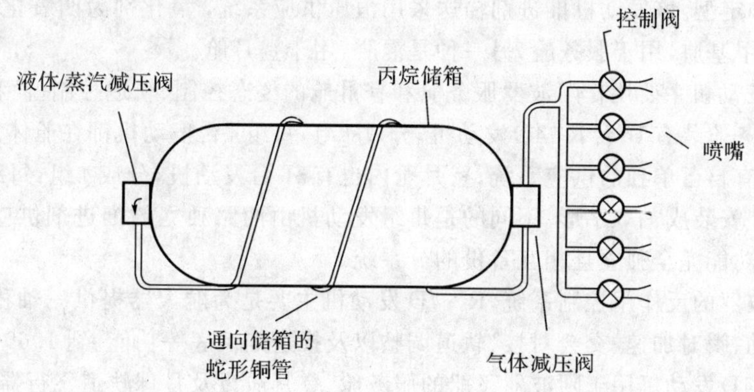

图 15.29　反作用控制推进系统原理图

第16章 探月工程

16.1 阿波罗登月姿轨控(R－4D)发动机

1962年,美国Marquardt公司开始为阿波罗登月计划研制R－4D发动机,到1965年12月便完成鉴定和定型。该发动机推进剂输送采用恒压供应系统,氧化剂为四氧化二氮,燃料有两种,一种是一甲基肼,用于服务舱,另一种是混肼,用于登月舱。

R－4D发动机主要用作阿波罗服务舱和登月舱的姿态控制、轨道控制(简称姿轨控)以及舱体机动。服务舱装有16台R－4D发动机,分成4组,每组4台发动机都在舱体之外安装成"+"字形,每组都有自己单独的供应系统;登月舱内也有16台发动机,分成4组,每组4台发动机也都在舱体之外安装成"+"字形。不同的是每组发动机由两路独立的推进剂供应系统供给推进剂,组成两套功能完全独立且相互备份的分系统。

作为阿波罗的反作用控制系统,R－4D发动机主要是为航天器提供三轴稳定、姿态控制、完成定向机动、瞬时加速、交会对接、轨道调整以及推进剂沉底等功能。到1969年7月止,已经有213台R－4D发动机用于阿波罗飞船的服务舱、登月舱以及月球轨道飞行器的飞行实验,均取得圆满成功。这213台发动机空间点火累计373 148次,燃烧时间为5.68 h,并在空间停留3年时间内能保持良好工作状态。

R－4D发动机的改进型还于1982年用作印度卫星(INSAT1)上统一推进系统的远地点发动机,工作性能良好。

R－4D发动机主要由喷注器、推力室和推进剂阀门等组成,其结构简图如图16.1所示,主要性能和结构参数示于表16.1。

喷注器采用两股互击式喷孔,共有8对,氧化剂孔径为0.9 mm,燃料孔径为0.635 mm。为了对燃烧室壁及其法兰进行冷却,在8×8对喷孔的外圈,又增加了直径为0.48 mm的8个燃料冷却孔。通过选择适当的冷却量和撞击角,有效地解决了喷注器设计中推进剂蒸发和材料选择问题。另外,为了消除点火超压,在喷注器上还增加了预燃室和燃料隔热支架,预燃室与隔热支架构成一个整体。推进剂通过一根插管直接从阀门出口进入到预燃室喷孔,预燃室有两个喷孔,一个是氧化剂孔,孔径为1.09 mm,另一个是燃料孔,孔径为0.635 mm。插管的侧面开有若干小孔,只有在推进剂进入预燃室喷孔后,才能从侧面小孔中流出推进剂。推进剂经过环行通道,流至各主喷孔及冷却孔,从而保证了预燃室首先点燃,随后主燃烧室再点燃。

表 16.1　R-4D 发动机主要性能和结构参数

性能参数	数值
真空推力	445 N
真空稳态比冲	2 793 m/s
燃烧室压强	0.69 MPa
冷却方式	辐射+液膜
供应方式	氦气挤压
工作方式	稳态工作;脉冲工作
脉冲工作要求	最小脉冲时间 12 ms;最小脉冲时比冲 1 372 m/s;最小冲量 1.76 N·s
起动次数	>10 000 次
最快工作速率	30 次 /s
喉部直径	22 mm
喷管面积比	40
混合比	稳态情况下,2 ;10 ~ 200 ms 时,11.0 ~ 2.0
燃烧室温度	1 343℃
发动机总质量	2.2 kg

推力室包括燃烧室和尾喷管两部分。燃烧室由纯钼制成,内、外表面均涂有抗氧化保护涂层 Durak-B 硅化物。在研制过程中,燃烧室曾多次出现压强峰,为了安全可靠,在燃烧室的圆柱段增加了加强筋。另外为了提高表面辐射系数,用碳化硅对外表面进行喷砂处理,这样,表面的半球辐射系数就由 0.45 提高到了 0.64。尾喷管采用 L-605 钴基合金材料制成,外表面加工出 8 个周向加强筋,通过 L-605 垫片和 Wasplay 大螺帽,把燃烧室和尾喷管连接起来,并用一个 L-605 锁紧环防止螺帽松动。

R-4D 发动机装有两个电动螺管阀门,一个用于燃料,一个用于氧化剂,推进剂通过这两个电动螺管阀门控制。电动螺管阀门有自动和手动两个线圈。自动线圈开启和关闭的响应时间分别为 7 ms 和 6 ms。手动线圈是备用线圈,其响应速度较慢,由宇航员直接操纵点燃发动机。另外,在这两个阀门的线圈绕制时,特意使燃料阀门要比氧化剂阀门提前开启约 2 ms,这样做的目的是为了提高起动的可靠性。由装在阀门进口处的节流孔板控制推进剂流量,在节流孔板下游安装过滤器。为了保证气密性能良好,由软的太氟隆阀座和衔铁头部钨铬钴合金阀针构成密封面。

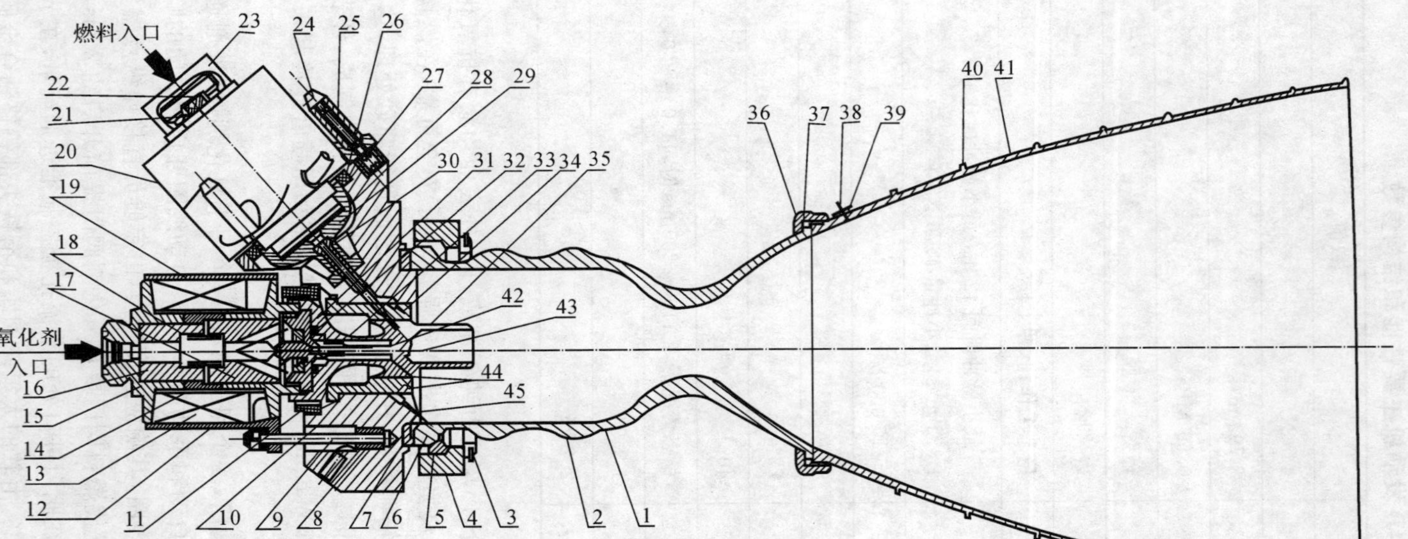

图16.1 R-4D 发动机结构图

1—燃烧室；2—加强肋；3—连接螺钉；4—连接卡圈；5—连接半环；6—燃烧室法兰盘；7—燃烧室密封垫片；8—铜螺衬；9—电磁阀门安装螺钉；10—喷注器头部壳体；11—酚醛隔热支衬；12—氧化剂电磁阀门；13—手控线圈；14—自动线圈；15—绕线轴；16—内塞；17—衔铁；18—弹簧；19—阀门罩壳；20—燃料阀门；21—过滤器环；22—节流孔板；23—工艺堵头；24—燃料阀门安装螺钉；25—套筒式散热垫圈；26—酚醛绝热支衬；27—密封圈；28—密封圈；29—燃料阀门隔热支撑架；30—预燃室引流管；31—氧化剂阀门隔热支撑架；32—密封圈；33—密封支撑垫块；34—预燃室液膜冷却孔,8个；35—预燃室；36—尾喷管连接螺帽；37—垫片；38—固定销钉；39—防松套环；40—加强肋；41—尾喷管；42—预燃室氧化剂引入管；43—预燃室喷孔,1对；44—主喷孔,8对；45—主燃烧室液膜冷却孔

16.2　月球探测器姿轨控统一推进系统 (ORPS)

日本 1993 年初开始为月球探测器 (LUNAR－A) 研制新的姿态和轨道控制推力器(简称姿轨控推力器)，1995 年底完成正样研制，到 1996 年初便完成验收实验工作。原计划于 1997 年底组装在 LUNAR－A 上发射入轨投入使用，因有效载荷观测仪器的问题而推迟发射。

该姿轨控推力器采用了双组元统一推进系统 (ORPS)。它由 6 部分组成。

(1) 加压系统，包括氦气瓶、调压阀、自锁阀和压力传感器等；

(2) 推进剂供给系统，包括储箱和过滤器等；

(3) 推力 500 N 双组元液体发动机，主要用于轨道控制(OME)；

(4) 推力 20 N 和 1 N 的推力器模块，主要用于反作用控制系统(RCS)；

(5) 加热器系统，包括加热器和热控材料等 ；

(6) 结构系统，由支撑推进剂储箱和气瓶、部件等用的支撑板与承载支撑板和 OME 用的连杆组成。其功能系统如图 16.2 所示。

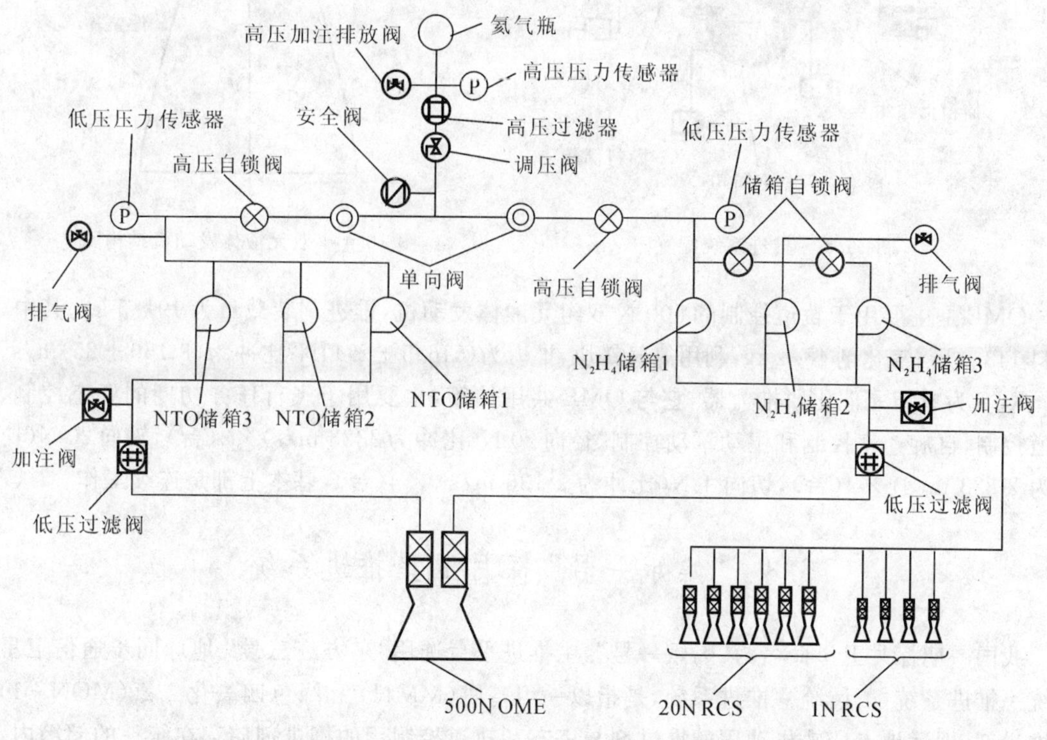

图 16.2　ORPS 的功能系统图

该推进系统(ORPS)是共用两种推力器的双模式、恒压式推进系统。它包括以四氧化二氮(NTO)为氧化剂、以无水肼(N_2H_4)为燃料的双组元液体发动机(OME)以及以N_2H_4为推进剂的单组元肼推力器(RCS)。OME主要用于轨道控制,而RCS有两种功能,既可用于姿态控制和速率控制,也可用于轨道控制。ORPS的总体性能包括氦气瓶压强16.7 MPa,N_2H_4储箱压强1.93 MPa,NTO储箱压强1.93 MPa,系统质量(干重)75.39 kg,推进剂质量187 kg,气体质量0.9 kg。其推进系统配置和双组元液体发动机结构分别如图16.3和图16.4所示。

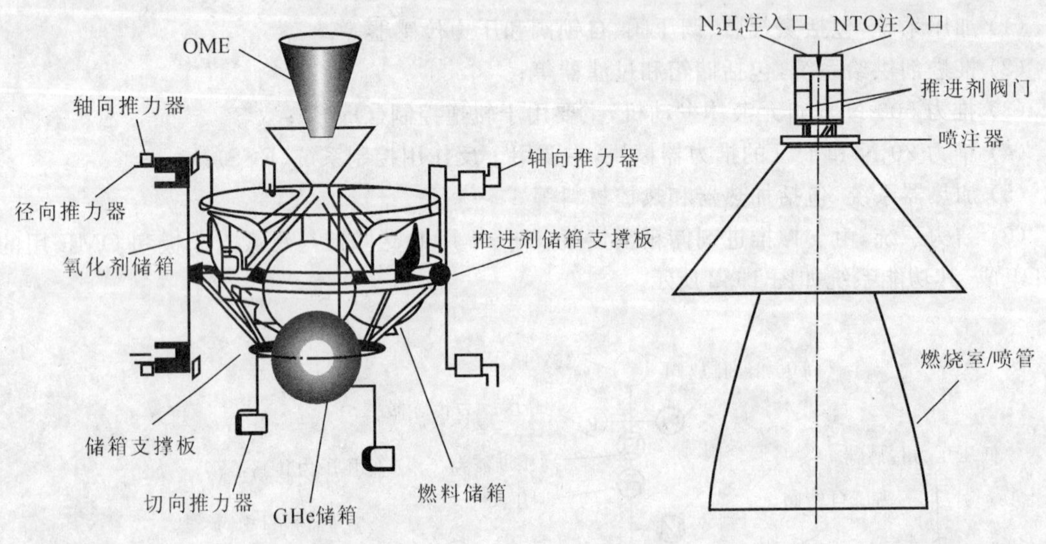

图16.3 推进系统配置图

图16.4 双元液体发动机结构图

OME是主要用于轨道控制的500 N双组元液体发动机,推进剂装载量为191.5 kg。其中,燃料143.0 kg;氧化剂48.5 kg,利用氮气挤压,推力为(516.5±2.1)N;比冲为(3 150±25)m/s。

RCS为单组元催化肼推力器,它与OME共用储箱,主要用于飞行任务初期的姿态控制、轨道控制、自旋速率控制和主动章动控制。径向20 N(比冲为2323 m/s)×2(台),轴向20 N(比冲为2 323 m/s)×4(台),切向1 N(比冲为2 136 m/s)×4(台),基本上都是连续工作。

16.3 "嫦娥一号"探月卫星推进系统

我国一期探月卫星命名为"嫦娥一号",主推进平台选用"东方红三号"地球同步通信卫星的统一推进系统。所谓统一推进系统,是指以一甲基肼(MMH)和绿色四氧化二氮(MON-1)为推进剂,把远地点变轨机动用的推进剂与姿态和轨道控制用的推进剂储存在统一的储箱内,随意调节使用的液体双组元统一推进系统。

在"东方红三号"卫星中,统一推进系统主要任务是为转移(中间)轨道远地点变轨机动、静止轨道位置捕获、位置保持及姿态控制提供力和力矩。系统由1台490 N(比冲为2 972 m/s)推力的双组元远地点发动机、14台10 N(比冲为2685 m/s)推力器、2个内径为1 050 mm的球形推进剂储箱、2个容积为50 L的球形高压(额定压强为21.5MPa)氦气瓶、1个推进电子线路盒及42个其他功能的阀门、管路组成。14台10 N推力器分为A,B两分支,分别组成A和B两个互为备份的"半系统"。远地点变轨后,统一推进分系统变为落压式工作模式。在长达8年的工作期间,落压比仅为1.2～1.3。

490 N发动机作为远地点发动机进行变轨,几乎消耗80%推进剂,所以要求总冲高,并能多次起动,因此发动机采用同轴双稳磁锁单阀口的电磁阀。氧化剂和燃料分别储存在两个等体积的表面张力容器内,可装填额定推进剂1 280 kg。

14台10 N推力器除了完成卫星姿态控制和南北位置保持、位置捕获等机动任务外,还可作为490 N发动机备份。在490 N远地点发动机出现故障时,由多台10 N推力器完成转移轨道的变轨任务,因此要求推力器具有高总冲和长寿命。其电磁阀采用的是单螺线管驱动、轴流式、双阀座密封结构。

"嫦娥一号"探月卫星选用"东方红三号"地球同步通信卫星的统一推进平台(见图16.5),卫星与运载火箭分离后,整个奔月过程总共花费大约9天多的时间,实际飞行距离将超过10^6 km。"嫦娥一号"卫星奔月轨道和飞行轨道如图16.6和图16.7所示,大体经历调相、地月转移和环月轨道段三个阶段(见图16.7)。

1. 调相轨道段

根据设计方案,运载火箭将卫星送入预定轨道,星箭分离,太阳电池阵与天线展开(1)(2)(3),实现太阳捕获。这时,"嫦娥一号"的预定运行轨道为近地点200 km、远地点51 000 km、周期12 h的地球椭圆轨道。

卫星在此轨道运行约1圈后快到达近地点(4)时,推进系统的10 N发动机工作,建立点火姿态。在运行到近地点(5)时,推进系统的490 N发动机点火,卫星加速,进入一个近地点500 km、远地点70 000 km、周期24 h的绕地球椭圆轨道。卫星在此轨道运行1圈,运行期间卫星保持巡航姿态(6)。

当卫星快到达近地点(7)时,推进系统的10 N发动机再次工作,建立点火姿态;在运行到近地点(8)时,推进系统的490N发动机再次点火,卫星通过近地点的再次加速,进入一个近地点为500 km、远地点为120 000 km、周期为48h的更大的绕地球椭圆轨道,卫星在此轨道运行1圈,运行期间卫星保持巡航姿态(9)。

当第3次快到达近地点(10)时,卫星推进系统的10 N发动机第3次点火,建立点火姿态。在运行到近地点(11)时,推进系统的490 N发动机第3次点火,卫星不断加速,当达到地-月转移轨道的入口速度(第二宇宙速度11.2 km/s)时,卫星便进入奔向月球的地-月转移轨道。

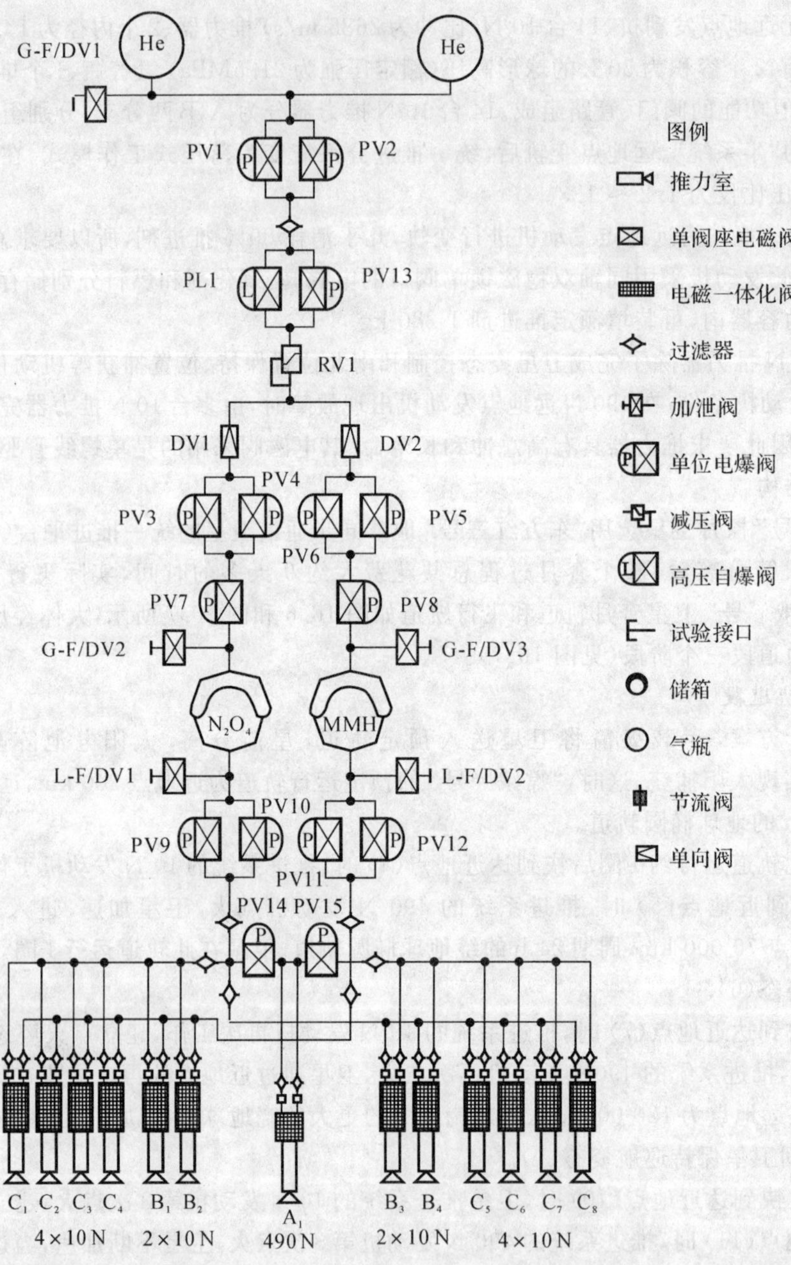

图 16.5 “嫦娥一号”推进系统示意图

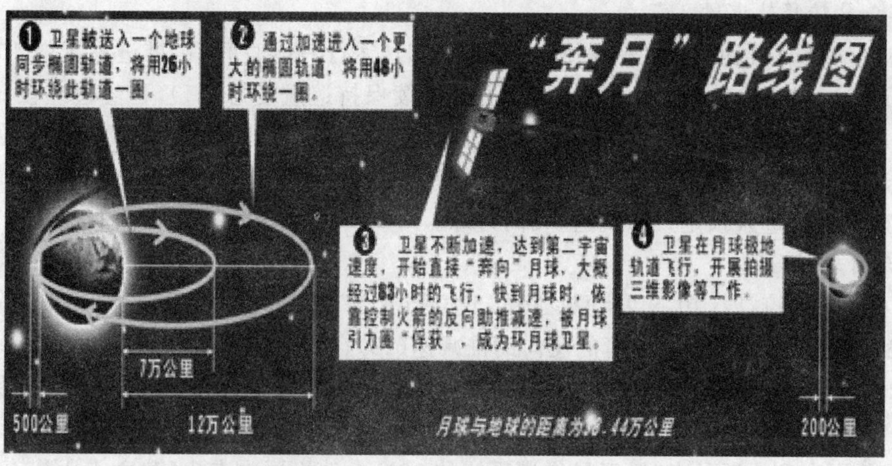

图 16.6 “嫦娥一号”探月卫星奔月轨道

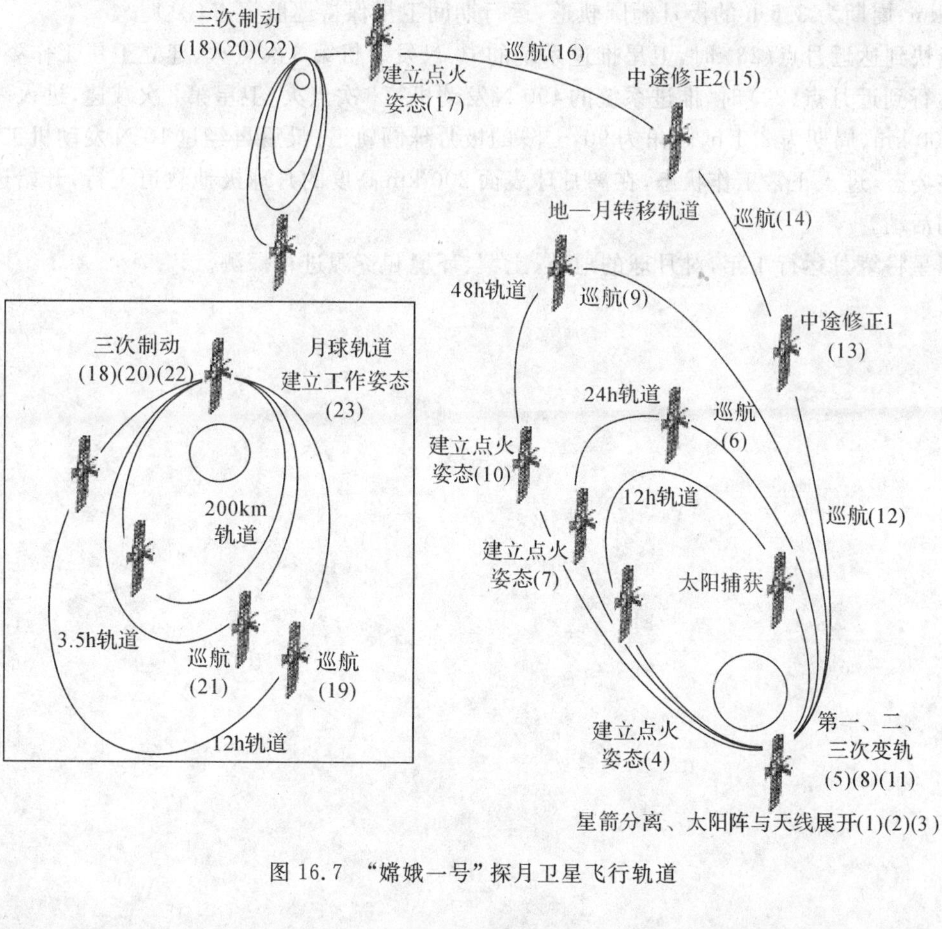

图 16.7 “嫦娥一号”探月卫星飞行轨道

2. 地-月转移轨道段

进入地-月转移轨道后，卫星保持巡航姿态(12)，运行一段时间后，推进系统的 10 N 发动机工作，进行一次中途轨道修正(13)，然后卫星继续保持巡航姿态(14)，再经过一段时间的运行，推进系统的 10 N 发动机再次工作，卫星进行第二次中途轨道修正(15)，然后继续保持巡航姿态(16)，第三次中途修正将根据情况进行。卫星要在该阶段飞行大概 83 h，进行 2～3 次中途修正，以确保正确进入预定月球轨道，飞向月球。

3. 环月轨道段

当卫星靠近月球时，10 N 发动机工作，建立点火姿态(17)。当卫星距离月球 200 km 时，490 N 发动机点火，依靠控制火箭的反向助推减速(18)，使卫星沿一个近月点 200 km、远月点 21 000 km、周期为 12 h 的环月球南-北极运动的椭圆月球极轨道飞行，运行期间卫星保持巡航姿态(19)。

当卫星再次到达近月点时，卫星推进系统的 10N 发动机再次点火，建立点火姿态。随后推进系统的 490 N 发动机再次工作，卫星再次减速(20)，进入一个近月点为 200 km、远月点为 8 600 km、周期为 3.5 h 的极月椭圆轨道，运行期间卫星保持巡航姿态(21)。

当快到达近月点(23)时，卫星推进系统的 10 N 发动机第 3 次点火，建立卫星工作姿态。当卫星运行到近月点(22)时，推进系统的 490 N 发动机第 3 次点火，卫星第 3 次减速，进入一个高度为 200 km、周期为 2.1 h、倾角为 90°±5° 的极月球圆轨道。最后再经过 10 N 发动机工作，卫星调整姿态，进入正常工作状态，在离月球表面 200 km 高度的月球极地轨道飞行，开始进行科学探测活动。

卫星将绕月运行 1 年，对月球的地质、土壤、环境和资源进行探测。

第 17 章　深空探测

17.1　先驱者金星航天器推进系统

1978 年 5 月和同年 8 月，美国先后发射了先驱者金星轨道器和先驱者金星多探头探测器。二者采用的推进系统结构完全相同，都是休斯公司研制的 4.45 N 单组元肼推力器（HE-11 型）。前者带有 7 台，后者带有 6 台，多了一台后轴向推力器。系统设计有功能备份，推进剂为无水肼，采用落压式输送系统输送，利用卫星自旋对推进剂进行管理。HE-11 型推力器的结构示于图 17.1，推进系统和推力器的主要性能和结构参数见表 17.1 和表 17.2。

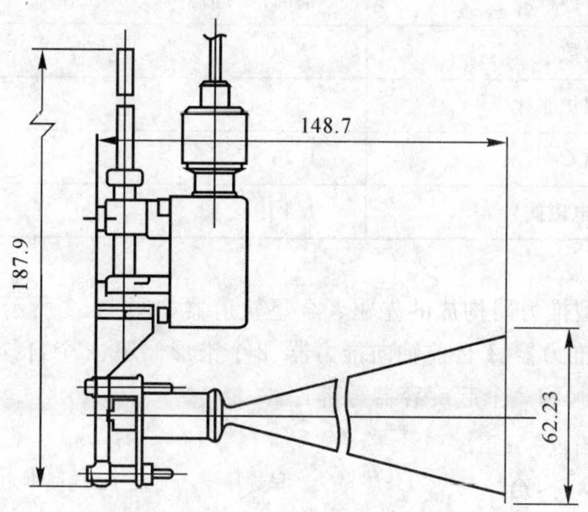

图 17.1　HE-11 型推力器结构

表 17.1　储箱主要性能和结构参数

参数名称	额定值	参数名称	额定值
最大工作压强	2.74 MPa	球半径	162 mm
爆破压强	10.97 MPa	锥形角	86°
容积	18.01 L	材料	钛合金

表 17.2 HE-11 型推力器主要性能和结构参数表

参数名称	额定值
额定推力	4.4 N
稳态比冲	2 274 m/s
储箱压强范围	2.4 ～ 0.69 MPa
推力变化范围	6.66 ～ 2.67 N
连续点火方式	累积时间:8 000 s 可预测性:±2%
脉冲点火方式	脉冲宽度:128 ～ 512 ms(可选) 累积脉冲:5 200 次 可预测性:性能误差±3%,质心误差±7%
推力不对称性	轴向推力器一对连续工作时小于 2%
冷起动次数	＞100 次
喷管面积扩张比	563 : 1
推力因数 C_F	1.76
质量(含电磁阀)	454 g

由多台 HE-11 型推力器构成的先驱者金星轨道器如图 17.2 所示。推进系统包括 4 台径向推力器、2 台后轴向推力器、1 台前轴向推力器、2 个锥形储箱、2 个自锁阀、4 个过滤器、1 个压力传感器、3 个加 / 排阀和 2 个起旋容器等部件。

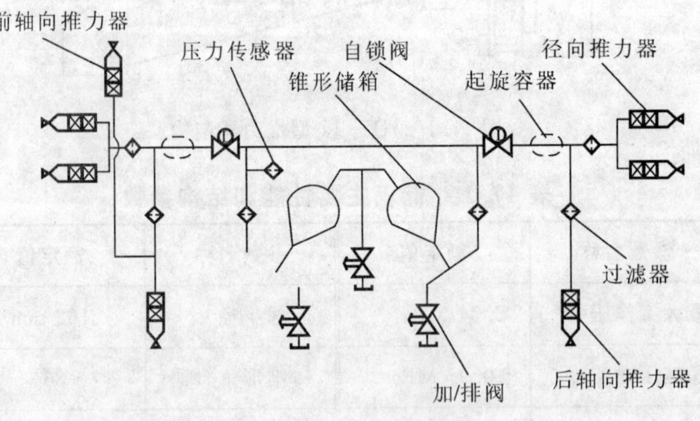

图 17.2 先驱者金星航天器推进系统

推进系统中采用电加热器防止推进剂结冰，储箱、加 / 排阀、自锁阀和互连管路的加热器采用主备份制全冗余设计。电源可以从主份加热器线路切换到另一路，但两个加热器线路不能同时打开或关闭。在自锁阀下游，各部件及其加热器没有备份，系统采用无故障推力器组件，实现系统冗余设计。由于航天器在不同姿态下的太阳照射不同，故要求轴向推力器阀的加热器开 / 关指令可控。在星上推进剂加注前，系统抽成真空，使推进剂加注到电磁阀之前，然后关闭自锁阀，这样可确保推进剂储存在起旋容器内，以便飞行器起旋。

肼从储箱通过各种管路、过滤器和阀门到达相应的推力器组件，并在推力器中催化分解后，进入锥形喷管膨胀，提供所需的推力。

轨道器与运载火箭分离时并不自旋。在自锁阀和推力器之间的起旋容器储存了可使推力器工作 60 s 的推进剂。星箭分离后，起动相应的两台径向推力器，使轨道器转速达到大约 6.5 r/min。轨道器自旋后，利用离心力建立了推进剂与挤压气体的分界面。当推进剂排出时，推进剂储箱中的挤压气体（氦气）膨胀，整个系统再以落压方式工作。轴向推力器和径向推力器在第一次在轨使用时，都发生过超调。为此引进了系统修正系数，以便下次机动时，对机动控制量进行修正，从而保证机动控制误差在 1% 左右。

轨道器配置 7 台 4.45 N 单组元肼推力器，对飞行机动功能提供全备份能力。轨道器上的第 7 台推力器（后轴向推力器）主要用于消除轨道器低速自旋时采用单推力器进行 Δv 机动所引起的摆动，同时为后轴向推力器提供备份功能。整个推进系统的主要性能参数列于表 17.3。

表 17.3　推进系统主要性能参数

参数名称	额定值	参数名称	额定值
储箱工作压强	2.4 ～ 0.36 MPa	飞行寿命	2 年
落压比	6.6 : 1	肼推进剂装填量	31.8 kg
挤压气体	氦气	系统质量（干重）	9.59 kg

17.2　卡西尼探测器推进系统

卡西尼探测器是彗星交汇和小行星绕飞探测器。它的推进系统是由美国和德国联合研制的，主要包括两个部分：① 以四氧化二氮和甲基肼为推进剂，采用恒压式输送系统的 490 N 液体双组元远地点发动机；② 以无水肼为推进剂，采用落压式输送系统的 0.5 N 单组元姿态控制反作用推力器。

（1）490 N 远地点发动机。该发动机由美国 Marquardt 公司研制，曾在 Leasat，Intelsat Ⅵ 系列，HS393，Optus B1 和 Galaxy7 等 28 颗休斯公司的卫星上飞行过，无一失效，其技术成熟，性能稳定可靠。详见本书 15.5 节中的介绍。

(2)0.5 N肼推力器。该推力器由德国北部开发中心(ERNO)研制,曾成功地用于OTS,ECS,MCS和其他欧洲卫星上。推力器由流量控制阀、头部组件、催化剂分解床、喷管以及热控加热器组成。头部组件包括作为支撑结构的热阻管、推进剂供应管以及喷头面板。该推力器采用单管喷注器,以减少推进流动容积。燃烧室与喷管采用焊接结构。其主要性能和结构参数示于表17.4。

表17.4 0.5 N肼推力器主要性能和结构参数

参数名称	额定值
额定推力	0.5 N
额定比冲	2 263 m/s
单次点火能力	4.3 h
最小冲量	0.005 N·s
脉冲	800 000次
要求过肼量	40 kg
喷管面积比	50∶1

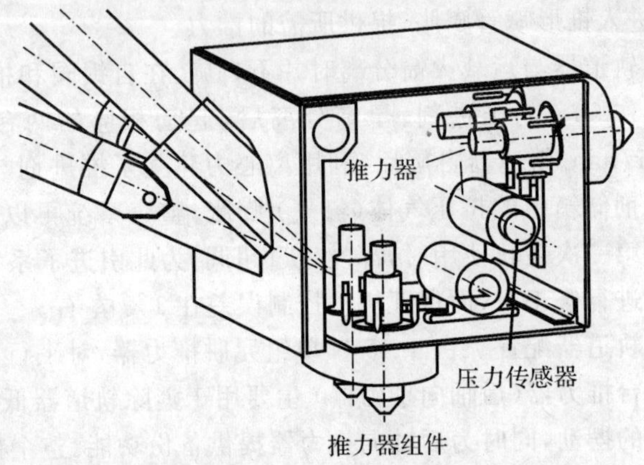

它们的推进剂储箱性能和结构参数分别见表17.5和表17.6。

表17.5 双组元推进剂储箱性能和结构参数

参数名称	额定值
设计工作压强	1.70 MPa
最大工作压强	2.28 MPa
储箱内径	1 560 mm
材料	钛合金

表17.6 单组元推进剂储箱性能和结构参数

参数名称	额定值
设计工作压强	1.70 MPa
储箱尺寸	球头直径:560 mm 圆柱长:810 mm
材料	钛合金

由490 N发动机和0.5 N推力器组成整个推进系统,其主要功能是捕获天文定向基准,轨道修正,在与彗星相遇或者进入土星前的三轴极限环控制,在与慧星相遇或者进入土星前的转动控制,轨道机动,反作用飞轮卸载和在土星附近进行轨道修正。推进系统具有全功能备份,姿态控制推力器设计成模块化组件,推进剂管理采用表面张力管理装置。系统结构如图17.3所示,其主要性能和结构参数见表17.7。

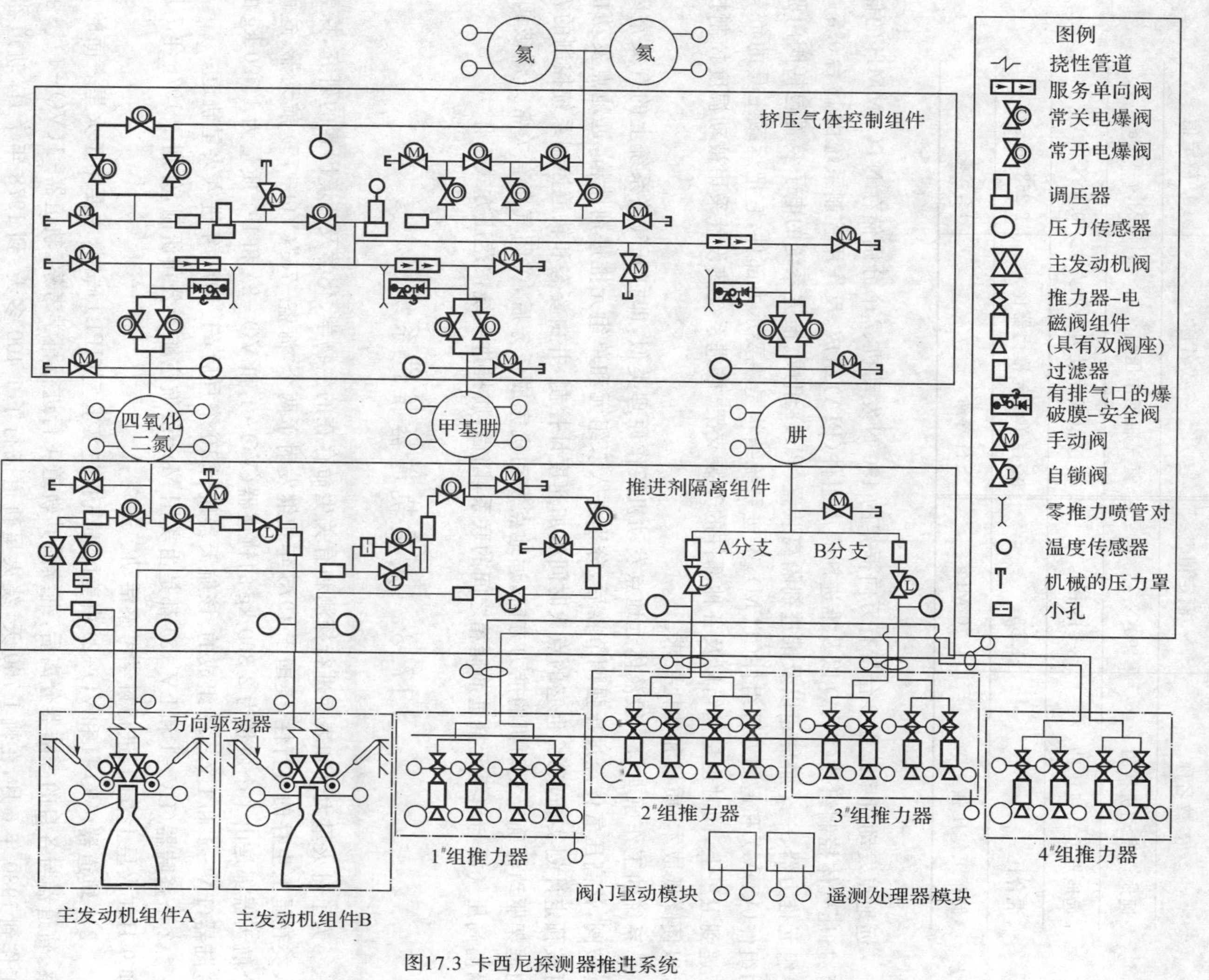

图17.3 卡西尼探测器推进系统

表 17.7　推进系统主要性能和结构参数

参数名称	额定值	参数名称	额定值
远地点发动机推力	490 N	氦气瓶工作压强	23.7 MPa
远地点发动机比冲	3 018 m/s	姿控单组元推力器推力	0.5 N
混合比	1.65	姿控单组元推力器比冲	2 263 m/s
储箱工作压强	1.70 MPa	飞行寿命	13.5 a

远地点发动机系统由 2 台带有万向框架的 490 N 发动机、2 个分别储存 NTO/MMH 的储箱、挤压气体控制组件(PCA)以及推进剂隔离组件(PIA)组成。反作用控制系统由16台0.5 N单组元推力器、一个肼储箱以及推进剂隔离装置(PIA)组成。推进系统的电子装置包括阀门驱动组件(VDM)和遥测处理组件(TPM)。推进系统结构是主要承力部件,它把运载工具的负载传递到卫星上,同时也是储箱以及各种部件的安装支架。推进系统热设计采用被动温度控制技术以便降低成本、质量和功耗要求。

系统的工作原理与一般液体远地点发动机工作原理类似,即打开气路系统上的有关常闭爆破阀,让高压气体经过压强调节器后,分别进入双组元和单组元推进剂储箱,远地点发动机可按预定计划实施点火,但它的点火时间由加速度计控制,并由姿态和轨道控制系统控制的万向框架驱动器确定发动机的推力方向。远地点发动机完成任务后,关闭气路有关常开爆破阀,隔离高压气源与单组元推进剂储箱之间的联系,随后,肼推进系统按落压方式工作。

17.3　火星轨道器推进系统

为了对火星大气和表面进行探测和有关生命存在的生物学、化学及环境因素的研究,探索人类在星上生存的可行性,美国于 1975 年相继发射了两个"海盗-75"(VO-75)航天器。这两个航天器都是由 1 个质量为 2 360 kg 的轨道器(VO-1 和 VO-2)和 1 个质量为 1 090 kg 的登陆器(LV-1 和 LV-2)组成的。该航天器航行 10 个月后,于 1976 年进入火星轨道。

2 个登陆器(LV-1 和 LV-2)都是由美国 Martin 航空航天公司研制,分别于 1976 年 7 月和 9 月在火星上着陆,进行科学考察活动。

2 个轨道器(VO-1 和 VO-2)由美国喷气推进实验室(JPL)研制,主要用于火星表面的观察。轨道器与各自的登陆器分离后,继续沿其轨道飞行进行科学考察。轨道器-1(VO-1)一直工作到 1980 年 6 月,在轨 1 700 天,绕火星轨道飞行了 1 400 多天;到 1978 年 7 月,轨道器-2(VO-2)在轨工作了 1 049 天后,由于姿态控制系统阀门泄漏,滚动控制用的氮冷气推力器气体耗尽而失效,但其实际工作寿命已大大超过预期的 510 天。

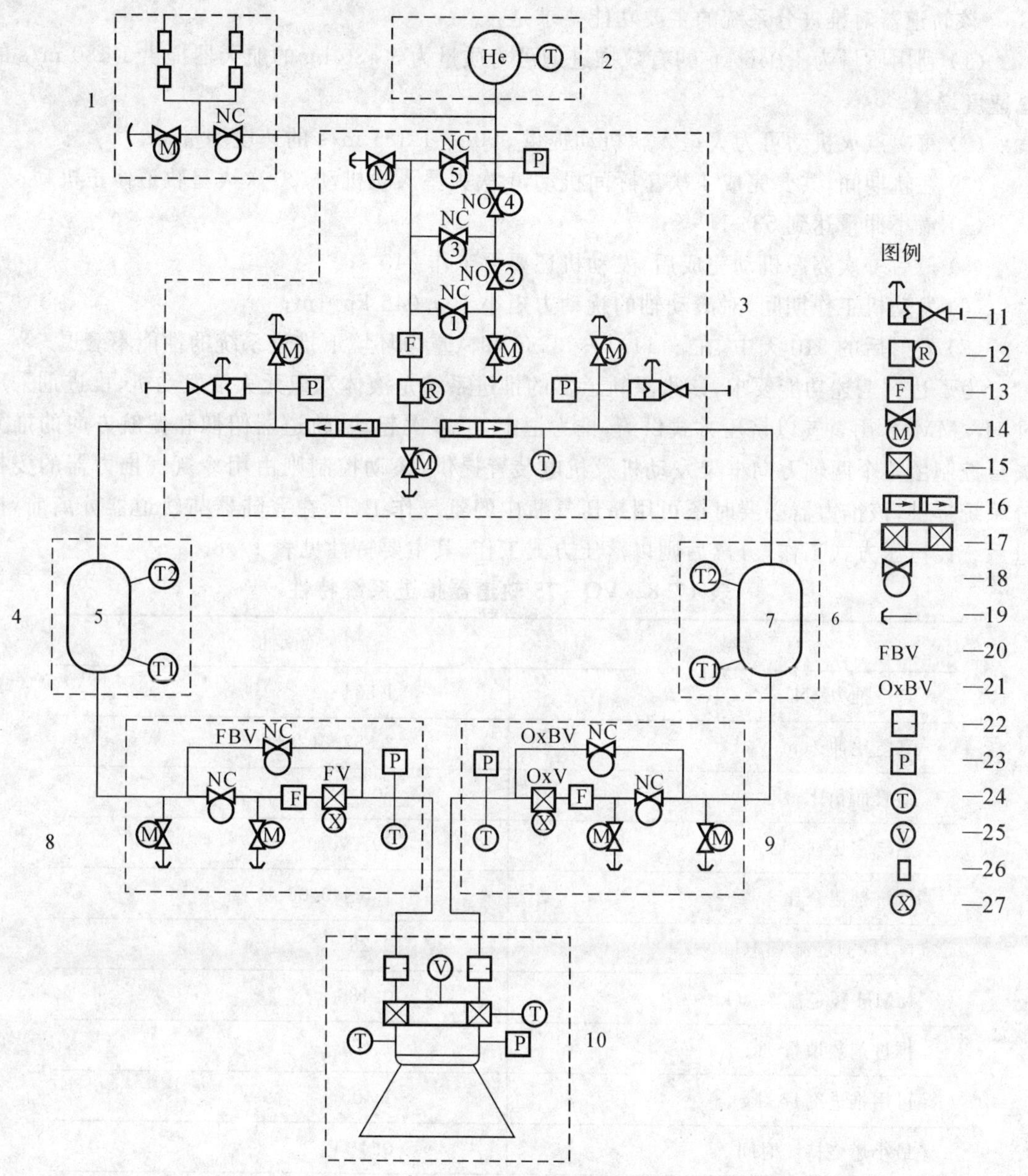

图 17.4　VO－75 推进系统

1— 气体分配组件；2— 挤压气瓶组件；3— 压强控制组件；4— 推进剂储箱组件；5— 燃料；6— 推进剂储箱组件；7— 氧化剂；8— 推进剂隔离组件,燃料；9— 推进剂隔离组件,氧化剂；10— 火箭发动机组件；11— 加注和排泄阀；12— 调压器；13— 过滤器；14— 手动阀；15— 电磁阀；16— 单向阀；17— 发动机阀；18— 电爆阀；19— 加盖的孔；20— 燃料爆破压力阀；21— 氧化剂爆破压力阀；22— 孔板；23— 压力传感器；24— 温度传感器；25— 电压；26— 连接点；27— 位置该轨道器对推进分系统的主要功能要求是：

(1) 利用质量为 1 046 kg 的有效推进剂可为质量为 3 430 kg 的航天器提供 1 480 m/s 的总速度增量；

(2) 每次点火机动可为火星入轨机动提供 900 ～ 1 325 m/s 的速度增量；

(3) 在轨期间，共要完成 4 次星际间机动，1 次火星入轨机动，20 次火星轨道修正机动；

(4) 最小冲量达到 534 N · s；

(5) 最后一次姿态机动完成后，发动机还要再工作 240 s；

(6) 发动机工作期间，对滚动轴的扰动力矩小于 0.046 kg · m；

(7) 发射后的 510 天中，在 －11.1 ～ 32℃ 和微重力环境下推进系统的性能不衰退。

为了达到上述功能要求，该火星轨道器的推进系统是液体双组元火箭发动机，推进剂采用 N_2H_4/MMH，用氦气以挤压方式供给，推力恒定，可多次起动。轨道器俯仰和偏航方向的推力矢量控制由 1 个两轴万向框架发动机及机电装置提供，滚动控制则由用冷氮气推力器的姿控分系统提供，该推力器必要时还可用挤压气瓶中的氦气作工质。在登陆器与轨道器分离前，推进系统以恒压方式工作，分离后则以落压方式工作。其主要特性见表 17.8。

表 17.8 VO－75 轨道器推进系统特性

参数	额定值
真空推力 /N	1 334
真空比冲 /($m \cdot s^{-1}$)	2 857.6(291 s)
喷管面积比	60：1
燃烧室压强 /kPa	797.7
推进剂混合比	1.5 ± 0.06
N_2O_4 额定流率 /($kg \cdot s^{-1}$)	0.28
MMH 额定流率 /($kg \cdot s^{-1}$)	0.186
推进剂装填量 /kg	1 423
可用推进剂量 /kg	1 405
最小燃烧持续时间 /s	0.4
总冲 /(N · s)	8.37×10^6
熄火冲量 /(N · s)	9 ～ 53(3σ 值)
挤压气体	氦气
推进系统质量* /kg	224

*：含方向框架驱动器、热控、电缆、不可用推进剂。

推进系统有下列主要组件：挤压气瓶组件(PTA)；推进 / 反作用控制气体分配组件(GAS)；用以控制氦气挤压系统的压力控制组件(PCA)；2 个相同的推进剂储箱组件(PIA)，其内部装有表面张力推进剂管理装置(PMD)；2 个相同的推进剂隔离组件(PIA)，用以控制推进剂的供应；一个火箭发动机组件(PEA)。其主要特性见表 17.9。

表 17.9　火箭发动机特性

推力室的物理特性		额定值	推力室的物理特性		额定值
燃烧室	直径 /cm	7.62	稳态特性	推力 /N	1 340
	体积 /cm^3	274		比冲 /($m \cdot s^{-1}$)	2 858(291.7s)
	特征长度 /cm	29.5		燃烧室压强 /kPa	797.7
	结构比	4.9		混合比	1.51
喷管	喉部直径 /cm，面积 /cm^2	2.44，9.31	推进剂流率	氧化剂 /($kg \cdot s^{-1}$)	0.282
	出口直径 /cm，面积 /cm^2	26.7，558.6		燃料 /($kg \cdot s^{-1}$)	0.187
	面积比	60∶1		特征速度 /($m \cdot s^{-1}$)	1 587
				推力因数	1.802

该火星轨道器推进系统中的双组元液体火箭发动机组件是由美国 Rocketdyne 公司研制的。

实际上，它是 1971 年发射成功的“水手-火星”MM 71 发动机的改型，唯一的改动是把喷管面积比从 40∶1 提高到 60∶1。该发动机的主要部件有：一个铝合金(2219 - T6) 异质互击(成对孔) 喷注器；一个整体铍推力室；一个钛合金(6A1 - 4VTi) 推力架；一个万向架(7075 - T73 铝) 组件；一个辐射冷却喷管(L605 材料) 延伸段；一个 Moog 公司生产的力矩马达驱动的机械连接双组元推进剂阀，其阀座密封材料为太氟隆(Teflon)；连接螺帽(Rene41 材料)；压力传感器；分离环(6A1 - 4V 钛合金)。

发动机中的铍推力室采用燃料液膜内部再生冷却，其室内壁还装有 6 个经机械加工的声腔，以阻尼燃烧室中的一阶切向振荡波，改善结构的稳定裕度。每个声腔处附加 2 个冷却孔后，使推力室头部端面铍材料的温度降低到 149℃，阀头部热回浸温度从 160℃ 降低到 10℃，而边界层冷却燃料流率仅从 42% 提高到 43%，且对比冲没有明显影响。

该发动机组件和特性示于图 17.5 和表 17.9。

2 个推进剂储箱大小相同，都为圆柱形，体积 0.717 m^3，每个质量 100.6 kg，是由压力系统公司研制，并用 6A1 - 4V 钛合金制造的；推进剂储箱中的推进剂管理装置由精密薄板金属公司研制，它由 12 个 1m 高的片状翼板和毛细通道组成，以便在 0g 或小于 $10^{-5}g$ 环境下均可使挤压气体合理定位，并将液体通过毛细通道连通，在储箱底部出口管道处排出不含气体的液体推进剂。储箱顶部还装有气体管道，供挤压气体输入或排出无液的气体。

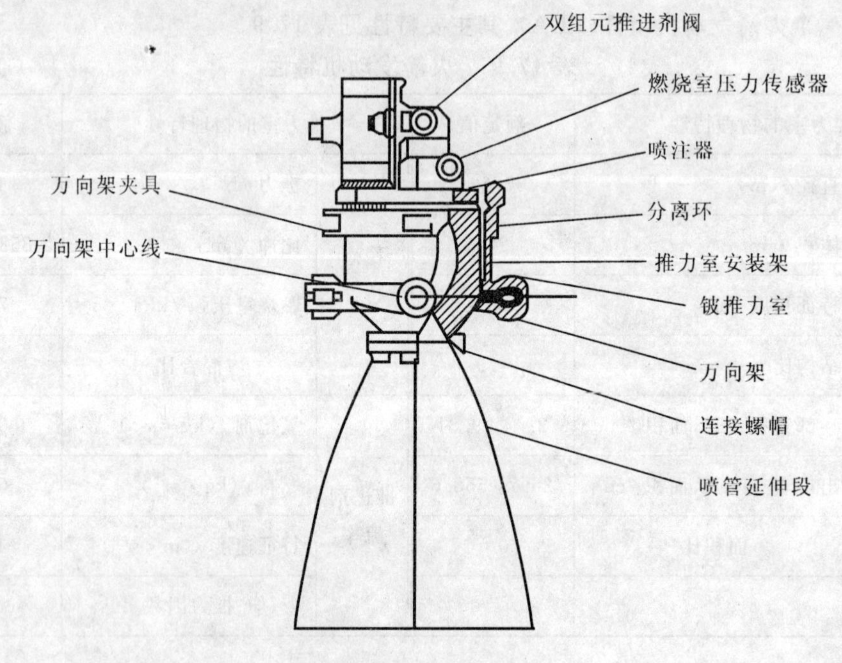

图 17.5　火箭发动机组件

17.4　MUSES－C 小行星探测器推进系统

MUSES－C是日本于2003年5月发射的小行星探测器（见图17.6），探测器上安装的太阳能电池板能在离地球遥远的太空产生大约1.8 kW的功率。漏斗状采样器安装在飞船的底板上，当飞船接触到行星表面时，通过发射弹破碎行星表面，在微弱的重力条件下，这些表面碎片将通过采样器导入收集罐。装有行星标本的收集罐最终将被送入返回舱，返回舱从太空轨道直接进入大气层并返回地球。

日本成功地把电子回旋共振推力器 ECRTμ10 应用到 MUSES－C 小行星探测器上，在探测器全程飞行中为飞船提供主推力。该探测器安装了4台ECRTμ10，2003年5月发射，到2005年8月，该推力器消耗推进剂22 kg，获得速度增量1 400 m/s，累计工作时间达25 800 h。2005年底，到达ITOKAW行星，并完成科学探测任务。

MUSES－C 小行星探测器总质量仅为500 kg，其中包含了所有化学燃料和电推力器所用的推进剂 —— 氙。推力器垂直于探测器的轴线安装，并采用光学仪器校准其安装精度。推力方向还会根据围绕太阳旋转的探测器的姿态自行进行调整。由于燃料不断消耗，探测器质心也在不断变化，为了保证推力轴线严格通过飞船质心，在飞船的底盘上安装了 4 台 ECRTμ10 推力器。对于往返飞行任务只需使用 3 台推力器，另 1 台为备份，不参与工作。单独一台发动机工作可以产生 8.1 mN 的推力，在 400 W 输入功率(包括推进剂处理系统和推力控制系统消耗的功率等) 的条件下其理想比冲为 28 616 m/s。推力器推力可调减至最大推力的 60%。

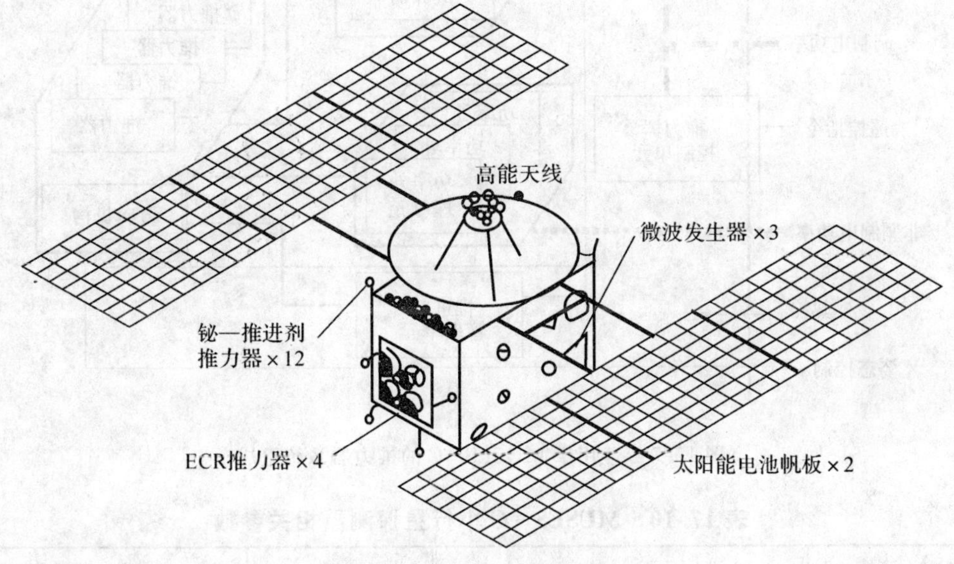

图 17.6　MUSES - C 小行星探测器

应用于 MUSES - C 的推力器系统由 4 台推力器(ITA)、4 个微波功率放大器(MPA) 和 3 个加速电源供给器(IPPU) 构成。其系统结构如图 17.7 所示。整个推力器系统安装在飞船的底盘上，可以根据指示机构来调整推力方向，保证推力方向沿着飞船的质心。每一个 ITA 上分别连着一个 MPA，每个 MPA 都以一定的分配比为离子源和中和器提供 C 波段的微波。3 个 IPPU 通过 4 个继电器转换机构被连接在 4 台 ITA 上，这样，4 台 ITA 中的 3 台可以同时运行。推进剂管理单元(PMU) 存储推进剂，并通过流量控制器为 4 台 ITA 提供氙气。这里，推进剂通过限流器利用一个潜入式储箱来供应，该潜入式储箱充满了来自球形钛合金主储箱的气体。控制单元控制着推力器系统。在巡航时飞船使太阳能电池板面向太阳以产生电能并绕着太阳方向转动其姿态，以控制发动机系统的推力方向。推力器控制单元(ITCU) 和数据处理单元(DHU) 监督和控制整个推力器系统的运行。

表 17.10 和表 17.11 分别给出了该小行星探测器及其推进系统船的一些主要性能参数，图 17.8 给出了 MUSES - C 的飞行计划，到 2004 年 3 月底，ECRTμ10 推力器系统累计运行 10 600 h，消耗 12 kg推进剂。2004 年 5 月完成变轨，2005 年到达行星，并于 2007 年开始返回地球。

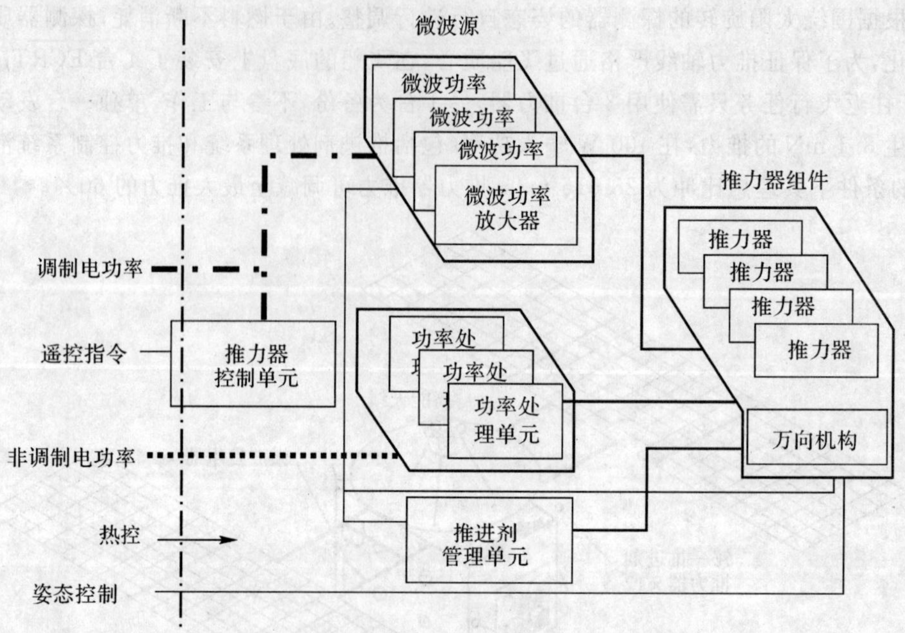

图 17.7 应用于 MUSES－C 的推力器系统组成

表 17.10 MUSES－C 小行星探测器相关参数

相关参数	额定值	相关参数	额定值
发射质量	510 kg	化学燃料	67 kg
氙推进剂	66 kg	姿态控制	三轴稳定
通信	X 波段，最大 8 kps		
化学推进	双基推进剂×1，$I_s = 2\ 244$ m/s	太阳能电池板	三联电池组，每单位 2.6 kW
电推进	ECRTμ10 推力器×4，$I_s = 31\ 360$ m/s		
负载	光学摄像机 X 射线诱导荧光分光计 取样装置 小型着陆装置 表面温度计	近红外线分光计 激光高度仪 返回舱 三维摄像机	

表 17.11　ECRT μ10 推力器主要性能参数

部件	性能参数
推力器	ECRTμ10×4 无阴极 ECR 等离子体发生器 3 个碳 / 碳复合材料的栅极 10 cm 有效直径，设计推力 8 mN
微波功率放大器	可调微波管，4.25 GHz×4 一个同时驱动离子源和中和器的微波能源放大器 提供给离子源 32 W，中和器 8 W 总功耗 110 W
推力器系统能量控制单元	3 个单元经过转换开关分配给 4 台推力器 供给帘栅极 1.5 kV，加速栅极 －330 V 总功耗 240 kW
推进剂管理系统	钛合金压力容器，容积 51 L 最大氙装填量 73 kg 两个推进剂冗余流量控制器 限流阀
推力器系统指示机构	2 轴万向节，±5°

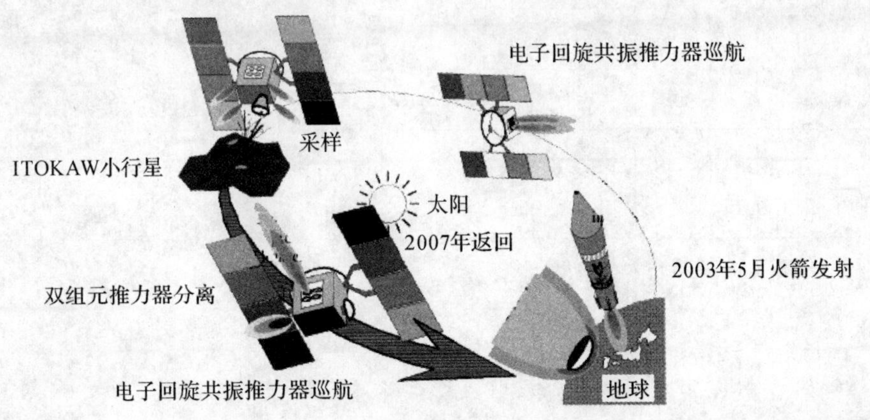

图 17.8　MUSES－C 的飞行计划

ECRT 推力器结构简单，具有相当高的比冲，推力较低但很均匀，非常适用于太阳系低引力范围内的飞行器的主推进。

该推力器系统使 MUSES－C 小行星探测器形成恒定的加速度飞行。通过对其通信微波的多普勒频移测量，可以得到 ECRTμ10 的状态：单台推力器推力为 8 mN，比冲为 31 360 m/s，比推力为23 mN/kW。

参考文献

[1] 阿列玛索夫 B E,等. 火箭发动机原理[M]. 北京:宇航出版社,1993.

[2] 刘国球. 液体火箭发动机原理[M]. 北京:宇航出版社,1993.

[3] 朱宁昌. 液体火箭发动机设计(上、下册)[M]. 北京:宇航出版社,1994.

[4] 余金培,杨根庆,梁旭文. 现代小卫星技术与应用[M]. 上海:上海科学普及出版社,2004.

[5] 休泽尔 D K,等. 液体火箭发动机现代工程设计[M]. 朱宁昌,等,译. 北京:宇航出版社,2004.

[6] 唐飞,叶雄英,周兆英. MEMS冷气推进器的制作及实验研究[J]. 微纳电子技术,2003,40(7).

[7] 唐飞. 一种微推进器的理论及实验研究[D]. 北京:清华大学,2003.

[8] Lars Stenmark,Anders B Eriksson. COLD GAS MICRO THRUSTERS-FINAL EDITION [C]// AIAA 2002-5765. 2002.

[9] Bayt R,Breuer K. Systems Design and Performance of Hotand Cold Supersonic Microjets [C]// AIAA 2001-0721. 39th AIAA Aerospace Sciences Meeting and Exhibit,2001.

[10] Collins D,Kukkonen K,Venneri S. Miniature,low-cost,highly Autonomous Spacecraft-A Focus for the New Millennium [C]// 46th International Astronautical ongress. IAF-96-U. 2. 06. 1996.

[11] Gibbon D,Paul M,Jolley P. Energetic green propulsion for small spacecraft [C]// AIAA 2001-3247. Salt Lake City:AIAA/ASME/SAE/ASEE Joint Propulsion Conference and Exhibit,37th,UT,July 8-11,2001.

[12] 尤政,张高飞. 基于MEMS的微推进系统的研究现状与展望[J]. 微细加工技术,2004(1).

[13] 陈旭鹏,李勇,周兆英. 微小型化学能推进器的研究[J]. 微纳电子技术,2003,40(7).

[14] Barder H E. 一种用 $N_2-O_2-H_2$ 气体混合物 Tridyne 催化反应的微推力器[J]. 控制工程(北京), 2002(2).

[15] 肖明杰. Moog公司冷气推进的最新进展[J]. 火箭推进,2002,28(2).

[16] 胡伟,周军. 冷气喷嘴气动计算与试验分析[J]. 火箭推进,2002,28(6).

[17] 王新建. 冷气模拟推力室研究[J]. 火箭推进,2004,30(5).

[18] 段小龙. N_2O催化分解技术在航天领域的应用[J]. 火箭推进,2002,28(2).

[19] 李宜敏,吴心平. 固体火箭发动机原理[M]. 北京:北京航空航天大学出版社,1991.

[20] 张平,孙维申,眭英. 固体火箭发动机原理[M]. 北京:北京理工大学出版社,1992.

[21] 中国航天工业总公司《世界导弹与航天发动机大全》编辑委员会. 世界导弹与航天发动机大全[M]. 北京:军事科学出版社,1999.

[22] 董师颜,张兆良. 固体火箭发动机原理[M]. 北京:北京理工大学出版社,1996.

[23] 萨顿 G P,比布拉兹 O. 火箭发动机原理[M]. 洪鑫,等,译. 科学出版社,2003.

[24] 导弹与航天丛书之固体弹道导弹系列. 固体火箭发动机[M]. 北京:宇航出版社,1993.

[25] 阿列玛索夫 B E,等. 火箭发动机原理[M]. 张中钦,等,译. 北京:宇航出版社,1993.

[26] 张郁. 电推进技术的研究应用现状及其发展趋势[J]. 火箭推进,2005,31(2).

[27] Timothy J Lawrence. Research into resistojet rockets for small satellite applications[D]. University of Surrey,Guildford,Surrey,UK,1998.

[28] POPP,CHRISTOPHER G HENDERSON,JOHNB. Long life monopropellant hydrazine thruster evaluation for Space Station Freedom application [C]// AIAA/SAE/ASME/ASEE Joint Propulsion Conference,27th. Sacramento,CA June 24 - 26,1991.

[29] HINKEL,JOSE N TRAVA-AIROLDI,VLADIMIR J CORAT. Propulsion subsystem component development program for the MECB RSS satellite [C]// AIAA/SAE/ASME/ ASEE Joint Propulsion Conference,27th. Sacramento,CA June 24 - 26,1991.

[30] WANLAN YU. DT - 3 monopropellant,low-iridium catalyst thruster performance test [J]. Journal of Propulsion Technology,Aug. 1990.

[31] Jankovsky,Robert S. HAN-based monopropellant assessment for spacecraft [C]// AIAA/ASME/SAE/ ASEE Joint Propulsion Conference and Exhibit,32nd. Lake Buena Vista,FL,July 1 - 3,1996.

[32] Koellen O,Viertel Y. Development and qualification of a low-cost,long-life 1 - N monopropellant hydrazine thruster [C]// AIAA/ASME/SAE/ASEE Joint Propulsion Conference and Exhibit,32nd. Lake Buena Vista,FL,July 1 - 3,1996.

[33] Sun HongMing. The development of Chinese liquid rocket engine [C]//IAF,International Astronautical Congress,47th. Beijing,China,Oct. 7 - 11,1996.

[34] Sutton G P,Oscar Biblarz. Rocket Propulsion Elements(Seventh Edition) [M]. New York : John Wiley & Sons,inc,2001.

[35] Newhouse C W, Foote J F,等. R - 4D发动机[M]. 北京:航天部七O七所,1984.

[36] Zakirov,VadimRichardson,Guy,et al. Surrey research update on N2Ocatalytic decomposition for space applications [C]// AIAA 2001 - 3922. Salt Lake City:AIAA/ASME/SAE/ASEE Joint Propulsion Conference & Exhibit,37th,UT,July 8 - 11,2001.

[37] Gallier,Pascal,Pages,et al. 200N bipropellant thruster recent development test results [C]// International Symposium on Space Technology and Science,21st. Omiya,Japan,May 24 - 31,1998.

[38] Aggarwal,Suresh K. Atomisation,ignition,and combustion of liquid propellants [C]// Course Notes of the Professional Development Short Term Course. Chennai,India,Dec. 6 - 7,1998.

[39] G Schulte. High performance 400N MMH/NTO bipropellant engine for apogee boost maneuvers [C]// AIAA/ASME/SAE/ASEE Joint Propulsion Conference & Exhibit,35th. Los Angeles,CA, June 20 - 24,1999.

[40] Driscoll,Richard J,Yager,et al. Development tests on a 5 - LBF bipropellant thruster using aplatinum/rhodium thrust chamber [C]// AIAA/ASME/SAE/ASEE Joint Propulsion Conference & Exhibit,34th. Cleveland,OH,July 13 - 15,1998.

[41] Chazen,Melvin L,Sicher,et al. High performance bipropellant rhenium engine[C]// AIAA/ASME/SAE/ASEE Joint Propulsion Conference & Exhibit,34th. Cleveland,OH,July 13 - 15,1998.

[42] London,Adam,Al-Midani,et al. Microfabricated liquid bipropellant rocket engines [C]// Advanced Space Propulsion Workshop,9th,Pasadena,CA,Mar. 11 - 13,1998.

[43] Hurlbert,Eric A,Sun Jing L,et al. Instability phenomena in earth storable bipropellant rocketengines

[R]// Liquid rocket engine combustion instability. Washington,DC,American Institute of Aeronautics and Astronautics,Inc.

[44] Coste,Keith. Qualification of the arc 5 - lbf bipropellant thruster for deep pressure blow-down operation [C]// AIAA/ASME/SAE/ASEE Joint Propulsion Conference & Exhibit,37th. Salt Lake City,UT,July 8 - 11,2001.

[45] Abashev,Victor M,Kozlov,et al. Some principles of design work for bipropellant liquid rocket engine of the small thrust [C]// International Symposium on Space Technology and Science,22nd. Morioka, Japan,May 28 - June 4,2000.

[46] Kozlov,Alexander A,Abashev,et al. Development of the storage bipropellant thruster MAI - 200 [C]// International Symposium on Space Technology and Science,22nd. Morioka,Japan,May 28-June 4,2000.

[47] 周汉申. 单组元肼催化分解发动机的热力计算[J]. 火箭推进,1984,11(3).

[48] 周汉申. 单组元肼催化分解推力室的设计与研究[J]. 火箭推进,1985,12(2).

[49] 刘晓伟. 过氧化氢催化剂床性能[J]. 火箭推进,2001,27(3).

[50] 林革. 先进单组元推进剂的高温催化剂床[J]. 火箭推进. 2002,28(3).

[51] 蒋光林. 一种高可靠长寿命的推进系统[J]. 推进技术,1994,15(4).

[52] 谭松林. 单组元推进剂选择准则 —— 肼和其它方案[J]. 火箭推进,2001,27(2).

[53] 杨宝娥. 无毒推进剂在先进运载火箭中的应用[J]. 火箭推进,2002,28(2).

[54] 丁文俊. 国外高能推进剂的研究进展[J]. 火箭推进,2003,29(2).

[55] 王永忠. 过氧化氢催化剂床结构研究[J]. 火箭推进,2003,29(5).

[56] 潘科炎. 小卫星推进系统[J]. 航天控制,1996,14(2).

[57] 李小芳. 无毒单组元推进技术[J]. 上海航天,2001,18(3).

[58] 葛国华. 双组元微型变轨发动机[J]. 推进技术,1998,19(4).

[59] 郭平,王慧珠. 空间小推力发动机推力室喷注器的设计与身部冷却问题[J]. 上海航天, 1996,13(3).

[60] 胡小平,王中伟,张育林. 空间飞行器姿态控制发动机布局方式的优选[J]. 推进技术, 1997,18(3).

[61] 禹天福. 胶体推进剂的研究与应用[J]. 导弹与航天运载技术,2002(5).

[62] 沈赤兵,王克昌,陈启智. 国外小推力发动机的最新进展[J]. 上海航天,1996,13(3).

[63] 马立志,沈瑞琪,叶迎华. 国外几种新型微化学推力器[J]. 上海航天,2003,20(3).

[64] 范瑞丽,李勇,陈旭鹏,等. 微小型高压力流体电磁控制阀[J]. 微纳电子技术,2003,40(7).

[65] 王中伟,张为华,胡小平. 小推力空间发动机系统优化分析[J]. 中国空间科学技术,1997,17(5).

[66] 付元. 同轴离心式喷嘴及其雾化性能[J]. 火箭推进,2002,28(1).

[67] 张宝炯. 过氧化氢推进技术的复苏[J]. 火箭推进,2002,28(1).

[68] 董李亮. 过氧化氢发动机试验技术现状[J]. 火箭推进,2004,30(6).

[69] 雷娟萍. 过氧化氢催化剂及其催化剂床技术综述[J]. 火箭推进,2005,31(6).

[70] 吴汉基,蒋远大,张志远. 电推进技术的应用与发展趋势[J]. 推进技术,2003,24(5).

[71] Makel D B,Cann G L. Arcjet thruster research and technology[R]. NASA Report CR - 180865 1988.

[72] Curran F M,Byers D C. New Developments and Research Findings[R]// NASA Hydrazine Arcjets. NASA Report TM - 106695 1994.

[73] Kurtz M A, Glocker B, Golz T, et al. Arcjet Thruster Development[J]. Journal of Propulsion and Power, 1996, 12(6): 1077 - 1083.

[74] 吴汉基，蒋远大. 美国电弧加热发动机的研究计划[J]. 上海航天，1997，14(6)：45 - 50.

[75] Curran F M, Sarmiento C J. Low Power Arcjet Performance. NASA Report TM - 103280 1990.

[76] Linchon P G, Sankovic J M. Development and Demonstration of a 600s Mission-Average I_{sp} Arcjet[J]. Journal of Propulsion and Power, 1996, 12(6): 1018 - 1025.

[77] 吴汉基，冯学章，刘文喜，等. 电弧加热发动机的实验研究[J]. 中国空间科学技术，1997，17(4)：41 - 48.

[78] 吴汉基，冯学章，蒋远大，等. 氢氮混合气电弧加热发动机的性能试验[J]. 中国空间科学技术，2002，22(4)：57 - 63.

[79] 廖宏图，吴铭岚，汪南豪. 电弧喷射推力器内部工作过程研究综述[J]. 推进技术，1999，20(3)：107 - 112.

[80] 刘宇，张振鹏，吴汉基，等. 电弧等离子体发动机初步研究[J]. 北京航空航天大学学报，1998，24(3)：365 - 368.

[81] 陈黎明，赵文华，刘岩松. 低功率电弧加热发动机的实验研究[J]. 应用基础与工程科学学报，2002，10(2)：168 - 173.

[82] 沈岩，赵文华，石泳，等. 发射光谱测量电弧加热发动机羽流温度[J]. 推进技术，2005，26(1)：72 - 75.

[83] 汤海滨，刘宇，戴梧叶. 小功率电弧等离子体发动机实验及性能研究[J]. 中国空间科学技术，2000，20(6)：57 - 62.

[84] 汤海滨，姬罗栓，刘宇，等. 小功率电弧等离子体发动机实验数据采集系统[J]. 北京航空航天大学学报，2001，27(5)：615 - 618.

[85] 汤海滨，张正科，刘宇，等. 小功率电弧等离子体发动机实验及性能分析[J]. 推进技术，2001，22(3)：233 - 236.

[86] 汤海滨，张正科，刘宇，等. 小功率 N_2 推进剂电弧推力器工作过程和性能实验[J]. 宇航学报，2001，22(4)：56 - 61.

[87] 汤海滨，刘宇，赵宝瑞，等. 一种电推力器用小推力测量系统[J]. 推进技术，2001，22(2)：174 - 176.

[88] 汤海滨，刘宇，张正科，等. 小功率电弧喷射发动机的数值计算[J]. 推进技术，2002，23(6)：370 - 374.

[89] 肖应超，刘宇，张国舟. 低功率氩电弧喷射推力器中的辐射[J]. 航空动力学报，2004，19(6)：873 - 878.

[90] 毛根旺，何洪庆，等. 微波等离子推力器的应用探索研究[J]. 推进技术，1998，19(3).

[91] 毛根旺，何洪庆. 前景诱人的新型航天动力装置——微波电热推进器(MET)[J]. 推进技术，1997，18(3).

[92] 唐金兰，何洪庆，毛根旺，等. 圆柱谐振腔微波等离子推力器的理论计算[J]. 推进技术，2004，25(3).

[93] 杨涓，何洪庆，毛根旺. 微波等离子推力器微波模式的合理选择[J]. 推进技术，1999，20(1)：76 - 79.

[94] Schwer D A, Venkatesw Aran S, Merkle C. Analysis of microwave-heated rocket engines for space propulsion[C]// AIAA 93 - 2105. 1993.

[95] 孙再庸，毛根旺，何洪庆. 微波电热推进器[J]. 推进技术，1995，16(5).

[96] Saccoccia G. Overview European Electric Propusion Activities[C]// AIAA 2001 - 3228. 2001.

[97] William Anthony. Investigation of The Plasma Acceleration Mechanism Within a Coaxial Hall

Thruster[R]. Report N0. TSD - 130, March 2001.

[98] James J. Szabo. Application of 2 - D Hybrid PIC Code to Alternative Hall Thruster Geometries[C]// AIAA 98 - 3795. 1998

[99] 于达仁. 稳态等离子体发动机电导机制的研究[C]. 中国电推进技术学术研讨会,2005.

[100] 余水林. 霍尔推力器设计、实验与内部过程模拟[D]. 上海航天技术研究院第 801 研究所,2004.

[101] James Matthew. Low-perturbation interrogation of the internal and near field plasma structure of a hall thruster using a high speed probe positioning system[D]. The University of Michigan,2001.

[102] Frank Stanley. Examination of The Structure and Evolution of Ion Energy Properties of a 5 kW Class Laboratory Hall Effect Thruster at Various Operational Conditions[D]. The University of Michigan, 1999.

[103] 饶雨生. 等离子体物理基础[M]. 西安:西安交通大学出版社,2000.

[104] Garrigues L. Computation of Hall Thruster Performance[R]// IEPC - 99 - 098. 1999.

[105] Garrigues L. Low frequency oscillations in a stationary plasma thruster[J]. Journal of Applied Physics,1984(7).

[106] Fisch N J. Modeling the Hall Thruster[C]// AIAA 98 - 3500. 1998

[107] 丹宁. 深空一号启程远行[J]. 中国航天,1999(1) .

[108] 刘学壳. 阴极电子学[M]. 科学出版社,1980.

[109] 乔彩霞. 空心阴极的原理、设计和性能分析[G]// 上海航天技术研究院第六届青年优秀科技论文集. 2003.

[110] Qiao Caixia,Kang Xiaolu. Experimental study of hollow cathode for hall thruster application[C]// International Symposium on Space Propulsion of ShangHai. 2004.

[111] 鲍文. 稳态等离子体发动机的低频不稳定现象[C]// 总装备部卫星推进技术研讨会论文集. 2002.

[112] Choueiri E Y. Plasma oscillations in Hall thrusters[J]. Physics of Plasmas,2001(4).

[113] Edward J Beiting,James E Pollard. Electromagnetic emissions to 60 GHz from a BPT - 4000 EDM hallL thruster[R]// IEPC - 03 - 129. 2003.

[114] Vladimir P Khodnenko. Flight testing of volume-ionization ion thrusters on meteor satellite[R]// IEPC - 03 - 132. 2003.

[115] V Baranov. The wear of the channel walls in hall thrusters[R]// IEPC - 01 - 48. 2001.

[116] Yassir Azziz. Instrument design and analysis for diagnosis of a hall thruster plume for the ETEEV shuttle experiment[R]// IEPC - 03 - 0140. 2003.

[117] Pascal GARNERO,Thierry GRASSIN. Stentor plasma propulsion system experience[R]//IEPC-03-048. 2003.

[118] Estublier Denis,Koppel Christophe . SMART - 1 EPS End-to-End Test: Final Results & Lessons Learnt[R]//IEPC - 03 - 0303. 2003.

[119] Tajmar M. Electric propulsion plasma simulations and influence on spacecraft charging[J]. Journal of Spacecraft and Rockets,2002,39(6).

[120] Hideyuki Usui,Hiroshi Matsumoto. PIC simulations of spacecraft charging and its neutralization process by plasma emission[R]// IEPC - 01 - 264. 2001.

[121] William J. Analysis of communication signal modulation induced by periodic hall thruster plume instabilities[R]// IEPC - 01 - 58. 2001.
[122] 何伟锋,向红军,蔡国飚. 核火箭原理、发展及应用[J]. 火箭推进,2005,31(2).
[123] Diaz N J. 空间核推进器[J]. 国外核动力,1995,16(3).
[124] 刘红军. 新概念推进技术及其应用前景[J]. 火箭推进,2004,30(4).
[125] 尹怀勤. 谈谈核火箭太空船[J]. 太空探索,2003(5).
[126] 周新红. 太空推进新技术 —— 开拓太空探索新时代[J]. 中国航天,2005(9).
[127] 柯常军,万重怡. 激光推进飞行器技术[J]. 激光与光电子学进展,2003,40(8).
[128] 王骐,李琦,尚铁梁. 激光推进原理与发展状况[J]. 激光与红外,2003,33(2).
[129] 吴刚,张育林,程谋森. 微型卫星激光推进发射及其关键技术[J]. 上海航天,2002,19(2).
[130] 辜建辉,徐启阳,李再光,等. 激光推进原理与技术[J]. 推进技术,1995,16(4).
[131] 胡少六,李波,龙华,等. 激光推进技术的现状及发展[J]. 激光与光电子学进展,2003,40(10).
[132] 林敏华. 以激光推进航天飞行器[J]. 激光技术,1989,13(5):15 - 20.
[133] 郑志远,鲁欣,张杰. 激光等离子体推进技术的研究进展[J]. 物理,2003,32(8).
[134] Glumb R J,Krier H. Concept and Status of Laser Supported Rocket Propulsion[J]. Journal of Spacecraft and Rockets,1984,21(1): 70 - 79.
[135] Birkan M A. Laser Propulsion: Research Status and Needs[J]. Journal of Propulsion and Power, 1992,8(2).
[136] Phipps C R,Reilly J P. Campbell J W Laser Launching a 5 - kg Object into Low Earth Orbit[J]. Proceedings of SPIE,2000,4065:502 - 510.
[137] Michaelis M M,Hey J D. Pioneers of Laser Propulsion: Saenger,Marx,Moeckel and Kantrowitz[J]. Proceedings of SPIE,2002,4760.
[138] 张纯良,高芳,张振鹏,等. 太阳能热推进技术的研究进展[J]. 推进技术,2004,25(2).
[139] Fred G Kennedy,Philip Palmer,Malcolm Paul. Results of a microscale solar thermal engine ground test campaign at the surrey space centre[R]// AIAA - 2004 - 4137. 2004.
[140] 葛新石,叶宏. 复合抛物聚光器(CPC) 特性[J]. 太阳能,2001(4):20 - 21.
[141] Partch R,Frye P. Solar orbit transfer vehicle space experiment conceptual design[R]// AIAA - 99 - 2476. 1999.
[142] Kennedy F G,et al. Preliminary Design of a Micro-Scale Solar Thermal Propulsion System[R]// AIAA - 2002 - 3928. 2002.
[143] 方容生,项立成,李亭寒,等. 太阳能应用技术[M]. 北京:中国农业机械出版社,1985.
[144] 马宝珊. 世界太阳能 风能 生物能的发展现状和前景[J]. Heilongjiang Electric Power,1997,19(6): 380 - 384.
[145] 张纯良,张振鹏,魏志明. 太阳能火箭发动机聚光器设计方法[J]. 航空动力学报,2004,19(4): 557 - 561.
[146] 刘惠国. 贝壳形太阳能聚光面的设计[J]. 太阳能学报,1999,20(3):348 - 351.
[147] Michael R Holmes,Kristi K Laug. Dependence of solar-thermal rocket performance on concentrator performance[R]. ASME 1995: 837 - 848.

[148] Kristi K Laug, Michael R Holmes. Paraboloidal thin film inflatable concentrators and their use for power application[R]. Edwards AFB CA 93524－7160.

[149] 史美中,王中铮. 热交换器原理与设计[M]. 南京:东南大学出版社,2003.

[150] 余其铮. 辐射换热原理[M]. 哈尔滨:哈尔滨工业大学出版社,2000.

[151] 何敏,刘顺仪. 螺旋槽薄壁件的加工[J]. 航天制造技术,2003 (5):7－9.

[152] 杨世铭,陶文铨. 传热学[M]. 3版. 北京:高等教育出版社,1998.

[153] 航空高等院校教材编辑委员会. 气体动力学函数表及激波表[M]. 西安:西北工业大学出版社,1987.

[154] 华自强,张忠进. 工程热力学[M]. 3版. 北京:高等教育出版社,2000.

[155] Morio Shimizu, Hitoshi Naito, Hironori Sahara, et al. 50mm Cavity Diameter Solar Thermal Thruster Made of Single Crystal Molybdenum[R]// AIAA 2001－3733. 2001.

[156] 潘科炎. 航天器推进系统汇编[M]. 北京控制工程研究所(内部),2000.